Repertorium und Übungsbuch der Technischen Mechanik

István Szabó

Nachdruck der dritten,
verbesserten und erweiterten Auflage

Springer-Verlag
Berlin · Heidelberg · New York · Tokyo

Dr.-Ing. IstvÁn SzabÓ

em. o. Prof. der Mechanik

an der Technischen Universität Berlin

Mit 321 Abbildungen

ISBN-13: 978-3-540-15008-4   e-ISBN-13: 978-3-642-47447-7
DOI: 10.1007/978-3-642-47447-7

Geleitwort zum Nachdruck der dritten Auflage

István Szabó wurde 1948 auf den traditionsreichen Lehrstuhl für Mechanik an der Technischen Universität Berlin berufen, der vor ihm mit Fritz Köttner (1901—1912), Hans J. Reissner (1913—1934) und Friedrich Tölke (1937—1945) besetzt war. Von hier aus hielt er bis zu seiner Emeritierung (1975) 27 Jahre lang Vorlesungen über Technische Mechanik, die ihm bald den Ruf eines begnadeten Lehrers eintrugen, der es verstand, auch die schwierigsten Gebiete seines Faches verständlich vorzutragen.

Nachdem István Szabó seine viersemestrige Technische Mechanik mehrfach gelesen hatte, erfüllte er den Wunsch seiner Hörer und Schüler nach einem „Skript" mit einem breit angelegten Leitfaden, der 1954 als „Einführung in die Technische Mechanik" und 1956 als „Höhere Technische Mechanik" erschien und 1960 mit dem „Repertorium und Übungsbuch der Technischen Mechanik" abgerundet wurde. In den vergangenen drei Jahrzehnten sind diese Lehrbücher von Generationen von Studenten insbesondere der Fachrichtungen Bauingenieurwesen, Maschinenbau und Elektrotechnik verwendet worden. In erster Linie waren dies István Szabós eigene Hörer, deren Zahl in den 60er Jahren jeweils mehr als 1000 betrug, darüber hinaus aber auch zahlreiche Hörer anderer Mechanik-Professoren an der TU Berlin und — wie die Verkaufsstatistik ausweist — an anderen Hochschulen des In- und Auslands.

Die nach dem Erscheinen in rascher Folge notwendig gewordenen Neuauflagen belegen, daß István Szabós Lehrbücher in den 50er und 60er Jahren eine Marktlücke ausfüllten. In der Tat wagte Szabó eine damals völlig neuartige Darstellung der Technischen Mechanik, indem er durchgehend adäquate mathematische Hilfsmittel verwendete, die bis dahin oft als zu schwierig für einführende Lehrbücher angesehen worden waren. Damit leitete er eine Neugestaltung des universitären Mechanik-Unterrichts ein, die in den 70er Jahren zu einem vorläufigen Abschluß gekommen ist. Somit haben István Szabós Lehrbücher — und auch das „Repertorium und Übungsbuch der Technischen Mechanik" — für den heutigen Studenten kaum an Wert verloren, auch wenn sie noch das technische Maßsystem und für einige Größen eine heute nicht mehr gebräuchliche Schreibweise verwenden.

Völlig überraschend für seine Freunde und Schüler, zu denen ich mich zählen darf, starb István Szabó am 21. 1. 1980 im 75sten Lebensjahr. Seine Lehrbücher der Technischen Mechanik und auch das liebste Kind seiner späten Jahre, die „Geschichte der mechanischen Prinzipien" (Birkhäuser, Basel 1977 und 1979), hat er so hinterlassen, daß derzeit keine nennenswerten Korrekturen notwendig erscheinen. Daher konnte der Springer-Verlag die vergriffene dritte Auflage des „Repertorium und Übungsbuch der Technischen Mechanik", die der Autor seinerzeit gründlich korrigiert und erweitert hatte, nun unverändert nachdrucken. Allerdings erscheint das Buch in einem einfacheren Einband als bisher, da es nur auf diese Weise möglich war, den Ladenpreis immer noch recht „studentenfreundlich" zu halten.

München, im Dezember 1984

PETER ZIMMERMANN
Institut für Mechanik
Hochschule der Bundeswehr
München

Vorwort zur ersten Auflage

Zur Entstehung dieses Buches trugen mehrere Umstände bei: An den Verlag und an mich herangetragene Vorschläge von Kollegen für eine Aufgabensammlung, Bitten meiner Hörer für eine kurze Darstellung des mit Beispielen illustrierten Lehrstoffes zur Examensvorbereitung und schließlich der eigene Plan, Interessenten eine Sammlung der wichtigsten Sätze und Formeln der Mechanik nebst Übungsbeispielen zu geben. Ich glaube, allen diesen Gesichtspunkten mit diesem „*Repertorium und Übungsbuch*" zu entsprechen, und in diesem Sinne ist auch der Aufbau des Buches erfolgt: An die Sätze und Formeln eines nicht zu großen und abgeschlossenen Teilgebietes schließen sich eine Anzahl von Aufgaben mit ihren knapp gehaltenen Lösungen an. Ich war bestrebt, den allgemeinen Teil so zu gestalten, daß der Leser den Weg ersehen kann, auf dem aus axiomatischen Sätzen und Hypothesen die Formeln hervorgehen. Hinsichtlich der Aufgaben war ich nicht krampfhaft bemüht, nur „Beispiele aus der Praxis" zu geben; auf ein Nahebringen des Stoffes und auf ein „Sich-Einüben" in die wesentlichen Gedankengänge der Mechanik kam es mir in erster Linie an! Ich möchte aber doch hoffen, daß ich einen guten Mittelweg gefunden und in den Aufgaben nicht nur „Probleme akademischen Charakters" behandelt habe.

Der größte Teil der Aufgaben entstammt dem Übungsarchiv meines Lehrstuhles; sie wurden von meinen Assistenten, den Herren Diplom-Ingenieuren H. SANDER, H. D. SONDERSHAUSEN und W. ZANDER nach meiner Auswahl in druckfertige Form gebracht. Neben dieser wirksamen Hilfe habe ich diesen Herren auch für die Beisteuerung einer Anzahl eigener Aufgaben und für ihre wertvolle Mitarbeit bei der Gestaltung des allgemeinen Teiles herzlichst zu danken.

Die Zusammenarbeit mit dem Springer-Verlag war auch bei Drucklegung dieses Buches sehr erfreulich; dafür und für die gute Ausstattung des Buches möchte ich auch an dieser Stelle meinen besten Dank aussprechen.

Berlin-Charlottenburg, im Januar 1960

István Szabó

Vorwort zur zweiten Auflage

Die wesentliche Änderung in dieser Auflage gegenüber der ersten besteht aus dem am Ende eingefügten „*Anhang*": Er enthält 36 neue Aufgaben verschiedener Schwierigkeitsgrade aus dem Gesamtgebiet der Mechanik und ist für den Leser als ein „Prüfstein" seiner Kenntnisse gedacht.

Im übrigen Teil wurden entdeckte Druckfehler korrigiert, Ergänzungen (so z. B. über die Arten des Gleichgewichtes) und Verbesserungen (vornehmlich in der Kinetik, Elastizitätstheorie und Hydromechanik) vorgenommen und schließlich an zahlreichen Stellen neue Aufgaben eingefügt. Bei der Abfassung des „*Anhanges*" wurde ich von Herrn Dr.-Ing. G. RUMPEL unterstützt; die Herren Diplom-Ingenieure D. HILLIGES, H. SCHOOP und K. STAMM waren mir sowohl beim Entwerfen von neuen Aufgaben als auch bei den Korrekturen behilflich: Ihnen allen möchte ich auch an dieser Stelle herzlich danken. Mein Dank gilt auch dem Springer-Verlag für die – wie immer – erfreuliche Zusammenarbeit und gute Ausstattung des Buches.

Berlin-Charlottenburg, im Frühjahr 1963

Istvan Szabó

Vorwort zur dritten Auflage

In dieser Neuauflage wurden Druckfehler korrigiert, an zahlreichen Aufgaben Änderungen im Sinne einer Verbesserung vorgenommen und im „Anhang" einige neue Aufgaben hinzugefügt, deren instruktiver Charakter sich in Prüfungen und Klausuren erwiesen hat.

Bei diesen Arbeiten wurde ich von Herrn Dr.-Ing. Peter ZIMMERMANN wirksam unterstützt, wofür ich ihm auch an dieser Stelle sehr danken möchte. Mein Dank gilt auch dem Springer-Verlag für die – wie immer – erfreuliche Zusammenarbeit.

Berlin-Charlottenburg, im Winter 1971

Istvan Szabó

Inhaltsverzeichnis*

---

* Den durch arabische Ziffern gekennzeichneten Teilgebieten schließen sich
die dazugehörigen *Aufgaben* an.

Allgemeine Bemerkungen

1. Zur Mechanik. *Aufgabe der Mechanik* ist es, die in der Natur vorkommenden Bewegungen zu untersuchen. Sie ist eine Lehre von den Bewegungen und Kräften und schafft ihre Grundlagen (Axiome und Prinzipien) aus der Erfahrung. Zur exakten Formulierung der so gewonnenen Erkenntnisse benutzt sie „die Sprache der Mathematik". Man kann die Mechanik einteilen in die reine Bewegungslehre, die sog. *Kinematik*, und in die *Dynamik* mit den Teilgebieten *Statik* (Lehre vom Gleichgewicht der Kräfte) und *Kinetik* (Bewegung der Körper unter Kräfteeinwirkung). Da die Beschreibung der Bewegung der Materie in allen Einzelheiten und Feinheiten eine kaum lösbare Aufgabe ist, wird auch in der Mechanik, insbesondere hinsichtlich der Stoffeigenschaften, *idealisiert*. In diesem Sinne spricht man z. B. von starren oder elastischen Körpern, idealen Flüssigkeiten, reibungsfreien Bewegungen usw.

2. Zur Vektoralgebra. Viele Begriffe der Mechanik wie Kraft, Spannung, Geschwindigkeit, Beschleunigung sind nur durch Vektoren darzustellen. Ein Vektor ist eine in einem rechtwinkligen Koordinatensystem durch ein Zahlentripel

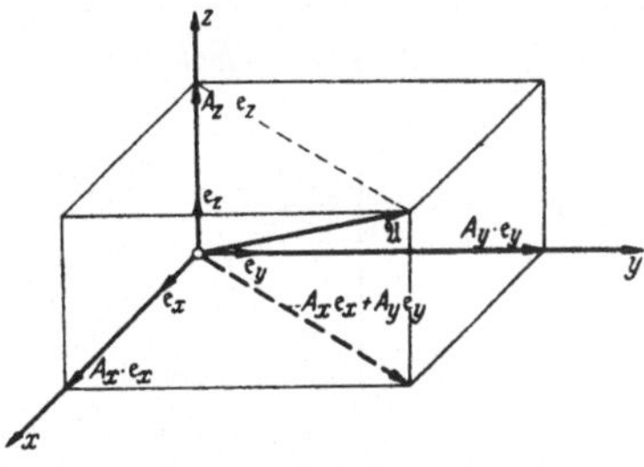

Abb. 0.1

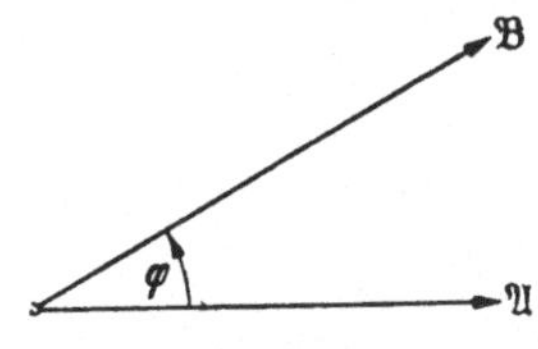

Abb. 0.2

A_x, A_y, A_z festlegbare Größe. Mit den Einheitsvektoren e_x, e_y, e_z (Abb. 0.1) hat man

$$\mathfrak{A} = A_x\,e_x + A_y\,e_y + A_z\,e_z = \{A_x;\ A_y;\ A_z\}. \tag{0.1}$$

Addition und Subtraktion von Vektoren erfolgt also im erweiterten Sinne von (0.1) nach dem bekannten Parallelogrammgesetz. Es gilt

$$\mathfrak{A} \pm \mathfrak{B} = \{(A_x \pm B_x);\ (A_y \pm B_y);\ (A_z \pm B_z)\}. \tag{0.2}$$

Das Skalarprodukt zweier Vektoren (Abb. 0.2):

$$\left.\begin{aligned}
\mathfrak{A}\,\mathfrak{B} &= |\mathfrak{A}|\,|\mathfrak{B}|\cos\varphi = A_x\,B_x + A_y\,B_y + A_z\,B_z, \\
\cos\varphi &= \frac{\mathfrak{A}\,\mathfrak{B}}{|\mathfrak{A}|\,|\mathfrak{B}|}
\end{aligned}\right\} \tag{0.3}$$

Insbesondere ist

$$\mathfrak{A}\,\mathfrak{A} = \mathfrak{A}^2 = |\mathfrak{A}|^2 = A_x^2 + A_y^2 + A_z^2,$$
$$|\mathfrak{A}| = \sqrt{A_x^2 + A_y^2 + A_z^2}. \qquad\Biggr\} \qquad (0.4)$$

Für $\varphi = 90°$ (*Orthogonalität* von $\mathfrak{A}$ und $\mathfrak{B}$) ist $\mathfrak{A}\,\mathfrak{B} = 0$.

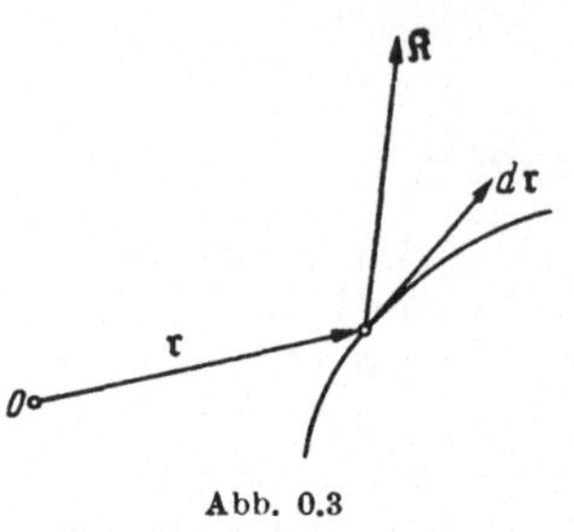

Abb. 0.3

Anwendung: Die Arbeit (Abb. 0.3). Die Kraft $\mathfrak{K} = \{X;\ Y;\ Z\}$ leistet bei einer Verschiebung $d\mathfrak{r} = \{dx;\ dy;\ dz\}$ die Arbeit

$$dA = \mathfrak{K}\,d\mathfrak{r} = X\,dx + Y\,dy + Z\,dz. \qquad (0.5)$$

Das Vektorprodukt zweier Vektoren:

$$\mathfrak{A} \times \mathfrak{B} = \begin{vmatrix} e_x & e_y & e_z \\ A_x & A_y & A_z \\ B_x & B_y & B_z \end{vmatrix} =$$

$$= \{(A_y\,B_z - A_z\,B_y);\ (A_z\,B_x - A_x\,B_z);\ (A_x\,B_y - A_y\,B_x)\}. \qquad (0.6)$$

Das ist ein zu $\mathfrak{A}$ und $\mathfrak{B}$ senkrechter Vektor, so, daß die Vektoren $\mathfrak{A}$, $\mathfrak{B}$, $\mathfrak{A} \times \mathfrak{B}$ in dieser Reihenfolge ein Rechtssystem bilden und

$$|\mathfrak{A} \times \mathfrak{B}| = |\mathfrak{A}|\,|\mathfrak{B}|\,\sin\varphi$$

der Flächeninhalt des aus $\mathfrak{A}$ und $\mathfrak{B}$ aufgespannten Parallelogramms ist.

Für parallele Vektoren ($\varphi = 0°$ oder $180°$) ist $\mathfrak{A} \times \mathfrak{B} = 0$.

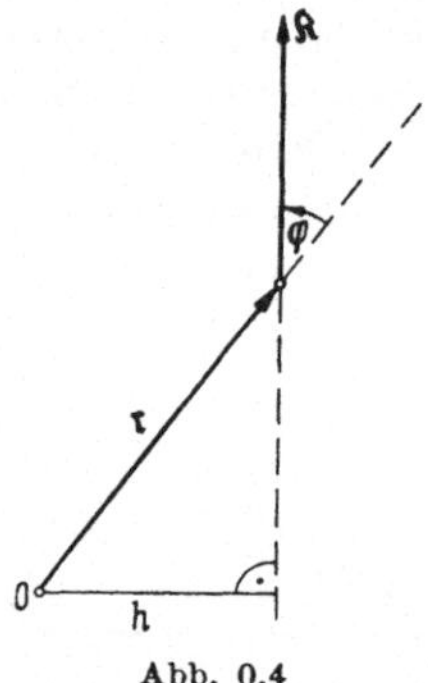

Abb. 0.4

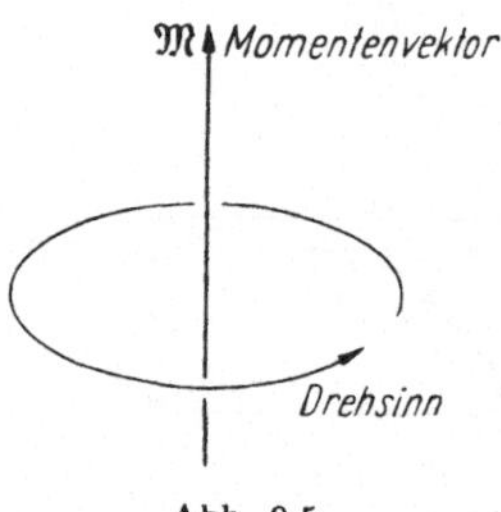

Abb. 0.5

Anwendung: Das Moment einer Kraft $\mathfrak{K}$ in bezug auf den Punkt O ist (Abb. 0.4)

$$\mathfrak{M} = \mathfrak{r} \times \mathfrak{K}. \qquad (0.7)$$

Wegen

$$|\mathfrak{M}| = M = |\mathfrak{K}|\,|\mathfrak{r}|\,\sin\varphi = K \cdot h = \text{Drehmoment}$$

wird also dem Drehmoment einer Kraft ein zur Drehungsebene senkrechter Vektor zugeordnet (Abb. 0.5).

Das skalare Produkt (Spatprodukt) dreier Vektoren:

$$\mathfrak{A}\,\mathfrak{B}\,\mathfrak{C} = \mathfrak{A}(\mathfrak{B} \times \mathfrak{C}) = \begin{vmatrix} A_x & A_y & A_z \\ B_x & B_y & B_z \\ C_x & C_y & C_z \end{vmatrix}. \qquad (0.8)$$

Damit wird (bis auf das Vorzeichen) das Volumen des aus $\mathfrak{A}$, $\mathfrak{B}$ und $\mathfrak{C}$ gebildeten Parallelepipeds festgelegt. Liegen diese Vektoren in einer Ebene (d. h. sind sie komplanar), so ist $\mathfrak{A}\,\mathfrak{B}\,\mathfrak{C} = 0$.

Das dreifache Vektorprodukt:

$$\mathfrak{A} \times (\mathfrak{B} \times \mathfrak{C}) = (\mathfrak{A}\,\mathfrak{C})\,\mathfrak{B} - (\mathfrak{A}\,\mathfrak{B})\,\mathfrak{C}. \tag{0.9}$$

Statik starrer Körper

I. Kräfte, Spannungen und Gleichgewichtsbedingungen

1. Kraft und Spannung. Der Kraftbegriff entspringt unserer Erfahrung mit der Schwerkraft, deren mannigfaltige Wirkungen, wie „*Druck*" des Gewichtes auf eine Unterlage, „*Zug*" in einem Faden, „*Deformation*" einer Feder und „*Bewegung*" eines freien oder teilweise geführten (z. B. auf der schiefen Ebene bewegten) Körpers, wir empfinden oder beobachten können. Dementsprechend vermuten wir in allen ähnlichen Erscheinungen eine mit der Schwerkraft vergleichbare bzw. durch

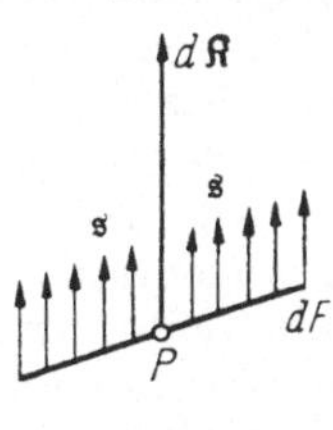

Abb. 1.1

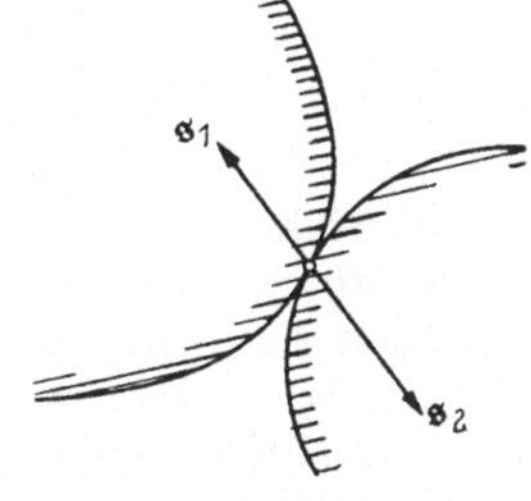

Abb. 1.2

sie direkt oder indirekt meßbare vektorische Größe, nämlich eine „*Kraft*". Die Veranschaulichung der Kraft als sog. „*Einzelkraft*" durch einen Vektor ist wiederum eine Idealisierung, indem man z. B. die *räumlich verteilte (Schwer-) Kraft (Gewicht)* eines Körpers in einen dünnen Faden leitet und die in Wirklichkeit über dem Fadenquerschnitt *flächenhaft verteilte Kraft* durch einen in der Fadenachse liegenden Vektor ersetzt.

Die eben erwähnte flächenhaft verteilte Kraft, die sog. *Spannung* (Kraft je Flächeneinheit), wird durch den ihr zugeordneten Vektor $\mathfrak{s}$ dargestellt. Im Sinne der Mathematik wird dieser Vektor einem Punkt P bzw. einem durch diesen Punkt gelegten (ebenen) unendlich kleinen Flächenelement dF zugeordnet, auf dem die Spannung (annähernd) konstante Größe besitzt (Abb. 1.1). Dementsprechend ist die in diesem Flächenelement wirkende Kraft (Abb. 1.1)

$$d\mathfrak{K} = \mathfrak{s}\,dF. \tag{1.1}$$

Solche Spannungen treten einerseits zwischen zwei sich berührenden Körpern unter *Gültigkeit des Gegenwirkungsprinzips* (Abb. 1.2)

$$\mathfrak{s}_1 = -\,\mathfrak{s}_2 \tag{1.2}$$

auf; andererseits erscheinen sie auch nach dem *Eulerschen Schnittprinzip* als *innere Spannungen* längs eines beliebig geführten Schnittes innerhalb eines Körpers. Der einem bestimmten Punkt bzw. dem durch ihn gelegten Flächenelement zugeordnete Spannungsvektor $\mathfrak{s}$ kann nach dem *Parallelogrammaxiom* in eine zu dF senkrechte *Normalspannung* $\mathfrak{s}_N$ und eine in dF liegende *Schubspannung* $\mathfrak{s}_S$ zerlegt werden (Abb. 1.3). Da die für die innere Beanspruchung maßgebende Schnittführung beliebig ist, erhebt sich die Frage, wie viele Angaben (Zahlengrößen) notwendig sind, um für jede der unendlich vielen Lagen des Flächenelementes durch einen Punkt den Spannungsvektor angeben zu können. Die Betrachtung eines um einen Punkt gelegten Körperelementes wird uns lehren (Abb. 3.1), daß hierzu neun skalare Größen erforderlich sind, die den sog. *Spannungstensor* bestimmen.

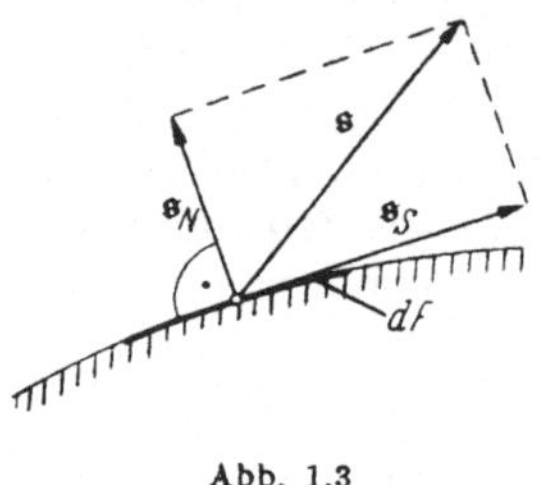

Abb. 1.3

Die gemäß dem Schnittprinzip in einem Körper „*freigelegten Kräfte*" werden *innere*, die auf den Körper in Form von Oberflächen- und Massenkräften (z. B. Gravitationskräften) einwirkenden *äußere Kräfte* genannt. Diese beiden Kräfteklassen können wiederum in *physikalische* oder *eingeprägte Kräfte* (Gewicht, Winddruck, magnetische Kraft usw.) und in *Reaktionskräfte* unterteilt werden. Letztere werden — als Folge der Einschränkung von Bewegungsmöglichkeiten — auch *geometrische Kräfte* oder *Zwangskräfte* genannt. So treten z. B. in einem starren Körper innere Reaktionskräfte, in einem deformierbaren Körper innere eingeprägte Kräfte auf. Zu den eingeprägten Kräften ist ferner die beim Gleiten zwischen zwei festen Körpern auftretende und der (Relativ-) Geschwindigkeit entgegengesetzt gerichtete *Gleitreibungskraft* R_{Gl} zu rechnen, während die im Ruhefall feststellbare *Haftreibungskraft* R_{Ha} zu den Reaktionskräften zu rechnen ist; man erfaßt sie in der Form

$$R_{Gl} = \mu\,N\,. \qquad R_{Ha} \leqq \mu_0\,N\,, \qquad\qquad (1.3)$$

worin N der Normaldruck sowie μ und μ_0 ($\mu < \mu_0$) die entsprechenden *Reibungskoeffizienten* sind. Auch die beim (reinen) Rollen zwischen einem Rad und seiner Unterlage auftretende Tangentialkraft entspricht einer Haftreibung!

Ebenso wie die bisher aufgeführten Kräfte werden auch die weiteren unter dem Namen *Bewegungswiderstände* zusammenfaßbaren Kräfte durch gewisse Hypothesen erfaßt. Die in diesen Hypothesen auftretenden Beiwerte werden im allgemeinen durch Versuche ermittelt. So legt man z. B. für den Bewegungswiderstand eines in einer Flüssigkeit oder einem Gas mit der Relativgeschwindigkeit v bewegten (starren) Körpers Gesetze von der Form

$$W = r\,v \quad \text{bzw.} \quad W = \frac{c_w}{2}\,\varrho\,F_S\,v^2$$

zugrunde. Hierbei sind r und c_w, die sogenannten *Widerstandsziffern*, im wesentlichen von Körperform, Geschwindigkeitsbereich und Medium abhängige experimentell ermittelbare Größen, ϱ die Dichte des Mediums und F_S die sog. *Schattenfläche* des bewegten Körpers. Anwendungen dieses und ähnlicher Gesetze, wie z. B. des für die *Seilreibung*, findet man in den Aufgaben.

2. Linienflüchtigkeit der Kraft und Gleichwertigkeit zweier Kraftsysteme am starren Körper. Die statische Wirkung einer Einzelkraft (z. B. hinsichtlich der Reaktionskräfte in starren Lagerungen) ist, solange es sich um das Gleichgewicht am starren Körper handelt, unabhängig vom Kraftangriffspunkt; dieser kann also in der Wirkungslinie (g) der Kraft beliebig lokalisiert werden (Abb. 1.4).

Zwei Kräftesysteme sind am starren Körper gleichwertig (äquivalent), wenn sie im Falle der Ruhe dieselben Reaktionskräfte hervorrufen. Ein Kräftesystem, das am starren Körper keine Reaktionskräfte hervorruft, bezeichnet man als *Gleichgewichtssystem*; ein solches System darf also zu den an einem starren Körper wirkenden Kräften hinzugefügt werden, ohne sein Gleichgewicht zu stören.

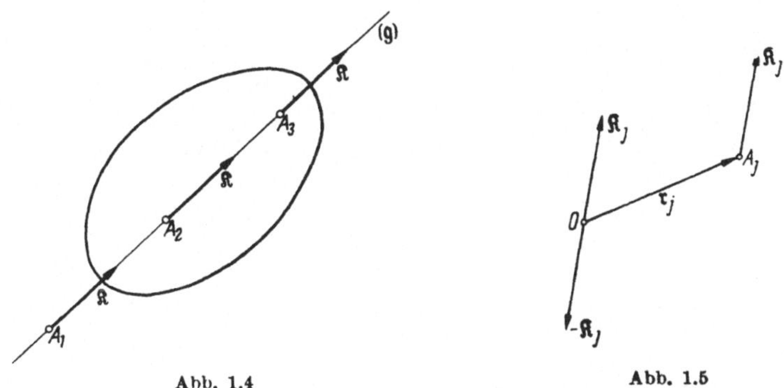

Abb. 1.4   Abb. 1.5

3. Die Kräftereduktion, d. h. die Zusammenfassung eines aus den Kräften

$$\Re_j = \{X_j;\ Y_j;\ Z_j\} \quad (j = 1, 2, \ldots, n) \quad (1.4)$$

bestehenden Kräftesystems mit den Kraftangriffspunkten $A_j\,(\mathfrak{r}_j)$, wird mit dem Schlußsatz der vorangehenden Ziffer geleistet (Abb. 1.5): Man füge in O das Gleichgewichtssystem $\Re_j$ und $-\Re_j$ an und fasse $\Re_j$ in A_j und $-\Re_j$ in O zu einem sog. *Kräftepaar* mit dem (am starren Körper freien, d.h. parallel beliebig verschiebbaren) *Momentenvektor* [s. (0.7)]

$$\mathfrak{M}_j = \mathfrak{r}_j \times \Re_j = \begin{vmatrix} e_x & e_y & e_z \\ x_j & y_j & z_j \\ X_j & Y_j & Z_j \end{vmatrix} \quad (1.5)$$

zusammen. Das Ergebnis der auf diese Weise durchgeführten Kräftereduktion ist eine in O (dem beliebig wählbaren Reduktionszentrum) wirkende Einzelkraft, die sog. *Resultierende*

$$\Re = \sum_{j=1}^{n} \Re_j \quad (1.6)$$

und ein **Kräftepaar** mit dem (freien) Momentenvektor

$$\mathfrak{M} = \sum_{j=1}^{n} \mathfrak{M}_j = \sum_{j=1}^{n} \mathfrak{r}_j \times \mathfrak{K}_j. \tag{1.7}$$

Zerlegt man $\mathfrak{M}$ in $\mathfrak{M}_\mathfrak{R} \,\|\, \mathfrak{R}$ und $\mathfrak{M}_V \perp \mathfrak{R}$ (Abb. 1.6), so bildet

$$\mathfrak{M}_\mathfrak{R} = \frac{\mathfrak{R}\,\mathfrak{M}}{\mathfrak{R}^2}\,\mathfrak{R} \tag{1.8}$$

mit der durch die Reduktion aus $\mathfrak{M}_V$ und $\mathfrak{R}$ hervorgehenden um

$$\mathfrak{a} = \frac{\mathfrak{R} \times \mathfrak{M}}{\mathfrak{R}^2} \tag{1.9}$$

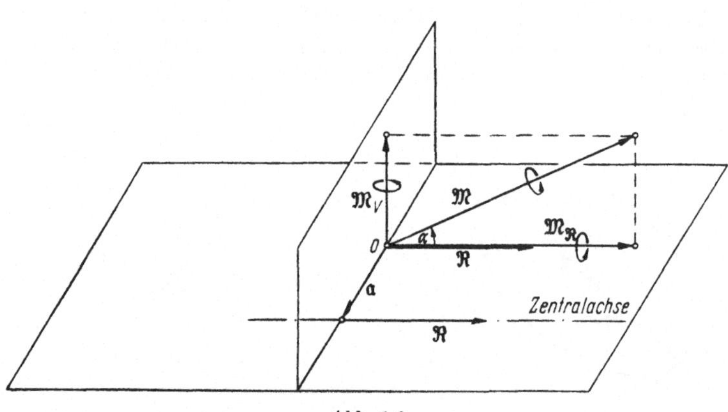

Abb. 1.6

parallel verschobenen Kraft $\mathfrak{R}$ die sog. *Kraftschraube* oder *Dyname* (Abb. 1.7). Durch $\mathfrak{a}$ und $\mathfrak{R}$ wird die sog. *Zentralachse* festgelegt (Abb. 1.6):

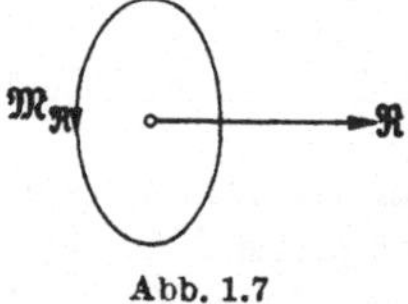

Abb. 1.7

Die auf einen ihrer Punkte bezogene Kräftereduktion ergibt einen zur resultierenden Kraft parallelen Momentenvektor.

In der Ebene läßt sich die Kräftereduktion auch auf graphischem Wege mit Hilfe des *Seilecks* durchführen (s. A 2 der anschließenden Aufgaben).

Aufgaben

A 1. Kraftschraube. An einem starren Körper wirken die Kräfte
$\mathfrak{K}_1 = \{6;\ 3;\ 3\}$ kp, $\quad \mathfrak{K}_2 = \{-2;\ 1;\ 5\}$ kp, $\quad \mathfrak{K}_3 = \{2;\ -2;\ 4\}$ kp
mit den Angriffspunkten

$$\mathfrak{r}_1 = \{1;\ 2;\ 3\}\ \text{m}, \quad \mathfrak{r}_2 = \{0;\ 5;\ 2\}\ \text{m}, \quad \mathfrak{r}_3 = \{-5;\ 2;\ 1\}\ \text{m}.$$

Man ermittle die diesem System äquivalente Kraftschraube sowie die Gleichung der **Zentralachse.**

Lösung. Die Resultierende der gegebenen Kräftegruppe ergibt sich zu

$$\mathfrak{R} = \sum_{j=1}^{3} \mathfrak{K}_j = \{6;\ 2;\ 12\}\ \text{kp},$$

und für das Moment hinsichtlich des Koordinatenursprungs folgt

$$\mathfrak{M} = \sum_{j=1}^{3} \mathfrak{M}_j = \sum_{j=1}^{3} \mathfrak{r}_j \times \mathfrak{R}_j = \begin{vmatrix} e_x & e_y & e_z \\ 1 & 2 & 3 \\ 6 & 3 & 3 \end{vmatrix} + \begin{vmatrix} e_x & e_y & e_z \\ 0 & 5 & 2 \\ -2 & 1 & 5 \end{vmatrix} + \begin{vmatrix} e_x & e_y & e_z \\ -5 & 2 & 1 \\ 2 & -2 & 4 \end{vmatrix}$$

$$= \{30;\ 33;\ 7\} \text{ kpm.}$$

Die Zerlegung von $\mathfrak{M}$ in eine zu $\mathfrak{R}$ parallele und eine dazu senkrechte Komponente liefert für die erste gemäß (1.8)

$$\mathfrak{M}_\mathfrak{R} = \frac{\mathfrak{R}\,\mathfrak{M}}{\mathfrak{R}^2}\,\mathfrak{R} = \frac{330}{184}\,\mathfrak{R} = \frac{165}{92}\,\mathfrak{R}\,,$$

und nach (1.9) ergibt die zu $\mathfrak{R}$ senkrechte Komponente von $\mathfrak{M}$ mit $\mathfrak{R}$ eine Parallelverschiebung der Resultierenden um

$$\mathfrak{a} = \frac{\mathfrak{R} \times \mathfrak{M}}{\mathfrak{R}^2} = \frac{1}{184} \begin{vmatrix} e_x & e_y & e_z \\ 6 & 2 & 12 \\ 30 & 33 & 7 \end{vmatrix}$$

$$= \frac{\cdot 1}{184} \{-382;\ 318;\ 138\} = \frac{1}{92} \{-191;\ 159;\ 69\} \text{ m.}$$

Damit ist das gegebene Kräftesystem reduziert auf eine Kraftschraube, bestehend aus der Kraft $\mathfrak{R} = \{6;\ 2;\ 12\}$ kp durch den Punkt $\mathfrak{a} = \frac{1}{92} \{-191;\ 159;\ 69\}$ m

und aus dem zu $\mathfrak{R}$ parallelen Momentenvektor $\mathfrak{M}_\mathfrak{R} = \frac{165}{92}\,\mathfrak{R} = \frac{165}{92}\{6;\ 2;\ 12\}$ kpm. Durch $\mathfrak{a}$ ist ferner die Zentralachse als Wirkungslinie der Dyname festgelegt, deren Gleichung zu $\mathfrak{z} = \mathfrak{a} + \mathfrak{R} \cdot t$ folgt (Abb. 1.6).

A 2. Kräftereduktion in der Ebene (Seileck). Für die an einem starren Körper angreifenden ebenen Kräftegruppen bestimme man die Resultierenden nach Größe, Richtung und Lage auf graphischem Wege.

Gegeben: a) zu Abb. A 2.1:

$$|\mathfrak{R}_1| = 1500\,\text{kp}\,, \quad |\mathfrak{R}_2| = 2500\,\text{kp}\,, \quad |\mathfrak{R}_3| = 1000\,\text{kp}\,, \quad |\mathfrak{R}_4| = 2000\,\text{kp}\,,$$

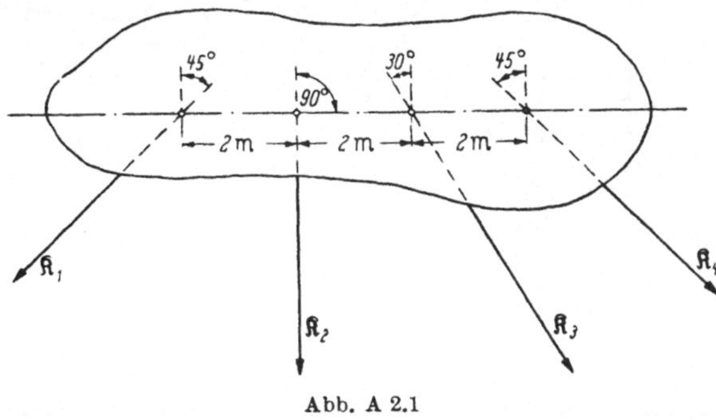

Abb. A 2.1

b) zu Abb. A 2.2:

$$|\mathfrak{R}_1| = 1200\,\text{kp}\,, \quad |\mathfrak{R}_2| = 1000\,\text{kp}\,, \quad |\mathfrak{R}_3| = 2000\,\text{kp}\,, \quad |\mathfrak{R}_4| = 1000\,\text{kp.}$$

Lösung. a) Zur graphischen Ermittlung der Resultierenden der aus vier Kräften bestehenden ebenen Kräftegruppe wollen wir uns der *Konstruktion des Kraft- und des Seilecks* bedienen. Dazu wählen wir für den *Lageplan* einen *Längenmaßstab* (1 cm $\triangleq \lambda$ cm) und für das *Krafteck* einen *Kräftemaßstab* (1 cm $\triangleq \varkappa$ kp).

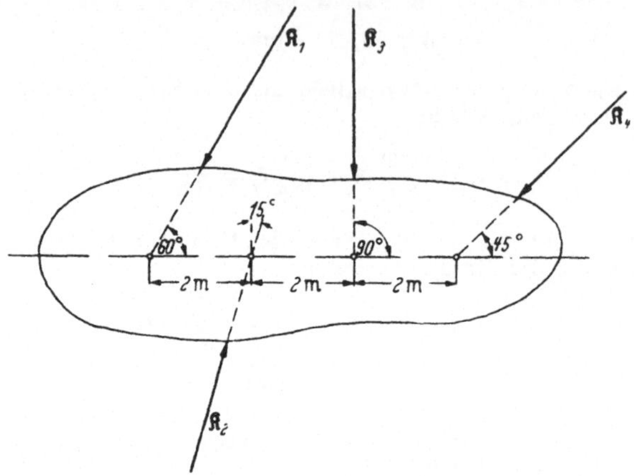

Abb. A 2.2

Da die Resultierende von mehreren Kräften die vektorielle (geometrische) Summe derselben ist, erhält man sie der Größe und Richtung nach sofort aus dem *Krafteck* (Abb. A 2.3). Um nun noch ihre Lage zu bestimmen, benutzen wir das *Seilpolygon*. Wir wählen im Krafteck einen beliebigen Pol *O*, von dem wir zu

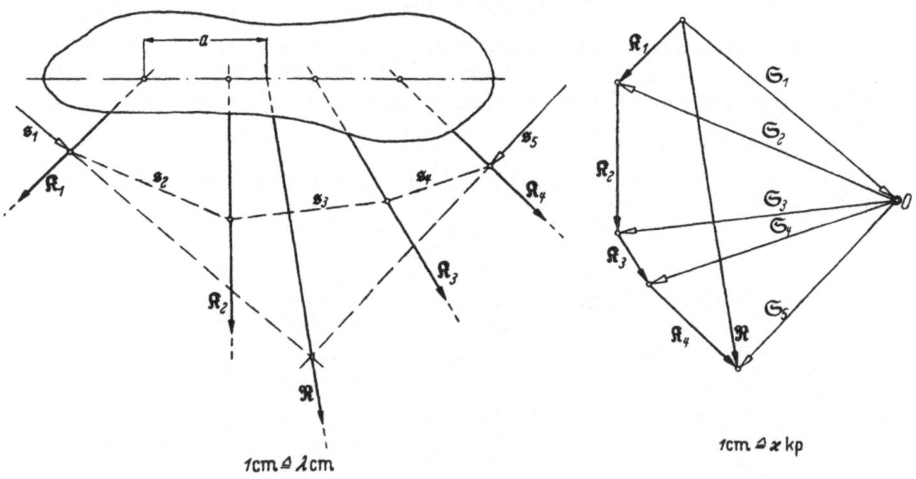

Abb. A 2.3

den Kraftendpunkten die *Polstrahlen* $\mathfrak{S}_1$, $\mathfrak{S}_2$, ..., $\mathfrak{S}_5$ ziehen. Damit zerlegen wir die Kraft $\mathfrak{K}_1$ in die beiden Kräfte $\mathfrak{S}_1$ und $\mathfrak{S}_2$. Setzen wir nun $\mathfrak{S}_2$ mit $\mathfrak{K}_2$ zu $\mathfrak{S}_3$, $\mathfrak{S}_3$ mit $\mathfrak{K}_3$ zu $\mathfrak{S}_4$ und schließlich $\mathfrak{S}_4$ mit $\mathfrak{K}_4$ zu $\mathfrak{S}_5$ zusammen, so sind die beiden äußeren „*Seilkräfte*" $\mathfrak{S}_1$ und $\mathfrak{S}_5$ den Kräften $\mathfrak{K}_1$, ..., $\mathfrak{K}_4$ und damit der Resultierenden $\mathfrak{R}$ äquivalent. In den Lageplan werden nun parallel zu den entsprechenden

Polstrahlen die *Seilstrahlen* $\mathfrak{s}_1$, $\mathfrak{s}_2$, ..., $\mathfrak{s}_5$ gezeichnet, wobei die Lage des ersten Seilstrahles völlig willkürlich ist. Dann bestimmt die Zerlegung von $\mathfrak{K}_1$ in $\mathfrak{S}_1$ und $\mathfrak{S}_2$ die Lage der Wirkungslinie $\mathfrak{s}_2$ der Kraft $\mathfrak{S}_2$ die ihrerseits mit $\mathfrak{K}_2$ in ihrem Schnittpunkt zusammengesetzt die Wirkungslinie $\mathfrak{s}_3$ der Kraft $\mathfrak{S}_3$ ergibt usw. Zuletzt erhalten wir durch den Schnittpunkt von $\mathfrak{S}_4$ und $\mathfrak{K}_4$ die Wirkungslinie von $\mathfrak{S}_5$, und da die Resultierende $\mathfrak{R}$ den beiden Kräften $\mathfrak{S}_1$ und $\mathfrak{S}_5$ äquivalent ist, muß ihre Wirkungslinie durch den Schnittpunkt der den beiden äußeren Seilkräften entsprechenden Seilstrahlen $\mathfrak{s}_1$ und $\mathfrak{s}_5$ gehen. Damit ist also auch die Lage von $\mathfrak{R}$ bestimmt.

Aus dem Krafteck lesen wir nun die Größe der Resultierenden zu $|\mathfrak{R}| = 5900 \, \mathrm{kp}$ und ihren Richtungswinkel gegenüber der Körperachse zu 81,5° ab, und für die Bestimmung der Lage der Resultierenden wird aus dem Lageplan der Abstand $a = 2{,}90 \, \mathrm{m}$ entnommen (Abb. A 2.3).

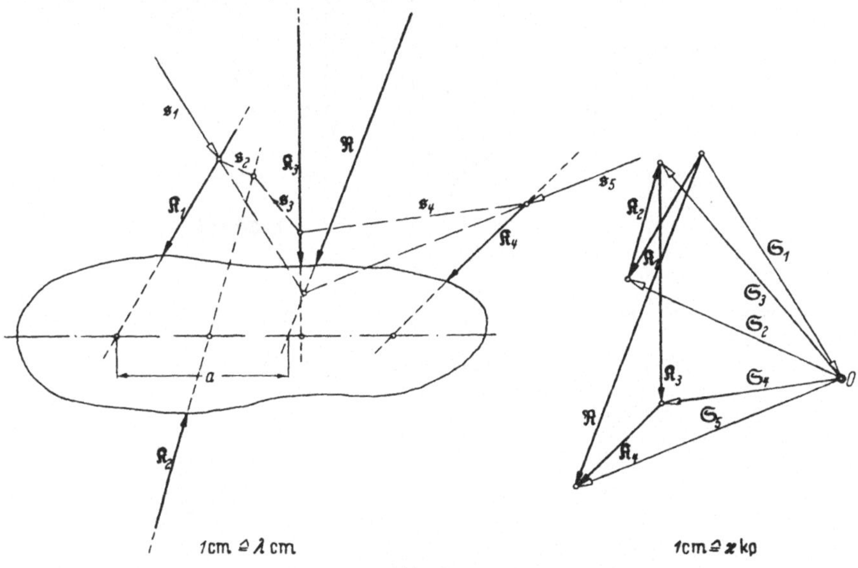

Abb. A 2.4

b) Im wesentlichen braucht zu dieser Aufgabe nichts Weiteres gesagt zu werden; es soll durch sie nur gezeigt werden, daß die Konstruktion ganz analog zu a) durchgeführt wird, auch wenn das Krafteck wie hier verschränkt ist. Als Ergebnisse werden entnommen (Abb. A 2.4): $|\mathfrak{R}| = 2980 \, \mathrm{kp}$, Richtungswinkel gegenüber der Körperachse 69,5° und $a = 3{,}70 \, \mathrm{m}$.

A 3. Graphische Ermittlung des Momentes einer ebenen Kräftegruppe. Man ermittle auf graphischem Wege das Moment a) einer Einzelkraft, b) von drei parallelen Kräften, c) von drei Kräften beliebiger Richtung in bezug auf einen in der Ebene der Kräfte liegenden Punkt.

Lösung. a) Das Moment der Kraft $\mathfrak{K}$ bezüglich des Punktes P hat die Größe $M = K \cdot h$, wenn $K = |\mathfrak{K}|$ und h der senkrechte Abstand des Punktes P von der Wirkungslinie von $\mathfrak{K}$ sind (Abb. A 3.1). Zeichnet man nun ein Krafteck (Kräftemaßstab $1 \, \mathrm{cm} \,\hat{=}\, \varkappa \, \mathrm{kp}$, Polabstand H) und das zugehörige Seileck (Längenmaßstab $1 \, \mathrm{cm} \,\hat{=}\, \lambda \, \mathrm{cm}$), das auf der durch P gezogenen Parallelen zu $\mathfrak{K}$ den Abschnitt y begrenzt, so folgt aus der Ähnlichkeit der Dreiecke ABC und A_1B_1O die Beziehung $h : y = H : K$, d. h. $K \cdot h = y \cdot H$. Unter Berücksichtigung der Maßstäbe ergibt sich damit für das Moment
$$M = \lambda y \cdot \varkappa H \quad [\mathrm{kp\,cm}].$$

b) Um das Moment einer Gruppe paralleler Kräfte zu bestimmen, zeichnet man wieder Kraft- und Seileck (Abb. A 3.2). Mit den unter a) gewonnenen Erkenntnissen ergibt sich sofort das Moment einer der Kräfte $\Re_j$ in bezug auf P

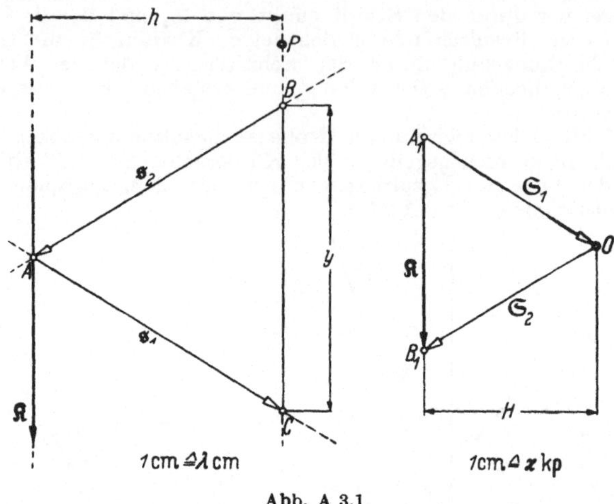

Abb. A 3.1

zu $M_j = \lambda\, y_j \cdot \varkappa H$ und damit das Moment der gesamten Kräftegruppe (wegen $M = \sum M_j$):

$$M = \lambda\,(y_1 + y_2 + y_3) \cdot \varkappa H = \lambda\, y \cdot \varkappa H \quad [\text{kp cm}].$$

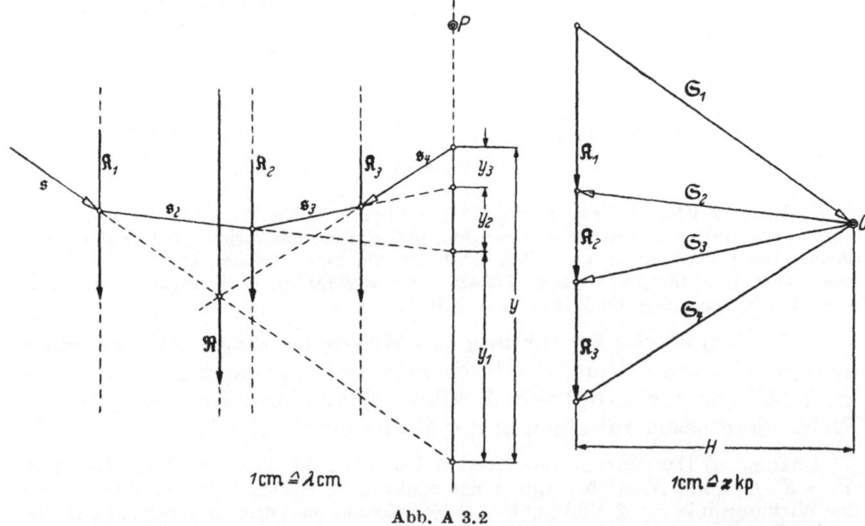

Abb. A 3.2

Das ist aber auch gleichzeitig das Moment der mit Hilfe des Seilecks gewonnenen Resultierenden $\Re$ in bezug auf P, wie aus der Konstruktion sofort ersichtlich ist.

c) Hat man das Moment einer Gruppe nicht paralleler Kräfte in bezug auf einen Punkt P zu bilden, so ermittelt man zunächst mit Hilfe des Seilecks die

Lage der Resultierenden $\Re$ und führt damit das Problem auf den Fall a) zurück (Abb. A 3.3). Auch hier gilt dann wieder

$$M = \lambda\, y \cdot \varkappa\, H \quad [\text{kp cm}].$$

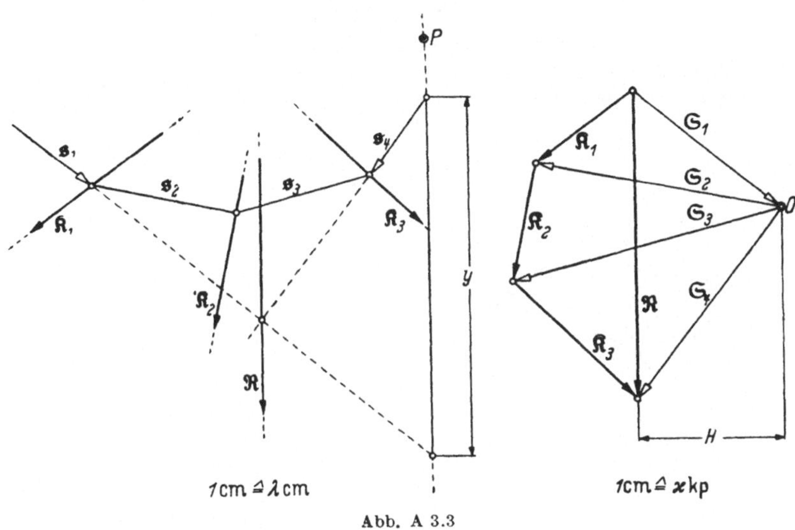

Abb. A 3.3

4. Gleichgewicht der Kräfte. Das aus den eingeprägten Kräften und den Reaktionskräften $\Re_j$ ($j = 1, 2, \ldots, n$) mit den Kraftangriffspunkten $A_j(\mathfrak{r}_j)$ bestehende System befindet sich im Gleichgewicht, wenn

$$\Re = \sum_{j=1}^{n} \Re_j = 0 \quad \text{und} \quad \mathfrak{M} = \sum_{j=1}^{n} \mathfrak{r}_j \times \Re_j = 0 \qquad (1.10)$$

ist. Aus diesen beiden Vektorgleichungen gehen sechs skalare Gleichungen hervor, aus denen man sechs unbekannte (z. B. Reaktions-) Kraftkomponenten ermitteln kann. Sind nicht mehr als sechs unbekannte Reaktionskräfte vorhanden, so nennt man das System *statisch bestimmt gelagert.* In der Ebene lassen sich unbekannte und statisch bestimmte Reaktionskräfte oft sehr bequem auf graphischem Wege ermitteln, indem man beachtet, daß das Krafteck geschlossen sein muß und daß kein Kräftepaar auftreten darf, also auch das Seileck geschlossen sein muß! (S. A 3 der nachfolgenden Aufgaben.)

Aufgaben

A 1. Stabkräfte eines Dreibeins. An der Spitze des in Abb. A 1.1 dargestellten, aus drei gelenkig angeschlossenen Stäben bestehenden Gestells (Dreibeins) greift die Einzelkraft $\Re$ an. Wie groß sind die in den Stäben auftretenden Kräfte?

Gegeben: $|\Re| = K = 2\,\text{Mp}$, $\alpha = 60°$, $\beta = 120°$, $\gamma = 30°$, $\delta = 75°$.

Lösung. Wegen der beidseitig gelenkigen Lagerung aller Stäbe können in diesen nur Längskräfte auftreten, die an der herausgeschnittenen Dreibeinspitze als äußere Kräfte zu betrachten sind (Abb. A 1.2). Die Gleichgewichtsbedingung an diesem Knoten lautet

$$\mathfrak{K} + \mathfrak{S}_1 + \mathfrak{S}_2 + \mathfrak{S}_3 = 0$$

bzw. mit

$$\mathfrak{S}_j = S_j\, e_j \qquad\qquad (j = 1,\ 2,\ 3)$$

$$\mathfrak{K} + S_1\, e_1 + S_2\, e_2 + S_3\, e_3 = 0. \tag{1}$$

Hierbei sind die S_j die Beträge der Stabkräfte und die e_j die Einheitsvektoren in Richtung der Stabachsen vom Knoten wegweisend. Die Einführung dieses

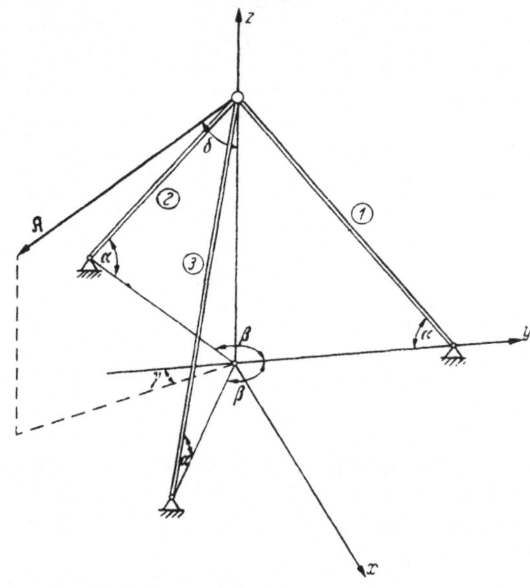

Abb. A 1.1

Richtungssinnes der Einheitsvektoren ist zweckmäßig, da sich somit für $S_j > 0$ Zug- und für $S_j < 0$ Druckbeanspruchungen der Stäbe ergeben, was mit der üblichen Bezeichnungsweise übereinstimmt.

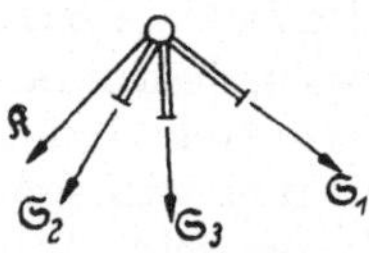

Abb. A 1.2

Multipliziert man nun (1) nacheinander skalar mit $(e_2 \times e_3)$, $(e_3 \times e_1)$ und $(e_1 \times e_2)$, so erhält man unter Beachtung von $e_i(e_i \times e_k) = 0$

$$\mathfrak{K}\,(e_2 \times e_3) + S_1\, e_1\,(e_2 \times e_3) = 0,$$
$$\mathfrak{K}\,(e_3 \times e_1) + S_2\, e_2\,(e_3 \times e_1) = 0.$$
$$\mathfrak{K}\,(e_1 \times e_2) + S_3\, e_3\,(e_1 \times e_2) = 0$$

und damit

$$S_1 = -\frac{\mathfrak{K}\,(e_2 \times e_3)}{e_1\,(e_2 \times e_3)}, \qquad S_2 = -\frac{\mathfrak{K}\,(e_3 \times e_1)}{e_2\,(e_3 \times e_1)}, \qquad S_3 = -\frac{\mathfrak{K}\,(e_1 \times e_2)}{e_3\,(e_1 \times e_2)}. \tag{2}$$

Die hierbei auftretenden Spatprodukte sind gemäß (0.8) auszurechnen, und dazu müssen wir zuerst die Einheitsvektoren e_j in dem rechtwinkligen Koordinatensystem x, y, z darstellen (Abb. A 1.1). Ihre Komponentendarstellung lautet

$$e_j = \{e_{jx},\ e_{jy},\ e_{jz}\},$$

und die Projektion von e_j auf die xy-Ebene werde mit e_j' bezeichnet. Dann gilt

$$e_{1z} = e_{2z} = e_{3z} = -\sin\alpha; \quad e_{1y} = e_2' = e_3' = \cos\alpha; \quad e_{1x} = 0;$$
$$e_{2x} = -e_2'\sin\beta = -\cos\alpha\sin\beta; \quad e_{2y} = e_2'\cos\beta = \cos\alpha\cos\beta:$$
$$e_{3x} = -e_{2x} = \cos\alpha\sin\beta; \quad e_{3y} = e_{2y} = \cos\alpha\cos\beta$$

und somit
$$e_1 = \{0; \; \cos\alpha; \; -\sin\alpha\}, \quad e_2 = \{-\cos\alpha\sin\beta; \; \cos\alpha\cos\beta; \; -\sin\alpha\}, \\ e_3 = \{\cos\alpha\sin\beta; \; \cos\alpha\cos\beta; \; -\sin\alpha\}. \tag{3}$$

Für die Komponentendarstellung von $\Re$ ergibt sich auf ähnliche Weise
$$\Re = K\{\sin\delta\sin\gamma; \; -\sin\delta\cos\gamma; \; -\cos\delta\}. \tag{4}$$

Mit den in der Aufgabenstellung gegebenen Zahlenwerten erhalten wir
$$e_1 = \left\{0; \; \frac{1}{2}; \; -\frac{1}{2}\sqrt{3}\right\}, \quad e_2 = \left\{-\frac{1}{4}\sqrt{3}; \; -\frac{1}{4}; \; -\frac{1}{2}\sqrt{3}\right\},$$
$$e_3 = \left\{\frac{1}{4}\sqrt{3}; \; -\frac{1}{4}; \; -\frac{1}{2}\sqrt{3}\right\},$$
$$\Re = 2\left\{\frac{1}{8}(\sqrt{6}+\sqrt{2}); \; -\frac{\sqrt{3}}{8}(\sqrt{6}+\sqrt{2}); \; -\frac{1}{4}(\sqrt{6}-\sqrt{2})\right\}\text{Mp}$$

und damit nach (0.8)

$$\Re\,(e_2 \times e_3) = 2\begin{vmatrix} \frac{1}{8}(\sqrt{6}+\sqrt{2}) & -\frac{\sqrt{3}}{8}(\sqrt{6}+\sqrt{2}) & -\frac{1}{4}(\sqrt{6}-\sqrt{2}) \\[2mm] -\frac{1}{4}\sqrt{3} & -\frac{1}{4} & -\frac{1}{2}\sqrt{3} \\[2mm] \frac{1}{4}\sqrt{3} & -\frac{1}{4} & -\frac{1}{2}\sqrt{3} \end{vmatrix}$$

$$= 2\begin{vmatrix} \frac{1}{8}(\sqrt{6}+\sqrt{2}) & -\frac{\sqrt{3}}{8}(\sqrt{6}+\sqrt{2}) & -\frac{1}{4}(\sqrt{6}-\sqrt{2}) \\[2mm] -\frac{1}{4}\sqrt{3} & -\frac{1}{4} & -\frac{1}{2}\sqrt{3} \\[2mm] \frac{1}{2}\sqrt{3} & 0 & 0 \end{vmatrix}$$

$$= \frac{\sqrt{3}}{8}(\sqrt{6}+2\sqrt{2}) = 1{,}142\ \text{Mp}$$

sowie ferner
$$\Re\,(e_3 \times e_1) = -\frac{\sqrt{3}}{16}(\sqrt{6}-\sqrt{2}) = -0{,}112\ \text{Mp},$$
$$\Re\,(e_1 \times e_2) = -\frac{\sqrt{3}}{8}(2\sqrt{6}+\sqrt{2}) = -1{,}368\ \text{Mp},$$

$$e_1\,(e_2 \times e_3) = e_2\,(e_3 \times e_1) = e_3\,(e_1 \times e_2) = e_1\,e_2\,e_3 = \begin{vmatrix} 0 & \frac{1}{2} & -\frac{1}{2}\sqrt{3} \\[2mm] -\frac{1}{4}\sqrt{3} & -\frac{1}{4} & -\frac{1}{2}\sqrt{3} \\[2mm] \frac{1}{4}\sqrt{3} & -\frac{1}{4} & -\frac{1}{2}\sqrt{3} \end{vmatrix}$$
$$= -\frac{9}{16} = -0{,}5625,$$

so daß letztlich nach (2) für die Stabkräfte
$$S_1 = -\frac{1{,}142}{-0{,}5625} = 2{,}035\ \text{Mp}, \quad S_2 = -\frac{-0{,}112}{-0{,}5625} = -0{,}199\ \text{Mp},$$
$$S_3 = -\frac{-1{,}368}{-0{,}5625} = -2{,}430\ \text{Mp}$$

folgt. Aus den sich ergebenden Vorzeichen ist weiter zu ersehen, daß der Stab ① auf Zug und die Stäbe ② und ③ auf Druck beansprucht werden.

A 2. Kräfte in einem räumlichen Stabsystem. In der Mitte einer durch sechs gelenkig angeschlossene Stäbe gestützten quadratischen Platte greift eine Einzelkraft $\mathfrak{K}$ ($|\mathfrak{K}| = K = 1000$ kp) unter dem Winkel $\alpha = 30°$ so an, daß ihre Projektion auf die Plattenebene parallel zu der Kante AD verläuft (Abb. A 2.1). Man ermittle die Stabkräfte und die Auflagerreaktionen unter Vernachlässigung des Platteneigengewichtes.

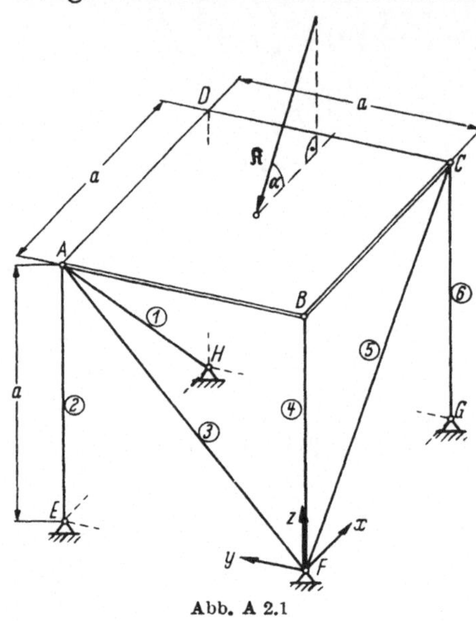

Abb. A 2.1

Lösung. Um die in den Stäben auftretenden Kräfte frei zu machen, legen wir einen Schnitt parallel zur xy-Ebene und führen an den Schnittstellen die Stabkräfte positiv als Zugkräfte (also von der Schnittstelle wegweisend) ein. Die sechs unbekannten Stabkräfte könnten wir nun mittels der Gleichgewichtsbedingungen (1.10) am oberen abgeschnittenen Systemteil ermitteln. Wir werden jedoch, um den Rechnungsgang zu vereinfachen, die Kraftbedingungen teilweise durch Momentenbedingungen ersetzen und letztere möglichst um solche Achsen aufstellen, daß nur jeweils eine unbekannte Stabkraft in einer Gleichung auftritt.

Zunächst folgt aus der Kraftgleichgewichtsbedingung in y-Richtung

$$\Sigma K_y = 0 = - S_3 \cos 45°,$$
$$\text{d. h.}\quad S_3 = 0,$$

und das Momentengleichgewicht um die Diagonale AC liefert

$$\Sigma M_{AC} = 0 = S_4 \frac{a}{2}\sqrt{2}, \quad \text{also}\quad S_4 = 0.$$

Weiterhin ergeben sich

$$\Sigma M_{AE} = 0 = K\cos\alpha \cdot \frac{a}{2} + S_5 \cos 45° \cdot a,$$

d. h.

$$S_5 = -\frac{K}{2}\frac{\cos\alpha}{\cos 45°} = -\frac{K}{2}\sqrt{\frac{3}{2}} = -612\,\text{kp};$$

$$\Sigma M_{CG} = 0 = K\cos\alpha \cdot \frac{a}{2} - S_1 \cos 45° \cdot a,$$

d. h.

$$S_1 = +\frac{K}{2}\frac{\cos\alpha}{\cos 45°} = +612\,\text{kp};$$

$$\Sigma M_{AB} = 0 = K\sin\alpha \cdot \frac{a}{2} + S_6\,a + S_5 \sin 45° \cdot a,$$

d. h.

$$S_6 = -\frac{K}{2}\sin\alpha - S_5 \sin 45° = -\frac{K}{4}(1 - \sqrt{3}) = +183\,\text{kp}$$

und

$$\Sigma M_{CD} = 0 = K\sin\alpha \cdot \frac{a}{2} + S_2\,a + S_1 \sin 45° \cdot a,$$

d. h.

$$S_2 = -\frac{K}{2}\sin\alpha - S_1\sin 45° = -\frac{K}{4}\left(1 + \sqrt{3}\right) = -683\,\text{kp}\,.$$

Mit Hilfe der nunmehr bekannten Stabkräfte bestimmen wir jetzt die Auflagerreaktionen dadurch, daß wir an den einzelnen Auflagerknoten das Gleichgewicht der Kräfte fordern:

Knoten E:

$$\mathfrak{A}_E + \mathfrak{S}_2 = 0$$

$$\mathfrak{A}_E = \{A_{Ex};\ A_{Ey};\ A_{Ez}\} = -\mathfrak{S}_2 = \{0;\ 0;\ +683\}\,\text{kp}\,,$$

Knoten F:

$$\mathfrak{A}_F + \mathfrak{S}_3 + \mathfrak{S}_4 + \mathfrak{S}_5 = 0$$

$$\mathfrak{A}_F = \{A_{Fx};\ A_{Fy};\ A_{Fz}\} = -\mathfrak{S}_5 = -\{S_5\cos 45°;\ 0;\ S_5\sin 45°\}$$
$$= \{+433;\ 0;\ +433\}\,\text{kp}\,,$$

Knoten G:

$$\mathfrak{A}_G + \mathfrak{S}_6 = 0$$

$$\mathfrak{A}_G = \{A_{Gx};\ A_{Gy};\ A_{Gz}\} = -\mathfrak{S}_6 = \{0;\ 0;\ -183\}\,\text{kp}\,,$$

Knoten H:

$$\mathfrak{A}_H + \mathfrak{S}_1 = 0$$

$$\mathfrak{A}_H = \{A_{Hx};\ A_{Hy};\ A_{Hz}\} = -\mathfrak{S}_1 = -\{-S_1\cos 45°;\ 0;\ S_1\sin 45°\}$$
$$= \{+433;\ 0;\ -433\}\,\text{kp}\,.$$

Kontrolle: Die Auflagerreaktionen müssen zusammen mit der Belastung $\mathfrak{K}$ im Gleichgewicht stehen:

$$\mathfrak{A}_E + \mathfrak{A}_F + \mathfrak{A}_G + \mathfrak{A}_H + \mathfrak{K} = 0\,.$$

Diese Vektorgleichung wird erfüllt, da

$$\mathfrak{K} = \{-K\cos\alpha;\ 0;\ -K\sin\alpha\} = \{-866;\ 0;\ -500\}\,\text{kp}$$

ist.

A 3. *Auflagerkräfte am Balken auf zwei Stützen.* Für den gemäß Abb. A 3.1 belasteten Balken bestimme man die Auflagerkräfte auf graphischem und rechnerischem Wege.

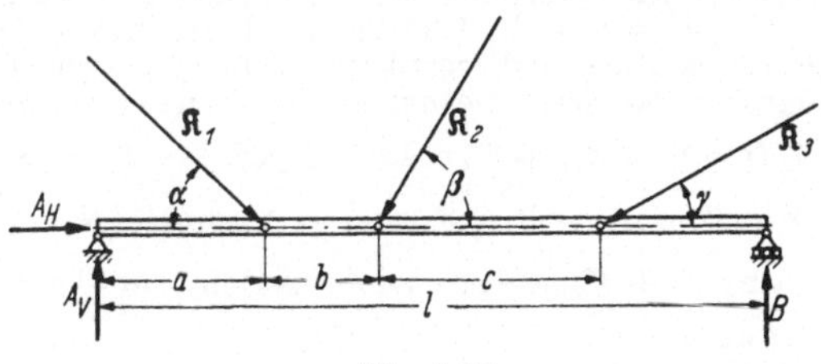

Abb. A 3.1

Gegeben: $a = 3\,\text{m}$, $b = 2\,\text{m}$, $c = 4\,\text{m}$, $l = 12\,\text{m}$, $|\mathfrak{R}_1| = K_1 = 1000\,\text{kp}$, $|\mathfrak{R}_2| = K_2 = 1200\,\text{kp}$, $|\mathfrak{R}_3| = K_3 = 800\,\text{kp}$, $\alpha = 45°$, $\beta = 60°$, $\gamma = 30°$.

Lösung. *a) Graphisch:* Nach Wahl eines Längenmaßstabes für den Lageplan und eines Kräftemaßstabes zeichnet man mit einem beliebigen Pol O das Krafteck und das Seilpolygon, wobei der Seilstrahl $\mathfrak{s}_1$ durch das feste Auflager A gelegt werden muß, weil dies ein Punkt der bisher noch unbekannten Wirkungslinie der Auflagerkraft $\mathfrak{A}$ ist. Es ist noch zu erwähnen, daß die Kraft in dem festen Lager sowohl eine Vertikal- als auch eine Horizontalkomponente besitzen kann, wogegen das Rollen- oder Gleitlager bei B nur eine Kraftübertragung senkrecht zu seiner Bewegungsrichtung gestattet, so daß dadurch die Richtung der Auflagerkraft $\mathfrak{B}$ vorgegeben ist. Beginnt nun das Seileck im Punkte A, so bezeichnet man die Verbindungsgerade von A zum Schnittpunkt C des letzten Seilstrahles $\mathfrak{s}_4$ mit der Wirkungslinie von $\mathfrak{B}$ als die *Schlußlinie*. Die Parallele zu ihr durch den Pol O liefert im Krafteck sofort die beiden gesuchten Auflagerkräfte $\mathfrak{B}$ und $\mathfrak{A}$. Durch diese Konstruktion haben wir nämlich in C das Gleichgewicht der Kräfte $\mathfrak{S}_4$, $\mathfrak{B}$, $\mathfrak{S}$, d. h. $\mathfrak{S}_4 + \mathfrak{B} + \mathfrak{S} = 0$, gebildet und weiterhin die längs ihrer Wirkungslinie nach A verschobene Kraft $\mathfrak{S}$ zerlegt in $\mathfrak{A}$ und $\mathfrak{S}_1$, also $\mathfrak{S} = \mathfrak{A} + \mathfrak{S}_1$.

Dann wird aber $\mathfrak{S}_4 + \mathfrak{B} + \mathfrak{A} + \mathfrak{S}_1 = 0$ und wegen $\mathfrak{S}_1 + \mathfrak{S}_4 = \mathfrak{R} = \sum\limits_{j=1}^{3} \mathfrak{R}_j$ letztlich

$$\mathfrak{A} + \mathfrak{B} + \mathfrak{R} = 0,$$

und damit ist die Forderung (1.10) erfüllt. Aus dem Kräfteplan der Abb. A 3.2 entnimmt man nun für die Größe der Auflagerkräfte $|\mathfrak{A}| = A = 1370$ kp ($A_H = 585$ kp, $A_V = 1235$ kp) und $|\mathfrak{B}| = B = 910$ kp.

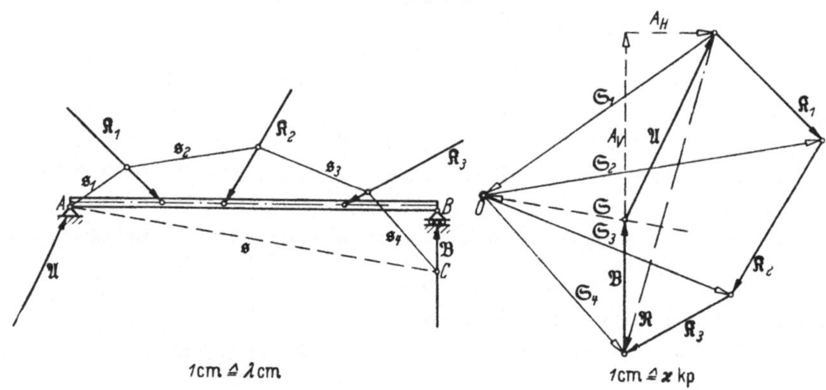

Abb. A 3.2

b) Rechnerisch: Die den Gleichgewichtsbedingungen (1.10) entsprechenden sechs skalaren Gleichungen reduzieren sich im ebenen Fall auf die drei Aussagen $\sum H = 0$, $\sum V = 0$, $\sum M = 0$, d. h. Gleichgewicht der Kräfte in zwei beliebigen Richtungen (hier horizontale und vertikale Richtung) sowie Gleichgewicht der Momente aller angreifenden Kräfte bezüglich eines beliebigen Punktes. Man erhält

$$\sum H = 0 = A_H + K_1 \cos\alpha - K_2 \cos\beta - K_3 \cos\gamma\,, \tag{1}$$

$$\sum V = 0 = A_V + B - K_1 \sin\alpha - K_2 \sin\beta - K_3 \sin\gamma\,, \tag{2}$$

$$\sum M_{(A)} = 0 = K_1 \sin\alpha \cdot a + K_2 \sin\beta \cdot (a+b) + K_3 \sin\gamma \cdot (a+b+c) - Bl. \tag{3}$$

Aus (1) bzw. (3) folgen

$$A_H = -K_1 \cos\alpha + K_2 \cos\beta + K_3 \cos\gamma = 586 \text{ kp}$$

bzw.

$$B = \frac{1}{l}[K_1 \sin\alpha \cdot a + K_2 \sin\beta \cdot (a+b) + K_3 \sin\gamma \cdot (a+b+c)] = 910 \text{ kp}$$

und damit aus (2)

$$A_V = K_1 \sin\alpha + K_2 \sin\beta + K_3 \sin\gamma - B = 1236 \text{ kp}.$$

Es ist noch zu bemerken, daß man statt (2) auch eine zweite Momentengleichgewichtsbedingung ($\sum M_{(B)} = 0$) hätte ansetzen können, aus der unmittelbar A_V zu errechnen gewesen wäre. Die Kräftegleichgewichtsbedingung (2) kann dann als Rechenkontrolle benutzt werden.

***A 4. Auflagerkräfte eines durch drei Stäbe abgestützten Balkens
(Culmannsche Gerade).*** Der mit der resultierenden Kraft $\Re$ ($|\Re| = R$
$= 6\,\mathrm{Mp}$) belastete eckensteife Balken wird von drei gelenkig angeschlossenen Stäben abgestützt (Abb. A 4.1). Man ermittle die in diesen Stäben
auftretenden Kräfte auf graphischem und rechnerischem Wege.

Lösung. *a) Graphisch:* Da die Stützstäbe jeweils beidseitig gelenkig angeschlossen sind, können in ihnen nur Kräfte in Richtung ihrer Achsen übertragen

werden. Dadurch ist die Aufgabe auf das
Problem geführt worden, drei ihrer Richtung nach bestimmte Kräfte so zu ermitteln.
daß sie einer gegebenen Kraft das Gleichgewicht halten. Zur graphischen Lösung
denke man sich nun jeweils zwei der insgesamt vier Kräfte zu den Resultierenden
$\mathfrak{C}_1$ und $\mathfrak{C}_2$ zusammengesetzt, deren Angriffspunkte in den Schnittpunkten D und E der
Wirkungslinien der zusammengefaßten Kräfte
liegen müssen. In Abb. A 4.2 sind aus den
Kräften $\Re_A$ und $\Re$ die Resultierende $\mathfrak{C}_1 =$
$\Re_A + \Re$ im Punkte D und aus den Kräf

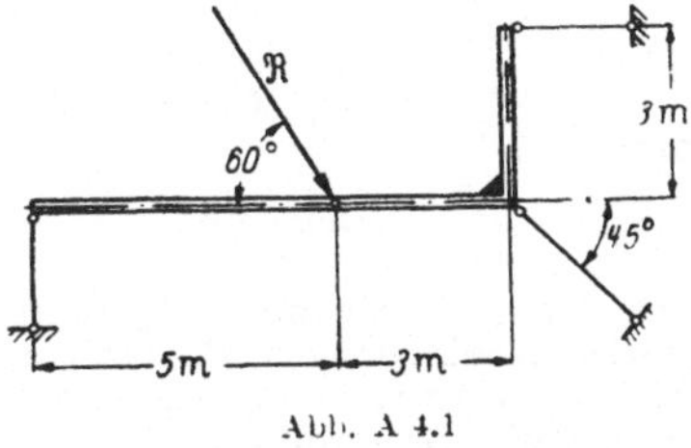

Abb. A 4.1

ten $\Re_B$ und $\Re_C$ die Resultierende $\mathfrak{C}_2 = \Re_B + \Re_C$ im Punkte E gebildet worden. Da nun aber die vier Kräfte $\Re_A$, $\Re_B$, $\Re_C$ und $\Re$ einen Gleichgewichtszustand
bilden sollen, also $\Re_A + \Re_B + \Re_C + \Re = 0$ sein soll, muß somit $\mathfrak{C}_1 + \mathfrak{C}_2 = 0$,
d. h. $\mathfrak{C}_1 = -\mathfrak{C}_2$ sein. Die beiden Resultierenden müssen also betragsmäßig gleich
groß und entgegengesetzt gerichtet sein. Um für den Balken aber außerdem das
Momentengleichgewicht zu garantieren, müssen darüber hinaus $\mathfrak{C}_1$ und $\mathfrak{C}_2$ auch noch

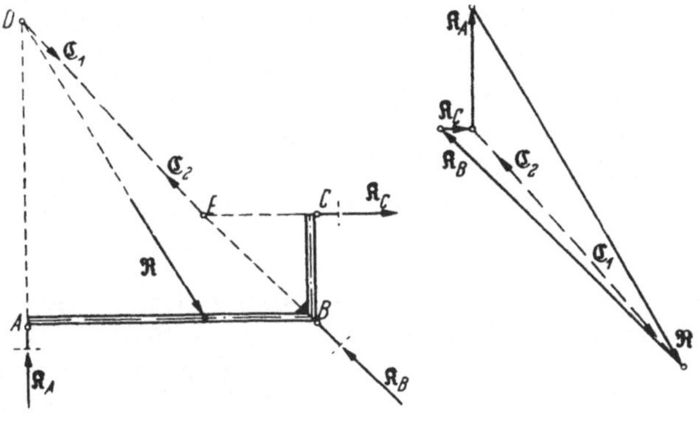

Abb. A 4.2

dieselbe Wirkungslinie besitzen. Diese kann dann aber nur in die Verbindungsgerade DE, die sog. *Culmannsche Hilfsgerade*, fallen, durch die damit die Richtung von $\mathfrak{C}_1$ bzw. $\mathfrak{C}_2$ festgelegt ist. Dann erhält man aber sofort im Kräfteplan
aus der Größe und Richtung von $\Re$ sowie den Richtungen von $\Re_A$ und $\mathfrak{C}_1$ die
Beträge $\Re_A$ und $\mathfrak{C}_1$ und weiter durch Zerlegung von $\mathfrak{C}_2 = -\mathfrak{C}_1$ in die Richtungen
von $\Re_B$ und $\Re_C$ die Beträge dieser beiden Kräfte. Unter Beachtung des Kräftemaßstabes liest man aus dem Kräfteplan folgende Werte ab: $|\Re_A| = 1,8\,\mathrm{Mp}$,
$|\Re_B| = 4,8\,\mathrm{Mp}$ und $|\Re_C| = 0,4\,\mathrm{Mp}$.

Zu denselben Ergebnissen kommt man selbstverständlich auch, wenn man zu
Beginn die Kräfte zu anderen Paaren zusammenfaßt, wovon sich der Leser leicht
überzeugen kann.

b) Rechnerisch: Wie schon in Aufgabe A 3 angedeutet wurde, empfiehlt es sich
in den meisten Fällen, eine oder auch beide Kraftgleichgewichtsbedingungen durch

zusätzliche Momentenbedingungen zu ersetzen. Da die Momentenbezugspunkte beliebig gewählt werden können, werden wir sie so legen, daß unsere Gleichungen möglichst einfach werden, d. h. jeweils nur eine unbekannte Kraft enthalten. Als Bezugspunkte werden deshalb die Punkte E und B (Abb. A 4.2) gewählt. Man erhält dann, da wegen der Neigung von 45° der Stütze B der Abstand $EC = BC = 3$ m ist,

$$\sum M_{(E)} = 0 = K_A \cdot 5 - R \sin 60° \cdot 0 - R \cos 60° \cdot 3,$$

d. h.

$$K_A = \frac{3}{5} R \cos 60° = 1{,}8 \text{ Mp}$$

und

$$\sum M_{(B)} = 0 = K_C \cdot 3 + K_A \cdot 8 - R \sin 60° \cdot 3,$$

d. h.

$$K_C = R \sin 60° - \frac{8}{3} K_A = 5{,}2 - 4{,}8 = 0{,}4 \text{ Mp}.$$

Die dritte Unbekannte K_B könnten wir ebenfalls aus einer Momentengleichgewichtsbedingung, z. B. bezüglich des Schnittpunktes von $\mathfrak{K}_A$ und $\mathfrak{K}_C$, gewinnen, wir wollen sie jedoch aus der Kraftgleichgewichtsbedingung in horizontaler Richtung ermitteln:

$$\sum H = 0 = R \cos 60° + K_C - K_B \cos 45°,$$

$$K_B = \frac{R \cos 60° + K_C}{\cos 45°} = \sqrt{2} \,(3 + 0{,}4) = 4{,}8 \text{ Mp}.$$

Zum Schluß sei noch erwähnt, daß selbstverständlich auch hier die Gleichgewichtsbedingungen $\sum H = 0$, $\sum V = 0$ und z. B. $\sum M_{(A)} = 0$ zu denselben Ergebnissen führen würden; jedoch wäre dazu ein größerer Rechenaufwand erforderlich, da dann in den Gleichungen mehrere Unbekannte nebeneinander auftreten würden.

5. Kräftezerlegung. Die Zerlegung einer Kraft nach gegebenen Richtungen läßt sich nur bedingt durchführen: Eine Kraft läßt sich im Raum nach drei nicht in einer Ebene liegenden, in der Ebene nach zwei nicht in eine Gerade fallenden Richtungen eindeutig zerlegen.

Aufgaben

A 1. Kräftezerlegung im Raum. Man zerlege die Kraft $\mathfrak{K}$ in die drei nicht-komplanaren Richtungen e_1, e_2, e_3 (Abb. A 1.1), d. h., man ermittle die Komponenten von $\mathfrak{K}$ in den Richtungen dieser drei Einheitsvektoren.

Gegeben:

$$\mathfrak{K} = \{2;\ 4;\ 3\} \text{ kp}.$$

$$e_1 = \frac{1}{\sqrt{3}} \{1;\ 1;\ 1\},$$

$$e_2 = \frac{1}{\sqrt{21}} \{2;\ -1;\ 4\}.$$

$$e_3 = \frac{1}{3} \{-2;\ 2;\ -1\}.$$

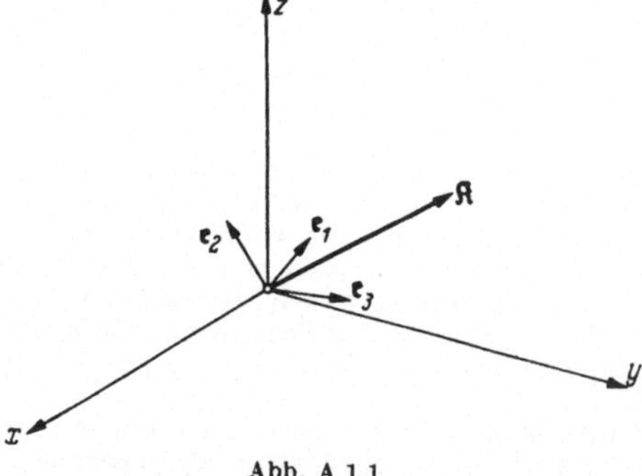

Abb. A 1.1

Lösung. Zunächst wollen wir nachweisen, daß die drei Einheitsvektoren nicht komplanar sind, d. h., daß das Volumen V des von ihnen aufgespannten Parallelepipedes von Null verschieden ist. Es gilt nach (0.8)

$$V = e_1 e_2 e_3 = \frac{1}{\sqrt{3}} \cdot \frac{1}{\sqrt{21}} \cdot \frac{1}{3} \begin{vmatrix} 1 & 1 & 1 \\ 2 & -1 & 4 \\ -2 & 2 & -1 \end{vmatrix} = -\frac{11}{9\sqrt{7}} \neq 0. \tag{1}$$

Der Lösungsweg dieser Aufgabe unterscheidet sich fast nicht von dem der Aufgabe A 1 des vorhergehenden Abschnittes. Da hier jedoch nicht nach einem Kräftegleichgewicht, sondern nach einer Kraftzerlegung gefragt ist, gilt in diesem Fall

$$\Re = \Re_1 + \Re_2 + \Re_3 = K_1 e_1 + K_2 e_2 + K_3 e_3. \tag{2}$$

Nach skalarer Multiplikation mit $e_2 \times e_3$, $e_3 \times e_1$ und $e_1 \times e_2$ folgt

$$K_1 = \frac{\Re \, e_2 \, e_3}{e_1 \, e_2 \, e_3}, \qquad K_2 = \frac{\Re \, e_3 \, e_1}{e_1 \, e_2 \, e_3}, \qquad K_3 = \frac{\Re \, e_1 \, e_2}{e_1 \, e_2 \, e_3}, \tag{3}$$

und für die Zählerdeterminanten ergeben sich

$$\Re \, e_2 \, e_3 = \frac{1}{3\sqrt{21}} \begin{vmatrix} 2 & 4 & 3 \\ 2 & -1 & 4 \\ -2 & 2 & -1 \end{vmatrix} = -\frac{32}{3\sqrt{21}} \text{ kp},$$

$$\Re \, e_3 \, e_1 = \frac{1}{3\sqrt{3}} \begin{vmatrix} 2 & 4 & 3 \\ -2 & 2 & -1 \\ 1 & 1 & 1 \end{vmatrix} = -\frac{2}{3\sqrt{3}} \text{ kp},$$

$$\Re \, e_1 \, e_2 = \frac{1}{3\sqrt{7}} \begin{vmatrix} 2 & 4 & 3 \\ 1 & 1 & 1 \\ 2 & -1 & 4 \end{vmatrix} = -\frac{7}{3\sqrt{7}} \text{ kp}.$$

Damit erhält man aus (3) unter Benutzung von (1) die Komponenten von $\Re$ in den Richtungen der drei Einheitsvektoren zu

$$K_1 = \frac{32}{11}\sqrt{3} \text{ kp}, \qquad K_2 = \frac{2}{11}\sqrt{21} \text{ kp} \qquad \text{und} \qquad K_3 = \frac{21}{11} \text{ kp}.$$

Zur Kontrolle prüfen wir nach, ob diese Werte die Gl. (2) erfüllen:

$$\Re_1 + \Re_2 + \Re_3 = \frac{1}{11}\{32; 32; 32\} + \frac{1}{11}\{4; -2; 8\} + \frac{1}{11}\{-14; 14; -7\}$$

$$= \frac{1}{11}\{22; 44; 33\} = \{2; 4; 3\} \text{ kp} = \Re.$$

A 2. *Graphische Kräftezerlegung in der Ebene.* Man zerlege auf graphischem Wege die Kraft $\Re$ ($|\Re| = 500$ kp) in die beiden zu ihr par-

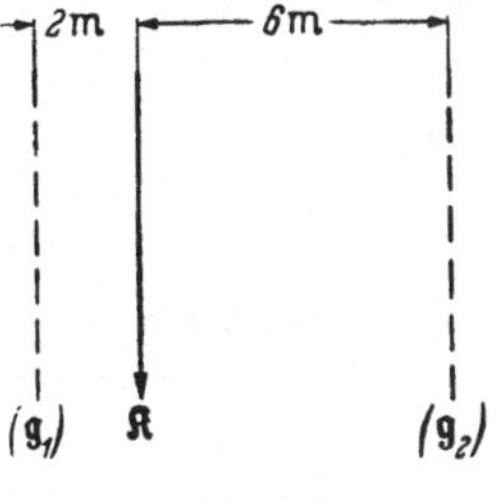

Abb. A 2.1

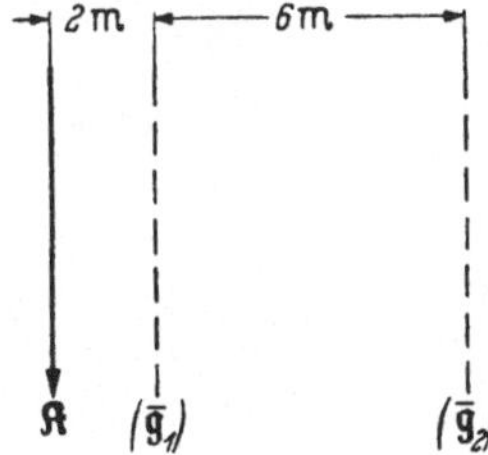

Abb. A 2.2

allelen Wirkungslinien a) $(\mathfrak{g}_1)$ und $(\mathfrak{g}_2)$ (Abb. A 2.1) und b) $(\mathfrak{g}_1)$ und $(\bar{\mathfrak{g}}_2)$ (Abb. A 2.2).

Lösung. a) Die Konstruktion beruht auf Überlegungen, die denen der Aufgabe A 3 des vorangehenden Abschnittes völlig analog sind, nur daß hier nicht ein Gleichgewichtszustand hergestellt werden soll, sondern eine Kraftzerlegung in zwei vorgegebene Wirkungslinien vorzunehmen ist. Man zeichnet also auch hier mit einem beliebigen Pol O das Krafteck und im Lageplan das zugehörige Seilpolygon,

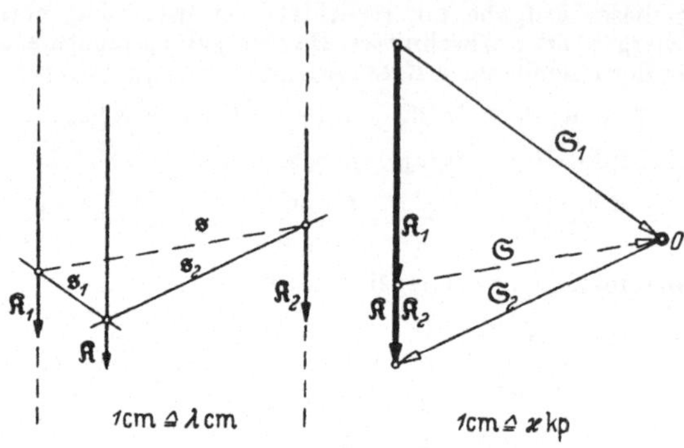

Abb. A 2.3

das die Schlußlinie $\mathfrak{s}$ bestimmt (Abb. A 2.3). Überträgt man diese nun wieder in den Kräfteplan, so liefert sie sofort die Größe der gesuchten Kräfte $\mathfrak{K}_1$ und $\mathfrak{K}_2$:

$$|\mathfrak{K}_1| = 375\ \text{kp}, \qquad |\mathfrak{K}_2| = 125\ \text{kp}.$$

b) Auch diese Aufgabe birgt überlegungsmäßig nichts Neues. Sie zeigt nur, daß bei einer zu $\mathfrak{K}$ einseitigen Lage der beiden Wirkungslinien $(\bar{\mathfrak{g}}_1)$ und $(\bar{\mathfrak{g}}_2)$ die

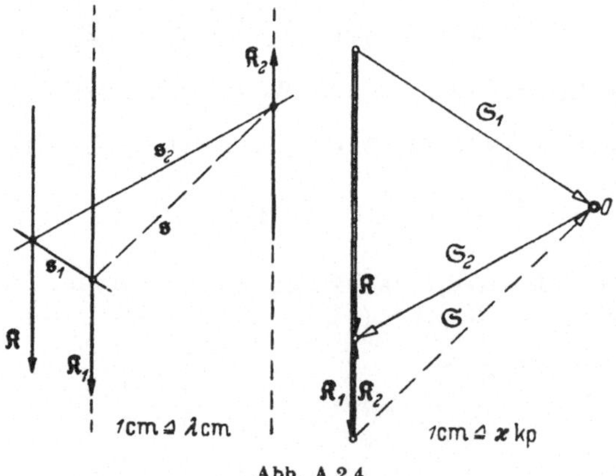

Abb. A 2.4

äußere der beiden gesuchten Kräfte einen den beiden anderen Kräften entgegengesetzten Richtungssinn haben muß (Abb. A 2.4). Aus dem Kräfteplan erhält man $|\mathfrak{K}_1| = 667\ \text{kp}$ und $|\mathfrak{K}_2| = 167\ \text{kp}$.

6. Der Schwerpunkt. Der Schnittpunkt der Resultierenden $\mathfrak{G}$ der zueinander parallelen Elementargewichte $d\mathfrak{G} = dG\,\mathfrak{e}$ (Abb. 1.8) für zwei der unendlich vielen möglichen Lagen bestimmt den Schwerpunkt S eines Körpers. Mit dem Volumenelement dV, dem spezifischen Gewicht γ

und dem Gewicht $G = \gamma V$ gilt für den Radiusvektor des Schwerpunktes

$$\mathfrak{r}_S = \{x_S;\ y_S;\ z_S\} = \frac{1}{G}\,S\,\mathfrak{r}\,dG = \frac{1}{G}\,S\,\{x;\ y;\ z\}\,\gamma\,dV \qquad (1.11)$$

oder in Komponenten

$$x_S = \frac{1}{G}\,S\,x\,\gamma\,dV;\quad y_S = \frac{1}{G}\,S\,y\,\gamma\,dV;\quad z_S = \frac{1}{G}\,S\,z\,\gamma\,dV\,. \qquad (1.12)$$

Auf den Schwerpunkt bezogen $(O = S)$ wird wegen $\mathfrak{r}_S = 0$ auch $S\,\mathfrak{r}\,dG = 0$, woraus folgt, daß das *statische Moment* bezüglich des Schwerpunktes verschwindet.

Für *homogene Körper* $(\gamma = \text{const})$ ist

$$\mathfrak{r}_S = \frac{1}{V}\,S\,\mathfrak{r}\,dV\,. \qquad (1.13)$$

Für homogene, flächenhaft bzw. linienförmig verteilte Massen ist das Volumen V durch die Fläche F bzw. die Bogenlänge s zu ersetzen.

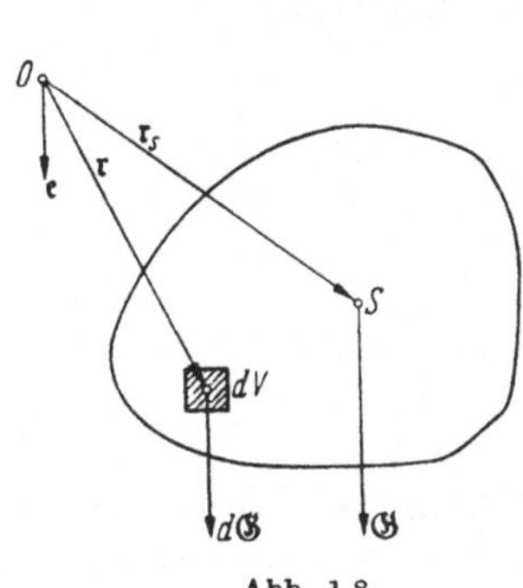

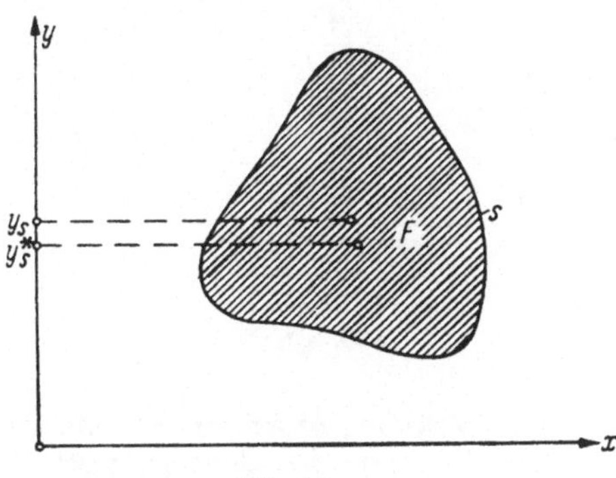

Abb. 1.8   Abb. 1.9

Bei Schwerpunktsberechnungen erweisen sich oft die *Guldinschen Regeln* als nützlich: Lassen wir eine Kurve der Länge s mit der Schwerpunktskoordinate y_S bzw. die von ihr eingeschlossene Fläche F mit der Schwerpunktskoordinate y_S^* um die x-Achse rotieren (Abb. 1.9), so gilt für die so entstehende Oberfläche O_x bzw. für das Volumen V_x

$$O_x = 2\pi\,y_S\,s \qquad \text{bzw.} \qquad V_x = 2\pi\,y_S^*\,F\,. \qquad (1.14)$$

Aufgaben

A 1. *Schwerpunkt eines Trägerquerschnittes*. Für den in Abb. A 1.1 dargestellten Trägerquerschnitt (Maßangaben in [mm]) ist die Lage des Schwerpunktes zu ermitteln.

Lösung. Entsprechend (1.13) errechnen sich die Schwerpunktskoordinaten einer homogenen Fläche aus

$$x_S = \frac{1}{F}\,S\,x\,dF\,, \qquad y_S = \frac{1}{F}\,S\,y\,dF\,. \qquad (1)$$

Für die Teilflächen dF können wir die drei Rechteckflächen, aus denen der Querschnitt zusammengesetzt ist, ansetzen und sie zur Bildung der statischen Momente mit ihren Schwerpunktsabständen von den in Abb. A 1.1 eingeführten Koordinatenachsen multiplizieren. Zunächst erhalten wir für die Gesamtfläche des Querschnittes

$$F = 1,2 \cdot 15,0 + 1,0 \cdot 17,3 + 1,5 \cdot 10,0 = 18,0 + 17,3 + 15,0 = 50,3 \text{ cm}^2$$

und weiter für die statischen Momente

$$\smallint x \, dF = 7,5 \cdot 18,0 + 7,5 \cdot 17,3 + 12,0 \cdot 15,0 = 444,75 \text{ cm}^3,$$

$$\smallint y \, dF = 0,6 \cdot 18,0 + 9,85 \cdot 17,3 + 19,25 \cdot 15,0 = 470,0 \text{ cm}^3.$$

Damit ergeben sich aus (1) die Schwerpunktskoordinaten zu

$$x_S = \frac{444,75}{50,3} = 8,84 \text{ cm} \quad \text{und} \quad y_S = \frac{470,0}{50,3} = 9,34 \text{ cm}.$$

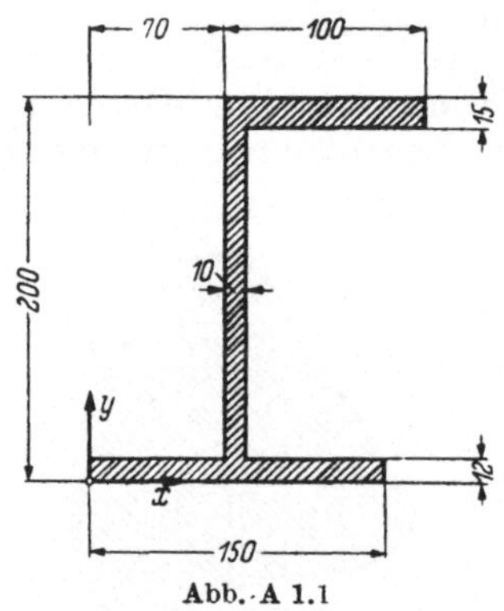

Abb. A 1.1

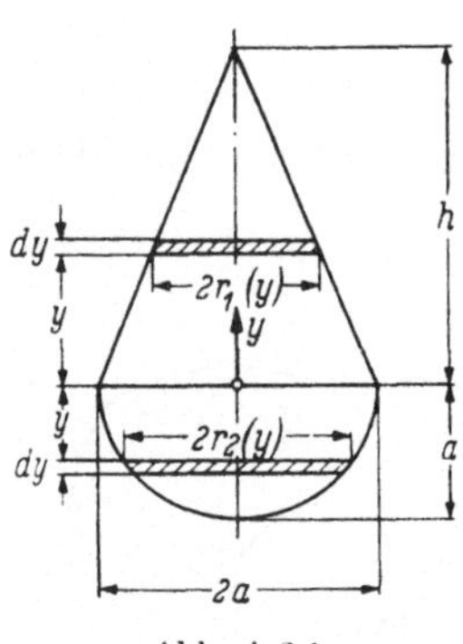

Abb. A 2.1

A 2. Schwerpunkt eines zusammengesetzten Körpers. Man bestimme die Lage des Schwerpunktes für den in Abb. A 2.1 skizzierten Körper, der aus einer eisernen Halbkugel und einem aufgesetzten Kegel aus Aluminium besteht. Für welches Verhältnis h/a liegt der Schwerpunkt in der Berührungsfläche der beiden Teilkörper?

Gegeben: spez. Gewichte: Eisen: $\gamma_E = 7,85$ p/cm³, Aluminium: $\gamma_A = 2,7$ p/cm³; $a = 4$ cm, $h = 10$ cm.

Lösung. Aus Symmetriegründen muß der Schwerpunkt auf der Körperachse liegen, es ist also nur seine y-Koordinate zu bestimmen. Nun sind aber sowohl der Kegel als auch die Halbkugel im einzelnen homogene Körper, so daß deren Schwerpunkte gemäß (1.13) ermittelt werden können. Danach ergibt sich für die Schwerpunktslage des Kegels

$$y_{SK} = \frac{1}{V_K} \int\limits_{(V_K)} y \, dV = \frac{1}{V_K} \int\limits_{y=0}^{h} y \, \pi \, r_1^2 \, (y) \, dy$$

oder mit

$$V_K = \frac{1}{3} \pi \, a^2 \, h \quad \text{sowie} \quad r_1(y) = a\left(1 - \frac{y}{h}\right) \quad \text{(s. Abb. A 2.1)}$$

$$y_{SK} = \frac{3}{\pi \, a^2 \, h} \int\limits_{y=0}^{h} \pi \, a^2 \left(y - 2\frac{y^2}{h} + \frac{y^3}{h^2}\right) dy = \frac{3}{h}\left[\frac{y^2}{2} - \frac{2}{3}\frac{y^3}{h} + \frac{y^4}{4\,h^2}\right]_0^h = \frac{h}{4}. \tag{1}$$

Für die Schwerpunktshöhe der Halbkugel folgt nach (1.13)

$$y_{SH} = \frac{1}{V_H} \int\limits_{(V_H)} y \, dV = \frac{1}{V_H} \int\limits_{y=-a}^{0} y \, \pi \, r_2^2 (y) \, dy$$

oder wegen

$$V_H = \frac{2}{3} \pi a^3 \quad \text{und} \quad r_2^2 (y) = a^2 - y^2 \quad \text{(Abb. A 2.1)}$$

$$y_{SH} = \frac{3}{2\pi a^3} \int\limits_{y=-a}^{0} \pi \, (a^2 y - y^3) \, dy = \frac{3}{2 a^3} \left[\frac{a^2 y}{2} - \frac{y^4}{4} \right]_{-a}^{0} = -\frac{3}{8} a \; . \qquad (2)$$

Die Schwerpunktsordinate des Gesamtkörpers erhalten wir nun aus (1.12):

$$y_S = \frac{1}{G} S \, y \gamma \, dV = \frac{1}{V_K \cdot \gamma_A + V_H \cdot \gamma_E} \left[y_{SK} \cdot \gamma_A V_K + y_{SH} \cdot \gamma_E V_H \right],$$

woraus unter Berücksichtigung von (1) und (2)

$$y_S = \frac{\gamma_A \cdot \dfrac{\pi a^2 h^2}{12} - \gamma_E \cdot \dfrac{\pi a^4}{4}}{\gamma_A \cdot \dfrac{\pi a^2 h}{3} + \gamma_E \cdot \dfrac{2\pi a^3}{3}} = h \cdot \frac{\gamma_A - 3\gamma_E \left(\dfrac{a}{h}\right)^2}{4\gamma_A + 8\gamma_E \left(\dfrac{a}{h}\right)} = -0{,}03 \, h = -0{,}3 \text{ cm} \qquad (3)$$

folgt.

Soll der Schwerpunkt in der Berührungsfläche zwischen Kegel und Halbkugel liegt, so muß $y_S = 0$ sein, womit sich aus (3) für das Verhältnis von Kegelhöhe zu Kugelradius

$$\frac{h}{a} = \sqrt{\frac{3\gamma_E}{\gamma_A}} = 2{,}95$$

ergibt.

A 3. Schwerpunktsänderung eines Flugzeuges. Das Verhältnis zwischen Flugzeug- und Betriebsstoffgewicht sei beim Start $G/G_0^* = n$, wobei der Betriebsstoff in einem prismatischen Behälter die Spiegelhöhe h hat und der Behälterboden im Abstand a über dem Flugzeugschwerpunkt bei leerem Behälter liegt. Man gebe die Höhenlage des Flugzeugschwerpunktes als Funktion der Zeit an, wenn der Betriebsstoffspiegel mit der konstanten Geschwindigkeit v sinkt. Ferner untersuche man den Fall $a = -\dfrac{h}{2}$, d. h., daß beim Start der Betriebsstoffschwerpunkt mit dem Flugzeugschwerpunkt in gleicher Höhe liegt.

Lösung. Ist $z_S = z_S(t)$ die Höhe, um die der Gesamtschwerpunkt über dem Flugzeugschwerpunkt bei leerem Behälter liegt, so gilt nach (1.12), da der Betriebsstoffspiegel zur Zeit t auf die Höhe $(h - v t)$ abgesunken ist,

$$z_S (t) = \frac{1}{G + G^* (t)} \cdot G^* (t) \left(a + \frac{h - v t}{2} \right) . \qquad (1)$$

Da sich aber die Betriebsstoffgewichte zur Zeit t und beim Start wie die zugehörigen Spiegelhöhen verhalten, muß

$$\frac{G^* (t)}{G_0^*} = \frac{h - v t}{h} = 1 - \frac{v t}{h} \qquad (2)$$

sein. Mit (2) und $G/G_0^* = n$ erhält man aus (1) für die gesuchte Höhenlage des Gesamtschwerpunktes

$$z_S (t) = \frac{\left(1 - \dfrac{v t}{h}\right) \left[\dfrac{a}{h} + \dfrac{1}{2} \left(1 - \dfrac{v t}{h}\right) \right]}{n + \left(1 - \dfrac{v t}{h}\right)} h \, , \quad 0 \le t \le \frac{h}{v} \; . \qquad (3)$$

Für $t \geq \dfrac{h}{v}$ ist der Behälter leer und damit $z_S = 0$.

Wählt man $a = -\dfrac{h}{2}$, so ist sowohl $z_S(0) = 0$ als auch $z_S\left(\dfrac{h}{v}\right) = 0$, und für $0 < t < \dfrac{h}{v}$ liegt der Gesamtschwerpunkt immer unterhalb des Flugzeugschwerpunktes

$$z_S(t) = -\frac{\left(1 - \dfrac{v\,t}{h}\right)\dfrac{v\,t}{h}}{n + \left(1 - \dfrac{v\,t}{h}\right)} \cdot \frac{h}{2} \,. \tag{4}$$

Die Tiefstlage des Gesamtschwerpunktes ergibt sich aus (4) für die Zeit

$$t_0 = \frac{h}{v}\left[(n+1) - \sqrt{n\,(n+1)}\,\right]$$

zu

$$z_{S\min} = z_S(t_0) = -\left[\left(n + \frac{1}{2}\right) - \sqrt{n\,(n+1)}\,\right] h \,.$$

A 4. Volumen eines ringförmigen Rotationskörpers. Man ermittle das Volumen des in Abb. A 4.1 im Schnitt dargestellten homogenen Ring-

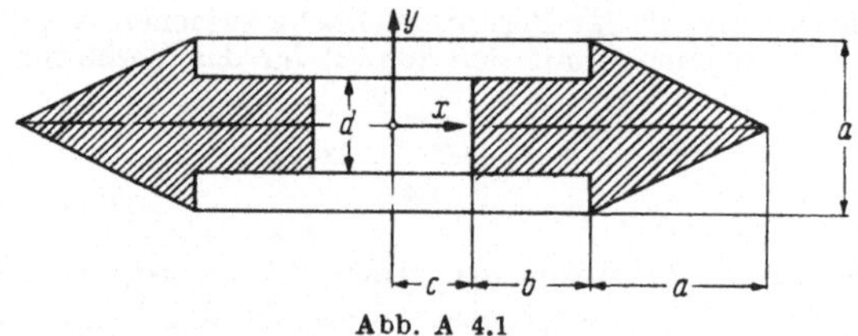

Abb. A 4.1

körpers, der durch Rotation der schraffierten Fläche um die y-Achse erzeugt wird.

Gegeben: $a = 9$ cm. $\quad b = 6$ cm, $\quad c = 4$ cm, $\quad d = 5$ cm.

Lösung. Nach der GULDINschen Regel (1.14) läßt sich das Volumen des Rotationskörpers aus

$$V_y = 2\,\pi\,x_S^*\,F \tag{1}$$

errechnen. Dabei sind F die erzeugende Fläche und x_S^* deren Schwerpunktskoordinate. Gemäß (1.13) gilt

$$x_S^*\,F = S\,x\,dF = \left(c + \frac{b}{2}\right)\cdot b\,d + \left(c + b + \frac{a}{3}\right)\cdot \frac{a^2}{2} = 736 \text{ cm}^3 \,,$$

womit aus (1) das Volumen zu

$$V_y = 4\,630 \text{ cm}^3$$

folgt.

A 5. Oberfläche und Volumen einer Radscheibe. Von der in Abb. A 5.1 im Schnitt dargestellten, bezüglich der y-Achse rotationssymmetrischen homogenen Radscheibe bestimme man die Oberfläche und das Volumen mit Hilfe der GULDINschen Regeln.

Lösung. Um die gestellte Aufgabe lösen zu können, benötigen wir die Schwerpunktslagen eines Halbkreisbogens und einer Halbkreisfläche (Abb. A 5.2), die wir leicht mit Hilfe der GULDINschen Regeln ermitteln. Aus (1.14) erhält man

$$y_S = \frac{O_x}{2\pi s} \qquad \text{bzw.} \qquad y_S^* = \frac{V_x}{2\pi F}\,. \tag{1}$$

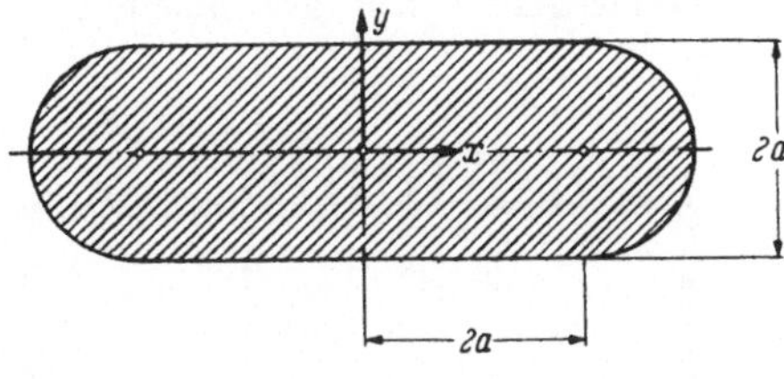

Abb. A 5.1

Der aus dem Halbkreisbogen bzw. der Halbkreisfläche durch Rotation um die x-Achse entstehende Rotationskörper ist eine Kugel mit $O_x = 4\pi a^2$ und $V_x = \frac{4}{3}\pi a^3$, so daß sich mit $s = \pi a$ und $F = \frac{1}{2}\pi a^2$ aus (1)

$$y_S = \frac{2}{\pi} a \qquad \text{bzw.} \qquad y_S^* = \frac{4}{3\pi} a \tag{2}$$

ergeben.

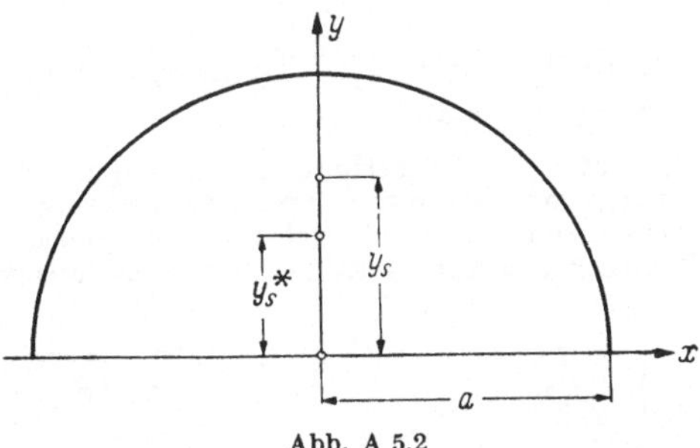

Abb. A 5.2

Die Oberfläche bzw. das Volumen der Radscheibe erhalten wir gemäß (1.14) aus

$$O_y = 2\pi x_S \cdot s \qquad \text{bzw.} \qquad V_y = 2\pi x_S^* \cdot F\,, \tag{3}$$

wobei entsprechend (1.13)

$$x_S \cdot s = S\,x\,ds = 2 \cdot a \cdot 2a + \left(2a + \frac{2}{\pi} a\right) \cdot \pi a = (6 + 2\pi)\,a^2$$

und

$$x_S^* \cdot F = S\,x\,dF = a \cdot 2a \cdot 2a + \left(2a + \frac{4}{3\pi} a\right) \cdot \frac{\pi a^2}{2} = \left(\frac{14}{3} + \pi\right) a^3$$

wird.

Damit errechnen wir nach (3) für die Oberfläche bzw. für das Volumen der Radscheibe

$$O_y = 4(3 + \pi)\,\pi a^2 \qquad \text{bzw.} \qquad V_y = 2\left(\frac{14}{3} + \pi\right)\pi a^3\,.$$

7. Das Gleichgewicht an einem aus starren Körpern zusammengesetzten System ist mit dem Schnittprinzip sofort erklärt: *Das System ist im Gleichgewicht, wenn jeder Teilkörper sich im Gleichgewicht befindet.*

Aufgaben

A 1. Auflagerkräfte am Dreigelenkrahmen. Für den gemäß

Abb. A 1.1 belasteten Dreigelenkrahmen ermittle man die Auflagerkräfte sowie die Kraft im Scheitelgelenk auf graphischem und rechnerischem Wege.

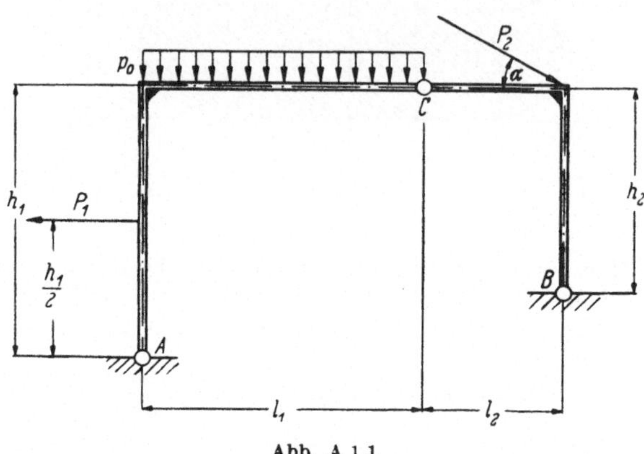

Abb. A 1.1

Gegeben: $l_1 = 12$ m, $l_2 = 6$ m, $h_1 = 12$ m, $h_2 = 9$ m, $p_0 = 0{,}3$ Mp/m, $P_1 = 1$ Mp, $P_2 = 4$ Mp, $\alpha = 30°$.

Lösung. *a) Graphisch:* Zur Ermittlung der Auflagerkräfte wird der Dreigelenkrahmen als ein aus zwei starren Körpern zusammengesetztes System betrachtet, wobei jeder der beiden Teile für sich im Gleichgewicht stehen muß. Zunächst werden im Krafteck der Abb. A 1.2 aus den Belastungskräften die auf die

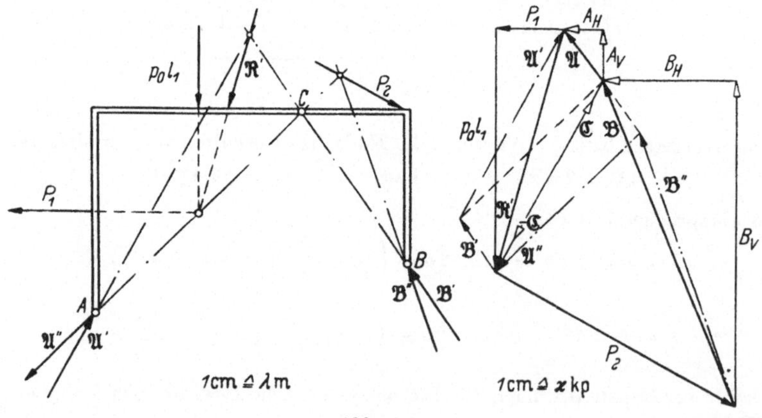

Abb. A 1.2

beiden Tragwerkteile entfallenden Resultierenden $\Re'$ und $\Re''$ bestimmt, wobei im vorliegenden Falle $\Re''$ mit P_2 identisch ist, da auf den rechten Teil nur diese eine Belastungskraft wirkt. Die Lage von $\Re'$ als Resultierende von P_1 und $p_0 l_1$ ergibt sich im Lageplan durch den Schnittpunkt dieser beiden Belastungen. Man denke sich den Rahmen allein durch $\Re'$ belastet; dann entspricht der rechte (unbelastete) Teil einem die Gelenke B und C verbindenden Stab, der nur in seiner Achsenrichtung Kräfte übertragen kann. Das bedeutet aber, daß die durch $\Re'$ in B hervorgerufene Auflagerkraft $\mathfrak{B}'$ die Richtung der Geraden BC haben muß. Damit ergibt sich sofort auch die Richtung der zugehörigen Auflagerkraft $\mathfrak{A}'$ als Verbindungslinie von A zum Schnittpunkt von $\mathfrak{B}'$ mit $\Re'$, weil das System sich dann im Gleichgewicht befindet, wenn sich die drei an ihm angreifenden Kräfte $\Re'$, $\mathfrak{B}'$, $\mathfrak{A}'$ in einem Punkte schneiden. Mit den bekannten Richtungen von $\mathfrak{A}'$ und $\mathfrak{B}'$ lassen sich nunmehr aus dem Krafteck die Größen dieser beiden Auflagerkräfte ermitteln. Daraufhin wird der Rahmen allein durch P_2 (bzw. $\Re''$) belastet. Die diesem Lastfall zugeordneten Auflagerkräfte $\mathfrak{A}''$ und $\mathfrak{B}''$ werden auf völlig analoge Weise der Richtung und Größe nach ermittelt. Wegen der Superponierbarkeit der Belastungen ergeben sich dann die resultierenden Auflagerkräfte zu $\mathfrak{A} = \mathfrak{A}' + \mathfrak{A}''$ und $\mathfrak{B} = \mathfrak{B}' + \mathfrak{B}''$, die leicht aus dem Krafteck gefunden werden (Abb. A 1.2).

Die im Scheitelgelenk auftretende Kraft $\mathfrak{C}$ bzw. $-\mathfrak{C}$ entnimmt man ebenfalls sofort dem Krafteck, denn sie muß am linken Tragwerkteil mit $\Re'$ und $\mathfrak{A}$ bzw. am rechten Teil mit P_2 und $\mathfrak{B}$ im Gleichgewicht stehen. Aus dem Krafteck können wir nun unter Berücksichtigung des Kräftemaßstabes

$$| \mathfrak{A} | = 0{,}95 \text{ Mp mit den Komponenten } A_H = 0{,}55 \text{ Mp und } A_V = 0{,}75 \text{ Mp,}$$
$$| \mathfrak{B} | = 5{,}20 \text{ Mp mit den Komponenten } B_H = 1{,}90 \text{ Mp und } B_V = 4{,}85 \text{ Mp}$$

sowie $| \mathfrak{C} | = 3{,}25$ Mp ablesen.

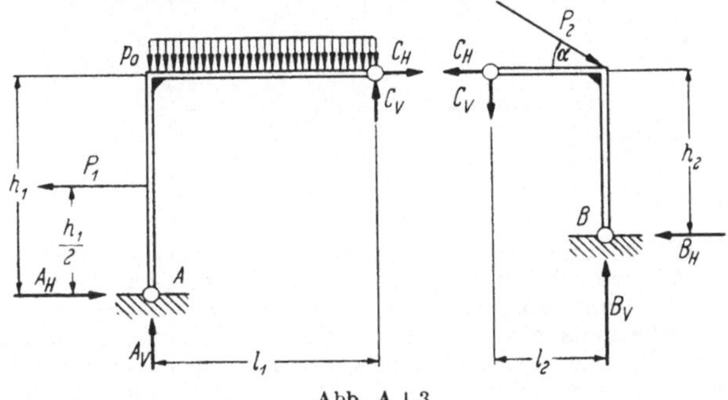

Abb. A 1.3

b) Rechnerisch: Da beide Tragwerkteile für sich im Gleichgewicht stehen müssen, liefern die Gleichgewichtsbedingungen (1.10) im ebenen Fall für jeden Teil jeweils drei Gleichungen, aus denen die insgesamt sechs Unbekannten A_H, A_V, B_H, B_V, C_H, C_V (Abb. A 1.3) ermittelt werden können. Am linken Teil ergibt das Momentengleichgewicht bezüglich A

$$\sum M_{(A)} = 0 = C_H\, h_1 - C_V\, l_1 + p_0\, l_1 \frac{l_1}{2} - P_1 \frac{h_1}{2},$$

während am rechten Teil

$$\sum M_{(B)} = 0 = C_H\, h_2 + C_V\, l_2 - P_2 \cos\alpha \cdot h_2$$

folgt. Aus diesen beiden Gleichungen erhält man die Komponenten der Scheitelgelenkkraft zu

$$C_H = \frac{\dfrac{P_1}{2} \dfrac{h_1}{l_1} + P_2 \cos\alpha \cdot \dfrac{h_2}{l_2} - \dfrac{p_0\, l_1}{2}}{\dfrac{h_1}{l_1} + \dfrac{h_2}{l_2}} = 1{,}56 \text{ Mp},$$

$$C_V = \frac{-\dfrac{P_1}{2} + P_2 \cos\alpha + \dfrac{p_0\, l_1}{2} \dfrac{l_1}{h_1}}{\dfrac{l_1}{h_1} + \dfrac{l_2}{h_2}} = 2{,}86 \text{ Mp}$$

und damit

$$C = |\mathfrak{C}| = \sqrt{C_H^2 + C_V^2} = 3{,}26 \text{ Mp}.$$

Die unbekannten Auflagerkräfte errechnet man dann aus den Kraftgleichgewichtsbedingungen am linken bzw. rechten Tragwerkteil:

$$\sum_{(l)} H = 0 = A_H - P_1 + C_H, \quad \text{d. h.} \quad A_H = P_1 - C_H = -0{,}56 \,\text{Mp},$$

$$\sum_{(l)} V = 0 = A_V + C_V - p_0 l_1, \quad \text{d. h.} \quad A_V = p_0 l_1 - C_V = 0{,}74 \,\text{Mp},$$

$$\sum_{(r)} H = 0 = B_H + C_H - P_2 \cos\alpha, \quad \text{d. h.} \quad B_H = P_2 \cos\alpha - C_H = 1{,}90 \,\text{Mp},$$

$$\sum_{(r)} V = 0 = B_V - C_V - P_2 \sin\alpha, \quad \text{d. h.} \quad B_V = C_V + P_2 \sin\alpha = 4{,}86 \,\text{Mp}.$$

A 2. Auflagerkräfte am Gerberträger. Für den in Abb. A 2.1 dargestellten sog. *Gerberträger* bestimme man die Auflagerkräfte.

Gegeben: $l_1 = 12$ m, $l_2 = 10$ m, $P_1 = 12$ Mp, $P_2 = 15$ Mp, $P_3 = 10$ Mp.

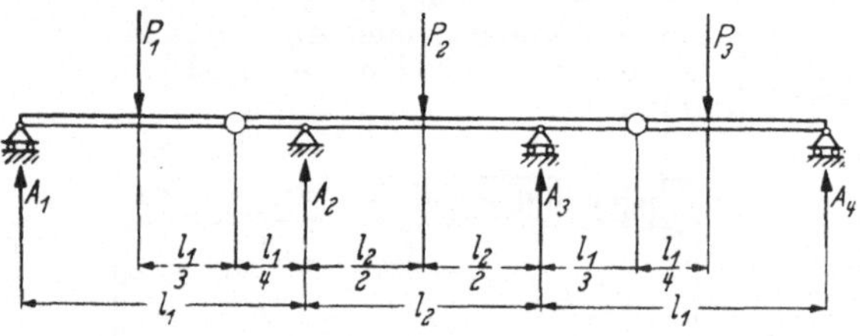

Abb. A 2.1

Lösung. Dieses Tragwerk besteht aus drei gelenkig miteinander verbundenen Teilkörpern, von denen jeder für sich allein im Gleichgewicht stehen muß (Abb. A 2.2). Zur Ermittlung der vier unbekannten Auflagerkräfte $A_1, \ldots, A_4$ sowie der beiden Gelenkkräfte C_1 und C_2 stehen genau sechs Gleichungen zur Verfügung, je zwei für die einzelnen Tragwerkteile; wegen der ausschließlich vertikalen Belastung können nämlich weder im Lager c noch in den Gelenken b und e Horizontalkräfte auftreten, so daß für alle drei Teile die Gleichgewichts-

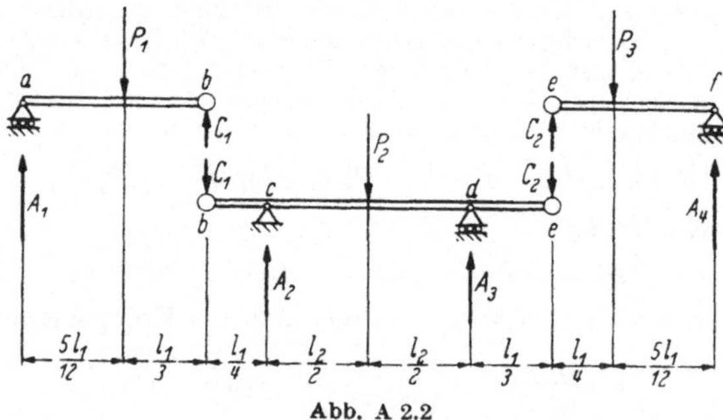

Abb. A 2.2

bedingung $\sum H = 0$ identisch erfüllt ist. Am linken Tragwerkteil, der ebenso wie der rechte als sog. *Schleppträger* bezeichnet wird, erhält man

$$\sum M_{(a)} = 0 = P_1 \cdot \frac{5}{12} l_1 - C_1 \cdot \frac{3}{4} l_1.$$

also

$$C_1 = \frac{5}{9} P_1 = 6{,}67 \,\text{Mp} \tag{1}$$

und

$$\Sigma M_{(b)} = 0 = A_1 \cdot \frac{3}{4} l_1 - P_1 \cdot \frac{l_1}{3},$$

d. h.

$$A_1 = \frac{4}{9} P_1 = 5{,}33 \,\text{Mp}.$$

Die Gleichgewichtsbedingungen am rechten Schleppträger liefern

$$\Sigma M_{(f)} = 0 = C_2 \cdot \frac{2}{3} l_1 - P_3 \cdot \frac{5}{12} l_1,$$

d. h.

$$C_2 = \frac{5}{8} P_3 = 6{,}25 \,\text{Mp} \tag{2}$$

sowie

$$\Sigma M_{(e)} = 0 = P_3 \cdot \frac{l_1}{4} - A_4 \cdot \frac{2}{3} l_1$$

und somit

$$A_4 = \frac{3}{8} P_3 = 3{,}75 \,\text{Mp}.$$

Unter Beachtung von (1) und (2) folgt schließlich für den mittleren Tragwerkteil

$$\Sigma M_{(d)} = 0 = A_2 l_2 - P_2 \frac{l_2}{2} - C_1 \left(\frac{l_1}{4} + l_2\right) + C_2 \frac{l_1}{3},$$

$$A_2 = \frac{P_2}{2} + \frac{5}{9} P_1 \left(1 + \frac{1}{4} \frac{l_1}{l_2}\right) - \frac{5}{8} P_3 \cdot \frac{1}{3} \frac{l_1}{l_2} = 13{,}67 \,\text{Mp},$$

$$\Sigma M_{(c)} = 0 = A_3 l_2 - P_2 \frac{l_2}{2} + C_1 \frac{l_1}{4} - C_2 \left(\frac{l_1}{3} + l_2\right),$$

$$A_3 = \frac{P_2}{2} - \frac{5}{9} P_1 \cdot \frac{1}{4} \frac{l_1}{l_2} + \frac{5}{8} P_3 \left(1 + \frac{1}{3} \frac{l_1}{l_2}\right) = 14{,}25 \,\text{Mp}.$$

Als Kontrollrechnung wird nachgewiesen, daß am Gesamttragwerk die Kraftgleichgewichtsbedingung in vertikaler Richtung erfüllt ist:

$$\Sigma V = \sum_{i=1}^{4} A_i - \sum_{i=1}^{3} P_i = 37{,}00 - 37{,}00 = 0.$$

8. Ebene Fachwerke bestehen aus einer Anzahl von Stäben, die miteinander durch Gelenke verbunden sind. Zur Vereinfachung ihrer Behandlung läßt man die Lasten in den als reibungsfrei angesehenen Gelenken angreifen und erreicht so, daß die Stäbe nur auf Zug und Druck, nicht aber auf Biegung beansprucht werden. Damit ein Fachwerk in sich unverschieblich, d. h. *kinematisch bestimmt* ist (z. B. ein dreieckiges Fachwerk im Gegensatz zum Gelenkviereck), müssen die Anzahl der Stäbe s und der Knotenpunkte n zueinander in der Beziehung

$$s \geqq 2n - 3$$

stehen. Gilt das Gleichheitszeichen, so ist das Fachwerk i. allg. auch *statisch bestimmt*[1], d. h., die Stabkräfte lassen sich mittels geeignet geführter Schnitte aus den Gleichgewichtsbedingungen errechnen. Oft wendet man auch das graphische *Verfahren von Cremona* an, bei dem man alle zu den einzelnen Knotenpunkten gehörigen Kraftecke zu einem einzigen, dem sog. *Cremona-Plan* vereinigt; im allgemeinen ist dieses Verfahren bei einem aus Dreiecken bestehenden Fachwerk möglich.

---

[1] Bei aus Dreieckverbänden bestehenden Fachwerken mit statisch bestimmter Lagerung ist dies *immer* der Fall.

Aufgaben

A 1. Stabkräfte in einem ebenen Fachwerk. Für das Fachwerk der Abb. A 1.1 ermittle man die Stabkräfte mit Hilfe des CREMONA-Planes und kontrolliere das Ergebnis mit Hilfe eines *Ritterschen Schnittes.*

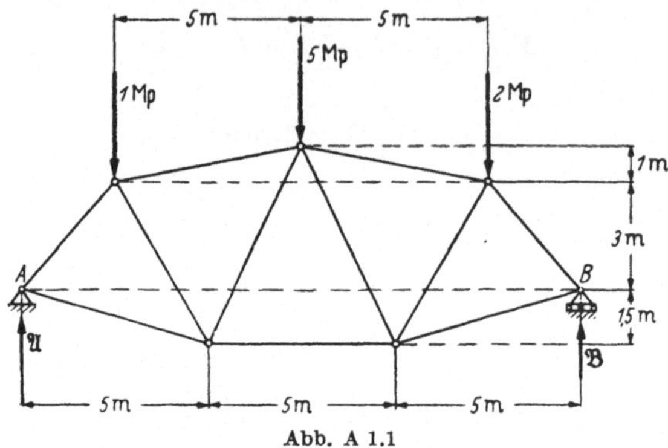

Abb. A 1.1

Lösung. Zunächst werden die Auflagerkräfte, hier zweckmäßigerweise auf analytischem Wege, ermittelt. Aus $\sum M_{(B)} = 0$ folgt

$$|\mathfrak{A}| = \frac{1}{15}(2 \cdot 2{,}5 + 5 \cdot 7{,}5 + 1 \cdot 12{,}5) = 3{,}67 \text{ Mp},$$

und die $\sum V = 0$ ergibt

$$|\mathfrak{B}| = \sum P - |\mathfrak{A}| = 8 - 3{,}67 = 4{,}33 \text{ Mp}.$$

Die Ermittlung der Stabkräfte soll nun mit Hilfe des CREMONA-Planes geschehen, dessen Konstruktion auf der Erkenntnis beruht, daß nicht nur am Fachwerk als Ganzem, sondern auch an jedem einzelnen Knotenpunkt Gleichgewicht herrscht. Das zieht nach sich, daß sich an jedem Knoten das aus den an ihm angreifenden Stabkräften gebildete Krafteck schließen muß. Da nun aber die Richtungen der Stäbe und damit auch die der in ihnen wirkenden Zug- oder Druckkräfte durch die Systemabmessungen vorgegeben sind, läßt sich das Krafteck immer an solchen Knoten eindeutig schließen, an denen nicht mehr als zwei unbekannte Stabkräfte angreifen. Die Zusammenfassung aller zu den einzelnen Knotenpunkten gehörigen Kraftecke zu einem einzigen bildet dann den CREMONA-Plan. Hierbei ist jedoch noch zu beachten, daß man bei der Konstruktion der einzelnen Teilkraftecke die an den entsprechenden Knoten angreifenden Stabkräfte immer in der Reihenfolge aneinanderfügt, in der sie bei einem einmal für den gesamten Plan festgelegten Umfahrungssinn an dem betreffenden Knoten auftreten.

Bei der vorliegenden Aufgabe wollen wir die Knotenpunkte im Uhrzeigersinn umfahren und beginnen den CREMONA-Plan mit dem Knoten A (Abb. A 1.2), an dem neben der bereits ermittelten Auflagerkraft $\mathfrak{A}$ die beiden unbekannten Stabkräfte O_1 und U_1 angreifen. Wir zeichnen also das Krafteck aus $\mathfrak{A}$ und den bekannten Richtungen von O_1 und U_1 so, daß sich gemäß dem festgelegten Umlaufsinn an $\mathfrak{A}$ die Kraft O_1 und daran U_1 anschließt. Damit sind Größe und Richtungssinn von O_1 und U_1 ermittelt, und zwar muß O_1 auf den Knotenpunkt A zu- und U_1 von A weggerichtet sein, damit sich das Krafteck aus $\mathfrak{A}$, O_1 und U_1 schließt. Es ist also O_1 eine Druck- und U_1 eine Zugkraft. Zweckmäßigerweise trägt man den so ermittelten Richtungssinn sofort in den Lageplan ein (Abb. A 1.2), indem man Druckkräfte durch auf die Knoten zu- und Zugkräfte durch von den Knoten weggerichtete Pfeile andeutet. Mit dem bekannten O_1 können wir nun am Knoten I

die unbekannten Stabkräfte O_2 und D_1 bestimmen. Wir gehen im Kräfteplan von der Kraft O_1 aus (Richtungssinn jetzt auf den Knoten I zu, im Krafteck also nach rechts oben), an die sich die Belastung $\mathfrak{P}_1$ anschließt, und schließen das Krafteck durch O_2 und D_1, womit auch diese Kräfte nach Größe und Richtungssinn bekannt sind. Daraufhin werden am Knoten IV mittels U_1 und D_1 die Kräfte D_2 und U_2, danach am Knoten II die Kräfte O_3 und D_3 und am Knoten V die Kräfte D_4 und U_3 ermittelt. Am Knotenpunkt III sind dann bereits D_4, O_3, $\mathfrak{P}_3$ bekannt, so daß das

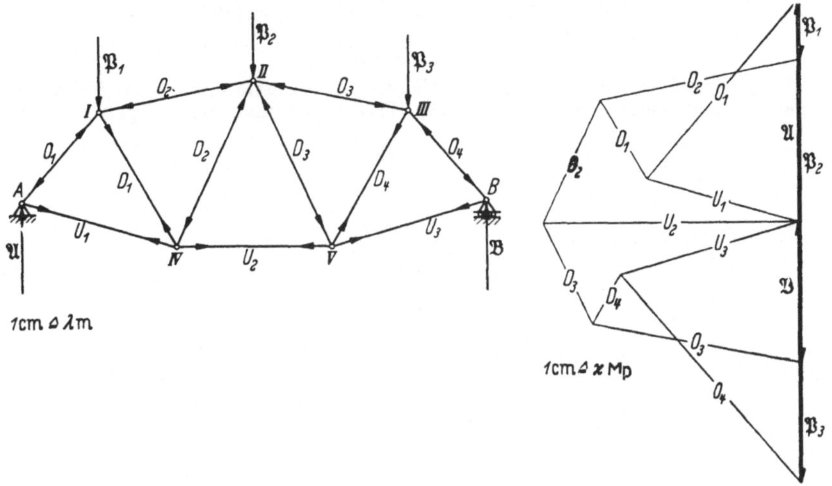

Abb. A 1.2

Schließen des Kraftecks durch die einzige noch Unbekannte O_4 bereits eine Kontrolle bedeutet, da sie im Kräfteplan durch ihre beiden Endpunkte vorgegeben ist, aber gleichzeitig parallel zur Stabrichtung im Lageplan verlaufen muß. Eine weitere Kontrolle liefert der Auflagerknotenpunkt B, da sich an ihm das Krafteck aus U_3, O_4 und $\mathfrak{B}$ schließen muß. Aus dem Kräfteplan entnehmen wir unter Berücksichtigung des Kräftemaßstabes folgende Stabkräfte, wobei wir Zugkräfte mit positivem und Druckkräfte mit negativem Vorzeichen versehen:

Stab	O_1	O_2	O_3	O_4	U_1	U_2	U_3	D_1	D_2	D_3	D_4
Stabkraft [Mp]	$-3{,}80$	$-3{,}25$	$-3{,}40$	$-4{,}50$	$+2{,}55$	$+4{,}10$	$+3{,}00$	$+1{,}45$	$-2{,}20$	$-1{,}80$	$+0{,}90$

Zuletzt wollen wir noch einige Stabkräfte mit Hilfe eines sog. RITTERschen Schnittes kontrollieren. Bei diesem (analytischen) Verfahren schneidet man das Fachwerk so in zwei Teile, daß von dem Schnitt drei Stäbe getroffen werden, deren Achsen nicht durch einen Punkt laufen. Bringt man nun an den Schnittstellen die durch die Stäbe übertragenen unbekannten Stabkräfte als äußere Kräfte an, so müssen diese an einem der beiden Fachwerkteile den dort angreifenden Belastungen und Auflagerkräften das Gleichgewicht halten. Aus den (1.10) entsprechenden drei Gleichgewichtsbedingungen für den ebenen Fall lassen sich dann die drei unbekannten Stabkräfte ermitteln. Für den gemäß Abb. A 1.3 geführten RITTERschen Schnitt erhalten wir unter Berücksichtigung von $\alpha = 11{,}3°$ und $\beta = 65{,}6°$ für den linken Fachwerkteil

$$\textstyle\sum M_{(II)} = 0 = |\mathfrak{A}| \cdot 7{,}5 - P_1 \cdot 5{,}0 - U_2 \cdot 5{,}5,$$

d. h.

$$U_2 = +4{,}09 \text{ Mp},$$

$$\textstyle\sum M_{(IV)} = 0 = |\mathfrak{A}| \cdot 5{,}0 - P_1 \cdot 2{,}5 + O_2 \cdot r,$$

woraus mit

$$r = 5{,}5\,\frac{\sin\,(\beta - \alpha)}{\sin \beta} = 4{,}91\ \text{m}$$

$$O_2 = -\,3{,}22\ \text{Mp}$$

hervorgeht.

Die dritte unbekannte Stabkraft D_2 folgt dann schließlich aus

$$\Sigma V = 0 = |\mathfrak{A}| - P_1 + O_2 \sin \alpha + D_2 \sin \beta$$

zu

$$D_2 = -\,2{,}24\ \text{Mp}\,.$$

Eine Bemerkung. Eine weitere Möglichkeit zur Bestimmung von Stabkräften in Fachwerken bietet das *Knotenschnittverfahren*, das man als rechnerische Form

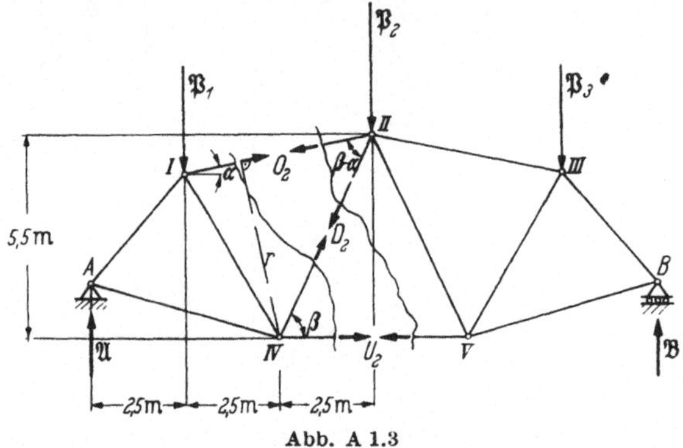

Abb. A 1.3

des CREMONA-Planes bezeichnen könnte. Man geht hierbei auch von der Forderung nach Gleichgewicht an jedem Knoten aus und kann dann von Knoten zu Knoten gehend mit Hilfe der zwei verbleibenden Kräftegleichgewichtsbedingungen — das Momentengleichgewicht ist an jedem Knoten identisch erfüllt, da sich alle an ihm angreifenden Kräfte in einem Punkt schneiden — an jedem Knoten jeweils zwei unbekannte Stabkräfte errechnen.

A 2. Dreigelenk-Fachwerkbinder. Für den gemäß Abb. A 2.1 belasteten Dreigelenk-Fachwerkbinder bestimme man die Widerlagerkräfte sowie die Stabkrätte mit Hilfe des CREMONA-Planes.

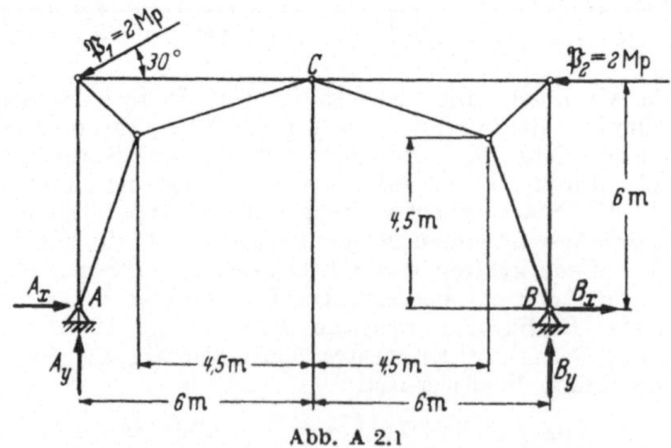

Abb. A 2.1

Lösung. Die Ermittlung der Auflagerkräfte wird auf rechnerischem Wege durchgeführt. Auch im vorliegenden Falle ließen sich wieder — analog zur 1. Auf-

gabe des vorangehenden Abschnittes — zur Bestimmung der vier Auflagerkraft-
komponenten A_x, A_y, B_x, B_y (Abb. A 2.1) und der beiden Scheitelkraftkompo-
nenten je drei Gleichgewichtsbedingungen für die beiden Tragwerkteile aufstellen.
Wegen der Symmetrie des Systems lassen sich hier jedoch sofort aus den Gleichgewichtsbedingungen am Gesamtsystem A_y und B_y ermitteln. Aus

$$\textstyle\sum M_{(B)} = 0 = A_y \cdot 12 - 2\cos 30° \cdot 6 - 2\sin 30° \cdot 12 - 2 \cdot 6$$

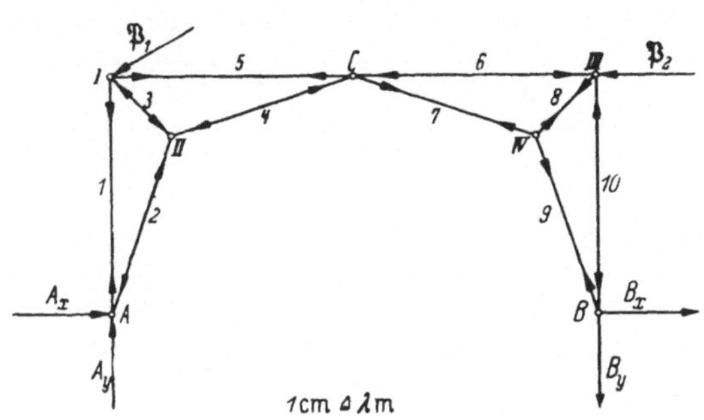

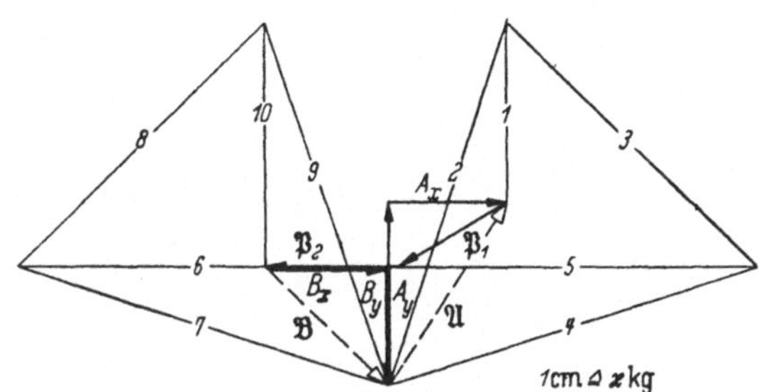

Abb. A 2.2

erhält man

$$A_y = +2{,}87 \text{ Mp},$$

während aus

$$\textstyle\sum V = 0 = A_y + B_y - 2\sin 30°$$
$$B_y = -1{,}87 \text{ Mp}$$

folgt. Zur Ermittlung von B_x bilden wir das Momentengleichgewicht des rechten
Tragwerkteiles bezüglich des Punktes C und erhalten

$$\textstyle\sum_{(r)} M_{(C)} = 0 = B_x \cdot 6 + B_y \cdot 6,$$

woraus sich

$$B_x = -B_y = +1{,}87 \text{ Mp}$$

ergibt. Das Kräftegleichgewicht in horizontaler Richtung am Gesamttragwerk
liefert dann

$$\textstyle\sum H = 0 = A_x + B_x - 2\cos 30° - 2$$

und somit

$$A_x = +1{,}87 \text{ Mp}.$$

Mit den so gewonnenen Auflagerkräften zeichnen wir nun das Krafteck aus $\mathfrak{A}$,
$\mathfrak{P}_1$, $\mathfrak{P}_2$ und $\mathfrak{B}$ (als Umlaufsrichtung für das Gesamtsystem wird hier der Uhrzeigersinn gewählt, der dann auch für das Umfahren der einzelnen Knoten beibehalten
werden muß) und beginnen den CREMONAschen Kräfteplan (Abb. A 2.2) mit dem

Krafteck für den Punkt A, das die Stabkräfte $\mathfrak{S}_1$ und $\mathfrak{S}_2$ liefert. Am Knoten I erhalten wir weiter aus $\mathfrak{S}_1$ und $\mathfrak{P}_1$ die Kräfte $\mathfrak{S}_5$ und $\mathfrak{S}_3$, so daß das Krafteck für den Knoten II wegen bekannter $\mathfrak{S}_2$ und $\mathfrak{S}_3$ neben der Bestimmung von $\mathfrak{S}_4$ bereits eine Zeichenkontrolle darstellt. Am Scheitelgelenk C lassen sich dann $\mathfrak{S}_6$ und $\mathfrak{S}_7$ und am Knoten III $\mathfrak{S}_{10}$ und $\mathfrak{S}_8$ ermitteln. Das Krafteck für den Knoten IV liefert die letzte unbekannte Stabkraft $\mathfrak{S}_9$ sowie eine weitere Zeichenkontrolle. Auch am Auflagerknoten B herrscht wegen des sich schließenden Kraftecks aus $\mathfrak{B}$, $\mathfrak{S}_9$, $\mathfrak{S}_{10}$ Gleichgewicht. Für die Stabkräfte entnehmen wir dem Kräfteplan folgende Werte:

Stab	1	2	3	4	5	6	7	8	9	10
Stabkraft [Mp]	$+2{,}75$	$-5{,}90$	$-5{,}30$	$-5{,}95$	$+5{,}45$	$-5{,}75$	$+5{,}95$	$+5{,}30$	$+5{,}90$	$-3{,}75$

9. Statik der Seile (Ketten) in der Ebene. Das (Ideal-) Seil besitzt keine Biegesteifigkeit, kann also nur eine Zugkraft $\mathfrak{S} = \{H;\ 0;\ V\}$ aufnehmen. Bedeuten $q_x = q_x(x, z)$ und $q_z = q_z(x, z)$ die auf die Längeneinheit des Seiles bezogenen Kraftkomponenten (z. B. Gewicht, Windkraft usw.), so lehrt eine Gleichgewichtsbetrachtung am Seilelement (Abb. 1.10):

$$\frac{dH}{ds} + q_x = 0, \qquad \frac{dV}{ds} + q_z = 0.\qquad (1.15)$$

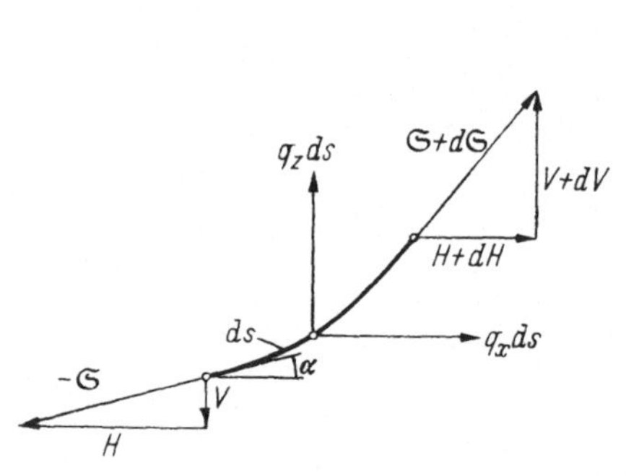

Abb. 1.10

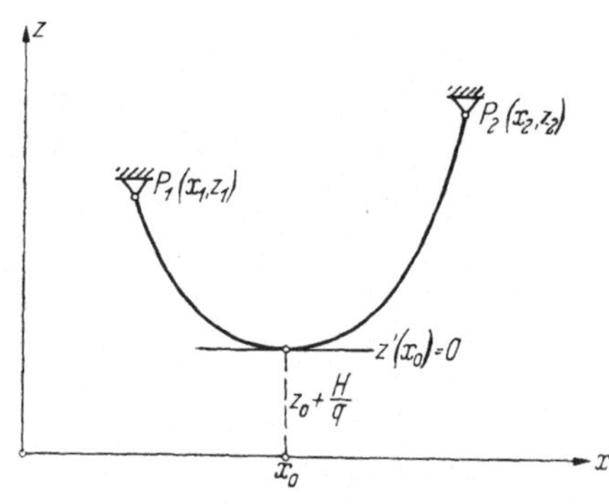

Abb. 1.11

Hierzu kommen noch die geometrischen Bedingungen (Abb. 1.10)

$$ds^2 = dx^2 + dz^2, \qquad \frac{dz}{dx} = \tan\alpha = z'(x) = \frac{V}{H}.\qquad (1.16)$$

Für ein *homogenes Seil konstanten Querschnittes* unter Eigengewicht ($q_x = 0$, $q_z = -q = $ const) erhält man aus (1.15) und (1.16)

$$\left.\begin{aligned}
H = \text{const}, \qquad z - z_0 &= \frac{H}{q}\cosh\frac{q(x - x_0)}{H}, \\
|\mathfrak{S}| = S = \sqrt{H^2 + V^2} &= H\cosh\frac{q(x - x_0)}{H}.
\end{aligned}\right\}\qquad (1.17)$$

Die Bedeutung der (Integrations-) Konstanten x_0 und z_0 ersieht man aus Abb. 1.11; diese und der üblicherweise unbekannte Horizontalzug H müssen aus drei gegebenen Bedingungen ermittelt werden.

Setzt man in (1.15) $q_x = 0$ und $q_z = -\bar{q}(x)\dfrac{dx}{ds}$, so gewinnt man wieder $H = \text{const}$ und mit (1.16)

$$\frac{d^2 z}{d x^2} = \frac{\bar{q}(x)}{H}, \tag{1.18}$$

wobei also $\bar{q}(x)$ die (nach unten positiv gerechnete) Streckenlast je Abszisseneinheit bedeutet[1].

Aufgaben

A 1. Seil mit großem Durchhang. Zwischen zwei im Abstand l stehenden Masten der Höhen h_1 und h_2 hängt ein Seil von der Länge L, dem Durchmesser d und dem spezifischen Gewicht γ (Abb. A 1.1). Wie lautet die Gleichung der Seilkurve, und wie groß sind die in den Mastspitzen auftretenden Kräfte sowie die maximale Spannung im Seil?

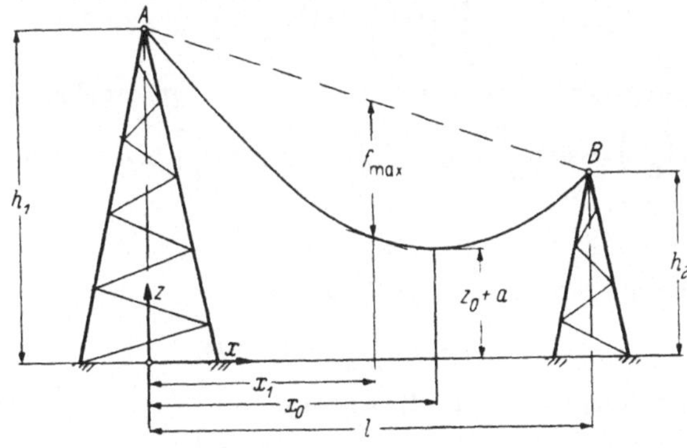

Abb. A 1.1

Gegeben: $h_1 = 30$ m, $h_2 = 12$ m, $l = 20$ m, $L = 45$ m, $d = 20$ mm, $\gamma = 4$ p/cm³.

Lösung. Führt man gemäß Abb. A 1.1 im Fußpunkt des linken Mastes ein Koordinatensystem ein, so lautet die Gleichung der Seilkurve nach (1.17)

$$z - z_0 = \frac{H}{q} \cosh \frac{q(x - x_0)}{H}$$

bzw. mit der Abkürzung

$$a = \frac{H}{q}$$

$$z - z_0 = a \cosh \frac{x - x_0}{a}. \tag{1}$$

Hierin sind sowohl die Koordinaten x_0, z_0 des Scheitelpunktes als auch der Parameter a der *Kettenlinie* unbekannt. Zu ihrer Ermittlung benutzen wir die Bedingungen, daß die Seilkurve durch die beiden Mastspitzen verläuft, und daß sie die vorgegebene Länge L besitzt. Es muß also gelten

$$h_1 - z_0 = a \cosh \frac{x_0}{a}, \tag{2}$$

$$h_2 - z_0 = a \cosh \frac{l - x_0}{a} \tag{3}$$

---

[1] Man beachte, daß sie für homogene Seile konstanten Querschnittes nur für einen flachen Durchhang ($dx \approx ds$) näherungsweise konstant ist!

und unter Beachtung von (1)

$$L = \int\limits_{x=0}^{l} \sqrt{1 + z'^2}\, dx = \left[a \sinh \frac{x - x_0}{a} \right]_{x=0}^{l} = a \left(\sinh \frac{l - x_0}{a} + \sinh \frac{x_0}{a} \right)$$

$$= 2a \sinh \frac{l}{2a} \cosh \frac{2x_0 - l}{2a} \,. \tag{4}$$

Aus (2) und (3) erhält man

$$h_1 - h_2 = a \left(\cosh \frac{x_0}{a} - \cosh \frac{l - x_0}{a} \right) = 2a \sinh \frac{l}{2a} \sinh \frac{2x_0 - l}{2a} \,. \tag{5}$$

Wenn man nun (4) und (5) quadriert und anschließend voneinander subtrahiert, ergibt sich

$$L^2 - (h_1 - h_2)^2 = 4a^2 \sinh^2 \frac{l}{2a} \left(\cosh^2 \frac{2x_0 - l}{2a} - \sinh^2 \frac{2x_0 - l}{2a} \right) = 4a^2 \sinh^2 \frac{l}{2a} \,,$$

woraus

$$\sinh \frac{l}{2a} = \frac{l}{2a} \sqrt{\left(\frac{L}{l} \right)^2 - \left(\frac{h_1 - h_2}{l} \right)^2} = 2{,}06 \frac{l}{2a} \tag{6}$$

folgt. Die Lösung der transzendenten Gl. (6) erfolgt graphisch $\Big[$Schnittpunkt der Kurven $f_1 \left(\dfrac{l}{2a} \right) = \sinh \dfrac{l}{2a}$ und $f_2 \left(\dfrac{l}{2a} \right) = 2{,}06 \dfrac{l}{2a} \Big]$ und lautet

$$\frac{l}{2a} = 2{,}23 \,,$$

so daß sich für den Parameter der Seilkurve

$$a = \frac{l}{2 \cdot 2{,}23} = 4{,}48 \text{ m} \tag{7}$$

ergibt. Dividiert man (5) durch (4), so wird

$$\frac{h_1 - h_2}{L} = \tanh \frac{2x_0 - l}{2a}$$

und damit

$$x_0 = a \operatorname{ar\,tanh} \frac{h_1 - h_2}{L} + \frac{l}{2} = 11{,}90 \text{ m} \,. \tag{8}$$

Schließlich bekommt man aus (2) unter Beachtung von (7) und (8)

$$z_0 = h_1 - a \cosh \frac{x_0}{a} = -2{,}20 \text{ m} \tag{9}$$

und zuletzt nach Einsetzen von (7), (8) und (9) in (1) die Gleichung der Seilkurve

$$z = 4{,}48 \cosh \frac{x - 11{,}90}{4{,}48} - 2{,}20 \text{ m} \,. \tag{10}$$

Der Größtdurchhang tritt an der Stelle x_1 auf, an der die Neigung der Seilkurve mit der der Sehne AB übereinstimmt, d. h. wenn

$$z'(x_1) = \sinh \frac{x_1 - x_0}{a} = -\frac{h_1 - h_2}{l} \,,$$

also

$$x_1 = x_0 + a \operatorname{ar\,sinh} \frac{h_2 - h_1}{l} = 8{,}29 \text{ m}$$

ist. Seine Größe ergibt sich dann zu

$$f_{\max} = \left(h_1 - \frac{h_1 - h_2}{l} x_1 \right) - z(x_1) = \left(h_1 - \frac{h_1 - h_2}{l} x_1 \right) - \left(z_0 + a \cosh \frac{x_1 - x_0}{a} \right)$$

$$= 18{,}74 \text{ m} \,.$$

Die Seilkraft beträgt nach (1.17) unter Berücksichtigung von (1)

$$S = H \cosh \frac{q\,(x - x_0)}{H} = a\,q \cosh \frac{x - x_0}{a} = q\,(z - z_0)\,, \qquad (11)$$

wobei das Eigengewicht je Längeneinheit des Seiles

$$q = \frac{\pi\,d^2}{4}\,\gamma = 1{,}257 \text{ kp/m}$$

ist. Für die an den Mastspitzen A und B auftretenden Kräfte erhält man somit aus (11)

$$S_A = q\,(z_A - z_0) = q\,(h_1 - z_0) = 40{,}5 \text{ kp}$$

sowie

$$S_B = q\,(z_B - z_0) = q\,(h_2 - z_0) = 17{,}8 \text{ kp}\,.$$

Die maximale Seilspannung tritt somit im Aufhängepunkt A auf und beträgt

$$\sigma_{\max} = \sigma_A = \frac{S_A}{F} = 12{,}9 \text{ kp/cm}^2.$$

A 2. *Seilschwebebahn*. Für die in der Abb. A 2.1 dargestellte Stellung der Gondel einer Seilschwebebahn mit dem Gewicht Q berechne man näherungsweise die **größte auftretende Seilkraft**.

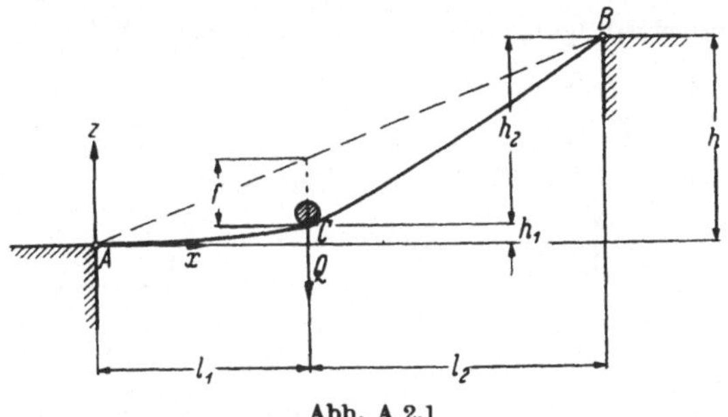

Abb. A 2.1

Gegeben: $Q = 3 \text{ Mp}$, $h = 400 \text{ m}$, $l_1 = 400 \text{ m}$, $l_2 = 500 \text{ m}$, $f = 35 \text{ m}$, Seileigengewicht $q = 10 \text{ kp/m}$.

Lösung. Nach (1.17) beträgt die Seilkraft

$$S = \sqrt{H^2 + V^2} = H\,\sqrt{1 + \left(\frac{V}{H}\right)^2} = H\,\sqrt{1 + z'^2} = H\,\sqrt{1 + \tan^2 \varphi} = \frac{H}{\cos \varphi}\,, \qquad (1)$$

wenn φ der Anstiegswinkel der Seilkurve ist. Die größte Seilkraft ergibt sich danach an der Stelle der größten Seilneigung, also am rechten Aufhängepunkt B, zu

$$S_{\max} = \frac{H}{\cos \varphi_B}\,. \qquad (2)$$

Da die Seilkurve wegen der Einzellast Q bei C einen Knick hat, muß ihre Gleichung getrennt für die beiden Teile AC und CB bestimmt werden (Abb. A 2.1). Das Seilgewicht q wird unter der Annahme eines flachen Durchhanges gegenüber den Sehnen $\overline{AC}$ und $\overline{CB}$ längs dieser als konstant angenommen. Damit sind auch die Projektionen des Seilgewichtes auf die Horizontale konstant und betragen

$$\bar{q}_1 = q\,\frac{\overline{AC}}{l_1} = q\,\sqrt{1 + \left(\frac{h_1}{l_1}\right)^2}\,, \qquad \bar{q}_2 = q\,\frac{\overline{CB}}{l_2} = q\,\sqrt{1 + \left(\frac{h_2}{l_2}\right)^2}\,. \qquad (3)$$

Mit

$$h_1 = h \frac{l_1}{l_1 + l_2} - f = 142{,}77 \text{ m},$$

$$h_2 = h \frac{l_2}{l_1 + l_2} + f = 257{,}23 \text{ m} \qquad\qquad (4)$$

erhält man aus (3)

$$\bar{q}_1 = 10{,}62 \text{ kp/m}, \qquad \bar{q}_2 = 11{,}24 \text{ kp/m}.$$

Nach (1.18) lauten somit die Seilgleichungen

im Bereich AC:

$$z_1'' = \frac{\bar{q}_1}{H}; \quad z_1' = \frac{\bar{q}_1}{H} x + C_1; \quad z_1(x) = \frac{\bar{q}_1}{H} \frac{x^2}{2} + C_1 x + C_2,$$

im Bereich CB:

$$z_2'' = \frac{\bar{q}_2}{H}; \quad z_2' = \frac{\bar{q}_2}{H} x + C_3; \quad z_2(x) = \frac{\bar{q}_2}{H} \frac{x^2}{2} + C_3 x + C_4, \qquad (5)$$

wobei in beiden Bereichen wegen des Kräftegleichgewichtes in horizontaler Richtung die Seilkurve denselben Horizontalzug H besitzt. Zur Ermittlung der vier Integrationskonstanten $C_1, \ldots, C_4$ und des unbekannten Horizontalzuges H stehen uns zwei Randbedingungen (Abb. A 2.1)

$$z_1(0) = 0, \qquad z_2(x = l_1 + l_2) = h = h_1 + h_2$$

und drei Übergangsbedingungen am Punkte C (Abb. A 2.2)

$$z_1(l_1) = h_1, \qquad z_2(l_1) = h_1,$$

$$Q = H\left[z_2'(l_1) - z_1'(l_1)\right]$$

zur Verfügung. Nach einiger Rechnung erhält man

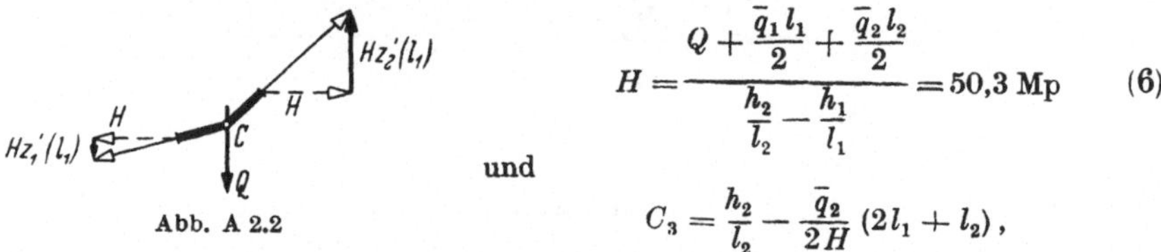

Abb. A 2.2

$$H = \frac{Q + \dfrac{\bar{q}_1 l_1}{2} + \dfrac{\bar{q}_2 l_2}{2}}{\dfrac{h_2}{l_2} - \dfrac{h_1}{l_1}} = 50{,}3 \text{ Mp} \qquad (6)$$

und

$$C_3 = \frac{h_2}{l_2} - \frac{\bar{q}_2}{2H}(2l_1 + l_2),$$

womit aus (5) für den Seilneigungswinkel am Punkte B

$$\tan \varphi_B = z_2'(x = l_1 + l_2) = \frac{\bar{q}_2}{H}(l_1 + l_2) + C_3 = \frac{h_2}{l_2} + \frac{\bar{q}_2 l_2}{2H} = 0{,}571$$

folgt. Mit $\cos\varphi_B = 0{,}868$ ergibt sich schließlich unter Beachtung von (6) aus (2)

$$S_{\max} = 57{,}9 \text{ Mp}.$$

A 3. *Maximaler Mastenabstand einer Freileitung.*
Bei der Anlage einer Freileitung ist ein unter dem Winkel $\alpha = 15°$ ansteigender Hang zu überwinden. Das Kupfer-Stahl-Kabel vom Durchmesser $d = 2{,}0$ cm wird über 15 m hohe Masten geführt und darf, um eine freie Bodenhöhe von 10 m zu garantieren, einen maximalen Durchhang von $f = 5$ m besitzen (Abb. A 3.1). Das Kabeleigengewicht und die in Rechnung zu stellende Rauhreifbelastung betragen zusammen $q = q_E + q_R = 2{,}51 + 0{,}9 = 3{,}41$ kp/m. In welchem Abstand l müssen die Masten errichtet werden, damit die zulässige Seilspannung $\sigma_{zul} = 1600$ kp/cm² nicht überschritten wird?

Lösung. *a) Näherungslösung:* In der Erwartung, daß sich $l \gg f$ (flacher Durchhang) ergeben wird, betrachten wir das Seilgewicht q als gleichmäßig längs der Sehne $\overline{AB}$ verteilt. Dann ist aber auch die Projektion des Seilgewichtes auf die Horizontale konstant und beträgt

$$\overline{q}_0 = \frac{q}{\cos \alpha} = 3{,}53 \text{ kp/m}. \tag{1}$$

Nach (1.18) lautet dann die Gleichung der Seilkurve

$$z''(x) = \frac{\overline{q}_0}{H}$$

und damit nach Integration

$$z'(x) = \frac{\overline{q}_0}{H}\, x + C_1,$$

$$z(x) = \frac{\overline{q}_0}{H}\frac{x^2}{2} + C_1 x + C_2.$$

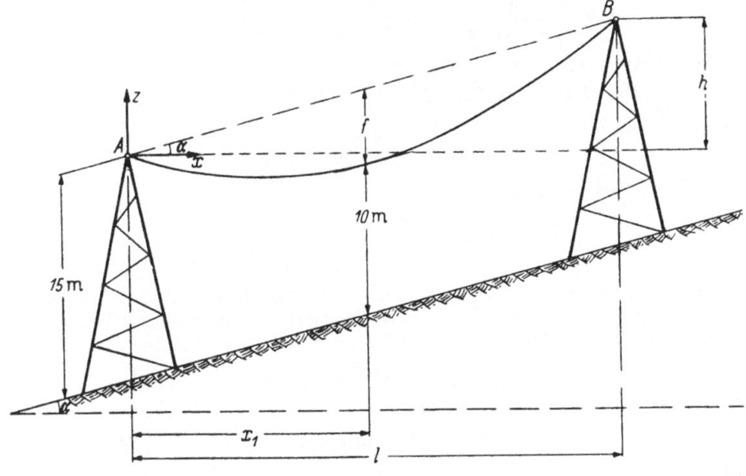

Abb. A 3.1

Die Randbedingungen (Abb. A 3.1) $z(0) = 0$ und $z(l) = h = l \cdot \tan \alpha$ liefern

$$C_2 = 0 \quad \text{und} \quad C_1 = \tan \alpha - \frac{\overline{q}_0 l}{2H},$$

so daß

$$z(x) = \frac{\overline{q}_0 x^2}{2H} + \left(\tan \alpha - \frac{\overline{q}_0 l}{2H}\right) x \tag{2}$$

wird. In (2) sind noch H und l unbekannt, die aus den Forderungen nach Einhaltung des maximalen Durchhanges f und der zulässigen Spannung σ_{zul} ermittelt werden. Der maximale Durchhang gegenüber der Sehne tritt aber bei einer Parabel an der Stelle $x_1 = \dfrac{l}{2}$ auf, was sofort aus $z'(x_1) = \tan \alpha$ unter Beachtung von (2) zu erhalten ist. Deshalb muß

$$f + z\left(\frac{l}{2}\right) = \frac{h}{2} = \frac{l}{2}\tan \alpha$$

gelten, woraus mit (2)

$$f = \frac{\overline{q}_0 l^2}{8H} \tag{3}$$

folgt. Die größte Seilkraft S_0 (und damit die maximale Seilspannung $\sigma_{max} = S_0/F$) ist an der Stelle der größten Seilneigung, also am Aufhängepunkt B, vorhanden und gemäß

$$S_0 = F\sigma_{zul} = \frac{\pi d^2}{4}\,\sigma_{zul} = 5{,}025 \text{ Mp} \tag{4}$$

vorgegeben. Mit (1.16) erhält man aus (1.17)

$$S_0 = S(l) = H\sqrt{1 + z'^2(l)} \tag{5}$$

und aus (2) $z'(l) = \tan\alpha + \bar{q}_0 l/2H$. Setzt man das in (5) ein, so ergibt sich unter Berücksichtigung von (3) als Bestimmungsgleichung für l

$$S_0 = \sqrt{H^2 + (H\tan\alpha + \bar{q}_0 l/2)^2} = \sqrt{\left(\frac{\bar{q}_0 l^2}{8f}\right)^2 + \left(\frac{\bar{q}_0 l}{2} + \frac{\bar{q}_0 l^2}{8f}\tan\alpha\right)^2}$$

und hieraus nach kurzer Umformung

$$l^4 + \frac{8f\tan\alpha}{1 + \tan^2\alpha}\,l^3 + \frac{16 f^2}{1 + \tan^2\alpha}\,l^2 - \frac{\left(8\dfrac{S_0 f}{\bar{q}_0}\right)^2}{1 + \tan^2\alpha} = 0$$

bzw. mit (1) und (4) sowie $\alpha = 15°$ und $f = 5$ m

$$l^4 + 10{,}00\,l^3 + 373{,}21\,l^2 - 30{,}25 \cdot 10^8 = 0; \quad l \text{ in m}. \tag{6}$$

Als Lösung dieser Gleichung gewinnt man

$$l = 231{,}7 \text{ m}, \tag{7}$$

womit aus (3) der Horizontalzug

$$H = \frac{\bar{q}_0 l^2}{8f} = 4738 \text{ kp} \tag{8}$$

folgt.

Zu erwähnen ist noch, daß man eine sehr gute Näherung für l bekommt, wenn man wegen des erwarteten flachen Durchhanges die Seilneigung bei B gleich der Sehnenneigung setzt. Mit dieser Annahme erhält man aus (5)

$$S_0 = H\sqrt{1 + \tan^2\alpha}$$

und mit (3)

$$S_0 = \frac{\bar{q}_0 l^2}{8f}\sqrt{1 + \tan^2\alpha} = \frac{\bar{q}_0 l^2}{8f\cos\alpha},$$

woraus sich

$$l = \sqrt{\frac{8f S_0 \cos\alpha}{\bar{q}_0}} = 235 \text{ m}$$

ergibt.

b) Exakte Lösung: Hierbei gehen wir von der Gleichung der Kettenlinie (1.17)

$$z - z_0 = a\cosh\frac{x - x_0}{a}, \quad a = \frac{H}{q} \tag{9}$$

aus. Mit Hilfe der Randbedingungen $z(0) = 0$ und $z(l) = h = l\tan\alpha$ (Abb. A 3.1) erhalten wir

$$-z_0 = a\cosh\frac{x_0}{a} \tag{10}$$

und

$$l\tan\alpha - z_0 = a\cosh\frac{l - x_0}{a}, \tag{11}$$

während für die maximale Seilkraft (im Punkte B) gemäß Gl. (11) der 1. Aufgabe dieses Abschnittes

$$S(l) = S_0 = q\,[z(l) - z_0],$$

also

$$\frac{S_0}{q} = l\tan\alpha - z_0 \tag{12}$$

folgt, wobei S_0 nach (4) vorgegeben ist. Die Bedingung, daß an der Stelle x_1 des maximalen Durchhanges die Seilkurve die gleiche Neigung wie die Sehne $\overline{AB}$ hat, liefert

$$z'(x_1) = \sinh \frac{x_1 - x_0}{a} = \tan \alpha \,, \tag{13}$$

und zuletzt muß

$$f + z(x_1) = x_1 \tan \alpha \,,$$

d. h.

$$f + z_0 + a \cosh \frac{x_1 - x_0}{a} = x_1 \tan \alpha \tag{14}$$

sein. Aus den fünf Gln. (10) bis (14) müssen die fünf unbekannten Größen x_0, z_0, a, l und x_1 ermittelt werden. Zunächst folgt durch Einsetzen von (10) bzw. (11) in (12) sowie von (10) in (14)

$$\frac{S_0}{q} = l \tan \alpha + a \cosh \frac{x_0}{a} \tag{15}$$

bzw.

$$\frac{S_0}{q} = a \cosh \frac{l - x_0}{a} \tag{16}$$

sowie

$$x_1 \tan \alpha = a \left(\cosh \frac{x_1 - x_0}{a} - \cosh \frac{x_0}{a} \right) + f \,. \tag{17}$$

Aus (13) erhält man

$$\cosh \frac{x_1 - x_0}{a} = \sqrt{1 + \sinh^2 \frac{x_1 - x_0}{a}} = \sqrt{1 + \tan^2 \alpha} = \frac{1}{\cos \alpha} \tag{18}$$

und

$$x_1 = x_0 + a \operatorname{ar} \sinh (\tan \alpha), \tag{19}$$

das in (17) eingesetzt

$$\frac{x_0}{a} \sin \alpha + \sin \alpha \operatorname{ar} \sinh (\tan \alpha) + \cos \alpha \cosh \frac{x_0}{a} - \frac{f}{a} \cos \alpha - 1 = 0 \tag{20}$$

ergibt. Ferner liefern (16) und (15)

$$\frac{l - x_0}{a} = + \operatorname{ar} \cosh \frac{S_0}{a\,q} \tag{21}$$

(denn $l - x_0 < 0$, d. h. $x_0 > l$, wäre unsinnig!) und

$$\frac{l - x_0}{a} = \frac{S_0}{a\,q} \cot \alpha - \cosh \frac{x_0}{a} \cot \alpha - \frac{x_0}{a} \,, \tag{22}$$

so daß hieraus

$$\frac{x_0}{a} \sin \alpha + \cos \alpha \cosh \frac{x_0}{a} - \frac{S_0}{a\,q} \cos \alpha + \sin \alpha \operatorname{ar} \cosh \frac{S_0}{a\,q} = 0 \tag{23}$$

hervorgeht. Damit bekommen wir aus (20) und (23) für $u = S_0/aq$ die transzendente Gleichung

$$\sin \alpha \operatorname{ar} \sinh (\tan \alpha) - 1 + \cos \alpha \left(1 - \frac{f\,q}{S_0} \right) u - \sin \alpha \operatorname{ar} \cosh u = 0 \tag{24}$$

bzw. mit den gegebenen Werten für f, q, α sowie mit (4)

$$-0{,}93145 + 0{,}96265\,u - 0{,}25882 \operatorname{ar} \cosh u = 0 \,, \tag{24a}$$

die die (graphisch bestimmbare) Lösung

$$u_0 = \frac{S_0}{a\,q} = 1{,}0611 \tag{25}$$

42   I. Kräfte, Spannungen und Gleichgewichtsbedingungen

besitzt. Der Parameter der Kettenlinie ergibt sich somit zu

$$a = \frac{S_0}{u_0\, q} = 1388,8 \text{ m},\qquad (26)$$

und der Horizontalzug wird

$$H = a\,q = \frac{S_0}{u_0} = 4735,7 \text{ kp}\qquad (27)$$

Da noch nicht feststeht, ob der Scheitel der Seilkurve rechts oder links vom Punkt A liegt, d.h. ob $x_0 > 0$ oder $x_0 < 0$ ist, ist bei der Auflösung von (15) die Doppeldeutigkeit des ar cosh zu berücksichtigen, und man erhält

$$\frac{x_0}{a} = \pm\, \text{ar cosh}\left(\frac{S_0}{a\,q} - \frac{l}{a}\tan\alpha\right)\qquad (28)$$

und hieraus mit (21) folgende transzendente Gleichung für l

$$\pm\, \text{ar cosh}\left(\frac{S_0}{a\,q} - \frac{l}{a}\tan\alpha\right) + \text{ar cosh}\left(\frac{S_0}{a\,q}\right) - \frac{l}{a} = 0\qquad (29)$$

bzw.

$$\pm\, \text{ar cosh}\,(1{,}0611 - 1{,}9294\cdot 10^{-4}\,l) - 7{,}2007\cdot 10^{-4}\,l + 0{,}3478 = 0,\qquad (29\,\text{a})$$

die nur im Falle des negativen Vorzeichens des ar cosh eine Lösung $l > 0$ besitzt. So ergibt sich als Lösung von (29a) der maximale Abstand der Freileitungsmasten zu

$$l = 231{,}2 \text{ m}.\qquad (30)$$

Der Vollständigkeit halber werden noch die Scheitelkoordinaten z_0 und x_0 aus (12) bzw. (21) zu

$$z_0 = l\tan\alpha - \frac{S_0}{q} = -1411{,}7 \text{ m}$$

und

$$x_0 = l - a\,\text{ar cosh}\left(\frac{S_0}{a\,q}\right) = -251{,}8 \text{ m}$$

sowie die Stelle des größten Durchhanges aus (19) zu

$$x_1 = x_0 + a\,\text{ar sinh}\,(\tan\alpha) = +115{,}9 \text{ m}$$

berechnet, womit unter Beachtung von (26) die Gleichung der Seilkurve gemäß (9)

$$z = -1411{,}7 + 1388{,}8\cosh\frac{x + 251{,}8}{1388{,}8} \text{ m}$$

lautet.

10. Das Prinzip der virtuellen Arbeiten ist eine axiomatische Gleichgewichtsaussage: *Ein mechanisches System befindet sich unter der Einwirkung der in den Punkten $P_j = P(\mathfrak{r}_j)$ angreifenden eingeprägten Kräfte $\mathfrak{K}_j^{(e)}$ (Abb. 1.12) im Gleichgewicht, wenn die Gesamtarbeit der eingeprägten Kräfte für jede mögliche virtuelle, also auch mit den Bindungen des Systems vereinbare Verschiebung verschwindet:*

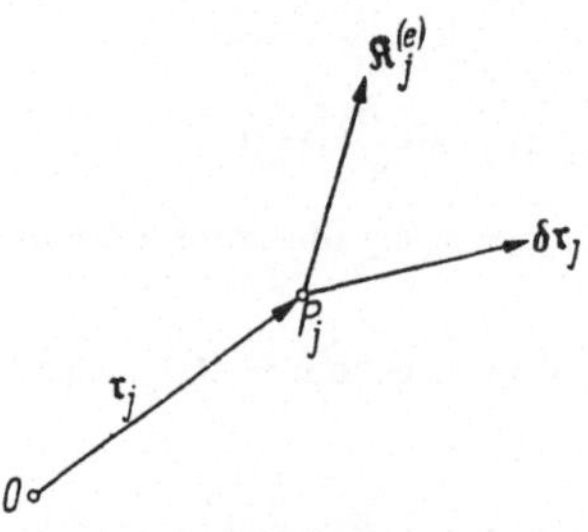

Abb. 1.12

$$\delta A^{(e)} = \sum_{j=1}^{n} \mathfrak{K}_j^{(e)} \cdot \delta\,\mathfrak{r}_j = 0.\qquad (1.19)$$

In diesem Prinzip erscheinen verständlicherweise die Reaktionskräfte vorerst nicht, da ihre Angriffspunkte unverschieblich sind. Um diese Kräfte zu erfassen, deren Kenntnis für die Ermittlung der Beanspruchung des

Systems unerläßlich ist, ersetzt man nach dem Schnittprinzip z. B. starre Stützen durch eingeprägte Kräfte, die mit den Reaktionskräften identifizierbar sind. Die in (1.19) auftretenden Verschiebungen $\delta \mathfrak{r}_j$ sind im Sinne der Differentialrechnung als „unendlich kleine Größen" (Differentiale) zu denken, um während einer solchen (zeitlosen) Verschiebung die $\mathfrak{K}_j^{(e)}$ als konstant ansehen zu können! Für starre Körper führt das Prinzip der virtuellen Arbeiten wieder auf die Gleichgewichtsbedingungen (1.10), indem man dem System eine reine Translation und eine reine Drehung erteilt.

Aufgaben

A 1. Klappbrücke. Von dem in Abb. A 1.1 dargestellten System einer Klappbrücke ermittle man die Größe des Gegengewichtes $Q = Q(\varphi)$

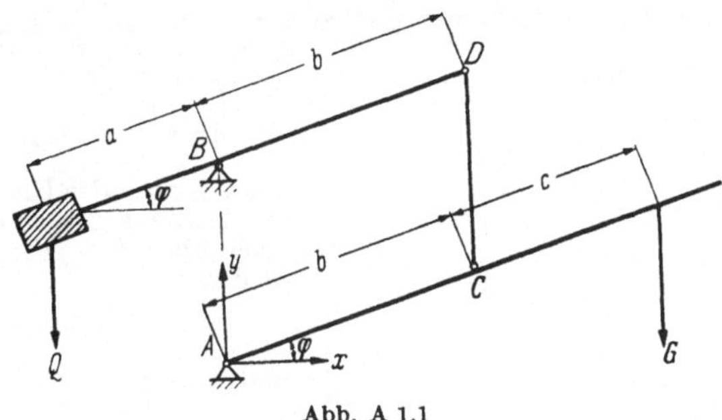

Abb. A 1.1

so, daß sich in jeder, durch den Winkel φ charakterisierten Lage die Brücke im Gleichgewicht befindet. Welche Kraft tritt im Stab CD auf?

Gegeben: G, a, b, c.

Lösung. Die Vektordarstellung der beiden an dem System angreifenden eingeprägten Kräfte lautet bezüglich des in Abb. A 1.1 eingeführten Koordinatensystems

$$\mathfrak{K}_1^{(e)} = \{0;\ -Q;\ 0\}, \quad \mathfrak{K}_2^{(e)} = \{0;\ -G,\ 0\},$$

und die Vektoren zu deren Angriffspunkten bei einer beliebigen durch den Winkel φ charakterisierten Lage des Systems sind

$$\mathfrak{r}_1 = \{-a \cos \varphi;\ \overline{AB} - a \sin \varphi;\ 0\}, \quad \mathfrak{r}_2 = \{(b+c) \cos \varphi;\ (b+c) \sin \varphi;\ 0\}.$$

Daraus ergeben sich die virtuellen Verschiebungen der Kraftangriffspunkte gemäß

$$\delta \mathfrak{r} = \frac{\partial \mathfrak{r}}{\partial \varphi}\, \delta \varphi$$

zu

$$\delta \mathfrak{r}_1 = \{a \sin \varphi;\ -a \cos \varphi;\ 0\}\, \delta \varphi, \quad \delta \mathfrak{r}_2 = \{-(b+c) \sin \varphi;\ (b+c) \cos \varphi;\ 0\}\, \delta \varphi$$

Für den Fall des Gleichgewichtes muß nach (1.19)

$$\delta A^{(e)} = \mathfrak{K}_1^{(e)}\, \delta \mathfrak{r}_1 + \mathfrak{K}_2^{(e)}\, \delta \mathfrak{r}_2 = 0$$

sein, d. h. unter Anwendung von (0.3)

$$[Q\, a \cos \varphi - G\,(b+c) \cos \varphi]\, \delta \varphi = [Q\, a - G\,(b+c)] \cos \varphi\, \delta \varphi = 0,$$

woraus wegen der Beliebigkeit von φ und $\delta\varphi$

$$Q = G\,\frac{b+c}{a}$$

folgt. Die Momentengleichgewichtsbedingung bezüglich des Drehpunktes B für den herausgeschnittenen oberen Brückenteil liefert für die im Stab CD herrschende Zugkraft

$$Z_{CD} = Q\,\frac{a}{b}.$$

A 2. Zugbrücke — Anwendung des Torricellischen Prinzips.

Auf welcher Kurve $r = r(\alpha)$ muß das konstante Gegengewicht Q der in Abb. A 2.1 dargestellten Zugbrücke reibungsfrei geführt werden, damit sich das System in jeder Lage im Gleichgewicht befindet?

Gegeben: G, Q, l, a, b, h.

Lösung. Für den Spezialfall, daß die Erdschwere die einzige eingeprägte Kraft, d. h., daß $d\Re^{(e)} = \{0;\ -dm\,g;\ 0\}$ ist, geht (1.19) in

$$\delta A^{(e)} = -\int dm\,g \cdot \delta y = 0$$

über. Wegen der Unveränderlichkeit der Masse kann man die Variation auch über das Integral erstrecken, so daß

$$\delta \int dm\,g\,y = 0$$

und damit nach (1.11)

$$\delta(m\,g\,y_S) = 0,$$

d. h.

$$\delta y_S = 0 \qquad (1)$$

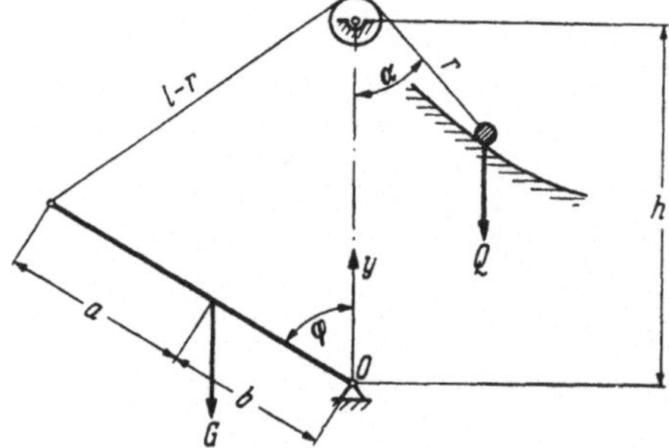

Abb. A 2.1

sein muß. Da δy_S die Variation der Schwerpunktshöhe ist, besagt (1) — als Folge des Prinzips der virtuellen Arbeiten —, daß für den Gleichgewichtsfall der Gesamtschwerpunkt eine extreme Lage einnimmt (*Prinzip von Torricelli*).

Bei der Zugbrücke (Abb. A 2.1) ergibt sich für die Lage des Gesamtschwerpunktes nach (1.11)

$$y_S = \frac{G\,y_G + Q\,y_Q}{G + Q},$$

woraus nach (1)

$$\delta y_S = \frac{\delta(G\,y_G + Q\,y_Q)}{G + Q} = 0$$

und mit $y_G = b\cos\varphi$, $y_Q = h - r\cos\alpha$ die Bedingung

$$G\,y_G + Q\,y_Q = G\,b\cos\varphi + Q\,(h - r\cos\alpha) = C = \text{const} \qquad (2)$$

folgt. Aus der Forderung, daß sich für $\varphi = \dfrac{\pi}{2}$ das Gegengewicht Q unmittelbar an der Rolle befindet, also $r = 0$ ist, erhält man aus (2) sofort $C = Q\,h$, so daß (2) in

$$G\,b\cos\varphi = Q\,r\cos\alpha \qquad (3)$$

übergeht. Mit Hilfe des Kosinussatzes gewinnt man

$$\cos\varphi = \frac{(a+b)^2 + h^2 - (l-r)^2}{2(a+b)\,h} = \frac{l^2 - (l-r)^2}{2(a+b)\,h} = \frac{2lr - r^2}{2(a+b)\,h},$$

womit sich aus (3)

$$r = r(\alpha) = 2l - \frac{Q}{G}\,\frac{2\,(a+b)\,h}{b}\,\cos\alpha,\qquad (4)$$

die Polargleichung der sog. Herzlinie (Kardioide) ergibt. Für $r = 0$ folgt aus (4)

$$\cos\alpha_0 = \frac{G}{Q}\,\frac{b\,l}{(a+b)\,h} \leqq 1$$

als Bedingungsgleichung der Realisierbarkeit der Zugbrücke.

A 3. Der Flaschenzug. Der Flaschenzug bestehe aus $2\,n$ (n festen und n losen) Rollen (Abb. A 3.1). Welche Beziehung verknüpft Zugkraft Z und Gewicht Q?

Lösung. Eine Hebung des Gewichtes Q um δz bedeutet eine „Verkürzung" des Seiles um $2\,n\,\delta z$, so daß nach dem Prinzip der virtuellen Arbeiten

$$Q\,\delta z - Z\,2n\,\delta z = 0,$$

d. h.

$$Z = \frac{Q}{2n}$$

folgt.

Man erhält dieses Resultat auch, wenn man in dem Schnitt längs AA (Abb. A 3.1) dem Gleichgewicht entsprechend die tragenden Seilkräfte $2\,nZ = Q$ setzt!

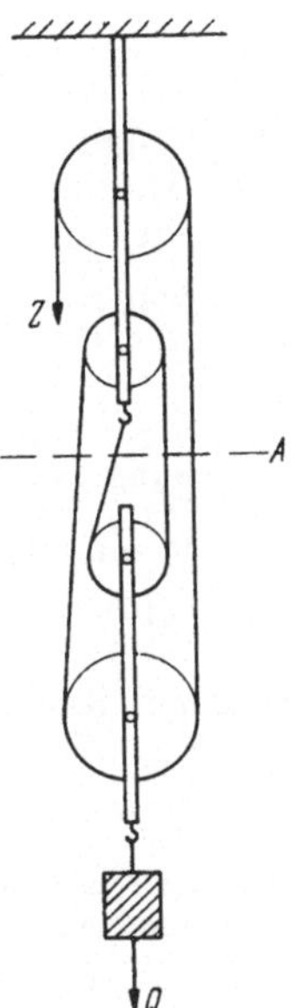

Abb. A 3.1

11. Arten des Gleichgewichtes. Man unterscheidet zwischen stabilen, labilen und indifferenten Gleichgewichtslagen eines starren Körpers, je nachdem ob für hinreichend kleine Anfangsstörungen einer Gleichgewichtslage der Körper danach trachtet, in seine Ausgangslage zurückzukehren, sie zu verlassen oder in der Nachbarlage zu verbleiben. Besitzen die eingeprägten Kräfte ein Potential, d. h. ist

$$\mathfrak{K}_j^{(e)} = -\operatorname{grad} U_j; \quad U = \sum_{j=1}^{n} U_j,$$

so gilt mit (1.19)

$$\delta A^{(e)} = \sum \mathfrak{K}_j^{(e)}\,\delta r_j = -\sum \operatorname{grad} U_j\,\delta r_j$$
$$= -\sum \delta U_j = -\delta U,$$

und die Art des Gleichgewichtes wird mathematisch festgelegt durch

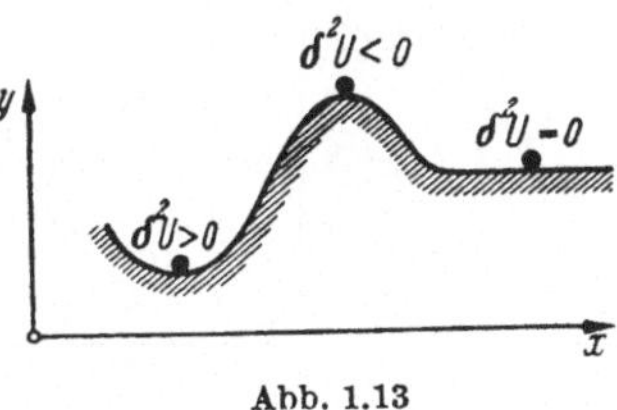

Abb. 1.13

$$\delta^2 U = -\delta^2 A^{(e)} \quad \begin{cases} >0 \text{ stabile Lage,} \\ =0 \text{ indifferente Lage,} \\ <0 \text{ instabile Lage.} \end{cases}$$

Dieses Kriterium leuchtet auch anschaulich ein, da es beinhaltet, daß stabiles, labiles oder indifferentes Gleichgewicht herrscht, je nachdem ob beim Übergang in eine benachbarte Lage die potentielle Energie vergrößert, verkleinert oder nicht geändert wird (Abb. 1.13).

Aufgaben

A 1. *Stabiles Gleichgewicht einer Halbkugel.* Eine homogene
Halbkugel vom Radius a ruht auf dem höchsten Punkt einer Halbkugel
vom Radius R. Wie groß darf a höchstens sein, damit stabiles Gleichgewicht herrscht?

Lösung. Betrachtet man die obere Halbkugel in einer ausgelenkten Lage
(Abb. A 1.1), so gilt

$$y_s = (R + a)\cos\varphi - e\cdot\cos(\varphi + \vartheta).\tag{1}$$

Da die aufeinander abgerollten Bögen gleich sein müssen, lautet die kinematische
Beziehung zwischen φ und ϑ

$$R\cdot\varphi = a\,\vartheta.\tag{2}$$

Mit (1) und (2) folgt

$$\delta A^{(e)} = -G\,\delta y_s = -G\left[-(R + a)\sin\varphi + e\,\frac{R + a}{a}\cdot\sin\left(\frac{R + a}{a}\,\varphi\right)\right]\delta\varphi$$

bzw. mit dem Schwerpunktabstand der Halbkugel $e = \dfrac{3}{8}a$

$$\delta A^{(e)} = G(R + a)\left[\sin\varphi - \frac{3}{8}\sin\left(\frac{R + a}{a}\,\varphi\right)\right]\delta\varphi.\tag{3}$$

Aus $\delta A^{(e)} = 0$ ergibt sich eine mögliche Gleichgewichtslage für $\varphi = 0$. Für stabiles
Gleichgewicht muß

$$\delta^2 A^{(e)} = G(R + a)\left[\cos\varphi - \frac{3}{8}\frac{R + a}{a}\cos\left(\frac{R + a}{a}\,\varphi\right)\right]\delta\varphi^2 < 0$$

sein, d. h.

$$G(R + a)\left[1 - \frac{3}{8}\frac{R + a}{a}\right] < 0$$

also

$$a < \frac{3}{5}\,R.$$

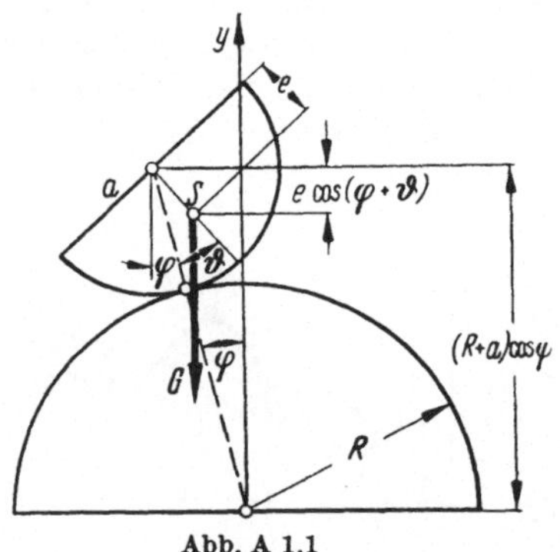

Abb. A 1.1

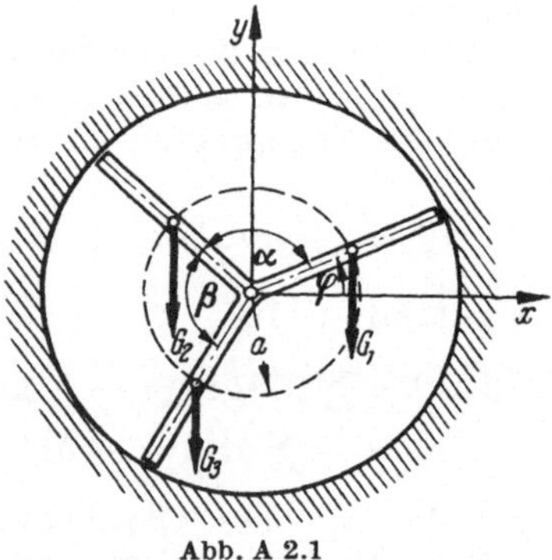

Abb. A 2.1

A 2. *Lage und Art des Gleichgewichtes eines Drehkreuzes.* In
einem kreiszylindrischen Hohlraum kann sich ein aus drei Stäben mit
den Gewichten G_1, G_2 und G_3 zusammengeschweißtes System reibungsfrei gleitend drehen. Man suche die möglichen Gleichgewichtslagen und
bestimme die Art des Gleichgewichtes.

Gegeben: $G_1 = 2\,G$, $G_2 = 3\,G$, $G_3 = \dfrac{G}{2}$; $\alpha = 110°$, $\beta = 130°$, a.

Lösung. Kennzeichnet man die Lage des Systems durch den Winkel φ (Abb. A 2.1), so gilt

$$\left.\begin{aligned}
y_1 &= a \sin \varphi \\
y_2 &= a \sin (\varphi + \alpha) \\
y_3 &= a \sin (\varphi + \alpha + \beta),
\end{aligned}\right\} \tag{1}$$

und

$$U = \Sigma G_i\, y_i = G_1\, a \sin \varphi + G_2\, a \sin (\varphi + \alpha) + G_3\, a \sin (\varphi + \alpha + \beta). \tag{2}$$

Aus (2) folgt

$$\delta U = [G_1\, a \cos \varphi + G_2\, a \cos (\varphi + \alpha) + G_3\, a \cos (\varphi + \alpha + \beta)]\, \delta \varphi \tag{3}$$

und

$$\delta^2 U = -[G_1\, a \sin \varphi + G_2\, a \sin (\varphi + \alpha) + G_3\, a \sin (\varphi + \alpha + \beta)]\, \delta \varphi^2. \tag{4}$$

Die Gleichgewichtslagen ergeben sich aus $\delta U = 0$ für

$$\tan \varphi = \frac{G_1 + G_2 \cos \alpha + G_3 \cos (\alpha + \beta)}{G_2 \sin \alpha + G_3 \sin (\alpha + \beta)} \tag{5}$$

zu $\varphi_1 = 17{,}7°$ und $\varphi_2 = 197{,}7°$.

Für φ_1 wird

$$\delta^2 U = -2{,}658 \cdot G\, a\, \delta\varphi^2 < 0$$

und für φ_2 wird

$$d^2 U = +2{,}658 \cdot G\, a\, \delta\varphi^2 > 0,$$

d. h. die Lage $\varphi_2 = 197{,}7°$ ist stabil, die Lage $\varphi_1 = 17{,}7°$ dagegen labil.

Festigkeitslehre und Deformationstheorie elastischer Tragwerke

II. Elementare Spannungs- und Deformationstheorie des Balkens

Unter einem *Balken*, je nach seiner Verwendung auch *Träger* oder *Welle* genannt, versteht man ein Tragwerk, dessen Querschnittsabmessungen klein im Verhältnis zu seiner Länge sind. Üblicherweise hat er eine geradlinige Achse und wird im einfachsten — und praktisch häufigsten — Falle in der Symmetrieebene des Querschnittes durch Einzelkräfte $\mathfrak{K}_j$, Kräftepaare $\mathfrak{M}_j$ und Streckenlasten q (z. B. Eigengewicht, Winddruck usw.) belastet. Unter diesen Voraussetzungen und unter Heranziehung weiterer Hypothesen läßt sich eine elementare (Näherungs-) Theorie des Balkens entwickeln. Die auf diese Weise errechneten Spannungsverteilungen gelten nicht in der Nähe solcher Punkte, in denen Einzellasten eingeleitet werden, wohl aber treffen sie nach dem *De St. Venantschen Prinzip* in hinreichender Entfernung (etwa in der Größenordnung der Querschnittsabmessungen) von diesen Punkten zu.

1. Die Schnittlasten des Balkens. Um die durch die Belastung hervorgerufenen Spannungen zu berechnen, „*schneidet*" man den Balken senkrecht zur Achse und nimmt ein den so „*freigelegten Spannungen*" statisch gleichwertiges — aus Einzelkräften und Momenten (Kräftepaaren) bestehendes — Kräftesystem an, das mit den von dieser Stelle rechts bzw. links liegenden (eingeprägten und Reaktions-) Kräften im

Gleichgewicht stehen muß. Wirkt die Belastung in der Symmetrieebene des Querschnittes (Abb. 2.1), so führt die Kräftereduktion der Normal- und Schubspannungen[1] (σ_x und τ_{xz}) in bezug auf den Querschnittsschwerpunkt S auf eine *Normal-* oder *Längskraft* $N = N(x)$, eine *Querkraft* $Q = Q(x)$ und ein *Biegemoment* $M = M_y(x)$; man nennt diese Größen die *Schnittlasten* des Balkens. Sie lassen sich bei statisch bestimmter Lagerung[2] allein aus den Gleichgewichtsbedingungen errechnen. Die zwischen diesen bestehenden Zu-

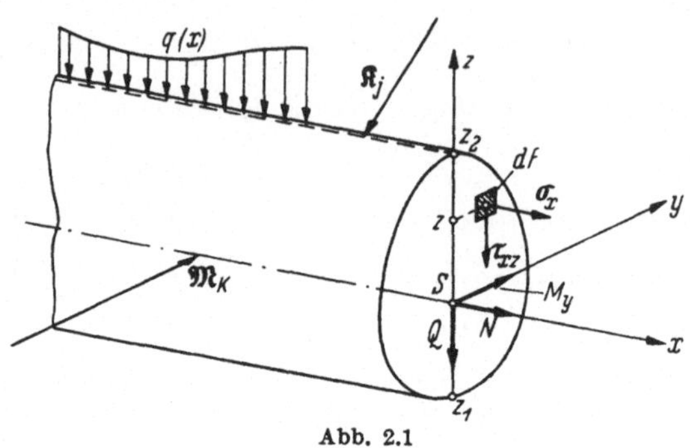

Abb. 2.1

sammenhänge ergeben sich aus den Gleichgewichtsbedingungen am Balkenelement mit der gemäß Abb. 2.2 getroffenen Vorzeichenfestsetzung zu

$$\frac{dM}{dx} = Q \; ; \quad \frac{dQ}{dx} = \frac{d^2M}{dx^2} = -q(x). \tag{2.1}$$

Damit sind aber die für die Beanspruchung maßgebenden Spannungen noch immer unbekannt, denn wenn man auch z. B. $M = M_y(x)$ aus der Gleichgewichtsbedingung errechnet hat, bleibt in

$$M_y = \int\limits_{(F)} \sigma_x z \, dF \tag{2.2}$$

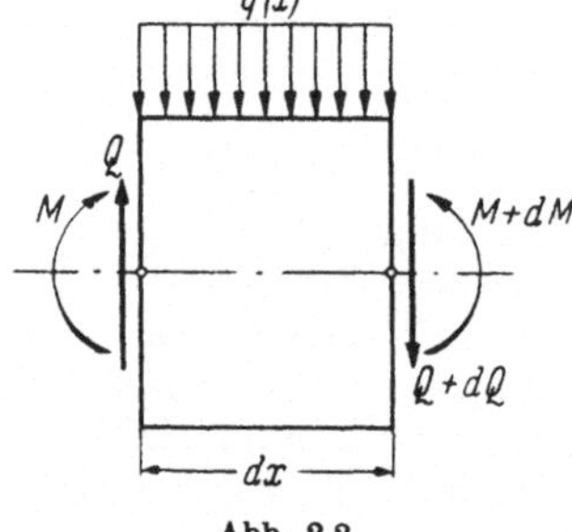

Abb. 2.2

$\sigma_x = \sigma_x(x, z)$ unbekannt (Abb. 2.1). Diese hinsichtlich der Spannungen bestehende statische Unbestimmtheit kann nur unter Berücksichtigung der auf die Spannungen zurückführbaren Deformationen behoben werden. Den Zusammenhang zwischen Spannungen und Deformationen liefern die *Hookeschen Gesetze*, vor deren Formulierung noch einige Aufgaben zur Ermittlung von Schnittlasten behandelt werden.

Aufgaben

A 1. Schnittlasten eines Balkens. An dem bei A und B frei drehbar gelagerten Balken AC (Abb. A 1.1) sind zwei Stützen DE und FG biegesteif angeschlossen, deren freie Enden kleine reibungsfrei drehbare

---

[1] Von der letzteren zeigt der erste Index die Ebene ($x = $ const), der zweite die Richtung an!

[2] D. h., wenn sich die Reaktionskräfte in den Stützen aus den Gleichgewichtsforderungen am Gesamtbalken ermitteln lassen.

Rollen tragen. Über diese wird von A ausgehend ein Seil geführt, das bei C, dort ebenfalls über eine reibungsfreie Rolle laufend, die Last P trägt. Man ermittle den Verlauf der Schnittlasten im Balken AC sowie in den beiden Stützen DE und FG.

Gegeben: $l = 15\ \mathrm{m}$, $a = 3\ \mathrm{m}$, $h = 4\ \mathrm{m}$, $P = 2\ \mathrm{Mp}$.

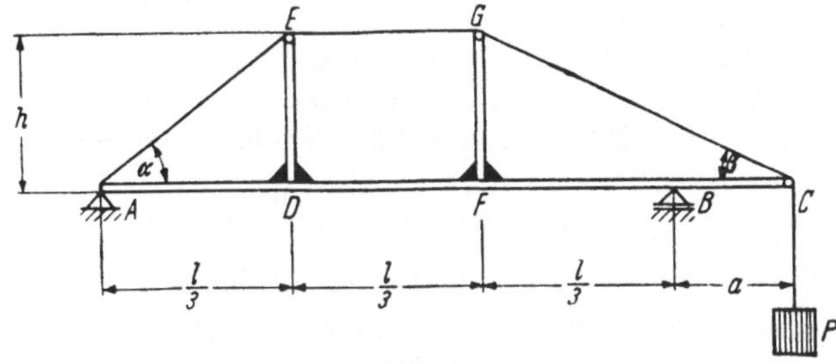

Abb. A 1.1

Lösung. Die Auflagerkräfte ergeben sich gemäß den Gleichgewichtsbedingungen (1.10) am ungeschnittenen System aus

$$\textstyle\sum M_{(B)} = 0 = A_z \cdot l + P \cdot a\,; \qquad A_z = -\frac{a}{l}\,P = -0{,}4\ \mathrm{Mp}$$

und

$$\textstyle\sum V = 0 = A_z + B_z - P\,; \qquad B_z = P - A_z = 2{,}4\ \mathrm{Mp}\,.$$

Zur Ermittlung der Schnittlasten in den verschiedenen Balkenbereichen wird das System durch Schnitte an den untersuchten Stellen jeweils in zwei Teile zerlegt, und an den Schnittstellen werden die unbekannten Schnittlasten mit dem in

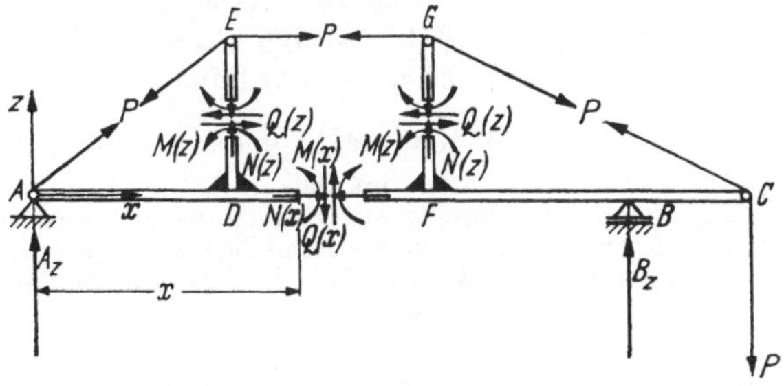

Abb. A 1.2

Abb. A 1.2 angedeuteten positiven Richtungssinn (wegen „actio = reactio" für gegenüberliegende Schnittufer entgegengesetzt!) eingeführt. Ihre Größe sowie ihr Vorzeichen, das erkennen läßt, ob ihr Richtungssinn mit dem vorher als positiv angenommenen übereinstimmt, erhält man dann jeweils aus den drei Gleichgewichtsbedingungen für einen der beiden Systemteile. Zu beachten ist dabei noch, daß wegen der Umlenkung des Seiles über reibungsfreie Rollen überall im Seil die Zugkraft P vorhanden sein muß!

Bereich AD $(0 \le x < l/3)$: Am linken abgeschnittenen Teil liefern

$$\textstyle\sum H = 0: \quad N(x) = -P\cos\alpha \quad \text{mit} \quad \alpha = 38{,}7°$$
$$N(x) = -1{,}56\ \mathrm{Mp}\,,$$
$$\textstyle\sum V = 0: \quad Q(x) = A_z + P\sin\alpha = 0{,}85\ \mathrm{Mp}$$

und das Momentengleichgewicht bezüglich der Schnittstelle x

$$\sum M = 0: \quad M(x) = (A_z + P \sin \alpha)\, x = 0{,}85\, x \quad [\text{Mpm}]$$

mit

$$M(0) = 0\,, \quad M\left(\frac{l}{3}\right) = 4{,}25\ \text{Mpm}\,.$$

Bereich DF $(l/3 < x < 2l/3)$: Ebenfalls am linken Teil bekommt man aus den Gleichgewichtsbedingungen

$$\sum H = 0: \quad N(x) = -P = -2{,}0\ \text{Mp},$$
$$\sum V = 0: \quad Q(x) = A_z = -0{,}4\ \text{Mp}\,,$$
$$\sum M = 0: \quad M(x) = A_z\, x + P\, h = 8 - 0{,}4\, x \quad [\text{Mpm}]$$

mit

$$M\left(\frac{l}{3}\right) = 6{,}00\ \text{Mpm}\,, \quad M\left(\frac{2\,l}{3}\right) = 4{,}00\ \text{Mpm}\,.$$

Bereich FB $(2l/3 < x < l)$: Hier erhält man am linken Systemteil

$$\sum H = 0: \quad N(x) = -P \cos\beta \quad \text{mit} \quad \beta = 26{,}6^\circ$$
$$\qquad\qquad N(x) = -1{,}79\ \text{Mp},$$
$$\sum V = 0: \quad Q(x) = A_z - P \sin\beta = -1{,}29\ \text{Mp},$$
$$\sum M = 0: \quad M(x) = A_z\, x + P \cos\beta \cdot h - P \sin\beta \left(x - \frac{2\,l}{3}\right)$$
$$\qquad\qquad\qquad = 16{,}06 - 1{,}29\, x \ [\text{Mpm}]$$

mit

$$M\left(\frac{2\,l}{3}\right) = 3{,}16\ \text{Mpm}\,, \quad M(l) = -3{,}32\ \text{Mpm}\,.$$

Bereich BC $(l < x \leq l + a)$: Der Einfachheit halber wird bei diesem Schnitt das Gleichgewicht des rechten Systemteiles betrachtet:

$$\sum H = 0: \quad N(x) = -P \cos\beta = -1{,}79\ \text{Mp}\,,$$
$$\sum V = 0: \quad Q(x) = P - P \sin\beta = 1{,}11\ \text{Mp}\,,$$
$$\sum M = 0: \quad M(x) = -P(1 - \sin\beta)(l + a - x)$$
$$\qquad\qquad\qquad = -19{,}92 + 1{,}11\, x \ [\text{Mpm}]$$

mit

$$M(l) = -3{,}32\ \text{Mpm}, \quad M(x = l + a) = 0\,.$$

Damit sind sämtliche Schnittlasten im Balken AC bekannt, und ihr Verlauf ist in Abb. A 1.3 graphisch dargestellt. Zur Ermittlung der Schnittlasten in den beiden eckensteifen Stützen führen wir zweckmäßigerweise je einen Schnitt um die Knotenpunkte E und G und stellen die Gleichgewichtsbedingungen für die oberen abgeschnittenen Systemteile auf.

Stütze DE:

$$\sum V = 0: \quad N(z) = -P \sin\alpha = -1{,}25\ \text{Mp}\,,$$
$$\sum H = 0: \quad Q(z) = P - P \cos\alpha = 0{,}44\ \text{Mp}\,,$$
$$\sum M = 0: \quad M(z) = -P(1 - \cos\alpha)(h - z) = -1{,}75 + 0{,}44\, z \ \ [\text{Mpm}]$$

mit

$$M(h) = 0\,, \quad M(0) = -1{,}75\ \text{Mpm}\,.$$

Stütze FG:

$$\sum V = 0: \quad N(z) = -P \sin\beta = -0{,}89\ \text{Mp}\,,$$
$$\sum H = 0: \quad Q(z) = -P + P \cos\beta = -0{,}21\ \text{Mp}\,,$$
$$\sum M = 0: \quad M(z) = P(1 - \cos\beta)(h - z) = 0{,}84 - 0{,}21\, z \quad [\text{Mpm}]$$

mit

$$M(h) = 0\,, \quad M(0) = 0{,}84\ \text{Mpm}.$$

Auch der Verlauf dieser Schnittlasten ist in Abb. A 1.3 dargestellt.

Bemerkung. Die an den Punkten D und F am Balken auftretenden Sprünge in der Längs- bzw. Querkraftverteilung sind auf die Einleitung der in den Stützenfußpunkten vorhandenen Quer- bzw. Längskräfte in den Balken zurückzuführen und besitzen dementsprechend auch deren Größen. Ebenso bewirken die Biegemomente in den Stützenfußpunkten Sprünge von ihrer Größe in der Biegemomentenverteilung des Balkens. Ferner kann man sich leicht davon überzeugen, daß

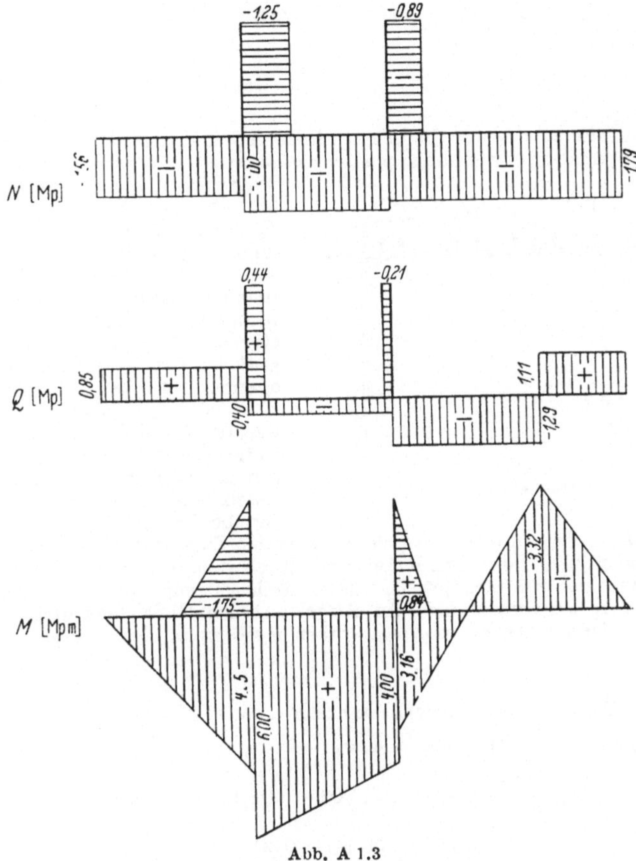

Abb. A 1.3

nach dem Herausschneiden irgendeines Systemteiles, z. B. des Knotens D, alle an diesem Teil angreifenden Schnittlasten und Belastungen zusammen ein Gleichgewichtssystem bilden.

A 2. Schnittlasten eines Rechteckrahmens. Für den in Abb. A 2.1 dargestellten statisch bestimmt gelagerten Rechteckrahmen ermittle man den Verlauf der Schnittlasten.

Gegeben: $l = 10$ m, $h = 5$ m, $q_0 = 2q_1 = 200$ kp/m, $w_0 = 60$ kp/m.

Lösung. Zur Ermittlung der Auflagerkräfte liefern die Gleichgewichtsbedingungen (Abb. A 2.1)

$$\Sigma K_x = 0 = H + w_0 h, \quad \text{d. h.} \quad H = -w_0 h = -300 \text{ kp},$$

$$\Sigma M_{(A)} = 0 = B_z l - w_0 h \frac{h}{2} - q_1 l \frac{l}{2} - \frac{(q_0 - q_1) l}{2} \frac{l}{3},$$

woraus mit

$$q_0 - q_1 = q_1$$

$$B_z = \frac{w_0 h^2}{2l} + \frac{2 q_1 l}{3} = 742 \text{ kp}$$

folgt, und

$$\sum K_z = 0 = A_z + B_z - q_1 l - \frac{(q_0 - q_1)\, l}{2},$$

also

$$A_z = \frac{3}{2}\, q_1 l - B_z = 758 \text{ kp}.$$

Während nun sowohl für die beiden Stiele AC und BD als auch für den Riegel CD die Normalkraft wie üblich positiv als Zugkraft, also vom jeweiligen Schnitt

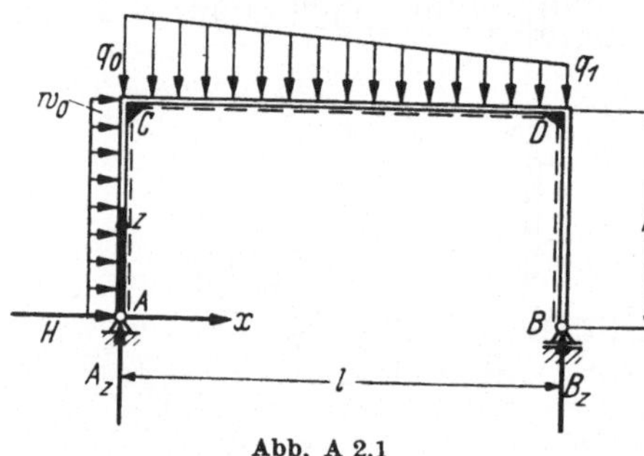

Abb. A 2.1

wegwirkend, eingeführt wird, wollen wir die positiven Vorzeichen von Biegemoment und Querkraft gemäß einer angenommenen Zugfaser festsetzen. Wir bezeichnen das Biegemoment dann als positiv, wenn es in der in Abb. A 2.1 durch eine gestrichelte Linie angedeuteten Faser, z. B. in der Riegelunterseite, Zugspannungen erzeugt. Das wird aber z. B. im Riegel dann erreicht, wenn die aus M und Q bestehende Schnittlastgruppe wie beim Balken der vorigen Aufgabe gerichtet ist. Entsprechend denke man sich M und Q an den beiden Stielen so positiv eingeführt, daß an den Innenseiten (wie angedeutet) Zugspannungen auftreten. Mit Hilfe von Schnitten durch den linken und durch den rechten Stiel sowie durch den Riegel wird der Rahmen jeweils in zwei Teile getrennt, und wir ermitteln die Schnittlasten in den Stielen bzw. im Riegel aus den Gleichgewichtsbedingungen für den jeweiligen unteren bzw. am linken Systemteil. Damit ergeben sich im

Stiel AC:

$$\sum K_z = 0 = A_z + N(z), \quad \text{d. h.} \quad N(z) = -A_z = -758 \text{ kp},$$
$$\sum K_x = 0 = Q(z) + H + w_0 z,$$

also

$$Q(z) = -H - w_0 z = 300 - 60z \text{ [kp]}, \quad z \text{ in m}$$

mit

$$Q(0) = 300 \text{ kp}, \quad Q(h) = 0$$

und schließlich

$$\sum M = 0 = M(z) + H z + w_0 z \frac{z}{2},$$

$$M(z) = -H z - \frac{w_0 z^2}{2} = 300z - 30z^2 \text{ [kpm]}, \quad z \text{ in m}$$

mit $M(0) = 0$ und $M(h) = 750 \text{ kpm}$;

Stiel BD:

$$\sum K_z = 0 = B_z + N(z), \quad \text{also} \quad N(z) = -B_z = -742 \text{ kp},$$
$$\sum K_x = 0 = Q(z), \qquad \text{also} \quad Q(z) = 0$$

und

$$\sum M = 0 = M(z), \quad \text{d. h. auch} \quad M(z) = 0$$

Riegel CD:

$$\sum K_x = 0 = H + w_0 h + N(x), \quad \text{d. h.} \quad N(x) \equiv 0,$$

$$\sum K_z = 0 = A_z - Q(x) - q(x)\frac{x}{2} - q_0\frac{x}{2},$$

wobei $q(x) = q_0 + (q_1 - q_0)\dfrac{x}{l}$ ist, und damit

$$Q(x) = A_z - q_0 x + (q_0 - q_1)\frac{x^2}{2l} = 758 - 200x + 5x^2 \quad [\text{kp}], \quad x \text{ in } [\text{m}],$$

mit $Q(0) = 758$ kp und $Q(l) = -742$ kp wird;

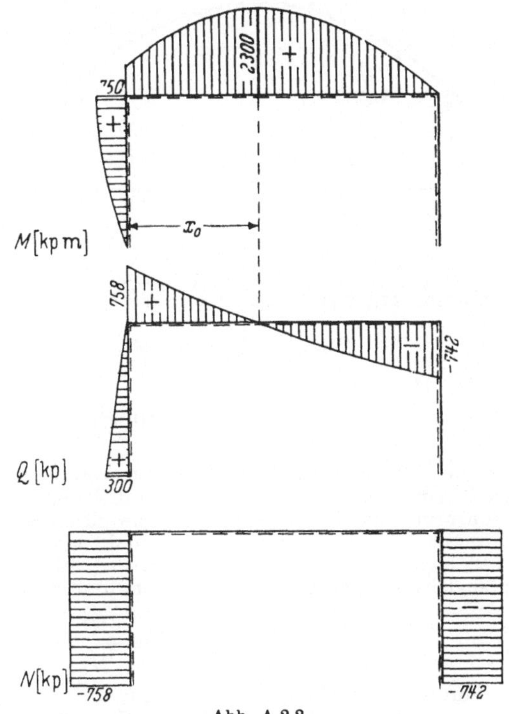

Abb. A 2.2

endlich muß

$$\sum M = 0 = M(x) - A_z x + H h + w_0 h \frac{h}{2} + q(x) x \frac{x}{2} + \frac{[q_0 - q(x)]x}{2}\frac{2x}{3}$$

sein, und hieraus folgt

$$M(x) = -H h - \frac{w_0 h^2}{2} + A_z x - \frac{q_0 x^2}{2} + (q_0 - q_1)\frac{x^3}{6l}$$

$$= +750 + 758x - 100x^2 + \frac{5}{3}x^3 \quad [\text{kpm}], \quad x \text{ in m}$$

mit

$$M(0) = 750 \text{ kpm}, \quad M(l) = 0.$$

Zum Schluß ergibt sich der Ort x_0 des maximalen Feldmomentes im Riegel aus $\left[\dfrac{dM}{dx}\right]_{x_0} = 0$ bzw. unter Beachtung von (2.1) aus $Q(x_0) = 0$ zu $x_0 = 4{,}24$ m und damit das größte Feldmoment zu max $M = M(x_0) = 2300$ kpm. Die Abb. A 2.2 zeigt die graphische Darstellung aller ermittelten Schnittlasten.

A 3. Stützlinie einer Dreigelenkbogenbrücke. Welche Form $z = z(x)$ muß die durch die gleichförmig verteilte Belastung q_0 beanspruchte Dreigelenkbogenbrücke (Abb. A 3.1) haben, damit der Bogen biegemomentenfrei ist? Man ermittle für diesen Fall den Verlauf der Quer- und Normalkräfte.

Gegeben: $l = 20$ m, $f = 5$ m, $q_0 = 10$ Mp/m.

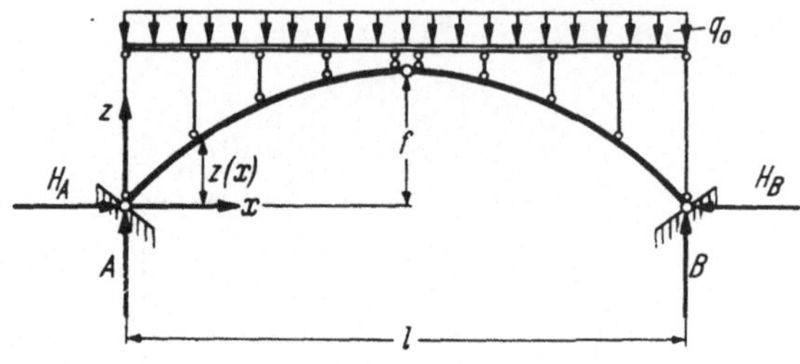

Abb. A 3.1

Lösung. Die Auflagerkräfte werden entsprechend der 2. Aufgabe zum Abschnitt I.8 bestimmt und ergeben sich zu (Abb. A 3.1)

$$A = B = \frac{q_0 l}{2} = 100 \text{ Mp}$$

und

$$H_A = H_B = H = \frac{q_0 l^2}{8f} = 100 \text{ Mp}.$$

Bei der Ermittlung der Schnittlasten wird nun vorausgesetzt, daß die die Fahrbahn auf den Bogen abstützenden Gelenkstäbe dicht genug angeordnet sind, um auch eine Beanspruchung des Bogens durch die gleichförmige Belastung q_0 (und nicht etwa durch Einzelkräfte) annehmen zu können. Nachdem wir den Bogen an einer beliebigen Stelle x geschnitten haben (Abb. A 3.2), erhalten wir aus dem Momentengleichgewicht bezüglich der Schnittstelle

$$M(x) = A x - H z(x) - \frac{q_0 x^2}{2} = \frac{q_0 l x}{2} - \frac{q_0 l^2}{8f} z(x) - \frac{q_0 x^2}{2}, \qquad (1)$$

woraus mit der Forderung nach Biegemomentenfreiheit im gesamten Bogen $[M(x) \equiv 0]$ für die Bogenform

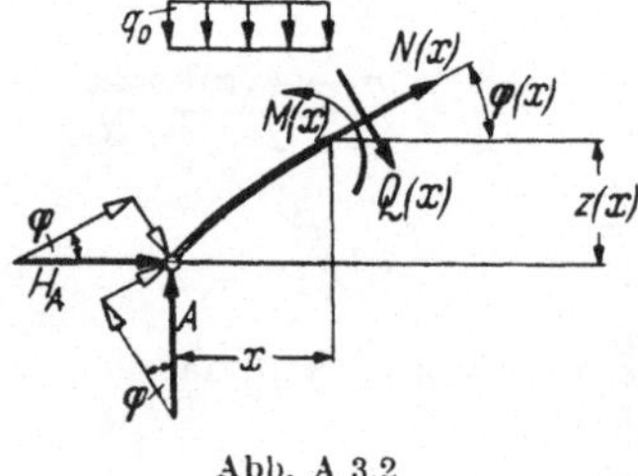

$$z(x) = 4f\left[\frac{x}{l} - \left(\frac{x}{l}\right)^2\right] = 20\left[\frac{x}{l} - \left(\frac{x}{l}\right)^2\right] \quad \text{[m]}, \qquad (2)$$

also eine (quadratische) Parabel folgt. Man bezeichnet eine solche Bogenform, die für eine bestimmte Belastung im gesamten Bogen keine Biegemomente auftreten läßt, als die zu dieser Belastung gehörige *Stützlinie.* Zweckmäßigerweise stellen wir am abgeschnittenen Teil die Kräftegleichgewichtsbedingungen zur Ermittlung der

Abb. A 3.2

Quer- und Längskräfte in deren Richtungen auf und erhalten

$$Q(x) = A \cos\varphi - H \sin\varphi - q_0 x \cos\varphi \qquad (3)$$

und

$$N(x) = -A \sin\varphi - H \cos\varphi + q_0 x \sin\varphi. \qquad (4)$$

Nun folgt aber aus (2)

$$z'(x) = \tan \varphi(x) = 4\frac{f}{l}\left(1 - 2\frac{x}{l}\right),\qquad (5)$$

und mit

$$\sin \varphi = \frac{\tan \varphi}{\sqrt{1 + \tan^2 \varphi}}, \quad \cos \varphi = \frac{1}{\sqrt{1 + \tan^2 \varphi}}$$

ergibt sich aus (3)

$$Q(x) = \frac{\dfrac{q_0 l}{2} - \dfrac{q_0 l^2}{8f} \cdot 4\dfrac{f}{l}\left(1 - \dfrac{2x}{l}\right) - q_0 x}{\sqrt{1 + z'^2(x)}} \equiv 0,\qquad (6)$$

d. h., der Bogen ist auch querkraftfrei! Für die Normalkraft als einzige verbleibende Schnittlast bekommen wir unter Beachtung von $Q(x) \equiv 0$ aus $\sum K_x = 0$ sofort

$$N(x) = -\frac{H}{\cos \varphi} = -H\sqrt{1 + \tan^2 \varphi},$$

woraus mit (5)

$$N(x) = -H\sqrt{1 + z'^2(x)} = -H\sqrt{1 + \left(\frac{4f}{l}\right)^2 \left(1 - 2\frac{x}{l}\right)^2},\qquad (7)$$

also ein hyperbolischer Verlauf folgt. Zum gleichen Resultat führt auch Gl. (4) mit der aus (1) unter Berücksichtigung von $M(x) \equiv 0$ folgenden Beziehung $H z'(x) = A - q_0 x$. Für die Größe der Normalkraft an den Bogenenden und in Bogenmitte erhält man mit den gegebenen Werten aus (7)

$$N(0) = N(l) = -H\sqrt{1 + \left(\frac{4f}{l}\right)^2} = -141,4 \ \text{Mp}$$

und

$$N\left(\frac{l}{2}\right) = -H = -100\,\text{Mp}.$$

A 4. Ermittlung der Biegemomente auf graphischem Wege. Man bestimme für den in Abb. A4.1 dargestellten Balken den Biegemomentenverlauf auf graphischem Wege für a) $P_1 = 3$ Mp, b) $P_1 = 10$ Mp.

Gegeben: $a = 3$ m, $b = 2$ m, $P_2 = 2$ Mp, $P_3 = 3$ Mp, $P_4 = 1$ Mp.

Lösung. a) Zunächst werden entsprechend den Ausführungen der Aufgabe A 3 zum Abschnitt I.4 die Auflagerkräfte vermittels Seil- und Krafteck zu $A = 7,3$ Mp und $B = 1,7$ Mp gefunden (Abb. A 4.2). Im Seilpolygon ergibt dann der vertikale Abstand y zwischen der Schlußlinie $\bar{s}$ und einem der Seilstrahlen $\bar{s}_j$ ein Maß für das Biegemoment an der betrachteten Stelle. So ist z. B. das Biegemoment im Punkte X (Abb. A 4.2) gleich dem Moment der aus A, P_1 und P_2 bestehenden Kräftegruppe bezüglich X. Nach Aufgabe A 3b) des Abschnittes I.3 erhält man letzteres

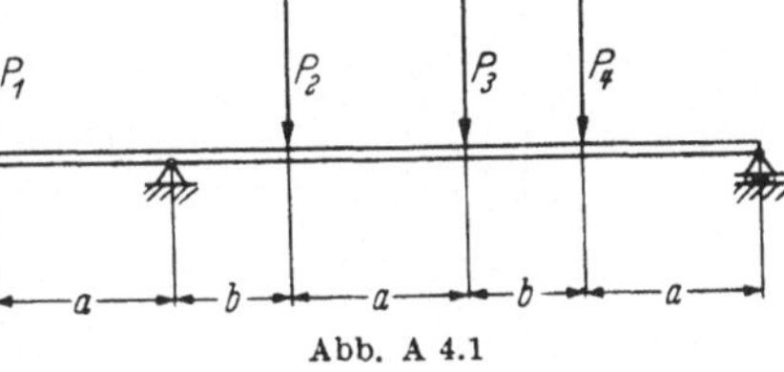

Abb. A 4.1

aber auf die Weise, daß man die beiden äußeren Seilstrahlen des zu diesen drei Kräften gehörenden Seilecks — hier also $\bar{s}$ und $\bar{s}_3$ — zum Schnitt bringt mit der durch den Bezugspunkt X gelegten Parallelen zu den Wirkungslinien der Kräfte und mittels des dort entstehenden Abschnittes y

$$M = \lambda\, y\, \varkappa\, H \quad [\text{kp cm}]\qquad (1)$$

bildet. Da diese Überlegung für jeden Punkt des Balkens gilt, gibt die von den Seilstrahlen $\bar{s}_j$ und der Schlußlinie eingeschlossene Fläche den Verlauf des Biegemomentes an, der in Abb. A 4.2 zusätzlich noch bezüglich einer Horizontalen dargestellt ist. Mit den aus der Abbildung entnommenen Werten y erhält man aus (1) für die Biegemomente an den Kraftangriffspunkten

$$M_A = -9,0 \text{ Mpm}, \quad M_2 \approx 0, \quad M_3 = +6,5 \text{ Mpm} \quad \text{und} \quad M_4 = +5,0 \text{ Mpm}.$$

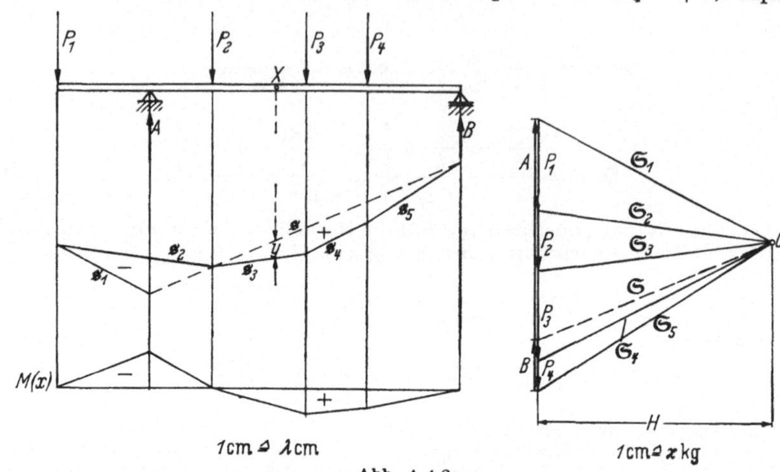

Abb. A 4.2

b) Prinzipiell unterscheidet sich diese Aufgabe überhaupt nicht von a), nur ist hier die Kraft P_1 am überkragenden Balkenende so groß, daß sich die Richtung der Auflagerkraft B umdreht, was zur Folge hat, daß im gesamten Balken

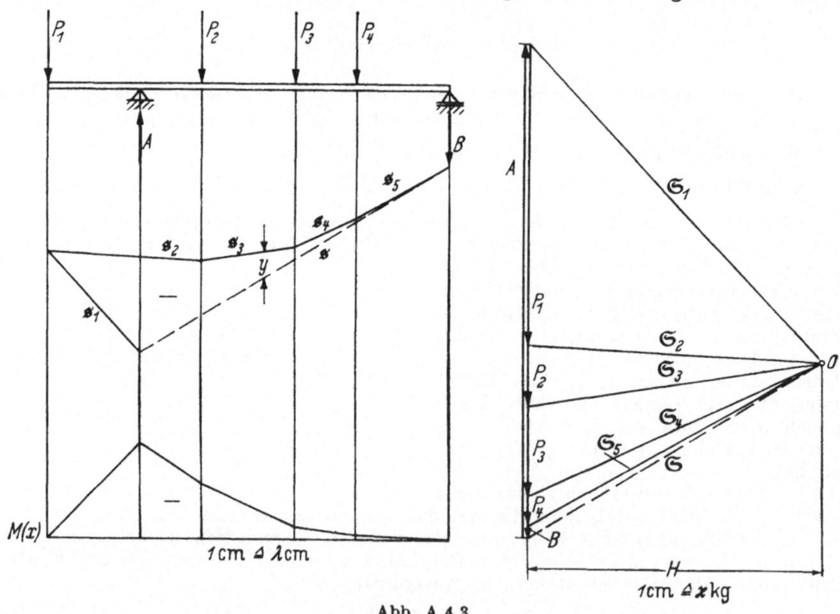

Abb. A 4.3

nur negative Biegemomente auftreten (Abb. A 4.3). Der Abbildung kann man die Auflagerkräfte $A = 16,4$ Mp und $B = 0,4$ Mp entnehmen, während sich mit den abgelesenen Werten y wieder gemäß (1) $M_A = -30,0$ Mpm, $M_2 = -17,0$ Mpm, $M_3 = -4,0$ Mpm und $M_4 = -1,0$ Mpm ergeben.

2. Die Hookeschen Gesetze. Erleidet ein Stab konstanten Querschnittes und der Länge l unter der Einwirkung einer über dem Querschnitt gleichmäßig verteilten Normalspannung σ_x die Verlängerung Δl, so gilt in einem bestimmten Spannungs- bzw. Deformationsbereich[1]

$$\frac{\Delta l}{l} = \text{Dehnung} = \varepsilon = \frac{\sigma_x}{E}. \tag{2.3}$$

Das ist das Hookesche Gesetz in der einfachsten Form mit dem *Elastizitätsmodul E* als Materialkonstante. Seine Verallgemeinerung für den räumlichen Fall und isotrope Materialien mit den Normalspannungen σ_x, σ_y, σ_z und den Verschiebungskomponenten u, v, w in x-, y- und z-Richtung lautet:

$$\left. \begin{array}{l} \varepsilon_x = \dfrac{\partial u}{\partial x} = \dfrac{1}{E}\left[\sigma_x - \nu\left(\sigma_y + \sigma_z\right)\right]; \quad \varepsilon_y = \dfrac{\partial v}{\partial y} = \dfrac{1}{E}\left[\sigma_y - \nu(\sigma_x + \sigma_z)\right]; \\[2ex] \qquad\qquad \varepsilon_z = \dfrac{\partial w}{\partial z} = \dfrac{1}{E}\left[\sigma_z - \nu\left(\sigma_x + \sigma_y\right)\right]. \end{array} \right\} \tag{2.4}$$

Hierbei ist ν mit $0 < \nu < \dfrac{1}{2}$ eine neue Materialkonstante[2], *Poissonsche Zahl* oder *Querkontraktionszahl* genannt, die den Einfluß der Normalspannungen in orthogonalen Richtungen „*superponierend*" erfaßt. Neben diesen Dehnungen erleidet das Material — als Folge der Schubspannungen — über die Winkeländerungen des ursprünglich rechtwinkligen Elementes meßbare sog. *Gleitungen*. Von der Abb. 2.3 liest man für kleine Winkel ab:

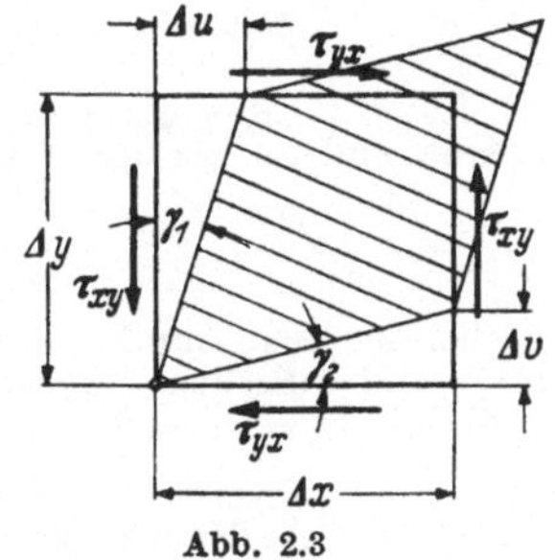

Abb. 2.3

$$\gamma_{xy} = \gamma_1 + \gamma_2 \approx \tan\gamma_1 + \tan\gamma_2 = \frac{\Delta u}{\Delta y} + \frac{\Delta v}{\Delta x}. \tag{2.5}$$

Da man aus der Gleichgewichtsbedingung für die Momente gemäß Abb. 2.3 am Element aus $\tau_{yx}\,\Delta x\,\Delta y - \tau_{xy}\,\Delta y\,\Delta x = 0$ den *Satz von den zugeordneten Schubspannungen* $\tau_{yx} = \tau_{xy}$ (bzw. $\tau_{xz} = \tau_{zx}$ und $\tau_{yz} = \tau_{zy}$) gewinnt, liefern die mathematische Präzisierung und Verallgemeinerung von (2.5) sowie die Hypothese eines linearen Zusammenhanges zwischen Gleitungen und Schubspannungen folgende Beziehungen:

$$\left. \begin{array}{l} \gamma_{xy} = \dfrac{\tau_{xy}}{G} = \dfrac{\partial u}{\partial y} + \dfrac{\partial v}{\partial x}; \quad \gamma_{xz} = \dfrac{\tau_{xz}}{G} = \dfrac{\partial u}{\partial z} + \dfrac{\partial w}{\partial x}; \\[2ex] \qquad\qquad \gamma_{yz} = \dfrac{\tau_{yz}}{G} = \dfrac{\partial v}{\partial z} + \dfrac{\partial w}{\partial y}. \end{array} \right\} \tag{2.6}$$

Mit (2.4) und (2.6) sind die Hookeschen Gesetze formuliert. Die

---

[1] Z. B. bei Stahl bis zu Dehnungen von etwa 0,2%.

[2] Für $\nu = \dfrac{1}{2}$ folgt aus (2.4) für die *Volumendilatation* $\varepsilon = \varepsilon_x + \varepsilon_y + \varepsilon_z = 0$, d. h., es liegt ein inkompressibles Material vor; z. B. ist bei Stahl $\nu = 0{,}3$.

neue Materialkonstante G, der sog. *Schubmodul*, läßt sich auf den Elastizitätsmodul E und die Poissonsche Zahl ν zurückführen:

$$G = \frac{E}{2(1 + \nu)}. \tag{2.7}$$

Aufgaben

A 1. Gestauchter elastischer Körper. Ein aus elastischem Material (E, ν) bestehender Quader der Breite b, der Höhe h und der Dicke d paßt genau in einen Hohlraum, dessen Wände als vollkommen starr zu betrachten sind (Abb. A 1.1). Wie groß sind die auf die Oberflächen des Quaders wirkenden Spannungen und um welchen Betrag verringert sich die Quaderhöhe h, wenn der Quader mittels eines starren Stempels durch die Kraft P zusammengedrückt wird?

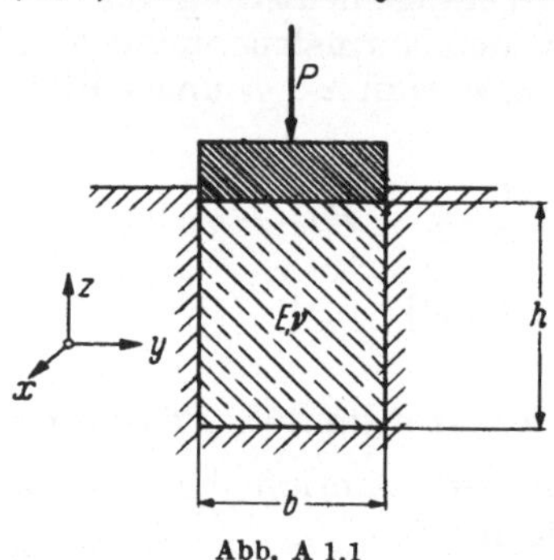

Abb. A 1.1

Gegeben: $b = d = 2\,\mathrm{cm}$, $h = 2{,}5\,\mathrm{cm}$, $P = 150\,\mathrm{kp}$, $E = 2 \cdot 10^4\ \mathrm{kp/cm^2}$ und $\nu = 0{,}3$.

Lösung. Aus der Gleichgewichtsbedingung in z-Richtung folgt, daß an der oberen und an der unteren Deckfläche die gleiche Druckspannung

$$\sigma_z = -\frac{P}{b\,d} = -37{,}5\ \mathrm{kp/cm^2} \tag{1}$$

vorhanden sein muß. Wegen der Starrheit der Seitenwände sind Dehnungen in x- und y-Richtung ausgeschlossen, so daß man aus den Hookeschen Gesetzen (2.4) mit $\varepsilon_x = \varepsilon_y = 0$

$$\sigma_x = \nu\,(\sigma_y + \sigma_z), \quad \sigma_y = \nu\,(\sigma_x + \sigma_z) \tag{2}$$

erhält. Die Auflösung der Gln. (2) nach σ_x und σ_y liefert mit (1)

$$\sigma_x = \sigma_y = \frac{\nu}{1 - \nu}\,\sigma_z = -16{,}08\ \mathrm{kp/cm^2}, \tag{3}$$

und aus (2.4) ergibt sich dann für die Dehnung in z-Richtung

$$\varepsilon_z = \frac{1}{E}\,[\sigma_z - \nu\,(\sigma_x + \sigma_y)] = \frac{\sigma_z}{E}\left(1 - \frac{2\,\nu^2}{1 - \nu}\right) = -1{,}393 \cdot 10^{-3},$$

woraus wegen $\varepsilon_z = \dfrac{\Delta h}{h}$ für die Verringerung der Quaderhöhe

$$\Delta h = h\,\varepsilon_z = 0{,}035\ \mathrm{mm}$$

folgt.

A 2. Dehnung eines zusammengesetzten Stabes. Der in Abb. A 2.1 dargestellte, aus drei Teilen mit verschiedenen Elastizitätsmoduli zusammengesetzte Stab wird durch eine zentrische Zugkraft P gedehnt. In welchem Verhältnis müssen die drei Querschnittsflächen F_1, F_2, F_3 stehen, damit jeder der drei Stababschnitte die gleiche Längenänderung erfährt?

Gegeben: $E_1 = \dfrac{1}{6}\,E_3$, $E_2 = \dfrac{1}{2}\,E_3$.

Lösung. Für die Spannungen in den einzelnen Abschnitten erhält man wegen der im gesamten Stab konstanten Zugkraft P

$$\sigma_1 = \frac{P}{F_1}, \quad \sigma_2 = \frac{P}{F_2}, \quad \sigma_3 = \frac{P}{F_3}. \tag{1}$$

Da alle drei Teile die gleiche Längenänderung erfahren sollen, folgt aus (2.3)

$$\frac{\sigma_1}{E_1} \cdot a = \frac{\sigma_2}{E_2} \cdot 2a = \frac{\sigma_3}{E_3} \cdot 3a$$

und unter Beachtung von (1)

$$\frac{Pa}{E_1 F_1} = \frac{2Pa}{E_2 F_2} = \frac{3Pa}{E_3 F_3},$$

d. h.

$$E_1 F_1 = \frac{E_2 F_2}{2} = \frac{E_3 F_3}{3}.$$

Abb. A 2.1

Schließlich ergibt sich mit $E_1 = \dfrac{1}{6} E_3$ und $E_2 = \dfrac{1}{2} E_3$

$$\frac{1}{6} F_1 = \frac{1}{4} F_2 = \frac{1}{3} F_3$$

und somit

$$F_1 : F_2 : F_3 = 6 : 4 : 3.$$

A 3. Schrumpfspannungen in einem Kreisrohr. Ein Messingrohr mit der Wandstärke $\delta_M = 2$ mm hat bei einer Raumtemperatur von $\vartheta_0 = 20°$ C einen Innendurchmesser von $d_M = 49{,}93$ mm. Um welche Temperatur $\Delta\vartheta$ muß es erwärmt werden, damit es ohne Pressung auf ein Stahlrohr mit der Wandstärke $\delta_{St} = 3$ mm und dem Außendurchmesser $d_{St} = 50{,}00$ mm geschoben werden kann? Wie groß sind die Tangentialspannungen in beiden Rohren a) nach Abkühlung auf die Raumtemperatur, b) nach weiterer Abkühlung auf die Temperatur $\vartheta_1 = 5°$ C?

Gegeben: Wärmeausdehnungskoeffizienten:

$$\alpha_{St} = 1{,}2 \cdot 10^{-5}\,°C^{-1}; \quad \alpha_M = 1{,}85 \cdot 10^{-5}\,°C^{-1},$$

Elastizitätsmoduli: $E_{St} = 2{,}1 \cdot 10^6$ kp/cm², $E_M = 0{,}8 \cdot 10^6$ kp/cm².

Lösung. Wird ein Körper mit dem Wärmeausdehnungskoeffizienten $\varkappa$ um die Temperatur $\Delta\vartheta$ erwärmt, so erfährt er die Dehnung

$$\varepsilon = \alpha \Delta\vartheta \tag{1}$$

in jeder Richtung. Während bei der Erwärmung eines dünnwandigen Rohres die Vergrößerung seiner Wandstärke wegen deren Kleinheit vernachlässigt wird, gilt für die Vergrößerung Δd des Durchmessers

$$\frac{\Delta d}{d} = \varepsilon = \varkappa \Delta\vartheta. \tag{2}$$

Damit nun das Messingrohr auf das Stahlrohr gezogen werden kann, muß sein Durchmesser um $\Delta d_M = 0{,}07$ mm vergrößert werden, womit nach (2) für die dazu notwendige Erwärmung

$$\Delta\vartheta = \frac{\Delta d_M}{d_M} \cdot \frac{1}{\alpha_M} = \frac{0{,}07}{49{,}93 \cdot 1{,}85 \cdot 10^{-5}} = 75{,}8\,°C \tag{3}$$

folgt.

a) Durch die nachfolgende Abkühlung des Messingrohres auf die Ausgangstemperatur wird von diesem ein Druck p auf das Stahlrohr ausgeübt. Die Größe der dadurch in den Rohren auftretenden Tangentialspannung σ_t erhalten wir aus einer Gleichgewichtsbetrachtung an einem längs eines Durchmessers aufgeschnittenen Rohrstück der Länge l (Abb. A 3.1). Während sich die Horizontalkomponenten des Preßdruckes p wegen

$$\sum K_x = \int\limits_{\varphi=0}^{\pi} p \cos\varphi\, dF = \int\limits_{0}^{\pi} p\, r\, l \cos\varphi\, d\varphi = 0$$

gegenseitig aufheben, liefert

$$\sum K_y = 2\,\sigma_t\,\delta\,l - \int\limits_{\varphi=0}^{\pi} p \sin\varphi\, dF = 0,$$

$$2\,\sigma_t\,\delta\,l = \int\limits_{0}^{\pi} p\, r\, l \sin\varphi\, d\varphi = 2\,p\,r\,l,$$

woraus die für kleine Wandstärken gültige sog. *Kesselformel*

$$\sigma_t = \frac{p\,r}{\delta} = \frac{p\,d}{2\,\delta} \tag{4}$$

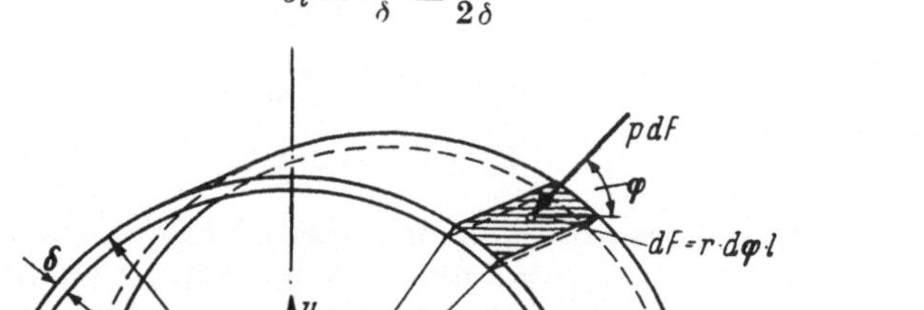

Abb. A 3.1

folgt. Diese gilt nun sowohl für das Stahlrohr, das unter dem Druck p von außen steht und somit tangentiale *Druck*spannungen erhält, als auch für das Messingrohr, in dem infolge des darauf von innen wirkenden gleich großen Druckes p (Gegenwirkungsprinzip!) tangentiale *Zug*spannungen auftreten:

$$\sigma_{St} = \frac{p\,d}{2\,\delta_{St}}, \quad \sigma_{M} = \frac{p\,d}{2\,\delta_{M}}. \tag{5}$$

Dabei wird für beide Rohre der gleiche Durchmesser d zugrunde gelegt, was wegen der geringen Wandstärken kaum eine Beeinträchtigung der Genauigkeit bedeutet. Aus der Bedingung, daß die Dehnungen beider Rohre gleich sein müssen, gewinnt man nun zunächst die Größe des zwischen beiden Rohren auftretenden Druckes p. Während sich die Dehnung des Messingrohres aus einer Dehnung infolge der durch p hervorgerufenen Zugspannung und einer durch die Abkühlung $\Delta\vartheta$ entstehenden Schrumpfung zusammensetzt, also nach (2.3) und (1)

$$\varepsilon_M = + \frac{\sigma_M}{E_M} - \alpha_M\,\Delta\vartheta$$

ist, wird das Stahlrohr nur infolge des Druckes p gestaucht, d. h.

$$\varepsilon_{St} = - \frac{\sigma_{St}}{E_{St}}.$$

Aus $\varepsilon_M = \varepsilon_{St}$ ergibt sich mit (5) und $d = d_{Mittel} = 50\,\text{mm}$

$$p = \frac{2\,\alpha_M\,\varDelta\vartheta}{d\left(\dfrac{1}{\delta_M\,E_M} + \dfrac{1}{\delta_{St}\,E_{St}}\right)} = \frac{2\,\alpha_M\,\varDelta\vartheta\,\delta_{St}\,E_{St}}{d\left(1 + \dfrac{\delta_{St}\,E_{St}}{\delta_M\,E_M}\right)} = 71{,}5 \;\text{kp/cm}^2 \qquad (6)$$

und damit aus (5)

$$\sigma_{St} = \frac{p\,d}{2\,\delta_{St}} = \frac{\alpha_M\,\varDelta\vartheta\,E_{St}}{1 + \dfrac{\delta_{St}\,E_{St}}{\delta_M\,E_M}} = 597 \;\text{kp/cm}^2$$

und

$$\sigma_M = \frac{p\,d}{2\,\delta_M} = \frac{\alpha_M\,\varDelta\vartheta\,E_M}{1 + \dfrac{\delta_M\,E_M}{\delta_{St}\,E_{St}}} = 895 \;\text{kp/cm}^2.$$

b) Bei der nun folgenden Abkühlung beider Rohre um $\varDelta\vartheta_2 = \vartheta_0 - \vartheta_1 = 15°\,\text{C}$ vergrößert sich der Druck zwischen beiden Rohren noch um $\varDelta p$, da wegen $\alpha_M > \alpha_{St}$ das äußere Messingrohr stärker schrumpfen würde als das innere Stahlrohr, wenn es durch dieses nicht daran gehindert würde. So werden jetzt die zusätzlichen Dehnungen

$$\varepsilon_M = -\alpha_M\,\varDelta\vartheta_2 + \frac{\varDelta p\,d}{2\,\delta_M\,E_M}, \qquad \varepsilon_{St} = -\alpha_{St}\,\varDelta\vartheta_2 - \frac{\varDelta p\,d}{2\,\delta_{St}\,E_{St}},$$

woraus nach Gleichsetzen der beiden Dehnungen für den Druckzuwachs

$$\varDelta p = \frac{2\,(\alpha_M - \alpha_{St})\,\varDelta\vartheta_2}{d\left(\dfrac{1}{\delta_M\,E_M} + \dfrac{1}{\delta_{St}\,E_{St}}\right)} = \frac{2\,(\alpha_M - \alpha_{St})\,\varDelta\vartheta_2\,\delta_{St}\,E_{St}}{d\left(1 + \dfrac{\delta_{St}\,E_{St}}{\delta_M\,E_M}\right)} = 4{,}98 \;\text{kp/cm}^2$$

folgt. Mit (6) ergibt sich damit für den Druck zwischen Stahl- und Messingrohr nach Abkühlung auf $\vartheta_1 = 5°\,\text{C}$

$$p_1 = p + \varDelta p = 76{,}5 \;\text{kp/cm}^2$$

und hieraus nach (5) für die Tangentialspannungen

$$\sigma_{St} = \frac{p_1\,d}{2\,\delta_{St}} = 638 \;\text{kp/cm}^2, \qquad \sigma_M = \frac{p_1\,d}{2\,\delta_M} = 956 \;\text{kp/cm}^2.$$

Zum gleichen Wert p_1 gelangt man selbstverständlich auch, wenn man vom spannungslosen Zustand ausgeht und für die Dehnungen

$$\varepsilon_M = -\alpha_M\,(\varDelta\vartheta + \varDelta\vartheta_2) + \frac{p_1\,d}{2\,\delta_M\,E_M}, \qquad \varepsilon_{St} = -\alpha_{St}\,\varDelta\vartheta_2 - \frac{p_1\,d}{2\,\delta_{St}\,E_{St}}$$

ansetzt.

A 4. *Wärmespannungen in einer Bolzenverbindung.* Welche Spannungen entstehen in der in Abb. A 4.1 dargestellten bei Zimmertemperatur spannungslosen Verbindung, wenn die innere Stange aus Kupfer und die äußeren Bolzen aus Stahl um $\varDelta\vartheta = 80°\,\text{C}$ erwärmt werden? Um welchen Betrag entfernen sich dann die beiden als starr anzunehmenden Querstücke voneinander? Der Einfluß der Querschnittsschwächung durch die Gewinde werde vernachlässigt.

Gegeben: $d_1 = 50\,\text{mm}, \quad d_2 = 15\,\text{mm}, \quad l = 6a = 1{,}0\,\text{m},$
$$E_{St} = 2.1 \cdot 10^6 \;\text{kp/cm}^2, \quad E_K = 1{,}1 \cdot 10^6 \;\text{kp/cm}^2,$$
$$\alpha_{St} = 1{,}2 \cdot 10^{-5}\;°\text{C}^{-1}, \quad \alpha_K = 1{,}65 \cdot 10^{-5}\;°\text{C}^{-1}.$$

Lösung. Könnten sich die drei Stangen ohne Behinderung ausdehnen, so würde sich die Kupferstange wegen $\alpha_K > \alpha_{St}$ in stärkerem Maße dehnen als die beiden Stahlbolzen. Da das jedoch durch die starren Querstücke verhindert wird, müssen in der Kupferstange Druck- und in den Stahlbolzen Zugspannungen auftreten. Um nun die Gleichgewichtsbedingungen zu befriedigen, muß aus Symmetriegründen die Zugspannungsresultierende in jedem der beiden Stahlbolzen halb so groß sein wie die Resultierende P der Druckspannungen in der Kupferstange. Mit dieser noch unbekannten Kraft P folgt für die Dehnung des Kupferstabes

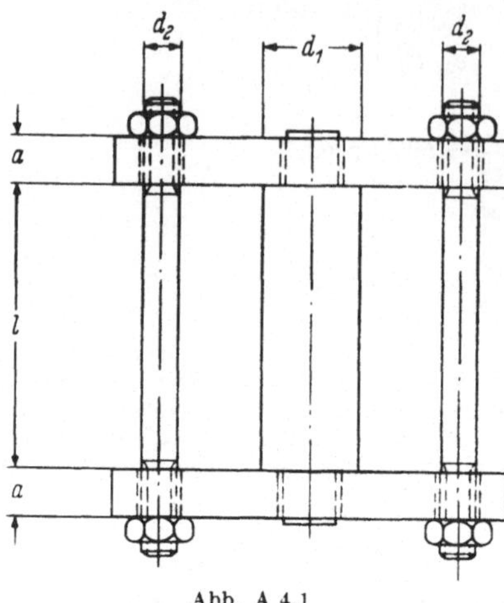

Abb. A 4.1

$$\varepsilon_K = \alpha_K \, \Delta\vartheta - \frac{\sigma_K}{E_K} = \alpha_K \, \Delta\vartheta - \frac{P}{E_K \, F_K}$$

und für die eines Stahlbolzens

$$\varepsilon_{St} = \alpha_{St} \, \Delta\vartheta + \frac{\sigma_{St}}{E_{St}} = \alpha_{St} \, \Delta\vartheta + \frac{P/2}{E_{St} \, F_{St}}\ .$$

Aus der Bedingung, daß alle drei Stangen die gleiche Längenänderung erfahren müssen, ergibt sich mit $\Delta l = \varepsilon \, l$ sowie $l_K = 6\,a$ und $l_{St} = 8\,a$

$$\Delta l_K = \varepsilon_K \, l_K = \left(\alpha_K \, \Delta\vartheta - \frac{P}{E_K \, F_K}\right) 6\,a =$$

$$= \Delta l_{St} = \varepsilon_{St} \, l_{St} = \left(\alpha_{St} \, \Delta\vartheta + \frac{P}{2\,E_{St} \, F_{St}}\right) 8\,a$$

und hieraus

$$P = \frac{6\,\alpha_K - 8\,\alpha_{St}}{\dfrac{4}{E_{St}\,F_{St}} + \dfrac{6}{E_K\,F_K}}\ \Delta\vartheta = \frac{\left(\dfrac{3}{2}\,\alpha_K - 2\,\alpha_{St}\right) E_{St}\,F_{St}}{1 + \dfrac{3}{2}\,\dfrac{E_{St}\,F_{St}}{E_K\,F_K}}\ \Delta\vartheta\ .$$

Mit $F_K = \dfrac{\pi\,d_1^2}{4} = 19{,}63$ cm^2 und $F_{St} = \dfrac{\pi\,d_2^2}{4} = 1{,}77$ cm^2 erhält man $P = 177$ kp und damit für die Spannungen

$$\sigma_K = \frac{P}{F_K} = 9{,}0 \text{ kp/cm}^2, \quad \sigma_{St} = \frac{P/2}{F_{St}} = 50{,}0 \text{ kp/cm}^2.$$

Die Querstücke entfernen sich dann voneinander um

$$\Delta l = \left(\alpha_K \, \Delta\vartheta - \frac{P}{E_K \, F_K}\right) 6\,a = 0{,}13\,\text{cm}.$$

3. Deformation und Beanspruchung des Balkens. Erstere wird durch die Verschiebung $w = w(x)$ der Balkenachse, d. h. der Verbindungslinie der Querschnittsschwerpunkte beschrieben, während für letztere die Spannungen maßgebend sind. Man nennt dieses $w(x)$ die *elastische Linie* des Balkens. Im folgenden wird vorausgesetzt, daß Last- und Symmetrieebene zusammenfallen. Die Schnittlasten werden aus den Gleichgewichtsbedingungen am unverformten Balken ermittelt *(Theorie erster Ordnung)* außer bei Knickproblemen (s. II. 7) und u. U. bei Biegung mit Längskraft (s. II. 3. A 7 und Anhang A 6) *(Theorie zweiter Ordnung)*. Die Differentialgleichung der elastischen Linie erhält man unter Heranziehung der Hypothese von JAKOB BERNOULLI, diese besagt, daß die vor der Deformation zur Balkenachse senkrechten Querschnittsebenen sich nicht verwölben und auch nach der Deformation noch senkrecht zur Balkenachse stehen. Es ergibt sich für die elastische Linie

$$\frac{w''(x)}{[1 + w'^2(x)]^{3/2}} = k = \text{Krümmung} = \frac{1}{R} = \frac{1}{\text{Krümmungsradius}} = \frac{M_y(x)}{E\,J_y(x)} \qquad (2.8)$$

und für die Normalspannung (Abb. 2.1)

$$\sigma_x = \sigma_x(x,\, z) = \frac{M_y(x)}{J_y(x)}\, z\,. \tag{2.9}$$

Die Schubspannung bzw. Schubverzerrung werde dabei als mit der BERNOULLIschen Hypothese unvereinbar[1] vernachlässigt.

In (2.8) ist (Abb. 2.1)

$$J_y(x) = \int\limits_{(F)} z^2\, dF \tag{2.10}$$

das *quadratische Flächenmoment*, das auch *Flächenträgheitsmoment* genannt wird; es ist eine positive Querschnittsgröße.

Die so zustande gekommene Theorie des Balkens stimmt hinsichtlich der (vernachlässigten) Schubverzerrungen nur für $M_y = $ const (Belastung des Balkens durch zwei entgegengesetzt gleich große Kräftepaare an den Enden), denn gemäß (2.1) verschwindet dann die Querkraft und somit die Schubspannung, also auch die Schubverzerrung; man nennt diesen Fall *reine Biegung*. Jedoch spricht man auch bei veränderlichem Biegemoment $M_y(x)$ aber fehlender Längskraft $N(x)$ von *reiner Biegebeanspruchung*.

Nach (2.9) sind die Normalspannungen über die Höhe z linear verteilt: Sie werden Null in der sog. *neutralen Faser*, die im Falle der reinen Biegebeanspruchung die Balkenachse $z = 0$ enthält, und haben in den Randfasern $z = z_1$ und $z = z_2$ (Abb. 2.1) ihre Größtwerte. Die gemäß (2.9) hierbei auftretenden Größen

$$\frac{J_y}{z_1} = W_1; \qquad \frac{J_y}{z_2} = W_2 \tag{2.11}$$

werden *Widerstandsmomente* genannt.

Eine der Gl. (2.8) ähnliche Beziehung läßt sich auch für den *gekrümmten Balken* angeben: Bedeutet $k_0 = 1/R_0$ dessen ursprüngliche Krümmung, so kann man (2.8) in der Form

$$\frac{1}{R} - \frac{1}{R_0} = k - k_0 = \Delta k = \frac{M}{EJ} \tag{2.8a}$$

verwenden, wenn die Querschnittsabmessungen des Balkens klein gegen die Krümmungsradien sind, so daß Balkenachse und neutrale Faser wieder zusammenfallen! Ausführlicheres über die Anwendung der Formel (2.8a) findet man in den Aufgaben A 5 und A 6 zu II.10.

Die Behandlung der Differentialgleichung (2.8), bei der auf die Vorzeichen der beiden Seiten zu achten ist, erfährt eine Vereinfachung dadurch, daß man bei den üblicherweise flachen Durchbiegungen $w'^2(x)$ gegenüber 1 vernachlässigt:

$$w''(x) = \frac{d^2 w(x)}{d x^2} = \frac{d}{d x}\,[w'(x)] = \frac{M_y(x)}{E J_y(x)}\,. \tag{2.12}$$

Mit (2.1) folgt hieraus

$$[E J_y(x)\, w''(x)]'' = -q(x)\,. \tag{2.13}$$

---

[1] Die mit der Höhe z veränderlichen Schubspannungen würden mit der Höhe veränderliche Gleitwinkel, also eine Querschnittsverwölbung hervorrufen, während bei einer (angenommenen) gleichmäßigen Schubspannungsverteilung der Querschnitt wohl eben bleiben, aber nicht mehr zur Achse senkrecht stehen würde!

Tabelle der elastischen Linien statisch bestimmter Balken

Belastungsfall	1) Gleichung der elastischen Linie $w = w(x)$ 2) Größtdurchsenkung w_{max}	1) Neigung der elastischen Linie $w'(x)$ 2) Größter Neigungswinkel α_{max}
a	1) $w(x) = -\dfrac{Pl^3}{6EJ_y}\left[3\left(\dfrac{x}{l}\right)^2 - \left(\dfrac{x}{l}\right)^3\right]$ 2) $w_{max} = \lvert w(l)\rvert = \left\lvert -\dfrac{Pl^3}{3EJ_y}\right\rvert$	1) $w'(x) = -\dfrac{Pl^2}{2EJ_y}\left[2\dfrac{x}{l} - \left(\dfrac{x}{l}\right)^2\right]$ 2) $\alpha_{max} = \alpha_B \approx \lvert w'(l)\rvert = \left\lvert -\dfrac{Pl^2}{2EJ_y}\right\rvert$
b	1) $w(x) = -\dfrac{ql^4}{24EJ_y}\left[6\left(\dfrac{x}{l}\right)^2 - 4\left(\dfrac{x}{l}\right)^3 + \left(\dfrac{x}{l}\right)^4\right]$ 2) $w_{max} = \lvert w(l)\rvert = \left\lvert -\dfrac{ql^4}{8EJ_y}\right\rvert$	1) $w'(x) = -\dfrac{ql^3}{6EJ_y}\left[3\dfrac{x}{l} - 3\left(\dfrac{x}{l}\right)^2 + \left(\dfrac{x}{l}\right)^3\right]$ 2) $\alpha_{max} = \alpha_B \approx \lvert w'(l)\rvert = \left\lvert -\dfrac{ql^3}{6EJ_y}\right\rvert$
c	1) Bereich Ⓘ $(0 \leqq x_1 \leqq a)$: $w_1(x_1) = -\dfrac{Pbx_1}{6EJ_yl}(l^2 - b^2 - x_1^2)$ Bereich Ⓘ Ⓘ $(a \leqq x_2 \leqq l)$: $w_2(x_2) = -\dfrac{Pa(l-x_2)}{6EJ_yl}[l^2 - a^2 - (l-x_2)^2]$ 2) Falls $a < b$: $w_{max} = \left\lvert -\dfrac{Pa(l^2 - a^2)^{3/2}}{9\sqrt{3}\,EJ_yl}\right\rvert$ in $x_0 = l - \sqrt{\dfrac{l^2 - a^2}{3}}$ Falls $a > b$: $w_{max} = \left\lvert -\dfrac{Pb(l^2 - b^2)^{3/2}}{9\sqrt{3}\,EJ_yl}\right\rvert$ in $x_0 = \sqrt{\dfrac{l^2 - b^2}{3}}$ Unter der Last P ist $w_P = \lvert w(a)\rvert = \left\lvert -\dfrac{Pb^2(l - b)^2}{3EJ_yl}\right\rvert$	1) Bereich Ⓘ $(0 \leqq x_1 \leqq a)$: $w_1'(x_1) = -\dfrac{Pb}{6EJ_yl}(l^2 - b^2 - 3x_1^2)$ Bereich Ⓘ Ⓘ $(a \leqq x_2 \leqq l)$: $w_2'(x_2) = \dfrac{Pa}{6EJ_yl}[l^2 - a^2 - 3(l-x_2)^2]$ 2) $\alpha_A \approx \lvert w'(0)\rvert = \left\lvert -\dfrac{Pab(l+b)}{6EJ_yl}\right\rvert$ $\alpha_B \approx \lvert w'(l)\rvert = \dfrac{Pab(l+a)}{6EJ_yl}$

d	1) $w(x) = -\dfrac{q\,l^4}{24\,EJ_y}\left[\dfrac{x}{l} - 2\left(\dfrac{x}{l}\right)^3 + \left(\dfrac{x}{l}\right)^4\right]$	1) $w'(x) = -\dfrac{q\,l^3}{24\,EJ_y}\left[1 - 6\left(\dfrac{x}{l}\right)^2 + 4\left(\dfrac{x}{l}\right)^3\right]$
	2) $w_{\max} = \left|\,w\left(\dfrac{l}{2}\right)\,\right| = \left|-\dfrac{5}{384}\dfrac{q\,l^4}{EJ_y}\right|$	2) $\alpha_A = \alpha_B \approx |\,w'(0)\,| = \left|-\dfrac{q\,l^3}{24\,EJ_y}\right|$
e	1) Die elastische Linie ist ein Kreisbogen mit dem Radius $\varrho = \dfrac{EJ_y}{M}$ um den Mittelpunkt $(x_0 = 0;\ z_0 = -\varrho)$. Näherungsweise ist $$w(x) = -\dfrac{M}{EJ_y}\dfrac{x^2}{2}$$	1) $w'(x) = -\dfrac{M}{EJ_y}\,x$
	2). $w_{\max} = |\,w_B\,| = |\,w(l)\,| = \left|-\dfrac{M\,l^2}{2\,EJ_y}\right|$	2) $\alpha_B \approx |\,w'(l)\,| = \left|-\dfrac{M\,l}{EJ_y}\right|$
f	1) $w(x) = -\dfrac{M\,l^2}{6\,EJ_y}\left[\dfrac{x}{l} - \left(\dfrac{x}{l}\right)^3\right]$	1) $w'(x) = -\dfrac{M\,l}{6\,EJ_y}\left[1 - 3\left(\dfrac{x}{l}\right)^2\right]$
	2) Größte Durchsenkung an der Stelle $x_0 = \dfrac{l}{\sqrt{3}}$ $$w_{\max} = |\,w(x_0)\,| = \left|-\dfrac{M\,l^2}{9\sqrt{3}\,EJ_y}\right|$$	2) $\alpha_A \approx |\,w'(0)\,| = \left|-\dfrac{M\,l}{6\,EJ_y}\right|$ $\alpha_B \approx |\,w'(l)\,| = \dfrac{M\,l}{3\,EJ_y}$
g	1) Die elastische Linie ist ein Kreisbogen mit dem Radius $\varrho = \dfrac{EJ_y}{M}$ um den Mittelpunkt $\left(x_0 = \dfrac{l}{2};\ z_0 = \dfrac{1}{2}\sqrt{4\varrho^2 - l^2}\right)$. Näherungsweise ist $$w(x) = -\dfrac{M\,l^2}{2\,EJ_y}\left[\dfrac{x}{l} - \left(\dfrac{x}{l}\right)^2\right]$$	1) $w'(x) = -\dfrac{M\,l}{2\,EJ_y}\left[1 - 2\dfrac{x}{l}\right]$
	2) $w_{\max} = \left|\,w\left(\dfrac{l}{2}\right)\,\right| = \left|-\dfrac{M\,l^2}{8\,EJ_y}\right|$	2) $\alpha_A = \alpha_B \approx |\,w'(0)\,| = \left|-\dfrac{M\,l}{2\,EJ_y}\right|$

Durch Integration gewinnt man aus (2.12) für die Neigung der Biegelinie

$$w'(x) = \frac{dw(x)}{dx} = \int \frac{M_y(x)}{EJ_y(x)} \, dx + C_1 \tag{2.14}$$

und für die elastische Linie

$$w(x) = \int \left[\int \frac{M_y(x)}{EJ_y(x)} \, dx \right] dx + C_1 x + C_2. \tag{2.15}$$

Die Integrationskonstanten C_1 und C_2 lassen sich aus den Lagerungsbedingungen, *Randbedingungen* genannt, ermitteln: Ist bei $x = x_1$ eine
starre Stütze, so ist $w(x_1) = 0$, während eine starre Einspannung bei
$x = x_2$ die Bedingungen $w(x_2) = 0$ und $w'(x_2) = 0$ nach sich zieht.
Diese Randbedingungen liefern auch bei statisch unbestimmten Lagerungen die zur Berechnung der Reaktionskräfte und Reaktions- oder
Einspannmomente zusätzlich notwendigen Gleichungen.

Im Falle konstanten Trägheitsmomentes ($J_y = $ const) geht die
Differentialgleichung (2.13) über in

$$EJ_y w^{(4)}(x) = -q(x) \tag{2.13a}$$

mit der allgemeinen Lösung

$$w(x) = -\frac{1}{EJ_y} \int \{\int [\int (\int q(x)\,dx)\,dx]\,dx\}\,dx + \frac{C_1 x^3}{6} + \frac{C_2 x^2}{2} + C_3 x + C_4. \tag{2.15a}$$

Man bestimmt auch hier die Konstanten C_1, C_2, C_3, C_4 aus den
Randbedingungen, die durch Aussagen über $M_y = EJ_y w''$ bzw.
$Q = EJ_y w'''$ ergänzt werden können. So entspricht z. B. einem Gelenk bei $x = x_1$ die Randbedingung $w''(x_1) = 0$, und einem freien Ende
bei $x = x_2$ entsprechen die Randbedingungen $w''(x_2) = 0$ und
$w'''(x_2) = 0$.

Eine weitere Möglichkeit zur Ermittlung der elastischen Linie bietet
das *Mohrsche Verfahren*, eine graphische Methode, die die Analogie
zwischen (2.12) und (1.18) ausnutzt.

Die vorstehende Tabelle auf S. 64/65 enthält eine Reihe von Belastungs-
fällen mit den zugehörigen Deformationen für Balken konstanten Querschnittes.

Aufgaben

A 1. *Schnittlasten und Biegelinie eines Balkens.* Für den auf
der linken Seite eingespannten und rechts a) gelenkig gelagerten, b) auf
einer Pendelstütze aufliegenden Holzbalken (Abb. A 1.1) ermittle man
den Verlauf der Schnittlasten sowie den Ort und die Größe der maximalen Durchsenkung.

Gegeben: $l = 3$ m, $h = 2$ m, $J = 650$ cm^4, $F = 65$ cm^2,
$E = 0{,}1 \cdot 10^6$ kp/cm^2, $q = 150$ kp/m.

Lösung. Gemäß Gl. (2.15a) lautet die allgemeine Lösung der Differentialgleichung der Biegelinie für eine konstante Streckenlast q

$$EJ w(x) = -q \frac{x^4}{24} + c_1 \frac{x^3}{6} + c_2 \frac{x^2}{2} + c_3 x + c_4. \tag{1}$$

Die vier in (1) vorhandenen freien Konstanten werden aus den der Lagerung entsprechenden Randbedingungen ermittelt. Diese sind im *Falle a)* (Abb. A 1.1)

$$w(0) = 0; \quad w'(0) = 0; \quad w(l) = 0; \quad w''(l) = 0. \tag{2}$$

Aus den vier Bedingungen (2) erhalten wir für die Konstanten c_1, c_2, c_3 und c_4 das Gleichungssystem

$$c_4 = 0,$$
$$c_3 \qquad = 0,$$
$$-q\,\frac{l^4}{24} + c_1\,\frac{l^3}{6} + c_2\,\frac{l^2}{2} + c_3\,l + c_4 = 0,$$
$$-q\,\frac{l^2}{2} + c_1\,l + c_2 \qquad = 0,$$

aus dem sich die Konstanten zu

$$\left. \begin{aligned} c_1 &= \frac{5}{8}\,q\,l; & c_2 &= -\frac{1}{8}\,q\,l^2; \\ c_3 &= 0; & c_4 &= 0 \end{aligned} \right\} \tag{3}$$

errechnen lassen. Setzen wir die Ergebnisse (3) in (1) ein, so erhalten wir mit der dimensionslosen Koordinate $\xi = \dfrac{x}{l}$ die Gleichung der elastischen Linie

$$w(\xi) = -\frac{q\,l^4}{48\,E\,J}\,\xi^2\,(2\,\xi^2 - 5\,\xi + 3). \tag{4}$$

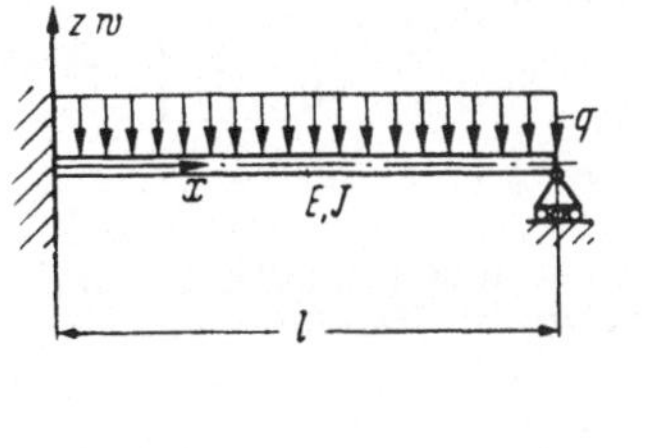

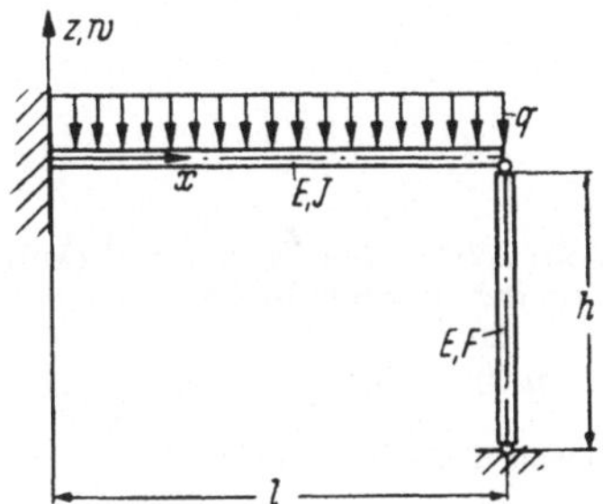

Abb. A 1.1

Die Differentiation von (4) nach x liefert die Schnittlasten des Balkens:

$$E\,J\,w'' = M(\xi) = -\frac{q\,l^2}{8}\,(4\,\xi^2 - 5\,\xi + 1), \tag{5a}$$

$$E\,J\,w''' = Q(\xi) = -q\,l\left(\xi - \frac{5}{8}\right). \tag{5b}$$

Das Einspannmoment bzw. die Auflagerkräfte folgen aus den Gln. (5a) bzw. (5b) für $\xi = 0$ und $\xi = 1$:

$$M_E = +M(0) = -\frac{q\,l^2}{8},$$

$$W_A = +Q(0) = +\frac{5\,q\,l}{8}, \qquad W_B = -Q(1) = +\frac{3\,q\,l}{8}.$$

Der Schnittlastenverlauf ist in Abb. A 1.2 dargestellt. Den Ort der maximalen Durchsenkung ermitteln wir aus der Bedingung

$$w'(\xi) = -\frac{q\,l^3}{48\,E\,J}\,(8\,\xi^3 - 15\,\xi^2 + 6\,\xi) = 0,$$

und die Lösungen dieser Gleichung sind

$$\xi_0 = \frac{1}{16}\,(15\,(\pm)\,\sqrt{33}) = 0{,}579\,. \tag{6}$$

Da $0 \leqq \xi \leqq 1$ gilt, ist in (6) nur das negative Vorzeichen sinnvoll, so daß wir aus (1) mit den gegebenen Zahlenwerten

$$w_{\mathrm{max}} = \left|\, -5{,}44 \cdot 10^{-3}\,\frac{q\,l^4}{EJ}\,\right| = 1{,}016 \text{ cm} \tag{7}$$

finden.

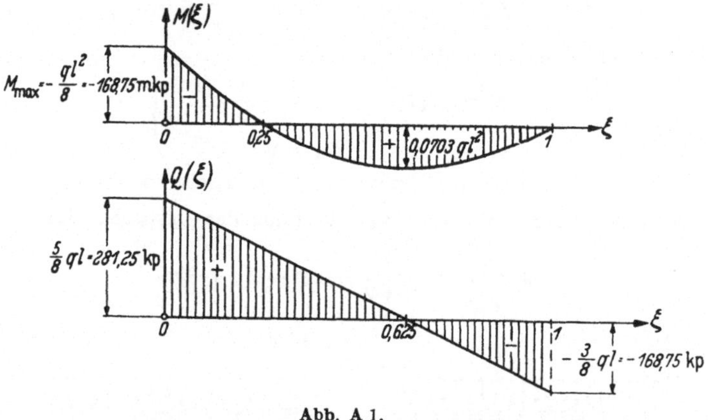

Abb. A 1.

Fall b). Wir gehen von der Lösung (1) aus und formulieren unter Berücksichtigung der Nachgiebigkeit der Pendelstütze die Randbedingungen:

$$w(0) = 0;\quad w'(0) = 0;\quad w''(l) = 0;\quad EJw'''(l) = \frac{w(l)}{h}\,EF\,. \tag{8}$$

In der letzten Bedingung ist

$$\frac{w(l)}{h}\,EF = \varepsilon\,EF = \sigma F$$

die Druckkraft in der Pendelstütze, die der Auflagerkraft W_B entspricht. Wir erhalten nunmehr das Gleichungssystem für die Ermittlung der freien Konstanten c_k

$$c_4 = 0,$$
$$c_3 = 0,$$
$$-\frac{q\,l^2}{2} + c_1 l + c_2 = 0,$$
$$-q\,l\left(1 - \frac{F}{Jh}\,\frac{l^3}{24}\right) + c_1\left(1 - \frac{F}{Jh}\,\frac{l^3}{6}\right) - c_2\,\frac{F}{Jh}\,\frac{l^2}{2} = 0$$

mit den Lösungen

$$c_1 = \frac{5}{8}\,q\,l\left(\frac{1 + \dfrac{24}{5}\,\dfrac{Jh}{Fl^3}}{1 + 3\,\dfrac{Jh}{Fl^3}}\right);\quad c_2 = -\frac{q\,l^2}{8}\left(\frac{1 + 12\,\dfrac{Jh}{Fl^3}}{1 + 3\,\dfrac{Jh}{Fl^3}}\right) \left.\begin{array}{c}\\[2em]\end{array}\right\}$$
$$c_3 = 0;\qquad\qquad c_4 = 0. \tag{9}$$

Einsetzen von (9) in (1) ergibt mit der Abkürzung $\dfrac{J\,h}{F\,l^3} = \alpha$ sowie mit $\xi = \dfrac{x}{l}$ die Gleichung der elastischen Linie

$$w(\xi) = -\frac{q\,l^4}{48\,E\,J}\,\xi^2\left[2\xi^2 - 5\xi\left(\frac{1+4{,}8\,\alpha}{1+3\,\alpha}\right) + 3\left(\frac{1+12\,\alpha}{1+3\,\alpha}\right)\right]. \tag{10}$$

Für eine starre Pendelstütze strebt $\alpha \to 0$, und die Gl. (10) geht über in Gl. (4). Sieht man andererseits die Stütze als völlig nachgiebig an, so strebt $\alpha \to \infty$, und aus Gl. (10) wird

$$w(\xi) = -\frac{q\,l^4}{24\,E\,J}\,\xi^2\,(\xi^2 - 4\xi + 6)\,. \tag{11}$$

Das ist die Gleichung der Biegelinie eines Kragbalkens unter konstanter Streckenlast q.

Wir ermitteln wiederum den Ort der maximalen Durchsenkung aus der Bedingung (Striche bedeuten hier und im folgenden Ableitungen nach x!)

$$w'(\xi) = \frac{d\,w(\xi)}{d\,x} = -\frac{q\,l^3}{48\,E\,J}\left[8\xi^3 - 15\xi^2\left(\frac{1+4{,}8\,\alpha}{1+3\,\alpha}\right) + 6\xi\left(\frac{1+12\,\alpha}{1+3\,\alpha}\right)\right] = 0$$

zu

$$\xi_0 = \frac{15}{16}\left(\frac{1+4{,}8\,\alpha}{1+3\,\alpha}\right) \overset{(+)}{\underset{(-)}{}} \sqrt{\left[\frac{15}{16}\left(\frac{1+4{,}8\,\alpha}{1+3\,\alpha}\right)\right]^2 - \frac{3}{4}\left(\frac{1+12\,\alpha}{1+3\,\alpha}\right)}\,. \tag{12}$$

Auch jetzt ist nur das negative Vorzeichen gültig wegen $0 \leq \xi \leq 1$, und man kann aus (12) erkennen, daß mit wachsendem α der Wert von ξ_0 ebenfalls anwächst. Allerdings liefert die Gl. (12) für $\alpha > 1/24$ keine reellen Werte mehr, so daß man die maximale Durchsenkung für $\xi = 1$ erhält.

Mit den gegebenen Zahlenwerten errechnen wir

$$\xi_0 = 0{,}579\,,$$

$$w_{\max} = \left|-5{,}44 \cdot 10^{-3}\,\frac{q\,l^4}{E\,J}\right| = 1{,}016 \text{ cm}\,.$$

Das Ergebnis zeigt, daß für die gewählten Abmessungen der Einfluß der Pendelstütze zu vernachlässigen ist und daß sie praktisch der gelenkigen Lagerung des Falles a) entspricht.

Die Schnittlasten folgen aus (10) zu

$$M(\xi) = EJ\,w''(\xi) = -\frac{q\,l^2}{8}\left[4\xi^2 - 5\xi\left(\frac{1+4{,}8\,\alpha}{1+3\,\alpha}\right) + \left(\frac{1+12\,\alpha}{1+3\,\alpha}\right)\right],$$

$$Q(\xi) = EJ\,w'''(\xi) = -q\,l\left[\xi - \frac{5}{8}\left(\frac{1+4{,}8\,\alpha}{1+3\,\alpha}\right)\right],$$

und die Auflagerlasten sind

$$M_E = M(0) = -\frac{q\,l^2}{8}\left(\frac{1+12\,\alpha}{1+3\,\alpha}\right),$$

$$W_A = Q(0) = \frac{5\,q\,l}{8}\left(\frac{1+4{,}8\,\alpha}{1+3\,\alpha}\right),$$

$$W_B = -Q(1) = q\,l\left[1 - \frac{5}{8}\left(\frac{1+4{,}8\,\alpha}{1+3\,\alpha}\right)\right].$$

Der Schnittlastenverlauf ist dem von Abb. A 1.2 nahezu gleich.

A 2. Stauwehr. Ein Wehr besteht aus einer Platte, die am Sockel B aufgelegt ist und im Abstand s vom Boden durch ein in seiner Höhenlage verschiebliches Lager A gestützt wird (Abb. A 2.1). Man suche das in bezug auf die Schnittmomente günstigste Verhältnis h/s von Spiegelhöhe des Wassers zu Stützhöhe.

Lösung. Bekanntlich [s. Gl. (6.21)] nimmt der Wasserdruck linear mit der Tiefe zu, so daß man als auf die Breiteneinheit bezogene Belastung der Platte (Abb. A 2.2) die Funktion)

$$q(x) = \gamma\, h \left(1 - \frac{x}{h}\right) \tag{1}$$

ansetzt und die folgenden Betrachtungen an einem Balken der Breite „1" durchführen kann.

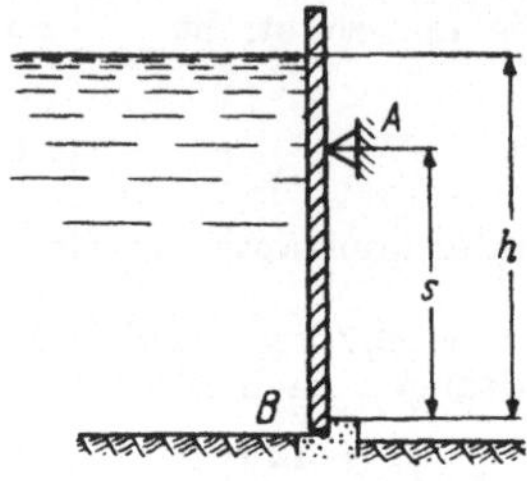

Abb. A 2.1

Nach dem Superpositionsprinzip ist es möglich, den gegebenen Belastungszustand in zwei Teilzustände aufzuspalten, die wir mit I und II indizieren wollen (Abb. A 2.2). Die Auflagerkräfte und Einzellasten der Zustände I und II müssen dann den Gleichungen

$$W_{BI} + W_{BII} = W_B; \qquad W_I + W_{II} = 0 \tag{2}$$

gehorchen.

Aus den Gleichgewichtsbedingungen für den starren Körper und den Gln. (2) errechnen wir

$$\left.\begin{aligned}
&W_B = \frac{\gamma\, h^2}{2}\left(1 - \frac{h}{3\,s}\right); &&W_{BI} = \frac{\gamma\, h^2}{3}; &&W_{BII} = \frac{\gamma\, h^2}{6}\left(-1 + \frac{h}{s}\right); \\[2mm]
&W_A = \frac{\gamma\, h^3}{6\,s}; &&W_I = \frac{\gamma\, h^2}{6}.
\end{aligned}\right\} \tag{3}$$

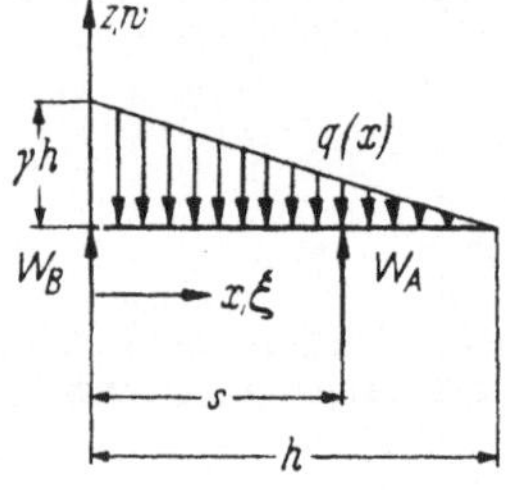
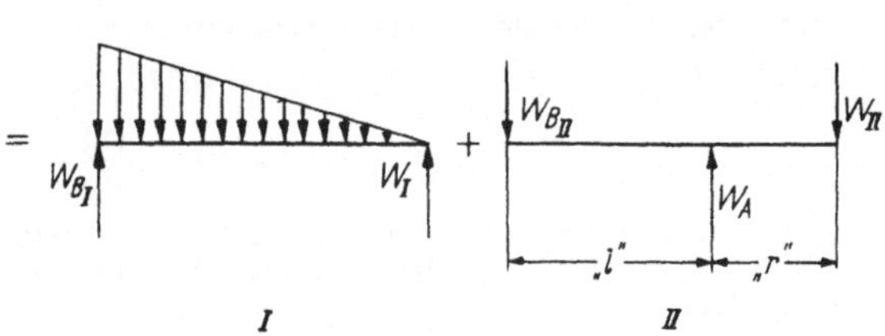

Abb. A 2.2

Aus (2.13a) erhalten wir nach (2.12) das Schnittmoment für den Lastfall I mit $\dfrac{x}{h} = \xi$

$$M_I(\xi) = -\frac{\gamma\, h^3}{6}\,(3\xi^2 - \xi^3) + c_1\xi + c_2,$$

und nach Erfüllung der Randbedingungen

$$M(0) = 0; \quad M(1) = 0$$

folgt

$$M_I(\xi) = \frac{\gamma\, h^3}{6}\,(\xi^3 - 3\xi^2 + 2\xi). \tag{4}$$

Mit dem Index l für den Bereich $0 \leqq \xi \leqq s/h$ und dem Index r für den Bereich $s/h \leqq \xi \leqq 1$ errechnen wir als Schnittmomente des Lastfalles II die Ausdrücke

$$\left.\begin{aligned}
&M_{IIl}(\xi) = -\frac{\gamma\, h^3}{6}\left(-1 + \frac{h}{s}\right)\xi, \\[2mm]
&M_{IIr}(\xi) = -\frac{\gamma\, h^3}{6}\,(1 - \xi).
\end{aligned}\right\} \tag{5}$$

Zur Ermittlung der günstigsten Stellung der Stütze A zeichnen wir zunächst den Verlauf des Schnittmomentes auf, wobei wir uns die folgende Überlegung zunutze machen: Aus der zweiten Gl. (2) ist ersichtlich, daß für $s < h$ am rechten Ende des Balkens (d. i. die Wasseroberfläche) die Querkraft verschwindet und daß deshalb dort die Momentenlinien I und II entgegengesetzt gleiche Neigungen haben müssen. Ferner ist der Betrag dieser Neigungen unabhängig von s/h, da schon die Momente in diesem Bereich für festes h nach Gl. (4) und (5) nur in ξ veränderlich sind. Auf Grund dieser Eigenschaften ist es möglich, den Momentenverlauf für ein beliebiges s wie in Abb. A 2.3 zu konstruieren.

Als Beweis für die Richtigkeit der Darstellung führen wir die aus ähnlichen Dreiecken der Abb. A 2.3 ablesende Proportion

$$\frac{M_{III}\left(\frac{s}{h}\right)}{M_{\max}} = \frac{h - s}{h}$$

an, die sich aus den Gln. (5) bestätigen läßt. Da diese Beziehung auch für $s > h$ gilt, kann man aus Abb. A 2.3 auch den Momentenverlauf für den Fall ablesen, daß die Stützung der Platte oberhalb der Wasseroberfläche erfolgt.

Wir entnehmen der Abb. A 2.3, daß die günstigste Stellung der Stütze dann vorliegt, wenn die Summe aus Stützmoment und maximalem Feldmoment im Bereich l verschwindet. Die Stelle des größten Feldmomentes errechnen wir aus der Forderung

$$\frac{d}{d\xi}(M_I + M_{II\,l}) = 0$$

zu

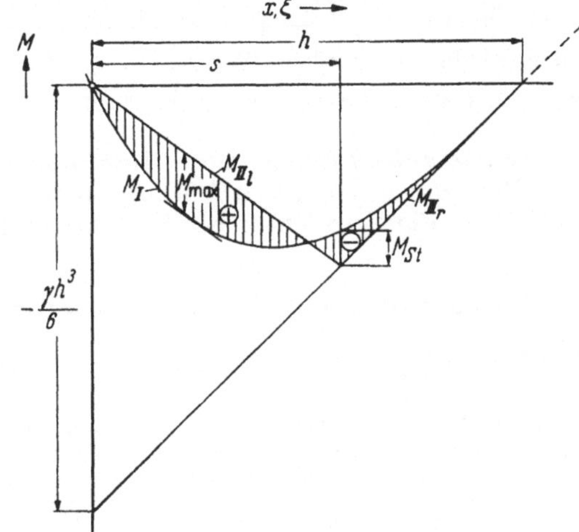

Abb. A 2.3

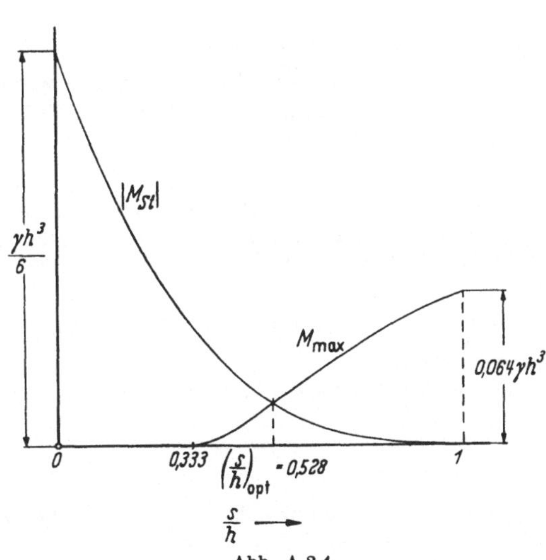

Abb. A 2.4

$$\xi_{1,2} = 1 \,(\underline{+})\, \sqrt{\frac{h}{3s}}. \tag{6}$$

Da $\xi < 1$ sein muß, hat nur das negative Vorzeichen Gültigkeit. Das Gleichsetzen der Beträge von maximalem Feldmoment und Stützmoment führt auf die Gleichung

$$\xi^3 - 3\xi^2 + \left(3 - \frac{h}{s}\right)\xi + \left(1 - \frac{s}{h}\right) = 0\,.$$

in die das ξ aus (6) einzusetzen ist. Wir erhalten damit eine Gleichung für $\dfrac{h}{s}$, von der für beliebige Werte von $\dfrac{h}{s}$ keine geschlossenen Lösungen zu erwarten sind. Wir ermitteln deshalb die günstigste Stellung der Stütze näherungsweise, indem wir für verschiedene Werte $\dfrac{s}{h}$ die aus der Abb. A 2.3 entnommenen Werte M_{max} und M_{St} auftragen. Nach Abb. A 2.4 ist der optimale Wert von $\dfrac{s}{h} = 0{,}528$.

A 3. Durchsenkung einer Stahlplatte. Eine Stahlplatte ist auf zwei Böcken gelagert (Abb. A 3.1). Man ermittle ihre Größtdurchsenkung infolge des Eigengewichtes bei Berücksichtigung der behinderten Querkontraktion.

Gegeben: $a = 5$ m, $\quad b = 3$ m, $\quad h = 4$ cm, $\quad \gamma = 7{,}85 \cdot 10^{-3}\,\dfrac{\mathrm{kp}}{\mathrm{cm}^3}$,

$E = 2{,}1 \cdot 10^{6}\,\dfrac{\mathrm{kp}}{\mathrm{cm}^2}, \quad \nu = \dfrac{1}{3}$.

Lösung. Da die Ausdehnung der als Balken behandelten Platte auch in y-Richtung groß gegenüber der Plattendicke ist, kann sich in dieser Richtung kein Querdehnungszustand ausbilden. Das HOOKEsche Gesetz (2.4) lautet für diesen Fall

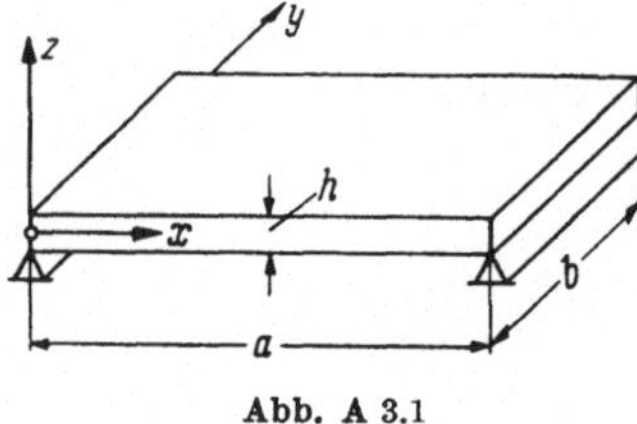

$$\varepsilon_x = \frac{1}{E}\left(\sigma_x - \nu\,\sigma_y\right),$$

$$\varepsilon_y = 0 = \frac{1}{E}\left(\sigma_y - \nu\,\sigma_x\right).$$

Aus der zweiten Gleichung folgt $\sigma_y = \nu\,\sigma_x$, und es wird

$$\varepsilon_x = \frac{1}{E}\left(1 - \nu^2\right)\sigma_x.$$

Abb. A 3.1

Bei der Aufstellung der Balkentheorie ist aber der Zusammenhang (2.3) zwischen Spannungen und Dehnungen eine Voraussetzung, so daß hier für die Berechnung der Durchsenkung ein korrigierter E-Modul von der Größe

$$\overline{E} = \frac{E}{1 - \nu^2}$$

zu verwenden ist.

Nach der Tabelle auf S. 65 beträgt die maximale Durchsenkung mit $\overline{E}$

$$w_{\mathrm{max}} = \frac{5}{384}\,\frac{\gamma\,h\,b\,a^4}{\overline{E}\,J} = 2{,}03 \text{ cm}.$$

A 4. Die Superpositionsmethode beim statisch unbestimmt gelagerten Balken. Für den statisch unbestimmt gelagerten Balken (Abb. A 4.1) ermittle man mit Hilfe der Superpositionsmethode das Einspannmoment sowie die Verschiebung des Lastangriffspunktes in Richtung der Kraft P.

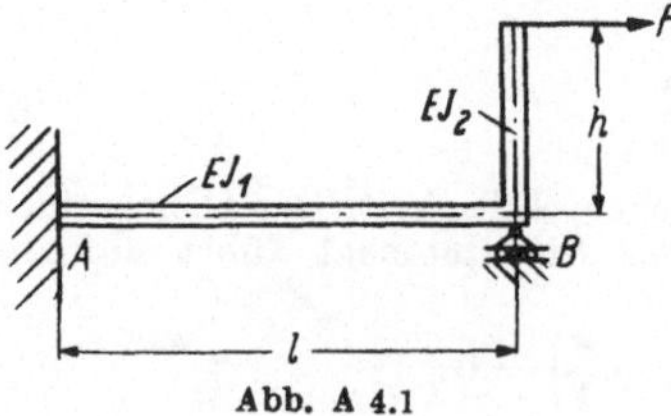

Abb. A 4.1

Gegeben: $h = 1$ m, $\quad l = 4$ m, $J_1 = 800$ cm⁴, $\quad J_2 = 600$ cm⁴, $E = 2{,}1 \cdot 10^{6}$ kp/cm², $\quad P = 2$ Mp.

Lösung. Wir zerlegen den gegebenen Lagerungsfall in zwei statisch bestimmte Lagerungsfälle, bei deren Überlagerung (Superposition) unter Beachtung gewisser Forderungen der ursprüngliche Lastfall entsteht: Aus der Bedingung des waagerechten Einmündens des Stabes in die Einspannung folgern wir (siehe Abb. A 4.2)

$$\alpha_{A_I} + \alpha_{A_{II}} = 0. \tag{1}$$

Die Verschiebung des Lastangriffspunktes setzt sich aus drei Anteilen zusammen (s. Abb. A 4.3). Es sind $f_1 = \alpha_{B_I} h$ und $f_2 = \alpha_{B_{II}} h$ die Verschiebungen dieses Punktes

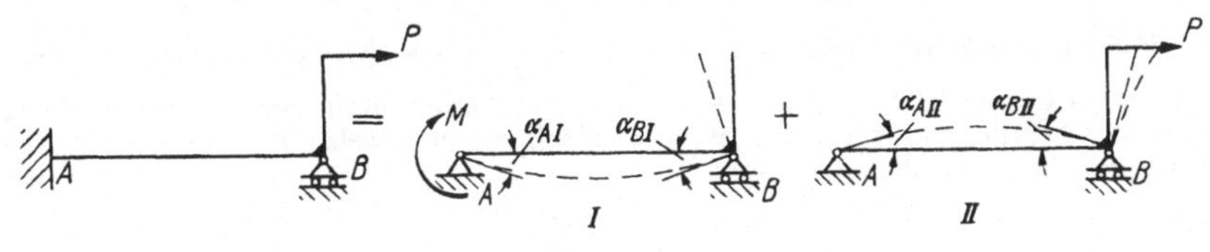

Abb. A 4.2

infolge Drehung der steifen Ecke sowie f_3 diejenige infolge Biegung des Hebels, so daß

$$f_P = f_1 + f_2 + f_3 \tag{2}$$

gilt. Aus der Tabelle auf S. 65 Zeile f entnehmen wir für den Lastfall I die Werte

$$\alpha_{A_I} = -\frac{Ml}{3EJ_1}, \qquad \alpha_{B_I} = \frac{Ml}{6EJ_1},$$

und für den Lastfall II folgt mit $M = Ph$ dementsprechend

$$\alpha_{A_{II}} = \frac{Phl}{6EJ_1}, \qquad \alpha_{B_{II}} = -\frac{Phl}{3EJ_1}.$$

Aus Gl. (1) erhalten wir damit

$$M = \frac{Ph}{2}.$$

Die Tabelle auf S. 64 Zeile a liefert

$$f_3 = -\frac{Ph^3}{3EJ_2},$$

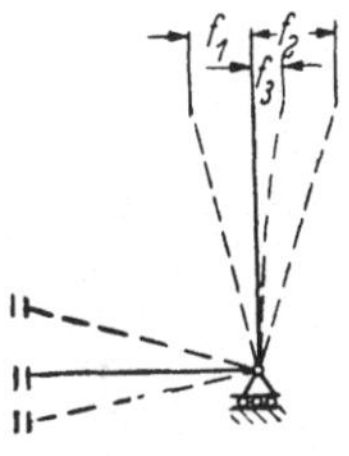

Abb. A 4.3

und wir können nunmehr die Verschiebung des Lastangriffspunktes nach Gl. (2) berechnen zu

$$|f_P| = \frac{Ph^2l}{12EJ_1}\left(4\frac{h}{l}\frac{J_1}{J_2} + 3\right) = 1{,}72 \text{ cm}.$$

A 5. Graphische Ermittlung der Biegelinie (Mohrsches Verfahren). Für den abgesetzten Kragbalken (Abb. A 5.1) ermittle man die Biegelinie nach dem Mohrschen Verfahren.

Gegeben:

$l = 2$ m, $J_1 = 20\,000$ cm^4,

$J_2 = 6000$ cm^4, $E = 2{,}0 \cdot 10^6$ kp/cm^2,

$P_1 = 5$ Mp, $P_2 = 3$ Mp.

Abb. A 5.1

Lösung. In Aufgabe II 1. A 4 wurde gezeigt, wie man das Schnittmoment in einem Balken ermittelt für den Fall, daß man seine zur Balkenachse senkrecht wirkenden Lastanteile zu Einzellasten zusammenfaßt. Die in dieser Aufgabe ausgeführte Konstruktion ist also eine graphische Integration der Differentialgleichung des Schnittmomentes

$$M_y''(x) = -q(x).\tag{1}$$

Für die Biegelinie des Balkens gilt nach (2.12) die Differentialgleichung

$$w''(x) = \frac{M_y(x)}{EJ} = \frac{M_y(x)\dfrac{J_0}{J(x)}}{EJ_0},\tag{2}$$

wobei J_0 ein beliebig gewähltes konstantes Trägheitsmoment ist.

Faßt man nun die Funktion $M_{red}=M_y(x)\dfrac{J_0}{J(x)}$ als Streckenlast auf, die ebenfalls in „Einzellasten" zerlegt werden kann, so kann man mit der geschilderten graphischen Integration die Biegelinie des Balkens ermitteln. Man bezeichnet diese Methode als *Mohrsches Verfahren*.

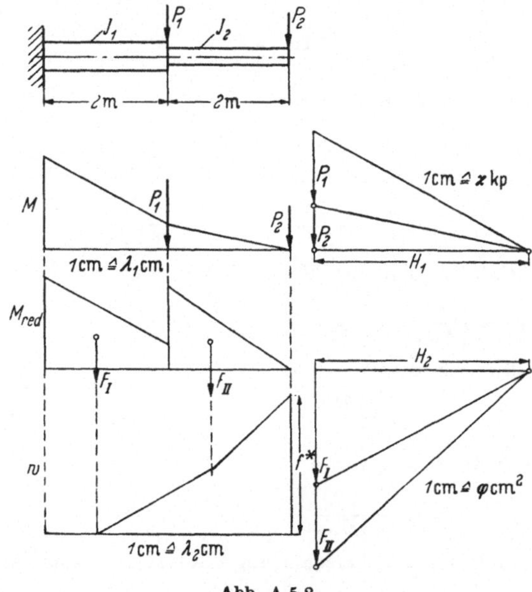

Abb. A 5.2

In Abb. A 5.2 ist es auf den Kragträger nach Abb. A 5.1 angewendet worden. Entsprechend Aufgabe II 1. A 4 erhält man mit den Maßstäben nach Abb. A 5.2 ür das Schnittmoment

$$M_y(x) = \varkappa\,\lambda_1 H_1 y.\tag{3}$$

Bei der Zerlegung der Momentenfläche in „Einzellasten" erhalten diese die Dimension [kp m²], und man muß somit, wenn man die Teilflächen F_j der Zeichnung (Abb. A 5.2) als Einzellasten aufträgt, diese mit dem Momentenmaßstab $\varkappa\,\lambda_1 H_1$ und dem Längenmaßstab λ_1 multiplizieren. Als „Einzellasten" in der Differentialgleichung (2) sind also die Größen

$$\varkappa\,\lambda_1^2 H_1 F_j$$

anzusehen. Mit den Maßstäben φ cm² $\triangleq$ 1 cm (d. i. der neue „Kraftmaßstab") und λ_2 cm $\triangleq$ 1 cm wird somit endgültig

$$f = w_{max} = \frac{\varkappa\,\varphi\,\lambda_1^2\lambda_2 H_1 H_2}{EJ_0}\,f^* = 2{,}90\ \text{cm}.$$

A 6. *Dimensionierung eines Kragträgers*. Man bestimme das Verhältnis h/b bei vorgegebener Querschnittsfläche F derart, daß in dem Balken (Abb. A 6.1) die zulässige Zugspannung σ_{zul} gerade erreicht wird.

Gegeben: $F = 80$ cm^2, $l = 3$ m, $q_0 = 50$ kp/m, $\sigma_{zul} = 100 \dfrac{\text{kp}}{\text{cm}^2}$.

Lösung. Die Spannungen infolge eines Biegemomentes errechnen wir nach (2.9) zu

$$\sigma(x, z) = \frac{M_y(x)}{J_y}\, z\,.$$

Mit dem Widerstandsmoment $W = \dfrac{J_y}{z_{\max}}$ wird somit die größte Spannung

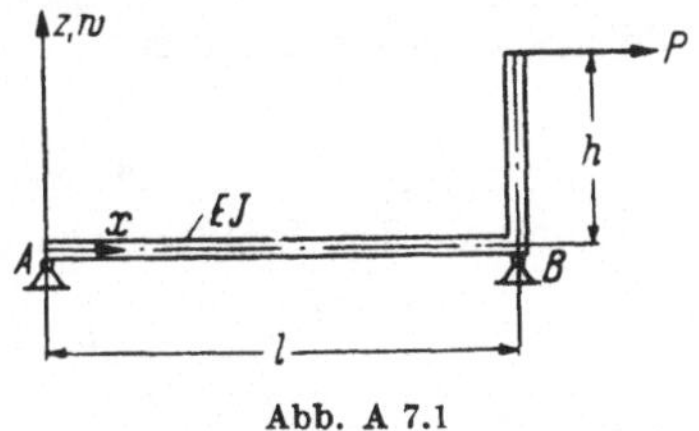

Abb. A 6.1

$$\sigma_{\max}(x) = \frac{M_y(x)}{W}\,.$$

Das größte Biegemoment ist an der Einspannstelle vorhanden, und wir erhalten zur Bestimmung von h/b die beiden Gleichungen

$$\sigma_{zul} = \frac{3\,q_0\,l^2}{b\,h^2},$$

$$F = b\,h,$$

aus denen wir

$$h = \frac{3\,q_0\,l^2}{\sigma_{zul}\,F}$$

errechnen. Mit den gegebenen Zahlen wird $h/b = 3{,}56$.

A 7. *Ermittlung der Biegelinie nach der Theorie zweiter Ordnung*. Man ermittle die Biegelinie des waagerechten Teiles des nach Abb. A 7.1 belasteten eckensteifen Winkels unter Berücksichtigung der senkrechten Verschiebung der Balkenachse (Theorie zweiter Ordnung) für den Fall a), daß sich das bewegliche Lager im Punkte A, b) im Punkte B befindet.

Gegeben: $l = 2$ m, $h = 0{,}5$ m, $J = 100$ cm^4, $E = 2{,}1 \cdot 10^6$ kp/cm^2, $P = 1{,}5$ Mp.

Abb. A 7.1

Lösung. *Fall a)*. Da sich das feste Lager im Punkte B befindet, ist der Balken längskraftfrei. Aus den Gleichgewichtsbedingungen errechnen wir die Auflagerkräfte in vertikaler Richtung zu $W_A = -\dfrac{P\,h}{l}$, $W_B = \dfrac{P\,h}{l}$, und damit wird das Biegemoment im Balken zu $M(x) = -\dfrac{P\,h}{l}\, x$.

Aus Gl. (2.12) folgt nach Integration mit $\xi = \dfrac{x}{l}$

$$w = w(\xi) = -\frac{P\,h\,l^2}{E\,J}\left(\frac{1}{6}\,\xi^3 + c_1\,\xi + c_2\right). \tag{1}$$

Die Randbedingungen zur Bestimmung der freien Konstanten c_1 und c_2 lauten $w(0) = 0$, $w(1) = 0$ und führen auf die Gleichungen

$$c_2 = 0,$$

$$\frac{1}{6} + c_1 + c_2 = 0.$$

aus denen man $c_2 = 0$ und $c_1 = -\frac{1}{6}$ folgert.

Damit erhalten wir die Biegelinie des Balkens:

$$w(\xi) = -\frac{P h l^2}{6 E J} (\xi^3 - \xi).\tag{2}$$

Fall b). In diesem Fall muß die Kraft P als Längskraft im Balken im Lager A aufgenommen werden, während die vertikalen Auflagerkräfte die gleichen wie im Falle a) sind.

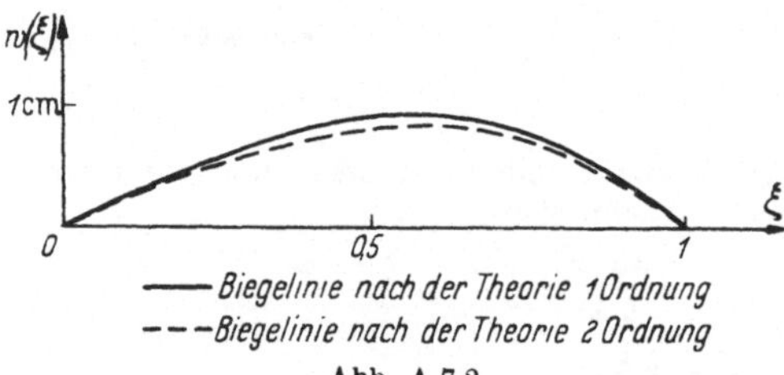

Abb. A 7.2

Die Berücksichtigung der Durchsenkung der Balkenachse führt nach (2.12) auf die Gleichung

$$E J w'' = -\frac{P h}{l} x + P w.$$

Die Lösung der Differentialgleichung

$$w'' - \frac{P}{E J} w = -\frac{P}{E J} \frac{h}{l} x,$$

die man über den Ansatz $w = e^{\alpha x}$ erhält, lautet mit der Abkürzung $\frac{P}{E J} = \frac{\lambda^2}{l^2}$ und der partikulären Lösung $w_p = \frac{h}{l} x$

$$w(\xi) = A \cosh \lambda \xi + B \sinh \lambda \xi + h \xi.\tag{3}$$

Auch hier lauten die Randbedingungen

$$w(0) = 0, \quad w(1) = 0,$$

und das Gleichungssystem

$$A = 0,$$
$$A \cosh \lambda + B \sinh \lambda + h = 0$$

führt auf die den Randbedingungen angepaßte Lösung

$$w(\xi) = h \left(\xi - \frac{\sinh \lambda \xi}{\sinh \lambda} \right).\tag{4}$$

In Abb. A 7.2 ist der Verlauf der Lösungen (2) und (4) für die gegebenen Zahlenwerte aufgetragen.

A 8. Zweigelenkbogen ohne Biegespannungen. Für den in Abb. A 8.1 dargestellten Zweigelenkbogen ermittle man die Gleichung der Bogenachse unter der Bedingung, daß im Bogen nur Druckspannungen übertragen werden. Ferner bestimme man den Horizontalschub sowie die größte Spannung im Bogen.

Lösung. Wir verschaffen uns zunächst die Differentialgleichung der Bogenachse, indem wir das Gleichgewicht der Kräfte an einem Bogenelement fordern (Abb. A 8.2). In vertikaler Richtung erhalten wir

$$V - q(x)\,dx - V - \frac{\partial V}{\partial x}\,dx = 0.\tag{1}$$

während in horizontaler Richtung

$$H - H - \frac{\partial H}{\partial x}\, dx = 0 \tag{2}$$

gilt. Aus Gl. (2) folgt sofort $H = \text{const}$, und Gl. (1) liefert

$$\frac{\partial V}{\partial x} = -q(x). \tag{3}$$

Aus Abb. A 8.2 lesen wir noch die Beziehung

$$\frac{V}{H} = \tan\alpha = \frac{dz}{dx} = z' \tag{4}$$

ab. Differenzieren wir Gl. (4), so erhalten wir

$$\frac{\partial V}{\partial x} = H z'', \tag{5}$$

und wenn wir (5) in (3) einsetzen, so haben wir die Differentialgleichung des momentenfreien Zweigelenkbogens:

$$z'' = -\frac{q(x)}{H}. \tag{6}$$

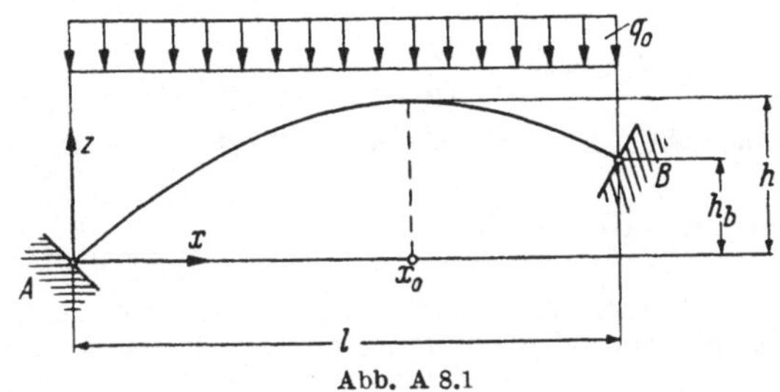

Abb. A 8.1

Bis auf das Vorzeichen der rechten Seite stimmt sie mit der Gleichung des Seiles (1.18) überein. Das ist darauf zurückzuführen, daß in Gl. (6) die „Seilkraft" eine Druckkraft ist. Die *Stützlinie* des Zweigelenkbogens entspricht somit einer Seillinie mit dem Unterschied, daß in ihr Druckkräfte übertragen werden.

Die Lösung der Differentialgleichung (6) lautet für unser Problem

$$z(x) = -\frac{q_0}{H}\,\frac{x^2}{2} + C_1 x + C_2. \tag{7}$$

Die Bedingungen zur Bestimmung der drei Unbekannten H, C_1 und C_2 sind (Abb. A 8.1) $z(0) = 0$, woraus sofort $C_2 = 0$ folgt, sowie

$$z(l) = h_b = -\frac{q_0}{H}\,\frac{l^2}{2} + C_1 l \tag{8}$$

und

$$z'(x_0) = 0 \tag{9}$$

mit

$$z(x_0) = h. \tag{10}$$

Die Gl. (9) liefert aus

$$-\frac{q_0\,x_0}{H} + \left(\frac{h_b}{l} + \frac{q_0\,l}{2H}\right) = 0$$

Abb. A 8.2

den Wert

$$x_0 = \frac{H}{q_0}\left(\frac{h_b}{l} + \frac{q_0\,l}{2H}\right),$$

der in (10) eingesetzt eine quadratische Gleichung für den Horizontalschub H ergibt:

$$H^2 + \frac{q_0\,l^2}{h_b^2}(h_b - 2h)\,H + \frac{q_0^2\,l^4}{4\,h_b^2} = 0. \tag{11}$$

Die Lösung von (11) lautet

$$H = \frac{q_0\,l^2}{2\,h_b^2}\left[(2h - h_b)\,(\mp)\,\sqrt{(2h - h_b)^2 - h_b^2}\,\right], \tag{12}$$

und in (12) findet nur das negative Vorzeichen Verwendung, da der Horizontalschub auch beim Grenzübergang $h_b \to 0$ positiv bleiben muß. Die *Bernoulli-L'Hospitalsche Regel* liefert bei zweimaliger Anwendung

$$\lim_{h_b \to 0} H = \lim_{h_b \to 0} (\overset{-}{+}) \frac{q_0 l^2}{4} \left(\frac{-h}{(h - h_b)\sqrt{4h(h - h_b)}} \right) = \underset{(-)}{+} \frac{q_0 l^2}{8h}. \tag{13}$$

Diese Gleichung zeigt, daß nur dann $H > 0$ ist, wenn in (12) das negative Vorzeichen der Wurzel gilt. Mit den Gln. (8), (12) und (7) können wir nunmehr die Gleichung der Bogenachse mit $\xi = \dfrac{x}{l}$ aufschreiben:

$$z(\xi) = \frac{h_b^2}{[(2h - h_b) - \sqrt{(2h - h_b)^2 - h_b^2}]} (\xi - \xi^2) + h_b\,\xi. \tag{14}$$

Nach Abb. A 8.2 ist die Normalkraft N im Bogen

$$N = \sqrt{H^2 + V^2},$$

und mit Gl. (4) wird

$$N = H\sqrt{1 + z'^2}. \tag{15}$$

Berücksichtigen wir (12) sowie die Ableitung von (14), so errechnen wir aus (15) für die Normalspannung σ_N mit der Bogenquerschnittsfläche F den Ausdruck

$$\sigma_N = \frac{N}{F} = \frac{q_0 l}{2F} \sqrt{\left[\left(2\frac{h}{h_b} - 1\right) - 2\sqrt{\frac{h}{h_b}\left(\frac{h}{h_b} - 1\right)}\right]^2 \left[\left(\frac{l}{h_b}\right)^2 - 1\right] - 2\left[\left(2\frac{h}{h_b} - 1\right) - 2\sqrt{\frac{h}{h_b}\left(\frac{h}{h_b} - 1\right)}\right](1 - 2\xi) + (1 - 2\xi)^2}. \tag{16}$$

Nach (15) wird die Normalspannung für $\xi = 0$ am größten, d. h.

$$\sigma_{N\,\max} = \frac{q_0 l}{2F} \sqrt{\left[\left(2\frac{h}{h_b} - 1\right) - 2\sqrt{\frac{h}{h_b}\left(\frac{h}{h_b} - 1\right)}\right]^2 \left[\left(\frac{l}{h_b}\right)^2 - 1\right] - 2\left[\left(2\frac{h}{h_b} - 1\right) - 2\sqrt{\frac{h}{h_b}\left(\frac{h}{h_b} - 1\right)}\right] + 1}.$$

4. Flächenmomente zweiten Grades.

Man erhält durch Verallgemeinerung von (2.10) die *axialen Flächenmomente* (Abb. 2.4)

$$J_y = \int z^2\,dF > 0; \qquad J_z = \int y^2\,dF > 0, \tag{2.16}$$

das *Zentrifugalmoment*

$$J_{yz} = \int yz\,dF \gtreqless 0 \tag{2.17}$$

und das *polare Flächenmoment*

$$J_p = J_y + J_z = \int (y^2 + z^2)\,dF > 0. \tag{2.18}$$

Sind y und z durch den Schwerpunkt gehende, senkrecht aufeinanderstehende Achsen, so gelten in bezug auf ein um a und b parallelverschobenes (Abb. 2.4)

$$J_\eta = J_y + a^2 F; \qquad J_\zeta = J_z + b^2 F; \qquad J_{\eta\zeta} = J_{yz} + abF \tag{2.19}$$

bzw. ein um den Winkel $\varkappa$ gedrehtes, *nicht* notwendig durch den Schwerpunkt gehendes System

$$\left.\begin{aligned}
J_\eta &= \frac{1}{2}(J_y + J_z) + \frac{1}{2}(J_y - J_z)\cos 2\alpha - J_{yz}\sin 2\alpha. \\[4pt]
J_\zeta &= \frac{1}{2}(J_y + J_z) - \frac{1}{2}(J_y - J_z)\cos 2\alpha + J_{yz}\sin 2\alpha. \\[4pt]
J_{\eta\zeta} &= \frac{1}{2}(J_y - J_z)\sin 2\alpha + J_{yz}\cos 2\alpha.
\end{aligned}\right\} \tag{2.20}$$

Aus (2.20) folgen die *invarianten Beziehungen*

$$J_\eta + J_\zeta = J_y + J_z; \qquad J_\eta J_\zeta - J_{\eta\zeta}^2 = J_y J_z - J_{yz}^2. \qquad (2.21)$$

Ist in (2.17) eine der Achsen (z. B. in Abb. 2.1 die z-Achse) eine Symmetrieachse, so wird, da zu jedem $y\,z\,dF$ auch ein $-y\,z\,dF$ gehört, $J_{yz} = 0$; man nennt solche Achsen *Hauptachsen*. Da gemäß (2.20) die Forderungen $J_{\eta\zeta} = 0$ einerseits und $dJ_\eta/d\alpha = 0$, $dJ_\zeta/d\alpha = 0$ andererseits zu derselben Gleichung

$$\tan 2\alpha = \frac{2\,J_{yz}}{J_z - J_y} \qquad (2.22)$$

für α führen, sind die so festgelegten Hauptachsen auch dadurch ausgezeichnet, daß die auf sie bezogenen quadratischen *Hauptflächenmomente* $J_\eta = J_1$ und $J_\zeta = J_2$ Extremalwerte annehmen. Aus (2.20) erhält man für diese

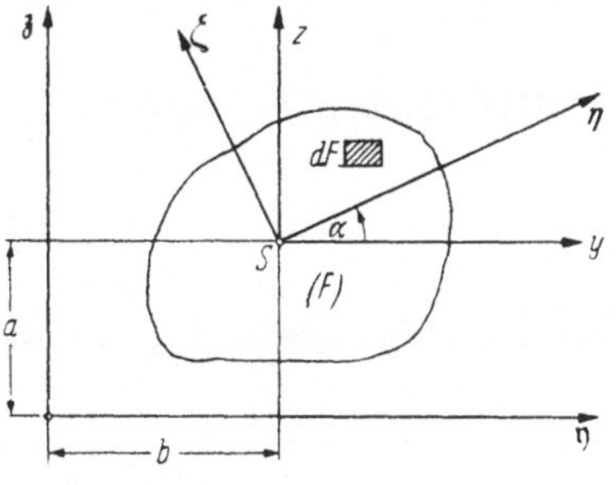

Abb. 2.4

$$J_{1,2} = \frac{1}{2}\,(J_y + J_z) \pm \sqrt{\left(\frac{J_y - J_z}{2}\right)^2 + J_{yz}^2}. \qquad (2.23)$$

Die Ergebnisse dieser Betrachtungen benötigt man in der Balkentheorie dann, wenn die Lastebene keine Symmetrieachse des Querschnittes ist, d. h., wenn sog. *schiefe Biegung* vorliegt. Anschließend wird dieses Problem in der Aufgabe A 2 behandelt.

Aufgaben

A 1. *Ermittlung von Trägheitsellipse und Mohrschem Trägheitskreis*. Für den in Aufgabe I 6. A 1 behandelten Querschnitt ermittle man die *Trägheitsellipse* und den *Mohrschen Trägheitskreis*.

Lösung. Wir legen den Ursprung des für die Rechnung benutzten Koordinatensystems in den Querschnittschwerpunkt, dessen Koordinaten aus der Lösung der Aufgabe I 6. A. 1 zu entnehmen sind. Nach dem *Steinerschen Satz* (2.19) sind die auf die zu Steg und Flansch parallelen Koordinatenachsen bezogenen quadratischen Flächenmomente

$$\left.\begin{array}{l} J_y \;= \displaystyle\sum_{(k)} J_{ky} \;+ \displaystyle\sum_{(k)} z_{Sk}^2 F_k, \\[2ex] J_z \;= \displaystyle\sum_{(k)} J_{kz} \;+ \displaystyle\sum_{(k)} y_{Sk}^2 F_k, \\[2ex] J_{yz} = \displaystyle\sum_{(k)} J_{kyz} + \displaystyle\sum_{(k)} y_{Sk} z_{Sk} F_k. \end{array}\right\} \qquad (1)$$

In den Formeln (1) sind die y_{Sk} und z_{Sk} die Koordinaten der Schwerpunkte der Einzelflächen F_k, und die J_k sind die Flächenträgheitsmomente der Einzelflächen bezogen auf Achsen, die durch die Schwerpunkte der Einzelflächen gehen und ebenfalls parallel zu Steg und Flansch verlaufen. Es werden somit die J_k zu

$$J_{ky} = \frac{1}{12}\,b_k h_k^3; \qquad J_{kz} = \frac{1}{12}\,h_k b_k^3; \qquad J_{kyz} = 0.$$

Aus der Tabelle Abb. A 1.1 ist das Berechnungsschema der Flächenträgheitsmomente ersichtlich:

| 1 | 2 | 3 | 4 | 5 | 6 | 7 | 4·5 | 4·6 | 4·7 |
k	J_{ky}	J_{kz}	F_k	z^2_{Sk}	y^2_{Sk}	$z_{Sk}\,y_{Sk}$	$F_k\,z^2_{Sk}$	$F_k\,y^2_{Sk}$	$F_k\,z_{Sk}\,y_{Sk}$
1	2,8	125,0	15,0	98,05	9,97	31,30	1470,0	149,6	469,0
2	430,0	1,5	17,3	0,26	1,80	—0,68	4,5	31,0	—11,8
3	2,2	337,5	18,0	76,25	1,80	11,73	1372,5	32,4	210,8
Σ	435,0	464,0	50,3				2847,0	213,0	668,0

Abb. A 1.1

Wir erhalten also aus (1)

$$J_y = 435 + 2847 = 3282 \text{ cm}^4,$$
$$J_z = 464 + 213 = 677 \text{ cm}^4,$$
$$J_{yz} = 0 + 668 = 668 \text{ cm}^4.$$

Für den Neigungswinkel α_1 der Hauptträgheitsachse η gegen die y-Achse liefert die Beziehung (2.22)

$$\tan 2\alpha_1 = \frac{2\,J_{yz}}{J_z - J_y} = -0,5133,$$

woraus $\alpha_1 = -13,58°$ folgt.

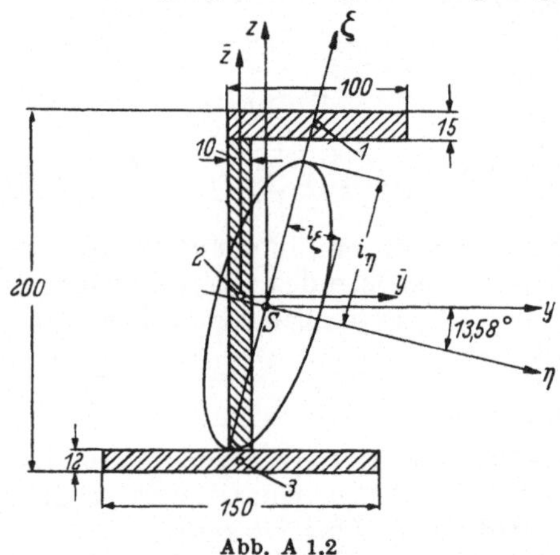

Abb. A 1.2

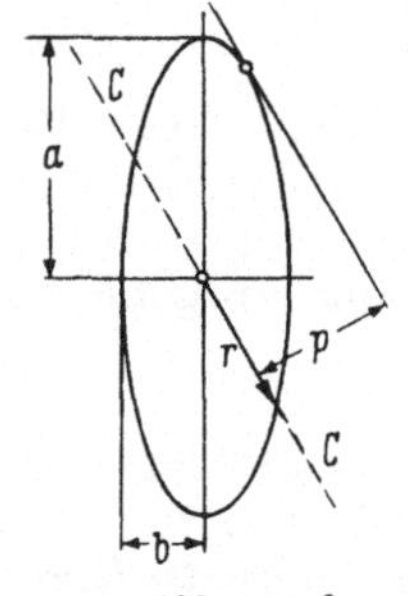

Abb. A 1.3

Die extremalen Hauptträgheitsmomente sind dann nach (2.23)

$$J_\eta = J_{\max} = \frac{1}{2}(J_y + J_z) + \sqrt{\frac{(J_y - J_z)^2}{4} + J^2_{yz}} = 3443 \text{ cm}^4,$$

$$J_\zeta = J_{\min} = \frac{1}{2}(J_y + J_z) - \sqrt{\frac{(J_y - J_z)^2}{4} + J^2_{yz}} = 515 \text{ cm}^4.$$

Nach (2.20) gilt für das Trägheitsmoment J_α, das auf eine unter dem Winkel α gegen die Hauptachse η geneigte Achse bezogen ist,

$$J_\alpha = \frac{1}{2}(1 + \cos 2\alpha)\,J_\eta + \frac{1}{2}(1 - \cos 2\alpha)\,J_\zeta = J_\eta \cos^2\alpha + J_\zeta \sin^2\alpha. \tag{2}$$

Da der Drehwinkel α als eine Polarkoordinate aufzufassen ist, kann die quadratische Form (2) wegen $J_\eta > 0$ und $J_\zeta > 0$ als Gleichung einer Ellipse in Polarkoordinaten gedeutet werden. Wir können sie nach Einführung der sog. *Trägheitsradien* $i_\eta = \sqrt{J_\eta/F}$ und $i_\zeta = \sqrt{J_\zeta/F}$ auf die Form

$$\frac{\eta^2}{i^2_\zeta} + \frac{\zeta^2}{i^2_\eta} = 1, \tag{3}$$

die der sog. *Trägheitsellipse*, bringen, wenn wir in (2) $\cos \alpha = \eta/r$ und $\sin \alpha = \zeta/r$ einführen und beachten. daß der Radiusvektor r der Bedingung $r = i_\eta\, i_\zeta\, \sqrt{F/J_\alpha}$ $= i_\eta\, i_\zeta/i_\alpha$ genügen muß, um i_ζ und i_η zu den Halbachsen der Ellipse zu machen. Sie ist für den vorliegenden Fall ($i_\zeta = 3{,}2$ cm; $i_\eta = 8{,}3$ cm) in Abb. A 1.2 eingezeichnet.

Zeichnet man einen beliebigen Ellipsendurchmesser $C - C$ (Abb. A 1.3), so ist also das auf die Achse $C - C$ bezogene Trägheitsmoment $J_C = \left(\dfrac{i_\eta\, i_\zeta}{r} \right)^2 F$ mit r als dem in die Achsenrichtung $C-C$ fallenden Polstrahl der Trägheitsellipse. Aus

der Trägheitsellipse kann aber auch unmittelbar der Trägheitsradius i_C entnommen werden, denn nach einem Satz aus der Geometrie ist das Produkt aus dem Polstrahl r und dem Abstand p der parallel zur Richtung $C - C$ an die Ellipse gelegten Tangente (Abb. A 1.3) invariant, so daß $p\, r = a\, b$ bzw. $p = \dfrac{a\, b}{r}$ gilt. Deshalb ist also

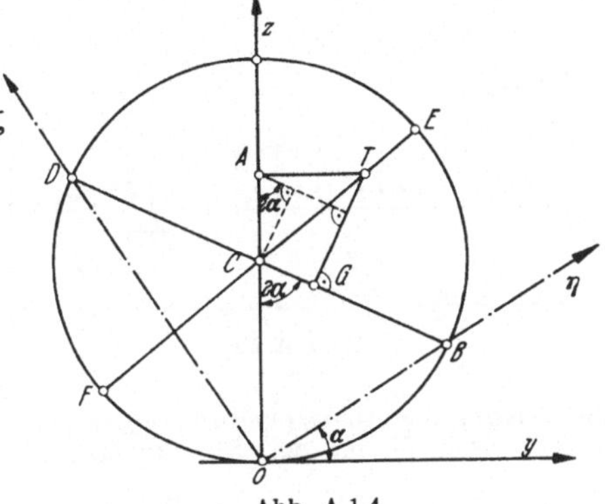

Abb. A 1.4

$$p = \frac{a\, b}{r} = \frac{i_\eta\, i_\zeta}{i_\eta\, i_\zeta\, \sqrt{\dfrac{F}{J_C}}} = \sqrt{\frac{J_C}{F}} = i_C .$$

Mit den gegebenen Werten für J_y, J_z und J_{yz} konstruieren wir nunmehr den *Mohrschen Trägheitskreis* (Abb. A 1.4): Wir zeichnen einen Kreis mit dem Radius $\overline{OC} = \dfrac{1}{2}(J_y + J_z)$ und tragen $\overline{AC} = \dfrac{1}{2}(J_y - J_z)$ in der z-Achse sowie $\overline{AT} = J_{yz}$ parallel zur y-Achse vom Punkte A aus ab. Dann zeichnen wir das um α gedrehte $\eta\,\zeta$-System ein und fällen vom Punkte T aus das Lot auf die Verbindungslinie $\overline{BD}$ der Schnittpunkte der η- und ζ-Achse mit dem Trägheitskreis. Es bedeuten:

$$\overline{DG} = J_\zeta, \quad \overline{BG} = J_\eta, \quad \overline{TG} = J_{\eta\zeta}, \quad \overline{FT} = J_{\max}, \quad \overline{ET} = J_{\min}.$$

Wir lesen nämlich z. B. aus Abb. A 1.4 ab:

$$\overline{BG} = \overline{BC} - \overline{CG} = \frac{1}{2}(J_y + J_z) - (\overline{AT} \sin 2\alpha - \overline{AC} \cos 2\alpha)$$

$$= \frac{1}{2}(J_y + J_z) + \frac{1}{2}(J_y - J_z) \cos 2\alpha - J_{yz} \sin 2\alpha,$$

und damit ist wegen (2.20) $\overline{BG} = J_\eta$. Ähnlich bestätigt man die anderen Behauptungen.

A 2. Schiefe Biegung eines Balkens. Für den nach Abb. A 2.1 belasteten und gelagerten Balken ermittle man die Biegelinie. Seine Querschnittsform sei die in der voranstehenden Aufgabe behandelte.

Gegeben: $l = 6$ m, $a = 2$ m, $q_0 = 4$ Mp/m, $P = 3$ Mp,
$E = 2{,}1 \cdot 10^7$ Mp/m².

Lösung. Wir führen in Richtung der Hauptträgheitsachsen, die aus der vorigen Aufgabe ihrer Lage nach bekannt sind, Koordinaten ζ und η ein (Abb. A 2.2) und zerlegen den Momentenvektor $\mathfrak{M}_y$ bezüglich dieser Achsen in seine Komponenten M_η und M_ζ. Die Verschiebungen in Richtung η bzw. ζ wollen wir mit v bzw. w bezeichnen.

Es gelten dann auf Grund der Vorzeichenfestsetzung nach Abb. A 2.3 die Differentialgleichungen

$$w''(x) = \frac{\cos\varphi}{E J_\eta} M_y(x); \qquad w^{(4)}(x) = -\frac{\cos\varphi}{E J_\eta} q(x),$$
$$v''(x) = -\frac{\sin\varphi}{E J_\zeta} M_y(x); \qquad v^{(4)}(x) = \frac{\sin\varphi}{E J_\zeta} q(x). \tag{1}$$

Da die Lagerungsbedingungen in Richtung η und ζ gleich sind, unterscheiden sich die Biegelinien nur um einen konstanten Faktor. Wir ermitteln zunächst

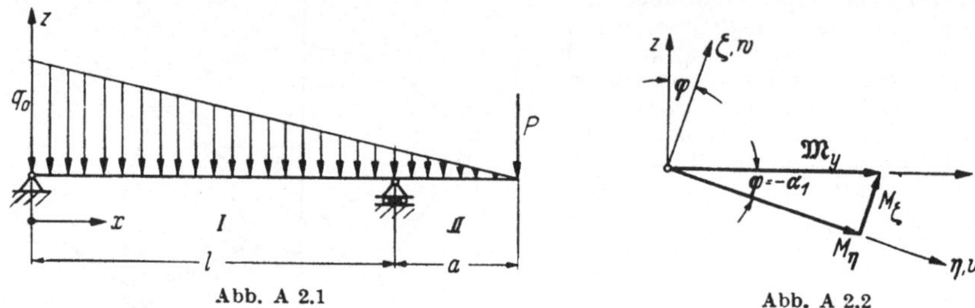

Abb. A 2.1   Abb. A 2.2

die ζ-Komponente $w_I(x)$ bzw. $w_{II}(\bar{x})$ der Biegelinie mit $\bar{x} = l + a - x$ im Bereich I bzw. II aus den Streckenlasten

$$q_I = q(x) = q_0\left(1 - \frac{x}{l+a}\right); \qquad q_{II} = q(\bar{x}) = q_0\frac{\bar{x}}{l+a}$$

und unterwerfen sie den Rand- und Übergangsbedingungen an den Stellen

$$x = 0 \qquad\qquad : \quad w_I = w_I'' = 0;$$
$$x = l \;\; \text{bzw.} \;\; \bar{x} = a: \quad w_I = w_{II} = 0; \quad w_I' = -w_{II}'; \quad w_I'' = w_{II}'';$$
$$\bar{x} = 0 \qquad\qquad : \quad w_{II}'' = 0; \quad w_{II}''' = -\frac{\cos\varphi}{E J_\eta} P. \tag{2}$$

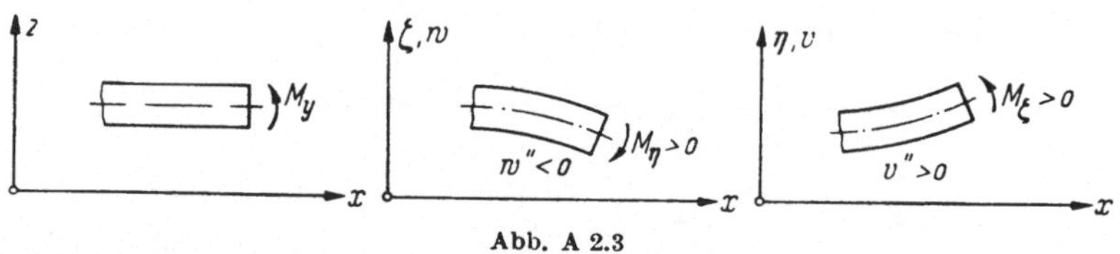

Abb. A 2.3

Die Integration von (1) liefert w in der allgemeinen Form

$$w(x) = -\frac{\cos\varphi}{E J_\eta}\left\{\iiiint q(x)\,dx\,dx\,dx\,dx + c_1 x^3 + c_2 x^2 + c_3 x + c_4\right\},$$

woraus sich mit (2) und den gegebenen Zahlenwerten die acht Konstanten zu

$$c_1 = -\frac{71}{54}\,\text{Mp}; \quad c_2 = 0; \quad c_3 = \frac{251}{15}\,\text{Mpm}^2; \quad c_4 = 0;$$
$$\bar{c}_1 = \frac{1}{2}\,\text{Mp}; \qquad \bar{c}_2 = 0; \quad \bar{c}_3 = \frac{29}{15}\,\text{Mpm}^2; \qquad \bar{c}_4 = -8\,\text{Mpm}^3$$

ergeben. Wir erhalten damit die Durchbiegungen in [m], wenn wir die Längen x bzw. $\bar{x}$ in [m] und die Biegesteifigkeiten $E J_\eta$ und $E J_\zeta$ in [Mpm²] einsetzen, als

$$w_I(x) = -\frac{\cos\varphi}{E J_\eta}\left(-\frac{x^5}{240} + \frac{x^4}{6} - \frac{71}{54}x^3 + \frac{251}{15}x\right),$$

$$w_{II}(\bar{x}) = -\frac{\cos\varphi}{E J_\eta}\left(\frac{\bar{x}^5}{240} + \frac{\bar{x}^3}{2} + \frac{29}{15}\bar{x} - 8\right)$$

bzw. $\qquad\qquad\qquad\qquad\qquad\qquad\qquad\qquad\qquad\qquad$ (3)

$$v_I(x) = \frac{\sin\varphi}{E J_\zeta}\left(-\frac{x^5}{240} + \frac{x^4}{6} - \frac{71}{54}x^3 + \frac{251}{15}x\right),$$

$$v_{II}(\bar{x}) = \frac{\sin\varphi}{E J_\zeta}\left(\frac{\bar{x}^5}{240} + \frac{\bar{x}^3}{2} + \frac{29}{15}\bar{x} - 8\right).$$

Die gesamte Durchsenkung u des Balkens erhalten wir, indem wir die zusammengehörigen Lösungen (3) geometrisch addieren. Sie liegen in einer Ebene, die gegen die ζ-Achse um den Winkel ψ gedreht ist (Abb. A 2.4). Es ist

$$\tan\psi = \frac{v}{w} = -\tan\varphi \cdot \frac{J_\eta}{J_\zeta},$$

und für die Durchsenkung des Endpunktes erhalten wir aus den Gln. (3) mit der getroffenen Dimensionsfestsetzung

$$u = \frac{8}{E}\left\{-\frac{\sin\varphi}{J_\zeta};\ \frac{\cos\varphi}{J_\eta}\right\}$$

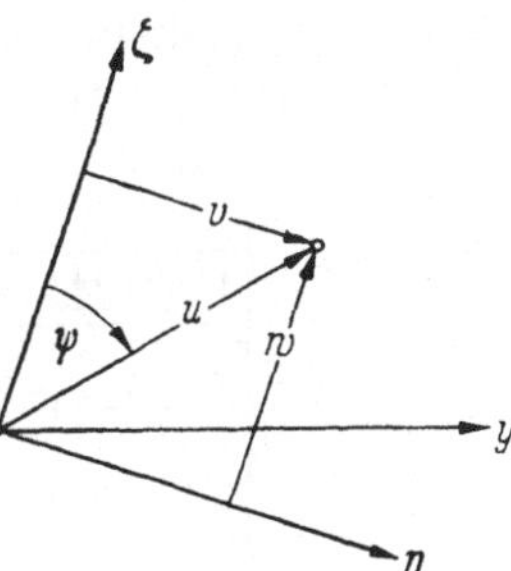

bzw. mit den gegebenen Zahlenwerten und den Ergebnissen der Aufgabe II 4. A 1

$$\mathfrak{u} = \{-1{,}74;\ 1{,}07\}\ \text{cm},$$

$$u = |\mathfrak{u}| = 2{,}04\ \text{cm}.$$

Abb. A 2.4

5. Näherungsweise Bestimmung der Schubspannungen.

Ein Mittelwert für die in der Höhe z (Abb. 2.5) an der Schnittstelle x auftretende Schubspannung $\tau_{xz} = \tau_{zx} = \tau(x, z)$ läßt sich unter Beibehaltung der für die reine Biegebeanspruchung gewonnenen Normalspannung σ_x herleiten:

$$\tau = \tau(x, z) = \frac{S_y(z) \cdot Q(x)}{b(z) \cdot J_y}. \tag{2.24}$$

Hierbei bedeuten $S_y(z)$ das auf die (durch den Schwerpunkt S gehende) y-Achse bezogene statische Moment des schraffierten Flächenstückes (Abb. 2.5), $Q(x)$ die Querkraft, J_y das konstante quadratische Flächenmoment und $b(z)$ die Querschnittsbreite an der Stelle, wo die gemäß (2.24) berechnete, parallel zur Hauptachse z gerichtete Schubspannung[1] auftritt.

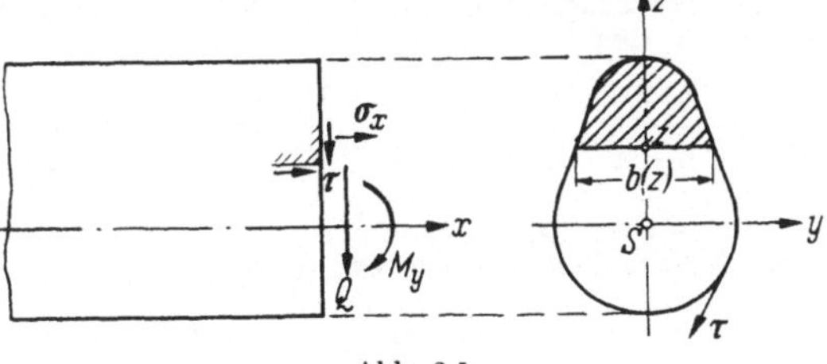

Abb. 2.5

Für einen Rechteckquerschnitt der Breite b und der Höhe h erhält man wegen

$$J_y = \frac{1}{12}b h^3, \qquad S_y(z) = \int\limits_z^{h/2} b \cdot \zeta\, d\zeta = \frac{b}{2}\left[\left(\frac{h}{2}\right)^2 - z^2\right]$$

---

[1] Strenggenommen ist diese in den Randpunkten parallel zur Konturlinie gerichtet (Abb. 2.5).

die Formel

$$\tau = \tau(x, z) = \frac{6\,Q\,(x)}{b\,h^3}\left[\left(\frac{h}{2}\right)^2 - z^2\right], \qquad (2.25)$$

also eine parabolische Verteilung in z mit $-\dfrac{h}{2} \leqq z \leqq \dfrac{h}{2}$.

Aufgaben

A 1. *Genieteter Träger*. Ein aus n übereinandergelegten Blech-
platten gefertigter Träger mit rechteckigem Querschnitt (Abb. A 1.1)
soll so genietet werden, daß eine Verschieblichkeit der Platten gegeneinander ausgeschlossen ist. Man bestimme die Verteilung der Niete
längs der Balkenachse, wenn jeweils zwei Niete nebeneinander angebracht werden sollen.

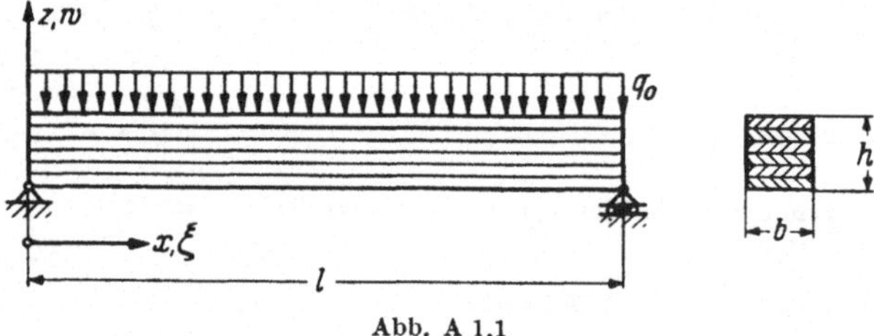

Abb. A 1.1

Lösung. Nach der Tabelle auf S. 65, Zeile d hat die elastische Linie des
Balkens die Gleichung

$$w\,(\xi) = -\frac{q_0\,l^4}{24\,E\,J}\,(\xi - 2\,\xi^3 + \xi^4); \qquad \left(\xi = \frac{x}{l}\right), \qquad (1)$$

und aus der zweiten Ableitung nach x folgt die Gleichung des Schnittmomentes

$$E\,J\,w''\,(\xi) = M_y\,(\xi) = -\frac{q_0\,l^2}{2}\,(\xi^2 - \xi). \qquad (2)$$

Nehmen wir zunächst eine freie Verschieblichkeit der Platten gegeneinander an,
so ist das Trägheitsmoment J des Balkens die Summe der einzelnen Trägheitsmomente der Platten

$$J = n\,\frac{b\left(\dfrac{h}{n}\right)^3}{12} = \frac{1}{n^2}\,\frac{b\,h^3}{12} = \frac{1}{n^2}\,J_0. \qquad (3)$$

Setzen wir (3) in (1) ein, so erhalten wir als elastische Linie des Balkens bei
Verschieblichkeit der Platten den Ausdruck

$$w\,(\xi) = -n^2\,\frac{q_0\,l^4}{24\,E\,J_0}\,(\xi - 2\,\xi^3 + \xi^4), \qquad (4)$$

aus dem man ersieht, daß die Durchsenkung quadratisch mit der Anzahl n der
Platten anwächst. Es ist also nötig, die Verschieblichkeit der Platten gegeneinander mit Hilfe von Nieten auszuschließen. Bei der Dimensionierung der Niete
gehen wir davon aus, daß im Falle der Unverschieblichkeit der Platten zwischen
ihnen Schubspannungen geweckt werden, die von den Nieten aufzunehmen sind.
Zur Abschätzung der Größe dieser Schubspannungen bedienen wir uns im allgemeinen Falle der Formel (2.24). Da der hier behandelte Balken einen Rechteckquerschnitt besitzt, können wir in unserem Falle die Formel (2.25) verwenden,

nach der sich die Schubspannungsverteilung in der Form

$$\tau = \tau(x, z) = \frac{3\,Q(x)}{2\,b\,h}\left[1 - \left(\frac{2\,z}{h}\right)^2\right]$$ (5)

angeben läßt. Dabei ist die Unverschieblichkeit der Platten vorausgesetzt. Nach Gl. (5) ist der Verlauf der Schubspannungen in Richtung z parabolisch, und sie erreichen ihren Maximalwert in der neutralen Faser, d. h. für $z = 0$ (Abb. A 1.2).

Die Niete werden den maximalen Schubspannungen entsprechend verteilt. Da sie nur an den Trennstellen zwischen den Platten zum Tragen kommen können, gilt

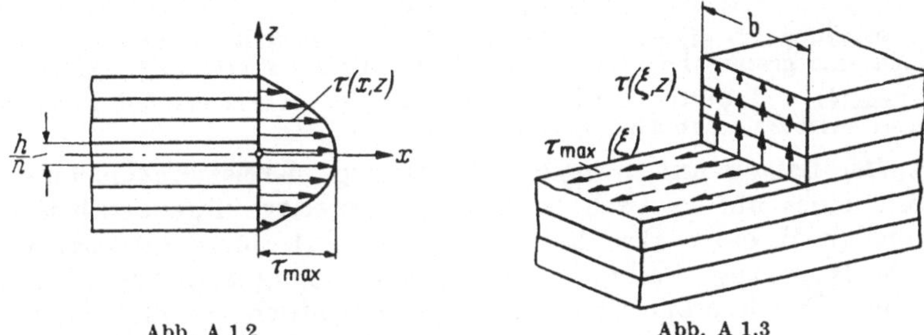

Abb. A 1.2   Abb. A 1.3

somit wegen $Q(\xi) = -\dfrac{q_0\,l}{2}(2\,\xi - 1)$ nach (5) (Abb. A 1.2)

$$\tau_{\max}(\xi) = \begin{cases} -\dfrac{3}{4}\,\dfrac{q_0\,l}{F}(2\,\xi - 1) & \text{für gerade } n, \\[2ex] -\dfrac{3}{4}\,\dfrac{q_0\,l}{F}(2\,\xi - 1)\left(1 - \dfrac{1}{n^2}\right) & \text{für ungerade } n,\ n \neq 1. \end{cases}$$ (6)

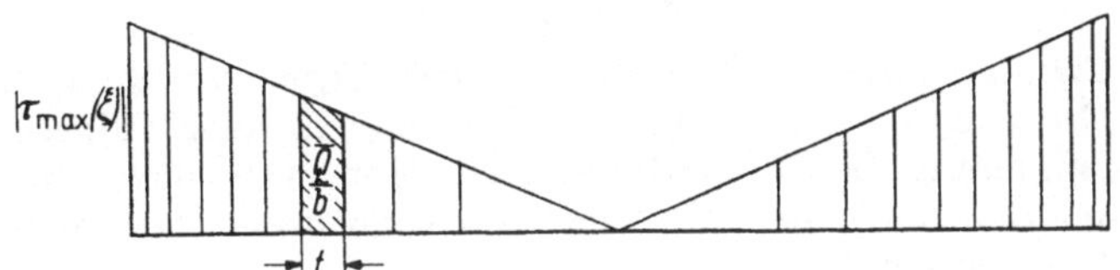

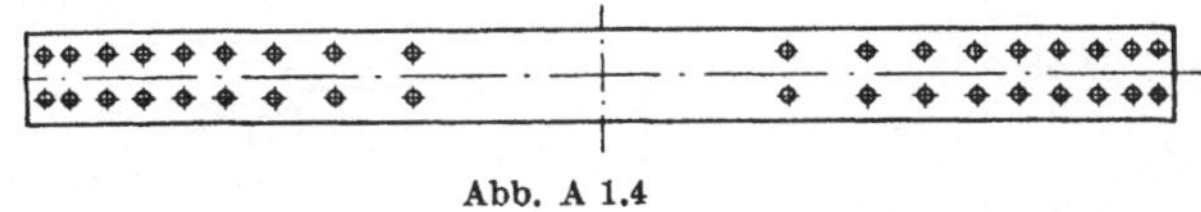

Abb. A 1.4

Die von den Nieten aufzunehmenden Schubkräfte erhalten wir aus der Summation der von den Schubspannungen herrührenden Elementarschübe (Abb. A 1.3)

$$d\overline{Q} = b\,\tau\,dx = b\,l\,\tau\,d\xi.$$

Es ist also mit (5) und (2) in der Trennfläche $z = 0$

$$\overline{Q} = b\,l\,\frac{3}{2F}\int_{\xi_0}^{\xi_1} Q(\xi)\,d\xi = b\,l\,\frac{3}{2F}\,\big|\,M_y(\xi)\,\big|_{\xi_0}^{\xi_1} = \frac{3}{4}\,q_0\,\frac{b\,l^2}{F}\,\big|\,\xi^2 - \xi\,\big|_{\xi_0}^{\xi_1}.$$ (7)

Bei der Integration wurde die Beziehung (2.1) benutzt, die den Zusammenhang von Querkraft und Biegemoment erklärt.

Aus Gl. (7) können wir nunmehr bei gewähltem ξ_0 den Abstand ξ_1 der nächsten Nietgruppe vom Ursprung berechnen, wenn wir berücksichtigen, daß $\overline{Q}$ nach (7) die den Nieten zumutbare Scherkraft

$$\overline{Q} = k\,F_N\,\tau_{zul} \tag{8}$$

ist. In Gl. (8) bedeuten k die Anzahl der Niete der Nietgruppe, F_N die Nietquerschnittfläche und τ_{zul} eine durch das Experiment ermittelte zulässige Scherspannung. Wir erhalten aus den Gln. (7) und (8) somit

$$\xi_1 = \frac{1}{2} \pm \sqrt{\frac{1}{4} + \frac{4\,k\,F_N\,\tau_{zul}\,h}{3\,q_0\,l^2} + \xi_0^2} - \xi_0. \tag{9}$$

Die Nietteilung $t = |\,\xi_1 - \xi_0\,|$ ist in Abb. A 1.4 dargestellt. In dieser Abbildung ist auch eine graphische Methode zur Ermittlung der Nietteilung t skizziert. Die auf $|\,\tau_{\max}(\xi)\,|$ reduzierte Querkraftverteilung wird in Flächen $\overline{Q}/b$ gleichen Inhalts so aufgeteilt, daß Gl. (8) erfüllt ist.

6. Der Balken auf nachgiebiger Unterlage. Kreiszylinderschale. Die Theorie eines auf elastisch-nachgiebiger Unterlage liegenden belasteten Balkens (z. B. einer Eisenbahnschiene) erfährt durch die sog. WINKLERsche Hypothese, daß die örtliche Verschiebung $w\,(x)$ dem dort herrschenden Druck proportional ist, eine wesentliche Vereinfachung und führt mit der Streckenbelastung $q\,(x)$ und der Bettungszahl K (kp/cm²) zu der Differentialgleichung

$$w^{(4)}(x) + \frac{K}{E\,J_y}\,w\,(x) = -\,\frac{q\,(x)}{E\,J_y}. \tag{2.26}$$

Auch die Biegetheorie einer durch Innen- oder Außendruck belasteten dünnen Kreiszylinderschale führt, wie die folgende Aufgabe zeigt, auf eine bis auf die Konstanten gleiche Differentialgleichung.

<h3 style="text-align:center">Aufgaben</h3>

A 1. *Dünnes langes Rohr mit nachgiebiger Bandage.* Auf ein dünnes Rohr wird im spannungslosen Zustand ein Ring aufgesetzt, der keine Vorspannung besitzt (Abb. A 1.1). Man untersuche die Spannungen und Deformationen, die sich einstellen, wenn in dem Rohr der Überdruck p_i herrscht.

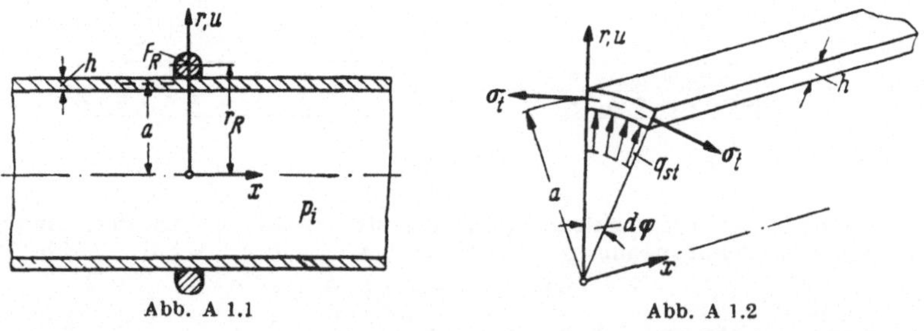

Abb. A 1.1   Abb. A 1.2

Lösung. Um zu einer Näherungslösung des Problems, das eigentlich in die Schalentheorie gehört, zu kommen, betrachten wir einen zur Rohrachse parallelen schmalen Streifen und wenden auf ihn die Erkenntnisse der Balkentheorie an. Wegen der Rotationssymmetrie des Problems ist es gleichgültig, welchen der Streifen wir auswählen; sie sind alle denselben Belastungen und Verzerrungen unterworfen. Die Radialspannungen σ_r sollen — wie in der Balkentheorie die σ_z — als klein gegenüber den übrigen Spannungen vernachlässigt werden.

Zunächst untersuchen wir die „Stützwirkung" der Tangentialspannungen σ_t. In Abb. A 1.2 ist ein Streifen der Rohrwandung herausgezeichnet. Wir sehen, daß die Wirkung der Tangentialspannungen auf den Plattenstreifen äquivalent ist der Wirkung eines fiktiven Stützdruckes q_{st}:

$$a\,q_{st}\,d\varphi = 2\,\sigma_t\,\frac{d\varphi}{2}\,h$$

bzw.

$$q_{st} = \frac{\sigma_t\,h}{a}\,.\tag{1}$$

Wir ermitteln die Tangentialdehnung

$$\varepsilon_t = \frac{2\pi\,(a+u) - 2\pi\,a}{2\pi\,a} = \frac{u}{a}\,,\tag{2}$$

und mit dem HOOKEschen Gesetz (2.3) erhalten wir

$$\sigma_t = E\,\frac{u}{a}\,.\tag{3}$$

Aus den Gln. (1) und (3) können wir nunmehr

$$q_{st} = \frac{h\,E}{a^2}\,u\tag{4}$$

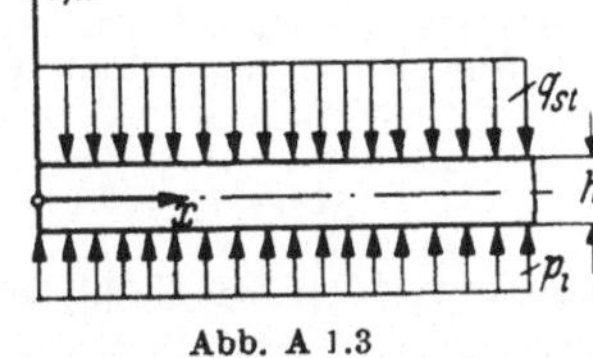

Abb. A 1.3

folgern. Wir verwenden die Differentialgleichung (2.13) der elastischen Linie des Balkens mit geänderten Bezeichnungen (Abb. A 1.3). Wegen der behinderten Querkontraktion des Plattenstreifens ist an Stelle von E der Wert $\overline{E} = \dfrac{E}{1-v^2}$ zu benutzen (vgl. Aufg. II 3. A 3). Für J führen wir das auf die Umfangseinheit bezogene Trägheitsmoment $\overline{J} = \dfrac{h^3}{12}$ ein. Es gilt dann

$$u^{(4)}(x) = -\frac{q(x)}{\overline{E}\,\overline{J}} = -\frac{12\,(1-v^2)}{E\,h^3}\,(q_{st}-p_i)$$

bzw. mit Gl. (4)

$$u^{(4)}(x) + \frac{12\,(1-v^2)}{a^2\,h^2}\,u(x) = \frac{12\,(1-v^2)}{E\,h^3}\,p_i.\tag{5}$$

Mit den Abkürzungen

$$\frac{12\,(1-v^2)}{a^2\,h^2} = 4\,L^4;\qquad \frac{E\,h^3}{12\,(1-v^2)} = N\tag{6}$$

wird aus Gl. (5)

$$u^{(4)}(x) + 4\,L^4\,u(x) = \frac{p_i}{N}\,.\tag{7}$$

Ein Vergleich mit (2.26) lehrt, daß sich die Plattenstreifen des Rohres wie Balken auf nachgiebiger Unterlage verhalten. Die Bettungsziffer K ist im vorliegenden Fall

$$K = \frac{h\,E\,(1-v^2)}{a^2}\,.$$

Wir verschaffen uns die Lösung des homogenen Teiles der Differentialgleichung (7) mit Hilfe des Ansatzes $u = e^{\alpha x}$. Die charakteristische Gleichung

$$\alpha^4 + 4\,L^4 = 0$$

besitzt die Lösungen

$$\alpha_{1,3} = \pm\,\sqrt{2}\,L\,\sqrt{i} = \pm\,L\,(1+i),$$

$$\alpha_{2,4} = \pm\,\sqrt{2}\,L\,\sqrt{-i} = \pm\,L\,(-1+i).$$

Die partikuläre Lösung folgt aus dem Ansatz $u = \mathrm{const}$ zu $u_p = \dfrac{p_i}{4\,L^4\,N}$, so daß die Gesamtlösung

$$u(x) = e^{Lx}(c_1 \cos Lx + c_2 \sin Lx) + e^{-Lx}(c_3 \cos Lx + c_4 \sin Lx) + \frac{p_i}{4L^4 N} \qquad (8)$$

lautet. Wir passen nun die Lösung (8) den Randbedingungen an. Nach Abb. A 1.1 lauten sie

$$u(0) = u_R; \quad u'(0) = 0; \quad N u'''(0) = -q, \qquad (9)$$

wobei q die von der Ringbandage auf das Rohr übertragene Querkraft je Umfangseinheit bedeutet. Mit $\sigma_{t\,R}$ als Längsspannung im Ring und den Gln. (1), (2) und (3) wird

$$q = \frac{F_R E_R}{r_R^2} u_R, \qquad (10)$$

zu deren Berechnung die dritte Randbedingung (9) dient. Eine weitere Bedingung ist das Endlichbleiben der Verschiebungen u für große x. Wir müssen deshalb zunächst $c_1 = c_2 = 0$ fordern.

Aus den ersten beiden Randbedingungen (9) folgt

$$c_3 = u_R - \frac{p_i}{4L^4 N},$$

$$c_3 = c_4,$$

und mit (10) wird Gl. (8) zu

$$u(x) = \frac{p_i}{4L^4 N} + e^{-Lx}(\cos Lx + \sin Lx)\left(\frac{q\,r_R^2}{E_R F_R} - \frac{p_i}{4L^4 N}\right). \qquad (11)$$

Dreimaliges Differenzieren der Gl. (11) und die letzte Randbedingung (9) liefern

$$4 N L^3 \left(\frac{q\,r_R^2}{E_R F_R} - \frac{p_i}{4L^4 N}\right) = -q,$$

woraus

$$q = \frac{p_i}{L\left(1 + \dfrac{4 N L^3 r_R^2}{E_R F_R}\right)} \qquad (12)$$

hervorgeht. Mit

$$\sin Lx + \cos Lx = \sqrt{2} \sin\left(Lx + \frac{\pi}{4}\right)$$

und (12) geht Gl. (11) über in

$$u(x) = \frac{p_i}{4L^4 N}\left[1 - \sqrt{2}\left(\frac{E_R F_R}{E_R F_R + 4 N L^3 r_R^2}\right) e^{-Lx} \sin\left(Lx + \frac{\pi}{4}\right)\right]. \qquad (13)$$

Für große x nähert sich die Lösung (13) unter Beachtung von (6) dem konstanten Wert

$$u = \frac{p_i a^2}{E h}$$

bzw. erhalten wir unter Heranziehung von (3)

$$\sigma_t = \frac{p_i a}{h}. \qquad (14)$$

Die Gl. (14) ist die *Kesselformel*, die für gleichmäßig belastete Rohre gilt, wie man aus Gl. (13) erkennt, wenn man $F_R = 0$ setzt, d. h. den Stützring entfernt. Aus Gl. (1) entnimmt man, daß dann auch $q_{st} = p_i$ gilt, und das ist ein Ergebnis, das aus der Definition des Stützdruckes q_{st} sofort zu erwarten ist.

Der Biegemomentenverlauf wird zu

$$M(x) = N u''(x) = \frac{\sqrt{2}}{2} \frac{p_i}{L^2}\left(\frac{E_R F_R}{E_R F_R + 4 N L^3 r_R^2}\right) e^{-Lx} \cos\left(Lx + \frac{\pi}{4}\right),$$

während wir für die Querkraft den Ausdruck

$$Q(x) = N\,u'''(x) = -\frac{p_i}{L}\left(\frac{E_R F_R}{E_R F_R + 4NL^3 r_R^2}\right) e^{-Lx} \cos L x$$

bzw. mit (12)

$$Q(x) = -q\,e^{-Lx} \cos L x$$

ermitteln.

7. Torsion eines kreiszylindrischen Stabes. Bei der Torsion von Stäben bleiben nur solche mit Kreis- oder Kreisringquerschnitt verwölbungsfrei. Wird ein kreiszylindrischer Stab von der Länge l und dem Radius a durch ein in Achsenrichtung wirkendes Torsionsmoment M_t belastet, so ergibt sich für den als klein angenommenen Torsionswinkel

$$\vartheta_x = \frac{\vartheta}{l}\,x\,, \tag{2.27}$$

wobei

$$D = \frac{\vartheta}{l} \tag{2.28}$$

Drillung oder *Verwindung* genannt wird. Mit dem polaren Trägheitsmoment

$$J_p = S\,r^2\,dF = \int_{r=0}^{a} r^2\, 2\pi\, r\, dr = \frac{1}{2}\,\pi\,a^4 \tag{2.29}$$

gilt für die Schubspannung das lineare Gesetz

$$\tau = \tau(r) = \frac{M_t}{J_p}\,r \tag{2.30}$$

und für die Drillung

$$D = \frac{\vartheta}{l} = \frac{M_t}{G J_p}\,. \tag{2.31}$$

Diese Formeln bleiben auch für Kreisringquerschnitte gültig, wenn man mit dem Außen- bzw. Innenradius b bzw. a

$$J_p = \frac{\pi}{2}\,(b^4 - a^4)$$

setzt.

Aufgaben

A 1. *Transmissionswelle.* Man ermittle die Verdrehwinkel in den einzelnen Abschnitten der in Abb. A 1.1 schematisch dargestellten Transmissionswelle konstanten Durchmessers. Von der Welle, die mit der konstanten Drehzahl n umläuft, werden die Leistungen N_1, N_2 und N_3 abgenommen.

Gegeben: $d = 5$ cm, $l_1 = 80$ cm, $l_2 = 100$ cm, $l_3 = 90$ cm, $n = 1500$ U/min, $G = 0{,}8 \cdot 10^6$ kp/cm^2, $N_1 = 12$ PS, $N_2 = 3$ PS, $N_3 = 6$ PS.

Abb. A 1.1

Lösung. Um die Verdrehwinkel bzw. die Drillungen der einzelnen Wellenabschnitte berechnen zu können, müssen wir zunächst die in ihnen wirkenden Drehmomente ermitteln. Für die Leistung gilt die Formel [im Sinne von (5.6)]

$$N = M_t \cdot \omega\,. \tag{1}$$

und wir können uns somit die Drehmomente in kp cm mit Hilfe der Beziehungen $\omega = \dfrac{\pi\,n}{30}$ und $1\,\mathrm{PS} = 75\,\dfrac{\mathrm{m\,kp}}{\mathrm{sec}}$ verschaffen. Es ist dann

$$M_t = \frac{7500 \cdot 30}{\pi}\,\frac{N}{n} = 71620\,\frac{N}{n}\quad [\mathrm{kp\,cm}],\qquad (2)$$

wenn in (2) N in [PS] und n in $\left[\dfrac{\mathrm{U}}{\mathrm{min}}\right]$ eingesetzt werden.

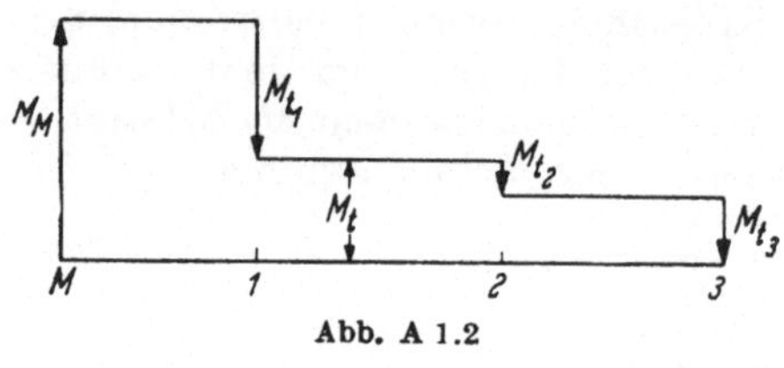

Abb. A 1.2

Mit den gegebenen Zahlenwerten erhalten wir für die einzelnen Bereiche

$$M_{t_1} = 573\ \mathrm{kp\,cm},$$
$$M_{t_2} = 143\ \mathrm{kp\,cm},$$
$$M_{t_3} = 287\ \mathrm{kp\,cm}.$$

Der Schnittlastverlauf ist in Abb. A 1.2 dargestellt, aus dem man sieht, daß vom Motor das Gesamtdreh-

moment $M_M = \sum\limits_{k=1}^{3} M_{tk} = 1003\ \mathrm{kp\,cm}$ aufgebracht werden muß.

Nach Gl. (2.31) gilt für die Drillung die Formel

$$D = \frac{\vartheta}{l} = \frac{M_t}{G\,J_p}\,.\qquad (3)$$

aus der wir die Verdrehwinkel ϑ errechnen können. In Abb. A 1.3 sind sie aufgetragen, wobei der Verdrehwinkel am Motor Null gesetzt wurde.

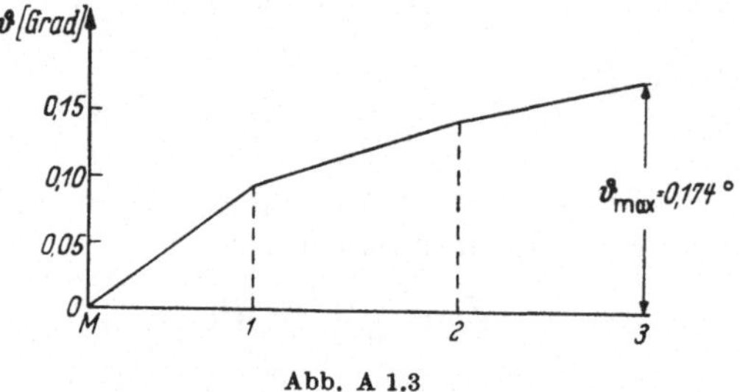

Abb. A 1.3

A 2. Dimensionierung eines Balkens mit zusammengesetzter Beanspruchung nach verschiedenen Spannungshypothesen. Man dimensioniere einen Balken der Länge l mit kreisförmigem Querschnitt unter der Belastung nach Abb. A 2.1 derart, daß die *Vergleichsspannung* σ_V die zulässige Spannung σ_{zul} nicht überschreitet, und zwar nach der Festigkeitshypothese der

a) größten Schubspannung

$$\sigma_V = \sqrt{\sigma^2 + 4\tau^2}\,,$$

b) größten Gestaltänderungsarbeit

$$\sigma_V = \sqrt{\sigma^2 + 3\tau^2}\,,$$

c) größten Normalspannung

$$\sigma_V = \frac{1}{2}\left(\sigma + \sqrt{\sigma^2 + 4\tau^2}\right).$$

Gegeben: $P = 1\ \mathrm{Mp},\ h = 1\ \mathrm{m},\ l = 3\ \mathrm{m},\ \sigma_{zul} = 1000\ \mathrm{kp/cm^2}$

Lösung. Um die Spannungen berechnen zu können, müssen wir zunächst die Schnittlasten ermitteln. Der Balken wird beansprucht auf Biegung infolge der Kraft P und weiter auf Torsion infolge des Versetzungsmomentes der Kraft P, das den Betrag $P \cdot h$ besitzt. Wir ermitteln die Schnittlasten der beiden Lastfälle getrennt, und die Überlagerung ergibt dann nach dem Superpositionsprinzip die Gesamtbelastung der einzelnen Querschnitte des Balkens. Wir wollen zuerst den Fall der Biegung behandeln. Das System ist dann wegen der beidseitigen Einspannung zweifach statisch unbestimmt und läßt sich in drei zu überlagernde Fälle zerlegen (Abb. A 2.2), wenn die Bedingungen

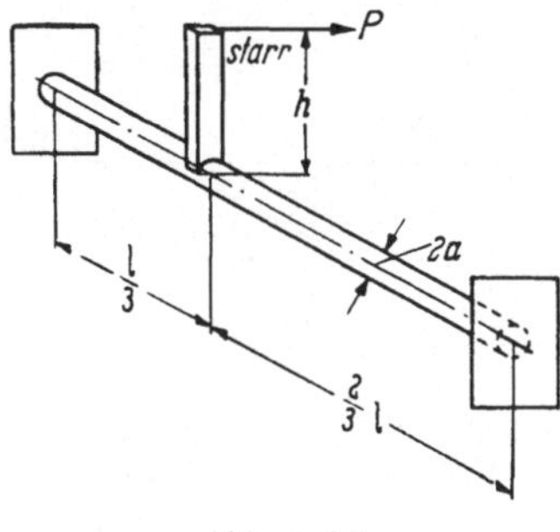

Abb. A 2.1

$$\left.\begin{aligned} \alpha_{A_I} + \alpha_{A_{II}} + \alpha_{A_{III}} &= 0, \\ \alpha_{B_I} + \alpha_{B_{II}} + \alpha_{B_{III}} &= 0 \end{aligned}\right\} \quad (1)$$

erfüllt sind.

In der Tab. auf S. 64/65, Zeilen c und f finden wir

$$\left.\begin{aligned} \varkappa_{A_I} &= -\frac{5}{81}\frac{Pl^2}{EJ}; & \alpha_{A_{II}} &= \frac{M_A l}{3EJ}; & \alpha_{A_{III}} &= \frac{M_B l}{6EJ}; \\ \alpha_{B_I} &= +\frac{4}{81}\frac{Pl^2}{EJ}; & \varkappa_{B_{II}} &= -\frac{M_A l}{6EJ}; & \alpha_{B_{III}} &= -\frac{M_B l}{3EJ}. \end{aligned}\right\} \quad (2)$$

Setzen wir die Werte (2) in (1) ein, so erhalten wir zwei Gleichungen für die unbekannten Einspannmomente M_A und M_B:

$$M_A + \frac{1}{2} M_B = \frac{15}{81} Pl.$$

$$\frac{1}{2} M_A + M_B = \frac{12}{81} Pl.$$

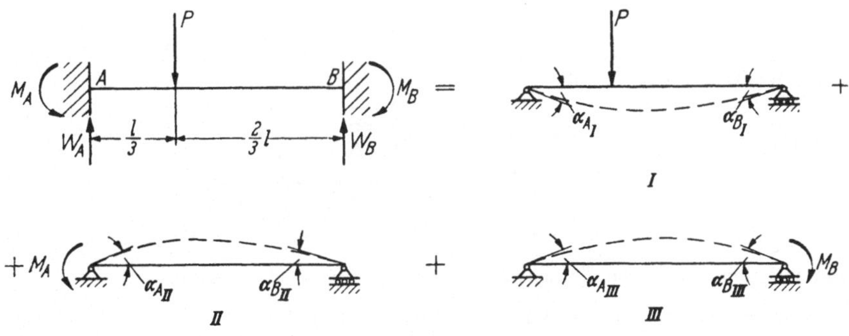

Abb. A 2.2

Es werden somit

$$M_A = \frac{12}{81} Pl \quad \text{und} \quad M_B = \frac{6}{81} Pl.$$

Der Verlauf des Schnittmomentes ist in Abb. A 2.3 aufgetragen. Wir erkennen, daß für die Dimensionierung des Balkens hinsichtlich der Biegespannungen das Moment M_A maßgebend ist.

Die Torsionsbeanspruchung können wir in zwei Teillastzustände zerlegen (Abb. A 2.4). Aus der Forderung, daß die Verdrehwinkel an den Einspannstellen verschwinden müssen, erhalten wir

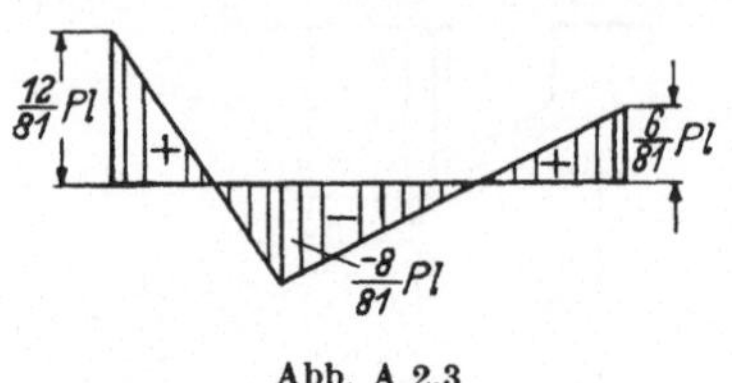

Abb. A 2.3

$$\frac{M_T}{G J_p} \cdot \frac{2}{3} l - \frac{M_{TA}}{G J_p} l = 0$$

bzw.

$$M_{TA} = \frac{2}{3} M_T = \frac{2}{3} P h .$$

Aus der Gleichgewichtsbedingung $\sum M_T = 0$ folgt dann noch

$$M_{TB} = M_T - M_{TA} = \frac{1}{3} M_T ,$$

und wir sehen, daß wir das Einspannmoment M_{TA} der Dimensionierung zugrunde legen müssen. An der Einspannstelle A erhalten wir somit

$$\sigma_{max} = \frac{M_A}{W} = \frac{16 Pl}{27 \pi a^3}; \quad \tau_{max} = \frac{M_{TA}}{W_T} = \frac{4 P h}{3 \pi a^3} .$$

Nach der Hypothese a) wird dann

$$\sigma_{zul} = \frac{P}{\pi a^3} \sqrt{\frac{256}{729} l^2 + \frac{16}{3} h^2} \quad \text{bzw.} \quad a = \sqrt[3]{\frac{P}{\pi \sigma_{zul}} \sqrt{\frac{256}{729} l^2 + \frac{16}{3} h^2}} ,$$

und die Hypothese b) liefert

$$\sigma_{zul} = \frac{P}{\pi a^3} \sqrt{\frac{256}{729} l^2 + 4 h^2} \quad \text{bzw.} \quad a = \sqrt[3]{\frac{P}{\pi \sigma_{zul}} \sqrt{\frac{256}{729} l^2 + 4 h^2}} .$$

Abb. A 2.4

Nach der Hypothese c) gilt

$$\sigma_{zul} = \frac{P}{2 \pi a^3} \left[\frac{16 l}{27} + \sqrt{\frac{256}{729} l^2 + \frac{16}{3} h^2} \right]$$

bzw.

$$a = \sqrt[3]{\frac{P}{2 \pi \sigma_{zul}} \left[\frac{16 l}{27} + \sqrt{\frac{256}{729} l^2 + \frac{16}{3} h^2} \right]} ,$$

und mit den gegebenen Zahlenwerten erhalten wir in den Fällen

a) $a = 4,53$ cm, b) $a = 4,40$ cm, c) $a = 4,21$ cm.

8. Torsion dünnwandiger Hohlquerschnitte. Die Bredtschen Formeln. Unter der Voraussetzung kleiner, i. allg. veränderlicher Wandstärke δ (Abb. 2.6) kann die Schubspannung τ über δ als konstant und parallel zur Mittellinie der Wandung angenommen werden. Im vorliegenden Fall tritt eine Querschnittsverwölbung auf (eine Ausnahme bildet allein der Kreisringquerschnitt). Diese darf nicht (z. B. durch Einspannung) behindert werden, da sonst zusätzlich Normalspannungen geweckt werden und die folgenden sog. *Bredtschen Formeln* ihre Gültigkeit verlieren.

Diese lauten

$$\tau = \frac{M_t}{2F_m\,\delta}\,, \tag{2.32}$$

$$D = \frac{\vartheta}{l} = \frac{M_t}{G\,J_t} = \frac{M_t \oint \dfrac{d\,s}{\delta}}{4\,G\,F_m^2}\,. \tag{2.33}$$

Hierbei sind F_m die von der Wandungsmittellinie eingeschlossene Fläche und

$$G\,J_t = G\,\frac{4\,F_m^2}{\oint \dfrac{d\,s}{\delta}} \tag{2.34}$$

die sog. *Torsionssteifigkeit*.

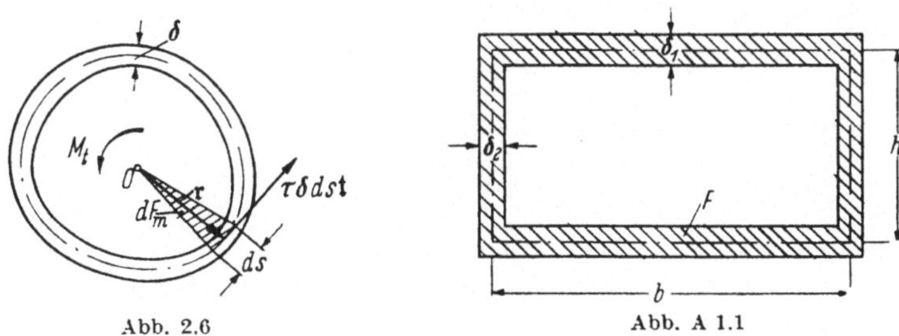

Abb. 2.6

Abb. A 1.1

Aufgaben

A 1. Torsion eines rechteckigen Hohlkastenquerschnittes. Ein Hohlkastenquerschnitt mit den Abmessungen b und h sowie der Querschnittsfläche F (Abb. A 1.1) wird durch ein Torsionsmoment M_t belastet. Man ermittle unter Annahme freier Verwölbungsmöglichkeit die Wandstärken δ_1 und δ_2 so, daß die Drillung ein Minimum wird. Wie groß sind dann die Schubspannungen?

Gegeben: $b = 15\,\text{cm}$, $h = 25\,\text{cm}$, $F = 100\,\text{cm}^2$, $M_t = 1\,\text{Mpm}$, $G = 0{,}8 \cdot 10^6\,\text{kp/cm}^2$.

Lösung. Da es sich im vorliegenden Falle um ein dünnwandiges Hohlprofil handelt, kommen die BREDTschen Formeln (2.32) und (2.34) zur Anwendung. Danach ist die Drillung

$$D = \frac{M_t}{4F_m^2\,G} \oint \frac{d\,s}{\delta}\,. \tag{1}$$

Wenn die Drillung ein Minimum werden soll, müssen wir $\oint \dfrac{d\,s}{\delta} = \text{Min}$ fordern, denn der Ausdruck vor dem Linienintegral ist konstant. Es ist

$$\oint \frac{d\,s}{\delta} = 2\left(\frac{b}{\delta_1} + \frac{h}{\delta_2}\right), \tag{2}$$

und als weitere Bedingung haben wir die Forderung, daß die tragende Fläche des Hohlkastenquerschnittes den festen Wert F besitzen soll, d. h.

$$F = 2\,(b\,\delta_1 + h\,\delta_2). \tag{3}$$

Mit der Abkürzung $\delta_1/\delta_2 = \alpha$ formen wir Gl. (2) mit Hilfe von Gl. (3) um:

$$2\left(\frac{b}{\delta_1} + \frac{h}{\delta_2}\right)\frac{F}{F} = \frac{4}{F}(b\,\delta_1 + h\,\delta_2)\left(\frac{b}{\delta_1} + \frac{h}{\delta_2}\right) = \frac{4}{F}\left(b^2 + \frac{bh}{\alpha} + b\,h\,\alpha + h^2\right).$$

Das Umlaufintegral (2) wird dann zum Minimum, wenn die Gleichung

$$\frac{\partial}{\partial\alpha}\oint\frac{ds}{\delta} = \frac{\partial}{\partial\alpha}\left[\frac{4}{F}\left(b^2 + \frac{bh}{\alpha} + b\,h\,\alpha + h^2\right)\right] = -\frac{bh}{\alpha^2} + b\,h = 0 \qquad (4)$$

erfüllt ist. Aus Gl. (4) folgt sofort

$$\alpha^2 = 1\,,$$

also

$$\delta_1 = \delta_2 = \delta\,,$$

und Gl. (3) liefert dann

$$\delta = \frac{F}{2\,(b+h)}\,.$$

Die Drillung wird mit diesem Wert zu

$$D_{\min} = \frac{M_t\,(b+h)^2}{b^2\,h^2\,F\,G}\,.$$

Die Schubspannung ist nach (2.32)

$$\tau = \frac{M_t\,(b+h)}{b\,h\,F}\,,$$

so daß wir mit den gegebenen Zahlenwerten

$$\delta = 1{,}25 \text{ cm}\,, \quad D_{\min} = 0{,}1424 \cdot 10^{-4} \text{ cm}^{-1}\,, \quad \tau = 106{,}25 \text{ kp/cm}^2$$

errechnen können.

A 2. *Hohlquerschnitt mit veränderlicher Wandstärke.* Der Hohlquerschnitt sei so beschaffen, daß die Querschnittsmittellinie ein Kreis des Radius a ist und die Wandstärke der Funktion $\delta\,(s) = \delta_0\left(2 + \cos\frac{s}{a}\right)$ entspricht (Abb. A 2.1). Man ermittle Drillung und Schubspannung für eine Belastung durch ein Torsionsmoment M_t.

Gegeben: $\delta_0 = 0{,}4$ cm, $a = 8$ cm, $M_t = 0{,}3$ Mpm, $G = 0{,}8 \cdot 10^6\,$kp/cm^2.

Lösung. Um die gesuchten Werte zu bestimmen, verwenden wir die Bredtschen Formeln (2.32) und (2.34). Nach (2.32) gilt

$$\tau = \frac{M_t}{2F_m\,\delta}\,.$$

so daß

$$\tau_{\max} = \frac{M_t}{2\,\pi\,a^2\,\delta_0} \qquad (1)$$

wird.

Aus (2.34) folgt

$$D = \frac{M_t}{4\,\pi^2\,a^4\,G\,\delta_0}\oint\frac{ds}{2 + \cos\dfrac{s}{a}}\,. \qquad (2)$$

und mit der Substitution $\tan\dfrac{s}{2a} = t$, d. h.

$$\frac{1-t^2}{1+t^2} = \cos\frac{s}{a}\,; \quad \frac{2a}{1+t^2}\,dt = ds$$

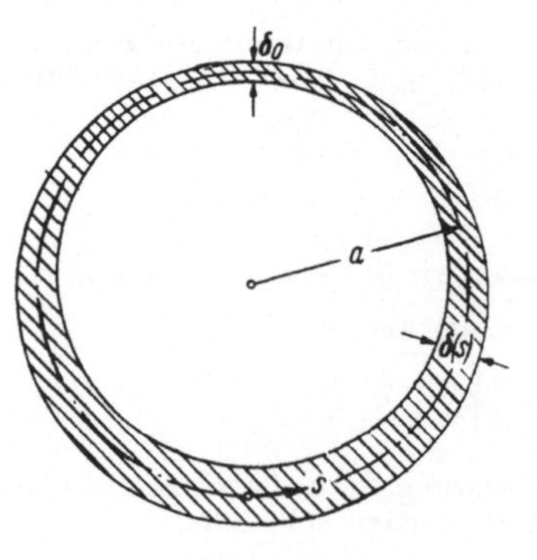

Abb. A 2.1

wird aus dem Linienintegral in der Gl. (2)

$$\oint \frac{ds}{\delta(s)} = \frac{2a}{\delta_0} \oint \frac{dt}{3+t^2}. \tag{3}$$

Schreiben wir noch $t = \xi \sqrt{3}$, so erhalten wir

$$\frac{2a}{\delta_0} \oint \frac{dt}{3+t^2} = \frac{2a}{\sqrt{3}\,\delta_0} \oint \frac{d\xi}{1+\xi^2} = \frac{2a}{\sqrt{3}\,\delta_0} \left[\operatorname{arc\,tan} \xi \right]_{s=0}^{2\pi a}.$$

Nach der Resubstitution folgt daraus

$$\oint \frac{ds}{\delta(s)} = \frac{2a}{\sqrt{3}\,\delta_0} \left[\operatorname{arc\,tan} \left(\frac{\tan \frac{s}{2a}}{\sqrt{3}} \right) \right]_{s=0}^{2\pi a} = \frac{2\pi a}{\sqrt{3}\,\delta_0},$$

so daß die Drillung (2) zu

$$D = \frac{\pi M_t}{2\pi \sqrt{3\,a^3 \delta_0\, G}}$$

wird.

Mit den gegebenen Zahlenwerten erhalten wir
$$\tau_{\max} = 186{,}5 \ \text{kp/cm}^2,$$
$$D = 0{,}166 \cdot 10^{-3} \ \text{cm}^{-1}.$$

9. Die Torsion schmaler Rechteckquerschnitte läßt sich mit Hilfe der BREDTschen Theorie (näherungsweise) unter der Annahme erfassen, daß die Schubspannungen parallel zur Längsseite gerichtet sind und von der Mitte zum Rand linear zunehmen (Abb. 2.7). Vernachlässigt man dementsprechend bei der Gleichgewichtsbetrachtung (hinsichtlich der Momente) die Beiträge der zur Schmalseite parallelen Schubspannungen, so erhält man

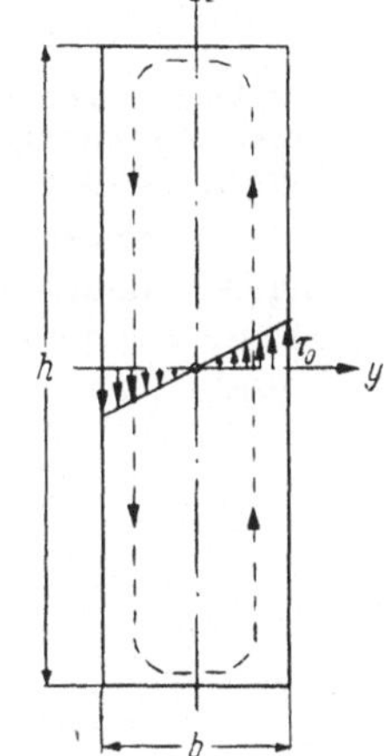

$$D = \frac{\vartheta}{l} = \frac{3M_t}{G h b^3} = \frac{M_t}{G J_t}. \tag{2.35}$$

$$\tau_0 = \frac{3M_t}{h b^2} = \frac{M_t}{J_t} b. \tag{2.36}$$

Man nennt auch hier

$$G J_t = G \frac{1}{3} h b^3; \quad b < h \tag{2.37}$$

die Torsionssteifigkeit, die man im Falle eines aus schmalen Rechtecken zusammengesetzten offenen Profils durch

Abb. 2.7

$$G J_t = G \frac{1}{3} \sum_{k=1}^{n} h_k b_k^3; \quad b_k < h_k \tag{2.37a}$$

verallgemeinert.

Aufgaben

A 1. Vergleich von geschlitztem und geschlossenem Kreisringquerschnitt. Man vergleiche mit Hilfe der BREDTschen Formeln die Drillungen und Schubspannungen eines geschlossenen und eines geschlitzten dünnen Kreisringquerschnittes (Abb. A 1.1).

Lösung. Zunächst wollen wir für den geschlossenen Querschnitt mit Hilfe von (2.32) und (2.34) die Schubspannung und die Drillung berechnen:

$$\tau_1 = \frac{M_t}{2\pi r_m^2 \delta}, \qquad D_1 = \frac{M_t}{2\pi r_m^3 \delta G}. \tag{1}$$

Für den geschlitzten Querschnitt sind die aus den BREDTschen Formeln hervorgegangenen Gln. (2.35) und (2.36) maßgebend, und es gilt für den vorliegenden Fall

$$\tau_2 = \frac{3M_t}{2\pi r_m \delta^2}, \qquad D_2 = \frac{3M_t}{2\pi r_m \delta^3 G}. \tag{2}$$

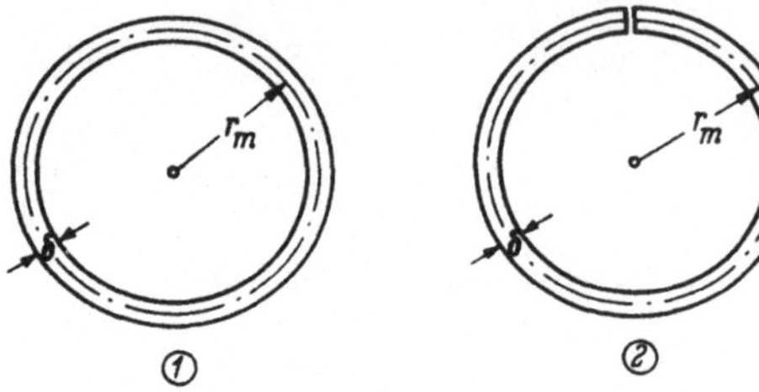

Abb. A 1.1

Die Verhältnisse von Schubspannungen und Drillungen sind dann nach (1) und (2)

$$\frac{\tau_1}{\tau_2} = \frac{\delta}{3 r_m}, \qquad \frac{D_1}{D_2} = \frac{\delta^2}{3 r_m^2}. \tag{3}$$

Man erkennt aus den Gln. (3) sofort, daß der geschlossene Querschnitt wesentlich geringere Spannungen aufzunehmen hat und daß er erheblich verdrehsteifer ist als der geschlitzte Querschnitt.

A 2. Torsion eines I-Trägers. Man ermittle die maximalen Spannungen in einem kurzen I-Träger, der im Falle a) in Längsrichtung frei verschieblich und im Falle b) an einem Ende unverschieblich eingespannt ist und durch ein Torsionsmoment M_t belastet wird (Abb. A 2.1).

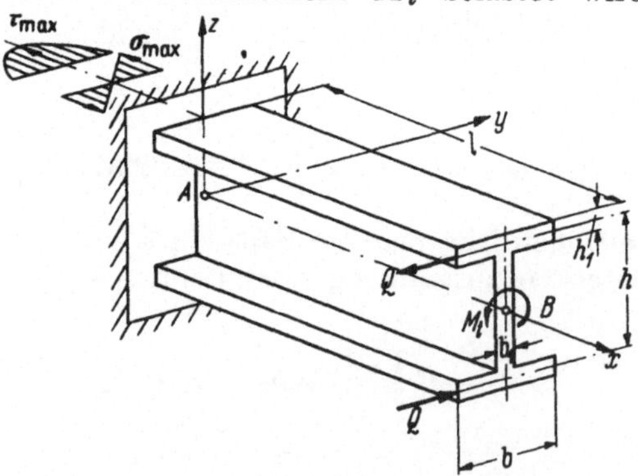

Abb. A 2.1

Lösung. Im Falle a) bedienen wir uns der Gln. (2.36) und (2.37a) für dünnwandige Rechteckquerschnitte, die uns die maximale Schubspannung bei $h_1 > b_1$ liefern:

$$\tau_{max} = \frac{3 M_t h_1}{2 b h_1^3 + (h - h_1) b_1^3}. \tag{1}$$

Im Falle b) ersetzen wir zunächst das am Trägerende angreifende Torsionsmoment M_t durch zwei gemäß Abb. A 2.1 an den Flanschen angreifende Querkräfte $Q = \dfrac{M_t}{h}$ und können damit bei Außerachtlassung der Steifigkeit des Stegbleches das Torsionsproblem auf eine gewöhnliche in Horizontalrichtung stattfindende Biegung der Flansche reduzieren. Es folgt für das Flanscheinspannmoment

$$M_A = Q\,l = M_t\,\frac{l}{h}$$

und damit für die extremalen Normalspannungen im Flansch mit $W_{Fl} = \dfrac{1}{6}\,h_1\,b^2$

$$\sigma_{max} = \frac{M_A}{W_{Fl}} = \frac{6\,M_t\,l}{b^2\,h\,h_1}. \tag{2}$$

Die in den Flanschen herrschenden Schubspannungen (Abb. A 2.1) haben nach (2.25) eine parabolische Verteilung, deren Extremalwert sich in Flanschmitte zu

$$\tau_{max} = \frac{3}{2}\,\frac{Q}{F_{Fl}} = \frac{3}{2}\,\frac{Q}{b\,h_1} = \frac{3}{2}\,\frac{M_t}{b\,h\,h_1} \tag{3}$$

ergibt. Eine verfeinerte Theorie, die die Verdrillungen des Querschnittes mitberücksichtigt, zeigt, daß die gemäß (3) berechnete maximale Schubspannung an der Einspannstelle richtig ist, während die gemäß (2) berechnete Normalspannung nur für kurze Träger gilt.

Der Vergleich von (3) mit (1) zeigt, daß die Schubspannungen im Falle der unbehinderten Verwölbung größer sind als im Falle der Einspannung, da

$$2\,b\,h_1^3 + (h - h_1)\,b_1^3 < 2\,b\,h\,h_1^2$$

gilt.

10. Formänderungsarbeit des Balkens. Die Sätze von Castigliano. Es ist einleuchtend, daß bei der Deformation des Balkens die von den äußeren Kräften geleistete sog. *äußere Formänderungsarbeit* A in dem Balken als *innere elastische Energie* W aufgespeichert wird. Bei Wegnahme der Belastung wird sie wieder frei und kann zu Arbeitsleistungen verwendet werden. Sieht man bei der Deformation von Verlusten ab, die etwa als Folge innerer Reibungskräfte auftreten können, so fordert das *Prinzip der Erhaltung der Energie*

$$d\mathsf{A} = d\mathsf{W}, \tag{2.38}$$

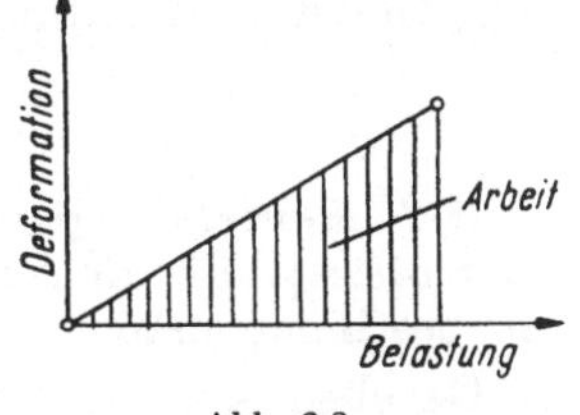

Abb. 2.8

d. h., im Falle des Gleichgewichtes wird bei einer (unendlich langsam verlaufenden) Deformation die von den äußeren Belastungen (Kräften und Momenten) geleistete Arbeit als innere Energie in dem elastischen Körper aufgespeichert. Besteht zwischen Belastung und Deformation ein linearer Zusammenhang (Abb. 2.8), so ist

$$d\mathsf{A} = \frac{1}{2}\ \text{Belastung} \times \text{Deformation} = d\mathsf{W}, \tag{2.39}$$

woraus durch Summieren über den Gesamtkörper

$$\mathsf{A} = \mathsf{W} \tag{2.40}$$

hervorgeht.

Die Formänderungsarbeit am (geraden) Balken der Länge l wird im folgenden für drei Belastungsfälle aufgeführt:

a) *Zug oder Druck.* Ist P die Kraft, $\sigma_x = \sigma_x(x)$ die Normalspannung, $F = F(x)$ die Querschnittsfläche, E der Elastizitätsmodul und $\varepsilon_x(x) = u'(x)$ die Dehnung, so ist

$$\mathsf{A} = \frac{1}{2E} \int\limits_{x=0}^{l} \left(\frac{P}{F}\right)^2 F\, dx = \frac{1}{2E} \int\limits_{x=0}^{l} \frac{P^2(x)}{F(x)}\, dx = \frac{E}{2} \int\limits_{x=0}^{l} F(x)\, u'^2(x)\, dx = \mathsf{W}. \qquad (2.41)$$

b) *Reine Biegebeanspruchung.* Mit den schon bekannten Bezeichnungen hat man

$$\mathsf{A} = \frac{1}{2E} \int\limits_{x=0}^{l} \frac{M_y^2(x)\, dx}{J_y(x)} = \frac{E}{2} \int\limits_{x=0}^{l} J_y(x)\, w''^2(x)\, dx = \mathsf{W}. \qquad (2.42)$$

c) *Reine Torsion.* Für konstante Torsionssteifigkeit $G J_t$ ergibt sich

$$\mathsf{A} = \frac{1}{2} G J_t D^2\, l = \frac{1}{2} \frac{M_t^2 l}{G J_t} = \mathsf{W}. \qquad (2.43)$$

In den oben angeführten Fällen gelten die Sätze von CASTIGLIANO: Ist die Formänderungsarbeit W eine quadratische Funktion der Belastungen, so ergibt die Ableitung von W nach einer Kraft P_j bzw. nach einem Moment M_j die an dieser Belastungsstelle auftretende Deformation in Lastrichtung, und zwar die Verschiebung bei einer Kraft bzw. den Verdrehwinkel bei einem Moment, während die Ableitungen nach den Deformationen die entsprechenden Lastgrößen liefern:

$$\frac{\partial \mathsf{W}}{\partial P_j} = p_j \quad \text{bzw.} \quad \frac{\partial \mathsf{W}}{\partial M_j} = \varphi_j, \quad j = 1, 2, 3, \dots, n \qquad (2.44\,\mathrm{a})$$

$$\frac{\partial \mathsf{W}}{\partial p_j} = P_j \quad \text{bzw.} \quad \frac{\partial \mathsf{W}}{\partial \varphi_j} = M_j, \quad j = 1, 2, 3, \dots, n \qquad (2.44\,\mathrm{b})$$

Da bei starren Stützen bzw. Einspannungen $p_j = 0$ bzw. $\varphi_j = 0$ ist, hat man die Möglichkeit, die an solchen Stellen auftretenden statisch unbestimmten Reaktionsgrößen zu ermitteln.

Aufgaben

A 1. Berechnung von Auflagerreaktionen mit den Sätzen von Castigliano. Für den in Abb. A 1.1 dargestellten Last- und Lagerungsfall bestimme man die Auflagerkräfte.

Gegeben: q_0, a, E, J.

Lösung. Wir wollen voraussetzen, daß eine der Einspannstellen in waagerechter Richtung verschieblich ist, so daß von den insgesamt sechs Auflagerreaktionen nur noch vier, nämlich wegen der vertikalen Belastung zwei vertikale Auflagerkräfte W_A und W_B und die zwei Einspannmomente M_A und M_B (Abb. A 1.1) vorhanden sind. Für diese vier Unbekannten stehen uns — ebenfalls wegen der nur vertikal wirkenden Belastung — lediglich zwei Gleichgewichtsbedingungen zur Verfügung. Die zwei fehlenden Bedingungen liefert uns der erste Satz von CASTIGLIANO (2.44a). Von den vier Unbekannten sind zwei als statisch Unbestimmte so zu wählen, daß das ohne sie verbleibende Restsystem statisch bestimmt ist. Wären es die beiden Einspannmomente M_A und M_B, so würden die beiden zusätzlichen Gleichungen wegen der horizontalen Tangenten an den Einspannstellen

$$\frac{\partial \mathsf{W}}{\partial M_A} = 0; \qquad \frac{\partial \mathsf{W}}{\partial M_B} = 0 \qquad (1)$$

lauten. Sind die Auflagerkraft W_A und das Einspannmoment M_A die statisch Unbestimmten, so gilt

$$\frac{\partial W}{\partial W_A} = 0; \qquad \frac{\partial W}{\partial M_A} = 0. \tag{2}$$

Wir entscheiden uns für W_A und M_A als statisch Unbestimmte. Zur Ermittlung der Formänderungsarbeit bedienen wir uns nur des Anteiles der Biegemomente gemäß (2.42), da bei langen Trägern ihm gegenüber der Anteil der Querkräfte vernachlässigt werden kann:

$$W = \frac{1}{2EJ} \int_0^l M^2(x)\,dx$$

$$= \frac{1}{2EJ}\left\{ \int_0^{2a} M_I^2(x)\,dx + \int_{2a}^{3a} M_{II}^2(x)\,dx + \int_{3a}^{5a} M_{III}^2(x)\,dx \right\}. \tag{3}$$

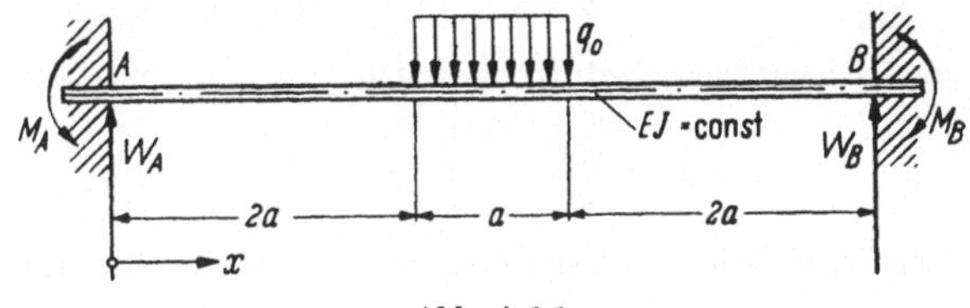

Abb. A 1.1

Es ist für

$$0 \leqq x \leqq 2a: \qquad M_I(x) = W_A x - M_A,$$

$$2a \leqq x \leqq 3a: \qquad M_{II}(x) = W_A x - M_A - \frac{q_0}{2}(x - 2a)^2,$$

$$3a \leqq x \leqq 5a: \qquad M_{III}(x) = W_A x - M_A - q_0 a\left(x - \frac{5}{2}a\right), \tag{4}$$

und es lauten die Gln. (2)

$$\frac{\partial W}{\partial W_A} = \frac{1}{EJ}\left\{ \int_0^{2a} M_I \frac{\partial M_I}{\partial W_A}\,dx + \int_{2a}^{3a} M_{II} \frac{\partial M_{II}}{\partial W_A}\,dx + \int_{3a}^{5a} M_{III} \frac{\partial M_{III}}{\partial W_A}\,dx \right\} = 0,$$

$$\frac{\partial W}{\partial M_A} = \frac{1}{EJ}\left\{ \int_0^{2a} M_I \frac{\partial M_I}{\partial M_A}\,dx + \int_{2a}^{3a} M_{II} \frac{\partial M_{II}}{\partial M_A}\,dx + \int_{3a}^{5a} M_{III} \frac{\partial M_{III}}{\partial M_A}\,dx \right\} = 0$$

bzw. mit

$$\frac{\partial M_I}{\partial W_A} = \frac{\partial M_{II}}{\partial W_A} = \frac{\partial M_{III}}{\partial W_A} = x,$$

$$\frac{\partial M_I}{\partial M_A} = \frac{\partial M_{II}}{\partial M_A} = \frac{\partial M_{III}}{\partial M_A} = -1$$

$$\frac{\partial W}{\partial W_A} = \frac{1}{EJ}\left\{ \int_0^{2a} (W_A x - M_A)\,x\,dx + \int_{2a}^{3a}\left[W_A x - M_A - \frac{q_0}{2}(x - a)^2 \right] x\,dx + \right.$$

$$\left. + \int_{3a}^{5a}\left[W_A x - M_A - q_0 a\left(x - \frac{5}{2}a\right) \right] x\,dx \right\} = 0, \tag{5}$$

$$\frac{\partial W}{\partial M_A} = -\frac{1}{EJ}\left\{ \int\limits_0^{2a}(W_A\,x - M_A)\,dx + \int\limits_{2a}^{3a}\left[W_A\,x - M_A - \frac{q_0}{2}(x - a)^2\right]dx + \right.$$

$$\left. + \int\limits_{3a}^{5a}\left[W_A\,x - M_A - q_0\,a\left(x - \frac{5}{2}a\right)\right]dx\right\} = 0. \tag{6}$$

Die Ausführung der Integrationen liefert dann die zwei Gleichungen

$$1000a\,W_A - 300\,M_A - 315\,q_0\,a^2 = 0,$$
$$75a\,W_A - 30\,M_A - 19\,q_0\,a^2 = 0,$$

aus denen

$$W_A = \frac{q_0\,a}{2}, \qquad M_A = \frac{37\,q_0\,a^2}{60}$$

folgen. Aus den Gleichgewichtsbedingungen $\sum V = 0$ und $\sum M = 0$ erhalten wir dann

$$W_B = \frac{q_0\,a}{2}, \qquad M_B = \frac{37\,q_0\,a^2}{60},$$

ein Ergebnis, das eigentlich schon aus der Symmetrie des Problems zu folgern gewesen wäre.

A 2. Durchsenkung und Neigung eines Balkens. Mit den Sätzen von CASTIGLIANO bestimme man die Durchsenkung und die Neigung der Biegelinie eines Balkens an der Stelle $\frac{l}{2}$ (Abb. A 2.1).

Gegeben: $q_0,\ l,\ E,\ J$.

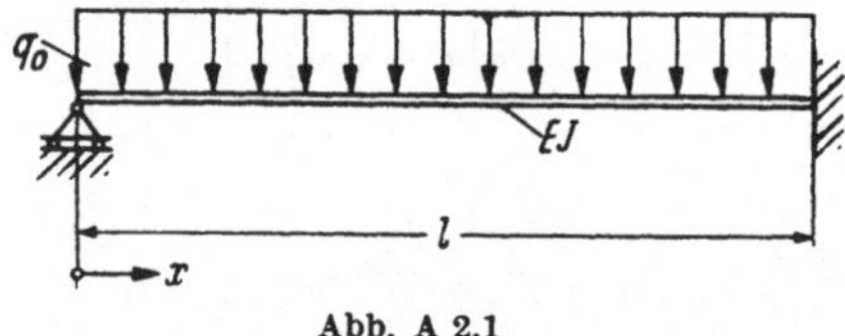

Abb. A 2.1

Lösung. Nach dem ersten Satz von CASTIGLIANO (2.44 a) erhalten wir Durchsenkung und Neigung an einer Stelle des Balkens, indem wir die Formänderungsarbeit nach den dort wirkenden Lastgrößen ableiten. Wir gehen so vor, daß wir an der Stelle $x = \frac{l}{2}$ zunächst die Hilfslasten P_H und M_H anbringen und dann den Grenzübergang

$$\lim_{\substack{M_H \to 0 \\ P_H \to 0}}\frac{\partial W}{\partial P_H} = p; \qquad \lim_{\substack{M_H \to 0 \\ P_H \to 0}}\frac{\partial W}{\partial M_H} = \varphi \tag{1}$$

durchführen, um die Werte von Durchsenkung und Neigung an den Angriffsstellen von P_H und M_H zu erhalten. In der Formänderungsarbeit berücksichtigen wir nur die Arbeit der Biegemomente (2.42). Es ist (Abb. A 2.2) mit $\xi = \frac{x}{l}$ im

Bereich $I\ \left(0 \leqq \xi \leqq \frac{1}{2}\right)$ und im Bereich $II\ \left(\frac{1}{2} \leqq \xi \leqq 1\right)$

$$\left.\begin{aligned} M_I &= W_A\,l\,\xi - q_0\frac{l^2}{2}\,\xi^2 \\[2mm] M_{II} &= W_A\,l\,\xi - q_0\frac{l^2}{2}\,\xi^2 - P_H\frac{l}{2}(2\xi - 1) - M_H, \end{aligned}\right\} \tag{2}$$

so daß die beiden Gln. (1) zu

$$p = \lim_{\substack{M_H \to 0 \\ P_H \to 0}} \frac{l}{EJ}\left\{\int_0^{1/2} M_I \frac{\partial M_I}{\partial P_H}\,d\xi + \int_{1/2}^1 M_{II}\frac{\partial M_{II}}{\partial P_H}\,d\xi\right\},$$

$$\varphi = \lim_{\substack{M_H \to 0 \\ P_H \to 0}} \frac{l}{EJ}\left\{\int_0^{1/2} M_I \frac{\partial M_I}{\partial M_H}\,d\xi + \int_{1/2}^1 M_{II}\frac{\partial M_{II}}{\partial M_H}\,d\xi\right\} \tag{3}$$

werden.

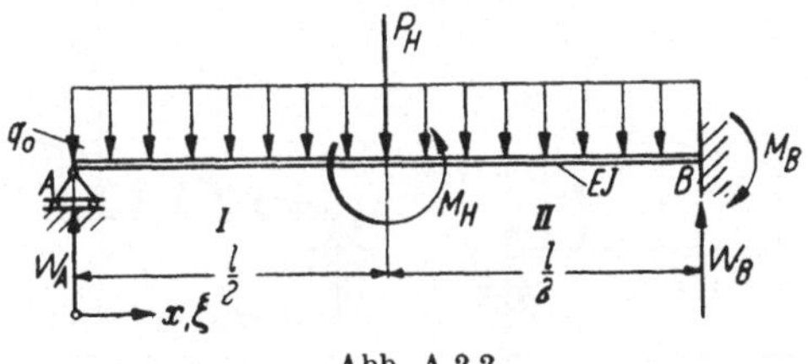

Abb. A 2.2

Wegen der einfach statisch unbestimmten Lagerung des Systems müssen wir noch zusätzlich zu den Gleichgewichtsbedingungen

$$\frac{\partial W}{\partial W_A} = \frac{l}{EJ}\left\{\int_0^{1/2} M_I\frac{\partial M_I}{\partial W_A}\,d\xi + \int_{1/2}^1 M_{II}\frac{\partial M_{II}}{\partial W_A}\,d\xi\right\} = 0 \tag{4}$$

fordern, um eine dritte Gleichung zur Bestimmung der drei Reaktionen W_A, W_B und M_B zu erhalten. Mit (2) wird aus (3)

$$p = -\frac{l^2}{2EJ}\int_{1/2}^1 \left(W_A l\,\xi - q_0\frac{l^2}{2}\xi^2\right)(2\xi - 1)\,d\xi = \frac{l^3}{384\,EJ}(-40\,W_A + 17\,q_0 l),$$

$$\varphi = -\frac{l}{EJ}\int_{1/2}^1 \left(W_A l\,\xi - q_0\frac{l^2}{2}\xi^2\right)d\xi = \frac{l^2}{48\,EJ}(-18\,W_A + 7\,q_0\,l). \tag{5}$$

Die Auswertung der Gl. (4) können wir auf den Fall $P_H = M_H = 0$ beschränken, da wir dann die Auflagerkräfte für die vorgegebene Belastung erhalten:

$$\frac{l}{EJ}\int_0^1 \left(W_A l\,\xi - q_0\frac{l^2}{2}\xi^2\right)l\,\xi\,d\xi = 0.$$

Hieraus folgt

$$W_A = \frac{3}{8}q_0\,l. \tag{6}$$

Gl. (6) in (5) eingesetzt, ergibt

$$p = \frac{q_0\,l^4}{192\,EJ}, \qquad \varphi = \frac{q_0\,l^3}{192\,EJ}.$$

A 3. Ermittlung der Biegelinie mit Hilfe der Sätze von Castigliano. Für einen beidseitig gelenkig gelagerten Träger unter Dreieckslast (Abb. A 3.1) ermittle man mit Hilfe der Sätze von CASTIGLIANO die Biegelinie.

Gegeben: q_0, l, E, J.

Lösung. Nach dem ersten *Satz von* CASTIGLIANO (2.44 a) erhalten wir die Durchsenkung an einer beliebigen Stelle des Balkens, indem wir den Ausdruck für die Formänderungsarbeit nach der an dieser Stelle wirkenden Einzellast ableiten. Im vorliegenden Fall müssen wir also zunächst eine Hilfskraft P_H am Balken anbringen und den Grenzübergang

$$\lim_{P_H \to 0} \frac{\partial W}{\partial P_H} = p \tag{1}$$

ausführen, der dann die Durchsenkung des Balkens unter der gegebenen Belastung an der Angriffsstelle von P_H liefert. Um die Gleichung der Biegelinie zu erhalten, lassen wir die Abszisse $\xi = x/l$ des Kraftangriffspunktes variabel (Abb. A 3.2).

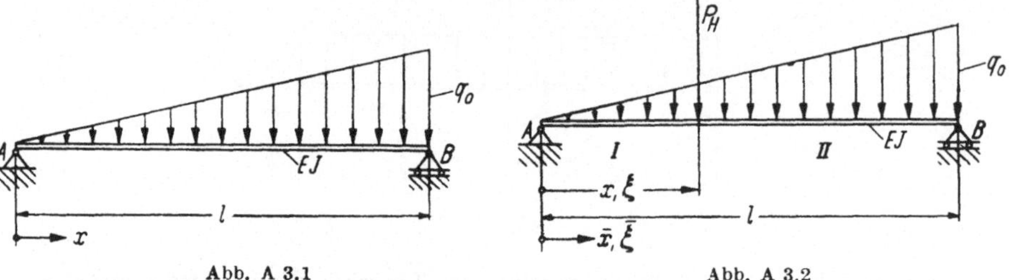

Abb. A 3.1   Abb. A 3.2

Bei der Berechnung der Formänderungsarbeit wollen wir nur den Anteil berücksichtigen, der infolge der Biegemomente entsteht, und wir haben somit

im Bereich I $(0 \leq \bar{\xi} \leq \xi)$:

$$M_I(\bar{\xi}) = P_H\, l\, (1 - \xi)\, \bar{\xi} + q_0 \frac{l^2}{6} (\bar{\xi} - \bar{\xi}^3) \tag{2}$$

und im Bereich II $(\xi \leq \bar{\xi} \leq 1)$:

$$M_{II}(\bar{\xi}) = P_H\, l\, \xi\, (1 - \bar{\xi}) + q_0 \frac{l^2}{6} (\bar{\xi} - \bar{\xi}^3). \tag{3}$$

Die Formänderungsarbeit wird nach (2.42) zu

$$W = \frac{1}{2\,E\,J} \left\{ \int_0^x M_I^2\, d\bar{x} + \int_x^l M_{II}^2\, d\bar{x} \right\},$$

woraus

$$\frac{\partial W}{\partial P_H} = \frac{1}{E\,J} \left\{ \int_0^x M_I \frac{\partial M_I}{\partial P_H}\, d\bar{x} + \int_x^l M_{II} \frac{\partial M_{II}}{\partial P_H}\, d\bar{x} \right\}$$

bzw. mit den Gln. (2) und (3)

$$\frac{\partial W}{\partial P_H} = \frac{1}{E\,J} \left\{ \int_0^\xi \left[P_H\, l^3\, (1 - \xi)\, \bar{\xi} + q_0 \frac{l^4}{6} (\bar{\xi} - \bar{\xi}^3) \right] (1 - \xi)\, \bar{\xi}\, d\bar{\xi} + \right.$$

$$\left. + \int_\xi^1 \left[P_H\, l^3\, \xi\, (1 - \bar{\xi}) + q_0 \frac{l^4}{6} (\bar{\xi} - \bar{\xi}^3) \right] \xi\, (1 - \bar{\xi})\, d\bar{\xi} \right\}$$

folgt. Wir führen den Grenzübergang (1) durch und erhalten dann für die Biegelinie die Gleichung

$$w(\xi) = \frac{q_0\, l^4}{6\,E\,J} \left\{ \int_0^\xi (1 - \xi)\, (\bar{\xi} - \bar{\xi}^3)\, \bar{\xi}\, d\bar{\xi} + \int_\xi^1 \xi\, (\bar{\xi} - \bar{\xi}^3)\, (1 - \bar{\xi})\, d\bar{\xi} \right\}$$

bzw. nach Ausführung der Integration

$$w(\xi) = \frac{q_0\, l^4}{360\,E\,J} (3\, \xi^5 - 10\, \xi^3 + 7\, \xi).$$

A 4. Zahlenmäßige Berechnung von Formänderungsarbeiten. Für den mit einer Kraft $\mathfrak{P} = \{P_1; P_2; P_3\}$ über einen starren Hebel belasteten Balken (Abb. A 4.1) ermittle man die Größe der Formänderungsarbeiten.

Gegeben: $a = 2$ cm, $l = 50$ cm, $h = 25$ cm, $P_1 = 50$ kp, $P_2 = 60$ kp, $P_3 = -80$ kp, $E = 2{,}1 \cdot 10^6$ kp/cm², $G = 0{,}8 \cdot 10^6$ kp/cm².

Lösung. Wir ermitteln zunächst die Schnittlasten im Balken. Es ist

$$M_y = P_3\,(l - x); \quad M_z = P_1 h - P_2\,(l - x); \quad M_x = M_t = P_3 h; \quad N = P_1.$$

Die Arbeit der Biegemomente ist damit entsprechend (2.42)

$$W_{MB} = \frac{1}{2\,E\,J_y} \int_0^l M_y^2\,dx + \frac{1}{2\,E\,J_z} \int_0^l M_z^2\,dz \quad \text{und mit } J_y = J_z = J$$

$$W_{MB} = \frac{1}{2\,E\,J} \int_0^l [P_3^2\,(l - x)^2 + P_1^2 h^2 - 2\,P_1 P_2 h\,(l - x) + P_2^2\,(l - x)^2]\,dx$$

$$= \frac{1}{2\,E\,J}\left[(P_3^2 + P_2^2)\,\frac{l^3}{3} + P_1 h\,l\,(P_1 h - P_2 l)\right] = 5{,}82 \ \text{kp cm},$$

während wir für die Arbeit der Längskraft nach (2.41)

$$W_N = \frac{1}{2\,E\,F} \int_0^l N^2\,dx = \frac{P_1^2 l}{2\,E\,F}$$

$$= 0{,}00237 \ \text{kp cm}$$

erhalten. Aus (2.43) folgt schließlich die Arbeit des Torsionsmomentes M_t zu

$$W_{M_t} = \frac{1}{2\,G\,J_t} \int_0^l M_t^2\,dx = \frac{P_3^2 h^2 l}{2\,G\,J_t}$$

$$= 4{,}97 \ \text{kp cm}.$$

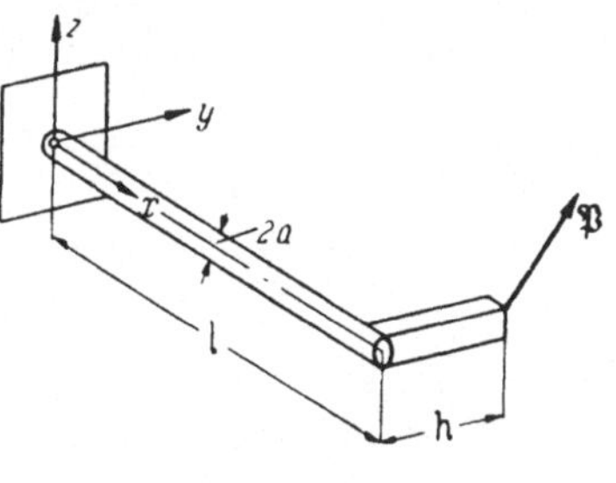

Abb. A 4.1

A 5. Beanspruchung und Verformung eines gekrümmten Stabes. Man entwickle unter Heranziehung der Formel (2.8 a) die *Biegetheorie eines gekrümmten Stabes.*

Lösung. In Zusammenhang mit Gl. (2.8 a) wurde schon darauf hingewiesen, daß bei ursprünglich eben gekrümmten Stäben (Balken) Stabachse und neutrale Faser näherungsweise dann zusammenfallen (wie bei den geraden Stäben), wenn die Querschnittsabmessungen des Stabes klein gegen den Krümmungsradius R sind; dies trifft z. B. bei Bogenträgern und Spiralfedern zu[1]. Gemäß (2.8a) hat man dann unter der Annahme reiner Biegebeanspruchung durch das Moment M

$$\varDelta k = \frac{M}{EJ}, \tag{1}$$

wobei $\varDelta k$ die Krümmungsänderung infolge der Belastung bedeutet. Nun ist $k = \dfrac{1}{R}$, so daß man zunächst unter Vernachlässigung der Glieder höherer Ordnung einer Taylor-Entwicklung

$$\varDelta k = \varDelta\left(\frac{1}{R}\right) = -\frac{\varDelta R}{R^2} = \frac{M}{EJ} \tag{2}$$

---

[1] Bei stark gekrümmten Stäben müssen die Lage der neutralen Faser und die Biegesteifigkeit mit Hilfe der Bedingung $\int_{(F)} \sigma(z)\,dF = 0$ und $M = \int_{(F)} \sigma(z)\,z\,dF$ ermittelt werden.

erhält. Andererseits liest man von Abb. A 5.1 hinsichtlich der Deformation

$$\Delta\, d\bar{s} = z\, \Delta\, d\varphi$$

ab, woraus wegen $d\bar{s} = (R + z)\, d\varphi$, also

$$\Delta\, d\bar{s} = \Delta\, [(R + z)\, d\varphi] = \Delta R\, d\varphi + (R + z)\, \Delta\, d\varphi$$

die Beziehung $\Delta R = -R\,\Delta\varphi$ hervorgeht, mit der man wiederum aus (2)

$$\Delta\, d\varphi = \frac{M}{EJ}\, R\, d\varphi = \frac{M}{EJ}\, ds \tag{3}$$

gewinnt, wenn jetzt $R\, d\varphi = ds$ das *Bogenelement der Stabachse* bedeutet.

Mit den eben gewonnenen geometrischen Zusammenhängen ergibt sich die Normalspannung für $z \ll R$ zu

$$\sigma = E\,\varepsilon = E\,\frac{\Delta\, d\bar{s}}{d\bar{s}} = E\,\frac{z}{R}\,\frac{\Delta\, d\varphi}{d\varphi} = \frac{M}{J}\, z. \tag{4}$$

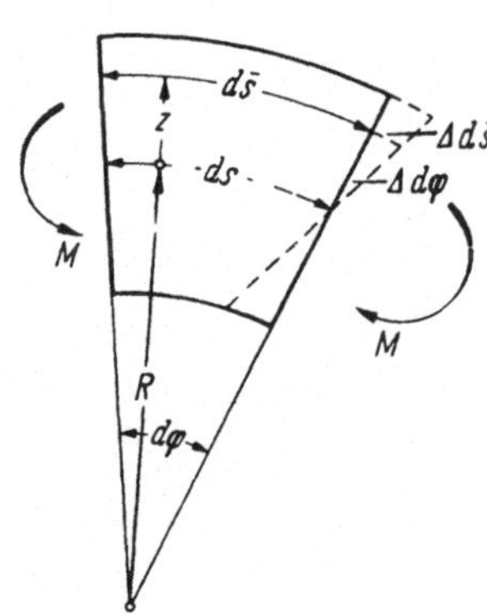

Abb. A 5.1

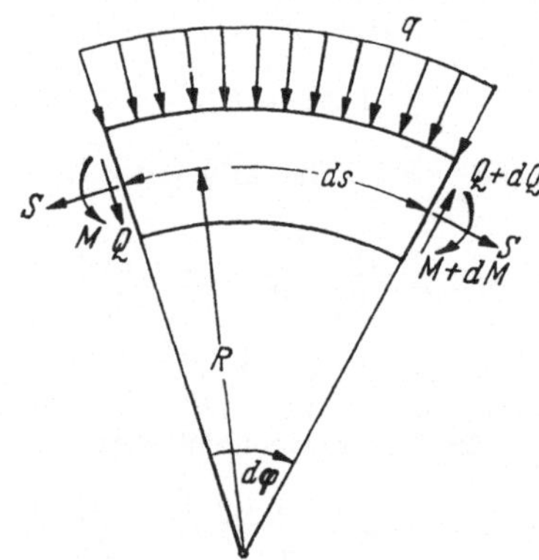

Abb. A 5.2

Aus (3) folgt nach Integration (längs der Stabachse) die *Verdrehung* eines Stabelementes:

$$\Delta\,\varphi = \int \Delta\, d\varphi = \int d(\Delta\varphi) = \frac{1}{EJ} \int M\, ds. \tag{5}$$

Zu dieser Deformation kommt noch die Dehnung infolge einer axialen Stabkraft S

$$\varepsilon_a = \frac{S}{EF} = \frac{\Delta\, ds}{ds}, \tag{6}$$

wenn F der Stabquerschnitt ist. Eine solche axiale Kraft tritt schon als Folge einer kontinuierlichen Belastung q auf, denn das Gleichgewicht am Stabelement (Abb. A 5.2) verlangt

$$dQ = q\, ds + S\, d\varphi, \quad Q\, ds = dM,$$

woraus man für die Querkraft

$$Q = \frac{dM}{ds} = \frac{1}{R}\,\frac{dM}{d\varphi} \tag{7}$$

und damit für die Stabkraft

$$S = R\left(q - \frac{d^2 M}{ds^2}\right) \tag{8}$$

gewinnt. Zu dieser Kraft kommt noch eventuell eine äußere, zur Stabachse parallele Belastung S_0.

Die *Formänderungsarbeit* ist

$$\mathsf{W} = \int \frac{1}{2} M\, \varDelta\, d\varphi + \int \frac{1}{2} S\, \varDelta\, ds = \frac{1}{2\,E\,J} \int M^2\, ds + \frac{1}{2\,E\,F} \int S^2\, ds. \qquad (9)$$

Hierin wurde, wie auch in den vorangehenden Betrachtungen, der Einfluß der Schubspannungen vernachlässigt!

Kennt man die Formänderungsarbeit, so hat man die Möglichkeit, mit dieser unter Heranziehung der Castiglianoschen Formeln (2.44) Deformationen bzw. statisch unbestimmte Reaktionskräfte und -momente zu bestimmen.

Nun wollen wir einige Bemerkungen über die *Formänderung krummer Stäbe* machen.

Bedeuten x und y die Koordinaten eines Punktes der Stabachse, φ den Tangentenwinkel gegen die x-Achse, so hat man zunächst für ein Element der Länge ds

$$dx = ds\cos\varphi. \quad dy = ds\sin\varphi, \qquad (10)$$

woraus

$$\left. \begin{aligned} \varDelta\, dx &= \varDelta\, ds\cos\varphi - ds\sin\varphi\, \varDelta\varphi, \\ \varDelta\, dy &= \varDelta\, ds\sin\varphi + ds\cos\varphi\, \varDelta\varphi \end{aligned} \right\} \qquad (11)$$

bzw. nach Integration wegen (6) die *Verschiebungen*

$$\left. \begin{aligned} \int \varDelta\, dx &= \varDelta x = u = \int (\varepsilon_a \cos\varphi - \varDelta\varphi\sin\varphi)\, ds, \\ \int \varDelta\, dy &= \varDelta y = v = \int (\varepsilon_a \sin\varphi + \varDelta\varphi \cos\varphi)\, ds \end{aligned} \right\} \qquad (12)$$

hervorgehen. In diesen Beziehungen sind ε_a und $\varDelta\varphi$ gemäß (5) und (6) festgelegt.

Unter Beachtung von (10) kann man für (12) auch

$$u = \int \left(\varepsilon_a - \varDelta\varphi\, \frac{dy}{dx} \right) dx, \quad v = \int \left(\varepsilon_a \frac{dy}{dx} + \varDelta\varphi \right) dx \qquad (13)$$

schreiben.

A 6. *Biegung einer ebenen Spiralfeder.*

Eine ebene Spiralfeder wird an dem Endpunkt O durch ein Moment M_0 festgespannt, am anderen Ende A in einem Gelenk festgehalten (Abb. A 6.1). Man stelle unter Vernachlässigung der Längskraftdeformation die Gleichungen auf, aus denen man die Stützkräfte H und V sowie die Verdrehung der Feder in O berechnen kann und wende die Resultate auf eine Spirale mit sehr vielen und dicht liegenden Windungen (Uhrfeder) an. Elastizitätsmodul E, Flächenträgheitsmoment J und Länge L der Feder seien gegeben.

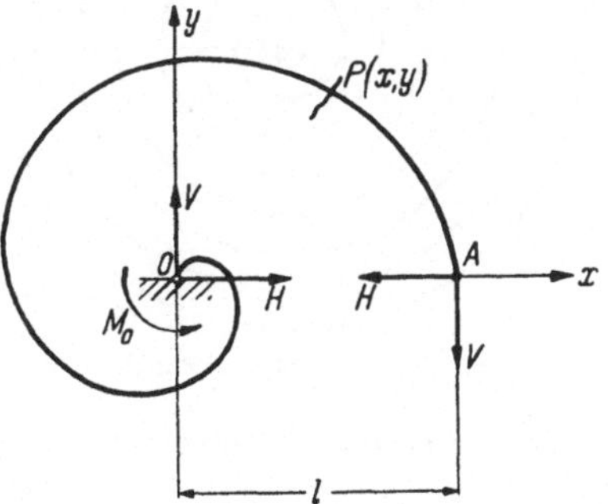

Abb. A 6.1

Lösung. Die Vertikalkraft V läßt sich sofort angeben:

$$V = \frac{M_0}{l}. \qquad (1)$$

Im Punkte $P(x, y)$ der Spiralenachse beträgt das Biegemoment (Abb. A 6.1)

$$M = M_0 + H\,y - V\,x, \qquad (2)$$

und damit gilt nach (5) der voranstehenden Aufgabe:

$$E\,J\, \varDelta\varphi = M_0 \int ds + H \int y\, ds - V \int x\, ds.$$

Integriert man diese Gleichung über die Federlänge L, so hat man auf der linken Seite offenbar die Differenz der Verdrehungen der Federenden:

$$E J (\Delta\varphi_A - \Delta\varphi_0) = M_0 L + H \int_0^L y \, ds - V \int_0^L x \, ds. \tag{3}$$

Die Unverschieblichkeit des Punktes A liefert unter Beachtung von (13) der voranstehenden Aufgabe

$$u_A = - \int_0^L \Delta\varphi \, dy = 0 \tag{4}$$

und

$$v_A = \int_0^L \Delta\varphi \, dx = 0. \tag{5}$$

Partielle Integration von (4) ergibt

$$y_0 \Delta\varphi_0 - y_A \Delta\varphi_A + \int_0^L y \, d(\Delta\varphi) = 0,$$

woraus wegen $y_0 = y_A = 0$ (Abb. A 6.1) und mit (3) der voranstehenden sowie mit (2) dieser Aufgabe

$$\int_0^L M \, y \, ds = M_0 \int_0^L y \, ds + H \int_0^L y^2 \, ds - V \int_0^L x \, y \, ds = 0 \tag{6}$$

hervorgeht. Daraus ist wegen (1) auch H berechenbar, falls die analytische Form der Spirale bekannt ist.

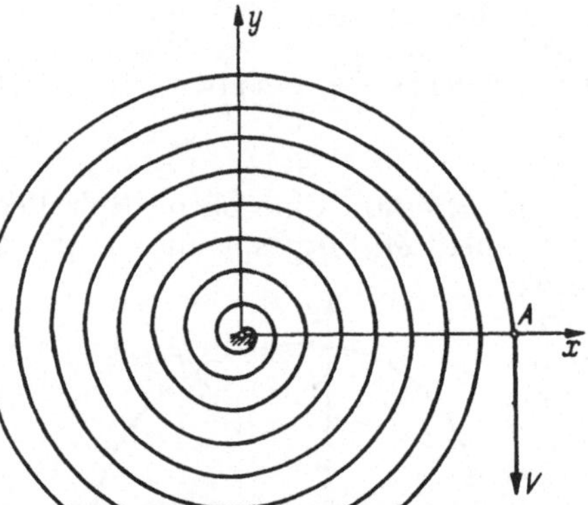

Zur Ermittlung der Verdrehungen $\Delta\varphi_0$ und $\Delta\varphi_A$ benötigen wir außer (3) noch eine Beziehung, und diese folgt aus (5) nach partieller Integration unter Beachtung von $x_A = l$ und $x_0 = 0$:

$$l \, \Delta\varphi_A = \int_0^L x \, d(\Delta\varphi) = \frac{1}{EJ} \int_0^L M \, x \, ds. \tag{7}$$

Setzt man hier M gemäß (2) ein, so sind durch (3) und (7) die Verdrehungen $\Delta\varphi_0$ und $\Delta\varphi_A$ gegeben.

Bei einer Spirale mit sehr vielen und dicht liegenden Windungen (Abb. A 6.2) liegt der Schwerpunkt näherungsweise im innersten Punkt, so daß in (3) die beiden letzten Integrale (als auf den Schwerpunkt bezogene statische Momente) Null gesetzt werden dürfen, wodurch man

$$E J (\Delta\varphi_A - \Delta\varphi_0) = M_0 \tag{8}$$

Abb. A 6.2

erhält. Man kann hier $\Delta\varphi_A$ auch noch vernachlässigen, so daß man schließlich

$$\Delta\varphi_0 = - \frac{M_0}{E J} \tag{9}$$

bekommt. Diesem Winkel entspricht eine Formänderungsarbeit

$$W = \frac{1}{2 E J} \int_0^L M_0^2 \, ds = \frac{M_0^2 L}{2 E J} = \frac{E J}{2} L^2 (\Delta\varphi_0)^2, \tag{10}$$

die bei Taschen- und Armbanduhren zum Antrieb ausgenutzt wird.

11. Die Knickung eines Balkens ist das einfachste *Instabilitäts-problem* der Elastostatik: Ein (z. B. durch eine Axialkraft) auf Druck beanspruchter Stab wird beim Erreichen einer bestimmten, der sog. *kritischen Last* in seiner geradlinigen Form instabil, d. h., er nimmt bei einer seitlich gerichteten Störkraft oder infolge einer (kleinen) Exzentrizität der Axialkraft[1] eine gebogene stabile Lage ein und geht somit aus dem Druck- in den Biegezustand über. Zur Ermittlung dieser kritischen Last schreibt man die Gleichgewichtsbedingungen für eine ausgelenkte Lage an und verwendet die Differentialgleichung der elastischen Linie mit dem zu diesem verformten Zustand gehörigen Biegemoment. Die Lösung der so erhaltenen Differentialgleichung liefert nach Erfüllung der Randbedingungen über den sog. *ersten Eigenwert* die kritische Last.

Betrachten wir als ersten Fall den an beiden Enden gelenkig gelagerten Stab konstanten Querschnittes (Abb. 2.9). An der Stelle x ist das Biegemoment $M_y(x) = P\,w(x)$, so daß wegen $w'' < 0$ und gemäß (2.8) die Differentialgleichung

$$E\,J_y\,w''(x) = -\,P\,w(x)$$

besteht bzw. mit der Abkürzung

$$\lambda^2 = \frac{P}{E\,J_y} \tag{2.45}$$

aus ihr

$$w''(x) + \lambda^2\,w(x) = 0 \tag{2.46}$$

hervorgeht. Mit den willkürlichen Konstanten C_1 und C_2 hat (2.46) die Lösung

$$w(x) = C_1 \cos\lambda\,x + C_2 \sin\lambda\,x. \tag{2.47}$$

Aus der Randbedingung $w(0) = 0$ folgt $C_1 = 0$, während die Forderung $w(l) = 0$

$$C_2 \sin\lambda\,l = 0$$

liefert. Da $C_2 = 0$ auf $w(x) \equiv 0$ führen würde, muß $\sin\lambda\,l = 0$, d.h. $\lambda\,l = j\,\pi$ $(j = 0, 1, 2, \ldots)$ gefordert werden. Die aus dieser Beziehung hervorgehenden

$$\lambda_j = \frac{j\,\pi}{l}$$

werden *Eigenwerte* genannt. Der kleinste nichttriviale folgt für $j = 1$ und bestimmt gemäß (2.45) die *kritische Last*

$$P_{kr} = \frac{\pi^2\,E\,J_y}{l^2}. \tag{2.48}$$

Bemerkungen:

1. Wenn hinsichtlich des Ausknickens keine Richtung als bevorzugt angesehen werden kann, muß man für J_y das kleinste quadratische

---

[1] Wodurch schon bei jeder Größe der Belastung eine bestimmte Durchbiegung eintritt!

Flächenmoment, d. h. das kleinere der Hauptträgheitsmomente einsetzen.

2. Die Form der elastischen Linie bleibt unbestimmt, denn in

$$w(x) = C_2 \sin \lambda\, x = C_2 \sin \frac{\pi\, x}{l} \tag{2.49}$$

ist C_2 unbekannt und es stehen keine weiteren, von (2.49) noch nicht erfüllten Bedingungen zur Verfügung[1]. Die Erklärung hierfür liegt in der Linearisierung der Differentialgleichung der elastischen Linie, d. h., daß man in (2.8) die Krümmung durch $w''(x)$ ersetzt hat.

3. Die vorangegangenen Betrachtungen sind so lange gültig, wie die zu P_{kr} gehörigen Spannungen $\sigma_{kr} = \dfrac{P_{kr}}{F}$ ($F =$ Querschnittsfläche) unterhalb der Proportionalitätsgrenze σ_p bleiben.

Die Bestimmung der zu anderen Lagerungen gehörigen kritischen Lasten verläuft analog; eine Zusammenstellung bringt die nachfolgende Tabelle. Alle diese Knickfälle lassen sich entsprechend Gl. (2.48) in der Form

$$P_{kr} = \frac{\pi^2\, E\, J_y}{l_r^2} \tag{2.50}$$

behandeln, wobei l_r die sog. *reduzierte Knicklänge* (siehe Tabelle) ist.

Für Stäbe veränderlichen Querschnittes $[J_y = J_y(x)]$ lassen sich die Differentialgleichungen nicht so einfach lösen. Einen Näherungswert für die kritische Last erhält man unter Heranziehung von (2.42):

$$A = P_{kr}\left[\int\limits_{x=0}^{l} \sqrt{1 + w'^{\,2}(x)}\, d\,x - l\right] \approx P_{kr}\left\{\int\limits_{x=0}^{l}\left[1 + \frac{1}{2}\, w'^{\,2}(x)\right] d\,x - l\right\},$$

$$A = \frac{1}{2}\, P_{kr}\int\limits_{x=0}^{l} w'^{\,2}(x)\, d\,x = W = \frac{E}{2}\int\limits_{x=0}^{l} J_y(x)\, w''^{\,2}(x)\, d\,x, \tag{2.51}$$

woraus

$$P_{kr} = \frac{E\displaystyle\int\limits_{x=0}^{l} J_y(x)\, w''^{\,2}(x)\, d\,x}{\displaystyle\int\limits_{x=0}^{l} w'^{\,2}(x)\, d\,x} \tag{2.52}$$

folgt. Für die elastische Linie setzt man hier eine den Randbedingungen, aber nicht notwendig der betreffenden Differentialgleichung genügende Funktion ein (*Verfahren von Rayleigh-Ritz*). Solche (Vergleichs-)Funktionen lassen sich als Polynome leicht ermitteln und sind in der Tabelle der Knickfälle angegeben.

---

[1] Man beachte, daß (2.49) den Forderungen $w''(0) = 0 = w''(l)$ (Momentenfreiheit) und $w'\left(\dfrac{l}{2}\right) = 0$ schon genügt!

Lagerung	Differentialgleichung und ihre Lösung	Randbedingungen und eine zugehörige Vergleichsfunktion[1]	Eigenwertgleichung	Kritische Last
1.	$w''(x)+\lambda^2 w(x)=0$ $w(x)=C_1\cos\lambda x +$ $\quad + C_2\sin\lambda x$ $\lambda^2=\dfrac{P}{EJ_y}$	$w(0)=w(l)=0$ $w''(0)=w''(l)=0$ $w(x)=x l^3-$ $\quad -2x^3 l + x^4$	$\sin\lambda l=0$ $\lambda_j l = j\pi$ $j=1,2,3,\ldots$	$P_{kr}=\pi^2\dfrac{EJ_y}{l^2}$
2.	$w''(x)+\lambda^2 w(x)$ $\quad =\dfrac{M}{EJ_y}$ $w(x)=\dfrac{M}{P}+$ $\quad + C_1\cos\lambda x$ $\quad + C_2\sin\lambda x$	$w(0)=w(l)=0$ $w'(0)=w'(l)=0$ $w(x)=x^2 l^2-$ $\quad -2l x^3 + x^4$	$1-\cos\lambda l=0$ $\lambda_j l = 2 j\pi$ $j=1,2,3,\ldots$	$P_{kr}=4\pi^2\dfrac{EJ_y}{l^2}$
3.	$w''(x)+\lambda^2 w(x)$ $\quad =\dfrac{Pf}{EJ_y}$ $w(x)=f+$ $\quad + C_1\cos\lambda x$ $\quad + C_2\sin\lambda x$	$w(0)=w'(0)=0$ $w''(l)=w'''(0)=0$ $w(x)=-6x^2 l^2 + x^4$	$\cos\lambda l=0$ $\lambda_j l=(2j-1)\dfrac{\pi}{2}$ $j=1,2,3,\ldots$	$P_{kr}=\dfrac{\pi^2}{4}\dfrac{EJ_y}{l^2}$
4.	$w''(x)+\lambda^2 w(x)$ $\quad =\dfrac{Q}{EJ_y}x$ $w(x)=\dfrac{Q}{P}x+$ $\quad + C_1\cos\lambda x$ $\quad + C_2\sin\lambda x$	$w(0)=w(l)=0$ $w'(l)=w''(0)=0$ $w(x)=x l^3-$ $\quad -3l x^3 + 2x^4$	$\tan\lambda l=\lambda l$ $\lambda_j l=\ 4{,}4934,$ $\qquad 7{,}7253,$ $\qquad 10{,}9041,\ldots$ $j=1,2,3,\ldots$	$P_{kr}=20{,}19\dfrac{EJ_y}{l^2}$

Aufgaben

A 1. *Dimensionierung eines auf Knickung beanspruchten Stabes.*
Man dimensioniere den auf Druck beanspruchten Obergurtstab O_2 der Aufgabe I 8. A 1. Als Profil wird ein Kreisrohrquerschnitt mit Außendurchmesser $D_a \approx 85$ mm gewählt. Das Material des Stabes sei St 37, und es soll eine Sicherheit $\nu \geqq 2{,}5$ gegen Ausknicken vorhanden sein. Der

---

[1] Ein multiplikativer Faktor wurde unterdrückt!

Nachweis der Sicherheit erfolge nach TETMAJER bzw. EULER. Außerdem führe man eine Kontrollrechnung mit dem ω-*Verfahren* durch.

Lösung. Nach Aufgabe I 8. A 1 beträgt die Druckkraft im Stabe 3,25 Mp. Er hat die Länge $l = \dfrac{5}{\cos 11{,}3^0} = 5{,}1$ m und ist auf beiden Seiten gelenkig gelagert. Nach der Tabelle S. 109, Fall 1 ist also $l_r = l = 5{,}1$ m.

Bevor wir mit der eigentlichen Rechnung beginnen, wollen wir noch einige allgemeine Betrachtungen zum Knicken anführen. Dazu dividieren wir die Formel (2.50) für die *Eulersche Knicklast* durch die Querschnittsfläche F des Knickstabes:

$$\frac{P_{kr}}{F} = \sigma_{kr} = \frac{\pi^2 E J}{l_r^2 F}. \tag{1}$$

Mit dem Trägheitsradius $i = \sqrt{\dfrac{J}{F}}$ definieren wir den *Schlankheitsgrad* $s_r = \dfrac{l_r}{i}$ des Stabes, und damit wird Gl. (1) zu

$$\sigma_{kr} = \frac{\pi^2 E}{s_r^2}. \tag{2}$$

Die Gl. (2) ist die sog. *Euler-Hyperbel* (Abb. A 1.1). Da die Gleichung der Balkenknickung (2.46) nur im elastischen Bereich gilt, müssen wir den Gültigkeits-

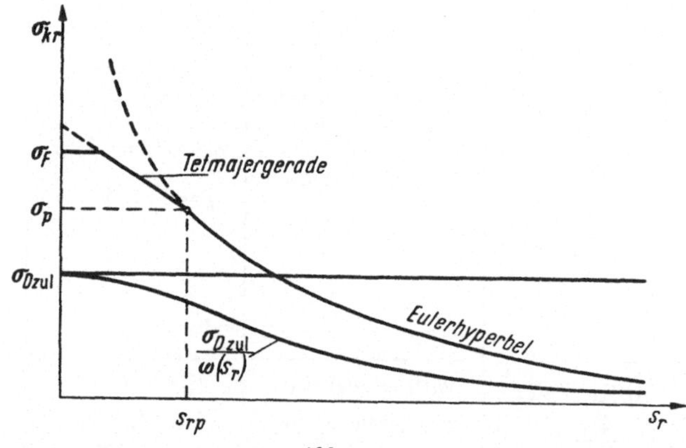

Abb. A 1.1

bereich der Gl. (2) entsprechend einschränken. Als größte mögliche Spannung setzen wir die Proportionalitätsgrenze in Gl. (2) ein und erhalten den kleinsten für die EULERsche Knickgleichung noch zulässigen Schlankheitsgrad (Abb. A 1.1)

$$s_{rp} = \pi \sqrt{\frac{E}{\sigma_p}}.$$

Liegen Schlankheitsgrade $s_r < s_{rp}$ vor, so stellt die experimentell ermittelte *Tetmajer-Gerade*

$$\sigma_{kr} = a - b\,s_r \tag{3}$$

den Verlauf der kritischen Spannung dar (s. Tabelle auf S. 111). In praktischen Fällen muß jedoch gegenüber σ_{kr} eine gewisse Sicherheit ν vorhanden. d. h. die in einem Stab vom Schlankheitsgrad s_r zulässige Druckspannung

$$\sigma_{d\,zul}(s_r) = \frac{\sigma_{kr}(s_r)}{\nu} \tag{4}$$

sein. Es müssen also unter Beachtung von (2) bzw. (3) die Forderungen

$$\sigma_{vorh} = \frac{P}{F} \leqq \sigma_{d\,zul} = \frac{\pi^2 E}{v\,s_r^2} \quad \text{bzw.} \quad \sigma_{vorh} = \frac{P}{F} \leqq \sigma_{d\,zul} = \frac{a - b\,s_r}{v} \tag{5}$$

erfüllt sein.

Eine Zusammenfassung dieser beiden Formeln unter Berücksichtigung *bestimmter* Sicherheitskoeffizienten v bildet das sog. *ω-Verfahren*, dessen grundlegende Beziehung

$$\sigma_{vorh} = \frac{P}{F} \leqq \sigma_{d\,zul}\,(s_r) = \frac{\sigma_{D\,zul}}{\omega\,(s_r)} \tag{6}$$

lautet (Abb. A 1.1). Dabei sind $\sigma_{D\,zul} = \sigma_{d\,zul}\,(0)$ die zulässige Druckspannung für $s_r = 0$, also für den Fall, daß keine Knickgefahr vorhanden ist, und $\omega\,(s_r)$ eine gemäß der aus (4) und (6) folgenden Beziehung

$$\omega\,(s_r) = \frac{\sigma_{D\,zul}}{\sigma_{d\,zul}\,(s_r)} = \frac{\sigma_{D\,zul}}{\sigma_{kr}\,(s_r)}\,v$$

für verschiedene Materialien berechnete und vertafelte Funktion (Tabelle s. u.).

Knickspannungen σ_{kr} nach Tetmajer und v. Kármán

$$\sigma_{kr} = a - b\,s_r; \quad s_r = \frac{l_r}{i_{min}}$$

Werte a und b für verschiedene Materialien:

Material	a (kp/cm²)	b (kp/cm²)	Gültigkeitsbereich
Gußeisen * . . .	7760	120	$0 \leqq s_r \leqq 80$
St 37	2400 2890	0 8,175	$0 \leqq s_r \leqq 60$ $60 \leqq s_r \leqq 100$
St 48	3120 4690	0 26,175	$0 \leqq s_r \leqq 60$ $60 \leqq s_r \leqq 100$
St 52	3600 5890	0 38,175	$0 \leqq s_r \leqq 60$ $60 \leqq s_r \leqq 100$
Nadelholz . . .	300	2,000	$0 \leqq s_r \leqq 100$

* Bei Gußeisen tritt noch das Glied $+\,0{,}53\,s_r^2$ hinzu.

Im Proportionalitätsbereich, d. h. für Schlankheiten, die größer sind als die jeweils größten der in obiger Tabelle angegebenen, berechnet man σ_{kr} nach EULER:

$$\sigma_{kr} = \frac{\pi^2 E}{s_r^2}$$

ω-Verfahren

$$\sigma_{vorh} \leqq \frac{\sigma_{D\,zul}}{\omega\,(s_r)}$$

ω-Werte für verschiedene Materialien und s_r-Werte:

$s_r =$	0	10	20	30	40	50	60	70	80	90	100	110	120	130	140	150
Gußeisen . .	1,00	1,01	1,05	1,11	1,22	1,39	1,67	2,21	3,50	4,43	5,45	—	—	—	—	—
St 37 . . .	1,00	1,02	1,04	1,08	1.14	1,21	1,30	1,41	1,55	1,71	1,90	2,11	2,43	2,85	3,31	3,80
St 48 . . .	1,00	1,02	1,05	1,09	1,16	1,24	1,35	1,50	1,70	1,90	2,30	2,60	3,15	3,75	4,30	5,10
St 52 . . .	1,00	1,02	1,06	1,11	1,19	1,28	1,41	1,58	1,79	2,05	2,53	3,06	3,65	4,28	4,96	5,70
Stahlbeton .	1,00	1,00	1,00	1.00	1,00	1,00	1,04	1,08	1,24	1,42	1,62	1,91	2,28	2,64	3.00	—
Nadelholz .	1,00	1,07	1,15	1,25	1,36	1.50	1,67	1,87	2,14	2,50	3,00	3,73	4,55	5,48	6.51	7,65

Im allgemeinen geht man bei der Dimensionierung nun so vor, daß man von einem gewählten Profil Trägheitsradius und Fläche bestimmt und dann nachprüft, ob die Forderung $\sigma_{vorh} = P/F \leqq \sigma_{d\,zul}$ befriedigt wird. Man muß also den Querschnitt durch „Probieren" finden.

Im vorliegenden Fall gehen wir von der Gl. (1) aus, die uns den gesuchten Innendurchmesser D_i wegen $J = \dfrac{\pi}{64}\,(D_a^4 - D_i^4)$ in der Form

$$D_i = \sqrt[4]{D_a^4 - \frac{64}{\pi^3}\,\frac{P\,l_r^2\,v}{E}} \tag{7}$$

liefert, aus der hervorgeht, daß D_a einen bestimmten Wert nicht unterschreiten kann. Die gegebenen Zahlenwerte führen auf

$$D_i = 7{,}4 \ \text{cm}\,.$$

Der Schlankheitsgrad wird damit

$$s_r = \frac{4\,l_r}{\sqrt{D_a^2 + D_i^2}} = 182\,, \tag{8}$$

so daß wir uns im EULER-Bereich befinden und das gewählte Profil beibehalten können. Die vorhandene Spannung wird

$$\sigma_{vorh} = \frac{P}{F} = 236 \ \text{kp/cm}^2\,. \tag{9}$$

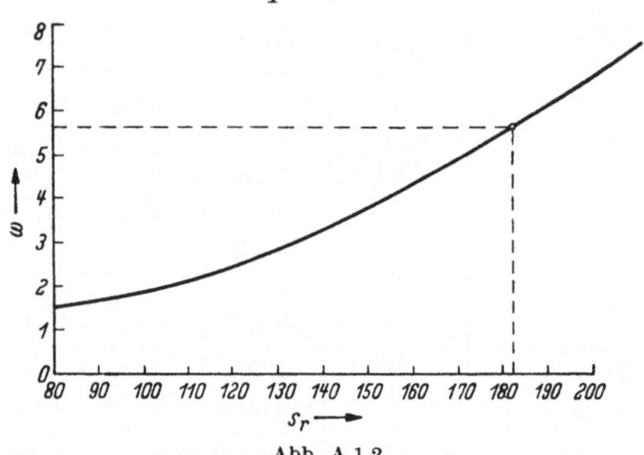

Abb. A 1.2

Nach der Abb. A 1.2 erhalten wir mit $\sigma_{D\,zul} = 1400 \ \text{kp/cm}^2$ für das gegebene s_r $\omega(s_r) = 5{,}60$. Es muß also sein

$$\sigma_{vorh} = \frac{P}{F} = 236 \ \text{kp/cm}^2 \leqq \frac{\sigma_{D\,zul}}{\omega(s_r)} = \frac{1400}{5{,}6} = 250 \ \text{kp/cm}^2\,. \tag{10}$$

Diese Forderung ist nach Gl. (8) erfüllt. Andererseits können wir auch zu Normabmessungen übergehen. Wir wählen das genormte Stahlrohr NW 80 mit $D_a = 8{,}9$ cm und $D_i = 8$ cm und erhalten nach Gl. (8) $s_r = 170$, nach Abb. A 1.2 $\omega = 4{,}88$, also $\sigma_{d\,zul} = 287 \ \text{kp/cm}^2$, während $\sigma_{vorh} = 271 \ \text{kp/cm}^2$ ist. Das Ergebnis zeigt, daß dieses Rohr den Anforderungen genügt.

A 2. Ermittlung der kritischen Knicklast nach der Energiemethode. Für die Pleuelstange einer Verbrennungskraftmaschine ermittle man näherungsweise nach der Energiemethode die statische Knicklast (Abb. A 2.1).

Gegeben: $E = 2{,}1 \cdot 10^6 \ \text{kp/cm}^2$ und Abmessungen gemäß Abb. A 2.1.

Lösung. Wir betrachten den 300 mm langen Pleuelschaft als beidseitig gelenkig gelagerten Knickstab und verwenden zur Berechnung der Knicklast P_{kr} die Gl. (2.52). Wir bezeichnen die Länge des Schaftes mit l und entnehmen die übrigen Bezeichnungen der Abb. A 2.2 mit $h_1 =$ Pleuelbreite am Kolbenbolzenlager und $h_2 =$ Pleuelbreite am Kurbellager. Es ist dann mit $\xi = \dfrac{x}{l}$

$$h(\xi) = h_1 + (h_2 - h_1)\,\frac{x}{l} = 20 + 5\xi \quad [\text{mm}], \qquad (1)$$

und das für die Knickung wesentliche Trägheitsmoment ist

$$J(\xi) = \frac{1}{12}\,[15(20 + 5\xi)^3 - 10(10 + 5\xi)^3]$$

$$= \frac{5}{12}\,(22000 + 15000\xi + 3000\xi^2 +$$

$$+\ 125\xi^3) \quad [\text{mm}^4]. \qquad (2)$$

Als Vergleichsfunktion für die Knicklinie des Schaftes haben wir nach der Tab. auf S. 109

$$w(\xi) = \overline{c}\,(\xi - 2\xi^3 + \xi^4)$$

bzw. durch Differentiation nach x

$$w'(\xi) = \frac{\overline{c}}{l}\,(1 - 6\xi^2 + 4\xi^3),$$

$$w''(\xi) = \frac{12\,\overline{c}}{l^2}\,(-\xi + \xi^2). \qquad (3)$$

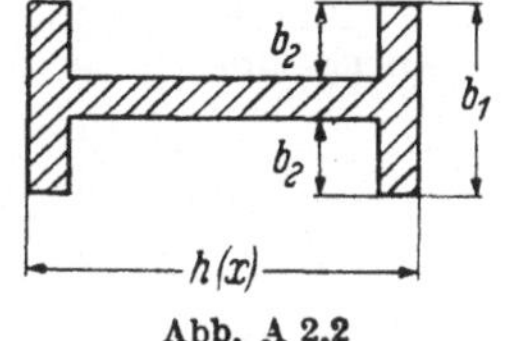

Abb. A 2.1   Abb. A 2.2

Mit den Gln. (2) und (3) folgt aus (2.52)

$$P_{kr} = E\,\frac{\displaystyle\int_0^1 J(\xi)\,w''^2(\xi)\,d\xi}{\displaystyle\int_0^1 w'^2(\xi)\,d\xi}$$

$$= \frac{60\,E}{l^2}\,\frac{\displaystyle\int_0^1 (22000 + 15000\xi + 3000\xi^2 + 125\xi^3)\,(-\xi + \xi^2)^2\,d\xi}{\displaystyle\int_0^1 (1 - 6\xi^2 + 4\xi^3)^2\,d\xi} \qquad (4)$$

Die Auswertung von (4) führt mit dem gegebenen Wert für E auf

$$P_{kr} = 29{,}0 \ \text{Mp}. \qquad (5)$$

Rechnen wir mit dem mittleren J nach (2) an der Stelle $\xi = \dfrac{1}{2}$, so erhalten wir aus der EULER-Formel (2.50) den Wert

$$P_{kr} = \frac{\pi^2 E J}{l_r^2} = 29{,}1 \ \text{Mp},$$

der von dem unter wesentlich größerem Rechenaufwand ermittelten Wert (5) um nur 0,3% abweicht.

A 3. Stabknickung unter Berücksichtigung des Eigengewichtes des Stabes. Nach der Energiemethode ermittle man näherungsweise die kritische Länge, bei der ein an einem Ende eingespannter und an seinem anderen Ende mit einem Gewicht G belasteter Stab unter Berücksichtigung des Eigengewichtes ausknickt (Abb. A 3.1).

Gegeben: $G = 100\ \text{kp}$, $F = 25\ \text{cm}^2$, $J_{\min} = 50\ \text{cm}^4$,
$\gamma = 7{,}85 \cdot 10^{-3}\ \text{kp/cm}^3$, $E = 2{,}1 \cdot 10^6\ \text{kp/cm}^2$.

Lösung. Wir gehen aus von der Gl. (2.38), die wir auf die Form

$$\delta\,(W - A) = 0 \tag{1}$$

bringen. Der Variationsbefehl δ ist dabei auf die Konstanten der noch zu wählenden Vergleichsfunktion anzuwenden. Wir verschaffen uns zunächst den Ausdruck für die Arbeit der äußeren Kräfte. Es ist [s. (2.51)] die Arbeit infolge des Gewichtes G näherungsweise

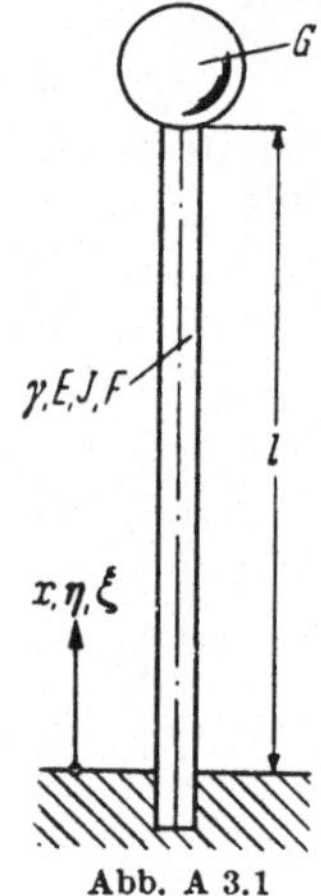

Abb. A 3.1

$$A_G = \frac{G}{2} \int\limits_0^{l_{kr}} w'^2(x)\,dx, \tag{2}$$

während wir die von den Gewichtselementen des Stabes geleistete Arbeit mit dem Integral

$$A_{St} = \frac{\gamma F}{2} \int\limits_0^{l_{kr}} \left[\int\limits_0^x w'^2(\eta)\,d\eta \right] dx \tag{3}$$

erfassen können.

Zur Ermittlung der Formänderungsarbeit werden nur die Biegemomente im Stab herangezogen [s. (2.42)]:

$$W = \frac{EJ}{2} \int\limits_0^{l_{kr}} w''^2(x)\,dx. \tag{4}$$

Als Vergleichsfunktion setzen wir die dem vorliegenden Knickfall entsprechende der Tab. auf S. 109 an und erhalten mit $\xi = \dfrac{x}{l_{kr}}$

$$w(\xi) = \bar{c}\,(-6\,\xi^2 + \xi^4)$$

bzw. durch Differentiation nach x

$$\left. \begin{aligned} w'(\xi) &= \frac{4\,\bar{c}}{l_{kr}}\,(-3\,\xi + \xi^3), \\[2mm] w''(\xi) &= \frac{12\,\bar{c}}{l_{kr}^2}\,(-1 + \xi^2). \end{aligned} \right\} \tag{5}$$

Setzen wir (5) in (2), (3) und (4) ein und führen die Variation in (1) in der Form $\delta = \delta\,\bar{c}\,\dfrac{\partial}{\partial\,\bar{c}}$ aus, so folgt

$$\left\{ \frac{144\,EJ}{l_{kr}^3} \int\limits_0^1 (-1 + \xi^2)^2\,d\xi - \frac{16\,G}{l_{kr}} \int\limits_0^1 (-3\,\xi + \xi^3)^2\,d\xi - \right.$$

$$\left. - 16\gamma F \int\limits_0^1 \left[\int\limits_0^\xi (-3\eta + \eta^3)^2\,d\eta \right] d\xi \right\} \bar{c}\,\delta\,\bar{c} = 0. \tag{6}$$

Nach Auswertung der Integrale erhalten wir wegen $\bar{c}\,\delta\bar{c} \neq 0$

$$\frac{192}{5}\frac{EJ}{l_{kr}^3} - \frac{544}{35}\frac{G}{l_{kr}} - \frac{159}{35}\gamma F = 0. \tag{7}$$

Wir bringen Gl. (7) mit $u = \dfrac{1}{l_{kr}}$ auf die Normalform $u^3 - 3\,p\,u - 2\,q = 0$, also

$$u^3 - \frac{17}{42}\frac{G}{EJ}u - \frac{53}{448}\frac{\gamma F}{EJ} = 0,$$

für die die Lösung (s. z. B. Hütte I, 28. Aufl., S. 63) mit

$$p = \frac{17}{126}\frac{G}{EJ}, \qquad q = \frac{53\,\gamma F}{896\,EJ}$$

$$u = 2\,\sqrt{p}\,\cosh\left[\frac{1}{3}\,\text{ar}\cosh\left(\frac{q}{p^{3/2}}\right)\right]$$

lautet.

Damit wird

$$l_{kr} = 12{,}25 \text{ m}.$$

A 4. *Zerreißen und Knicken eines Stabes durch Temperatureinfluß.* Ein Metallstab der Länge l mit dem Flächenträgheitsmoment J ist an seinen Enden in unverschieblichen Gelenken spannungsfrei gelagert. Bei welchen Temperaturänderungen wird der Stab zerreißen bzw. ausknicken, wenn der als konstant angenommene Elastizitätsmodul E, die Bruchspannung σ_{Br}, der Wärmeausdehnungskoeffizient $\alpha > 0$ und der Schlankheitsgrad s gegeben sind?

Lösung. Aus

$$\sigma_{Br} = \frac{\Delta l}{l}E = -\alpha\,\Delta\vartheta\,E$$

folgt für die zum Zerreißen notwendige Temperaturdifferenz (Abkühlung!)

$$\Delta\vartheta = -\frac{\sigma_{Br}}{\alpha E}.$$

Für das Knicken infolge Erwärmung gilt (nach der Tabelle auf S. 109)

$$P_{kr} = \frac{\pi^2 EJ}{l^2} = \frac{\Delta l}{l}EF = \alpha\,\Delta\vartheta\,EF,$$

und hieraus ergibt sich

$$\Delta\vartheta = \frac{\pi^2 J}{F l^2 \alpha} = \frac{\pi^2}{\alpha s^2},$$

wenn man Ausknicken im EULERbereich voraussetzt.

III. Ausgewählte Probleme der höheren Elastizitätstheorie

1. Allgemeine Spannungs- und Deformationsgleichungen. Die Gleichgewichtsbedingungen an einem Element vom Volumen $dx\,dy\,dz$ (Abbildung 3.1), das der Kraft $\mathfrak{K} = \{X;\,Y;\,Z\}$ je Volumeneinheit unterworfen ist, ergeben sich in den Achsenrichtungen zu

$$\left.\begin{array}{l}\dfrac{\partial\sigma_x}{\partial x} + \dfrac{\partial\tau_{yx}}{\partial y} + \dfrac{\partial\tau_{zx}}{\partial z} + X = 0,\\[2ex] \dfrac{\partial\tau_{xy}}{\partial x} + \dfrac{\partial\sigma_y}{\partial y} + \dfrac{\partial\tau_{zy}}{\partial z} + Y = 0,\\[2ex] \dfrac{\partial\tau_{xz}}{\partial x} + \dfrac{\partial\tau_{yz}}{\partial y} + \dfrac{\partial\sigma_z}{\partial z} + Z = 0.\end{array}\right\} \tag{3.1}$$

Aus dem Gleichgewicht hinsichtlich der Momente folgt die *Gleichheit der zugeordneten Schubspannungen:*

$$\tau_{xy} = \tau_{yx}, \quad \tau_{xz} = \tau_{zx}, \quad \tau_{yz} = \tau_{zy}. \tag{3.2}$$

Wegen (3.2) enthalten die Gln. (3.1) nur noch sechs unbekannte Spannungskomponenten; die zu ihrer Ermittlung noch notwendigen Beziehungen liefern die HOOKEschen Gesetze (2.4) und (2.6), die bei Vorliegen eines Temperaturfeldes $\vartheta = \vartheta(x, y, z, t)$ bei Berücksichtigung der

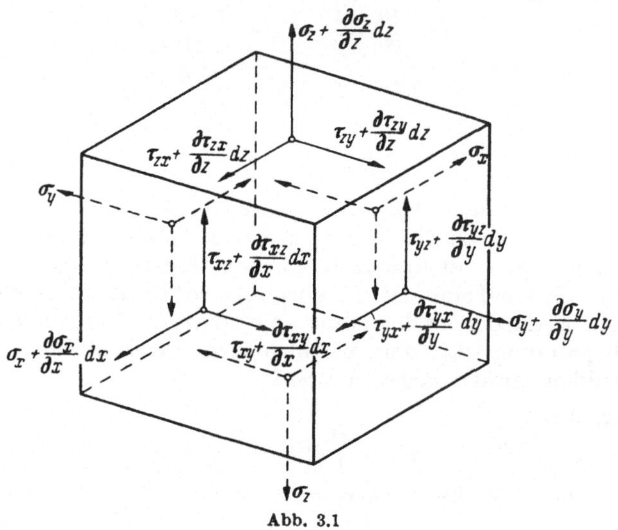

Abb. 3.1

damit verbundenen Dehnungen ($\varepsilon = \alpha\vartheta$, $\alpha =$ linearer Wärmeausdehnungskoeffizient) folgende Gestalt annehmen:

$$\left.
\begin{aligned}
\varepsilon_x &= \frac{\partial u}{\partial x} = \frac{1}{E}[\sigma_x - \nu(\sigma_y + \sigma_z)] + \alpha\vartheta, \\[4pt]
\varepsilon_y &= \frac{\partial v}{\partial y} = \frac{1}{E}[\sigma_y - \nu(\sigma_x + \sigma_z)] + \alpha\vartheta, \\[4pt]
\varepsilon_z &= \frac{\partial w}{\partial z} = \frac{1}{E}[\sigma_z - \nu(\sigma_x + \sigma_y)] + \alpha\vartheta, \\[4pt]
\gamma_{xy} &= \frac{\partial v}{\partial x} + \frac{\partial u}{\partial y} = \frac{\tau_{xy}}{G}, \quad \gamma_{xz} = \frac{\partial w}{\partial x} + \frac{\partial u}{\partial z} = \frac{\tau_{xz}}{G}, \\[4pt]
\gamma_{yz} &= \frac{\partial w}{\partial y} + \frac{\partial v}{\partial z} = \frac{\tau_{yz}}{G}.
\end{aligned}
\right\} \tag{3.3}$$

Unter Heranziehung der für das Temperaturfeld maßgeblichen Differentialgleichung

$$\frac{\partial\vartheta}{\partial t} = \frac{\lambda}{c\varrho}\left(\frac{\partial^2\vartheta}{\partial x^2} + \frac{\partial^2\vartheta}{\partial y^2} + \frac{\partial^2\vartheta}{\partial z^2}\right) + \frac{Q}{c\varrho} = \frac{\lambda}{c\varrho}\,\Delta\vartheta + \frac{Q}{c\varrho} \tag{3.4}$$

(hierin sind t die Zeit, ϱ die Dichte, c die spezifische Wärme je Masseneinheit, λ die Wärmeleitzahl, Q die in kontinuierlich verteilten Wärmequellen je Volumen- und Zeiteinheit erzeugte Wärmemenge) hat man zehn Gleichungen für die zehn Unbekannten u, v, w, σ_x, σ_y, σ_z, τ_{xy}, τ_{xz}, τ_{yz} und ϑ. Unter der Voraussetzung, daß man (3.4) gelöst hat, also ϑ bekannt ist, kann man aus (3.1) und (3.3) *entweder* die Spannungen *oder* die Verschiebungen eliminieren. Man erhält mit

$$\bar{\varepsilon} = \varepsilon_x + \varepsilon_y + \varepsilon_z = \frac{\partial u}{\partial x} + \frac{\partial v}{\partial y} + \frac{\partial w}{\partial z} \tag{3.5}$$

und

$$\bar{\sigma} = \sigma_x + \sigma_y + \sigma_z \tag{3.6}$$

unter Beachtung von (2.7)

$$G\left[\Delta u + \frac{1}{1-2v}\frac{\partial \bar{\varepsilon}}{\partial x} - \frac{2(1+v)\alpha}{1-2v}\frac{\partial \vartheta}{\partial x}\right] + X = 0 \tag{3.7}$$

oder für $\vartheta = 0$

$$\left. \begin{aligned} \Delta\sigma_x + \frac{1}{1+v}\frac{\partial^2 \bar{\sigma}}{\partial x^2} &= -2\frac{\partial X}{\partial x} - \frac{v}{1-v}\left(\frac{\partial X}{\partial x} + \frac{\partial Y}{\partial y} + \frac{\partial Z}{\partial z}\right), \\ \Delta\tau_{xy} + \frac{1}{1+v}\frac{\partial^2 \bar{\sigma}}{\partial x\,\partial y} &= \left(\frac{\partial X}{\partial y} + \frac{\partial Y}{\partial x}\right) \end{aligned} \right\} \tag{3.8}$$

und entsprechende Gleichungen für die anderen Komponenten.

Die weitere mathematische Verfolgung dieser beiden Wege liefert nur in Spezialfällen konkrete Ergebnisse.

Aufgaben

A 1. Kugelschale unter senkrechter, gleichmäßiger Oberflächenbelastung und im kugelsymmetrischen Erwärmungszustand. Eine Kugelschale mit dem äußeren bzw. inneren Radius r_a und r_i wird auf den Begrenzungsflächen durch die radial gerichteten Spannungen p_a und p_i belastet und dort auf den (konstanten) Temperaturen ϑ_a und ϑ_i gehalten. Man bestimme den Spannungszustand der Kugelschale. Elastizitätsmodul E, Querkontraktionszahl v bzw. Schubmodul G und Wärmeausdehnungskoeffizient α seien gegeben. Für das stationäre Temperaturfeld $\vartheta = \vartheta(r)$ gilt die Differentialgleichung $\vartheta''(r) + \frac{2}{r}\vartheta'(r) = 0$.

Lösung. Da die (resultierende) Verschiebung ϱ eines Schalenpunktes (x, y, z) in radialer Richtung erfolgt und somit allein eine Funktion der Entfernung $r = \sqrt{x^2 + y^2 + z^2}$ vom Schalenmittelpunkt ist, lassen sich die Verschiebungskomponenten u, v und w mit einer Funktion $f = f(r)$, offenbar in der Form

$$u = x f(r), \qquad v = y f(r), \qquad w = z f(r) \tag{1}$$

darstellen.

Nach (3.7) hat man zunächst

$$\Delta u + \frac{1}{1-2v}\frac{\partial}{\partial x}\left(\frac{\partial u}{\partial x} + \frac{\partial v}{\partial y} + \frac{\partial w}{\partial z}\right) - \frac{2(1+v)\alpha}{1-2v}\frac{\partial \vartheta}{\partial x} = 0,$$

woraus wegen Gl. (1) die Beziehungen

$$\left. \begin{aligned} \frac{\partial u}{\partial x} + \frac{\partial v}{\partial y} + \frac{\partial w}{\partial z} &= 3f(r) + f'(r)\frac{x^2 + y^2 + z^2}{r} = 3f(r) + r f'(r), \\ \frac{\partial}{\partial x}[3f(r) + r f'(r)] &= 4f'(r)\frac{x}{r} + x f''(r). \end{aligned} \right\} \tag{2}$$

$$\Delta u = \frac{\partial^2 u}{\partial x^2} + \frac{\partial^2 u}{\partial y^2} + \frac{\partial^2 u}{\partial z^2} = 4 f'(r)\,\frac{x}{r} + f''(r)\,x\,, \tag{3}$$

$$\frac{\partial \vartheta}{\partial x} = \frac{d\vartheta}{dr}\,\frac{\partial r}{\partial x} = \vartheta'(r)\,\frac{x}{r}$$

folgen, mit denen man die Differentialgleichung

$$r f''(r) + 4 f'(r) = \frac{1+\nu}{1-\nu}\,\alpha\,\vartheta'(r) \tag{4}$$

erhält. Bevor wir die Differentialgleichung lösen, muß $\vartheta = \vartheta(r)$, also die Lösung von $r^2\,\vartheta''(r) + 2\,r\,\vartheta'(r) = 0$ gefunden werden. Der Ansatz $\vartheta(r) = c\,r^\beta$ liefert $\vartheta(r) = c_1 + c_2/r$, und nachdem man c_1 und c_2 aus $\vartheta(r_i) = \vartheta_i$, $\vartheta(r_a) = \vartheta_a$ ermittelt hat, ergibt sich

$$\vartheta = \vartheta(r) = \frac{1}{r_a - r_i}\left[\vartheta_a\,r_a - \vartheta_i\,r_i + (\vartheta_i - \vartheta_a)\,\frac{r_a\,r_i}{r}\right] \tag{5}$$

und somit für (4)

$$r f''(r) + 4 f'(r) = \frac{(1+\nu)\,\alpha\,(\vartheta_a - \vartheta_i)\,r_a\,r_i}{(1-\nu)\,(r_a - r_i)}\,\frac{1}{r^2} = \frac{C}{r^2}\,. \tag{6}$$

Mit den Konstanten C_1 und C_2 lautet die Lösung von (6)

$$f(r) = C_1 + \frac{C_2}{r^3} - \frac{C}{2r}\,; \tag{7}$$

damit sind gemäß (1) auch die Verschiebungskomponenten gefunden.

Die Auflösung der Gln. (3.3) nach den Spannungen liefert

$$\sigma_x = 2G\left(\frac{\partial u}{\partial x} + \frac{\nu}{1-2\nu}\,\bar{\varepsilon} - \frac{1+\nu}{1-2\nu}\,\alpha\,\vartheta\right),$$

$$\sigma_y = 2G\left(\frac{\partial v}{\partial y} + \frac{\nu}{1-2\nu}\,\bar{\varepsilon} - \frac{1+\nu}{1-2\nu}\,\alpha\,\vartheta\right).$$

$$\sigma_z = 2G\left(\frac{\partial w}{\partial z} + \frac{\nu}{1-2\nu}\,\bar{\varepsilon} - \frac{1+\nu}{1-2\nu}\,\alpha\,\vartheta\right),$$

wobei — unter Beachtung von (2) —

$$\bar{\varepsilon} = \frac{\partial u}{\partial x} + \frac{\partial v}{\partial y} + \frac{\partial w}{\partial z} = 3 f(r) + r f'(r) \tag{8}$$

ist, so daß man — mit Benutzung von (1) —

$$\left.\begin{array}{l}
\sigma_x = 2G\left[\dfrac{1+\nu}{1-2\nu}\,f(r) + \left(\dfrac{x^2}{r} + \dfrac{\nu}{1-2\nu}\,r\right) f'(r) - \dfrac{1+\nu}{1-2\nu}\,\alpha\,\vartheta\right], \\[2ex]
\sigma_y = 2G\left[\dfrac{1+\nu}{1-2\nu}\,f(r) + \left(\dfrac{y^2}{r} + \dfrac{\nu}{1-2\nu}\,r\right) f'(r) - \dfrac{1+\nu}{1-2\nu}\,\alpha\,\vartheta\right], \\[2ex]
\sigma_z = 2G\left[\dfrac{1+\nu}{1-2\nu}\,f(r) + \left(\dfrac{z^2}{r} + \dfrac{\nu}{1-2\nu}\,r\right) f'(r) - \dfrac{1+\nu}{1-2\nu}\,\alpha\,\vartheta\right]
\end{array}\right\} \tag{9}$$

erhält.

Identifizieren wir die x-Achse mit der r-Achse, was wegen der Kugelsymmetrie zulässig ist, so haben wir in (9) $x = r$, $y = z = 0$ und $\sigma_x = \sigma_r =$ Radialspannung, $\sigma_y = \sigma_z = \sigma_t =$ Tangentialspannung (Abb. A 1.1) zu setzen. Es ergeben sich:

$$\sigma_r = \sigma_r(r) = \frac{2G}{1-2\nu}\,[(1+\nu)\,f(r) + (1-\nu)\,r f'(r) - (1+\nu)\,\alpha\,\vartheta(r)]\,, \tag{10}$$

$$\sigma_t = \sigma_t(r) = \frac{2G}{1-2\nu}\,[(1+\nu)\,f(r) + \nu\,r f'(r) - (1+\nu)\,\alpha\,\vartheta(r)]\,. \tag{11}$$

Da σ_r und σ_t *Hauptspannungen* sind, beschreiben (10) und (11) unter Heranziehung von (7) den Spannungszustand in der Kugelschale, während man für die *Radialverschiebung* — mit (1) —

$$\varrho = \sqrt{u^2 + v^2 + w^2} = r\,f(r) \qquad (12)$$

hat.

Zur Bestimmung der Konstanten C_1 und C_2 in (7) stehen die Randbedingungen

$$\sigma_r(r_i) = p_i,$$
$$\sigma_r(r_a) = p_a$$
$$(p_i,\ p_a < 0 \ \text{für Druck})$$

zur Verfügung. Aus (10) mit (7) errechnet man

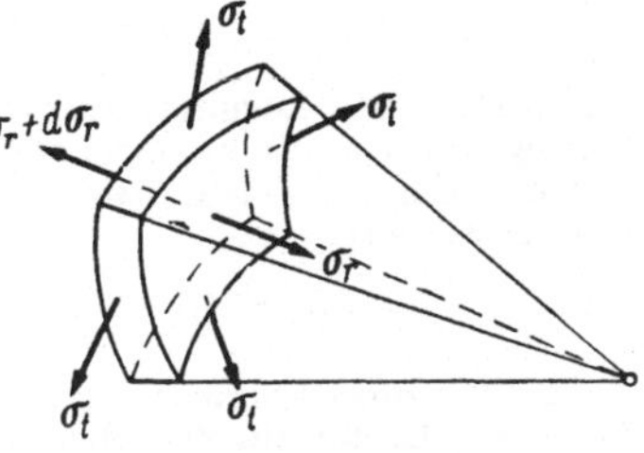

Abb. A 1.1

$$C_1 = \frac{(1-2\nu)}{2\,G\,(1+\nu)}\,\frac{(p_a\,r_a^3 - p_i\,r_i^3)}{(r_a^3 - r_i^3)} +$$
$$\left.\begin{array}{l} + \dfrac{\alpha(\vartheta_a - \vartheta_i)}{1-\nu}\left[\nu\,\dfrac{r_a}{r_a - r_i} + (1-2\nu)\,\dfrac{r_a^3}{r_a^3 - r_i^3}\right] + \alpha\,\vartheta_i. \\[2em] C_2 = \dfrac{(r_a\,r_i)^3}{r_a^3 - r_i^3}\left[\dfrac{p_a - p_i}{4\,G} + \dfrac{(1+\nu)}{2\,(1-\nu)}\,\alpha(\vartheta_a - \vartheta_i)\right] \end{array}\right\} \qquad (13)$$

und damit gemäß (10) und (11) die Spannungen

$$\sigma_r = \frac{1}{r_a^3 - r_i^3}\left[p_a\,r_a^3 - p_i\,r_i^3 + \frac{(p_i - p_a)\,(r_a\,r_i)^3}{r^3}\right] +$$
$$+ 2G\,\frac{1+\nu}{1-\nu}\,\alpha(\vartheta_a - \vartheta_i)\left[\frac{r_a^3}{r_a^3 - r_i^3} - \frac{r_a}{r_a - r_i} + \frac{r_a\,r_i}{r_a - r_i}\,\frac{1}{r} - \frac{(r_a\,r_i)^3}{r_a^3 - r_i^3}\,\frac{1}{r^3}\right]. \qquad (14)$$

$$\sigma_t = \frac{1}{r_a^3 - r_i^3}\left[p_a\,r_a^3 - p_i\,r_i^3 - (p_i - p_a)\,\frac{(r_a\,r_i)^3}{2\,r^3}\right] +$$
$$+ 2G\,\frac{1+\nu}{1-\nu}\,\alpha(\vartheta_a - \vartheta_i)\left[\frac{r_a^3}{r_a^3 - r_i^3} - \frac{r_a}{r_a - r_i} + \frac{r_a\,r_i}{2\,(r_a - r_i)}\,\frac{1}{r} + \frac{(r_a\,r_i)^3}{2\,(r_a^3 - r_i^3)}\,\frac{1}{r^3}\right]. \qquad (15)$$

A 2. Spannungen in einer Kugel infolge der Massenanziehung. Man bestimme das Spannungsfeld in einer Kugel, das infolge der Massenanziehung entsteht.

Lösung. Die auf ein Volumenelement einer Kugel vom Radius R wirksame Massenkraft X je Volumeneinheit ist, wie man nachweisen kann, gleich der der Kugel, die durch den Radiusvektor r des Elementes begrenzt wird. Die diese Kugel umschließende Schale übt auf das betrachtete Element keine resultierende Kraft aus, da im Innern einer Kugelschale das Gravitationspotential konstant ist[1]. Nach (5.23) ist dann mit dem spezifischen Gewicht γ

$$X = -\Gamma\,\frac{4\pi}{3}\,r^3\left(\frac{\gamma}{g}\right)^2\,\frac{x}{r^3}.$$

Gemäß (3.7) haben wir

$$G\left[\Delta u + \frac{1}{1-2\nu}\,\frac{\partial}{\partial x}\left(\frac{\partial u}{\partial x} + \frac{\partial v}{\partial y} + \frac{\partial w}{\partial z}\right)\right] + X = 0,$$

woraus mit den Gln. (1), (2) und (3) der vorangehenden Aufgabe und dem Aus-

[1] Szabó, I.: Einführung in die Technische Mechanik, 6. Aufl. Springer 1962, S. 313.

druck für X die Differentialgleichung

$$r\,f''(r) + 4f'(r) = \frac{1-2\nu}{G(1-\nu)}\,\Gamma\frac{2\pi}{3}\left(\frac{\gamma}{g}\right)^2 r \tag{1}$$

hervorgeht. Die Lösung dieser Differentialgleichung erhält man, indem man zur Lösung (5) — der homogenen Differentialgleichung (4) — der vorangehenden Aufgabe die (mit dem Ansatz $f(r) = \text{const} \cdot r^2$ leicht ermittelbare) partikuläre Lösung addiert:

$$f(r) = C_1 + \frac{C_2}{r^3} + \frac{A}{10}\,r^2, \quad A = \frac{1-2\nu}{G(1-\nu)}\,\Gamma\frac{2\pi}{3}\left(\frac{\gamma}{g}\right)^2. \tag{2}$$

Da für eine Vollkugel $f(r)$ auch für $r = 0$ stetig sein muß, hat man $C_2 = 0$ zu setzen. Lastet auf der Oberfläche $(r = R)$ kein Normaldruck, so muß $\sigma_r(R) = 0$ sein, und aus (10) der vorangehenden Aufgabe erhält man mit (2) C_1 und damit die Spannungen

$$\sigma_r = \frac{3-\nu}{1-2\nu}\,\frac{A}{5}\,(r^2 - R^2); \quad \sigma_t = \frac{A}{5(1-2\nu)}\,[(1+3\nu)\,r^2 - (3-\nu)\,R^2]. \tag{3}$$

Wollen wir die Resultate auf die *Erdkugel* anwenden, so müssen wir in (3) gemäß (2) den Wert von A einsetzen und beachten, daß nach dem Gravitationsgesetz (5.23) $g = \Gamma\frac{4\pi}{3}\,R^3\frac{\gamma}{g}\,\frac{1}{R^2}$, also $\frac{2\pi}{3}\,\Gamma\left(\frac{\gamma}{g}\right)^2 = \frac{2\gamma}{R}$ ist.

Es ergeben sich

$$\sigma_r = \frac{\gamma}{10\,R}\,\frac{3-\nu}{1-\nu}\,(r^2 - R^2); \quad \sigma_t = \frac{\gamma}{10\,R\,(1-\nu)}\,[(1+3\nu)\,r^2 - (3-\nu)\,R^2]. \tag{4}$$

Demnach wird im Erdmittelpunkt $(r = 0)$

$$\sigma_r = \sigma_t = -\frac{\gamma}{10}\,\frac{3-\nu}{1-\nu}\,R, \tag{4a}$$

während auf der Erdoberfläche $(r = R)$

$$\sigma_r = 0, \quad \sigma_t = -\frac{\gamma}{5}\,\frac{1-2\nu}{1-\nu}\,R \tag{4b}$$

betragen.

Die gewonnenen Formeln gelten für eine homogene und isotrope Kugel, deren Elastizität den HOOKEschen Gesetzen folgt, und da diese Voraussetzungen bei der Erde kaum zutreffen dürften, haben auch die Resultate (hinsichtlich der Erde!) mehr theoretischen als „praktischen" Wert!

2. Der ebene Spannungszustand. Für diesen werden $\sigma_z = 0$ und $\tau_{xz} = \tau_{yz} = 0$ angenommen, was i. allg. nicht streng erfüllbar ist.

Aus der ersten Gl. (3.8) und der entsprechenden für σ_y bekommt man für konstante Volumenkräfte X_0, Y_0 sowie $Z = 0$

$$\left(\frac{\partial^2}{\partial x^2} + \frac{\partial^2}{\partial y^2}\right)(\sigma_x + \sigma_y) = \Delta(\sigma_x + \sigma_y) = 0. \tag{3.9}$$

Die Einführung der *Airyschen Spannungsfunktion* $F = F(x, y)$ mit der Vorschrift

$$\sigma_x = \frac{\partial^2 F}{\partial y^2}, \quad \sigma_y = \frac{\partial^2 F}{\partial x^2}, \quad \tau_{xy} = -\frac{\partial^2 F}{\partial x\,\partial y} - X_0\,y - Y_0\,x \tag{3.10}$$

befriedigt zunächst die Gln. (3.1), während aus (3.9) für F die Differentialgleichung

$$\Delta\Delta F = \frac{\partial^4 F}{\partial x^4} + 2\,\frac{\partial^4 F}{\partial x^2\,\partial y^2} + \frac{\partial^4 F}{\partial y^4} = 0 \tag{3.11}$$

hervorgeht.

Sind in einem Punkte die Spannungskomponenten σ_x, $\tau_{xy} = \tau_{yx}$ und σ_y des ebenen Spannungszustandes bekannt, so lassen sich für jeden orientierten Flächenschnitt die entsprechenden Spannungen angeben. Aus der Forderung nach Gleichgewicht an einem aus einer Scheibe herausgeschnittenen Elementarprisma (Abb. 3.2) erhält man für die Normalspannung in α-Richtung

$$\sigma = \sigma_x \cos^2\alpha + \sigma_y \sin^2\alpha + \tau_{xy}\, 2\sin\alpha\,\cos\alpha,$$

$$\sigma = \frac{1}{2}(\sigma_x + \sigma_y) + \frac{1}{2}(\sigma_x - \sigma_y)\cos 2\alpha + \tau_{xy}\sin 2\alpha, \qquad (3.12)$$

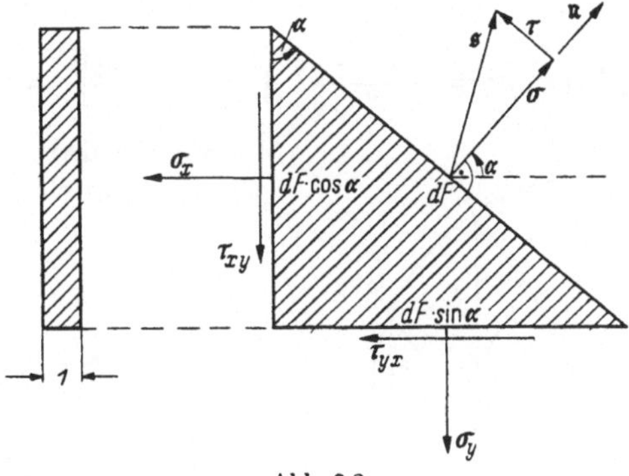

Abb. 3.2

während sich für die Schubspannung

$$\tau = -(\sigma_x - \sigma_y)\sin\alpha\,\cos\alpha + \tau_{xy}(\cos^2\alpha - \sin^2\alpha),$$

$$\tau = -\frac{1}{2}(\sigma_x - \sigma_y)\sin 2\alpha + \tau_{xy}\cos 2\alpha \qquad (3.13)$$

ergibt.

Nach Elimination von α aus den Gln. (3.12) und (3.13) folgt als Beziehung zwischen den verschiedenen Spannungskomponenten

$$\left[\sigma - \frac{1}{2}(\sigma_x + \sigma_y)\right]^2 + \tau^2 = \left[\frac{1}{2}(\sigma_x - \sigma_y)\right]^2 + \tau_{xy}^2, \qquad (3.14)$$

die sich geometrisch als die Gleichung des sog. *Mohrschen Spannungskreises* deuten läßt. Dieser ist in Abb. 3.3 gezeichnet mit

$$\overline{OA} = \sigma_x, \quad \overline{AB} = \sigma_y, \quad \overline{OM} = \frac{1}{2}(\sigma_x + \sigma_y), \quad \overline{MA} = \frac{1}{2}(\sigma_x - \sigma_y),$$

$$\overline{AC} = \overline{GP} = \tau_{xy}, \quad \overline{DP} = \tau, \quad \overline{OD} = \sigma.$$

Wie Gl. (3.13) zu entnehmen ist, gibt es Richtungen α, für die die Schubspannungen verschwinden. Man nennt diese beiden durch

$$\tan 2\alpha_0 = \frac{2\,\tau_{xy}}{\sigma_x - \sigma_y} \qquad (3.15)$$

gekennzeichneten orthogonalen Richtungen, für die die Normalspannungen extremale Werte, die sog. *Haupt(normal)spannungen* annehmen,

Haupt(normal)spannungsrichtungen. Man errechnet für diese extremalen Spannungen

$$\sigma_{1,2} = \frac{1}{2}\,(\sigma_x + \sigma_y) \pm \sqrt{\left[\frac{1}{2}\,(\sigma_x - \sigma_y)\right]^2 + \tau_{xy}^2}\,. \qquad (3.16)$$

Die Werte können in dem MOHRschen Spannungskreis (Abb. 3.3) als Strecken $\overline{OE} = \sigma_1$ und $\overline{OF} = \sigma_2$ abgegriffen werden.

Die Kurven, die von den Hauptspannungen tangiert werden, führen den Namen *Haupt(normal)spannungslinien* oder *Normalspannungstrajektorien* (Abb. 3.4). Entsprechend (3.15) lautet ihre Differentialgleichung

$$y'_{1,2}(x,\,y) = -\frac{\sigma_x - \sigma_y}{2\,\tau_{xy}} \pm \sqrt{\left(\frac{\sigma_x - \sigma_y}{2\,\tau_{xy}}\right)^2 + 1}\,. \qquad (3.17)$$

Wie für die Normalspannungen, so gibt es auch für die Schubspan-

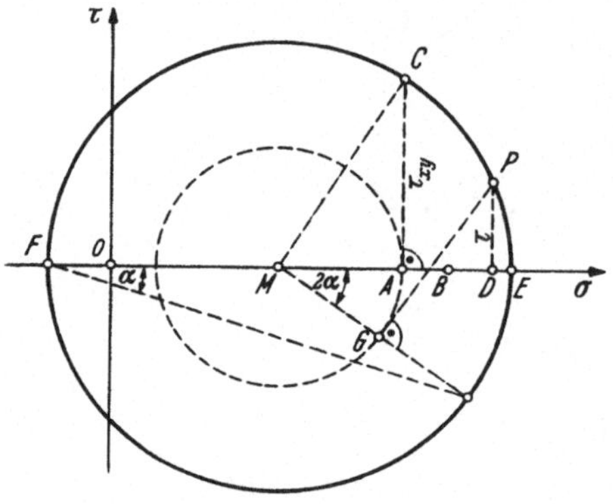

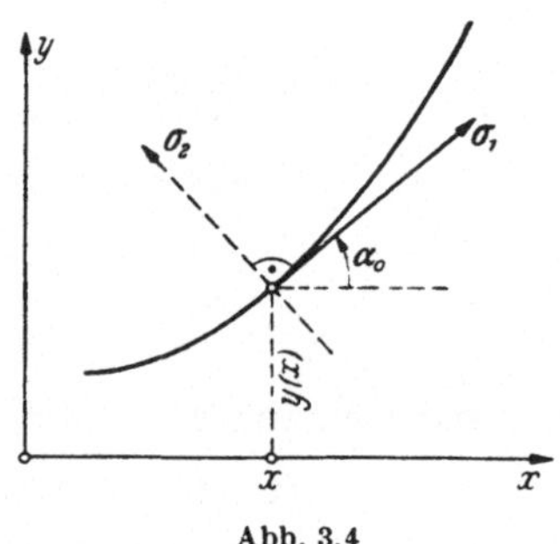

Abb. 3.3

Abb. 3.4

nungen zwei Richtungen, für die diese letzteren Extremwerte annehmen. Diese *Hauptspannungsrichtungen* werden durch

$$\tan 2\,\alpha_0 = -\frac{\sigma_x - \sigma_y}{2\,\tau_{xy}}$$

angegeben, während sich die extremalen Schubspannungen *(Hauptschubspannungen)* zu

$$\tau_{extr} = \pm \sqrt{\left[\frac{1}{2}\,(\sigma_x - \sigma_y)\right]^2 + \tau_{xy}^2} \qquad (3.18)$$

ergeben. Die dazugehörigen Normalspannungen sind im allgemeinen von Null verschieden! Analog zu dem oben Gesagten spricht man hier von *Schubspannungslinien* bzw. *Schubspannungstrajektorien*, die entsprechende Differentialgleichung ist durch

$$y'(x,\,y) = \frac{2\,\tau_{xy}}{\sigma_x - \sigma_y} \pm \sqrt{\left(\frac{2\,\tau_{xy}}{\sigma_x - \sigma_y}\right)^2 + 1}$$

gegeben. Das Netz der Schubspannungstrajektorien verläuft zu demjenigen der Normalspannungstrajektorien intermedian, d. h. der Schnittwinkel beträgt 45°.

Aufgaben

A 1. Konsole unter Eigengewicht. Man ermittle den Spannungszustand in der in Abb. A 1.1 skizzierten Konsole, die durch ihr Eigengewicht (spez. Gewicht γ) belastet ist, indem man das Problem als eben ansieht und mit Hilfe der AIRYschen Spannungsfunktion behandelt.

Gegeben: $l = 10$ m, $h = 4$ m, $\gamma = 2{,}4$ Mp m^{-3}.

Lösung. Versuchsweise wird für die AIRYsche Spannungsfunktion $F(x, z)$ ein Polynom dritten Grades zweier Veränderlicher angesetzt:

$$F(x,z) = c_{20}\, x^2 + c_{11}\, x\, z + c_{02}\, z^2 + c_{30}\, x^3 + c_{21}\, x^2 z + c_{12}\, x\, z^2 + c_{03}\, z^3 . \qquad (1)$$

Die linearen Terme sind von vornherein weggelassen worden, da sie auf Grund der Rechenvorschrift (3.10), die die Spannungen als zweite partielle Ableitungen von F definiert, keinen Einfluß auf den Spannungszustand haben.

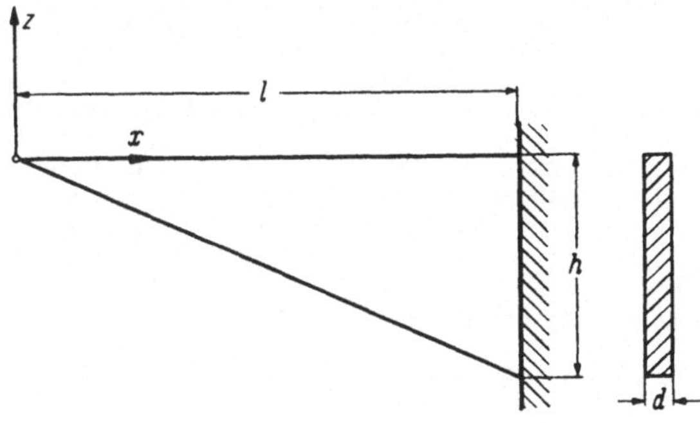

Abb. A 1.1

Durch Einsetzen überzeugt man sich zunächst, daß der Ansatz (1) der Differentialgleichung (3.11)

$$\Delta\Delta F = 0$$

identisch genügt und somit eine mögliche Form der Spannungsfunktion darstellt.

Die noch unbekannten Konstanten c_{ij} lassen sich nun aus den Randbedingungen ermitteln. Man errechnet nach (3.10) für die Spannungen mit $X = 0$ und $Z = -\gamma$

$$\left.\begin{aligned}
\sigma_x(x, z) &= \frac{\partial^2 F}{\partial z^2} &&= 2\,c_{02} + 2\,c_{12}\, x + 6\,c_{03}\, z, \\[4pt]
\tau_{xz}(x, z) &= -\frac{\partial^2 F}{\partial x\, \partial z} - Z\, x &&= -c_{11} + (-2\,c_{21} + \gamma)\, x - 2\,c_{12}\, z, \\[4pt]
\sigma_z(x, z) &= \frac{\partial^2 F}{\partial x^2} &&= 2\,c_{20} + 6\,c_{30}\, x + 2\,c_{21}\, z.
\end{aligned}\right\} \qquad (2)$$

Da der Rand $z = 0$ für alle x spannungsfrei sein, also

$$\tau_{xz}(x, 0) = 0, \qquad \sigma_z(x, 0) = 0 \qquad (3)$$

gelten muß, folgt für die Konstanten c_{ij} aus (2)

$$c_{11} = 0; \qquad c_{21} = \frac{1}{2}\gamma; \qquad c_{20} = 0; \qquad c_{30} = 0. \qquad (4)$$

Weiter muß selbstverständlich auch der untere Rand der Konsole $z = -\dfrac{h}{l}\,x$ frei von Spannungen sein. Betrachtet man (Abb. A 1.2) ein dreieckiges Elementarprisma dieses Randes, so ist klar, daß beim Fehlen äußerer Belastungen (Spannungen) dort den vorhandenen Normalspannungen σ_x und σ_z durch die

Schubspannungen τ_{xz} das Gleichgewicht gehalten werden muß. Dies erfordert

$$\left.\begin{array}{c}\left(\dfrac{h}{l}\,dF\right)\sigma_x + dF\,\tau_{zx} = 0 \\[2mm] \left(\dfrac{h}{l}\,dF\right)\tau_{xz} + dF\,\sigma_z = 0\end{array}\right\}\quad \text{für}\quad z = -\dfrac{h}{l}\,x\,. \tag{5}$$

Setzt man hierin (2) mit den Ergebnissen (4) ein, so erhält man

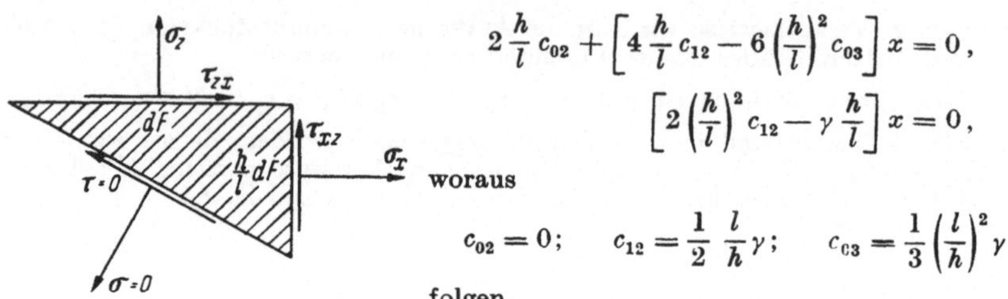

Abb. A 1.2

$$2\frac{h}{l}\,c_{02} + \left[4\frac{h}{l}\,c_{12} - 6\left(\frac{h}{l}\right)^2 c_{03}\right]x = 0\,,$$

$$\left[2\left(\frac{h}{l}\right)^2 c_{12} - \gamma\,\frac{h}{l}\right]x = 0\,,$$

woraus

$$c_{02} = 0\,;\qquad c_{12} = \frac{1}{2}\,\frac{l}{h}\,\gamma\,;\qquad c_{03} = \frac{1}{3}\left(\frac{l}{h}\right)^2\gamma$$

folgen.

Damit ist es gelungen, eine eindeutige Funktion $F(x, z)$ zu finden, die sowohl der Differentialgleichung des Problems (3.11) als auch sämtlichen Randbedingungen (3) und (5) genügt. Demgemäß ist die AIRYsche Spannungsfunktion F als

$$F(x,\,z) = \gamma\left[\frac{1}{2}\,x^2 z + \frac{1}{2}\,\frac{l}{h}\,x z^2 + \frac{1}{3}\left(\frac{l}{h}\right)^2 z^3\right] \tag{6}$$

vollständig bestimmt und der Spannungszustand durch

$$\sigma_x = \gamma\left[\frac{l}{h}\,x + 2\left(\frac{l}{h}\right)^2 z\right];\qquad \tau_{xz} = -\gamma\,\frac{l}{h}\,z\,;\qquad \sigma_z = \gamma\,z \tag{7}$$

gegeben.

Interessant ist noch, daß im vorliegenden Falle der durch σ_x gegebene Verlauf der Biegespannungen auch in z linear ist. Wie man sieht, ist σ_x für $z = -\dfrac{h}{2l}\,x$, also für die Schwerpunktfaser des Konsolenbalkens gleich Null. Unter den

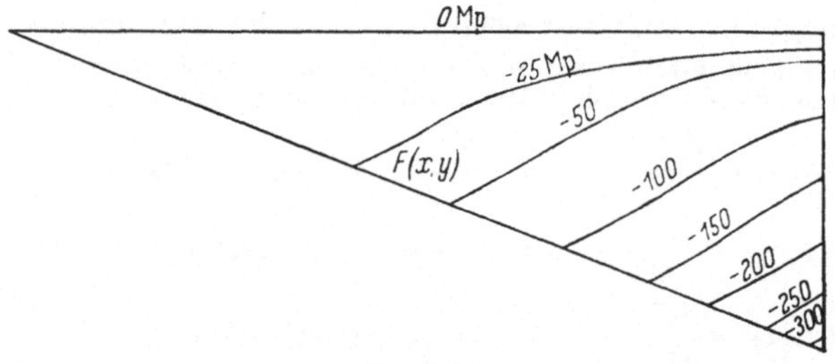

Abb. A 1.3

gegebenen Bedingungen stimmen also die Resultate der genaueren Theorie mit denen der elementaren des Balkens überein.

Die numerischen Ergebnisse nach (6) und (7) für die vorgelegte Problemstellung zeigen die Abb. A 1.3 und A 1.4.

A 2. Hauptspannungen und Spannungstrajektorien einer ebenen Konsole unter Eigengewichtsbelastung. Man ermittle für die Konsole der vorigen Aufgabe für den angegebenen Belastungszustand die Linien gleicher Hauptspannung und das Bild der Spannungstrajektorien.

Lösung. Da der durch die Komponenten σ_x, τ_{xz}, σ_z beschriebene Spannungszustand aus der Lösung der vorigen Aufgabe, Gl. (7), bekannt ist, können wir uns hier auf eine Auswertung der für das vorliegende Problem maßgebenden allgemeinen Beziehungen (3.15) bis (3.18) beschränken.

Den Zusammenhang der Spannungskomponenten mit den Hauptnormalspannungen gibt (3.16) als

$$\sigma = \frac{1}{2}\left(\sigma_x + \sigma_z\right) \pm \sqrt{\left[\frac{1}{2}\left(\sigma_x - \sigma_z\right)\right]^2 + \tau_{xz}^2}\,.$$

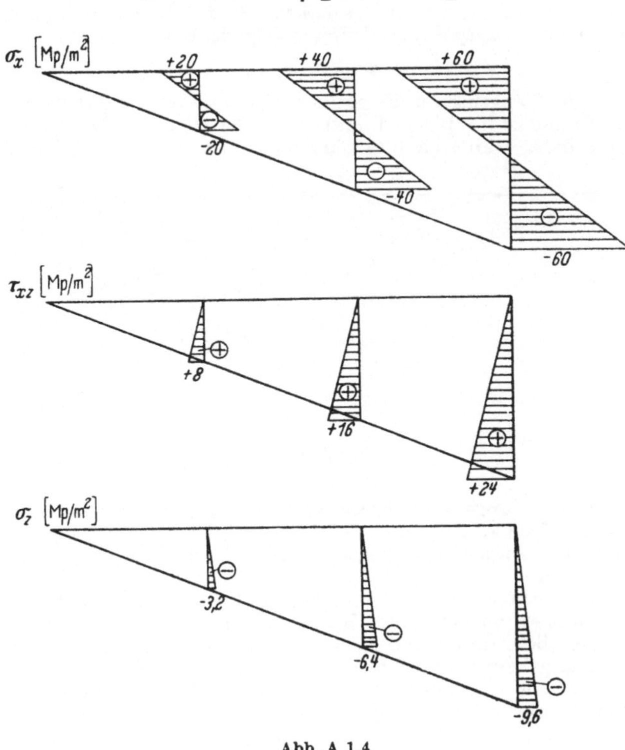

Abb. A 1.4

Eine einfache Umformung liefert

$$\sigma^2 - \left(\sigma_x + \sigma_z\right)\sigma + \sigma_x\,\sigma_z - \tau_{xz}^2 = 0\,.$$

Werden darin die Ergebnisse (7) der vorigen Aufgabe eingesetzt, so erhält man

$$\sigma^2 - \left[1 + 2\left(\frac{l}{h}\right)^2\right] z\,\gamma\,\sigma + \left(\frac{l}{h}\right)^2 z^2\gamma^2 = \gamma\,\frac{l}{h}\left(\sigma - \gamma\,z\right)x\,. \tag{1}$$

Man sieht hieraus sofort, daß x für $\sigma = 0$, $z = 0$ beliebig, die Gerade $z = 0$ also eine Linie der Hauptspannung $\sigma = 0$ ist. Schließt man diesen Fall im weiteren aus, so läßt sich (1) in der für die Auswertung etwas bequemeren Weise

$$x = \frac{\sigma^2 - \left[1 + 2\left(\frac{l}{h}\right)^2\right] z\,\gamma\,\sigma + \left(\frac{l}{h}\right)^2 z^2\gamma^2}{\gamma\,\dfrac{l}{h}\left(\sigma - \gamma\,z\right)} \quad \text{für} \quad \sigma \neq \gamma\,z \tag{2}$$

schreiben. Wie man (2) entnehmen kann, ist eine zweite Linie $\sigma = 0$ die untere Begrenzung der Konsole $z = -\dfrac{h}{l}\,x$. Die Resultate der numerischen Auswertung von (2), die Linien gleicher Hauptspannungen, zeigt Abb. A 2.1.

Die Differentialgleichung der Hauptnormalspannungstrajektorien gibt Gl. (3.17). Eine Quadratur dieser Beziehung ist bei bekannten Spannungskomponenten σ_x, τ_{xz} und σ_z nur in wenigen Sonderfällen möglich, da insbesondere der in (3.17) auftretende Wurzelausdruck eine Integration erschwert. Man ist demzufolge gezwungen, numerische bzw. graphische Lösungsmethoden anzuwenden.

Eine dieser Methoden ist die *Isoklinenmethode*. Der Grundgedanke ist der folgende: Bei einer vorgegebenen Differentialgleichung

$$z' = z'(x, z)$$

ist der Anstieg der Tangente an die gesuchte Kurve $z = z(x)$ für jeden Punkt (x,z) berechenbar. Damit ist in jedem Punkt auch die Richtung der gesuchten Kurve bekannt. Verschafft man sich nun eine möglichst enge Schar von Kurven, die

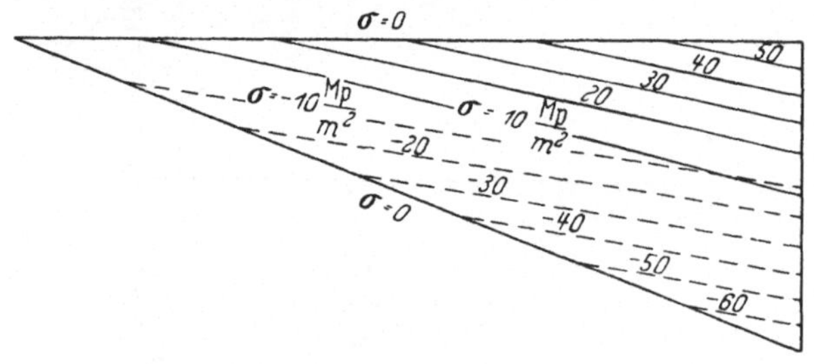

Abb. A 2.1

die Punkte gleicher Tangentenrichtung verbinden (Isoklinen), so läßt sich die gesuchte Kurve dadurch konstruieren, daß man vom Kurvenanfangspunkt ausgehend einen Polygonzug zeichnet, dessen Abschnitte auf den Isoklinen die dazugehörigen Richtungen haben.

Wird diese Methode auf das vorliegende Problem angewandt, so sind zunächst die Isoklinen zu ermitteln. Bei einer numerischen Lösung ist es aber bedeutungslos, ob diese durch den Anstieg $\tan \alpha_0$ oder den Anstieg des doppelten Winkels $\tan 2\alpha_0$ gekennzeichnet werden. Wegen des einfacheren Aufbaus der letzteren Beziehung soll deshalb hier mit der Gl. (3.15) gearbeitet werden, die mit den Formeln (7) der vorigen Aufgabe zu

$$\tan 2\alpha_0 = \frac{2\tau_{xz}}{\sigma_x - \sigma_z} = \frac{-2\dfrac{l}{h}z}{\dfrac{l}{h}x + \left[2\left(\dfrac{l}{h}\right)^2 - 1\right]z}$$

führt. Im vorliegenden Fall lassen sich die Isoklinen $z = z(x, \alpha_0)$ für $\alpha_0 = \text{const}$ sogar explizit angeben:

$$z = -\frac{\tan 2\alpha_0 \cdot \dfrac{l}{h}}{\tan 2\alpha_0 \left[2\left(\dfrac{l}{h}\right)^2 - 1\right] + 2\dfrac{l}{h}}\,x;$$

das sind, wie man sieht, Geraden durch den Ursprung. Diese sind in Abb. A 2.2 gezeichnet, und in der Abbildung ist links unten mittels einer Numerierung die zu jeder Isokline gehörige Richtung angegeben. Man sieht aus der Abbildung weiter, wie jetzt die Trajektorien konstruiert werden: Ausgehend beispielsweise von einem Punkt des oberen Konsolenrandes sind nacheinander die (geraden) Kurvenelemente 0, I, II, III, IV, V und so fort aneinander anschließend so gezeichnet.

worden, daß sie etwa in ihrer Mitte die zu ihrer Richtung gehörige Isokline schneiden. Schmiegt man an das so erhaltene Tangentenpolygon einen stetig gekrümmten
Kurvenzug an, so hat man damit eine der Trajektorien (näherungsweise) ermittelt.

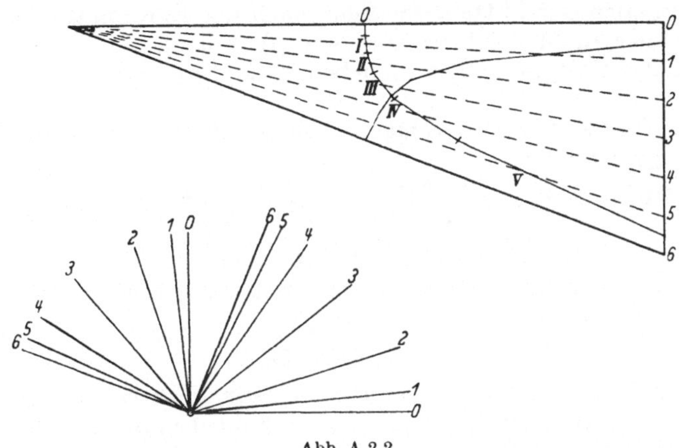

Abb. A 2.2

Das Bild der Hauptnormalspannungstrajektorien, das Ergebnis dieser graphischen Konstruktion, zeigt die Abb. A 2.3a. Da die Trajektorien der Hauptschub-

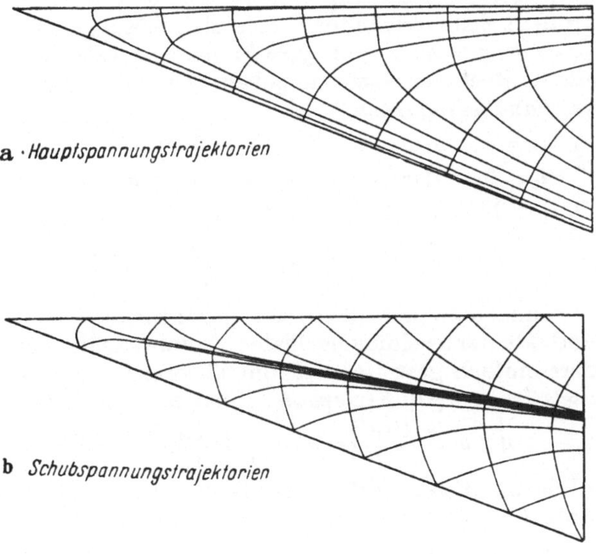

Abb. A 2.3

spannungen intermedian zu denen der Hauptnormalspannungen verlaufen, ist es bei
Vorliegen des Bildes der letzteren einfach, diese Linien für die Hauptschubspannungen als intermediane Kurvenzüge zu zeichnen. Das Resultat zeigt Abb. A 2.3b.

3. Die Theorie der dünnen Platten. In Anlehnung an die Überlegungen in Abschnitt III.1 wird hier der Weg der Elimination der Spannungen eingeschlagen. Unter den Voraussetzungen, daß

1. Normalen der Mittelebene auch nach der Deformation senkrecht zur deformierten Mittelebene $w = w(x, y)$ stehen.

2. die Normalspannungen σ_z neben σ_x und σ_y „gestrichen" werden können

3. alle untereinanderliegenden Punkte dieselbe Durchbiegung $w = w(x, y)$ erfahren,

erhält man für $w(x, y)$ die Differentialgleichung

$$\Delta \Delta w = \frac{\partial^4 w}{\partial x^4} + 2 \frac{\partial^4 w}{\partial x^2 \partial y^2} + \frac{\partial^4 w}{\partial y^4} = \frac{p}{N}. \tag{3.19}$$

Hierbei ist $p = p(x, y)$ die spezifische Belastung senkrecht zur Platte und

$$N = \frac{E\,h^3}{12\,(1 - \nu^2)} \tag{3.20}$$

die mit der Plattendicke h zu berechnende sog. *Plattensteifigkeit*. Wirken auf die Platte auch noch Druck- und Schubbelastungen (pro Längeneinheit) D_x, D_y und S_{xy}, so modifiziert sich (3.19) zu

$$N \Delta \Delta w + D_x \frac{\partial^2 w}{\partial x^2} + 2 S_{xy} \frac{\partial^2 w}{\partial x \partial y} + D_y \frac{\partial^2 w}{\partial y^2} = p. \tag{3.19a}$$

Darin sind die Richtungen von D_x, D_y und S_{xy} zu denen entsprechender positiver Spannungen (Abb. 3.1) entgegengesetzt.

Ohne größere Schwierigkeiten lassen sich Lösungen für eine an den Rändern ($x = 0$, $x = a$; $y = 0$, $y = b$) gelenkig (also biegemomentenfrei) gestützte Rechteckplatte angeben. Die hier auftretenden sog. *Navierschen Randbedingungen*

$$w = 0, \quad \Delta w = 0 \quad \text{für} \quad x = 0 \quad \text{und} \quad x = a,$$
$$w = 0, \quad \Delta w = 0 \quad \text{für} \quad y = 0 \quad \text{und} \quad y = b$$

werden mit den beliebigen Konstanten c_{jk} von der Funktion

$$w(x, y) = \sum_{j,k=1}^{\infty} c_{jk} \sin \frac{j \pi x}{a} \sin \frac{k \pi y}{b} \tag{3.21}$$

befriedigt, womit man aus (3.19) bei gegebenem $p = p(x, y)$ die c_{jk} nach der Methode der zweidimensionalen FOURIERanalyse ermitteln kann.

Besonders einfach gestaltet sich die Theorie für die *rotationssymmetrisch belastete* [$p = p(r)$] *Kreisplatte*. Zunächst gilt für $w = w(r)$

$$\Delta \Delta w = \frac{1}{r} \frac{d}{dr} \left\{ r \frac{d}{dr} \left[\frac{1}{r} \frac{d}{dr} \left(r \frac{dw}{dr} \right) \right] \right\} = \frac{p(r)}{N}, \tag{3.22}$$

und nach Lösung dieser Differentialgleichung ergeben sich die Spannungen (Abb. 3.5, S. 133) vermöge

$$\left. \begin{aligned} \sigma_r &= -\frac{E\,z}{1 - \nu^2} \left[w''(r) + \frac{\nu}{r} w'(r) \right], \quad \sigma_t = -\frac{E\,z}{1 - \nu^2} \left[\nu\, w''(r) + \frac{1}{r} w'(r) \right], \\ \sigma_z &= -\frac{E}{1 - \nu^2} \left(\frac{z^3}{6} - \frac{h^2}{8} z + \frac{h^3}{24} \right) \Delta \Delta w, \\ \tau &= -\frac{E}{1 - \nu^2} \left(\frac{z^2}{2} - \frac{h^2}{8} \right) \frac{d}{dr} \left[\frac{1}{r} \frac{d}{dr} \left(r \frac{dw}{dr} \right) \right]. \end{aligned} \right\} \tag{3.23}$$

Aufgaben

A 1. *Dimensionierung einer rotationssymmetrisch belasteten Kreisplatte.* Man dimensioniere die in Abb. A 1.1 samt ihrer Belastung skizzierte, gelenkig gelagerte Kreisplatte konstanter Dicke so, daß an keiner Stelle die größte Hauptspannung σ den Wert σ_{zul} überschreitet. Wie groß ist dann die Durchsenkung in der Mitte der Platte?

Gegeben· $a = 50$ cm, $E = 2{,}1 \cdot 10^6$ kp cm^{-2}, $v = 0{,}3$,
$$\sigma_{zul} = 2100 \text{ kp cm}^{-2}, \quad p_0 = 10 \text{ kp cm}^{-2}.$$

Lösung. Wie man den Gln. (3.23), die den Spannungszustand in jedem Punkt der Kreisplatte bestimmen, entnimmt, ist zunächst die Kenntnis der Biegefläche $w = w(r)$ erforderlich.

Die durch (3.22) gegebene Differentialgleichung für $w = w(r)$ mit der Biegesteifigkeit N nach (3.20) läßt sich aber bei bekanntem $p(r)$, hier

$$p(r) = p_0\left(1 - \frac{r}{a}\right),$$

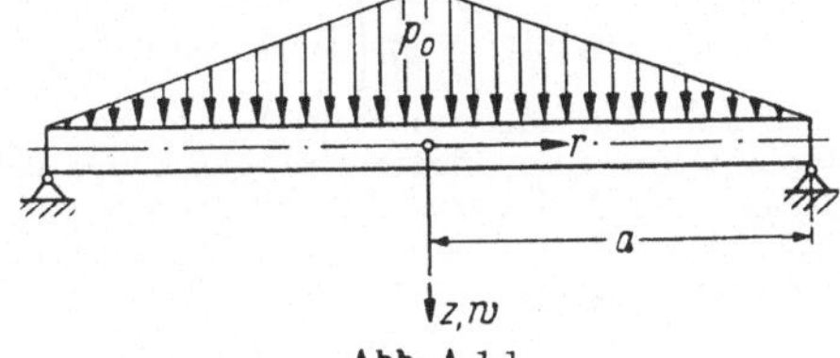

Abb. A 1.1

unmittelbar integrieren. Dies ergibt

$$w(r) = \frac{p_0\, a^4}{14\,400\, N}\left[-64\left(\frac{r}{a}\right)^5 + 225\left(\frac{r}{a}\right)^4 + C_1\left(\frac{r}{a}\right)^2\ln\frac{r}{a} + C_2\left(\frac{r}{a}\right)^2 + C_3\ln\frac{r}{a} + C_4\right]. \tag{1}$$

Die noch unbekannten Integrationskonstanten C_j bestimmen sich aus den Randbedingungen. Danach ist einmal

$$w(a) = 0,$$

was

$$161 + C_2 + C_4 = 0 \tag{2}$$

liefert. Weiter ist zu fordern, daß $w(0)$ endliche Werte annimmt; dies ist aber gleichbedeutend mit der Forderung

$$w'(0) = \left[\frac{dw}{dr}\right]_{r=0} = 0,$$

woraus

$$C_3 = 0 \tag{3}$$

folgt. Eine weitere Bedingung für die C_j ergibt sich aus der Betrachtung der Spannungen, die bei bekannter Biegefläche $w(r)$ durch (3.23) gegeben sind und die bei kontinuierlicher Belastung überall, auch für $r \to 0$, endliche Werte annehmen müssen. Berechnet man unter Benutzung von (3) mit (1) über

$$\frac{dw}{dr} = \frac{p_0\, a^3}{14\,400\, N}\left[-320\left(\frac{r}{a}\right)^4 + 900\left(\frac{r}{a}\right)^3 + C_1\frac{r}{a}\left(2\ln\frac{r}{a} + 1\right) + C_2\, 2\,\frac{r}{a}\right],$$

$$\frac{d^2w}{dr^2} = \frac{p_0\, a^2}{14\,400\, N}\left[-1280\left(\frac{r}{a}\right)^3 + 2700\left(\frac{r}{a}\right)^2 + C_1\left(2\ln\frac{r}{a} + 3\right) + C_2\, 2\right]$$

die Spannungen σ_r und σ_t nach (3.23), so bleiben deren Größen für $r \to 0$ nur endlich, wenn

$$C_1 = 0 \tag{4}$$

gesetzt wird. Die Bedingung der freien Auflagerung am Rande $r = a$ schließlich erfordert das Verschwinden der Radialmomente M_r und damit auch der Radialspannungen σ_r nach (3.23). Diese Beziehung

$$[\sigma_r]_{r=a} = 0 \tag{5}$$

führt endlich auf

$$20(71 + 29\,v) + 2(1 + v)\,C_2 = 0. \tag{6}$$

Mit den Ergebnissen (2), (3), (4) und (6) hat $w(r)$ dann die Form

$$w(r) = \frac{p_0\, a^4}{14\,400\, N}\left[-64\left(\frac{r}{a}\right)^5 + 225\left(\frac{r}{a}\right)^4 - 10\,\frac{71 + 29\,v}{1 + v}\left(\frac{r}{a}\right)^2 + 3\,\frac{183 + 43\,v}{1 + v}\right]. \tag{7}$$

(Bei der Forderung einer Einspannung am Rande $r = a$ ist die Bedingung (5) durch $w'(a) = 0$ zu ersetzen, so daß anstelle von (6) die vierte Gleichung $580 + 2\,C_2 = 0$ tritt. Die folgenden Ergebnisse ändern sich entsprechend.)

Für die Dimensionierung einer dünnen Kreisplatte sind im allgemeinen die Größtwerte der Radialspannung σ_r und der Tangentialspannung σ_t maßgebend, da verglichen mit diesen die übrigen Spannungen τ und σ_z unbedeutend sind. Mit (7) rechnet man unter Benutzung von (3.20) und (3.23) für diese aus:

$$\sigma_r = p_0\left(\frac{a}{h}\right)^2 \frac{z}{h}\, \frac{1}{60}\left[16\,(4 + v)\left(\frac{r}{a}\right)^3 - 45\,(3 + v)\left(\frac{r}{a}\right)^2 + (71 + 29\,v)\right],$$

$$\sigma_t = p_0\left(\frac{a}{h}\right)^2 \frac{z}{h}\, \frac{1}{60}\left[16\,(1 + 4\,v)\left(\frac{r}{a}\right)^3 - 45\,(1 + 3\,v)\left(\frac{r}{a}\right)^2 + (71 + 29\,v)\right].$$

Nach der linearen Biegetheorie liegen die Größtwerte dieser Spannungen in der Randfaser der Platte $z = \pm\, h/2$. Da beide Spannungen senkrecht aufeinander stehen und dort keine weiteren Schubspannungen vorhanden sind, sind σ_r und σ_t gleichzeitig Hauptspannungen. Entsprechend der Aufgabenstellung muß demnach gefordert werden:

$$\left.\begin{array}{l}\left|\sigma_r\left(r,\ \pm\dfrac{h}{2}\right)\right| \leqq \sigma_{zul} \\[2ex] \left|\sigma_t\left(r,\ \pm\dfrac{h}{2}\right)\right| \leqq \sigma_{zul}\end{array}\right\} \quad \text{für}\quad 0 \leqq r \leqq a. \tag{8}$$

Wir untersuchen zunächst, ob diese Spannungen in Abhängigkeit von r relative Extrema annehmen. Die Bedingungsgleichungen dafür sind:

$$\frac{d}{dr}\left|\sigma_r\left(r,\ \pm\frac{h}{2}\right)\right| = 0, \qquad \frac{d}{dr}\left|\sigma_t\left(r,\ \pm\frac{h}{2}\right)\right| = 0.$$

Dies liefert für σ_r

$$\frac{r}{a} = 0; \qquad \frac{r}{a} = \frac{15}{8}\cdot\frac{3 + v}{4 + v} > 1$$

und für σ_t

$$\frac{r}{a} = 0; \qquad \frac{r}{a} = \frac{15}{8}\cdot\frac{1 + 3\,v}{1 + 4\,v} > 1.$$

Die jeweils zweite Lösung für $\dfrac{r}{a}$ ist wegen der Beschränkung $0 \leqq \dfrac{r}{a} \leqq 1$ offenbar physikalisch sinnlos. Die Spannungen können nun am Ort eines relativen Extremums oder auch an der Berandung des Bereiches, d. h. hier $\dfrac{r}{a} = 0$ und $\dfrac{r}{a} = 1$, ihren maximalen Absolutwert annehmen. Bei Betrachtung aller vier hier vorliegenden Möglichkeiten ergibt sich

$$\max|\sigma| = \left|\sigma_r\left(0,\ \pm\frac{h}{2}\right)\right| = \left|\sigma_t\left(0,\ \pm\frac{h}{2}\right)\right| = p_0\left(\frac{a}{h}\right)^2\frac{71 + 29\,v}{120}.$$

Aus der Forderung (8) erhält man die Plattenstärke

$$h \geqq a\,\sqrt{\frac{p_0}{\sigma_{zul}}\,\frac{71 + 29\,v}{120}}. \tag{9}$$

Wählt man für h den Wert des Gleichheitszeichens, so ist die entsprechende maximale Durchsenkung im Kreisplattenzentrum nach (7) mit (3.20)

$$w(0) = \frac{a}{E}\,\sqrt{\frac{\sigma_{zul}^3}{p_0}}\,\frac{3}{5}\,(1 - v)\,(183 + 43\,v)\,\sqrt{\frac{30}{(71 + 29\,v)^3}}. \tag{10}$$

Mit den angegebenen Werten errechnet man nach (9) und (10)

$$h \geqq 2.81\ \text{cm}, \qquad w(0) = 0.458\ \text{cm}.$$

A 2. Am Rande eingespannte elliptische Platte unter konstanter Last. Man verifiziere, daß die Biegefläche $w(x, y)$ einer am Rande eingespannten elliptischen Platte der Halbmesser a und b und der Dicke h unter konstanter Flächenlast p_0 (Abb. A 2.1) die Form

$$w(x, y) = C\left[\left(\frac{x}{a}\right)^2 + \left(\frac{y}{b}\right)^2 - 1\right]^2 \tag{1}$$

hat, wobei C eine noch zu bestimmende Konstante ist. Weiter berechne man mit Hilfe von w die *Biege-* bzw. *Drillungsmomente*

$$
\left.
\begin{aligned}
M_x &= -N\left(\frac{\partial^2 w}{\partial x^2} + \nu\frac{\partial^2 w}{\partial y^2}\right), \\[4pt]
M_y &= -N\left(\nu\frac{\partial^2 w}{\partial x^2} + \frac{\partial^2 w}{\partial y^2}\right), \\[4pt]
M_{xy} &= -N(1 - \nu)\frac{\partial^2 w}{\partial x\,\partial y}
\end{aligned}
\right\} \tag{2}
$$

in den Punkten

$(0, 0);\ (a, 0);\ (0, b)$ und $\left(\dfrac{a}{\sqrt{2}}, \dfrac{b}{\sqrt{2}}\right)$

sowie die sog. *Hauptmomente* in dem letzten der Punkte.

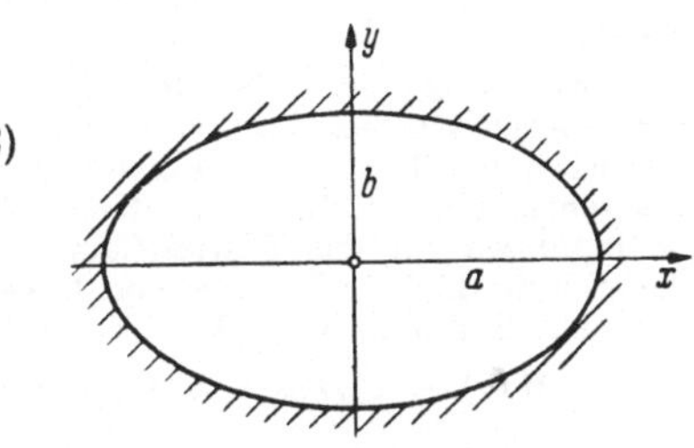

Abb. A 2.1

Lösung. Der Ansatz (1) genügt längs der Berandung der Ellipse

$$\frac{x^2}{a^2} + \frac{y^2}{b^2} - 1 = 0$$

offenbar den vorliegenden Randbedingungen

$$w = 0; \qquad \frac{\partial w}{\partial x} = 0; \qquad \frac{\partial w}{\partial y} = 0.$$

Die Plattengleichung (3.19) liefert

$$\Delta\Delta w = 8C\left[3\left(\frac{1}{a^2} + \frac{1}{b^2}\right)^2 - \frac{4}{a^2 b^2}\right] = \frac{p_0}{N},$$

was für

$$C = \frac{p_0}{N}\,\frac{a^4 b^4}{8\,[3(a^2 + b^2)^2 - (2ab)^2]} \tag{3}$$

in eine Identität übergeht. Die Biegefläche $w(x, y)$ ist also

$$w(x, y) = \frac{p_0}{N}\,\frac{a^4 b^4}{8\,[3(a^2 + b^2)^2 - (2ab)^2]}\left[\left(\frac{x}{a}\right)^2 + \left(\frac{y}{b}\right)^2 - 1\right]^2. \tag{4}$$

Für $b = a$ geht die elliptische Platte in eine Kreisplatte über und man erhält aus (4)

$$w(x, y) = \frac{p_0}{64\,N}(x^2 + y^2 - a^2)^2. \tag{5}$$

Mit dem bekannten w nach (4) bzw. (1) und (3) errechnen sich die Biegemomente zu

$$M_x = -N\,\frac{4C}{a^2 b^2}\left[(3b^2 + a^2\nu)\left(\frac{x}{a}\right)^2 + (b^2 + 3a^2\nu)\left(\frac{y}{b}\right)^2 - (b^2 + a^2\nu)\right],$$

$$M_y = -N\,\frac{4C}{a^2 b^2}\left[(a^2 + 3b^2\nu)\left(\frac{x}{a}\right)^2 + (3a^2 + b^2\nu)\left(\frac{y}{b}\right)^2 - (a^2 + b^2\nu)\right]$$

und die Drillungsmomente zu

$$M_{xy} = -N\,\frac{4C}{a^2 b^2}\left[2(1 - \nu)\,a\,b\,\frac{x}{a}\,\frac{y}{b}\right].$$

Für die angegebenen Punkte wertet man mit (3) aus:

(x, y)	$(0, 0)$	$(a, 0)$	$(0, b)$	$\left(\dfrac{a}{\sqrt{2}}, \dfrac{b}{\sqrt{2}}\right)$	
M_x	$(b^2 + a^2 v)\,C^*$	$-2\,b^2\,C^*$	$-2\,a^2 v\,C^*$	$-(b^2 + a^2 v)\,C^*$	(6)
M_y	$(a^2 + b^2 v)\,C^*$	$-2\,b^2 v\,C^*$	$-2\,a^2\,C^*$	$-(a^2 + b^2 v)\,C^*$	
M_{xy}	0	0	0	$-(1 - v)\,a\,b\,C^*$	

Dabei ist die Konstante C^* durch

$$C^* = \frac{p_0\,a^2\,b^2}{2\,[3\,(a^2 + b^2)^2 - (2\,a\,b)^2]} \tag{7}$$

gegeben.

Um nun zu dem Begriff der Hauptbiegemomente zu kommen, untersuchen wir, ebenso wie bei der Ermittlung der Hauptspannungen in Ziffer 2 dieses Abschnittes, das Gleichgewicht an einem unter einem beliebigen Winkel α geschnittenen Plattenelement (Abb. A 2.2). Hier folgert man aus den Momentengleichgewichtsbedingungen für das Plattenelement folgende Zusammenhänge zwischen den in der Schnittfläche dF wirkenden Biege- und Torsionsmomenten $M(\alpha)$ und $M_T(\alpha)$ und den Schnittgrößen M_x, M_y und M_{xy}:

$$M(\alpha) = M_y \cos^2\alpha + M_x \sin^2\alpha - 2\,M_{xy} \sin\alpha \cos\alpha$$

$$= \frac{1}{2}(M_x + M_y) - \frac{1}{2}(M_x - M_y)\cos 2\alpha - M_{xy}\sin 2\alpha, \tag{8}$$

$$M_T(\alpha) = (M_x - M_y)\sin\alpha \cos\alpha - M_{xy}(\cos^2\alpha - \sin^2\alpha)$$

$$= \frac{1}{2}(M_x - M_y)\sin 2\alpha - M_{xy}\cos 2\alpha. \tag{9}$$

Wenn wir die Gln. (8) und (9) quadrieren und danach addieren, erhalten wir

$$\left[M(\alpha) - \frac{1}{2}(M_x + M_y)\right]^2 + M_T^2(\alpha) = \left[\frac{1}{2}(M_x - M_y)\right]^2 + M_{xy}^2,$$

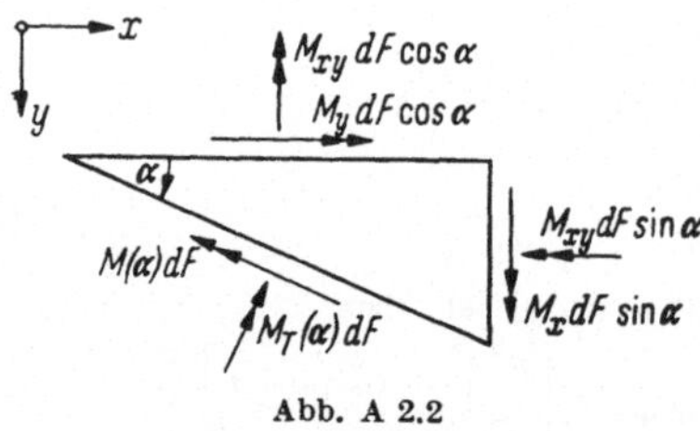

Abb. A 2.2

d. h. eine dem Mohrschen Spannungskreis [Gl. (3.14) und Abb. 3.3] analoge Darstellung. Ganz entsprechend zu dem Vorgehen in Ziffer 2 dieses Abschnittes ergeben sich in den durch

$$\tan 2\,\alpha_0 = \frac{2\,M_{xy}}{M_x - M_y}$$

gegebenen Schnittrichtungen die extremalen Biegemomente, die sog. *Hauptbiegemomente*

$$M_{1,2} = \frac{1}{2}(M_x + M_y) \pm \sqrt{\left[\frac{1}{2}(M_x - M_y)\right]^2 + M_{xy}^2},$$

und in den durch

$$\tan 2\,\alpha_1 = -\frac{M_x - M_y}{2\,M_{xy}}$$

gegebenen Schnittrichtungen die extremalen Drillungsmomente, die als *Hauptdrillungsmomente* bezeichnet werden:

$$M_{T1,2} = \pm \sqrt{\left[\frac{1}{2}(M_x - M_y)\right]^2 + M_{xy}^2}.$$

Die Anwendung dieser Formeln auf die in (6) gegebenen Schnittgrößen M_x, M_y

und M_{xy} in dem zu untersuchenden Punkte $\left(\dfrac{a}{\sqrt{2}}; \dfrac{b}{\sqrt{2}}\right)$ liefert für die dortigen Hauptbiegemomente

$$M_1 = -C^* \, 2\,(a^2 + b^2),$$

$$M_2 = -C^* \, 2\,\nu\,(a^2 + b^2)$$

unter den zueinander orthogonalen Richtungen, die durch

$$\tan 2\,\alpha_0 = -\frac{2\,a\,b}{a^2 - b^2}$$

gegeben sind, während die dortigen Hauptdrillungsmomente, die zu den Hauptmomenten intermedian liegen, die Größe

$$M_{T\,1,2} = \pm\, C^*\,(1 - \nu)\,(a^2 + b^2)$$

haben. C^* ist wieder (7) zu entnehmen.

4. Der achsensymmetrische Spannungszustand. Achsensymmetrische Zustände sind durch das alleinige Vorhandensein der Spannungen σ_r, σ_t, σ_z und $\tau_{rz} = \tau_{zr} = \tau$ gekennzeichnet (Abb. 3.5). Die Gleichge-

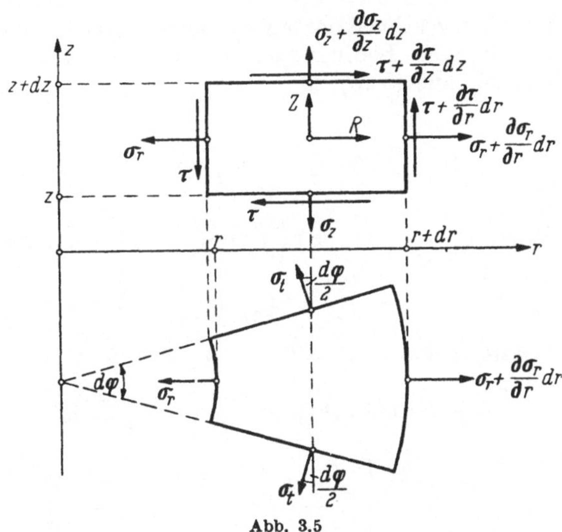

Abb. 3.5

wichtsbedingungen zwischen Spannungen und Volumenkräften R und Z (Abb. 3.5) ergeben:

$$\left.\begin{aligned}
\frac{\partial}{\partial r}\,(r\,\sigma_r) + \frac{\partial}{\partial z}\,(r\,\tau) - \sigma_t + r\,R &= 0, \\[2mm]
\frac{\partial}{\partial r}\,(r\,\tau) + \frac{\partial}{\partial z}\,(r\,\sigma_z) + r\,Z &= 0.
\end{aligned}\right\} \tag{3.24}$$

Sind $u = u(r, z)$ und $w = w(r, z)$ die Verschiebungen in radialer und axialer Richtung, so lauten die Hookeschen Gesetze [unter Berücksichtigung eines Temperaturfeldes $\vartheta = \vartheta\,(r, z)$]:

$$
\left.
\begin{aligned}
\varepsilon_r &= \frac{\partial u}{\partial r} = \frac{1}{E}\left[\sigma_r - \nu\,(\sigma_t + \sigma_z)\right] + \varkappa\,\vartheta\,, \\[2mm]
\varepsilon_t &= \frac{u}{r} = \frac{1}{E}\left[\sigma_t - \nu\,(\sigma_r + \sigma_z)\right] + \varkappa\,\vartheta\,, \\[2mm]
\varepsilon_z &= \frac{\partial w}{\partial z} = \frac{1}{E}\left[\sigma_z - \nu\,(\sigma_r + \sigma_t)\right] + \alpha\,\vartheta\,, \\[2mm]
\gamma_{rz} &= \frac{\partial u}{\partial z} + \frac{\partial w}{\partial r} = \frac{2\,(1 + \nu)}{E}\,\tau\,.
\end{aligned}
\right\} \qquad (3.25)
$$

Wir betrachten einige Spezialfälle:

a) *Mittlerer Teil eines langen Kreiszylinders bzw. -rohres* mit von z unabhängiger Belastung und Temperatur sowie $Z = 0$. Da dann $R = R(r)$ und $\vartheta = \vartheta\,(r)$ ist, erhält man

$$
\frac{\partial w}{\partial z} = A_1 = \text{const}\,; \qquad \frac{d}{dr}\left[\frac{1}{r}\frac{d}{dr}\,(r\,u)\right] = \frac{1 + \nu}{1 - \nu}\,\varkappa\,\frac{d\vartheta}{dr} - \frac{(1 + \nu)\,(1 - 2\,\nu)}{E\,(1 - \nu)}\,R\,, \qquad (3.26)
$$

woraus nach Integration $w = w(z)$ und $u = u(r)$ ermittelt werden können. Die vier Integrationskonstanten müssen aus den sich auf die Spannungen beziehenden Bedingungen berechnet werden. Die Spannungen ergeben sich aus (3.25) zu

$$
\tau = 0\,,
$$

$$
\left.
\begin{aligned}
\sigma_r &= \frac{E}{(1 + \nu)\,(1 - 2\,\nu)}\left[(1 - \nu)\,\frac{du}{dr} + \nu\left(\frac{dw}{dz} + \frac{u}{r}\right) - (1 + \nu)\,\alpha\,\vartheta\right], \\[2mm]
\sigma_t &= \frac{E}{(1 + \nu)\,(1 - 2\,\nu)}\left[(1 - \nu)\,\frac{u}{r} + \nu\left(\frac{du}{dr} + \frac{dw}{dz}\right) - (1 + \nu)\,\alpha\,\vartheta\right], \\[2mm]
\sigma_z &= \frac{E}{(1 + \nu)\,(1 - 2\,\nu)}\left[(1 - \nu)\,\frac{dw}{dz} + \nu\left(\frac{du}{dr} + \frac{u}{r}\right) - (1 + \nu)\,\alpha\,\vartheta\right].
\end{aligned}
\right\} \qquad (3.27)
$$

b) *Ebener Spannungszustand.* $\sigma_z = 0$, $\tau = 0$, $Z = 0$. Man bekommt

$$
\frac{d}{dr}\left[\frac{1}{r}\frac{d}{dr}\,(r\,u)\right] = (1 + \nu)\,\varkappa\,\frac{d\vartheta}{dr} - \frac{1 - \nu^2}{E}\,R\,, \qquad (3.28)
$$

$$
\left.
\begin{aligned}
\sigma_r &= \frac{E}{1 - \nu^2}\left[\frac{du}{dr} + \nu\,\frac{u}{r} - (1 + \nu)\,\alpha\,\vartheta\right], \\[2mm]
\sigma_t &= \frac{E}{1 - \nu^2}\left[\nu\,\frac{du}{dr} + \frac{u}{r} - (1 + \nu)\,\alpha\,\vartheta\right].
\end{aligned}
\right\} \qquad (3.29)
$$

Aufgaben

A 1. Verschiebungs- und Spannungszustand im mittleren Teil eines langen Rohres. Ein sehr langes dickwandiges Rohr der Halbmesser r_i und r_a aus Material der Dichte ϱ, der Wärmedehnungszahl α, dem Elastizitätsmodul E und der Querkontraktionszahl ν rotiere mit der Winkelgeschwindigkeit ω um seine Achse (Abb. A 1.1). Im Rohrinnern herrscht der Druck p_i und die stationäre Wandtemperatur ϑ_i, während außen der Druck p_a angreift und die dortige Wandtemperatur stationär

den Wert ϑ_a hat. Man ermittle den Spannungs- und Verschiebungs-
zustand in dem mittleren Teil des Rohres, wenn dieses noch in Richtung seiner Achse durch die Zugkraft K belastet ist.

Lösung. In dem mittleren Teil des langen Rohres sind die Verhältnisse, abgesehen von der Verschiebung w in z-Richtung, nicht mehr von der mit der Rohrachse gleichgerichteten z-Koordinate, sondern nur noch von der Radiuskoordi-
nate r abhängig. Wie man den Gln. (3.26) und (3.27), die das Problem beschreiben,
entnimmt, muß zur Beantwortung der Fragestellung die zu der Außen- bzw.
Innentemperatur ϑ_a bzw. ϑ_i gehörige Temperaturverteilung $\vartheta = \vartheta(r)$ im Bereich
des Rohres bekannt sein.

Die maßgebliche Differentialgleichung für das stationäre, innerhalb des Bereiches $r_i \leqq r \leqq r_a$ wärmequellenlose Temperaturfeld lautet in Polarkoordinaten
nach (3.4)

$$\Delta\vartheta = \frac{d^2\vartheta}{dr^2} + \frac{1}{r}\frac{d\vartheta}{dr} = \frac{1}{r}\frac{d}{dr}\left(r\frac{d}{dr}\vartheta\right) = 0.$$

Die zweifache Integration liefert
die allgemeine Lösung dieser Differentialgleichung

$$\vartheta = C_1 \ln r + C_2,$$

die durch Anpassen an die Randbedingungen

$$\vartheta(r_a) = \vartheta_a; \quad \vartheta(r_i) = \vartheta_i$$

in die Lösung des vorliegenden Problems

$$\vartheta(r) = \frac{\vartheta_a \ln\dfrac{r}{r_i} + \vartheta_i \ln\dfrac{r_a}{r}}{\ln\dfrac{r_a}{r_i}} \qquad (1)$$

übergeht.

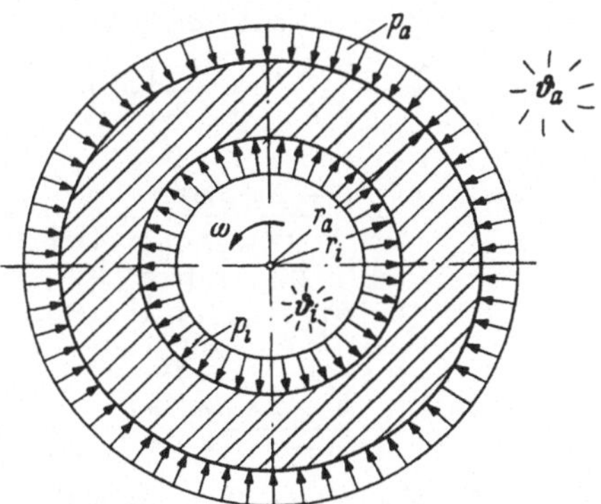

Abb A 1.1

Die Integration der Differentialgleichungen (3.26) für die Verschiebungen unter Berücksichtigung der Volumenkraft

$$R = \varrho\,\omega^2 r \qquad (2)$$

ergibt die Verschiebungen in der Form

$$w = A_1 z + A_2 \qquad (3)$$

und

$$u = \frac{1+\nu}{1-\nu}\,\frac{\alpha}{2\ln\dfrac{r_a}{r_i}}\,r\left[\vartheta_a\left(\ln\frac{r}{r_i}-\frac{1}{2}\right)+\vartheta_i\left(\ln\frac{r_a}{r}+\frac{1}{2}\right)\right] -$$

$$-\frac{(1+\nu)(1-2\nu)}{E(1-\nu)}\,\frac{\varrho\,\omega^2}{8}\,r^3 + C_1 r + C_2\frac{1}{r}. \qquad (4)$$

Entsprechend (3.27) erhält man damit für die Spannungen die Ausdrücke

$$\sigma_r = -\frac{E\,\alpha}{2(1-\nu)}\,\frac{1}{\ln\dfrac{r_a}{r_i}}\left[\vartheta_a\left(\ln\frac{r}{r_i}-\frac{1}{2}\right)+\vartheta_i\left(\ln\frac{r_a}{r}+\frac{1}{2}\right)\right] -$$

$$-\frac{3-2\nu}{1-\nu}\,\frac{\varrho\,\omega^2}{8}\,r^2 + \frac{E}{(1+\nu)(1-2\nu)}\left[C_1 + \nu A_1 - (1-2\nu)C_2\frac{1}{r^2}\right], \Bigg\} \qquad (5a)$$

$$\sigma_t = -\frac{E\,\alpha}{2(1-\nu)}\,\frac{1}{\ln\dfrac{r_a}{r_i}}\left[\vartheta_a\left(\ln\frac{r}{r_i}+\frac{1}{2}\right)+\vartheta_i\left(\ln\frac{r_a}{r}-\frac{1}{2}\right)\right] -$$

$$-\frac{1+2\nu}{1-\nu}\,\frac{\varrho\,\omega^2}{8}\,r^2+\frac{E}{(1+\nu)(1-2\nu)}\left[C_1+\nu A_1+(1-2\nu)\,C_2\frac{1}{r^2}\right],$$

$$\sigma_z = -\frac{E\,\alpha}{2(1-\nu)}\,\frac{1}{\ln\dfrac{r_a}{r_i}}\left(2\vartheta_a\ln\frac{r}{r_i}+2\vartheta_i\ln\frac{r_a}{r}\right) -$$

$$-\frac{\nu}{1-\nu}\,\frac{\varrho\,\omega^2}{8}\,4r^2+\frac{E}{(1+\nu)(1-2\nu)}\left[(1-\nu)A_1+2\nu\,C_1\right].$$

$$(5\,\text{b, c})$$

Zur Bestimmung der Integrationskonstanten C_1 und C_2 steht noch die Bedingung zur Verfügung, daß an der Innen- bzw. Außenwand des Rohres die Radialspannung σ_r dem dort vorhandenen Druck p das Gleichgewicht halten muß:

$$\sigma_r(r_i)=-p_i,\qquad \sigma_r(r_a)=-p_a.$$

Eingesetzt in die erste der Gln. (5) erhält man die Bedingungen

$$-p_i=-\frac{E\,\alpha}{2(1-\nu)}\,\frac{1}{\ln\dfrac{r_a}{r_i}}\left[\vartheta_a\left(-\frac{1}{2}\right)+\vartheta_i\left(\ln\frac{r_a}{r_i}+\frac{1}{2}\right)\right]-$$

$$-\frac{3-2\nu}{1-\nu}\,\frac{\varrho\,\omega^2}{8}\,r_i^2+\frac{E}{(1+\nu)(1-2\nu)}\left(C_1+\nu A_1-C_2\frac{1}{r_i^2}\right),$$

$$-p_a=-\frac{E\,\alpha}{2(1-\nu)}\,\frac{1}{\ln\dfrac{r_a}{r_i}}\left[\vartheta_a\left(\ln\frac{r_a}{r_i}-\frac{1}{2}\right)+\vartheta_i\left(+\frac{1}{2}\right)\right]-$$

$$-\frac{3-2\nu}{1-\nu}\,\frac{\varrho\,\omega^2}{8}\,r_a^2+\frac{E}{(1+\nu)(1-2\nu)}\left(C_1+\nu A_1-C_2\frac{1}{r_a^2}\right),$$

die für die Konstanten C_j schließlich

$$C_1=-\frac{(1+\nu)(1-2\nu)}{E}\,\frac{p_a r_a^2-p_i r_i^2}{r_a^2-r_i^2}+\frac{\alpha}{2(1-\nu)}(1+\nu)(1-2\nu)\times$$

$$\times\left[\vartheta_a\left(\frac{r_a^2}{r_a^2-r_i^2}-\frac{1}{2\ln\dfrac{r_a}{r_i}}\right)-\vartheta_i\left(\frac{r_i^2}{r_a^2-r_i^2}-\frac{1}{2\ln\dfrac{r_a}{r_i}}\right)\right]+$$

$$+\frac{3-2\nu}{1-\nu}\,\frac{(1+\nu)(1-2\nu)}{E}\,\frac{\varrho\,\omega^2}{8}(r_a^2+r_i^2)-\nu A_1 \qquad (6\,\text{a})$$

und

$$C_2=-\frac{1+\nu}{E}\,\frac{(p_a-p_i)\,r_a^2 r_i^2}{r_a^2-r_i^2}+\frac{1+\nu}{2(1-\nu)}\,\alpha\,\frac{(\vartheta_a-\vartheta_i)\,r_a^2 r_i^2}{r_a^2-r_i^2}+$$

$$+\frac{3-2\nu}{1-\nu}\,\frac{1+\nu}{E}\,\frac{\varrho\,\omega^2}{8}\,r_a^2 r_i^2 \qquad (6\,\text{b})$$

liefern.

Im Ausdruck (3) für die Verschiebung w in z-Richtung entspricht die Konstante A_2 einer (für die Rechnung unwesentlichen) Translation der Körperelemente in Richtung der Rohrachse. Die Konstante A_1 dagegen bedeutet die Dehnung des mittleren Teiles des Rohres in z-Richtung: $A_1=\dfrac{dw}{dz}$. Diese ist bei manchen Lagerungsbedingungen bekannt; beispielsweise weiß man, daß $A_1=\dfrac{dw}{dz}=0$ für den Fall ist, bei dem die Rohrstirnflächen gegen zwei starre Wände stoßen. Es kann aber auch sein, daß statt der Dehnung A_1 die resultierende Normalkraft K, die die Rohrstirnflächen in Richtung der Rohrachse belasten soll, von vornherein angebbar ist. Aus Gleichgewichtsgründen müssen demnach auch im mittleren Teil des Rohres die Spannungen σ_z der Kraft K entsprechen, es muß also gelten

$$K = 2\pi \int_{r_i}^{r_a} \sigma_z \, r \, dr .$$

Mit (5c) erhält man

$$K = 2\pi \left\{ -\frac{E\,\alpha}{2(1-\nu)} \frac{1}{\ln\dfrac{r_a}{r_i}} \left[r^2 \left\{ \vartheta_a \left(\ln\frac{r}{r_i} - \frac{1}{2} \right) + \vartheta_i \left(\ln\frac{r_a}{r} + \frac{1}{2} \right) \right\} \right]_{r_i}^{r_a} - \right.$$

$$\left. - \frac{\nu}{1-\nu} \frac{\varrho\,\omega^2}{8} \left[r^4 \right]_{r_i}^{r_a} + \frac{E}{(1+\nu)(1-2\nu)} \left[(1-\nu) A_1 + 2\nu\, C_1\right] \left[\frac{1}{2} r^2\right]_{r_i}^{r_a} \right\} .$$

Wertet man diesen Ausdruck aus und setzt für C_1 noch (6a) ein, so bekommt man schließlich

$$K = 2\pi \left\{ -\nu (p_a r_a^2 - p_i r_i^2) - \frac{E\,\varkappa}{2} \left[\vartheta_a \left(r_a^2 - \frac{r_a^2 - r_i^2}{2\ln\dfrac{r_a}{r_i}} \right) - \vartheta_i \left(r_i^2 - \frac{r_a^2 - r_i^2}{2\ln\dfrac{r_a}{r_i}} \right) \right] + \right.$$

$$\left. + \nu \frac{\varrho\,\omega^2}{4} (r_a^4 - r_i^4) + \frac{E}{2} (r_a^2 - r_i^2) A_1 \right\}$$

oder nach A_1 aufgelöst

$$A_1 = \frac{K}{E\,\pi (r_a^2 - r_i^2)} + \frac{2\nu}{E} \frac{p_a r_a^2 - p_i r_i^2}{r_a^2 - r_i^2} +$$

$$+ \varkappa \left[\vartheta_a \left(\frac{r_a^2}{r_a^2 - r_i^2} - \frac{1}{2\ln\dfrac{r_a}{r_i}} \right) - \vartheta_i \left(\frac{r_i^2}{r_a^2 - r_i^2} - \frac{1}{2\ln\dfrac{r_a}{r_i}} \right) \right] -$$

$$- \frac{\nu}{E} \frac{\varrho\,\omega^2}{2} (r_a^2 + r_i^2) . \tag{7}$$

Setzt man (6) und (7) in (4) und (5) ein, so erhält man endgültig die Verschiebung $u(r)$ bei bekannter Axialdehnung A_1 als

$$u(r) = -\frac{1+\nu}{E} \frac{p_a r_a^2 [(1-2\nu) r^2 + r_i^2] - p_i r^2 [(1-2\nu) r^2 + r_a^2]}{(r_a^2 - r_i^2)\, r} +$$

$$+ \frac{1+\nu}{2(1-\nu)} \varkappa \left\{ \vartheta_a \left[r \frac{\ln\dfrac{r}{r_i} - (1-\nu)}{\ln\dfrac{r_a}{r_i}} + \frac{r_a^2 [(1-2\nu) r^2 + r_i^2]}{r(r_a^2 - r_i^2)} \right] + \right.$$

$$\left. + \vartheta_i \left[r \frac{\ln\dfrac{r_a}{r} + (1-\nu)}{\ln\dfrac{r_a}{r_i}} - \frac{r_i^2 [(1-2\nu) r^2 + r_a^2]}{r(r_a^2 - r_i^2)} \right] \right\} +$$

$$+ \frac{(1+\nu)(1-2\nu)}{E(1-\nu)} \frac{\varrho\,\omega^2}{8} \frac{(3-2\nu)\,[r_a^2 r_i^2 + (r_a^2 + r_i^2)\, r^2] - r^4}{r} -$$

$$- \nu A_1 r \tag{8}$$

bzw. bei bekannter Axialkraft K

$$u(r) = -\frac{1}{E}\,\frac{p_a r_a^2[(1-\nu)\,r^2 + (1+\nu)\,r_i^2] - p_i r_i^2[(1-\nu)\,r^2 + (1+\nu)\,r_a^2]}{r(r_a^2 - r_i^2)} +$$

$$+\frac{1}{2(1-\nu)}\,\alpha\left\{\vartheta_a\left[r\,\frac{(1+\nu)\ln\dfrac{r}{r_i} - (1-\nu)}{\ln\dfrac{r_a}{r_i}} + \frac{r_a^2[(1-3\nu)\,r^2 + (1+\nu)\,r^2]}{r(r_a^2 - r_i^2)}\right] +\right.$$

$$\left. +\vartheta_i\left[r\,\frac{(1+\nu)\ln\dfrac{r_a}{r} + (1-\nu)}{\ln\dfrac{r_a}{r_i}} - \frac{r_i^2[(1-3\nu)\,r^2 + (1+\nu)\,r_a^2]}{r(r_a^2 - r_i^2)}\right]\right\} +$$

$$+\frac{1}{E(1-\nu)}\,\frac{\varrho\,\omega^2}{8} \times$$

$$\times\,\frac{(3-2\nu)(1+\nu)(1-2\nu)\,r_a^2 r_i^2 + (3-5\nu)\,(r_a^2 + r_i^2)\,r^2 - (1+\nu)\,(1-2\nu)\,r^4}{r} -$$

$$-\frac{\nu}{E}\,\frac{K}{\pi\,(r_a^2 - r_i^2)}, \tag{9}$$

während die Spannungen die Form

$$\sigma_r = -\frac{p_a r_a^2(r^2 - r_i^2) + p_i r_i^2(r_a^2 - r^2)}{r^2(r_a^2 - r_i^2)} - \frac{E\,\alpha}{2(1-\nu)}\left\{\vartheta_a\left[\frac{\ln\dfrac{r}{r_i}}{\ln\dfrac{r_a}{r_i}} - \frac{r_a^2(r^2 - r_i^2)}{r^2(r_a^2 - r_i^2)}\right] +\right.$$

$$\left. +\vartheta_i\left[\frac{\ln\dfrac{r_a}{r}}{\ln\dfrac{r_a}{r_i}} - \frac{r_i^2(r_a^2 - r^2)}{r^2(r_a^2 - r_i^2)}\right]\right\} + \frac{3-2\nu}{1-\nu}\,\frac{\varrho\,\omega^2}{8}\,\frac{(r_a^2 + r_i^2)\,r^2 - r_a^2 r_i^2 - r^4}{r^2}, \tag{10}$$

$$\sigma_t = -\frac{p_a r_a^2(r^2 + r_i^2) - p_i r_i^2(r_a^2 + r^2)}{r^2(r_a^2 - r_i^2)} - \frac{E\,\alpha}{2(1-\nu)}\left\{\vartheta_a\left[\frac{\ln\dfrac{r}{r_i} + 1}{\ln\dfrac{r_a}{r_i}} - \frac{r_a^2(r^2 + r_i^2)}{r^2(r_a^2 - r_i^2)}\right] +\right.$$

$$\left. +\vartheta_i\left[\frac{\ln\dfrac{r_a}{r} - 1}{\ln\dfrac{r_a}{r_i}} + \frac{r_i^2(r_a^2 + r^2)}{r^2(r_a^2 - r_i^2)}\right]\right\} +$$

$$+\frac{1}{1-\nu}\,\frac{\varrho\,\omega^2}{8}\,\frac{(3-2\nu)\,[(r_a^2 + r_i^2)\,r^2 + r_a^2 r_i^2] - (1-2\nu)\,r^4}{r^2}, \tag{11}$$

$$\sigma_z = -2\,\nu\,\frac{p_a r_a^2 - p_i r_i^2}{r_a^2 - r_i^2} -$$

$$-\frac{E\,\alpha}{2(1-\nu)}\left\{\vartheta_a\left[\frac{2\ln\dfrac{r}{r_i} + \nu}{\ln\dfrac{r_a}{r_i}} - 2\,\nu\,\frac{r_a^2}{r_a^2 - r_i^2}\right] + \vartheta_i\left[\frac{2\ln\dfrac{r_a}{r} - \nu}{\ln\dfrac{r_a}{r_i}} + 2\,\nu\,\frac{r_i^2}{r_a^2 - r_i^2}\right]\right\} +$$

$$+\frac{1}{1-\nu}\,\frac{\varrho\,\omega^2}{8}\,2\,\nu\,[(3-2\nu)\,(r_a^2 + r^2) - 2\,r^2] + E\,A_1 \tag{12}$$

oder

$$\sigma_z = -\frac{E\,\alpha}{2(1-\nu)}\left\{\vartheta_a\left[\frac{2\ln\dfrac{r}{r_i}+1}{\ln\dfrac{r_a}{r_i}}-\frac{2\,r_a^2}{r_a^2-r_i^2}\right]+\vartheta_t\left[\frac{2\ln\dfrac{r_a}{r}-1}{\ln\dfrac{r_a}{r_i}}+\frac{2\,r_i^2}{r_a^2-r_i^2}\right]\right\}+$$

$$+\frac{1}{1-\nu}\,\frac{\varrho\,\omega^2}{8}\,2\,\nu(r_a^2+r_i^2-2\,r^2)+\frac{K}{\pi\,(r_a^2-r_i^2)}\tag{13}$$

erhalten.

A 2. Verstärkung eines Rohres durch einen aufgeschrumpften konzentrischen Mantel. Ein Rohr mit dem Innen- bzw. Außenradius r_i bzw. r_a steht unter dem Innendruck p_i. Zur Verminderung der Spannungen wird ein zweites Rohr gleicher Querschnittsfläche mit den Radien r_i^* bzw. r_a^* im erwärmten Zustand aufgezogen, das nach dem Erkalten das innere Rohr zusammenpreßt. Wie wird durch diese Maßnahme die Tangentialspannung σ_t geändert? Um welche Temperaturdifferenz $\varDelta\vartheta$ muß das äußere Rohr gleichmäßig erwärmt werden, um ein Aufziehen auf das Innenrohr zu ermöglichen? Gegeben sind die Elastizitätsmoduli E und E^*, das Schrumpfungsmaß $\mu=(r_a-r_i^*)/r_a\ll 1$ und die Wärmedehnungszahl des Außenrohres α^*. Von dem Einfluß der Querkontraktion soll abgesehen werden.

Lösung. Nennt man den nach dem Aufschrumpfen zwischen den beiden Rohrzylindern übertragenen Druck $\bar{p}$, so sind aus Gl. (9) der vorigen Aufgabe mit $\nu=0$ die Verschiebungszustände in den beiden Rohren bekannt:

$$\left.\begin{aligned}u(r)&=\frac{1}{E}\,\frac{p_i\,r_i^2(r^2+r_a^2)-\bar{p}\,r_a^2(r^2+r_i^2)}{r(r_a^2-r_i^2)},\\[2ex]u^*(r)&=\frac{1}{E^*}\,\frac{\bar{p}\,r_i^{*\,2}(r^2+r_a^{*\,2})}{r(r_a^{*\,2}-r_i^{*\,2})}.\end{aligned}\right\}\tag{1}$$

Man entnimmt Abb. A 2.1, daß für den gemeinsamen Radius $\bar{r}$ der beiden Rohre nach dem Aufschrumpfen

$$\bar{r}=r_a+u(r_a)=r_i^*+u^*(r_i^*)$$

gilt, was mit dem Schrumpfungsmaß μ in

$$r_a-r_i^*=\mu\,r_a=u^*(r_i^*)-u(r_a)\tag{2}$$

umgeformt werden kann. Wegen $\mu\ll 1$ ist

$$r_i^*=(1-\mu)\,r_a\approx r_a,$$

so daß man im folgenden mit sehr guter Näherung

$$r_i^*\approx r_a,\quad u^*(r_i^*)\approx u^*(r_a)$$

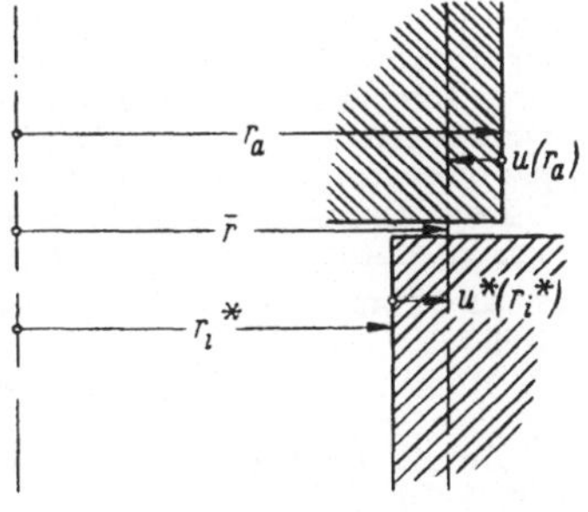

Abb. A 2.1

schreiben kann. Beachtet man, daß wegen der Flächengleichheit beider Rohrquerschnitte

$$\pi(r_a^{*\,2}-r_i^{*\,2})=\pi(r_a^2-r_i^2)$$

noch

$$r_a^{*\,2}=r_i^{*\,2}+r_a^2-r_i^2\approx 2\,r_a^2-r_i^2$$

gilt, so erhält man aus (2) mit (1) für $\bar{p}$

$$\bar{p} = \frac{E^*\left[\mu E\left(r_a^2 - r_i^2\right) + 2\,p_i\,r_i^2\right]}{E\left(3\,r_a^2 - r_i^2\right) + E^*\left(r_a^2 + r_i^2\right)}\,.$$

Die Tangentialspannungen σ_t sind vermittels der Gl. (11) der vorigen Aufgabe als

$$\sigma_t = \frac{p_i\,r_i^2\left(r_a^2 + r^2\right) - \bar{p}\,r_a^2\left(r^2 + r^2\right)}{r^2\left(r_a^2 - r_i^2\right)} \tag{3}$$

$$= \frac{p_i\,r_i^2\left[E\left(3\,r_a^2 - r_i^2\right)\left(r_a^2 + r^2\right) + E^*\left(r_a^2 - r^2\right)\left(r_a^2 - r_i^2\right)\right] - E^*\,E\,\mu\left(r^2 \quad r^2\right)r_a^2\left(r^2 + r_i^2\right)}{r^2\left(r_a^2 - r_i^2\right)\left[E\left(3\,r_a^2 - r_i^2\right) + E^*\left(r_a^2 + r_i^2\right)\right]} \tag{4}$$

und

$$\sigma_t^* = \frac{E^*\,r_a^2\left(2\,r_a^2 - r_i^2 + r^2\right)\left[\mu E\left(r_a^2 - r_i^2\right) + 2\,p_i\,r_i^2\right]}{r^2\left(r_a^2 - r_i^2\right)\left[E\left(3\,r_a^2 - r_i^2\right) + E^*\left(r_a^2 + r_i^2\right)\right]} \tag{5}$$

bekannt. Während die Tangentialspannung für das Innenrohr ohne äußeren Mantel ($\bar{p} = 0$) nach (3) den größten Wert

$$\sigma_t(r_i,\ \bar{p} = 0) = p_i\,\frac{r_a^2 + r_i^2}{r_a^2 - r_i^2} \tag{6}$$

hat, ist dieser für den Fall mit aufgeschrumpftem Mantel nach (4) der betragsmäßig größte der Ausdrücke

$$\left.\begin{aligned}
\sigma_t(r_i,\bar{p}) &= \frac{p_i\left[E\left(3\,r_a^2 - r_i^2\right)\left(r_a^2 + r_i^2\right) + E^*\left(r_a^2 - r_i^2\right)^2\right] - \mu\,E^*E\,2\,r_a^2\left(r_a^2 - r_i^2\right)}{\left(r_a^2 - r_i^2\right)\left[E\left(3\,r_a^2 - r_i^2\right) + E^*\left(r_a^2 + r_i^2\right)\right]}, \\[2mm]
\sigma_t(r_a,\bar{p}) &= \frac{p_i\,E\,2\,r_i^2\left(3\,r_a^2 - r_i^2\right) - \mu\,E^*E\left(r_a^2 - r_i^2\right)\left(r_a' + r_i^2\right)}{\left(r_a^2 - r_i^2\right)\left[E\left(3\,r_a^2 - r_i^2\right) + E^*\left(r_a^2 + r_i^2\right)\right]}\,.
\end{aligned}\right\} \tag{7}$$

Die dazugehörige größte Tangentialspannung im äußeren Mantel ist nach (5) die für $r = r_a$:

$$\sigma_t^*\left(r_a,\bar{p}\right) = \frac{E^*\left(3\,r_a^2 - r_i^2\right)\left[\mu E\left(r_a^2 - r_i^2\right) + 2\,p_i\,r_i^2\right]}{\left(r_a^2 - r_i^2\right)\left[E\left(3\,r_a^2 - r_i^2\right) + E^*\left(r_a^2 + r_i^2\right)\right]}\,. \tag{8}$$

Man sieht nun aus (7), daß durch geeignete Wahl des Schrumpfungsmaßes μ gegenüber der durch (6) gegebenen tangentialen Zugbeanspruchung des Innenrohres ohne Mantel die Beanspruchung auf kleinere Werte gesenkt, ja sogar zu einem Druckzustand umgewandelt werden kann. Da mit wachsendem μ aber die Spannungen im Mantel nach (8) steigen, ist diesem Vorgehen eine aus der zulässigen Spannung des Materials abzuleitende Grenze gesetzt.

Dem Temperaturanteil der Verschiebung nach Gl. (9) der vorigen Aufgabe ist noch zu entnehmen, daß bei gleichmäßiger Erwärmung des Mantelquerschnittes um die Temperatur $\Delta\vartheta$ die dazugehörige Dehnung am Innenrand $r = r_i^* \approx r_a$ gleich

$$u^*\left(r_i^*,\ \Delta\vartheta\right) \approx u^*\left(r_a,\ \Delta\vartheta\right) = \alpha^*\Delta\vartheta\,r_a \tag{9}$$

ist. Damit der Mantel über das Innenrohr gezogen werden kann, muß also nach Abb. A 2.1

$$r_a - r_i^* = \mu\,r_a \leqq u^*\left(r_i^*,\ \Delta\vartheta\right)$$

gelten, was mit (9) bedeutet, daß der Außenmantel um

$$\Delta\vartheta \geqq \frac{\mu}{\alpha^*}$$

gleichmäßig erwärmt werden muß.

5. Biegung und Knickung kreisförmiger Ringe und Rohre. Wirkt auf einen ursprünglich kreisförmig gebogenen Stab vom Radius a (Abb. 3.6) mit dem quadratischen Flächenmoment J ein Biegemoment $M = M(\varphi)$, so gilt unter Annahme reiner Biegebeanspruchung für die radiale Verschiebung $u = u(\varphi)$ die Differentialgleichung

$$u''(\varphi) + u(\varphi) = \frac{a^2 M(\varphi)}{EJ}, \quad (3.30)$$

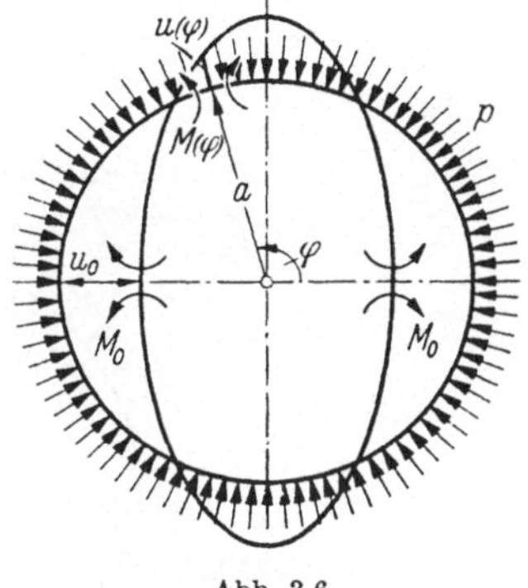

Abb. 3.6

wobei auf die in Abb. 3.6 getroffene Vorzeichenfestsetzung für $u(\varphi)$ und $M(\varphi)$ zu achten ist.

Steht ein Ring unter dem gleichmäßigen Druck p, so wird er bei einem bestimmten kritischen Wert $p = p_{kr}$ nicht mehr gleichmäßig zusammengedrückt, sondern knickt in eine ellipsenförmige Gestalt aus. In diesem Falle wird M auch von u abhängen, und (3.30) geht über in

$$u''(\varphi) + \left(1 + \frac{a^3 p}{EJ}\right) u(\varphi) = \frac{p\, a^3 u_0 + a^2 M_0}{EJ}. \quad (3.31)$$

Hierbei ist $u_0 = u(0)$ und M_0 das bei $\varphi = 0$ auftretende zur Erfüllung von $u'(0) = 0$ notwendige „Einspannmoment". Aus Symmetriegründen ist dann noch $u'\left(\frac{\pi}{2}\right) = 0$ zu fordern (Abb. 3.6).

Aufgaben

A 1. *Kolbenring*. An einen Kolbenring stellt man die Forderung, daß er im gespannten Zustand mit überall gleichem Druck p an der als starr anzunehmenden Zylinderwand anliegen soll. Man ermittle näherungsweise die Gestalt der Mittellinie im ungespannten Zustand des dieser Forderung genügenden Kolbenringes von konstanter Stärke h, konstanter Breite b und dem mittleren Radius R im gespannten Zustand (Abb. A 1.1) sowie dessen größte Biegebeanspruchung.

Gegeben: $R = 225$ mm, $b = 8$ mm, $h = 15$ mm, $E = 10^6$ kp cm^{-2}, $p = 1$ kp cm^{-2}.

Lösung. Setzt man die radialen Verschiebungen u der Ringelemente als klein gegenüber dem Radius R voraus, so kann die Differentialgleichung (3.30) der Biegung eines kreisförmigen Stabes mit $a \approx R$ als sehr gute Näherung für die Differentialgleichung des vorgelegten Problems betrachtet werden:

$$\frac{d^2}{d\varphi^2} u(\varphi) + u(\varphi) = \frac{R^2}{EJ} M(\varphi). \quad (1)$$

Zur Bestimmung von $u(\varphi)$ muß dementsprechend zunächst der Verlauf des Biegemomentes $M(\varphi)$ ermittelt werden. Da die Stoßstelle des Kolbenringes naturgemäß momentenfrei ist, findet man durch Betrachtung des links von dem Schnitt φ

liegenden Teiles bei Integration der Elementaranteile

$$M(\varphi) = -\int_\varphi^\pi R\sin(\overline{\varphi}-\varphi)\,p\,b\,R\,d\overline{\varphi} = -p\,R^2 b\,(1+\cos\varphi). \qquad (2)$$

Mit (1) hat man also die Differentialgleichung

$$\frac{d^2}{d\varphi^2}\,u(\varphi) + u(\varphi) = -\frac{p\,R^4 b}{E\,J}\,(1+\cos\varphi)$$

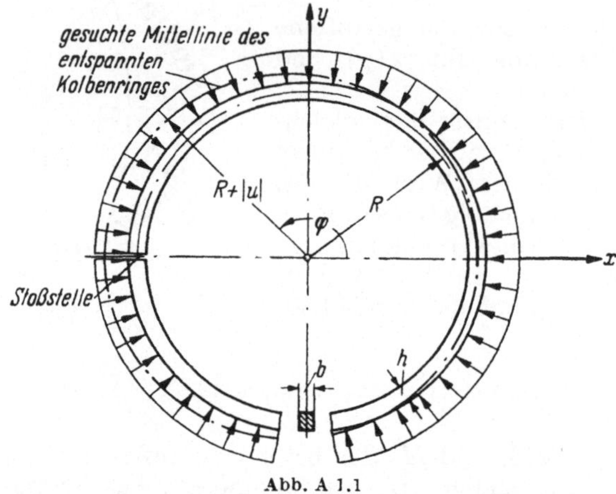

Abb. A 1.1

zu behandeln, die die allgemeine Lösung

$$u(\varphi) = C_1\cos\varphi + C_2\sin\varphi - \frac{p\,R^4 b}{2E\,J}\,(2+\varphi\sin\varphi) \qquad (3)$$

hat. Geht man davon aus, daß am Orte $\varphi = 0$ (Symmetrielinie) die Verschiebung und der dortige Anstieg verschwinden, so lauten die Randbedingungen

$$u(0) = u'(0) = 0,$$

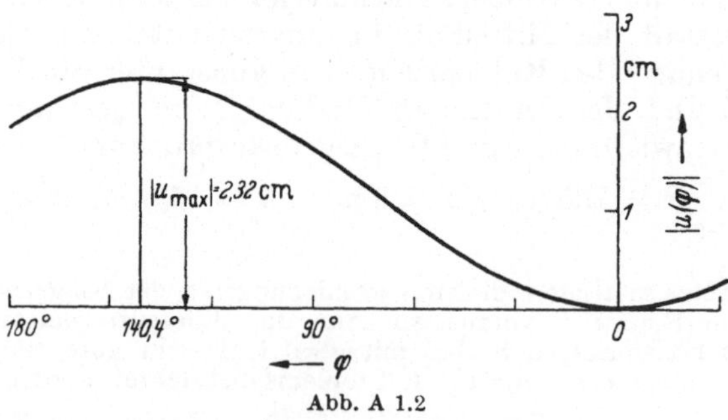

Abb. A 1.2

die für $u(\varphi)$ nach (3) zu dem Ergebnis

$$u(\varphi) = -\frac{p\,R^4 b}{E\,J}\left(1 + \frac{1}{2}\,\varphi\sin\varphi - \cos\varphi\right) \qquad (4)$$

führen.

Wird diese Verschiebung $u(\varphi)$ an einem Ring der Form

$$r(\varphi) = R - u(\varphi)$$

erzwungen, so nimmt dieser nach dem Einbau in den Zylinder die geforderte Kreisform bei konstantem Anpreßdruck p an.

Den Verlauf der Verformung $|u(\varphi)|$ nach (4) mit den gegebenen Zahlenwerten zeigt Abb. A 1.2. Dabei wurde für J das Trägheitsmoment des Rechtecks

$$J = \frac{1}{12}\, b\, h^3$$

eingesetzt. Wie (2) unmittelbar zu entnehmen ist, tritt die größte Biegebeanspruchung für $\varphi = 0$ auf, da dort der Wert des Momentes am größten ist:

$$M_{\max} = |M(0)| = 2\,p\,R^2\,b\,.$$

Über das Widerstandsmoment des Querschnittes $W = \frac{1}{6}\, b\, h^2$ erhält man für die größte Biegespannung

$$\sigma_{\max} = \frac{M_{\max}}{W} = 12\,p\left(\frac{R}{h}\right)^2,$$

mit den gegebenen Werten

$$\sigma_{\max} = 2700 \ \text{kp/cm}^2.$$

A 2. Beulen einer Kreiszylinderschale unter Außendruck. Man berechne den kritischen Beuldruck p_{kr} für ein kreiszylindrisches Rohr des mittleren Halbmessers a und der Wandstärke h, das von außen gleichmäßig durch Druck belastet wird (Abb. A 2.1). Der Elastizitätsmodul und die Querkontraktionszahl des Rohrmaterials seien E bzw. ν.

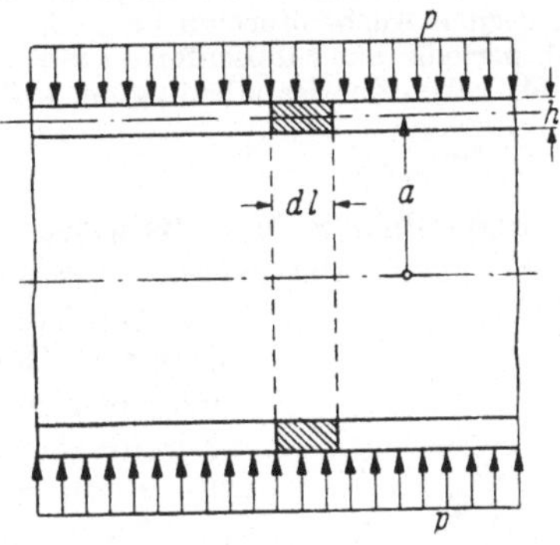

Abb. A 2.1

Lösung. Wir betrachten einen Ringstreifen der Breite dl (Abb. A 2.1). Für die Behandlung des vorliegenden Beulproblems läßt sich sodann die Gl. (3.31) heranziehen, wenn wir in ihr die Belastung p durch den Außendruck und die Balkensteifigkeit EJ durch die Schalensteifigkeit N ersetzen; dabei ist

$$N = \frac{E\,h^3}{12(1-\nu^2)}\,. \tag{1}$$

Die erwähnte Differentialgleichung (3.31) der Radialverschiebung $u(\varphi)$ hat dann die Form

$$u''(\varphi) + \left(1 + \frac{a^3\,p}{N}\right) u(\varphi) = \frac{p\,a^3\,u_0 + a^2\,M_0}{N}, \tag{2}$$

wobei die rechte Seite die konstanten, aber nicht bekannten Glieder $u_0 = u(0)$ und $M_0 = M(0)$, d.h. die Verschiebung und das Moment an der Stelle $\varphi = 0$

enthält. Bei Erreichen der kritischen Last p_{kr} knickt der Ringstreifen in ellipsenförmiger Gestalt aus, die man aus der allgemeinen Lösung von (2)

$$u(\varphi) = C_1 \cos\left(\sqrt{1 + \frac{a^3 p}{N}}\,\varphi\right) + C_2 \sin\left(\sqrt{1 + \frac{a^3 p}{N}}\,\varphi\right) + \frac{p\,a^3 u_0 + a^2 M_0}{p\,a^3 + N} \tag{3}$$

gewinnt, indem man diese zu der ursprünglichen Kreisform addiert:

$$r(\varphi) = a + u(\varphi).$$

Paßt man die Lösung (3) den Randbedingungen an, die man im vorliegenden Falle als

$$u'(0) = 0, \qquad u'\left(\frac{\pi}{2}\right) = 0 \tag{4}$$

zu formulieren hat (Abb. 3.6), so erhält man neben $C_2 = 0$ noch die Bedingung

$$C_1 \sqrt{1 + \frac{a^3 p}{N}} \sin\left(\sqrt{1 + \frac{a^3 p}{N}}\,\frac{\pi}{2}\right) = 0. \tag{5}$$

Während die Amplitude C_1 der Beulform damit noch unbestimmt bleibt (ein typisches Phänomen der im Rahmen der linearen Theorie behandelten Instabilitätsprobleme!), folgt aus (5) wegen $C_1 \neq 0$ die Eigenwertgleichung

$$\sqrt{1 + \frac{a^3 p}{N}}\,\frac{\pi}{2} = n\pi; \quad p = \frac{N}{a^3}(4n^2 - 1); \quad n = 1, 2, 3, \ldots$$

Für $n = 1$ ergibt sich der kleinste, der sog. kritische Wert des Beuldrucks p, für den man dann mit (1)

$$p_{kr} = \frac{E\,h^3}{4\,(1 - v^2)\,a^3}$$

erhält. Man überlegt sich noch leicht, daß hiermit der kleinste der möglichen Eigenwerte bestimmt wurde, da die Annahme von anderen, beispielsweise m-fach über dem Intervall 2π periodischen Ausbeulformen ($m > 2$, ganz) gegenüber der verwendeten in 2π zweifach periodischen Ellipsenform größere Werte ergibt. Im ersten Falle ist nämlich statt (4) neben der Randbedingung $u'(0) = 0$ die zweite in der Form $u'\left(\dfrac{2\pi}{m}\right) = 0$ zu fordern.

6. Allgemeine Torsionstheorie des Balkens. Die allgemeine sog. DE SAINT-VÉNANTsche Theorie der *reinen Torsion* eines Balkens konstanten Vollquerschnittes mit beliebiger Berandung (Abb. 3.7) erfordert die Ermittlung der sog. *Torsionsfunktion* $\Phi = \Phi(y, z)$, die im Inneren des Querschnittes der Differentialgleichung

$$\Delta\Phi = \frac{\partial^2 \Phi}{\partial y^2} + \frac{\partial^2 \Phi}{\partial z^2} = 1 \tag{3.32}$$

genügt und am Rande $\mathfrak{C}$ verschwindet:

$$\Phi(y, z) = 0 \quad \text{auf } (\mathfrak{C}). \tag{3.33}$$

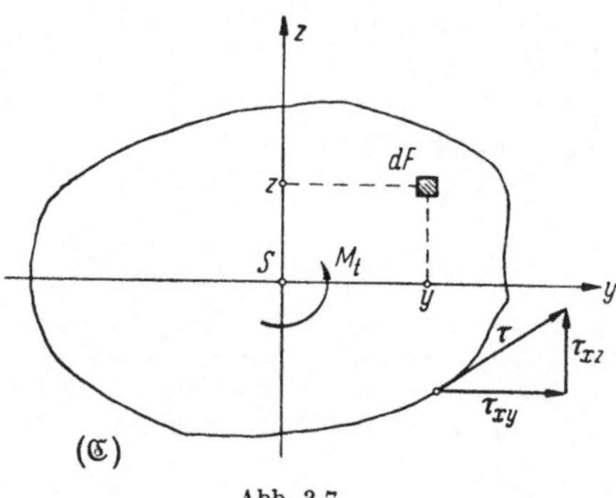

Abb. 3.7

Nach der Bestimmung von Φ ergeben sich

die *Torsionssteifigkeit*

$$GJ_t = -4G \int \Phi\, dF, \tag{3.34}$$

die *Drillung*

$$D = \frac{\vartheta}{l} = \frac{M_t}{GJ_t}, \tag{3.35}$$

die (bei reiner Torsion allein auftretenden) *Schubspannungen*

$$\tau_{xy} = -2GD\frac{\partial\Phi}{\partial z}, \qquad \tau_{xz} = 2GD\frac{\partial\Phi}{\partial y},\tag{3.36}$$

die *Verschiebungskomponenten*

$$u = \frac{M_t}{GJ_t}\,\varphi(y,z), \qquad v = -\frac{M_t}{GJ_t}\,xz, \qquad w = \frac{M_t}{GJ_t}\,xy,\tag{3.37}$$

für die die sog. *Verwölbungsfunktion* $\varphi = \varphi(y,z)$ noch aus den Beziehungen

$$\frac{\partial\varphi}{\partial y} = z - 2\frac{\partial\Phi}{\partial z}, \qquad \frac{\partial\varphi}{\partial z} = -y + 2\frac{\partial\Phi}{\partial y}\tag{3.38}$$

ermittelt werden muß.

Aufgaben

A 1. *Torsion eines Stabes mit elliptischem Querschnitt.* Man untersuche die Verhältnisse bei der Torsion eines zylindrischen Stabes mit elliptischem Querschnitt (Abb. A 1.1).

Lösung. Zur Lösung des Torsionsproblems bei zylindrischen Stäben allgemeinen Querschnittes ist zunächst die Bestimmung der Torsionsfunktion $\Phi = \Phi(y,z)$ erforderlich, die im Inneren des Querschnittbereiches nach (3.32) der Differentialgleichung

$$\Delta\Phi = \frac{\partial^2\Phi}{\partial y^2} + \frac{\partial^2\Phi}{\partial z^2} = 1\tag{1 a}$$

zu genügen hat und auf dem Rande $\mathfrak{C}$ des Bereiches nach (3.33) die Randbedingung

$$\Phi = 0 \quad \text{auf} \quad (\mathfrak{C})\tag{1 b}$$

befriedigen muß.

Für den elliptischen Querschnitt ist eine (1 b) genügende Funktion Φ sicher

$$\Phi(y,z) = C\left[\left(\frac{y}{a}\right)^2 + \left(\frac{z}{b}\right)^2 - 1\right].$$

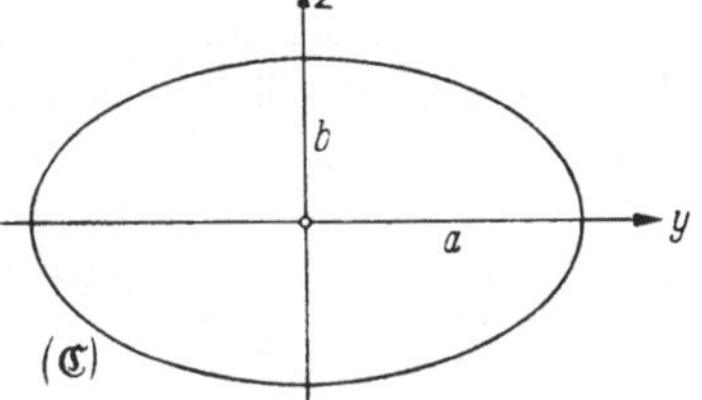

Abb. A 1.1

Wie man leicht nachrechnet, erfüllt diese auch (1 a), wenn man wegen

$$\Delta\Phi = 2C\left(\frac{1}{a^2} + \frac{1}{b^2}\right)$$

für die Konstante C

$$C = \frac{a^2 b^2}{2(a^2 + b^2)}$$

wählt. Damit lautet die Torsionsfunktion

$$\Phi = \frac{a^2 b^2}{2(a^2 + b^2)}\left[\left(\frac{y}{a}\right)^2 + \left(\frac{z}{b}\right)^2 - 1\right].\tag{2}$$

Nach (3.34) errechnet sich aus (2) die Torsionssteifigkeit

$$GJ_t = -4G\int\Phi\,dF = -2G\frac{a^2 b^2}{a^2 + b^2}\iint\limits_{(Querschnitt)}\left[\left(\frac{y}{a}\right)^2 + \left(\frac{z}{b}\right)^2 - 1\right]dy\,dz$$

$$= G\pi\frac{a^3 b^3}{a^2 + b^2},\tag{3}$$

deren Zusammenhang mit der Drillung D über (3.35) als

$$D = \frac{\vartheta}{l} = \frac{M_t}{G J_t} = \frac{(a^2 + b^2) M_t}{\pi a^3 b^3 G}$$

erscheint.

Der Verlauf der Spannungen folgt aus den Gln. (3.36) mit (2):

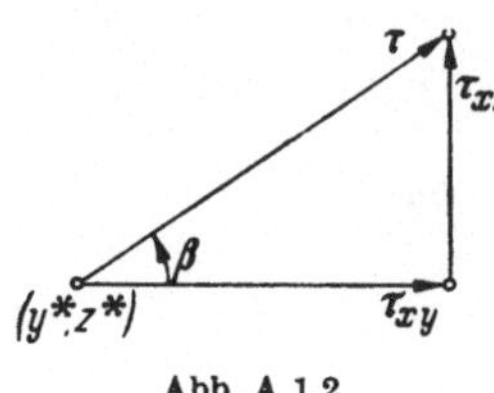

Abb. A 1.2

$$\left.\begin{aligned} \tau_{xy} &= -2GD\frac{\partial \Phi}{\partial z} = -\frac{2M_t}{\pi a b^3} z, \\ \tau_{xz} &= 2GD\frac{\partial \Phi}{\partial y} = \frac{2M_t}{\pi a^3 b} y. \end{aligned}\right\} \tag{4}$$

Man kann nun nachweisen, daß die Richtung des Schubspannungsvektors im Punkte (y^*, z^*) (Abb. A 1.2), die durch

$$\tan \beta = \frac{\tau_{xz}}{\tau_{xy}} = -\frac{b^2}{a^2}\frac{y^*}{z^*} \tag{5}$$

gegeben ist, mit der Richtung der Tangente an die durch den Punkt (y^*, z^*) gehende, zu $\mathfrak{C}$ ähnliche Ellipse

$$\left(\frac{y}{\lambda a}\right)^2 + \left(\frac{z}{\lambda b}\right)^2 - 1 = 0$$

übereinstimmt. Der Tangens des Neigungswinkels dieser Ellipse ist nämlich

$$\frac{dz}{dy} = -\frac{\lambda^2 b^2}{\lambda^2 a^2}\frac{y}{z} = -\frac{b^2}{a^2}\frac{y}{z},$$

eine Beziehung, die für den untersuchten Punkt (y^*, z^*) mit (5) identisch wird. Das bedeutet schließlich, daß die Schubspannungslinien zur Berandung ähnliche

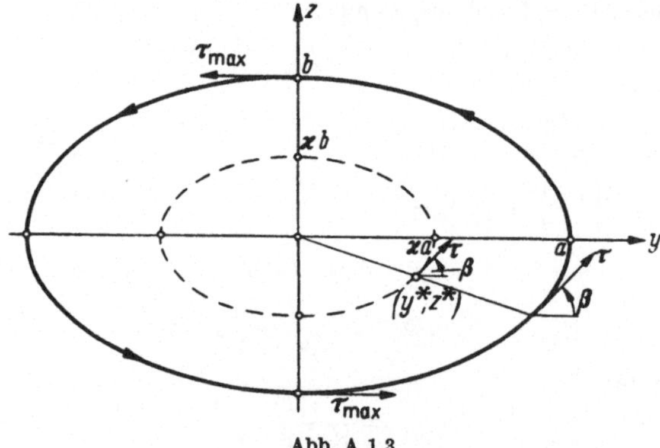

Abb. A 1.3

Ellipsen sind (Abb. A 1.3). Die maximalen Schubspannungen liegen, wie man (4) entnehmen kann, im Falle $b < a$ in den Punkten $(0, b)$ und $(0, -b)$ und haben die Größe

$$\tau_{max} = |\tau_{xy}(0, \pm b)| = \frac{2M_t}{\pi a b^2} \quad \text{für} \quad b < a. \tag{6}$$

Nach (3.37) wird die bei der Torsion allgemeiner Querschnitte auftretende Querschnittsverwölbung u mittels der Verwölbungsfunktion $\varphi = \varphi(y, z)$ beschrieben

$$u(y, z) = \frac{M_t}{G J_t}\varphi(y, z), \tag{7}$$

die mit der Torsionsfunktion in den Beziehungen (3.38) steht. Mit (2) ergibt dies

$$\frac{\partial \varphi}{\partial y} = z - 2\,\frac{\partial \Phi}{\partial z} = -\,\frac{a^2 - b^2}{a^2 + b^2}\,z,$$

$$\frac{\partial \varphi}{\partial z} = -\,y + 2\,\frac{\partial \Phi}{\partial y} = -\,\frac{a^2 - b^2}{a^2 + b^2}\,y,$$

ein Differentialgleichungssystem, das durch

$$\varphi = -\,\frac{a^2 - b^2}{a^2 + b^2}\,y z$$

gelöst wird, wobei eine additive (eine reine Translation des Stabes in Richtung seiner Längsachse bedeutende) Konstante als unwesentlich unterdrückt wurde. Nach (7) mit (3) ist die Verwölbung demnach durch

$$u(y,\,z) = -\,\frac{a^2 - b^2}{a^3 b^3}\,\frac{M_t}{\pi G}\,y z \qquad (8)$$

gegeben. Die Verwölbungsfläche stellt somit ein hyperbolisches Paraboloid dar (Abb. A 1.4); die Achsen $y = 0$ und $z = 0$ erfahren keine, die Randpunkte die größten Verwölbungen. Die Verschiebungen v und w in Richtung der y- bzw. z-Achse sind schließlich nach (3.37) mit (3)

$$v = -\,\frac{(a^2 + b^2)\,M_t}{G\,\pi\,a^3 b^3}\,x z; \quad w = \frac{(a^2 + b^2)\,M_t}{G\,\pi\,a^3 b^3}\,x y.$$

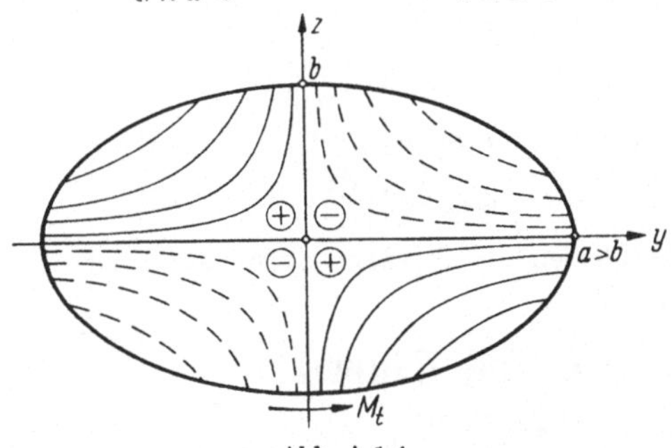

Abb. A 1.4

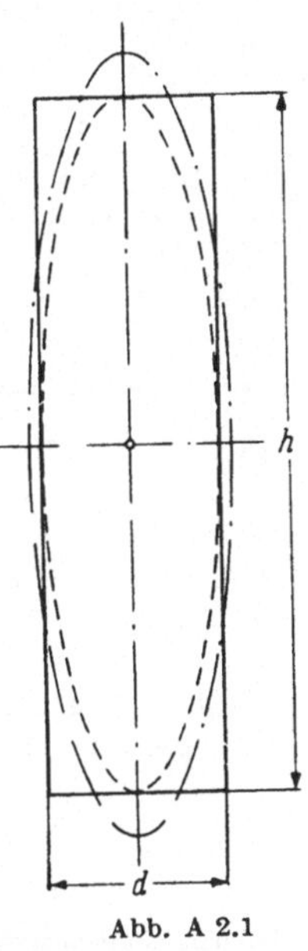

Abb. A 2.1

Die Ergebnisse gehen für $b = a$ in die aus Abschnitt II Ziffer 7 bekannten für die Torsion kreiszylindrischer Stäbe über. Wie man (8) für diesen Fall entnimmt, bestätigt sich insbesondere die Voraussetzung der dazugehörigen elementaren Theorie, daß die Querschnitte des kreiszylindrischen Stabes bei der Torsion verwölbungsfrei, d. h. eben bleiben.

A 2. Torsion schmaler Rechteckquerschnitte. Das Torsionsproblem schmaler Rechteckquerschnitte behandle man näherungsweise dadurch, daß man einmal den Querschnitt durch einen ellipsenförmigen mit gleichen Achsenabmessungen ersetzt, und des weiteren dadurch, daß für diesen ein elliptischer mit gleichem Achsenverhältnis und gleichem Flächeninhalt gesetzt wird (Abb. A 2.1). Die Ergebnisse vergleiche man mit den aus Abschnitt II Ziffer 9 bekannten.

Lösung. Von besonderem Interesse sind bei der Torsion stets die Drillsteifigkeit $G J_t$, die für die auftretende Verformung (Drillung) maßgebend ist, und die für die Bemessung erforderliche Größe der maximalen Spannung $\tau_{\max}$.

Um die aus der Behandlung der vorigen Aufgabe bekannten Resultate benutzen zu können, setzen wir mit einer vorerst noch freien Konstanten $\varkappa$

$$2a = \varkappa\,h\,, \quad 2b = \varkappa\,d\,, \tag{1}$$

wobei a und b die Ellipsenhalbmesser und h und d Höhe und Breite des Rechteckquerschnittes sind. Damit entnehmen wir unter der Voraussetzung von $h \gg d$ den Gln. (3) und (6) der vorigen Aufgabe

$$G\,J_t \approx G\,\frac{\pi\,\varkappa^4}{16}\,\frac{h\,d^3}{1+\left(\dfrac{d}{h}\right)^2} \approx G\,\frac{\pi\,\varkappa^4}{16}\,h\,d^3 \tag{2}$$

und

$$\tau_{\max} \approx \frac{16}{\pi\,\varkappa^3}\,\frac{M_t}{h\,d^2}\,. \tag{3}$$

Im ersten Falle der Ellipse mit den Achsenabmessungen des Rechtecks ist in (1) die Konstante $\varkappa = 1$ zu setzen. Man erhält aus (2) und (3)

$$G\,J_t \approx G\,\frac{1}{5{,}09}\,h\,d^3\,, \quad \tau_{\max} \approx 5{,}09\,\frac{M_t}{h\,d^2}\,.$$

Im zweiten Falle hingegen, in dem die Ellipse das gleiche Achsenverhältnis und den gleichen Flächeninhalt wie das Rechteck aufweisen soll, ist also unter Benutzung von (1)

$$h\,d = \pi\,a\,b = \pi\,\frac{\varkappa^2}{4}\,h\,d\,,$$

was für $\varkappa$ den Wert $\varkappa = \dfrac{2}{\sqrt{\pi}}$ ergibt. Wird dieses in (2) und (3) eingesetzt, so erhält man

$$G\,J_t \approx G\,\frac{1}{3{,}14}\,h\,d^3\,, \quad \tau_{\max} \approx 3{,}55\,\frac{M_t}{h\,d^2}\,. \tag{4}$$

Die Ergebnisse aus Abschnitt II Ziffer 9 lauten dagegen nach (2.37) und (2.36)

$$G\,J_t = G\,\frac{1}{3}\,h\,d^3\,, \quad \tau_{\max} = 3\,\frac{M_t}{h\,d^2}\,.$$

Man sieht gemäß (4), daß diesen Werten die Annäherung mittels einer flächengleichen Ellipse am nächsten kommt.

Kinematik und Kinetik
IV. Kinematik

1. Bahn, Geschwindigkeit und Beschleunigung eines bewegten Punktes. Die Bewegung eines Körpers ist festgelegt, wenn wir die Koordinaten x, y, z seiner Punkte als Funktionen der Zeit t angeben können. Hinsichtlich der *Wahl des Koordinatensystems* ist folgendes zu sagen: *In der Kinematik ist jedes mit einem starren Körper verbundene Bezugssystem zulässig. In der Kinetik ist die Auswahl so zu treffen, daß in dem Bezugssystem unter Zugrundelegung des Newtonschen Beschleunigungsgesetzes die sog. „Absolutbewegung" beschrieben werden kann*; dies ist das sog. *Inertialsystem.* Da ein geradlinig und gleichförmig bewegtes System keine Beschleunigung hat, ist es hinsichtlich der Beschreibung der (kinetisch-) mechanischen Erscheinungen ohne Belang, ob sich das System in Ruhe oder in gleichförmiger Bewegung befindet; oder etwas anschaulicher: Die Wahrnehmungen eines in einem ruhenden Bezugssystem befindlichen Beobachters sind die gleichen wie die eines mit dem geradlinig-gleichförmig bewegten System verbundenen Beobachters; das ist der Inhalt des *Galileischen Relativitätsprinzips*!

Durch den Ortsvektor in dem nach obigen Gesichtspunkten ausgewählten System (Abb. 4.1)

$$r = r(t) = x(t)\,e_x + y(t)\,e_y + z(t)\,e_z = \{x(t);\ y(t);\ z(t)\} \qquad (4.1)$$

kann die Bewegung eines Körperpunktes angegeben werden. Weitere für die Bewegung charakteristische Größen sind die *Geschwindigkeit* mit ihrem Vektor (Abb. 4.1)

$$v = v(t) = \lim_{\Delta t \to 0} \frac{\Delta r}{\Delta t} = \frac{dr}{dt} = \dot{r}(t) = \{\dot{x}(t);\ \dot{y}(t);\ \dot{z}(t)\} \qquad (4.2)$$

und die *Beschleunigung*

$$b = b(t) = \frac{dv}{dt} = \ddot{r}(t) = \{\ddot{x}(t);\ \ddot{y}(t);\ \ddot{z}(t)\}. \qquad (4.3)$$

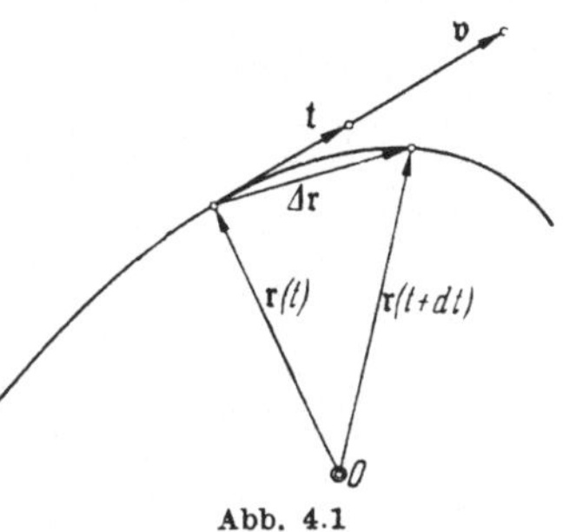

Abb. 4.1

Hierbei bedeuten die Punkte über den Koordinaten Differentiationen nach der Zeit.

Während der Geschwindigkeitsvektor die Bahnkurve tangiert, trifft das für den Beschleunigungsvektor nur bei geradlinigen Bahnen zu. Führt man den Einheitsvektor der Geschwindigkeit, den sog. *Tangentenvektor*

$$t = t(t) = \frac{v}{|v|} = \frac{v}{v} = \frac{\{\dot{x}(t);\ \dot{y}(t);\ \dot{z}(t)\}}{\sqrt{\dot{x}^2(t) + \dot{y}^2(t) + \dot{z}^2(t)}} \qquad (4.4)$$

ein, so folgt aus $v = vt$ mit dem Bogenelement $ds = v\,dt$

$$b = \frac{d}{dt}(v\,t) = \frac{dv}{dt}\,t + v\frac{dt}{dt} = \frac{dv}{dt}\,t + v\frac{dt}{ds}\frac{ds}{dt} = \frac{dv}{dt}\,t + v^2\frac{dt}{ds}. \qquad (4.5)$$

Der erste Anteil ist parallel zu t und wird dementsprechend *Tangentialbeschleunigung* genannt, während der zweite, der senkrecht zu t steht[1], auf den betreffenden Krümmungsmittelpunkt M gerichtet ist (Abb. 4.2) und daher den Namen *Normalbeschleunigung* oder *Zentripetalbeschleunigung* führt. Mit dem sog. *Hauptnormalvektor*

$$n = \frac{dt}{ds} \bigg/ \left|\frac{dt}{ds}\right|$$

und dem Krümmungsradius $R = 1\bigg/\left|\dfrac{dt}{ds}\right|$ läßt sich (4.5) in der Form

$$b = \frac{dv}{dt}\,t + \frac{v^2}{R}\,n = b_t + b_n \qquad (4.6)$$

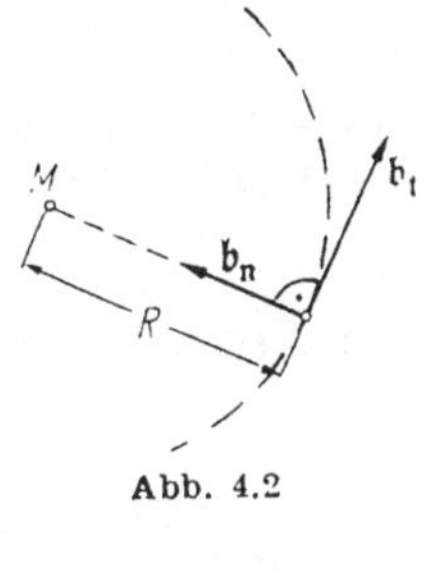

Abb. 4.2

schreiben (Abb. 4.2).

Bemerkung. Die Raumkurve $v = v(t) = \{\dot{x}(t);\ \dot{y}(t);\ \dot{z}(t)\}$ mit den Koordinaten $\dot{x}, \dot{y}$ und $\dot{z}$ wird der *Hodograph* der Bewegung genannt.

---

[1] Aus $t^2 = 1$ folgt $2t\dfrac{dt}{ds} = 0$, also $\dfrac{dt}{ds}$ orthogonal zu t!

Die Bewegung auf einem Kreise (Abb. 4.3) führt zu den Begriffen *Winkelgeschwindigkeit*

$$\omega = \omega(t) = \frac{d\varphi}{dt} = \dot{\varphi}(t) \tag{4.7}$$

und *Winkelbeschleunigung*

$$\varepsilon = \varepsilon(t) = \frac{d\omega}{dt} = \dot{\omega}(t) = \ddot{\varphi}(t). \tag{4.8}$$

Damit ergibt sich für den Vektor bzw. den Betrag der Umlaufgeschwindigkeit

$$\mathfrak{u} = \omega\, \mathfrak{e}_z \times \mathfrak{a} \quad \text{bzw.} \quad u = a\,\omega = a\,\dot{\varphi}. \tag{4.9}$$

Die Tangential- bzw. die Normalbeschleunigung haben die Größe

$$b_t = a\,\varepsilon = a\,\dot{\omega} = a\,\ddot{\varphi} \quad \text{bzw.} \quad b_n = \frac{u^2}{a} = a\,\omega^2 = a\,\dot{\varphi}^2. \tag{4.10}$$

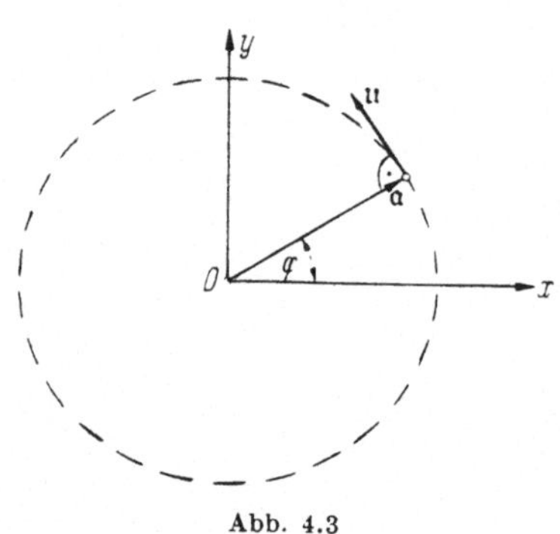

Abb. 4.3

Insbesondere gelten für eine *gleichmäßige Kreisbewegung* ($\omega = \omega_0 = $ const) mit der sekundlichen bzw. minutlichen Umlaufzahl (Frequenz) ν bzw. n

$$u = a\,\omega_0 = a\,2\pi\nu = a\,\frac{\pi\,n}{30},$$
$$b_n = a\,\omega_0^2 = a(2\pi\nu)^2 = a\left(\frac{\pi\,n}{30}\right)^2. \tag{4.11}$$

Die *Umlaufzeit* beträgt in diesem Fall

$$T = \frac{1}{\nu} = \frac{2\pi}{\omega_0} = \frac{60}{n}. \tag{4.12}$$

Für die Beschreibung der *allgemeinen Bewegung* eines starren Körpers ist folgende Verallgemeinerung wichtig: Die augenblickliche Umlaufgeschwindigkeit bei einer Drehung mit der Winkelgeschwindigkeit $\omega = \omega(t)$ um eine durch den Einheitsvektor $\mathfrak{w} = \mathfrak{w}(t)$ festgelegte Achse ist (Abb. 4.4)

$$\mathfrak{u} = \omega\, \mathfrak{w} \times \mathfrak{x}, \tag{4.13}$$

wobei der Vektor $\mathfrak{x}$ auf einen beliebigen Punkt F der Drehachse bezogen wird[1] (Abb. 4.4). Man nennt

$$\omega\, \mathfrak{w} = \{\omega_x(t);\ \omega_y(t);\ \omega_z(t)\} \tag{4.14}$$

den *Vektor der Winkelgeschwindigkeit*.

Aufgaben

A 1. Rollendes Rad. Für das in Abb. A 1.1 skizzierte Rad bestimme man Weg, Geschwindigkeit und Beschleunigung des mit dem Rade fest verbundenen Punktes P als Funktionen der Zeit, wenn das Rad mit konstanter Geschwindigkeit v_r rollt. Ferner ermittle man den Hodographen der Bewegung.

---

[1] Wegen $\mathfrak{x} = \lambda\,\mathfrak{w} + \mathfrak{r}$ folgt sofort die sinngemäße Übereinstimmung von (4.9) und (4.13).

Lösung. Mit den Bezeichnungen der Abb. A 1.1 lauten die Komponenten des Ortsvektors zum Punkte P in dem mit dem Zentrum Z mitbewegten ξ, η-Koordinatensystem

$$\{\xi(t);\ \eta(t)\} = b\{\sin\varphi(t);\ \cos\varphi(t)\},$$

so daß man für das raumfeste x, y-System den Ortsvektor $\mathfrak{r}(t)$ zunächst in der Form

$$\mathfrak{r}(t) = \{x_r(t) + \xi(t);\ a + \eta(t)\} = \{x_r(t) + b\sin\varphi(t);\ a + b\cos\varphi(t)\} \qquad (1)$$

erhält. Ist die Drehgeschwindigkeit des Rades ω, die mit der Translationsgeschwindigkeit v_r des Radzentrums bei reinem Rollen in der Beziehung

$$v_r = \omega a$$

steht ($a =$ Halbmesser des Rades), so ist, wenn zum Zeitpunkt $t = 0$

$$x_r(0) = 0 \quad \text{und} \quad \varphi(0) = 0$$

gilt (was durch geeignete Wahl des Bewegungsanfangspunktes immer erreicht werden

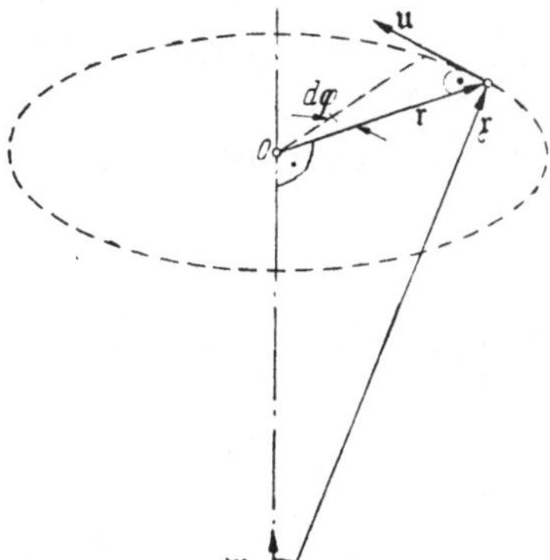

Abb. 4.4

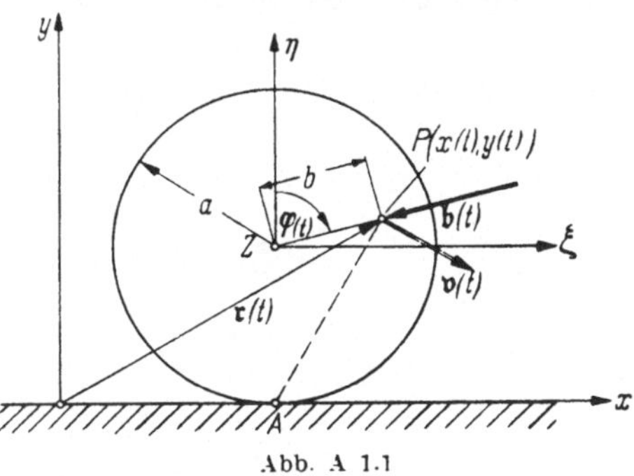

Abb. A 1.1

kann), wegen der Gleichförmigkeit der Bewegung

$$x_r(t) = v_r t, \quad \varphi(t) = \omega t = \frac{v_r}{a} t.$$

Dies in (1) eingesetzt, erhält man den Ortsvektor $\mathfrak{r}$ als Funktion der Zeit

$$\mathfrak{r}(t) = \left\{v_r t + b\sin\left(\frac{v_r}{a} t\right); a + b\cos\left(\frac{v_r}{a} t\right)\right\}. \qquad (2)$$

Nach (4.2) und (4.3) folgen hieraus Geschwindigkeit $\mathfrak{v}$ und Beschleunigung $\mathfrak{b}$ zu

$$\mathfrak{v}(t) = \frac{d\mathfrak{r}}{dt} = v_r\left\{1 + \frac{b}{a}\cos\left(\frac{v_r}{a} t\right); -\frac{b}{a}\sin\left(\frac{v_r}{a} t\right)\right\} \qquad (3)$$

und

$$\mathfrak{b}(t) = \frac{d\mathfrak{v}}{dt} = \frac{v^2 b}{a^2}\left\{-\sin\left(\frac{v_r}{a} t\right); -\cos\left(\frac{v_r}{a} t\right)\right\}. \qquad (4)$$

Während der Geschwindigkeitsvektor $\mathfrak{v}$ stets senkrecht auf der Verbindungslinie zwischen dem Berührungspunkt A und dem betrachteten Punkt P steht, wie man dem Verschwinden des entsprechenden Skalarproduktes

$$[\mathfrak{r}(t) - \{x_r(t);\ 0\}]\,\mathfrak{v}(t) = 0$$

entnehmen kann, ist die Beschleunigung $\mathfrak{b}$ nach (4) stets auf das Radzentrum Z gerichtet und dem Betrage nach konstant.

Die Elimination von t aus dem Ausdruck (3) für $v = \{v_x, v_y\}$ liefert schließlich den Hodographen der Bewegung in der Form

$$\left(\frac{v_x}{v_r} - 1\right)^2 + \left(\frac{v_y}{v_r}\right)^2 = \left(\frac{b}{a}\right)^2.$$

Er ist ein exzentrisch zum Ursprung liegender Kreis (Abb. A 1.2).

2. Bewegung eines starren Körpers. Diese kann durch die translatorische Bewegung eines körperfesten (z. B. des Schwer-) Punktes F und durch die Drehung der einzelnen Punkte P um diesen festen Punkt F beschrieben werden. Nach Abb. 4.5 hat man zunächst

$$\mathfrak{r} = \mathfrak{r}(t) = \mathfrak{R} + \mathfrak{x} = \mathfrak{R}(t) + \mathfrak{x}(t).$$

woraus für die Geschwindigkeit

$$\mathfrak{v} = \dot{\mathfrak{r}}(t) = \dot{\mathfrak{R}}(t) + \dot{\mathfrak{x}}(t) = \dot{\mathfrak{R}}(t) + \omega\,\mathfrak{w} \times \mathfrak{x} \tag{4.15}$$

folgt, da wegen der Starrheit des Körpers $|\mathfrak{x}(t)| = \mathrm{const}$ ist, so daß

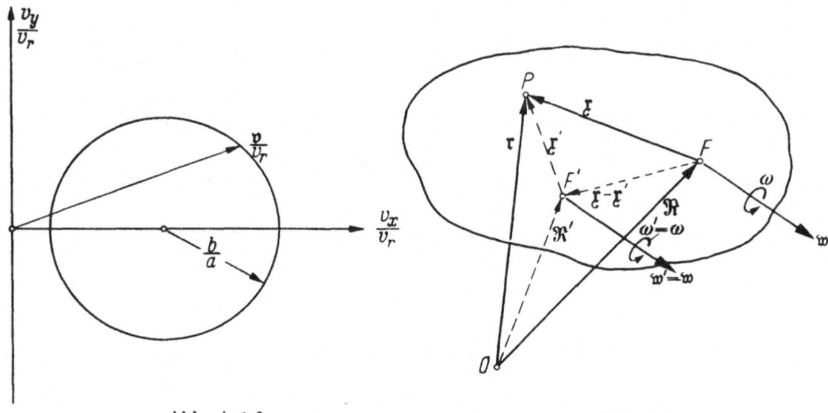

Abb. A 1.2   Abb. 4.5

die Änderung von $\mathfrak{x}(t)$, also $\dot{\mathfrak{x}}(t)$, gemäß (4.13) einer Drehung um F entsprechen muß.

Man kann sich an dieser Stelle leicht überlegen, daß der Drehvektor $\omega\,\mathfrak{w}$ ein *freier Vektor*, d.h. nicht ortsgebunden ist. Entsprechend Abb. 4.5 ist nämlich

$$\mathfrak{v}_P = \mathfrak{v}_F + \omega\,\mathfrak{w} \times \mathfrak{x} = \mathfrak{v}_{F'} + \omega'\,\mathfrak{w}' \times \mathfrak{x}'.$$

Andererseits aber gilt

$$\mathfrak{v}_{F'} = \mathfrak{v}_F + \omega\,\mathfrak{w} \times (\mathfrak{x} - \mathfrak{x}').$$

so daß man über

$$\mathfrak{v}_{F'} - \mathfrak{v}_F = \omega\,\mathfrak{w} \times (\mathfrak{x} - \mathfrak{x}') = \omega\,\mathfrak{w} \times \mathfrak{x} - \omega'\,\mathfrak{w}' \times \mathfrak{x}'$$

schließlich

$$\omega'\,\mathfrak{w}' \equiv \omega\,\mathfrak{w}$$

erhält.

Aus (4.15) ergibt sich die Beschleunigung zu

$$\mathfrak{b} = \dot{\mathfrak{v}} = \ddot{\mathfrak{r}} = \ddot{\mathfrak{R}} + (\dot{\omega}\,\mathfrak{w} + \omega\,\dot{\mathfrak{w}}) \times \mathfrak{x} + \omega^2\,\mathfrak{w} \times (\mathfrak{w} \times \mathfrak{x}). \qquad (4.16)$$

Das letzte Glied entspricht hier der *Normal-* oder *Zentripetalbeschleunigung* (s. a. S. 161).

Mit $\omega = \dfrac{d\varphi}{dt}$ erhält man aus (4.15) die *Eulersche Formel*

$$d\mathfrak{r} = d\mathfrak{R} + d\varphi\,\mathfrak{w} \times \mathfrak{x}, \qquad (4.17)$$

d. h.: *Eine unendlich kleine Lageänderung eines Punktes eines starren Körpers läßt sich auf die Verschiebung* $d\mathfrak{R}$ *eines Bezugspunktes und auf eine Drehung um letzteren zurückführen*[1]. Für die ebene Bewegung gilt folgender Satz: *Die ebene Bewegung eines starren Körpers läßt sich in jedem Augenblick als eine reine Drehung um einen Punkt, das sog. Momentanzentrum (Drehpol), auffassen.* Kennt man z. B. die Geschwindigkeitsrichtungen zweier Punkte P_1 und P_2 der starren Scheibe, so ist der Schnittpunkt der in P_1 und P_2 zu den Geschwindigkeitsvektoren errichteten Normalen offenbar das Momentanzentrum M (Abb. 4.6). Es gilt dann

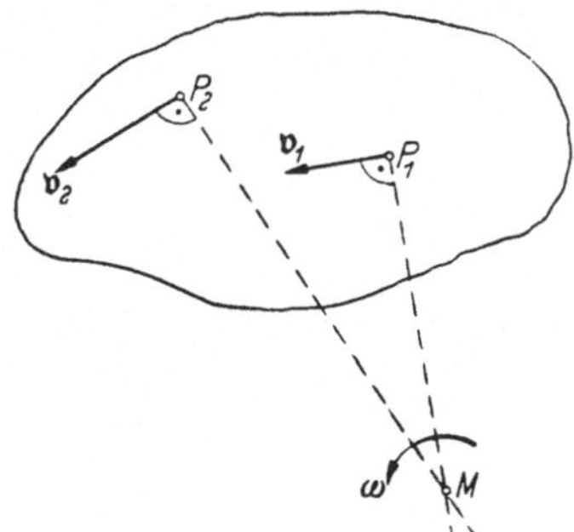
Abb. 4.6

$$\omega = \frac{v_1}{\overline{MP_1}} = \frac{v_2}{\overline{MP_2}}. \qquad (4.18)$$

Beispielsweise ist bei der voranstehenden Aufgabe das Momentanzentrum der Berührungspunkt A zwischen Rad und Unterlage.

Die vom Momentanzentrum während der Bewegung beschriebene, auf ein raumfestes Koordinatensystem bezogene Kurve wird *Roll-* oder *Rastpolkurve*, auch *Polhodie*, genannt.

Aufgaben

A 1. Ellipsengetriebe. Zwei kongruente Ellipsen (Halbmesser a und b) rollen aufeinander ab und drehen sich dabei um die Brennpunkte O_1 und O_2 (Entfernung $2a$) (Abb. A 1.1). Die Winkelgeschwindigkeit der einen ist $\omega_1 = $ const. Wie groß sind die Winkelgeschwindigkeit ω_2 und die Winkelbeschleunigung ε_2 der zweiten?

Lösung. Bekanntlich ist die Länge der von einem Ellipsenrandpunkt ausgehenden beiden Brennstrahlen insgesamt $2a$, und die Winkel zwischen dem jeweiligen Brennstrahl und der Tangente durch den Randpunkt sind einander gleich: $\varkappa_1 = \alpha_2$ (Abb. A 1.1). In bezug auf die vorliegende Aufgabe bedeutet das, daß der Berührungspunkt P zwischen den beiden Ellipsen beim Abrollen stets auf der Verbindungsgeraden zwischen O_1 und O_2 liegt. Die kinematischen Bedingungen der Aufgabenstellung sind somit widerspruchsfrei.

Bekannterweise kann die Gleichung des Polstrahles $\overline{O_1P} = r_1$ in der Form

$$r_1 = \frac{p}{1 - \varepsilon\cos\varphi_1} \qquad (1)$$

---

[1] In Abb. 4.4 sieht man, daß $d\varphi\,\mathfrak{w} \times \mathfrak{x}$ dem Vektor eines zu $d\varphi$ gehörigen Kreisbogenelementes $ds = |d\varphi\,\mathfrak{w} \times \mathfrak{x}| = |\mathfrak{x}|\sin\varkappa\,d\varphi = r\,d\varphi$ entspricht!

mit den Ellipsenparametern

$$p = \frac{b^2}{a} \; ; \quad \varepsilon = \sqrt{1 - \left(\frac{b}{a}\right)^2} \; ; \; b < a \tag{2}$$

geschrieben werden. Da die Drehgeschwindigkeit der ersten Ellipse $\omega_1 = \mathrm{const}$ ist, gilt

$$\varphi_1 = \omega_1 \, t \, .$$

Die Entfernung der beiden Brennpunkte $\overline{O_1 O_2} = 2a$ ist ebenfalls konstant, so daß man entsprechend Abb. A 1.1

$$r_2 = 2a - r_1 \tag{3}$$

erhält. O_1 und O_2 sind die Drehpole der beiden Ellipsen, und man erhält, da die Ge-

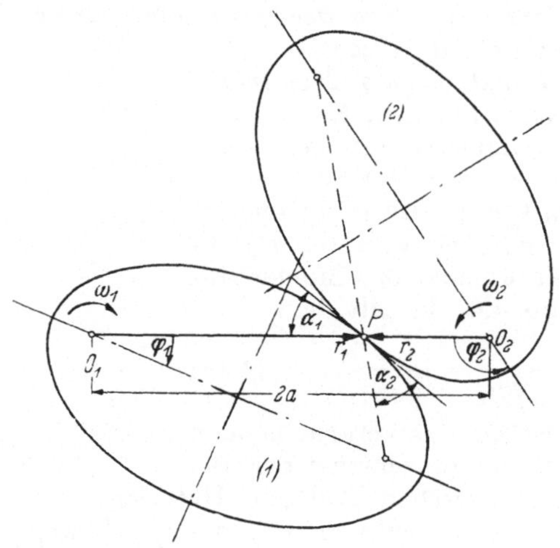

Abb. A 1 1

schwindigkeiten der Ellipsen im Punkte P nach (4.18) $v_1 = \omega_1 \, r_1$ und $v_2 = \omega_2 \, r_2$ wegen der Abrollbedingung übereinstimmen müssen.

$$\omega_2 = \omega_1 \frac{r_1}{r_2} = \omega_1 \frac{r_1}{2a - r_1} \, .$$

Hieraus folgt mit (1) und (2)

$$\omega_2 = \omega_1 \frac{\left(\frac{b}{a}\right)^2}{2 - \left(\frac{b}{a}\right)^2 - 2\sqrt{1 - \left(\frac{b}{a}\right)^2} \cos \omega_1 t} \tag{4}$$

für die Winkelgeschwindigkeit der zweiten Ellipse. Dieses Resultat hätte man selbstverständlich auch auf andere Weise ermitteln können, beispielsweise dadurch, daß man analog zu (1)

$$r_2 = \frac{p}{1 + \varepsilon \cos \varphi_2}$$

ansetzt, in (3) einsetzt und nach φ_2 bzw. nach $\omega_2 = \dfrac{d\varphi_2}{dt}$ auflöst. Dieser Weg ist jedoch mühevoller als die Benutzung der Beziehung (4.18) für Drehbewegungen um einen festen Punkt. Nach (4.8) errechnet man noch aus (4) die Winkelbeschleunigung des zweiten Ellipsenrades

$$\varepsilon_2 = \dot\omega_2 = \frac{d\omega_2}{dt} = -\omega_1^2 \frac{2\left(\dfrac{b}{a}\right)^2 \sqrt{1-\left(\dfrac{b}{a}\right)^2}\sin\omega_1 t}{\left[2-\left(\dfrac{b}{a}\right)^2 - 2\sqrt{1-\left(\dfrac{b}{a}\right)^2}\cos\omega_1 t\right]^2}.$$

A 2. *Kinematik eines Gelenkvierecks.* Für die linke Schwinge der Länge a des in Abb. A 2.1 skizzierten Gelenkvierecks bestimme man den Geschwindigkeits- und Beschleunigungsverlauf, wenn sich das Antriebsglied der Länge c mit der konstanten Winkelgeschwindigkeit ω dreht. Man ermittle ferner die Rastpolkurve der Koppelstange (Länge b).

Gegeben: $a = 20$ cm, $b = 45$ cm, $c = 10$ cm, $l = 40$ cm.

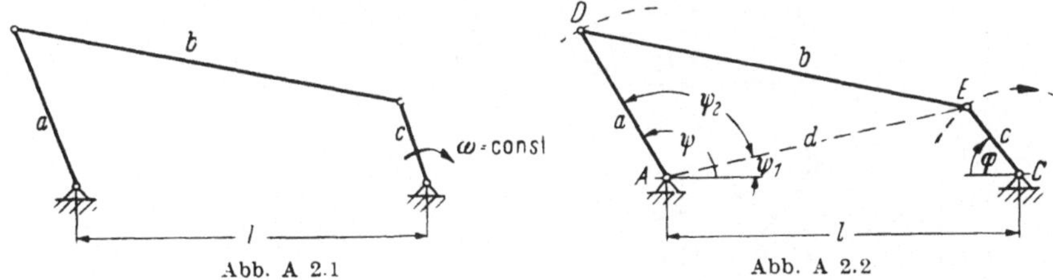

Abb. A 2.1   Abb. A 2.2

Lösung. Führt man die in Abb. A 2.2 festgelegten Bezeichnungen ein, so berechnet man den Drehwinkel ψ der Schwinge AD aus zwei Anteilen ψ_1 und ψ_2. Mit der aus dem Kosinussatz, angewandt auf das Dreieck ACE, folgenden Hilfsstrecke

$$d = \sqrt{l^2 + c^2 - 2lc\cos\varphi} \tag{1}$$

erhält man aus dem Sinussatz für das gleiche Dreieck eine Beziehung für ψ_1

$$\sin\psi_1 = \frac{c}{d}\sin\varphi \tag{2}$$

und aus dem Kosinussatz für das Dreieck ADE eine solche für ψ_2

$$\cos\psi_2 = \frac{a^2 + d^2 - b^2}{2ad}. \tag{3}$$

Die Zusammenfassung der Gln. (1) bis (3) ergibt den Winkel

$$\psi = \psi(\varphi) = \psi_1 + \psi_2$$
$$= \arcsin\left[\frac{\sin\varphi}{\sqrt{\left(\dfrac{l}{c}\right)^2 + 1 - 2\dfrac{l}{c}\cos\varphi}}\right] +$$
$$+ \arccos\left[\frac{\dfrac{1}{2ac}(a^2 + c^2 + l^2 - b^2) - \dfrac{l}{a}\cos\varphi}{\sqrt{\left(\dfrac{l}{c}\right)^2 + 1 - 2\dfrac{l}{c}\cos\varphi}}\right],$$

der mit den Abkürzungen

$$C_1 = \left(\frac{l}{c}\right)^2 + 1 = 17; \quad C_2 = 2\frac{l}{c} = 8;$$
$$C_3 = \frac{1}{2ac}(a^2 + c^2 + l^2 - b^2) = 0{,}1875; \quad C_4 = \frac{l}{a} = 2$$

die Form

$$\psi(\varphi) = \arcsin\left(\frac{\sin\varphi}{\sqrt{C_1 - C_2\cos\varphi}}\right) + \arccos\left(\frac{C_3 - C_4\cos\varphi}{\sqrt{C_1 - C_2\cos\varphi}}\right) \tag{4}$$

erhält.

Während der Punkt E des Antriebsgliedes eine geschlossene Kreisbahn durchläuft, bewegt sich der Punkt D der Schwinge AD auf einem Kreisbogen zwischen zwei Extremlagen, die den Stellungen des Gelenkvierecks entsprechen, in denen die Punkte D, E und C auf einer Geraden liegen (Abb. A 2.3). Man entnimmt dieser Abbildung die Winkelbeziehungen für diese beiden Grenzlagen und rechnet für das vorliegende Zahlenbeispiel aus:

$$\cos\varphi_{01} = \frac{l^2 + (b+c)^2 - a^2}{2l(b+c)}, \qquad \varphi_{01} = 16{,}2°;$$

$$\cos\psi_{01} = \frac{l^2 - (b+c)^2 + a^2}{2la}, \qquad \psi_{01} = 129{,}85°;$$

$$\cos\varphi_{02} = -\frac{l^2 + (b-c)^2 - a^2}{2l(b-c)}, \qquad \varphi_{02} = 210°;$$

$$\cos\psi_{02} = \frac{l^2 - (b-c)^2 + a^2}{2la}, \qquad \psi_{02} = 61{,}05°.$$

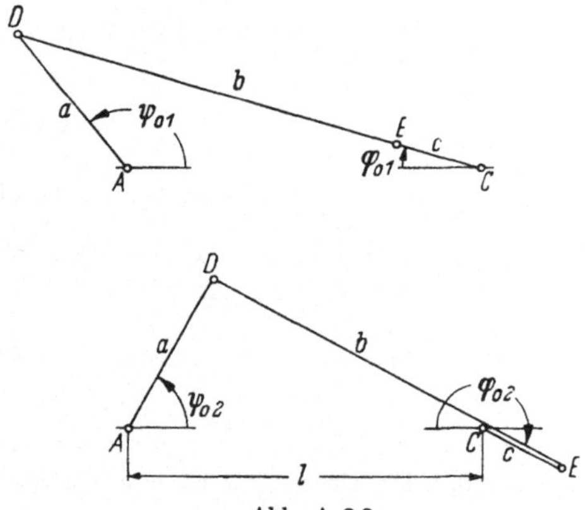

Abb. A 2.3

Die Winkelgeschwindigkeit $\dot\psi = \dot\psi(\varphi)$ berechnet man nach (4.7) mittels Differentiation

$$\dot\psi = \frac{d\psi}{dt} = \frac{d\psi}{d\varphi}\cdot\frac{d\varphi}{dt} = \omega\,\frac{d\psi}{d\varphi}$$

aus (4) zu

$$\frac{\dot\psi}{\omega} = \frac{C_1\cos\varphi - \frac{1}{2}C_2\cos^2\varphi - \frac{1}{2}C_2}{\sqrt{C_1 - C_2\cos\varphi - \sin^2\varphi\,(C_1 - C_2\cos\varphi)}} - \frac{\sin\varphi\left(C_1 C_4 - \frac{1}{2}C_2 C_3 - \frac{1}{2}C_2 C_4\cos\varphi\right)}{\sqrt{C_1 - C_2\cos\varphi - (C_3 - C_4\cos\varphi)^2\,(C_1 - C_2\cos\varphi)}}. \tag{5}$$

Der Ausdruck für die Winkelbeschleunigung $\ddot\psi = \ddot\psi(\varphi)$, der sich aus (5) wieder durch Differentiation gemäß (4.8) zu

$$\ddot\psi = \frac{d\dot\psi}{dt} = \omega^2\,\frac{d\left(\dfrac{\dot\psi}{\omega}\right)}{d\varphi}$$

ergibt, wird in seinem Aufbau noch komplizierter als (5). Deshalb soll an dieser Stelle $\dot{\psi}$ durch *graphische Differentiation* ermittelt werden.

Dazu legt man an die vorgegebene Kurve $\dfrac{\dot{\psi}}{\omega}$ in einzelnen Punkten die Tangenten *I*, *II*, *III* usw. (Abb. A 2.4). Auf der negativen Abszissenachse der

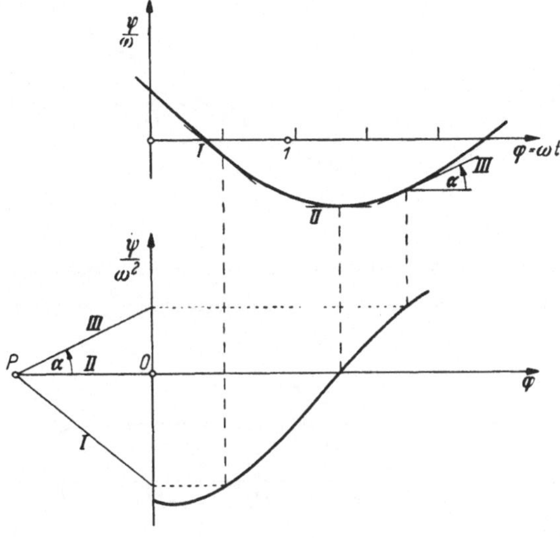

Abb A 2.4

gesuchten Kurve $\dfrac{\ddot{\psi}}{\omega^2}$ wählt man einen Pol P im Abstand OP vom Ursprung. Durch P zieht man zu den Tangenten *I*, *II*, *III* Parallelen, die auf der Ordinatenachse zu $\dfrac{\ddot{\psi}}{\omega^2}$ proportionale Strecken abschneiden. Trägt man diese Ab-

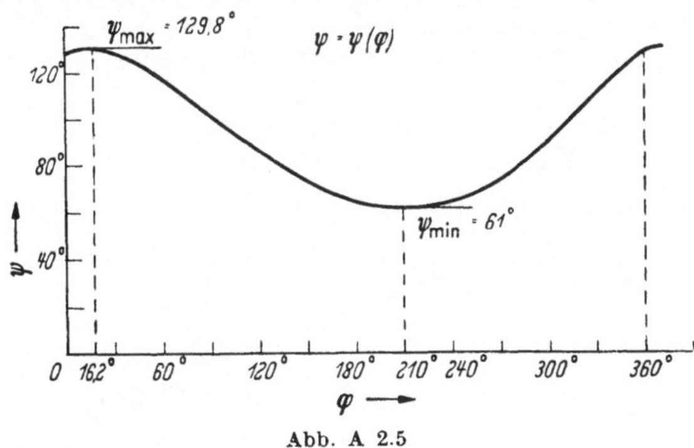

Abb. A 2.5

schnitte über den zugehörigen Abszissenwerten auf, so erhält man den gesuchten Kurvenverlauf. Die Funktionswerte $\dfrac{\ddot{\psi}}{\omega^2}$ sind im gleichen Maßstab wie die Funktion $\dfrac{\dot{\psi}}{\omega}$ abzulesen, wenn man für die Entfernung OP eine Strecke wählt, die der

Abszisseneinheit im $\dfrac{\dot{\psi}}{\omega}$ — Schaubild entspricht. Bei Vorgabe einer kleineren oder größeren Entfernung OP verzerrt sich die Kurve entsprechend.

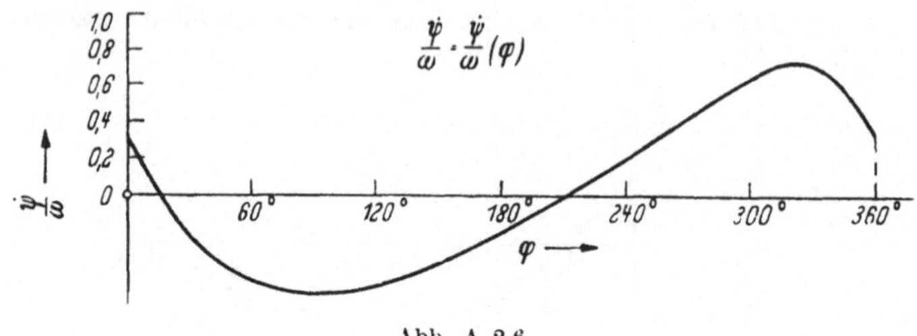

Abb. A 2 6

Die Ergebnisse einer numerischen Auswertung der Beziehungen (4) und (5) für ψ und $\dfrac{\dot{\psi}}{\omega}$ und die der graphischen Bestimmung von $\dfrac{\ddot{\psi}}{\omega^2}$ zeigen die Abbildungen A 2.5, A 2.6 und A 2.7.

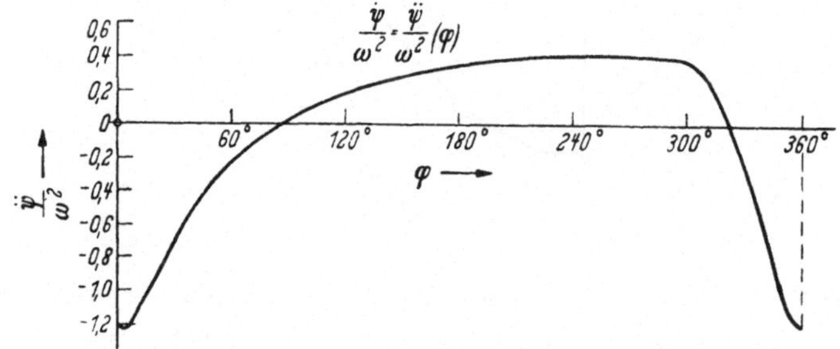

Abb. A 2 7

Der Momentanpol eines sich bewegenden starren Körpers zeichnet sich dadurch aus, daß die momentane Bewegung dieses Körpers als eine reine Drehung um die durch den Pol gehende Achse erscheint. Dementsprechend stehen (Abb. 4.6)

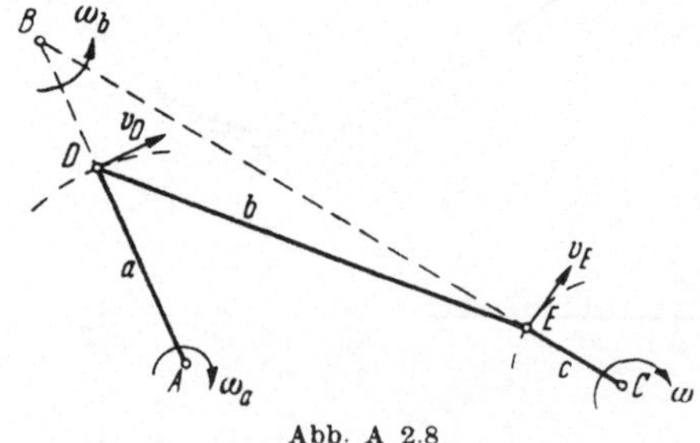

Abb. A 2.8

die Geschwindigkeitsvektoren immer senkrecht auf den vom Pol ausgehenden Polstrahlen. Im vorliegenden Falle sind (Abb. A 2.8) die Richtungen der Geschwindigkeiten v_D und v_E in den Endpunkten der Koppelstange DE bekannt. Da die Bewegung des Treibgliedes CE und der Schwinge AD stets reine Drehbewegungen um ihren Pol A bzw C sind, liegt der jeweilige Momentanpol B der Koppelstange auf den Geraden durch die Punkte A und D bzw. C und E. Abb. A 2.9 zeigt die gesuchte Polkurve als Ergebnis einer punktweisen Konstruktion der Momentanpole.

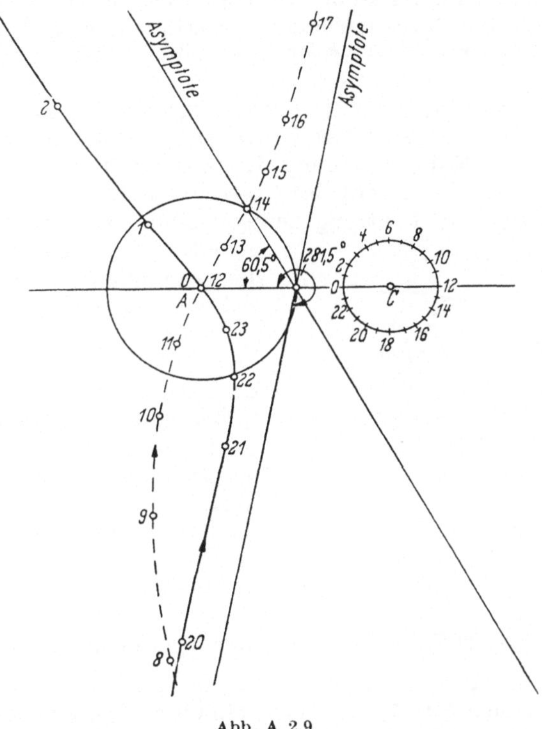

Abb. A 2.9

Kennt man von einem Punkt des Systems die Geschwindigkeit v — ein solcher ist in unserem Falle der Punkt E mit $v_E = \omega\,c$ — und ist der Momentanpol B der Bewegung bekannt, so lassen sich alle anderen Geschwindigkeiten auch graphisch

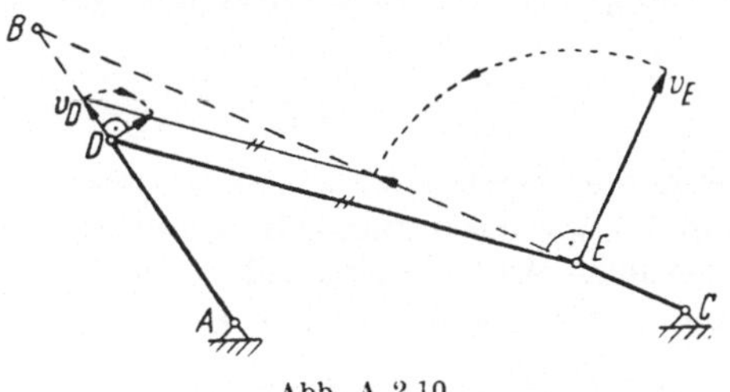

Abb. A 2.10

konstruieren. Klappt man die bekannte Geschwindigkeit v_E um $90°$ in die Gerade BE (Abb. A 2.10) und zieht durch die Spitze des geklappten Geschwindigkeitsvektors eine Parallele zu der Verbindungslinie von E und D (in D wird die Geschwindigkeit gesucht), so schneidet diese Parallele auf dem Polstrahl BD

eine Strecke v_D ab, die auf Grund des Strahlensatzes

$$v_D = \frac{\overline{BD}}{\overline{BE}}\, v_E \qquad (6)$$

ist. Da man aber auch auf Grund der Drehbewegung um B mit $v_E = \overline{BE}\,\omega_b$ und $v_D = \overline{BD}\,\omega_b$ das gleiche Resultat ausrechnet, ist v_D nach (6) mit dem Betrag der gesuchten Geschwindigkeit identisch. Ihre Richtung ergibt sich durch Zurückklappen um 90°.

3. Relativbewegung. Unter diesen Begriff fallen z. B. Bewegungen innerhalb eines selbstbewegten Fahrzeuges, Ortsveränderungen auf der (sich drehenden) Erde, Strömung des Wassers in einer Turbine usw.

Es sei F ein fester Punkt des (starren) „Fahrzeuges", P ein Punkt, der sich relativ zum Fahrzeug bewegt (Abb. 4.7). Zunächst erfährt P gemäß (4.15) die sog. *Führungsgeschwindigkeit* des entsprechenden Fahrzeugpunktes

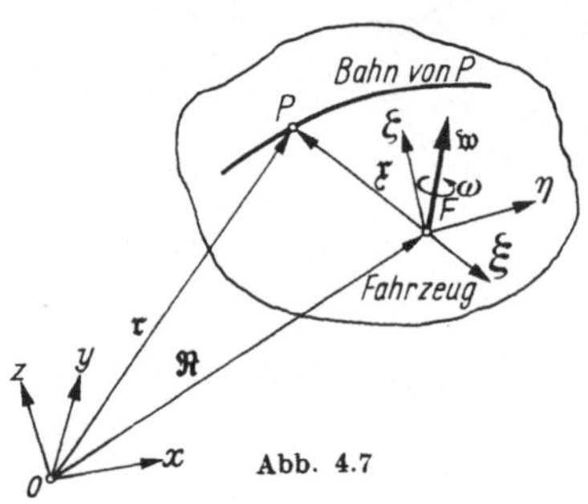

Abb. 4.7

$$\mathfrak{v}_f = \dot{\mathfrak{R}} + \omega\mathfrak{w} \times \mathfrak{x}; \qquad (4.19)$$

zu dieser kommt der von der Relativbewegung gegenüber dem Fahrzeug herrührende und von einem im Fahrzeug sitzenden Beobachter allein wahrnehmbare Anteil, die sog. *Relativgeschwindigkeit*

$$\mathfrak{v}_r = \frac{\mathfrak{b}\mathfrak{x}}{\mathfrak{b}t}. \qquad (4.20)$$

Hierbei soll das Differentiationszeichen $\dfrac{\mathfrak{b}}{\mathfrak{b}t}$ andeuten, daß bei der Ableitung auf die Fahrzeugbewegung keine Rücksicht genommen wird, d. h. die in einem *körperfesten, also mit dem Fahrzeug fest verbundenen System* gegebenen Komponenten von $\mathfrak{x}$ formal nach t differenziert werden! Die *Absolutgeschwindigkeit* ist

$$\mathfrak{v} = \mathfrak{v}_f + \mathfrak{v}_r = \dot{\mathfrak{r}} = \dot{\mathfrak{R}} + \omega\mathfrak{w} \times \mathfrak{x} + \frac{\mathfrak{b}\mathfrak{x}}{\mathfrak{b}t}. \qquad (4.21)$$

Aus (4.21) folgt wegen $\mathfrak{r} - \mathfrak{R} = \mathfrak{x}$ (Abb. 4.7) die wichtige Differentiationsregel

$$\dot{\mathfrak{x}} = \frac{d\mathfrak{x}}{dt} = \omega\mathfrak{w} \times \mathfrak{x} + \frac{\mathfrak{b}\mathfrak{x}}{\mathfrak{b}t}. \qquad (4.22)$$

In (4.22) hat man die Vorschrift, wie man einen in einem bewegten (körperfesten ξ, η, ζ–) System dargestellten Vektor zu differenzieren hat, um seine totale zeitliche Änderung zu bekommen.

Mit (4.20) und unter Beachtung der Regel (4.22) folgt aus (4.21)

$$\mathfrak{b} = \dot{\mathfrak{v}} = \ddot{\mathfrak{R}} + (\dot{\omega}\mathfrak{w} + \omega\dot{\mathfrak{w}}) \times \mathfrak{x} + \omega^2\mathfrak{w} \times (\mathfrak{w} \times \mathfrak{x}) + \frac{\mathfrak{b}^2\mathfrak{x}}{\mathfrak{b}t^2} + 2\omega\mathfrak{w} \times \mathfrak{v}_r.$$

$$(4.23)$$

Gemäß (4.16) bestimmen die ersten drei Glieder die *Führungsbeschleunigung* $\mathfrak{b}_f$ (d. i. die Beschleunigung des betreffenden Fahrzeugpunktes); das vierte Glied ist offenbar die *Relativbeschleunigung* $\mathfrak{b}_r$, und hierzu tritt noch die sog. *Coriolis-Beschleunigung*

$$\mathfrak{b}_C = 2\,\omega\,\mathfrak{w} \times \mathfrak{v}_r\,. \tag{4.24}$$

Man hat also

$$\mathfrak{b} = \mathfrak{b}_f + \mathfrak{b}_r + \mathfrak{b}_C\,. \tag{4.25}$$

Die CORIOLIS-Beschleunigung verschwindet also für $\omega = 0$ (keine Drehung), $\mathfrak{v}_r = 0$ (keine Relativbewegung gegenüber dem Fahrzeug) und wenn $\mathfrak{w}$ und $\mathfrak{v}_r$ parallel sind!

In der Führungsbeschleunigung

$$\mathfrak{b}_f = \ddot{\mathfrak{R}} + (\dot{\omega}\mathfrak{w} + \omega\mathfrak{w}) \times \mathfrak{r} + \omega^2\mathfrak{w} \times (\mathfrak{w} \times \mathfrak{r})$$

entspricht das Glied

$$\omega^2\,\mathfrak{w} \times (\mathfrak{w} \times \mathfrak{r}) = \omega^2\,[(\mathfrak{w}\,\mathfrak{r})\,\mathfrak{w} - \mathfrak{r}]$$

der Normal-, d. h. *Zentripetalbeschleunigung* (s. S. 149 und 153), da der Faktor von ω^2 (wie man sich leicht überlegt) den Vektor des Lotes von P auf die Drehachse ($\mathfrak{w}$) darstellt.

Aufgaben

A 1. Abdriftkurve eines Flugzeuges. Ein Flugzeug steuert mit Hilfe seiner Peilvorrichtung einen Flughafen an, wird jedoch durch den Wind abgetrieben, der mit konstanter Geschwindigkeit v_f in Richtung der y-Achse weht. Gesucht ist die wahre, ebene Bahn des Flugzeuges (Relativgeschwindigkeit v_r), wenn es vom Punkte $P_0 = P(x_0, y_0)$ ab Kurs auf die Peilanlage des Flughafens hält, die im Ursprung O liegen möge (Abb. A 1.1).

Lösung. Entsprechend (4.21) gilt für die Absolutgeschwindigkeit $\mathfrak{v}$

$$\left.\begin{aligned}\mathfrak{v} &= \mathfrak{v}_f + \mathfrak{v}_r, \\ \{v_x;\ v_y\} &= \{0;\ v_f\} + \{-v_r\cos\vartheta;\ -v_r\sin\vartheta\};\end{aligned}\right\} \tag{1}$$

dabei ist ϑ der zwischen dem zu dem Punkt $P(x, y)$ führenden Strahl und der x-Achse liegende Winkel. Da die Absolutgeschwindigkeit $\mathfrak{v}$ die Bahn $y = y(x)$ tangiert, gilt

$$\frac{dy}{dx} = \frac{v_y}{v_x}$$

und des weiteren entsprechend Abb. A 1.1

$$\cos\vartheta = \frac{x}{\sqrt{x^2 + y^2}}\,;\quad \sin\vartheta = \frac{y}{\sqrt{x^2 + y^2}}\,,$$

so daß man mit (1)

$$\frac{dy}{dx} = -\frac{v_f\sqrt{x^2 + y^2} - v_r\,y}{v_r\,x} \tag{2}$$

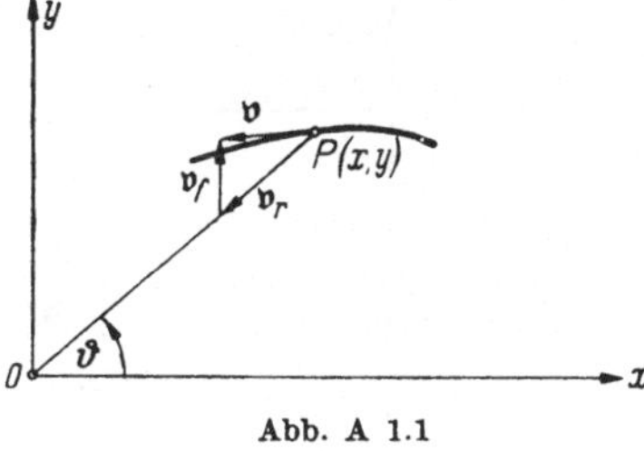

Abb. A 1.1

erhält. Nach der Substitution

$$\frac{y}{x} = t, \tag{3}$$

also

$$y = x\,t \quad \text{und} \quad \frac{dy}{dx} = t + x\frac{dt}{dx}\,,$$

lassen sich die neuen Variablen x und t trennen:

$$\frac{dt}{\sqrt{t^2 + 1}} = -\frac{v_f}{v_r}\frac{dx}{x}\,.$$

Hieraus errechnet man unter Beachtung der Anfangsbedingung $t(x_0) = t_0$

$$\ln\frac{t + \sqrt{t^2 + 1}}{t_0 + \sqrt{t_0^2 + 1}} = -\frac{v_f}{v_r}\ln\frac{x}{x_0}$$

und schließlich nach einer Umformung und Resubstitution gemäß (3) über

$$\frac{\dfrac{y}{x} + \sqrt{\left(\dfrac{y}{x}\right)^2 + 1}}{\dfrac{y_0}{x_0} + \sqrt{\left(\dfrac{y_0}{x_0}\right)^2 + 1}} = \left(\frac{x}{x_0}\right)^{-\frac{v_f}{v_r}}$$

das Ergebnis

$$\frac{y}{y_0} = \frac{1}{2}\left(\frac{x_0}{y_0}\right)\frac{x}{x_0}\left\{\left[\frac{y_0}{x_0} + \sqrt{\left(\frac{y_0}{x_0}\right)^2 + 1}\right]\left(\frac{x_0}{x}\right)^{\frac{v_f}{v_r}} - \left[\frac{y_0}{x_0} + \sqrt{\left(\frac{y_0}{x_0}\right)^2 + 1}\right]^{-1}\left(\frac{x}{x_0}\right)^{\frac{v_f}{v_r}}\right\}. \quad (4)$$

Der Gl. (4) für die Bahnkurve ist unmittelbar zu entnehmen, daß der Flughafen in O nur erreicht werden kann, solange $v_f < v_r$ ist, d. h. die Windgeschwindigkeit kleiner als die Eigengeschwindigkeit des Flugzeuges ist. Durch Differenzieren von (4) rechnet man schließlich noch aus, daß der Kurs des Flugzeuges beim Eintreffen auf dem Flughafen stets in Richtung der negativen y-Achse, d. h. gegen die Windrichtung liegt, ein Ergebnis, das der Differentialgleichung (2) nicht ohne weiteres zu entnehmen ist.

A 2. Schleppkurve eines Schwimmkörpers. Ein Schwimmkörper K soll von einem Ufer eines mit der Geschwindigkeit v_s dahinfließenden Stromes der Breite b zum anderen Ufer dadurch befördert werden, daß er mittels eines im Punkte O befestigten Taues herübergezogen wird (Abb. A 2.1). Man ermittle unter der Voraussetzung einer konstanten Verkürzungsgeschwindigkeit v_T des Taues die Gleichung der Bahnkurve des Schwimmkörpers.

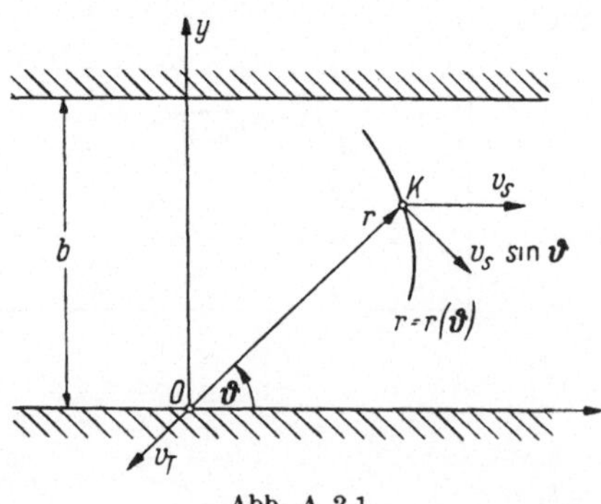

Abb. A 2.1

Lösung. Ist die momentane Länge des Taues r, sein Winkel gegen die positive Strömungsrichtung des Flusses ϑ, so lassen sich in Polarkoordinaten sofort die Geschwindigkeitskomponenten angeben:

$$\frac{dr}{dt} = -v_T, \qquad r\frac{d\vartheta}{dt} = -v_s \sin\vartheta. \tag{1}$$

In radialer Richtung ist nämlich die Geschwindigkeit durch die Einholgeschwindigkeit des Taues vorgegeben, während in dazu senkrechter Richtung der Schwimmkörper der entsprechenden Geschwindigkeitskomponente des Stromes zu folgen vermag. Elimination von t aus dem System (1) ergibt die Differentialgleichung

$$\frac{dr}{r} = \frac{v_T}{v_s}\frac{d\vartheta}{\sin\vartheta} \tag{2}$$

Diese liefert mit dem Anfangswert $r(\vartheta_0) = r_0$ nach Integration die vom Schwimmkörper durchlaufene Bahn in der Form

$$r = r_0 \left(\frac{\tan\dfrac{\vartheta}{2}}{\tan\dfrac{\vartheta_0}{2}}\right)^{\frac{v_T}{v_s}}$$

Setzt man der Einfachheit halber $r_0\left(\tan\dfrac{\vartheta_0}{2}\right)^{\frac{v_T}{v_s}} = a = r\left(\dfrac{\pi}{2}\right)$, so erhält man die etwas übersichtlichere Form

$$r = a\left(\tan\frac{\vartheta}{2}\right)^{\frac{v_T}{v_s}}$$

Der Abstand y der Bahnpunkte von dem die x-Achse darstellenden Ufer beträgt damit

$$y = r\sin\vartheta = 2a\,\frac{\left(\sin\dfrac{\vartheta}{2}\right)^{\frac{v_T+v_s}{v_s}}}{\left(\cos\dfrac{\vartheta}{2}\right)^{\frac{v_T-v_s}{v_s}}} \tag{3}$$

Man sieht, daß für $\vartheta = 0$ bzw. 2π die Ordinate $y = 0$, für $\vartheta = \pi$ aber $y = 0$ bzw. ∞ wird, je nachdem ob $v_s > v_T$ oder $v_s < v_T$ ist. Die Kurve hat zur x-Achse parallele Tangenten an den Stellen, an denen $dy = 0$ ist. Man errechnet über (3) mit (2)

$$dy = \frac{dy}{d\vartheta}d\vartheta = r\left(\frac{1}{r}\frac{dr}{d\vartheta}\sin\vartheta + \cos\vartheta\right)d\vartheta = r\left(\frac{v_T}{v_s} + \cos\vartheta\right)d\vartheta.$$

Der Ausdruck ist Null einmal für $r = 0$, was auch $y = 0$ bedeutet, und zum anderen für

$$\cos\vartheta^* = -\frac{v_T}{v_s},$$

was wegen $|\cos\vartheta^*| \leqq 1$ nur für $v_s \geqq v_T$ möglich ist. Die dazugehörige y-Ordinate bestimmt sich zu

$$b_1 = y(\vartheta^*) = \frac{a}{v_s}(v_s + v_T)^{\frac{v_s+v_T}{2v_s}}(v_s - v_T)^{\frac{v_s-v_T}{2v_s}} \tag{4}$$

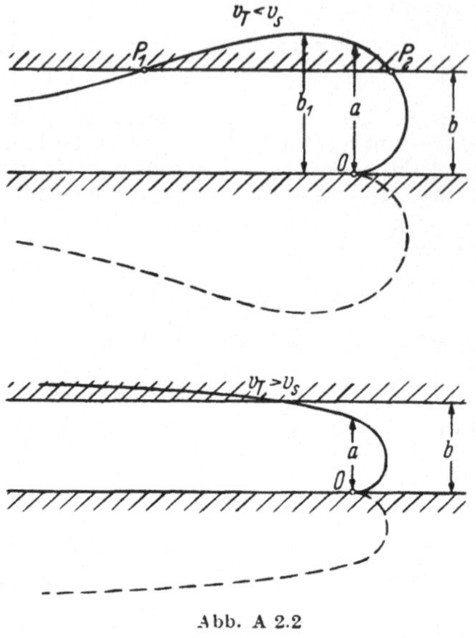

Abb. A 2.2

Mit diesen Ergebnissen lassen sich die entsprechenden Bahnkurven qualitativ skizzieren (Abb. A 2.2).

Da die Breite b des Stromes in dem Ausdruck (3) für die Bahnkurve nicht vorkommt, ist es bei vorgegebener Taueinholgeschwindigkeit v_T und Stromgeschwindigkeit v_s nicht möglich, den Schwimmkörper K von einem beliebigen Punkt P des gegenüberliegenden Ufers in der angegebenen Weise zu befördern. Insbesondere ist im Falle $v_T < v_s$, wie man Abb. A 2.2 entnehmen kann, ein solcher Transport von Punkten, die zwischen P_1 und P_2 liegen, nicht möglich. Hier würde nämlich K bei durchhängendem Seil zunächst längs des Ufers bis zum Punkte P_2 treiben, um dann auf der Schleppkurve nach· O zu wandern. Auch kann K nicht auf dem links von P_1 liegenden Kurventeil geführt werden, da hierfür das Tau Druckkräfte aufnehmen müßte, was nicht möglich ist.

V. Kinetik der starren und deformierbaren Systeme

1. Das Newtonsche Grundgesetz und seine Folgerungen. Schwerpunkt- und Drall- oder Momentensatz. Das Grundgesetz, von NEWTON ursprünglich für rein translatorische Bewegung eines Körpers („*Massenpunkt*") formuliert, lautet:

Summe der äußeren Kräfte = Masse mal Beschleunigung

$$\Re = m\,\mathfrak{b} = m\frac{d\mathfrak{v}}{dt}. \tag{5.1}$$

Hierbei ist $\mathfrak{v}$ der — allen Körperpunkten gemeinsame — Geschwindigkeitsvektor.

Für Körper, für die diese Voraussetzung zutrifft, folgt nach Integration der *Impulssatz*, den man besser den *Satz vom Antrieb* nennen sollte:

Zeitintegral der Kraft = Antrieb = Änderung des Impulses:

$$\int_{t_0}^{t} \Re\,dt = m\,\mathfrak{v} - m\,\mathfrak{v}_0. \tag{5.2}$$

Skalare Multiplikation von (5.1) mit $d\mathfrak{r} = \mathfrak{v}\,dt$ und Integration ergibt den *Arbeitssatz*:

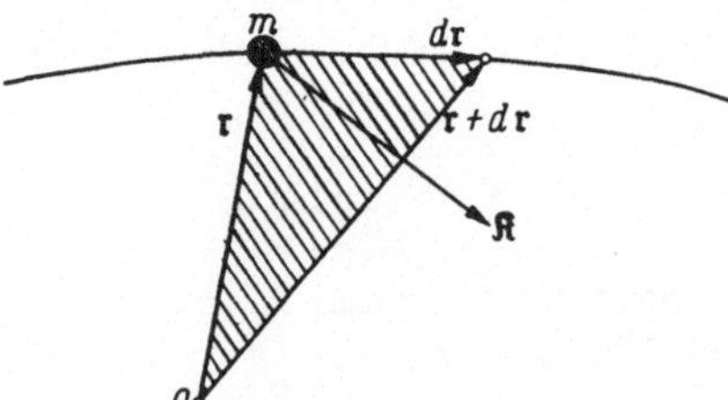

Abb. 5.1

Arbeit der angreifenden Kräfte = Änderung der *kinetischen Energie*

$$\int_{\mathfrak{r}_0}^{\mathfrak{r}} \Re\,d\mathfrak{r} = A = \frac{1}{2}\,m\,v^2 - \frac{1}{2}\,m\,v_0^2. \tag{5.3}$$

Speziell für das *Schwerefeld* — $\Re = \mathfrak{G} = \text{Gewicht} = \{0;0;-mg\}$ —

erhält man

$$-mg\int_{z_0}^{z} dz = mg\,(z_0 - z) = \frac{1}{2}\,m\,v^2 - \frac{1}{2}\,m\,v_0^2$$

oder

$$m\,g\,z_0 + \frac{1}{2}\,m\,v_0^2 = m\,g\,z + \frac{1}{2}\,m\,v^2, \tag{5.4}$$

d. h., die Summe aus *potentieller Energie* $(m\,g\,z)$ und kinetischer Energie bleibt im Schwerefeld erhalten *(konservatives Feld)*.

Vektorische Multiplikation von (5.1) mit $\mathfrak{r}$ liefert:

$$\mathfrak{r} \times \mathfrak{K} = \mathfrak{M} = m\,\mathfrak{r} \times \frac{d\mathfrak{v}}{dt} = m\,\frac{d}{dt}\,(\mathfrak{r} \times \mathfrak{v}) = m\,\frac{d}{dt}\left(\mathfrak{r} \times \frac{d\mathfrak{r}}{dt}\right) = 2\,m\,\frac{d}{dt}\left(\frac{d\mathfrak{F}}{dt}\right),$$
$$\tag{5.5}$$

da $\frac{1}{2}\,(\mathfrak{r} \times d\mathfrak{r}) = d\mathfrak{F}$ der Vektor des in Abb. 5.1 schraffierten Flächenelementes ist. Die Gl. (5.5) drückt den sog. *Flächensatz* aus. Ist $\mathfrak{K}$ parallel zu $\mathfrak{r}$ (also eine sog. *Zentralkraft*, z. B. bei einer Planetenbewegung), so folgt wegen $\mathfrak{r} \times \mathfrak{K} = 0$, daß $d\mathfrak{F}/dt = $ const ist, in Worten, daß der Radiusvektor in gleichen Zeiten gleiche Flächen bestreicht (2. Keplersches Gesetz).

Aus (5.3) bekommt man schließlich

$$\frac{dA}{dt} = L = m\,v\,\frac{dv}{dt} = \mathfrak{K}\,\mathfrak{v} = K_t\,v. \tag{5.6}$$

L nennt man die Leistung.

Die Erweiterung des Gesetzes (5.1) zunächst auf ein Körperelement und dann auf Körper und Körpersysteme und die hierzu unerläßliche Postulierung und Verwendung des *Schnittprinzips* (I.1) ist das Verdienst von Leonhard Euler. Für ein Element vom Volumen dV und der Dichte $\varrho = dm/dV$ lautet (5.1)

$$d\mathfrak{K} = dm\,\mathfrak{b} = \varrho\,dV\,\mathfrak{b} = \varrho\,dV\,\frac{d\mathfrak{v}}{dt} = \varrho\,dV\,\frac{d^2\mathfrak{r}}{dt^2}. \tag{5.7}$$

Bei einer *Relativbewegung* (s. S. 160) kann man die Beschleunigung $\mathfrak{b}$ im Sinne von (4.25) zerlegen, und man hat dann für die *am Element wahrnehmbare Massenbeschleunigung*

$$dm\,\mathfrak{b}_r = d\mathfrak{K} - dm\,\mathfrak{b}_f - dm\,\mathfrak{b}_C, \tag{5.7a}$$

dabei nennt man die sog. ,,*Scheinkräfte*" $-dm\,\mathfrak{b}_f$ und $-dm\,\mathfrak{b}_C = dm \cdot 2\,\omega\,(\mathfrak{v}_r \times \mathfrak{w})$ *Führungskraft* und *Corioliskraft*, von denen die letztere für die sog. *Kreiselwirkung* (s. S. 180) maßgebend ist. Zu diesen durch die Trägheit der Masse bedingten (also durchaus existenten und aktiven!) ,,Scheinkräften" gehört auch die der Zentripetalbeschleunigung (s. S. 149) zugeordnete *Zentrifugalkraft* oder *Fliehkraft*, die nach den Ausführungen von S. 161 dem (in der Führungskraft enthaltenen) Glied $-\omega^2\,\mathfrak{w} \times (\mathfrak{w} \times \mathfrak{r})\,dm$ entspricht!

Aus (5.7) folgt unter alleiniger Benutzung des Reaktionsprinzips nach Summation über einen Körper oder ein Körpersystem der *Schwerdunktsatz*:

$$\mathfrak{K}^{(a)} = \text{Summe der äußeren Kräfte} = m\,\mathfrak{b}_S = m\,\frac{d\mathfrak{v}_S}{dt} = m\,\frac{d^2\mathfrak{r}_S}{dt^2}. \tag{5.8}$$

Hierbei ist m die Gesamtmasse und der Index S zeigt den Schwerpunkt an. In Worten: *Der Schwerpunkt eines Körpersystems bewegt sich so, als ob sämtliche äußeren Kräfte in ihm angriffen.* Innere Kräfte eines Systems lassen also den Gesamtschwerpunkt in Ruhe (z. B. Rückstoß von Schußwaffen). Gemäß (5.7) läßt sich der Schwerpunktsatz auch in der Form

$$S\,d\,\Re = \Re^{(a)} = S\,dm\,\frac{d\mathfrak{v}}{dt} = \frac{d}{dt}\,S\,dm\,\mathfrak{v} = \frac{d\mathfrak{B}}{dt} \tag{5.8a}$$

schreiben und führt, da $S\,dm\,\mathfrak{v} = \mathfrak{B}$ Impuls genannt wird, auch den Namen *Impulssatz*[1], den man zweckmäßigerweise z. B. bei der Untersuchung der Raketenbewegung und in der Strömungslehre anwendet.

Vektorische Multiplikation von (5.7) mit $\mathfrak{r}$ und Summation über das Gesamtsystem ergibt unter Heranziehung des *Boltzmannschen Axioms*[2] ($\tau_{xy} = \tau_{yx}$ usw.) den *Momentensatz*:

$$\mathfrak{M}^{(a)} = \frac{d}{dt}\,S\,dm\,(\mathfrak{r} \times \mathfrak{v}) = \frac{d\mathfrak{D}}{dt}. \tag{5.9}$$

Das Moment aller äußeren Kräfte ist gleich der zeitlichen Änderung des Dralles oder Drehimpulses $\mathfrak{D}$. Wählt man statt eines raumfesten Punktes den (bewegten) Schwerpunkt als Bezugspunkt, so gilt auch hier (5.9):

$$\mathfrak{M}^{(a)}_S = \frac{d\mathfrak{D}_S}{dt}. \tag{5.9a}$$

Für einen beliebigen Bezugspunkt B erhält man

$$\mathfrak{M}^{(a)}_B = \frac{d\mathfrak{D}_S}{dt} + m\,\mathfrak{s} \times \mathfrak{b}_S, \tag{5.9b}$$

wobei $\mathfrak{s}$ der von B zum Schwerpunkt S weisende Vektor ist.

Schwerpunkt- und Momentensatz gelten sowohl für starre als auch für deformierbare Systeme; im ersten Falle reichen sie sogar — bei gegebenen Kräften und Bindungen — zur Bestimmung der Bewegung aus.

Für die *Drehung um eine raumfeste* oder *eine durch den i. allg. bewegten Schwerpunkt verlaufende Achse* (z) erhält man (s. a. S. 178):

$$M^{(a)}_z = S\,(x^2 + y^2)\,dm\,\dot\omega = \dot\omega\,S\,r^2\,dm = \Theta_z\,\omega. \tag{5.9c}$$

In dieser wichtigen Formel ist Θ_z das sog. (auf die Drehachse bezogene) *Massenträgheitsmoment* (s. a. S. 178) und (mit dem Drehwinkel φ) $\Theta_z\,\omega = \Theta_z\,\dot\varphi$ der *Drall* oder *Drehimpuls*.

Aufgaben

A 1. Reines Rollen auf einer schiefen Ebene. Man berechne für eine Kugel, eine massive Walze und eine Hohlwalze von gleichem Gewicht G und dem Außenradius r_a (Abb. A 1.1) die Grenzwinkel α, unter denen

---

[1] Bei der Differentiation des auftretenden Integrals ist zu beachten, daß der Integrationsbereich stets dieselben Masseteilchen umschließt, daß also eventuell auch die Grenzen selbst Funktionen der Zeit sind.

[2] Im Gegensatz zur Statik muß der Satz von der Gleichheit der Schubspannungen in der Kinetik gesondert postuliert werden!

eine schiefe Ebene gegenüber der Horizontalen geneigt sein muß, damit sich die Körper bei einer Haftreibungszahl μ_0 gerade noch rein rollend bewegen.

Gegeben: $\mu_0 = 0{,}3$; $G = 100$ kp; $r_a = 30$ cm; $r_i = 25$ cm.

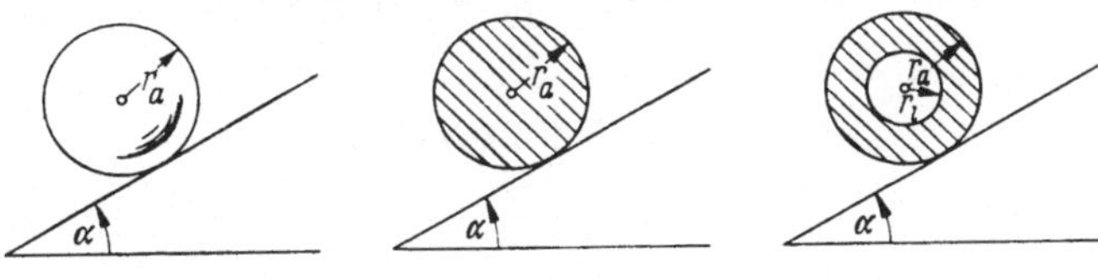

Abb. A 1.1

Lösung. Die Forderung nach „reinem Rollen" bedeutet, daß die sich aufeinander abwälzenden Körper in ihrem Berührungspunkt den gleichen Geschwindigkeitsvektor aufweisen. Im Gegensatz dazu steht das „Rollen mit Gleitbewegung" bei dem sich diese Geschwindigkeitsvektoren in ihrer tangentialen Komponente unterscheiden.

Läßt man für die vorliegenden Rotationskörper nur eine Bewegung in der Zeichenebene zu, so ist (Abb. A 1.2) der Berührungspunkt B offenbar für reines Rollen der Punkt mit der Geschwindigkeit Null, nach Abschnitt IV Ziffer 2 also das Momentanzentrum der Bewegung. Wir benutzen den Momentensatz in der Form (5.9b) bezogen auf den (bewegten) Punkt B. Mit

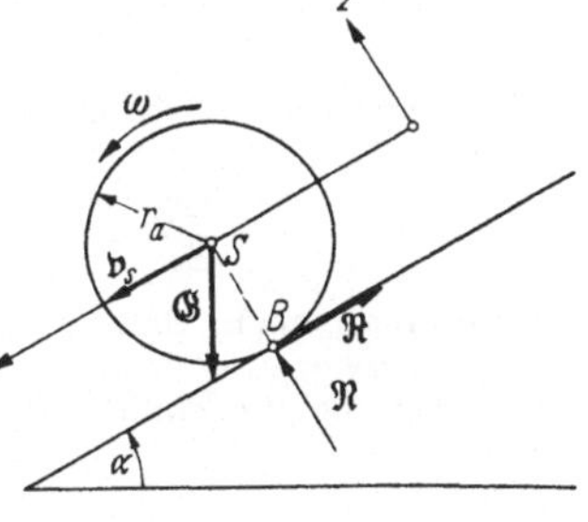

Abb. A 1. 2

$$\text{und} \qquad \left.\begin{array}{c} |\, m\mathfrak{z} \times \mathfrak{b}_S \,| = m r_a \cdot r_a \dot\omega \\[2mm] \mathfrak{D} = \Theta_S \omega \end{array}\right\} \qquad (1\text{a, b})$$

haben wir

$$M_B = G r_a \sin\alpha = (\Theta_S + m a^2)\, \dot\omega . \qquad (2)$$

Dabei ist Θ_S das Massenträgheitsmoment des Körpers bezüglich der zur x, z-Ebene senkrechten Achse durch den Schwerpunkt S

$$\Theta_S = \int\limits_{(K\ddot{o}rper)} r^2 \, dm \qquad (3)$$

und r_a die Entfernung der beiden Drehachsen durch S und B. Die Auswertung der Formel (3) ergibt entsprechend Abb. A 1.3 für die Kugel der Masse

$$m = \frac{G}{g} = \frac{\gamma}{g}\, \frac{4}{3}\, \pi\, r_a^3$$

das Trägheitsmoment

$$\Theta_{S\,Kugel} = \frac{\gamma}{g} \int\limits_{(Kugel)} r^2 \, dV = \frac{\gamma}{g} \int\limits_{(Kugel)} r^2\, 2\,\pi\, r\, b\,(r)\, dr = \frac{\gamma}{g}\, 4\,\pi\, r_a^5 \int\limits_0^{\frac{\pi}{2}} \sin^3\chi \cos^2\chi\, d\chi$$

$$= \frac{\gamma}{g}\, \frac{8}{15}\, \pi\, r_a^5 = \frac{2}{5}\, m\, r_a^2 . \qquad (4)$$

Analog bestimmt man für den Hohlzylinder mit der Masse

$$m = \frac{G}{g} = \frac{\gamma}{g}\, \pi\, h\, (r_a^2 - r_i^2)$$

das Trägheitsmoment zu

$$\Theta_{S\,Hohlzyl.} = \frac{\gamma}{g} \int\limits_{(Hohlzyl.)} r^2\,dV = \frac{\gamma}{g}\,2\,\pi\,h \int\limits_{r_i}^{r_a} r^3\,dr$$

$$= \frac{\gamma}{g}\,\frac{1}{2}\,\pi\,h\,(r_a^4 - r_i^4) = \frac{1}{2}\,m\,(r_a^2 + r_i^2)\,, \tag{5}$$

woraus man für den Vollzylinder

$$\Theta_{S\,Vollzyl.} = \frac{\gamma}{g}\,\frac{1}{2}\,\pi\,h\,r_a^4 = \frac{1}{2}\,m\,r_a^2 \tag{6}$$

entnehmen kann.

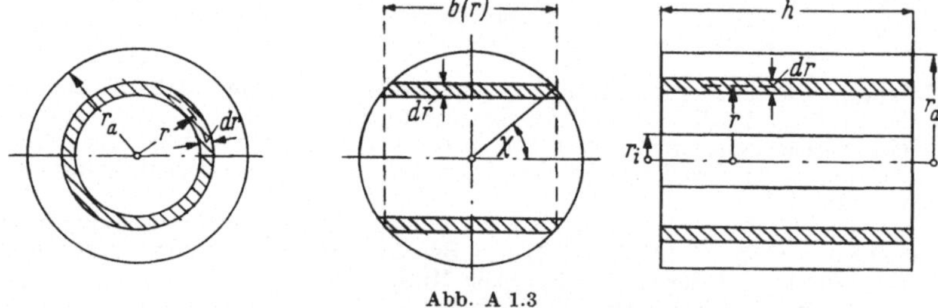

Abb. A 1.3

Aus der x- bzw. z-Komponente des Schwerpunktsatzes (5.8) folgert man entsprechend Abb. 1.2 weiter

$$m\,\frac{dv_S}{dt} = G\sin\alpha - R; \qquad 0 = -G\cos\alpha + N. \tag{7}$$

Beachtet man noch, daß für reines Rollen zwischen ω und v_S die kinematische Beziehung $v_S = r_a\,\omega$ besteht, so liefert die Elimination dieser Größen aus (2) und (7) für die im Punkte B wirksame Reibkraft

$$R = \left(1 - \frac{m\,r_a^2}{\Theta_B}\right) G\sin\alpha\,. \tag{8}$$

Für die Haftreibungskraft R als Reaktionskraft besteht nach (1.3) aber die Ungleichung

$$R \leqq \mu_0\,N,$$

so daß man endlich, wenn man noch die zweite der Gln. (7) beachtet, damit über (8) zu

$$\tan\alpha \leqq \mu_0\,\frac{\Theta_B}{\Theta_B - m\,r_a^2} = \mu_0\,\frac{\Theta_B}{\Theta_S} \tag{9}$$

kommt.

Für die Werte der Aufgabenstellung erfordert die Bedingung des reinen Rollens also Anstiegswinkel α der schiefen Ebene, die

$$\alpha_{Kugel} \quad \leqq \text{arc}\tan\left(\mu_0\,\frac{7}{2}\right) = 46{,}4^\circ,$$

$$\alpha_{Vollzyl.} \leqq \text{arc}\tan\left(\mu_0\,3\right) = 42{,}0^\circ,$$

$$\alpha_{Hohlzyl.} \leqq \text{arc}\tan\left(\mu_0\,\frac{3 + \left(\frac{r_i}{r_a}\right)^2}{1 + \left(\frac{r_i}{r_a}\right)^2}\right) = 33{,}2^\circ$$

sind. Die jeweils größtmögliche Beschleunigung $\dfrac{dv_S}{dt}$ erhält man aus der ersten der Gln. (7) mit (8) und (9) unter Beachtung der Beziehung

$$\sin \alpha = \tan \alpha / \sqrt{1 + \tan^2 \alpha}$$

$$\frac{d\,v_S}{d\,t} = g\,\frac{\mu_0\,m\,r_a^2}{\sqrt{\Theta_S^2 + \mu_0^2\,\Theta_B^2}} = g\,\frac{1}{\sqrt{1 + \dfrac{1 + \mu_0^2}{\mu_0^2}\left(\dfrac{\Theta_S}{m\,r_a^2}\right)^2}}\,.$$

Sie ist offenbar für Körper mit geringstem Eigenträgheitsmoment Θ_S am größten. Unter den vorliegenden Bedingungen kann die Beschleunigung im Falle der Kugel den Wert

$$\left[\frac{d\,v_S}{d\,t}\right]_{\max Kugel} = 0{,}583\,g\,,$$

im Falle des Hohlzylinders nur einen solchen von

$$\left[\frac{d\,v_S}{d\,t}\right]_{\max Hohlzyl.} = 0{,}321\,g$$

erreichen.

A 2. *Reines Rollen einer Walze ohne Reibung.* Eine Walze vom Radius a, von einem auf seine Achse bezogenen Trägheitsmoment Θ liegt auf dem Boden und wird in der Höhe h über dem Boden von der Horizontalkraft H gezogen. Man nehme zunächst an, daß zwischen Walze und Boden Reibung mit der Haftreibungszahl μ_0 besteht und zeige, daß für gewisse Werte von h die Walze eine reine Rollbewegung ausführen kann, die auch noch für $\mu_0 = 0$ für einen bestimmten Wert von h möglich ist.

Lösung. Bedeuten R die Reibungskraft und ω die Winkelgeschwindigkeit, so liefern Schwerpunkt- und Momentensatz (5.8) und (5.9 c)

$$m\,a\,\dot{\omega} = R + H \quad \text{und} \quad \Theta\,\dot{\omega} = H\,(h - a) - R\,a\,,$$

woraus

$$R = \left(\frac{a\,h}{a^2 + \dfrac{\Theta}{m}} - 1\right) H$$

hervorgeht. Wegen $|R| \leq \mu_0\,m\,g$ folgern wir aus der obigen Gleichung mit $\dfrac{\Theta}{m} = i^2$

$$\frac{a^2 + i^2}{a}\left(1 - \mu_0\,\frac{m\,g}{H}\right) \leq h \leq \frac{a^2 + i^2}{a}\left(1 + \mu_0\,\frac{m\,g}{H}\right),$$

d. h. für $\mu_0 = 0$

$$h = \frac{a^2 + i^2}{a} = l_r\,,$$

also für h die „reduzierte Pendellänge" [s. a. (5.79)].

A 3. *Seitliches Abgleiten auf der schiefen Ebene. „Rutschen" eines Fahrzeuges auf einer geneigten Fahrbahn.* Auf einer schiefen Ebene des Neigungswinkels α befindet sich ein Körper vom Gewicht G, auf den in seinem Schwerpunkt eine zur größten Gefällerichtung senkrechte (seitliche) Kraft $\Re$ einwirkt. Wie groß ist $\Re$, damit gerade ein seitliches Gleiten des Körpers eintritt? Die Haftreibungszahl sei μ_0. Welche Erkenntnisse können aus dem Ergebnis für ein mit konstanter Geschwindigkeit eine Steigung hinauffahrendes Fahrzeug gewonnen werden? Was tritt bei einem Wagen ein, der auf einer seitlich abfallenden Straße bremst?

Lösung. Im Grenzfalle (der vollausgenutzten Haftreibung) bilden $K = |\,\Re\,|$, $G \sin\alpha$ und die Haftreibungskraft $R = \mu_0\, G \cos\alpha$ ein geschlossenes (rechtwinkliges) Kräftedreieck, so daß man aus $R^2 = K^2 + G^2 \sin^2\alpha$ die Beziehung

$$K = G\,\sqrt{\mu_0^2 \cos^2\alpha - \sin^2\alpha}$$

erhält, so daß dieser Grenzwert für $\alpha \leqq \arctan \mu_0 = \varrho_0$ gilt: Für $\alpha > \varrho_0$ würde der Körper in Richtung der Resultierenden $\sqrt{K^2 + G^2 \sin^2\alpha}$ abgleiten.

Bei einem eine Steigung hinauffahrenden Fahrzeug ist die Gefahr des (seitlichen) Rutschens infolge einer entsprechenden (z. B. Flieh-) Kraft desto größer, je kleiner der Unterschied zwischen α und ϱ_0 ist. Bei einer seitlich abfallenden Straße wird infolge des Bremsens die das Abgleiten behindernde Haftreibung $R = G \sin\alpha$ verringert, da das Bremsmoment (senkrecht zu $G \sin\alpha$) eine zusätzliche Haftreibungskraft hervorruft, so daß die verfügbare Haftreibung nicht voll gegen das Abrutschen verwendet werden kann; beim zu scharfen Bremsen kann also der Wagen auf dem Abhang abrutschen!

A 4. Bandbremse. Um die auf der Welle einer Motoranlage (Gesamtträgheitsmoment Θ bezogen auf die Drehachse) angebrachte Bremstrommel des Radius r ist in der in Abb. A 4.1 angedeuteten Weise ein Bremsband gelegt, welches mittels eines Bremshebels so weit angezogen werden kann, daß zwischen Trommel und Band die Reibung wirksam wird.

Welche Kraft P muß am Bremshebel angreifen, damit die Maschine, die anfangs mit der Drehzahl n_0 rotiert, in der Zeitspanne Δt zur Ruhe kommt?

Gegeben: $\Theta = 1{,}3$ kp m sek², $n_0 = 3000$ U min⁻¹, $\Delta t = 20$ sek, $r = 10$ cm, $\alpha = 230°$, $a = 20$ cm, $b = 5$ cm, $c = 2$ cm, Reibungsbeiwert $\mu = 0{,}18$.

Lösung. Wird der Bremshebel mit der Kraft P belastet, so muß aus Gleichgewichtsgründen das Moment der Kraft P dem Moment der Bremsbandspannkräfte S_b und S_c am Hebelarm b bzw. c entsprechen und außerdem das Bremsmoment M_R gleich dem Moment der Spannkräfte bezüglich der Trommelachse sein:

$$P\,a = S_b\,b - S_c\,c;$$

$$M_R = r\,(S_c - S_b).\qquad (1)$$

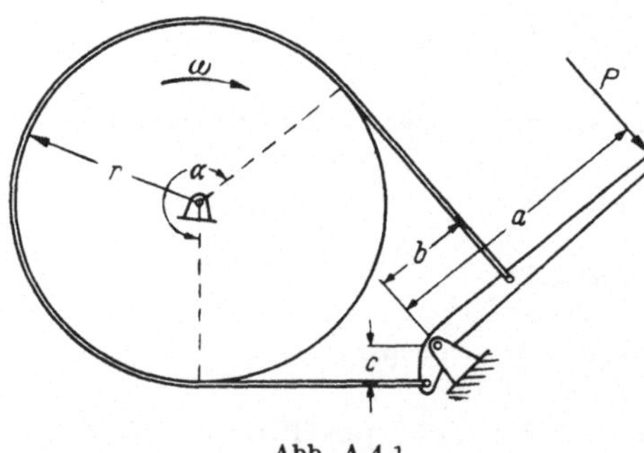

Abb. A 4.1

Die Spannkräfte S_b und S_c stehen jedoch über das *Gesetz der Seilreibung* in einem Zusammenhang, der im folgenden hergeleitet wird: Betrachtet man ein zum Zentriwinkel $d\chi$ gehörendes Seilelement (Abb. A 4.2), so entnimmt man der Forderung nach Gleichgewicht in Richtung der Normal- bzw. Reibkraftzuwächse dN bzw. dR für den Spannkraftzuwachs dS die Beziehungen

$$dR - dS = 0; \qquad dN - S\,d\chi = 0.$$

Hieraus wird mit einem Reibkraftansatz entsprechend (1.3)

$$dR = \mu\,dN \qquad\qquad (2)$$

über die Differentialgleichung $\dfrac{dS}{d\chi} = \mu\,S$ die Beziehung

$$S_\alpha = S_0\,e^{\mu\,\alpha} \qquad\qquad (3)$$

zwischen dem Umschlingungswinkel α, dem Reibungskoeffizienten μ und den beiden Spannkräften S_α und S_0 hergeleitet, wobei die Spannkraftdifferenz

$$S_\alpha - S_0 = S_0\,(e^{\mu\,\alpha}-1) =$$
$$= S_\alpha\,(1 - e^{-\mu\,\alpha}) \qquad (4)$$

am Umfang der resultierenden Reibkraft R das Gleichgewicht hält.

Setzt man nun (3) in (1) ein, indem man S_c für S_α und S_b für S_0 schreibt, so wird

$$P = \frac{M_R}{r}\,\frac{\dfrac{b}{a}-\dfrac{c}{a}\,e^{\alpha\mu}}{e^{\alpha\mu}-1}\,. \qquad (5)$$

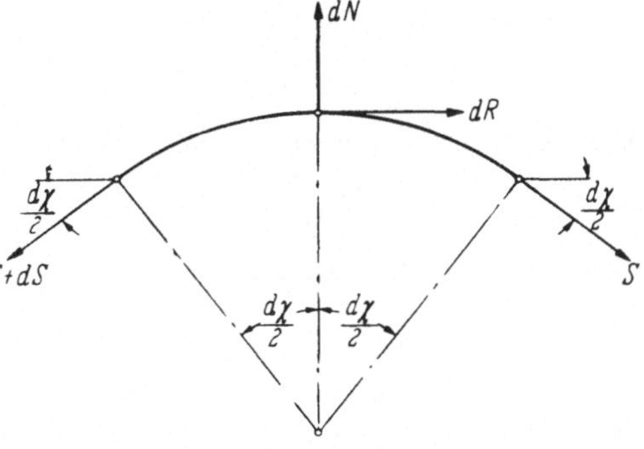

Abb. A 4.2

Die erforderliche Größe des Bremsmomentes M_R erhalten wir aus dem Momentensatz (5.9c) für das um seine Achse rotierende System

$$\Theta\,\frac{d\omega}{dt} = -\,M_R\,.$$

woraus sich bei einem zeitlich konstanten Bremsmoment

$$\Theta\,(\omega - \omega_0) = -\,M_R\,(t - t_0)$$

ergibt. Ist, wie insbesondere hier gefordert wird, $\omega = 0$ zur Zeit $t = t_0 + \Delta t$, so erhält man

$$M_R = \frac{\Theta\,\omega_0}{\Delta t} \qquad (6)$$

für das in der Zeitspanne Δt zum Stillstand des Systems führende Bremsmoment. Mit $\omega_0 = 2\,\pi\,\nu_0$ läßt sich nun endgültig das Resultat

$$P = \frac{2\,\pi\,\Theta\,\nu_0}{r\,\Delta t}\,\frac{\dfrac{b}{a}-\dfrac{c}{a}\,e^{\mu\,\alpha}}{e^{\mu\,\alpha}-1}$$

nach (5) und (6) angeben. Die damit aufgebrachten Spannkräfte S_b und S_c betragen

$$S_b = \frac{M_R}{r}\,\frac{1}{e^{\mu\,\alpha}-1}\,, \qquad S_c = \frac{M_R}{r}\,\frac{e^{\mu\,\alpha}}{e^{\mu\,\alpha}-1}$$

entsprechend (1) und (3). Die Zahlenwerte liefern mit $\nu_0 = \dfrac{n_0}{60} = 50\ \text{sec}^{-1}$ schließlich $P = 8{,}47\ \text{kp}$; $S_b = 192{,}5\ \text{kp}$; $S_c = 396{,}5\ \text{kp}$.

A 5. Abspringen vom Kahn. Ein Mann vom Gewicht G_1 springt aus einem ruhenden Kahn vom Gewicht G_2 mit der horizontalen Geschwindigkeit v_1 ab. Mit welcher Geschwindigkeit v_2 wird der Kahn seine Bewegung beginnen und nach welchem Weg und welcher Zeit bleibt er stehen, wenn zwischen Kahn und Wasser ein Bewegungswiderstand $W = c\,v^\varkappa$ ($c = \text{const}$, $\varkappa = \text{const}$) auftritt?

Lösung. Aus dem Impulssatz (5.2) folgt wegen $\mathfrak{K}^{(a)} = 0$

$$G_1\,v_1 + G_2\,v_2 = 0,$$

d. h.

$$v_2 = -\,\frac{G_1}{G_2}\,v_1\,. \qquad (1)$$

Das Minuszeichen besagt, daß sich der Kahn entgegengesetzt zum abspringenden Mann in Bewegung setzt. Nehmen wir an, daß der Widerstand jetzt erst in Erscheinung tritt, so haben wir, wenn s den Weg bedeutet

$$\frac{G_2}{g}\frac{dv}{dt} = -W = -c\,v^{\varkappa} = \frac{G_2}{g}\frac{dv}{ds}\frac{ds}{dt} = \frac{G_2}{g}\,v\,\frac{dv}{ds}.$$

Nach Trennung der Veränderlichen ergeben sich

$$\frac{G_2}{c\,g}\frac{dv}{v^{\varkappa}} = -dt \quad \text{und} \quad \frac{G_2}{c\,g}\frac{dv}{v^{\varkappa-1}} = -ds,$$

woraus man nach Integration

$$t = -\frac{G_2}{c\,g}\int\limits_{|v_2|}^{v} v^{-\varkappa}\,dv = \frac{G_2}{c\,g}\frac{1}{1-\varkappa}\left(|v_2|^{1-\varkappa} - v^{1-\varkappa}\right), \quad \varkappa \neq 1 \tag{2}$$

und

$$s = -\frac{G_2}{c\,g}\int\limits_{|v_2|}^{v} v^{1-\varkappa}\,dv = \frac{G_2}{c\,g}\frac{1}{2-\varkappa}\left(|v_2|^{2-\varkappa} - v^{2-\varkappa}\right), \quad \varkappa \neq 2 \tag{3}$$

erhält. Für $v = 0$ bekommt man hieraus die gesuchte Zeit und den gesuchten Weg. Die Ergebnisse der in (2) und (3) ausgeschlossenen Fälle lauten hingegen:

$$\varkappa = 1: \quad t = \frac{G_2}{c\,g}\ln\frac{|v_2|}{v} \to \infty \qquad \text{für } v \to 0,$$

$$s = \frac{G_2}{c\,g}\left(|v_2| - v\right) = \frac{G_1 v_1}{c\,g} \quad \text{für } v = 0,$$

$$\varkappa = 2: \quad t = \frac{G_2}{c\,g}\left(\frac{1}{v} - \frac{1}{|v_2|}\right) \to \infty \qquad \text{für } v \to 0,$$

$$s = \frac{G_2}{c\,g}\ln\frac{|v_2|}{v} \to \infty \qquad \text{für } v \to 0.$$

A 6. Anfahrvorgang eines Luftschiffes. Einem Luftschiff der Masse m, der Hauptspantfläche (Schattenfläche) F mit dem Widerstandsbeiwert c_w wird von seinem Antriebsaggregat die konstante Schubkraft S erteilt. Man berechne, in welcher Weise dieses Luftschiff seine Geschwindigkeit ändert, wenn es mit der Geschwindigkeit $v = 0$ startet, und wie groß die erreichbare Höchstgeschwindigkeit $v_{\max}$ und die dabei aufgebrachte Schubleistung $N_{S\,\max}$ ist. Das spezifische Gewicht der Luft sei γ_L.

Lösung. Nach dem Schwerpunktsatz (5.8) läßt sich, wenn mit W der Fahrzeugwiderstand bezeichnet wird, das Bewegungsgesetz sofort als

$$m\frac{dv}{dt} = S - W \tag{1}$$

aufschreiben. In der Aerodynamik ist es üblich, die Größe des Widerstandes W mittels einer experimentell bestimmten Konstanten c_w, des Widerstandsbeiwertes, in der Form (s. S. 4)

$$W = c_w\frac{\varrho_L}{2}\,v^2 F$$

anzugeben. Eingesetzt in (1) liefert dies die nichtlineare Differentialgleichung

$$\frac{dv}{dt} = \frac{S}{m} - \frac{\gamma_L F\,c_w}{2\,g\,m}\,v^2,$$

deren Variablen trennbar sind:

$$\frac{d\left(\sqrt{\dfrac{\gamma_L\, F\, c_w}{2\,g\,S}}\,v\right)}{1-\left(\sqrt{\dfrac{\gamma_L\, F\, c_w}{2\,g\,S}}\,v\right)^2}=\frac{1}{m}\sqrt{\frac{\gamma_L\, F\, S\, c_w}{2\,g}}\,dt\,.$$

Die Integration liefert unter Beachtung der Anfangsbedingung $v(0)=0$

$$v=\sqrt{\frac{2\,g\,S}{\gamma_L\, F\, c_w}}\,\tanh\left(\frac{1}{m}\sqrt{\frac{\gamma_L\, F\, S\, c_w}{2\,g}}\,t\right).$$

Wie man sieht, wird die Höchstgeschwindigkeit

$$v_{\max}=\sqrt{\frac{2\,g\,S}{\gamma_L\, F\, c_w}}$$

theoretisch erst nach unendlich langer Zeit erreicht. Mittels Gl. (5.6) bestimmt man die dazugehörige Schubleistung zu

$$N_{S\,\max}=N_S\,(v_{\max})=\sqrt{\frac{2\,g\,S^3}{\gamma_L\, F\, c_w}}\,.$$

A 7. Mechanik der Schaukel. Durch welche Bewegung kann eine auf einem an zwei Stangen befestigten Brett stehende Person der Masse m die Schaukelschwingungen verstärken?

Lösung. Es sei r die veränderliche Entfernung des Schwerpunktes der Masse m vom Aufhängepunkt der Schaukel, φ der Auslenkungswinkel gegenüber der Vertikalen. Verringert die schaukelnde Person in der Lage $\varphi=0$ ihre Schwerpunktsentfernung von r_0 auf r_1, so leistet sie gegen die Schwerkraft $G=m\,g$ und die Zentrifugalkraft Z, die während dieser Bewegung im Mittel $Z=\left(\dfrac{\widetilde{v^2}}{r}\right)m$ betragen möge, die Arbeit

$$A'=m\,(r_0-r_1)\left[g+\left(\frac{\widetilde{v^2}}{r}\right)\right].$$

Dabei ist $v=v\,(r,\varphi=0)$ die Tangentialgeschwindigkeit der Masse m. Bei einer gegenläufigen Bewegung der Person von r_1 nach r_0 in der Lage $\varphi=\varphi_{\max}$ wird dem System die potentielle Energie

$$A''=-\,m\,(r_0-r_1)\,g\,\cos\varphi_{\max}$$

entzogen. Bei einer vollen Hin- und Herbewegung der Schaukel leistet also eine sich in der angedeuteten Weise periodisch bewegende Person insgesamt die Arbeit

$$2\,A=2\,(A'+A'')=m\,g\,(r_0-r_1)\left[g\,(1-\cos\varphi_{\max})+\left(\frac{\widetilde{v^2}}{r}\right)\right],$$

die der Schaukel als Energie zugeführt wird und damit zur Vergrößerung der Auslenkung dienen kann.

Zur Aufschaukelung der Bewegung muß man sich demnach in der tiefsten Lage hochrichten und in den Hochlagen niederhocken.

A 8. Fahrt eines Bootes flußaufwärts bei minimalem Energieaufwand. In einem Fluß der Strömungsgeschwindigkeit v fährt ein Boot flußaufwärts und erfährt einen dem Geschwindigkeitsquadrat proportionalen Widerstand. Bei welcher Eigengeschwindigkeit u wird die für die Wegeinheit notwendige Energie ein Minimum?

Lösung. Mit der Konstanten c ist der Widerstand $W = c(u + v)^2$, die Leistung $L = W(u + v) = c(u + v)^3$ und der Energieaufwand je Wegeinheit

$$E = \frac{L}{u} = c\,\frac{(u + v)^3}{u}.$$

Aus $\dfrac{dE}{du} = 0$ folgt $u = \dfrac{v}{2}$.

A 9. *Beanspruchung eines rotierenden Stabes.* Ein dünner, homogener Stab der Länge l und der Masse m dreht sich um das eine Ende unter der Einwirkung eines mit der Zeit veränderlichen Drehmomentes $M_D = M_D(t)$. Welche Zug- und Druckspannungen treten im Stab auf, wenn sein quadratischer Querschnitt die Seitenlänge a hat?

Lösung. Die Stabachse sei die x-Achse, deren Ursprung im Drehpunkt liege. Das Massenelement $m\,\dfrac{d\xi}{l}$ an der Stelle ξ verursacht an der Stelle x entsprechend der Winkelgeschwindigkeit ω und der Winkelbeschleunigung $\dot{\omega} = \dfrac{M_D}{\Theta}$, wobei $\Theta = m\,\dfrac{l^2}{3}$ ist, eine Zugkraft

$$Z = \int\limits_{\xi=x}^{\xi=l} \omega^2\,\xi\,\frac{m}{l}\,d\xi = \frac{1}{2}\,\frac{m}{l}\,\omega^2(l^2 - x^2) \tag{1}$$

und ein Biegemoment

$$M_B = \int\limits_{\xi=x}^{l} \dot{\omega}\,\xi\,(\xi - x)\,\frac{m}{l}\,d\xi = \frac{1}{6}\,\frac{m}{l}\,\dot{\omega}(2\,l^3 - 3\,x\,l^2 + x^3), \tag{2}$$

denen in einer von der Stabachse um z entfernten Faser eine resultierende Normalspannung

$$\sigma = \frac{Z}{a^2} \pm \frac{12\,M_B}{a^4}\,z \tag{3}$$

mit dem Maximalwert $\left(\text{bei } x = 0 \text{ und } z = \dfrac{a}{2}\right)$

$$\sigma_{\max} = \frac{m\,l}{2\,a^2}\left[\omega^2 + 4\,\dot{\omega}\left(\frac{l}{a}\right)^2\right] \tag{4}$$

entspricht.

A 10. *Herabfallen eines gestützten Stabes.* Ein dünner, homogener Stab konstanten Querschnittes der Länge l und der Masse m ist an einem Ende gelenkig gestützt und wird bei einem Winkel φ_0 gegen die horizontale x-Achse ohne Anfangsgeschwindigkeit losgelassen. Man bestimme die Winkelgeschwindigkeit $\dot{\varphi}$ und die Lagerreaktionen R_x und R_y als Funktionen von φ.

Lösung. Aus dem Schwerpunkt- und Momentensatz — (5.8) bzw. (5.9c) —

$$R_x = m\,\ddot{x}, \qquad R_y - m\,g = m\,\ddot{y}$$

und

$$\Theta\,\ddot{\varphi} = -m\,g\,\frac{l}{2}\cos\varphi, \quad \text{d. h.} \quad \Theta\,\frac{\dot{\varphi}^2}{2} = m\,g\,\frac{l}{2}(\sin\varphi_0 - \sin\varphi), \quad \Theta = m\,\frac{l^2}{3} \tag{1}$$

folgen mit $x = \dfrac{l}{2}\cos\varphi$, $y = \dfrac{l}{2}\sin\varphi$

$$\dot{\varphi} = \sqrt{\frac{3\,g}{l}\,(\sin\varphi_0 - \sin\varphi)}\,,$$

$$R_x = -\frac{m\,l}{2}\,(\dot{\varphi}^2\cos\varphi + \ddot{\varphi}\sin\varphi)\,,$$

$$R_y = m\,g + \frac{m\,l}{2}\,(-\dot{\varphi}^2\sin\varphi + \ddot{\varphi}\cos\varphi)\,,$$

$$(2)$$

wobei $\dot{\varphi}^2$ und $\ddot{\varphi}$ gemäß (1) als Funktionen von φ gegeben sind.

A 11. In Drehung versetztes System ohne äußere Kräfte. Ein Mann steht auf einer reibungsfrei drehbaren starren Platte so, daß seine Schwerachse mit der der Platte zusammenfällt und zusammen mit der Platte um diese Achse ein Massenträgheitsmoment Θ besitzt. Seine angezogenen bzw. ausgestreckten Hände haben von seiner Körperachse die Entfernung a bzw. b. Was geschieht, wenn der Mann in jede Hand ein Gewicht von der Masse m nimmt und bei ausgestreckten bzw. angezogenen Armen die Massen rechts bzw. links relativ gegen seinen Körper um den Winkel φ dreht? Die Massen der Arme seien klein gegen $2\,m$.

Lösung. Hier bleibt wegen der fehlenden äußeren Kräfte und Momente der gesamte Drehimpuls (s. S. 166) erhalten, der wegen der anfänglichen Ruhe Null ist. Ist ψ die Winkeldrehung der Platte gegenüber der Ruhelage, so folgt aus (5.9c)

$$2\,m\,b^2\,\dot{\varphi} + (\Theta + 2\,m\,b^2)\,\dot{\psi} = 0$$

bzw.

$$2\,m\,a^2\,\dot{\varphi} + (\Theta + 2\,m\,a^2)\,\dot{\psi} = 0\,,$$

woraus sich nach Integration eine Winkeldrehung der Platte nach links bzw. rechts ergibt:

$$\psi_l = -\frac{2\,m\,b^2}{\Theta + 2\,m\,b^2}\,\varphi \quad \text{bzw.} \quad \psi_r = -\frac{2\,m\,a^2}{\Theta + 2\,m\,a^2}\,\varphi\,.$$

Das Endergebnis ist also eine Linksdrehung um einen Winkel der Größe

$$2\,m\left(\frac{b^2}{\Theta + 2\,m\,b^2} - \frac{a^2}{\Theta + 2\,m\,a^2}\right)\varphi\,,$$

wobei die Massen m relativ zum Mann in ihre ursprüngliche Lage zurückgekehrt sind.

A 12. Hochklettern an einem Fahrstuhlseil. Ein Fahrstuhl wird durch ein Gegengewicht mittels eines über eine Rolle geführten Seiles im Ruhezustand gehalten. Was geschieht, wenn eine sich im Fahrstuhl befindliche Person der Masse m am Seil mit der (relativen) Geschwindigkeit v hochzuklettern beginnt? Die translatorisch bewegte Gesamtmasse sei M, das Massenträgheitsmoment der Rolle Θ und ihr Radius a. Die Seilmasse sei vernachlässigbar.

Lösung. Da auch hier auf das System keine äußeren Kräfte bzw. Momente einwirken, bleibt der Gesamtdrall konstant und insbesondere wegen des ursprünglichen Ruhezustandes Null. Bedeutet u die (absolute) Geschwindigkeit, mit der eine Bewegung in dem Sinne stattfindet, daß das Gegengewicht hochgezogen wird, so gilt:

$$\Theta\,\frac{u}{a} + (M - m)\,u\,a + m\,(u - v)\,a = 0\,.$$

Hieraus ergibt sich

$$u = \frac{m\,v}{M + \dfrac{\Theta}{a^2}}.$$

A 13. *Umlenkung eines Seiles um eine Ecke (Peitsche)*. Über eine mit der beliebigen Geschwindigkeit $\mathfrak{v}$ bewegte starre Ecke läuft ein (ideales) Seil mit der Relativgeschwindigkeit u (Abb. A 13.1). Welche Aussage liefert der Impulssatz für das gemäß Abb. A 13.2 herausgeschnittene Teilstück ?

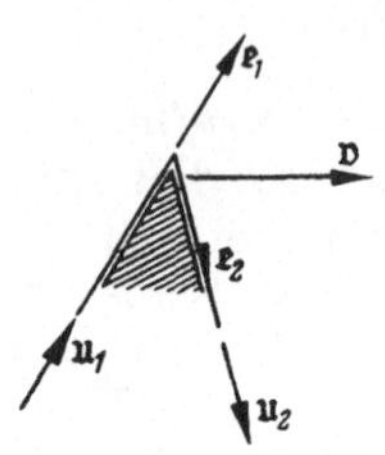

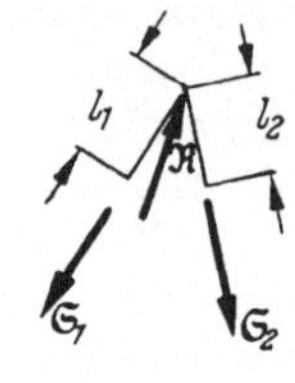

Abb. A 13.1   Abb. A 13.2

Man wende dieses Resultat (für $l_1 \to 0$ und $l_2 \to 0$) auf eine Peitschenschnur an, die in horizontaler Ebene dadurch bewegt wird, daß sie an einem Ende mittels der Kraft P mit konstanter Geschwindigkeit v_0 vorwärts gezogen wird. Man bestimme die größtmögliche Geschwindigkeit, die ein am anderen Ende angebrachter Knoten erreichen kann, sowie die dazu erforderliche maximale Zugkraft.

Gegeben: Gewicht der Peitschenschnur $G = 250$ p; Gewicht des Knotens $G_1 = 5$ p; Länge der Peitschenschnur $l = 3{,}00$ m; $v_0 = 3$ m/sek.

Lösung. Sind e_1 bzw. e_2 die Einheitsvektoren der Richtungen des auf- bzw. ablaufenden Seiles an der starren Ecke (Abb. A 13.1), so gilt wegen $\mathfrak{u}_1 = u\,e_1$ bzw. $\mathfrak{u}_2 = u\,e_2$ für die Absolutgeschwindigkeiten des auf- bzw. ablaufenden Seiles

$$\mathfrak{v}_1 = \mathfrak{u}_1 + \mathfrak{v} = u\,e_1 + \mathfrak{v} \quad \text{bzw.} \quad \mathfrak{v}_2 = \mathfrak{u}_2 + \mathfrak{v} = u\,e_2 + \mathfrak{v} \tag{1}$$

und somit

$$\mathfrak{v}_2 - \mathfrak{v}_1 = u\,(e_2 - e_1). \tag{2}$$

Mit der Seilmasse μ je Längeneinheit ist die im Zeitintervall dt um die Ecke bewegte Masse $\mu\,u\,dt$, so daß sich für die Änderung des Impulses (Abb. A 13.2)

$$d\mathfrak{B} = \mu\,(l_1 - u\,dt)\,(\mathfrak{v}_1 + d\mathfrak{v}_1) + \mu\,(l_2 + u\,dt)\,(\mathfrak{v}_2 + d\mathfrak{v}_2) - \mu\,l_1\mathfrak{v}_1 - \mu\,l_2\mathfrak{v}_2,$$

$$d\mathfrak{B} = \mu\,dt\,(l_1\dot{\mathfrak{v}}_1 + l_2\dot{\mathfrak{v}}_2 - u\,\mathfrak{v}_1 + u\,\mathfrak{v}_2) \tag{3}$$

ergibt, wobei Größen von zweiter Ordnung als klein vernachlässigt wurden. Unter der Annahme, daß an der Ecke keine Reibungskräfte auftreten, sind die Kräfte im auf- bzw. ablaufenden Seil

$$\mathfrak{S}_1 = -\,e_1\,S \quad \text{bzw.} \quad \mathfrak{S}_2 = e_2\,S, \tag{4}$$

so daß mit der von der Ecke auf das Seil ausgeübten Reaktionskraft $\mathfrak{R}$ (Abb. A 13.2) der Impulssatz (5.8a)

$$\mathfrak{R}^{(a)} = \mathfrak{S}_1 + \mathfrak{S}_2 + \mathfrak{R} = \frac{d\mathfrak{B}}{dt} = \mu\,[l_1\dot{\mathfrak{v}}_1 + l_2\dot{\mathfrak{v}}_2 + u\,(\mathfrak{v}_2 - \mathfrak{v}_1)]$$

lautet, woraus nach einem Grenzübergang $l_1 \to 0$ und $l_2 \to 0$ unter Beachtung von (2) und (4)

$$\mu\,u^2\,(e_2 - e_1) = \mathfrak{R} + S\,(e_2 - e_1) \tag{5}$$

hervorgeht.

Die nun zu lösende Aufgabe der gezogenen Peitschenschnur (Abb. A 13.3) ist ein Spezialfall des behandelten Problems. Die Knickstelle bewegt sich mit der Geschwindigkeit $|v| = v = \dot{x}$, jedoch ist hier wegen der fehlenden starren Ecke $\Re = 0$ zu setzen, und mit $e_2 = -e_1$ geht (5) sofort in

$$\mu u^2 = S \qquad (6)$$

über. Aus (1) erhält man für die Absolutgeschwindigkeiten der beiden Seilenden

$$v_1 = \dot{x}_1 = u + v, \quad v_2 = \dot{x}_2 = -u + v, \qquad (7)$$

woraus sich

$$v = \frac{1}{2}(\dot{x}_1 + \dot{x}_2) \qquad (8)$$

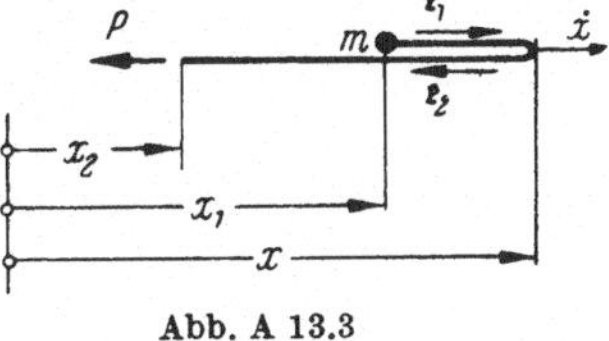
Abb. A 13.3

und

$$u = \frac{1}{2}(\dot{x}_1 - \dot{x}_2) \qquad (9)$$

ergeben, so daß aus (6)

$$S = \frac{\mu}{4}(\dot{x}_1 - \dot{x}_2)^2 \qquad (10)$$

folgt. Schneidet man nun das Seil an der Knickstelle durch, so lautet der Schwerpunktsatz für die beiden Seilstücke (Abb. A 13.4)

$$[m + \mu(x - x_1)]\ddot{x}_1 = S, \qquad (11)$$

$$\mu(x - x_2)\ddot{x}_2 = S - P, \qquad (12)$$

wobei x über die Seillänge l — wegen $l = (x - x_2) + (x - x_1)$ — durch

$$x = \frac{1}{2}(l + x_1 + x_2) \qquad (13)$$

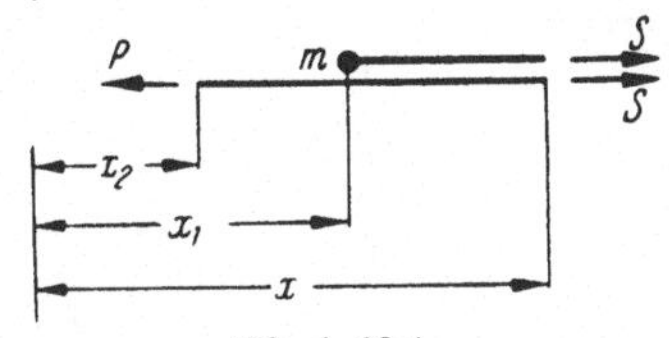
Abb. A 13.4

mit den Seilendpunktordinaten verknüpft ist. Mit der Bedingung, daß die Peitsche mit konstanter Geschwindigkeit v_0 gezogen wird, also

$$\dot{x}_2 = \text{const} = -v_0, \qquad (14)$$

d. h.

$$\ddot{x} = 0, \quad x_2 = x_{20} - v_0 t \qquad (15)$$

gilt, erhält man aus (12) mit (10)

$$P = S = \frac{\mu}{4}(\dot{x}_1 + v_0)^2 \qquad (16)$$

und aus (11) mit (13) unter Beachtung von (16)

$$\left[m + \frac{\mu}{2}(l + x_{20} - v_0 t - x_1)\right]\ddot{x}_1 - \frac{\mu}{4}(\dot{x}_1 + v_0)^2 = 0. \qquad (17)$$

Mit der Substitution $\xi = m + \frac{\mu}{2}(l + x_{20} - v_0 t - x_1)$, d. h. $\dot{\xi} = -\frac{\mu}{2}(v_0 + \dot{x}_1)$, $\ddot{\xi} = -\frac{\mu}{2}\ddot{x}_1$ folgt aus (17) die Differentialgleichung

$$\xi\ddot{\xi} + \frac{1}{2}\dot{\xi}^2 = 0$$

und nach Erweiterung mit $\dot{\xi}$

$$\xi\dot{\xi}\ddot{\xi} + \frac{1}{2}\dot{\xi}^3 = \frac{d}{dt}\left(\frac{\xi\dot{\xi}^2}{2}\right) = 0$$

mit der Lösung $\xi\dot{\xi}^2 = \text{const}$. Nach Resubstitution ergibt sich

$$\dot{x}_1 = \sqrt{\frac{c}{m + \frac{\mu}{2}(l + x_{20} - v_0 t - x_1)}} - v_0,$$

wobei die Integrationskonstante c aus der Anfangsbedingung $\dot{x}_1$ $(x_1 = x_{10}, t = 0) = 0$ zu $c = v_0^2 \left[m + \dfrac{\mu}{2} (l + x_{20} - x_{10}) \right]$ folgt, so daß man

$$\dot{x}_1 = v_0 \left[\sqrt{\frac{m + \dfrac{\mu}{2}(l + x_{20} - x_{10})}{m + \dfrac{\mu}{2}(l + x_{20} - v_0 t - x_1)}} - 1 \right]$$

bzw. unter Beachtung von (15) und (13)

$$\dot{x}_1 = v_0 \left[\sqrt{\frac{m + \mu(x_0 - x_{10})}{m + \mu(x - x_1)}} - 1 \right] \tag{18}$$

erhält, wobei $x_0 = x\,(t = 0)$ ist.

Da mit wachsender Zeit $(x - x_1)$ kleiner wird, wächst (bei vorgegebenen Anfangswerten x_0, x_{10}) die Knotengeschwindigkeit $\dot{x}_1$ mit der Zeit und wird am größten, wenn $x - x_1 = 0$ wird, d. h., wenn der Knoten an der Knickstelle anlangt. Die überhaupt mögliche Größtgeschwindigkeit des Knotens wird dann erreicht, wenn die Ausgangslage so gewählt wird, daß $x_0 - x_{10}$ den größtmöglichen Wert annimmt, nämlich $x_0 - x_{10} = l$, d. h., wenn die Peitsche zu Beginn der Bewegung völlig gestreckt ist (Abb. A 13.5). Sie wird dann bei Erreichen der Knickstelle

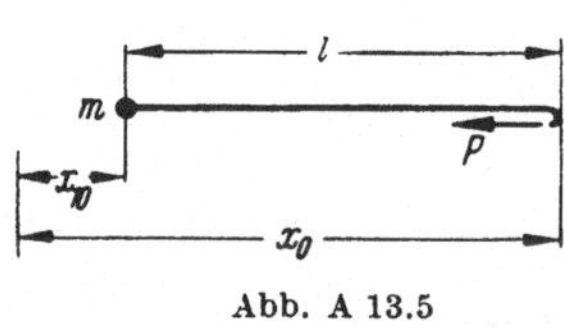

Abb. A 13.5

$$\dot{x}_{1\mathrm{max}} = v_0 \left[\sqrt{\frac{m + \mu l}{m}} - 1 \right] = v_0 \left[\sqrt{\frac{G_1 + G}{G_1}} - 1 \right] = 18{,}45 \ \mathrm{m/sek} \tag{19}$$

und für die dann erforderliche maximale Zugkraft erhält man nach (16) mit (19)

$$P_{\mathrm{max}} = \frac{G v_0^2}{4 g l} \cdot \frac{G_1 + G}{G_1} = 0{,}975 \ \mathrm{kp}. \tag{20}$$

Aus (19) und (20) ist zu ersehen, daß für $G_1 = 0$ (Peitschenschnur ohne Knoten) die Geschwindigkeit des Seilendes an der Knickstelle sowie die zugehörige Zugkraft über alle Grenzen wachsen. Hieraus erklärt sich der *Peitschenknall*.

2. Folgerungen aus dem Momentensatz. Eulersche (Kreisel-) Gleichungen. Zu besonders wichtigen Resultaten führt der Momentensatz, wenn wir ihn auf die *Drehung (Rotation) eines starren Körpers um einen raumfesten Punkt* anwenden. Da jetzt die Geschwindigkeit des Elementes dm gemäß (4.13) $\mathfrak{v} = \omega \mathfrak{w} \times \mathfrak{r}$ ist (Abb. 5.2), erhält man mit den *Massenmomenten zweiten Grades*, auch *Massenträgheits-* und *Deviationsmomente* genannt,

$$\Theta_x = S(y^2 + z^2)\,dm, \quad \Theta_y = S(x^2 + z^2)\,dm, \quad \Theta_z = S(x^2 + y^2)\,dm \tag{5.10}$$

und

$$\Theta_{xy} = S\,x\,y\,dm, \quad \Theta_{xz} = S\,x\,z\,dm, \quad \Theta_{yz} = S\,y\,z\,dm \tag{5.11}$$

zunächst mit $\omega \mathfrak{w} = \{\omega_x;\ \omega_y;\ \omega_z\}$ für den Drallvektor

$$\mathfrak{D} = \{(\Theta_x \omega_x - \Theta_{xy}\omega_y - \Theta_{xz}\omega_z);\quad (\Theta_y \omega_y - \Theta_{xy}\omega_x - \Theta_{yz}\omega_z);$$
$$(\Theta_z \omega_z - \Theta_{xz}\omega_x - \Theta_{yz}\omega_y)\}. \tag{5.12}$$

Da in einem raumfesten System auch die Massenmomente Zeitfunktionen sind, erweist sich *für die Darstellung des Dralles ein körperfestes Hauptachsensystem mit einem raumfesten Ursprung* ($\Theta_x = \Theta_1 = $ const, $\Theta_{xy} = 0$, $\omega_x = \omega_1$ usw.) als vorteilhaft. Mit der jetzt zu beachtenden Differentiationsregel (4.22) erhält man auf diese Weise aus

$$\mathfrak{M}^{(a)} = \frac{\mathfrak{d}\,\mathfrak{D}}{\mathfrak{d}\,t} + \omega\,\mathfrak{w} \times \mathfrak{D} \tag{5.13}$$

die *Eulerschen Gleichungen*:

$$\left.\begin{aligned}
M_1^{(a)} &= \Theta_1\dot\omega_1 - (\Theta_2 - \Theta_3)\,\omega_2\,\omega_3,\\
M_2^{(a)} &= \Theta_2\dot\omega_2 - (\Theta_3 - \Theta_1)\,\omega_3\,\omega_1,\\
M_3^{(a)} &= \Theta_3\dot\omega_3 - (\Theta_1 - \Theta_2)\,\omega_1\,\omega_2.
\end{aligned}\right\} \tag{5.13a}$$

Diese Gleichungen beziehen sich also auf ein körperfestes Hauptachsensystem mit einem raumfesten Bezugspunkt! Auf diesen raumfesten Punkt kann man verzichten, wenn man als Bezugspunkt den (i. allg. bewegten) Schwerpunkt wählt! Auch hierfür bleiben die Gln. (5.13a) bestehen.

Die EULERschen Gln. (5.13), insbesondere die auf den Schwerpunkt bezogenen, beschreiben zusammen mit dem Schwerpunktsatz die allgemeine Bewegung eines starren Körpers (als Translation und Drehung).

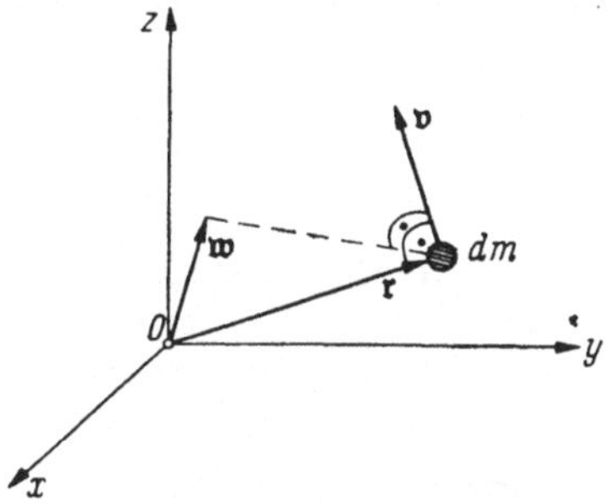

Für die *Drehung um eine raumfeste Achse z* mit der Winkelgeschwindigkeit $\omega\,\mathfrak{w} = \{0;\,0;\,\omega\}$ ergeben sich aus (5.9) mit (5.12):

Abb 5.2

$$M_x^{(a)} = -\frac{d^2\Theta_{yz}}{dt^2}\,;\qquad M_y^{(a)} = \frac{d^2\Theta_{xz}}{dt^2}\,;\qquad M_z^{(a)} = \frac{d}{dt}(\Theta_z\,\omega)\,. \tag{5.14}$$

Da die äußeren Momente auf eingeprägte Kräfte und Reaktionskräfte zurückführbar sind, folgert man aus (5.14) und dem Schwerpunktsatz leicht, daß Reaktionskräfte (an der Dreh- oder Lagerachse), sog. *kinetische Drücke*, selbst bei verschwindenden eingeprägten Kräften nur dann nicht auftreten, wenn die Drehachse dem durch den Schwerpunkt gelegten Hauptachsensystem angehört! Die um eine solche sog. *freie Achse* stattfindende Drehung ruft keine zusätzlichen kinetischen Drücke hervor.

Ändern die Massen ihre Abstände von der Drehachse nicht, so folgt aus (5.14)

$$M_z^{(a)} = \Theta_z\,\frac{d\omega}{dt}\,. \tag{5.15}$$

Schließlich sei noch *eine Folgerung aus dem Momentensatz* erwähnt: Dreht sich ein Rotationskörper, ein sog. *Kreisel*, mit der Winkelgeschwindigkeit ω_3 um seine Symmetrie- oder sog. Figurenachse (Abb. 5.3), so reagiert er auf ein zu seinem Drallvektor $D = \Theta\,\omega_F$ senkrechtes Drehmoment M mit einer Drehung um eine zu D und M senkrechte Achse mit einer Winkelgeschwindigkeit ω_2. Falls $\omega_3 \gg \omega_2$ ist, gilt:

$$M = \Theta\,\omega_3\,\omega_2, \qquad (5.16)$$

und man nennt M *das Moment der Kreiselwirkung.*

Da man in (5.15) die Winkelgeschwindigkeit ω einem in der Drehebene gemessenen Winkel φ gemäß $\omega = \dot\varphi$ zuordnen kann, erhält man aus (5.15)

$$\int_{t_0}^{t} M_z^{(a)}\,dt = \Theta_z\,\omega - \Theta_z\,\omega_0 \qquad (5.17)$$

— also: das Zeitintegral des Drehmomentes ist gleich der Änderung des Dralles — und

$$\int_{\varphi_0}^{\varphi} M_z^{(a)}\,d\varphi = \frac{1}{2}\,\Theta_z\,\omega^2 - \frac{1}{2}\,\Theta_z\,\omega_0^2, \qquad (5.18)$$

also: die Arbeit des Drehmomentes ist gleich der Änderung der kinetischen Energie der Drehung.

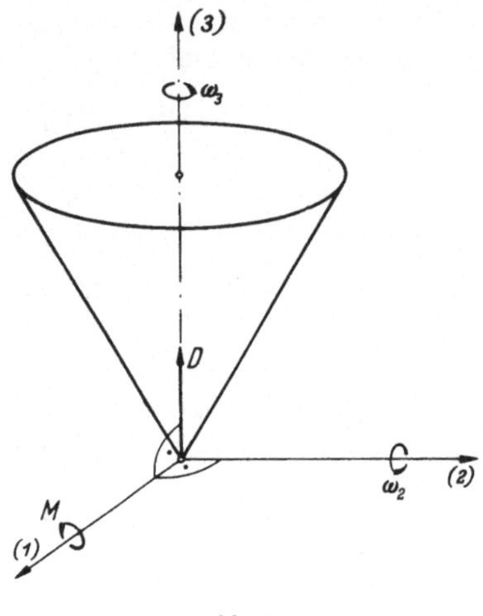

Abb. 5.3

Aufgaben

A 1. Kreiselwirkung eines Flugzeugpropellers. Ein einmotoriges Flugzeug, dessen Propeller sich von vorn gesehen im Uhrzeigersinn dreht, soll eine Rechts- bzw. Linkskurve durchfliegen. Man gebe den Kreiseleinfluß des Propellers auf die Steuerkräfte an.

Lösung. Während des Fluges mit der Geschwindigkeit v in der Rechts- bzw. Linkskurve des Radius R wird der Vektor des Propellerdralles mit dem Betrage $\Theta\omega_3$ wie das Flugzeug gedreht. Die zeitliche Änderung entspricht bei einem schnell rotierenden „Kreisel" nach (5.16) in ihrem Betrage

$$\left|\frac{d\mathfrak{D}}{dt}\right| = \Theta\,\omega_3\,\omega_2 = \Theta\,\omega_3\,\frac{v}{R}$$

und ist von oben gesehen in der Rechtskurve nach links und in der Linkskurve nach rechts gerichtet. Nach dem Drallsatz (5.9) erfordert aber die Änderung des Drallvektors am Kreisel das Angreifen eines äußeren, mit der Dralländerung identischen Momentes $\mathfrak{M}^{(a)} = \dfrac{d\mathfrak{D}}{dt}$, das von der Steuerung aufgebracht und über den Flugzeugkörper auf den Propellerkreisel übertragen werden muß. Man kann sich nun überlegen, daß dazu im Falle der Rechtskurve ein Steuerdruck erforderlich ist, der im Geradeausflug eine Absinkbewegung einleiten würde, während der entsprechende der Linkskurve im Geradausflug zu einer Steigbewegung führen würde.

A 2. Kollergang. Das um die Achse OS drehbare Laufrad eines Rollkreisels vom Gewicht G wird auf einer starren Unterlage (Abb. A 2.1) im Kreise um die Treibachse OA herumgeführt; die Welle OS ist im Punkte O gelenkig an die Treibachse angeschlossen. Man berechne die Drehzahl n_S um die Achse OS, wenn T die Umlaufzeit um die Treibachse ist, und ermittle den Winkel β_0, bei dem das Laufrad einen möglichst großen Druck auf die feste Unterlage ausübt.

Gegeben: $s = 1{,}5$ m; $r = 0{,}5$ m; $h = 0{,}15$ m; $G = 1$ Mp; $T = 1$ sek.

Lösung. Zur Bestimmung der Drehzahl n_S des Kollerrades beachten wir, daß der Drehvektor $\omega\,\mathfrak{w}$ in die Richtung der Momentanachse der Bewegung fällt. Betrachten wir ein durch die Achse OS des Kollerrades und die Treibachse OA aufgespanntes schiefwinkliges Koordinatensystem (Abb. A 2.2), so stehen die entsprechenden Komponenten ω_S und ω_A wegen der eingetragenen Winkelbeziehungen in der Relation

$$\omega_S = \omega_A \frac{\sin(\beta - \alpha)}{\sin\alpha};$$

hieraus erhält man nach (4.12) mit

$$\omega_A = \frac{2\pi}{T} \quad \text{und} \quad \tan\alpha = \frac{r}{s}$$

$$\omega_S = \frac{2\pi}{T} (\sin\beta \cot\alpha - \cos\beta) \qquad (1)$$

bzw.

$$n_S = \frac{60}{T} \left(\sin\beta \frac{s}{r} - \cos\beta \right). \qquad (2)$$

Abb. A 2.1

Wird jetzt ein um die Achse OA mitdrehendes Koordinatensystem mit den Achsen ①, ② (Abb. A 2.2) und dazu senkrecht ③ eingeführt, das gleichzeitig für den Rollkreisel Hauptachsensystem ist, so lautet in diesem der Drehvektor

$$\omega\,\mathfrak{w} = \{\omega_1;\quad \omega_2;\quad 0\} = \{\omega_A \sin\beta;\quad \omega_S + \omega_A \cos\beta;\quad 0\} \qquad (3)$$

und der Drallvektor

$$\mathfrak{D} = \{\omega_1 \Theta_1;\ \omega_2 \Theta_2;\ 0\} \qquad (4)$$

mit den Hauptträgheitsmomenten

$$\left. \begin{aligned} \Theta_1 &= \Theta_{1S} + m s^2 = m\left(\frac{r^2}{4} + \frac{h^2}{12}\right) + m s^2 = m\left(\frac{r^2}{4} + \frac{h^2}{12} + s^2\right) \\ \Theta_2 &= m\frac{r^2}{2}. \end{aligned} \right\} \qquad (5)$$

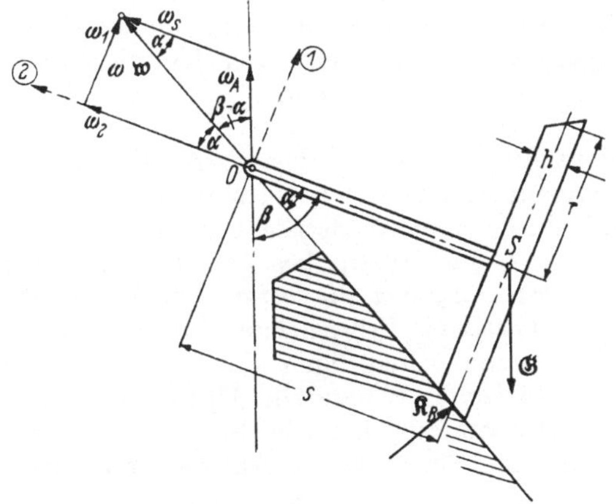

Abb. A 2.2

Die Verbindung zwischen dem Drall und den an dem Kreisel angreifenden Kraftgruppen stellt der Drallsatz (5.9) her, der in einem mit der Winkelgeschwindigkeit $\omega_k \mathfrak{w}_k$ rotierenden Koordinatensystem die Form (5.13)

$$\mathfrak{M}^{(a)} = \frac{b\,\mathfrak{D}}{b\,t} + \omega_k\,\mathfrak{w}_k \times \mathfrak{D} \tag{6}$$

hat.

Laut Abb. A 2.2 ist aber im ①②③-System der Momentenvektor

$$\mathfrak{M}^{(a)} = \mathfrak{r}_B \times \mathfrak{K}_B + \mathfrak{r}_S \times \mathfrak{G} = \left\{0;\ 0;\ K_B\,\frac{s}{\cos\alpha} - G\,s\,\sin\beta\right\} \tag{7}$$

mit dem Stützdruck des Bodens $\mathfrak{K}_B$ und dem Gewicht $\mathfrak{G}$ des Kollerrades. Mit der Drehgeschwindigkeit des Koordinatensystems

$$\omega_k\,\mathfrak{w}_k = \{\omega_A \sin\beta;\ \ \omega_A \cos\beta;\ \ 0\}$$

liefern die Gln. (1) und (3) bis (7), da die Drallkomponenten in (4) nicht von der Zeit abhängen, über

$$M_1^{(a)} = 0, \quad M_2^{(a)} = 0, \quad M_3^{(a)} = K_B\,\frac{s}{\cos\alpha} - G\,s\,\sin\beta$$

$$= \omega_A \sin\beta\,[(\omega_S + \omega_A \cos\beta)\,\Theta_2 - \omega_A \cos\beta\,\Theta_1]$$

schließlich

$$K_B = \frac{G\cos\alpha}{s}\sin\beta\left[s + \left(\frac{2\pi}{T}\right)^2 \frac{1}{g}\left(\sin\beta \cot\alpha\,\frac{\Theta_2}{m} - \cos\beta\,\frac{\Theta_1}{m}\right)\right]$$

$$= \frac{G\cos\alpha}{s}\sin\beta\left\{s + \left(\frac{2\pi}{T}\right)^2 \frac{1}{g}\left[\sin\beta\,\frac{s\,r}{2} - \cos\beta\left(s^2 + \frac{r^2}{4} + \frac{h^2}{12}\right)\right]\right\}. \tag{8}$$

Die Lage β_0 der Extremwerte von K_B ergibt sich wegen $\left(\dfrac{d\,K_B}{d\,\beta}\right)_{\beta=\beta_\bullet} = 0$ als Lösung der Gleichung

$$0 = \frac{s\,r}{2}\sin 2\beta_0 - \left(s^2 + \frac{r^2}{4} + \frac{h^2}{12}\right)\cos 2\beta_0 + \left(\frac{T}{2\pi}\right)^2 g\,s\,\cos\beta_0.$$

Mit den angegebenen Zahlenwerten wird K_B maximal für den Winkel $\beta_0 = 127{,}6°$, und damit ist nach (2) und (8) die Drehzahl des Kollerrades $n_S = 179$ U/min und der Anpreßdruck $K_B = 4{,}2$ Mp.

3. Die Prinzipien von d'Alembert und Hamilton. Lagrangesche Bewegungsgleichungen.

Erfährt ein Massenelement unter der Einwirkung einer eingeprägten Kraft $d\mathfrak{K}^{(e)}$ eine Beschleunigung $\mathfrak{b}$, so ist

$$d\mathfrak{B} = d\mathfrak{K}^{(e)} - dm\,\mathfrak{b}$$

die sog. *verlorene Kraft*; *verloren* deswegen, weil sie für eine Beschleunigungswirkung, abgesehen von der freien (ungebundenen) Bewegung, wo sie zu Null wird, nicht in Betracht kommt.

Das D'ALEMBERTsche Prinzip besagt nun: *Bei der Bewegung halten sich am mechanischen System die verlorenen Kräfte das Gleichgewicht; sie kommen zur statischen Verspannung.* Danach kann man also ein bewegtes System nach Hinzufügen der negativen Massenbeschleunigungen wie ein statisches behandeln. Unter Verwendung des Prinzips der virtuellen Arbeiten auf das Gleichgewichtssystem der verlorenen Kräfte läßt sich das Prinzip von D'ALEMBERT in der LAGRANGEschen Fassung

$$S\,(d\,\mathfrak{K}^{(e)} - dm\,\mathfrak{b})\,\delta\mathfrak{r} = 0 \tag{5.19}$$

schreiben, wobei die virtuellen Verschiebungen $\delta\mathfrak{r}$ jeder, mit den Bindungen des Systems verträglichen Lageänderung zugeordnet sein können. Vermittels des Schnittprinzips können auch innere (z. B. Seil-) Kräfte mit dem D'ALEMBERTschen Prinzip erfaßt werden. Im letzteren Falle erweist es sich aber als vorteilhafter, anstelle von (5.19) die Gleichgewichtsbedingungen des starren Körpers (hinsichtlich der Einzelkräfte und ihrer Momente) heranzuziehen, wobei im Sinne des Prinzips die Momente der (eingeprägten) Kräfte durch die negativen Produkte aus den Massenträgheitsmomenten und Winkelbeschleunigungen der rotierenden Teile zu ergänzen sind.

Wegen der differentiellen $\delta\mathfrak{r}$ in (5.19) nennt man das D'ALEMBERTsche ein *Differentialprinzip*. Die Frage, durch welche Eigenschaften die wirkliche, im Zeitintervall $t_a \leqq t \leqq t_e$ durchlaufene Strecke der wirklichen Bahn $\mathfrak{r} = \mathfrak{r}(t)$ gegenüber anderen möglichen Bahnen ausgezeichnet ist, führt auf ein *Integralprinzip* der Form

$$\int\limits_{t_a}^{t_e} F\left(\dot{\mathfrak{r}}(t);\ \mathfrak{r}(t)\right) dt = \text{Extr.}$$

In konkreter Form kann man es aus dem (infolgedessen ihm gleichwertigen) D'ALEMBERTschen Prinzip gewinnen. Es führt den Namen *Hamiltonsches Prinzip* und lautet:

$$\delta \int\limits_{t_a}^{t_e} (\mathsf{A}^{(e)} + \mathsf{E})\, dt = \int\limits_{t_a}^{t_e} (\delta\mathsf{A}^{(e)} + \delta\mathsf{E})\, dt = 0\,. \tag{5.20}$$

Hierin bedeuten $\mathsf{A}^{(e)}$ die Arbeit der eingeprägten Kräfte und E die kinetische Energie. Dabei ist zu beachten, daß t_a und t_e sowie $\mathfrak{r}_a$ und $\mathfrak{r}_e$ fest sind [d. h. $\delta\mathfrak{r}(t_a) = \delta\mathfrak{r}(t_e) = 0$] und das δ-Zeichen nicht auf die Zeit angewendet wird (d. h. die Bahn, nicht aber die Zeit „variiert" wird).

Aus dem HAMILTONschen Prinzip gewinnt man mit $\delta\mathsf{A}^{(e)} = -\delta\mathsf{U}$ für ein *holonomes System*[1] mit n, durch die Koordinaten $q_k(t)$ $(k = 1, 2, \ldots, n)$ festgelegten Freiheitsgraden, die *Lagrangeschen Bewegungsgleichungen*:

$$\frac{d}{dt}\left(\frac{\partial\mathsf{E}}{\partial\dot{q}_k}\right) - \frac{\partial\mathsf{E}}{\partial q_k} = -\frac{\partial\mathsf{U}}{\partial q_k};\quad k = 1, 2, \ldots, n\,. \tag{5.21}$$

Hierbei sind $\mathsf{U} = \mathsf{U}(q_1, \ldots, q_n)$ bzw. $\mathsf{E} = \mathsf{E}(q_1, \ldots, q_n;\ \dot{q}_1, \ldots, \dot{q}_n)$ die potentielle bzw. kinetische Energie. Die erstere ist z. B. im Schwerefeld bis auf das Vorzeichen und auf eine additive Konstante (für nicht zu große Entfernungen von der Erdoberfläche) durch das Produkt aus Gewicht und „Höhe" gegeben.

Im allgemeinen werden mit den Ausdrücken „*potentielle Energie*" oder „*Potential*" skalare Ortsfunktionen bezeichnet, aus denen man durch Differentiationsprozesse die zu dem „*Potentialfeld*" gehörige (vekto-

---

[1] Der Unterschied zwischen holonomen und nichtholonomen Systemen besteht darin, daß bei *holonomen Systemen* gewisse Beziehungen (Bindungen) zwischen einzelnen Koordinaten bestehen, die direkt angebbar sind, während sich einige solcher Verknüpfungen bei *nichtholonomen Systemen* nur in Differentialform ausdrücken lassen.

184 V. Kinetik der starren und deformierbaren Systeme

rische) Kraftfunktion bzw. das „*Kraftfeld*" gewinnen kann. So ist mit
der *allgemeinen Gravitationskonstanten*

$$\Gamma = 6{,}525 \cdot 10^{-10} \ \mathrm{kp^{-1} \ m^4 \ sek^{-4}}$$

das *Potential des Gravitationsfeldes* der Masse m, deren Schwerpunkt im
Punkt $r = 0$ liegt,

$$\Phi = \frac{\Gamma m}{r}. \tag{5.22}$$

Die *auf die Masseneinheit ausgeübte Kraft* ist dann mit $r = \sqrt{x^2 + y^2 + z^2}$

$$\mathfrak{k} = -\,\Gamma m \frac{\mathfrak{r}}{r^3} = \left\{ \frac{\partial}{\partial x}\left(\frac{\Gamma m}{r}\right); \quad \frac{\partial}{\partial y}\left(\frac{\Gamma m}{r}\right); \quad \frac{\partial}{\partial z}\left(\frac{\Gamma m}{r}\right) \right\}$$

$$= \text{Gradient von } \Phi = \operatorname{grad} \Phi. \tag{5.23}$$

Man sieht sofort ein, daß (5.23) *das allgemeine Massenanziehungs-
gesetz* (Kraft umgekehrt proportional zum Quadrat der Entfernung)
beinhaltet.

Aufgaben

**A 1. Aufstellung der Bewegungsgleichungen eines Mehrkörper-
systems.** Das in Abb. A 1.1 skizzierte System besteht aus drei Massen m_1,

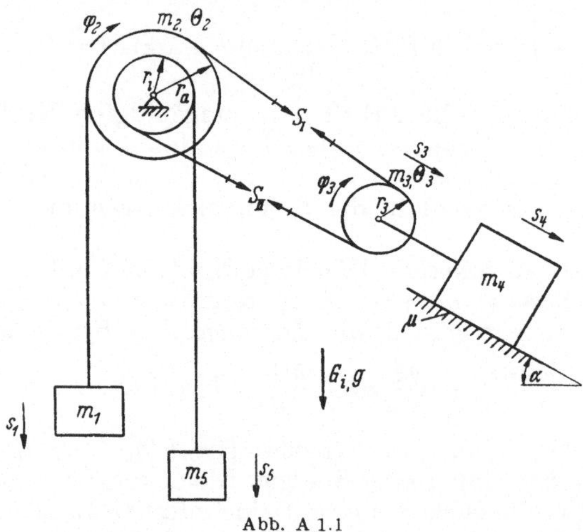

Abb. A 1.1

m_4 und m_5, die durch Seile über einen Differentialflaschenzug mit den zwei
Rollen der Massen m_2 bzw. m_3 und der Trägheitsmomente Θ_2 bzw. Θ_3
miteinander verbunden sind. Die Bewegung des Systems findet unter
Einfluß der Erdschwere statt. Zwischen der Masse m_4 und der schiefen
Ebene wirkt eine der Reibungszahl μ entsprechende Reibungskraft.

Mit Hilfe des D'ALEMBERTschen Prinzips in der LAGRANGEschen
Fassung formuliere man die Bewegungsgleichungen des Systems und
ermittle die in der Abb. A 1.1 angedeuteten Seilkräfte S_I und S_{II}.

Lösung. Wir benutzen statt Gl. (5.19) die daraus herleitbare Fassung des Prinzips

$$\sum_i (\Re_i^{(e)} - m_i \ddot{\mathfrak{r}}_{Si}) \, \delta \mathfrak{r}_i + \sum_j (\mathfrak{M}_j^{(e)} - \Theta_j \ddot{\overline{\varphi}}_j) \, \delta \overline{\varphi}_j = 0 , \tag{1}$$

die die eingeprägten Einzelkräfte und -momente $\Re_i^{(e)}$ und $\mathfrak{M}_j^{(e)}$ sowie die Beschleunigungsvektoren $\ddot{\mathfrak{r}}_{Si}$ der Schwerpunkte $\mathfrak{r}_{Si}$ der Einzelmassen m_i und die Winkelbeschleunigungsvektoren $\ddot{\overline{\varphi}}_j$ und die entsprechenden Massenträgheitsmomente Θ_j enthält.

Mit den in Abb. A 1.1 eingetragenen Koordinaten und mit sgn $\dot{s}_4 = \dot{s}_4 / | \dot{s}_4 |$ läßt sich nach (1) sofort der Ausdruck

$$0 = (G_1 - m_1 \ddot{s}_1) \, \delta s_1 - \Theta_2 \ddot{\varphi}_2 \, \delta \varphi_2 + (G_3 \sin \alpha - m_3 \ddot{s}_3) \, \delta s_3 - \Theta_3 \ddot{\varphi}_3 \, \delta \varphi_3 +$$
$$+ (G_4 \sin \alpha - \mu \, G_4 \cos \alpha \, \mathrm{sgn} \, \dot{s}_4 - m_4 \ddot{s}_4) \, \delta s_4 + (G_5 - m_5 \ddot{s}_5) \, \delta s_5 \tag{2}$$

hinschreiben, der gemäß der Aufgabenstellung keine eingeprägten Momente enthält und in dem beispielsweise der Term $G_4 \sin \alpha$ die Komponente von $\mathfrak{G}_4$ in Richtung von s_4 und der Term $- \mu \, G_4 \cos \alpha \, \mathrm{sgn} \, \dot{s}_4$ die der Bewegung von m_4 entgegenwirkende Gleitreibungskraft entsprechend (1.3) sind.

Überlegt man sich die zwischen den einzelnen virtuellen Verrückungen des Systems δs_i und $\delta \varphi_j$ bestehenden kinematischen Bindungen

$$\left. \begin{aligned} \delta s_1 &= - r_a \, \delta \varphi_2 , &\qquad \delta s_5 &= r_i \, \delta \varphi_2 , \\ \delta s_3 &= \delta s_4 = \frac{1}{2} \, (r_a - r_i) \, \delta \varphi_2 , &\qquad \delta \varphi_3 &= \frac{1}{2 \, r_3} \, (r_a + r_i) \, \delta \varphi_2 , \end{aligned} \right\} \tag{3}$$

wobei die beiden letzten am besten aus der Betrachtung der virtuellen Verschiebungen

$$\delta s_3 + r_3 \, \delta \varphi_3 = r_a \, \delta \varphi_2 ; \qquad \delta s_3 - r_3 \, \delta \varphi_3 = - r_i \, \delta \varphi_2 \tag{4}$$

folgen, so kommt man zu dem Ergebnis, daß das vorliegende System nur einen Freiheitsgrad besitzt, da sich alle δs_i und $\delta \varphi_j$ eindeutig durch eine einzige dieser Verrückungen ausdrücken lassen. Nimmt man als unabhängige Variable φ_2 an und führt eine entsprechende Variation $\delta \varphi_2$ durch, so liefert (2) unter Beachtung der Tatsache, daß (3) gleichzeitig die zwischen den entsprechenden Geschwindigkeiten und den Beschleunigungen bestehenden Beziehungen darstellt,

$$\left\{ \left[\sin \alpha \, \frac{r_a - r_i}{2} \, (m_3 + m_4) + r_i \, m_5 - \mu \cos \alpha \frac{r_a - r_i}{2} \, m_4 \, \mathrm{sgn} \, \dot{\varphi}_2 - r_a \, m_1 \right] g - \right.$$
$$\left. - \left[m_1 r_a^2 + \Theta_2 + (m_3 + m_4) \left(\frac{r_a - r_i}{2} \right)^2 + \Theta_3 \left(\frac{r_a + r_i}{2 \, r_3} \right)^2 + m_5 r_i^2 \right] \ddot{\varphi}_2 \right\} \delta \varphi_2 = \tag{5}$$

$$= \{ M^* - \Theta_{red} \, \ddot{\varphi}_2 \} \, \delta \varphi_2 = 0 .$$

Wegen der Beliebigkeit von $\delta \varphi_2$ muß nun auf das Verschwinden des Ausdruckes in der geschweiften Klammer geschlossen werden. Man erhält so mit den in (5) getroffenen Abkürzungen

$$\ddot{\varphi}_2 = \frac{M^*}{\Theta_{red}}$$

als Bewegungsgleichung des Systems, aus der durch Benutzung von (3) und Integration unter Beachtung der Anfangsbedingungen der Bewegungsablauf aller Teilkörper ausgerechnet werden kann.

Als letztes sei noch gezeigt, wie man unter Heranziehung des Schnittprinzips innere Kräfte, beispielsweise hier die in Abb. A 1.1 eingezeichneten Seilkräfte S_I und S_{II}, mit dem D'Alembertschen Prinzip in der Lagrangeschen Fassung ermittelt: Wird z. B. das abgeschnittene System rechts von der Schnittstelle virtuell verrückt, so lassen sich analog zu (4) die virtuellen Verschiebungen δs_I bzw. δs_{II} der Angriffspunkte der Seilkräfte S_I bzw. S_{II} durch

$$\delta s_I = - \delta s_3 - r_3 \, \delta \varphi_3 ; \qquad \delta s_{II} = - \delta s_3 + r_3 \, \delta \varphi_3$$

ausdrücken, so daß man über

$$S_I\,(-\,\delta s_3 - r_3\,\delta\varphi_3) + S_{II}\,(-\,\delta s_3 + r_3\,\delta\varphi_3) + (G_3\sin\alpha - m_3\,\ddot{s}_3)\,\delta s_3 - \Theta_3\,\ddot{\varphi}_3\,\delta\varphi_3 +$$
$$+ (G_4\sin\alpha - \mu\,G_4\cos\alpha\,\operatorname{sgn}\dot{s}_4 - m_4\,\ddot{s}_4)\,\delta s_4 = 0$$

mit $\delta s_4 = \delta s_3$ nach (3) die Gleichung

$$(-\,S_I - S_{II} + G_3\sin\alpha - m_3\,\ddot{s}_3 + G_4\sin\alpha - \mu\,G_4\cos\alpha\,\operatorname{sgn}\dot{s}_4 - m_4\,\ddot{s}_4)\,\delta s_3 +$$
$$+ (-\,S_I\,r_3 + S_{II}\,r_3 - \Theta_3\,\ddot{\varphi}_3)\,\delta\varphi_3 = 0$$

erhält, die wieder, wegen der Beliebigkeit von· δs_3 und $\delta\varphi_3$ am freigeschnittenen Teil, das Verschwinden der Ausdrücke in den Klammern erfordert. Damit sind zwei Gleichungen für die beiden Unbekannten S_I und S_{II} bestimmt, und das Problem ist prinzipiell gelöst.

A 2. Bewegung eines Stab-Feder-Systems. Ein homogener Stab OC von der Länge l_1 und der Masse m_1 ist im Punkte O drehbar gelagert und bei C drehbar mit dem Stab AB von der Länge l_2 und der Masse m_2 verbunden. Bei C ist eine Feder angebracht, die auf beide Stäbe das Moment $c\psi$ ausübt, wenn ψ den Winkel zwischen AB und der Normalen $n-n$ zu OC bezeichnet (Abb. A 2.1).

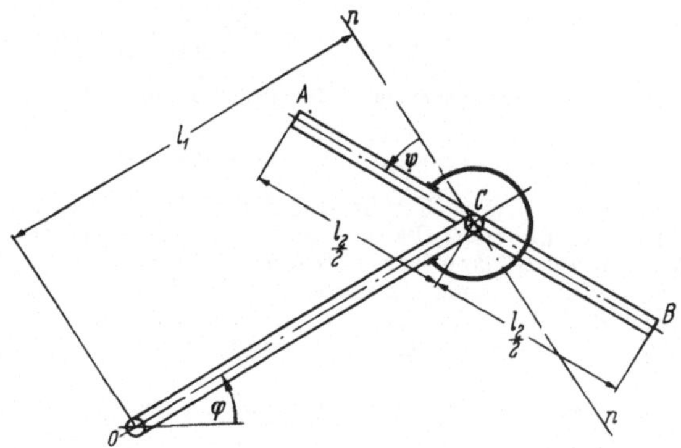

Abb. A 2.1

Man untersuche die in einer Horizontalebene erfolgende Bewegung des Systems, wenn zur Zeit $t = 0$ folgende Anfangsbedingungen vorgeschrieben sind: $\varphi = 0$; $\psi = 0$; $\dot{\varphi} = \dot{\varphi}_0$; $\dot{\psi} = \dot{\psi}_0$.

Lösung. Mittels der LAGRANGEschen Bewegungsgleichungen (5.21) erhält man die dynamischen Grundgleichungen dieses Systems mit zwei Freiheitsgraden in einfacher Weise, wenn man das Kräftepotential U und die gesamte kinetische Energie E des Systems als Funktionen geeigneter Veränderlicher angeben kann.

Im vorliegenden Falle, in dem keine Schwerkraft und auch keine andere äußere Kraft wirkt, kommt nur das entsprechende Potential des Federmomentes $M = c\psi$ zur Wirkung:

$$U = U_{Feder} = \frac{1}{2}\,c\,\psi^2. \tag{1}$$

Mit den Trägheitsmomenten

$$\Theta_1 = \frac{1}{3}\,m_1\,l_1^2; \qquad \Theta_2 = m_2\,l_1^2; \qquad \Theta_3 = \frac{1}{12}\,m_2\,l_2^2 \tag{2}$$

des Systems schreibt sich entsprechend (5.18) die kinetische Energie des Systems als

$$E = \frac{1}{2}\,\Theta_1\,\dot{\varphi}^2 + \frac{1}{2}\,\Theta_2\,\dot{\varphi}^2 + \frac{1}{2}\,\Theta_3\,(\dot{\varphi} + \dot{\psi})^2. \tag{3}$$

Man erhält nun sofort aus (1) und (3) durch einen Differentiationsprozeß in der in (5.21) angegebenen Weise

$$(\Theta_1 + \Theta_2 + \Theta_3)\,\ddot{\varphi} + \Theta_3\,\ddot{\psi} = 0\,,$$
$$\Theta_3\,\ddot{\varphi} + \Theta_3\,\ddot{\psi} + c\,\psi = 0\,.$$

Dieses System läßt sich sehr einfach in eine die weitere Behandlung erleichternde Form

$$\ddot{\psi} + \frac{\Theta_1 + \Theta_2 + \Theta_3}{\Theta_3\,(\Theta_1 + \Theta_2)}\,c\,\psi = \ddot{\psi} + \omega^2\,\psi = 0\,, \tag{4}$$

$$\ddot{\varphi} = -\frac{\Theta_3}{\Theta_1 + \Theta_2 + \Theta_3}\,\ddot{\psi} = -k\,\ddot{\psi} \tag{5}$$

überführen.

Die allgemeine Lösung von (4) ist mit der angegebenen Abkürzung ω

$$\psi = C_1 \cos(\omega\,t) + C_2 \sin(\omega\,t)\,;$$

aus ihr kann dann die den angegebenen Anfangsbedingungen genügende Lösung

$$\psi = \frac{\dot{\psi}_0}{\omega}\sin\omega\,t \tag{6}$$

gewonnen werden. Nach dem Einsetzen dieses Resultates in (5) erhält man durch Integration weiter die allgemeine Lösung für $\varphi(t)$

$$\varphi = -\frac{\dot{\psi}_0\,k}{\omega}\sin\omega\,t + C_3\,t + C_4\,, \tag{7}$$

die mit den Anfangsbedingungen endlich

$$\varphi = -\frac{\dot{\psi}_0\,k}{\omega}\sin\omega\,t + (\dot{\varphi}_0 + \dot{\psi}_0\,k)t$$

folgern läßt. Die Konstanten ω und k sind entsprechend (4) und (5)

$$\omega = \sqrt{\frac{\Theta_1 + \Theta_2 + \Theta_3}{\Theta_3\,(\Theta_1 + \Theta_2)}\,c}\,, \qquad k = \frac{\Theta_3}{\Theta_1 + \Theta_2 + \Theta_3}$$

und lassen sich mit Hilfe von (2) ausrechnen.

Während nach (6) der Stab $A\,B$ um den Punkt C nur harmonische Schwingungsbewegungen mit der Kreisfrequenz ω ausführt, bewegt sich der Stab $O\,C$, wie (7) zeigt, zwar auch schwingungsförmig mit der gleichen Periode, jedoch ist dieser Bewegung eine gleichförmige Drehung um O mit der Winkelgeschwindigkeit $(\dot{\varphi}_0 + k\,\dot{\psi}_0)$ überlagert.

A 3. Mondgeschoß. In welcher Entfernung zwischen Erde und Mond (Abstand ihrer Mittelpunkte $a = 60\,R$, $R = $ Erdradius $= 6370$ km, $m_E = $ Erdmasse $= 5{,}973 \cdot 10^{23}$ kp sek^2 m^{-1}) sind die Anziehungen der beiden Himmelskörper gleich, wenn das Verhältnis der beiden Massen $\frac{m_E}{m_M} = \varkappa = 81$ beträgt? Mit welcher Geschwindigkeit müßte ein Körper senkrecht zur Erdoberfläche abgeschossen werden, um diesen Punkt zu erreichen? Bei welcher Abschußgeschwindigkeit verläßt der Körper das Erde-Mond-System?

Lösung. Gemäß (5.23) gilt für den Ort des Kraftgleichgewichtes zwischen Erde und Mond in der Entfernung x vom Erdmittelpunkt

$$\Gamma \frac{m_E}{x^2} = \Gamma \frac{m_M}{(a - x)^2},$$

woraus man sofort

$$x = \frac{\sqrt{\varkappa}}{1 + \sqrt{\varkappa}}\, a = 54\, R = 344\,000 \text{ km}$$

erhält.

Da die Arbeit, die bei der Bewegung des Geschosses gegen die Erd- und Mondanziehungskräfte geleistet werden muß, von diesem antriebslosen Körper nur durch Verzehr seiner kinetischen Energie aufgebracht werden kann, muß weiter nach dem Arbeitssatz (5.3)

$$\frac{1}{2}\, v^2 = \Gamma \int\limits_R^x \left(\frac{m_E}{r^2} - \frac{m_M}{(a - r)^2} \right) dr = \Gamma \left[\frac{m_E}{r} + \frac{m_M}{a - r} \right]_x^R$$

gelten, woraus sich

$$v = 11{,}07\, \frac{\text{km}}{\text{sek}}$$

ergibt. Ganz analog erhält man für die Fluchtgeschwindigkeit aus dem Erde-Mond-System

$$\frac{1}{2}\, v_0^2 = \Gamma \left(\int\limits_R^\infty \frac{m_E}{r^2}\, dr + \int\limits_{a-R}^\infty \frac{m_M}{r^2}\, dr \right)$$

schließlich

$$v_0 = 11{,}19\, \frac{\text{km}}{\text{sek}}\,.$$

A 4. Der „24-Stunden"-Satellit. Man ermittle den Abstand vom Erdmittelpunkt und die Umlaufgeschwindigkeit eines Satelliten, der in der Äquatorebene auf einer Kreisbahn dieselbe Umlaufzeit besitzt wie die Erde.

Lösung. Aus dem Massenwirkungsgesetz errechnen wir zunächst die vom Abstand abhängige Größe der Erdbeschleunigung g. Mit dem Index 0 für die Erdoberfläche gilt

$$m g_0 = \Gamma \frac{M m}{R_0^2},$$

$$m g = \Gamma \frac{M m}{R^2},$$

woraus

$$g = g_0 \left(\frac{R_0}{R} \right)^2 \text{ folgt.}$$

Der Schwerpunktsatz (5.8) liefert in radialer Richtung

$$m g - m \omega^2 R = 0,$$

also

$$\omega^2 = g_0 \left(\frac{R_0}{R} \right)^2 \frac{1}{R}\,.$$

Daraus ergibt sich als Abstand des Satelliten vom Erdmittelpunkt

$$R = \sqrt[3]{\frac{g_0 R_0^2}{\omega^2}}$$

und für die Geschwindigkeit auf der Kreisbahn

$$v = \omega R = \sqrt[3]{\omega g_0 R_0^2}$$

Mit $g_0 = 9{,}81$ m sek^{-2}, $R_0 = 6370$ km und $\omega = 0{,}7272 \cdot 10^{-4}$ sek^{-1} erhält man $R = 42220$ km, $v = 3{,}07$ km/sek.

Der Abstand von der Erdoberfläche beträgt 35850 km. Für einen Beobachter auf der Erde steht ein solcher Satellit immer an derselben Stelle des Himmels.

4. Schwingungen mit endlich vielen Freiheitsgraden. Zunächst betrachten wir ein System mit nur einem Freiheitsgrad. Bewegt sich eine Masse m so, daß sie (bei gleicher Geschwindigkeit ihrer Teilchen) ständig einer zu einer festen (Ruhe-) Lage $y = 0$ zurücktreibenden und der Entfernung y proportionalen Kraft unterworfen ist, so lautet bei Vernachlässigung aller Bewegungswiderstände die Differentialgleichung der Bewegung

$$m \ddot{y} = - c y . \tag{5.24}$$

Hierbei ist c eine für die Rückstellkraft maßgebende Konstante. So ist z. B. bei einem Fadenpendel der Länge l und der Punktmasse m bei Vernachlässigung der Fadenmasse für kleine Winkelausschläge φ die Konstante $c = m\,g/l$, wobei y durch $l\varphi$ zu ersetzen ist. Bei elastischen Schwingungen ist sie die sog. *Federkonstante*. Diese ist derjenigen (statischen) Kraft gleich, die der „Feder" die Einheitsdeformation erteilt.

Mit der *Eigenkreisfrequenz* bzw. der *eigentlichen Eigenfrequenz* (*Schwingungszahl*)

$$\omega_1 = \sqrt{\frac{c}{m}} \quad \text{bzw.} \quad \nu_1 = \frac{1}{2\,\pi}\sqrt{\frac{c}{m}} \tag{5.25}$$

hat (5.24) mit den willkürlichen Konstanten C_1 und C_2 bzw. A und α die Lösung

$$y = y\,(t) = C_1 \cos \omega_1 t + C_2 \sin \omega_1 t = A \sin (\omega_1 t + \alpha) . \tag{5.26}$$

Das ist eine *harmonische Schwingung* mit der Amplitude $A = \sqrt{C_1^2 + C_2^2}$ und dem Phasenwinkel $\alpha = \operatorname{arc\,tan} (C_1/C_2)$. Aus den Anfangsbedingungen $y(0) = y_0$ und $\dot{y}(0) = v_0$ erhält man

$$A = \sqrt{y_0^2 + (v_0/\omega_1)^2}\,; \quad \alpha = \operatorname{arc\,tan} \frac{\omega_1 y_0}{v_0} . \tag{5.27}$$

Aus (5.26) folgt, daß

$$\frac{m}{2}\,\dot{y}^2 + \frac{c}{2}\,y^2 = \frac{m}{2}\,v^2 + \frac{c}{2}\,y^2 = \quad + \mathsf{U} = \text{const} \tag{5.28}$$

ist, also die Summe aus kinetischer und potentieller Energie

$$\mathsf{U} = \frac{c}{2}\,y^2 = \int\limits_0^y c\,y\,dy$$

konstant bleibt.

Eine *näherungsweise Berücksichtigung der Federmasse* kann unter der Annahme erfolgen, daß die Schwingungsform der Feder $u = u(x, t)$ ähnlich („affin") der statischen Deformationslinie $w = w(x)$ ist. Demzufolge gilt dann, falls die Masse an der Stelle $x = x_0$ der Feder sitzt,

$$\frac{u(x_0, t)}{u(x, t)} = \frac{y(t)}{u(x, t)} = \frac{w(x_0)}{w(x)}, \tag{5.29}$$

woraus sich

$$u(x, t) = \frac{w(x)}{w(x_0)} \, y(t) = f(x) \, y(t) \tag{5.30}$$

ergibt. Bedeutet m_F die über die Länge l gleichmäßig verteilte Federmasse, so ist die gesamte kinetische Energie

$$E = \frac{1}{2} \, m \, \dot{y}^2(t) + \frac{1}{2} \int\limits_{x=0}^{l} \frac{m_F}{l} \, dx \left(\frac{\partial u}{\partial t}\right)^2 = \frac{1}{2} \, m \, \dot{y}^2(t) + \frac{m_F}{2l} \, \dot{y}^2(t) \int\limits_{x=0}^{l} f^2(x) \, dx \, .$$

Da E und $U = \frac{c}{2} \, y^2(t)$ addiert eine Konstante ergeben müssen, folgt aus

$$\frac{d}{dt} (E + U) = 0$$

$$\left[m + \frac{m_F}{l} \int\limits_{0}^{l} f^2(x) \, dx \right] \ddot{y} + c \, y = 0 \, ,$$

also

$$\omega_1 = \sqrt{\dfrac{c}{m + \dfrac{m_F}{l} \int\limits_{0}^{l} f^2(x) \, dx}} \, . \tag{5.31}$$

Für eine *geschwindigkeitsproportionale Dämpfung* nimmt (5.24) die Form

$$m \, \ddot{y} = -r \, \dot{y} - c \, y \tag{5.32}$$

an, wobei r die sog. *Dämpfungskonstante* ist. Für kleine Dämpfungen $r < 2 \sqrt{mc}$ (z. B. bei Bewegungen in der Luft und in Flüssigkeiten mit geringer Viskosität) hat (5.32) die Lösung

$$y = y(t) = e^{-\frac{r}{2m} t} (C_1 \cos \lambda \, t + C_2 \sin \lambda \, t); \quad \lambda = \sqrt{\frac{c}{m} - \left(\frac{r}{2m}\right)^2} > 0 \, [1]. \tag{5.33}$$

Bei Einwirkung einer äußeren, zeitabhängigen Kraft geht (5.32) in

$$m \, \ddot{y} + r \, \dot{y} + c \, y = f(t) \tag{5.34}$$

über. Die allgemeine Lösung dieser Differentialgleichung ist

$$y = y(t) = e^{-\delta t} \cos \lambda \, t \left(C_1 - \frac{1}{\lambda} \int e^{\delta t} p(t) \sin \lambda \, t \, dt\right) +$$
$$+ \, e^{-\delta t} \sin \lambda \, t \left(C_2 + \frac{1}{\lambda} \int e^{\delta t} p(t) \cos \lambda \, t \, dt\right) \tag{5.35}$$

---

[1] Für $\frac{c}{m} - \left(\frac{r}{2m}\right)^2 < 0$ treten an die Stelle der trigonometrischen die Hyperbelfunktionen.

oder

$$y = y(t) = e^{-\delta t}(C_1 \cos \lambda t + C_2 \sin \lambda t) + \frac{1}{\lambda} \int\limits_{\tau=0}^{t} e^{-\delta(t-\tau)} p(\tau) \sin \lambda (t-\tau) d\tau,$$

$$(5.36)$$

wobei

$$\delta = \frac{r}{2m}; \quad \omega_1^2 = \frac{c}{m}; \quad \lambda = \sqrt{\omega_1^2 - \delta^2}; \quad p(t) = \frac{1}{m} f(t) \qquad (5.37)$$

bedeuten. Man beachte, daß in (5.36) das zweite (Integral-) Glied eine für $t = 0$ samt ihrer Ableitung verschwindende Lösung von (5.34) ist.

Für $\delta = 0$, also $\lambda = \omega_1$, und $p(t) = a \cos \omega_1 t + b \sin \omega_1 t$ (Erregung mit der Eigenfrequenz – präziser Eigenkreisfrequenz ω_1) erhält man

$$y = y(t) = C_1 \cos \omega_1 t + C_2 \sin \omega_1 t + \frac{a}{2\omega_1} t \sin \omega_1 t - \frac{b}{2\omega_1} t \cos \omega_1 t.$$

$$(5.38)$$

Für $\delta \neq 0$ und $p(t) = a \cos \omega t + b \sin \omega t$ läßt sich die Lösung (5.36) mit

$$\tan \alpha = \frac{2\delta \omega}{\omega_1^2 - \omega^2} \qquad (5.39)$$

auch in der Form

$$y(t) = e^{-\delta t}(C_1 \cos \lambda t + C_2 \sin \lambda t) + \frac{a \cos(\omega t - \alpha) + b \sin(\omega t - \alpha)}{\sqrt{(\omega_1^2 - \omega^2)^2 + (2\delta \omega)^2}} \qquad (5.40)$$

schreiben. Für $t \to \infty$ verschwindet der erste (mit $e^{-\delta t}$ behaftete) Anteil in (5.40), so daß der zweite den sog. eingeschwungenen (Schwingungs-) Zustand bestimmt.

Der Faktor

$$V(\omega) = \frac{1}{\sqrt{(\omega_1^2 - \omega^2)^2 + (2\delta \omega)^2}}$$

$$(5.41)$$

in (5.40) wird *Vergrößerungsfunktion* genannt (Abb. 5.4). Für $\omega = \omega_{\max} = \sqrt{\omega_1^2 - 2\delta^2}$ erreicht $V(\omega)$ ein Maximum:

$$V_{\max} = \frac{1}{2\delta \sqrt{\omega_1^2 - \delta^2}};$$

das Schwingungssystem reagiert also auf die erregenden Kräfte mit maximalen Ausschlägen. Diese Erscheinung wird als *Resonanz* bezeichnet. Bei einem ungedämpften System liefert der Resonanzfall (Er-

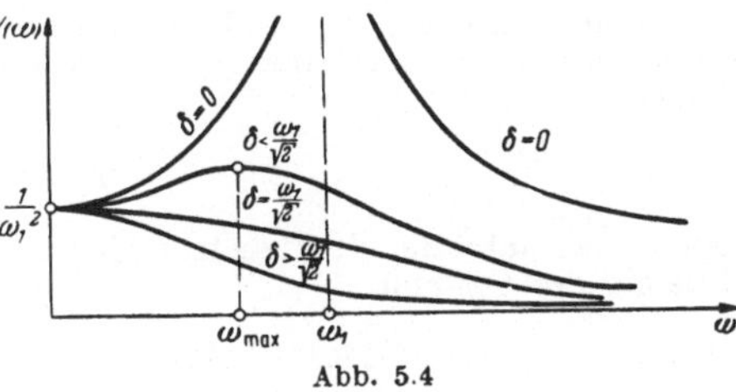

Abb. 5.4

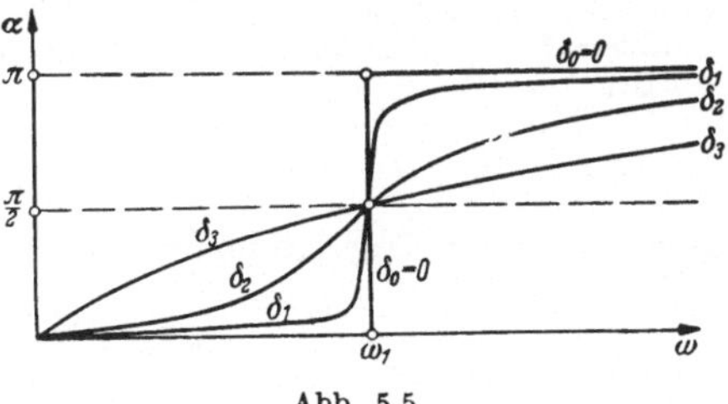

Abb. 5.5

regung mit der Frequenz ω_1) nach (5.38) mit wachsender Zeit t auch unbegrenzt (linear) anwachsende Amplituden.

Die Phasenverschiebung α nach (5.39) zwischen Erregungs- und Systemschwingungen ist in Abb. 5.5 als $\alpha = \alpha(\omega)$ dargestellt. In Systemen ohne Dämpfung tritt bei von Null an wachsender Erregungsfrequenz ω nach Überschreiten von ω_1 der sog. *Phasensprung* um π auf.

Da die Differentialgleichung (5.34) linear ist, hat man mit (5.40) für beliebige periodische, also durch Fourierreihen darstellbare Erregerkräfte die Lösung (durch Superposition) gefunden.

Bei der Betrachtung von Systemen *mehrerer Freiheitsgrade* kann man prinzipiell in der gleichen Weise vorgehen, jedoch wendet man oft mit Vorteil die LAGRANGEschen Bewegungsgleichungen (5.21) an (s. a. Aufgabe A 2 der voranstehenden Ziffer). Man wird hierbei auf ein System gekoppelter Differentialgleichungen geführt, deren Lösung eine der Zahl der Freiheitsgrade entsprechende Anzahl von Eigenfrequenzen, Eigenschwingungsformen und Resonanzstellen liefert. Ein Beispiel hierfür findet man in A 3 der folgenden Aufgaben.

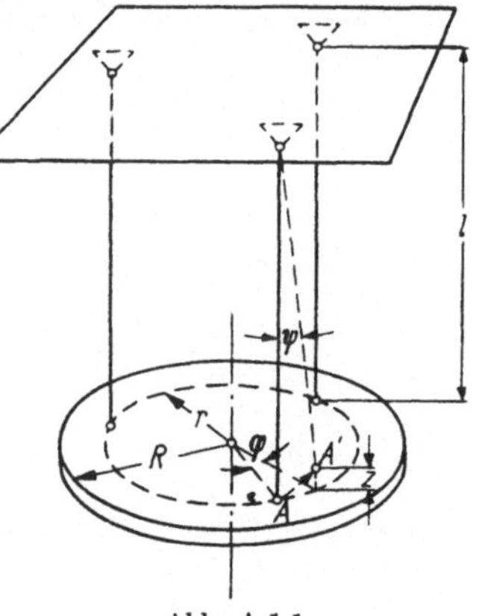

Abb. A 1.1

Aufgaben

A 1. Eigenfrequenz eines Trifilarpendels. Eine Kreisscheibe vom Radius R und der Masse m ist in der in Abb. A 1.1 skizzierten Weise an drei Fäden aufgehängt, so daß sie um die zentrale vertikale Achse Drehschwingungen ausführen kann. Man berechne die sich für kleine Ausschläge ergebende Eigenfrequenz.

Lösung. Mit der aus Abb. A 1.1 zu entnehmenden kinematischen Beziehung zwischen dem Verdrehwinkel φ der Scheibe und dem Auslenkungswinkel ψ der Fäden

$$\psi = \frac{r}{l}\,\varphi$$

erhält man unter der Voraussetzung kleiner Ausschläge $|\varphi| \ll 1$ für die potentielle Energie des Systems

$$U = mgz = mgl(1 - \cos\psi) \approx mgl\,\frac{1}{2}\,\psi^2 = mg\,\frac{r^2}{2l}\,\varphi^2, \tag{1}$$

wobei z die vertikale Verschiebung des bei der Drehung nach A' gelangten Punktes A ist. Die kinetische Energie des Systems ist nach (5.18) durch den Ausdruck

$$E = \frac{1}{2}\,\Theta\,\omega^2 = \frac{1}{4}\,m\,R^2\,\dot\varphi^2 \tag{2}$$

gegeben, da der Translationsanteil in vertikaler Richtung

$$E' = m\,\frac{v_z^2}{2} \approx m\,\varphi^2\,\dot\varphi^2\,\frac{r^4}{2l^2}$$

gegenüber dem Rotationsanteil E von höherer Ordnung klein ist.
Aus dem Energiesatz (5.4) für verlustlose Systeme

$$E + U = \text{const}$$

erhält man nach Einsetzen von (1) und (2) und Differentiation nach der Zeit die Differentialgleichung

$$\ddot{\varphi} + \frac{m\,g\,r^2}{\Theta\,l}\,\varphi = \ddot{\varphi} + 2\frac{g}{l}\left(\frac{r}{R}\right)^2\varphi = 0.$$

In dieser Form ist der Koeffizient des Gliedes der nullten Ableitung das Quadrat der gesuchten Eigenfrequenz, also

$$\omega = \sqrt{\frac{m\,g\,r^2}{\Theta\,l}} = \sqrt{2\frac{g}{l}\left(\frac{r}{R}\right)}.$$

was mit dem Ansatz $\varphi = C_1\cos\omega t + C_2\sin\omega t$ nachzuweisen ist.

A 2. *Schwingungsmesser*. Zur Schwingungsmessung von Brücken, Fundamenten u. dgl. benutzt man Vibrographen, deren Wirkungsweise aus Abb. A 2.1 ersichtlich ist. Im Punkte A ist drehbar ein mittels einer Feder der Federkonstante c abgestützter Arm der Länge l aufgehängt, der an seinem anderen Ende eine Masse m samt einem Schreibstift besitzt, der je nach der Vertikalbewegung des Gehäuses die Ausschläge des Armes auf einer Schreibtrommel T aufzeichnet.

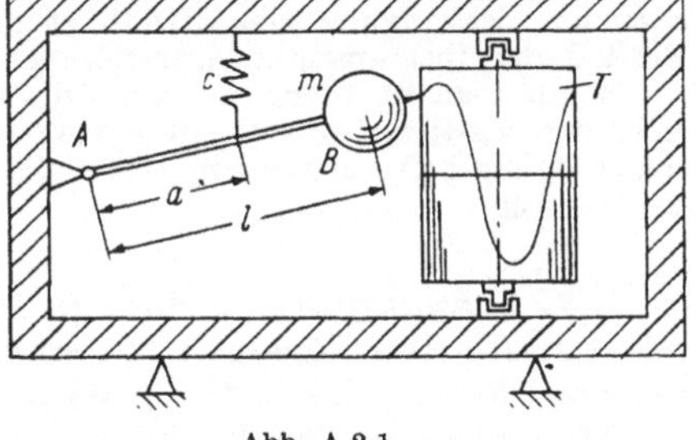

Abb. A 2.1

Man zeige, daß durch geeignete Wahl der Geräteparameter a, l, c und m erreicht werden kann, daß der Schreibstift auf der Trommel die wahre harmonische Bewegung $y(t) = y_0\sin\omega t$ des untersuchten Gebäudeteiles aufschreibt. Der Arm AB sei masselos.

Lösung. Ist $y = y(t)$ die zu messende, dem Gehäuse des Vibrographen mitgeteilte Bewegung, $z = z(t)$ der relative Ausschlag der Masse m zum Gehäuse, so bestimmt sich die Absolutbewegung $x = x(t)$ dieser Masse zu

$$x(t) = y(t) + z(t). \tag{1}$$

Setzt man das NEWTONsche Grundgesetz (5.1) in z-Richtung für die Masse m an

$$m\,\ddot{x} = P_{xm},$$

wobei P_{xm} die an der Masse m wirkende äußere Kraft in x-Richtung ist, so erhält man unter Beachtung der Tatsache, daß zwischen der der Auslenkung z entsprechenden Federkraft $P_{xc} = -c\,z\,\dfrac{a}{l}$ (kleine Ausschläge!) und der Reaktion auf P_{xm} Momentengleichgewicht bezüglich des Punktes A herrschen muß,

$$P_{xc}\cdot a = P_{xm}\cdot l,$$

schließlich die Bewegungsgleichung

$$m\,\ddot{x} + \left(\frac{a}{l}\right)^2 c\,z = 0.$$

Nach dem Einsetzen von x nach (1) und mit der angegebenen Bewegung $y(t)$ folgt schließlich die inhomogene Differentialgleichung der Schwingungsaufzeichnung $z(t)$

$$\ddot{z} + \left(\frac{a}{l}\right)^2 \frac{c}{m} z = \omega^2 y_0 \sin \omega t = \omega^2 y .\tag{2}$$

Da die durch Anstoßvorgänge angeregten Eigenschwingungen des Systems auch bei sehr geringer Dämpfung schließlich abklingen, gibt der Ansatz

$$z = z_0 \sin \omega t$$

eingesetzt in (2) die dem stationären Schwingungszustand entsprechende partikuläre Lösung

$$z = \frac{\omega^2}{\left(\dfrac{a}{l}\right)^2 \dfrac{c}{m} - \omega^2} \, y_0 \sin \omega t = \frac{-1}{1 - \dfrac{\left(\dfrac{a}{l}\right)^2 \dfrac{c}{m}}{\omega^2}} \, y .\tag{3}$$

Wie man daraus sieht, zeichnet das Meßgerät bis auf die um π verschobene Phasenlage die Schwingungsform $y(t)$ als Kurve $z(t)$ richtig auf, wenn die Beziehung

$$\omega^{*2} = \left(\frac{a}{l}\right)^2 \frac{c}{m} \ll \omega^2$$

zwischen der Eigenfrequenz ω^* des Gerätes und der Kreisfrequenz ω der erregenden Schwingung gilt. Damit ist der die Funktion des Gerätes betreffende Einfluß der Instrumentenparameter geklärt.

Wählt man im Gegensatz dazu die Parameter so, daß $\omega^{*2} \gg \omega^2$ ist, so läßt sich, wie wiederum (3) zu entnehmen ist, der Apparat für das Messen der Beschleunigung $\ddot{y}(t)$ verwenden, wobei die Aufzeichnung mit dem Maßstabsfaktor $1/\omega^{*2}$ erfolgt.

A 3. Schwingungen einer mit einem Federsystem verbundenen Masse. An einer Masse m greifen in der in Abb. A 3.1 skizzierten Weise aus zwei Federn der Federkonstanten c_1 und c_2 bestehende Federsysteme an. Man berechne für die Fälle a) und b) die Eigenfrequenz des Systems für Schwingungen in vertikaler Richtung ohne und mit näherungsweiser Berücksichtigung der Federmassen m_1 bzw. m_2.

Lösung. Bei einer Auslenkung der Masse m um die Strecke w in vertikaler Richtung (Abb. A 3.2) werden in dem Federsystem Kräfte geweckt, die w und den Federkonstanten c_i entsprechen. Für das Newtonsche Grundgesetz (5.1)

$$m\ddot{w} = \sum P_i = P \tag{1}$$

ist die Summe der äußeren Kräfte an der Masse m im Falle a) wegen

$$P_1 = -c_1 w \quad \text{und} \quad P_2 = -c_2 w,$$

$$P = P_1 + P_2 = -(c_1 + c_2)w = -c w, \tag{2}$$

wobei

$$c = c_1 + c_2$$

die resultierende Federkonstante des Systems der parallel geschalteten Federn ist. Im Falle b) rechnet man mit der Kraftgleichgewichtsbedingung $P_1 = P_2 = P$ über $P_1 = -c_1 w_1$ und $P_2 = -c_2 (w_2 - w_1)$ (Abb. A 3.2) aus, daß hier mit $w_2 = w$

$$P = -\frac{c_1 c_2}{c_1 + c_2} \, w = -c w \tag{3}$$

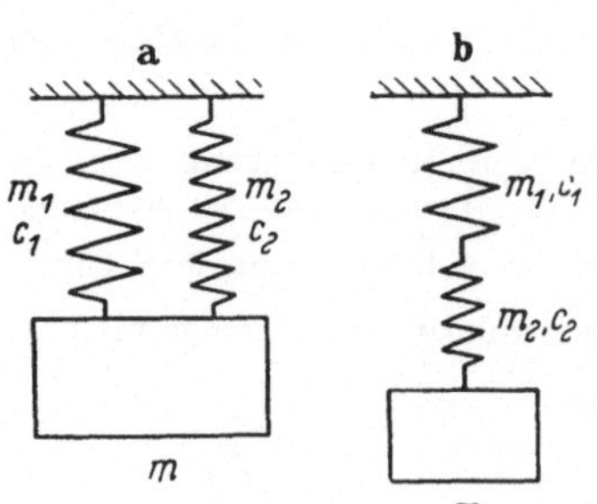

Abb. A 3.1

und

$$w_1 = \frac{c_2}{c_1 + c_2}\, w \tag{4}$$

ist, wobei für die entsprechende resultierende Federkonstante c

$$\frac{1}{c} = \frac{1}{c_1} + \frac{1}{c_2}$$

gilt.

Die Beziehung (2) bzw. (3) in (1) eingesetzt liefert die bekannte Differentialgleichung (5.24), aus der sich die Eigenfrequenz gemäß (5.25) als $\omega_1 = \sqrt{\dfrac{c}{m}}$ berechnet. Dies ergibt im Falle

$$\text{a)} \quad \omega = \sqrt{\frac{c_1 + c_2}{m}}, \qquad \text{b)} \quad \omega = \sqrt{\frac{c_1 c_2}{(c_1 + c_2)\, m}}, \tag{5}$$

wobei die Federmasse noch nicht berücksichtigt wurde.

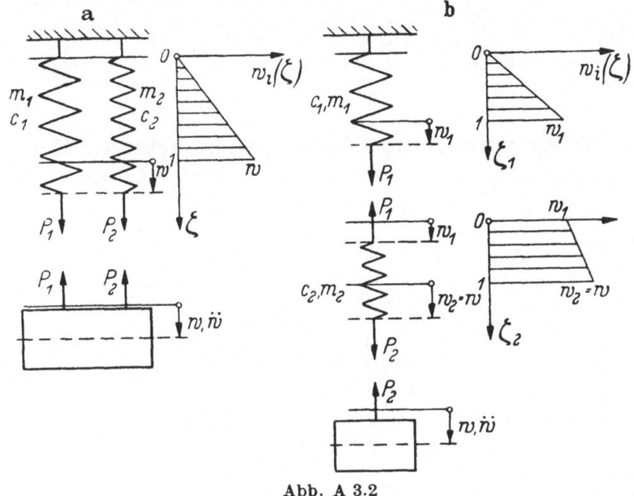

Abb. A 3.2

Eine entsprechende Korrektur erfolgt auf Grund der Beziehung (5.31)

$$\omega_1 = \sqrt{\frac{c}{m}} \, \frac{1}{\sqrt{1 + \sum_i \dfrac{m_i}{m} \displaystyle\int_0^{l_i} f_i^2(z)\, d\!\left(\dfrac{z}{l_i}\right)}}, \tag{6}$$

in der m_i die jeweilige Federmasse, l_i ihre Länge und nach (5.29) und (5.30) $f_i(z)$ die auf die Auslenkung $w(z_m)$ an der Stelle z_m der Masse m bezogene Auslenkungsform der Federelemente ist:

$$f_i(z) = \frac{W_i(z)}{W(z_m)}.$$

Für diese nimmt man näherungsweise meist eine zur Verschiebungsform unter statischer Belastung affine Auslenkung an.

Man entnimmt wiederum Abb. A 3.2 mit der dimensionslosen Variablen $\zeta_i = \dfrac{z}{l_i}$ diese Funktionen im Falle a) als

$$f_1(\zeta_1) = f_2(\zeta_2) = \zeta \tag{7}$$

und unter Benutzung von (4) im Falle b) als

$$f_1(\zeta_1) = \frac{c_2}{c_1 + c_2}\,\zeta_1; \quad f_2(\zeta_2) = \frac{c_2}{c_1 + c_2} + \frac{c_1}{c_1 + c_2}\,\zeta_2. \tag{8}$$

Setzt man (5) und (7) bzw. (8) in (6) ein, so erhält man

a)
$$\omega = \sqrt{\frac{c}{m + \dfrac{1}{3}\,(m_1 + m_2)}} \tag{9}$$

und

b)
$$\omega = \sqrt{\frac{c}{m + m_1\,\dfrac{c_2^2/3}{(c_1 + c_2)^2} + m_2\,\dfrac{c_2^2 + c_1 c_2 + c_1^2/3}{(c_1 + c_2)^2}}}$$

als die Werte der Eigenfrequenzen, für die näherungsweise der Einfluß der Federmassen berücksichtigt wurde. Einleuchtenderweise geht infolge des Einflusses „zusätzlicher" Massen die Eigenfrequenz des Systems zurück. Für $m_2 = 0$ resultiert aus (9) das bekannte Ergebnis, daß bei einem einfachen Federmasseschwinger ein Drittel der Federmasse als an der Stelle der Masse m mitschwingend gerechnet werden kann.

A 4. *Bewegungsgleichung einer Schwingerkette*. Man stelle die Differentialgleichung der Bewegung der in Abb. A 4.1 gezeichneten, aus

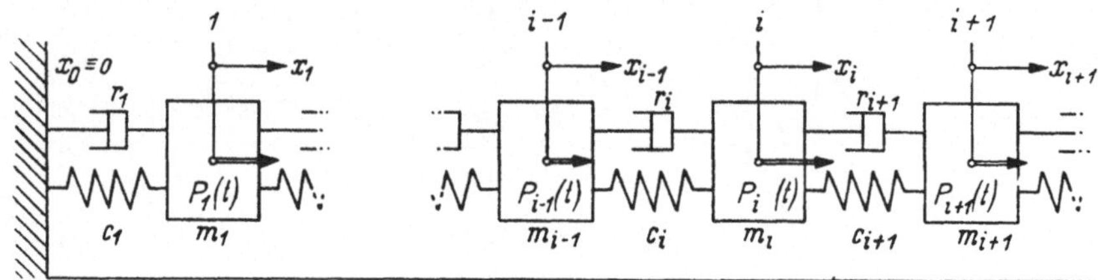

Abb. A 4.1

n Massen und aus je $(n + 1)$ Federn und Dämpfungsgliedern bestehenden Schwingerkette von n Freiheitsgraden auf, an der noch an den Massen m_i zusätzlich Einzelkräfte $P_i = P_i(t)$ wirken.

Schließlich behandle man als Spezialfall das in Abb. A 4.2 skizzierte, ungedämpfte Zweimassensystem ohne Einzelkräfte mit den Massen m_1 und m_2 und Federn der Federkonstanten c_1, c_2 und c_3 und ermittle dessen Eigenfrequenzen.

Lösung. Wir betrachten in Abb. A 4.1 die i-te Masse m_i des Systems, deren Auslenkung durch die Funktion $x_i = x_i(t)$ beschrieben werde, und erhalten, da die Relativbewegung der Enden des i-ten Feder- und des i-ten geschwindigkeitsproportionalen Dämpfungsgliedes $x_i - x_{i-1}$ ist, zunächst für die von diesen Gliedern auf die Masse m_i ausgeübten Kräfte

$$K_{ic_i} = -c_i(x_i - x_{i-1}); \quad K_{ir_i} = -r_i(\dot{x}_i - \dot{x}_{i-1}).$$

Mit diesen und den analogen Ausdrücken

$$K_{ic_{i+1}} = c_{i+1}(x_{i+1} - x_i); \quad K_{ir_{i+1}} = r_{i+1}(\dot{x}_{i+1} - \dot{x}_i)$$

erhält man aus dem NEWTONschen Grundgesetz für die Masse m_i

$$m_i\,\ddot{x}_i = K_{i\,c_i} + K_{i\,r_i} + K_{i\,c_{i+1}} + K_{i\,r_{i+1}} + P_i(t)$$

die i-te Gleichung eines Systems von i. allg. inhomogenen Differentialgleichungen für die Bewegungskoordinaten x_i

$$m_i\,\ddot{x}_i + r_i(\dot{x}_i - \dot{x}_{i-1}) - r_{i+1}(\dot{x}_{i+1} - \dot{x}_i) + c_i(x_i - x_{i-1}) - c_{i+1}(x_{i+1} - x_i) = P_i(t). \qquad (1)$$

Dabei ist die i-te Gleichung über die Koordinaten x_{i-1} und x_{i+1} mit der $(i-1)$-ten und der $(i+1)$-ten Gleichung und damit auch mit allen anderen Gleichungen des Systems gekoppelt. Wie man der Abb. A 4.1 noch entnehmen kann, ist der Aufbau aller anderen Gleichungen des Systems identisch bis auf die Bewegungsgleichungen der an die begrenzenden Wände angekoppelten 1.- und n-ten Masse m_1 und m_n, für die man dann wegen $x_0 = x_{n+1} \equiv 0$ aus (1)

$$m_1\,\ddot{x}_1 + r_1\,\dot{x}_1 - r_2(\dot{x}_2 - \dot{x}_1) + c_1\,x_1 - c_2(x_2 - x_1) = P_1(t) \qquad (2)$$

und

$$m_n\,\ddot{x}_n + r_n(\dot{x}_n - \dot{x}_{n-1}) + r_{n-1}\,\dot{x}_n + c_n(x_n - x_{n-1}) + c_{n+1}\,x_n = P_n(t) \qquad (3)$$

erhält.

Die Bestimmung der Eigenfrequenzen und Eigenschwingungen solcher Systeme mehrerer Massen ist meistens, wie auch die Bestimmung der partikulären Lösungen, sehr schwierig. Diese Schwierigkeit ist jedoch weniger mathematischer Art — man kann beispielsweise zur Bestimmung der Eigenfrequenzen und Eigenschwingungen den Ansatz

$$x_i = e^{-\delta t}\,(C_{1i}\cos\omega t + C_{2i}\sin\omega t) \qquad (4)$$

verwenden —, sondern mehr numerisch-technischer Art: Der Aufwand zur Lösung der entstehenden linearen Gleichungssysteme wächst nämlich mit der Zahl der Freiheitsgrade rapide an.

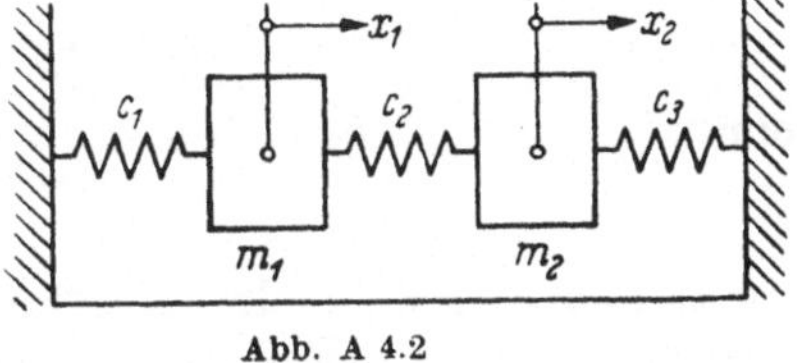

Abb. A 4.2

Schreibt man für das in Abb. A 4.2 vorgelegte Beispiel mit $n = 2$ die Beziehungen (2) und (3) noch einmal ohne Dämpfungsglied und Einzelkräfte auf, so erhält man

$$m_1\,\ddot{x}_1 + (c_1 + c_2)\,x_1 \qquad\qquad - c_2\,x_2 = 0,$$

$$- c_2\,x_1 + m_2\,\ddot{x}_2 + (c_2 + c_3)\,x_2 = 0.$$

Der (4) entsprechende Eigenschwingungsansatz für das ungedämpfte System

$$x_i = C_{1i}\cos\omega t + C_{2i}\sin\omega t$$

ergibt als Determinante der Koeffizientenmatrix der entstehenden zwei linearen homogenen Gleichungen für die Konstanten C_{1i} und C_{2i}

$$
\begin{aligned}
\Delta &= \begin{vmatrix} (c_1 + c_2) - m_1\,\omega^2 & -c_2 \\ -c_2 & (c_2 + c_3) - m_2\,\omega^2 \end{vmatrix} \\[4pt]
&= \frac{c_1\,c_2 + c_2\,c_3 + c_3\,c_1}{m_1\,m_2} - \left(\frac{c_1 + c_2}{m_1} + \frac{c_2 + c_3}{m_2}\right)\omega^2 + \omega^4 \\[4pt]
&= \beta - 2\,\alpha\,\omega^2 + \omega^4, \qquad\qquad\qquad\qquad\qquad\qquad (5)
\end{aligned}
$$

wobei α und β die aus der Gleichung ersichtlichen Abkürzungen sind. Aus der Theorie der linearen Gleichungssysteme ist aber bekannt, daß homogene Systeme nur dann nichttriviale Lösungen haben, wenn die Determinante der Koeffizientenmatrix verschwindet. Da hier aber Δ nach (5) noch von ω^2 abhängt, kann somit die Eigenfrequenz aus der Eigenwertgleichung $\Delta(\omega^2) = 0$ bestimmt werden. Dies ergibt im Falle unseres Beispieles zwei Lösungen

$$\omega_{1,2}^2 = \alpha \pm \sqrt{\alpha^2 - \beta}, \qquad \alpha^2 > \beta,$$

also zwei verschiedene Frequenzen, mit denen Eigenschwingungen möglich sind.

A 5. Bestimmung des Trägheitsmomentes aus einem Schwingungsversuch. Ein Schwungrad von der Masse m und dem Radius a wird in einem Punkte seines Umfanges drehbar aufgehängt und im Schwerefeld in kleine Schwingungen versetzt. Wie groß ist sein Trägheitsmoment Θ_S bezogen auf seine Achse, wenn seine Schwingungsdauer T gemessen wurde?

Lösung. Für kleine Winkelausschläge φ (gegen die Vertikale) liefert der Drallsatz (5.15)

$$(\Theta_S + m\,a^2)\,\ddot{\varphi} = -m\,g\,a\,\sin\varphi \approx -m\,g\,a\,\varphi.$$

Der Differentialgleichung

$$\ddot{\varphi} + \frac{m\,g\,a}{\Theta_S + m\,a^2}\,\varphi = 0$$

entspricht eine harmonische Schwingung mit der Schwingungsdauer

$$T = 2\,\pi\,\sqrt{\frac{\Theta_S + m\,a^2}{m\,g\,a}},$$

woraus man

$$\Theta_S = \left(\frac{T}{2\,\pi}\right)^2 m\,g\,a - m\,a^2$$

erhält.

5. Schwingungen des Kontinuums (Saiten, Membranen, Stäbe und Platten). Bei der Behandlung von Schwingungen eines Kontinuums, d. h. eines deformierbaren Systems mit unendlich vielen Freiheitsgraden, hat man auf ein Element desselben die mechanischen Grundgesetze anzuwenden und die entsprechenden Deformationsgleichungen (HOOKEsche Formeln, Gasgesetze usw.) heranzuziehen. Im Falle eines dreidimensionalen linear-elastischen Körpers ist die Differentialgleichung (3.7) auf der rechten Seite durch die Beschleunigungsglieder zu ergänzen:

$$G\left[\Delta u + \frac{1}{1-2\,\nu}\,\frac{\partial\bar{\varepsilon}}{\partial x} - \frac{2(1+\nu)\,\alpha}{1-2\,\nu}\,\frac{\partial\vartheta}{\partial x}\right] + X = \varrho\,\frac{\partial^2 u}{\partial t^2}. \qquad (5.42)$$

Entsprechende Gleichungen erhält man für v und w. Nun wird man auch hier, wie in der (statischen) Elastizitätstheorie, das Problem dadurch vereinfachen, daß man das Kontinuum als ein- oder zweidimensional, d. h. als einen Stab bzw. als eine Platte ansieht, aus denen bei vernachlässigbarer Biegesteifigkeit die Saite bzw. die Membran hervorgehen.

Bei der *Saite* bzw. *Membran* nimmt man eine konstante Spannkraft S (kp bzw. kp/cm) an und vernachlässigt bei kleinen Auslenkungen ihre von der Deformation abhängige Veränderlichkeit. Man erhält für die Auslenkungen $w = w(x, t)$ bzw. $w = w(x, y, t)$ mit μ als konstanter Saiten- bzw. Membranmasse je Längen- bzw. Flächeneinheit die Differentialgleichung

$$\mu\frac{\partial^2 w}{\partial t^2} = S\frac{\partial^2 w}{\partial x^2} + p \quad \text{bzw.} \quad \mu\frac{\partial^2 w}{\partial t^2} = S\left(\frac{\partial^2 w}{\partial x^2} + \frac{\partial^2 w}{\partial y^2}\right) + p. \qquad (5.43)$$

wobei $p = p(x, t)$ bzw. $p = p(x, y, t)$ die äußeren Kräfte je Längen- bzw. Flächeneinheit sind. Für $p \equiv 0$ bekommt man die *freien Schwingungen*, deren Eigenfrequenzen sich aus den den Randbedingungen[1] unterworfenen Lösungen ergeben. Für eine Saite der Länge l folgen die Kreisfrequenzen[2] aus der der Differentialgleichung (5.43) genügenden Lösung

$$w = w(x. t) = (A \cos \omega t + B \sin \omega t)\left(C \cos \frac{\omega}{c} x + D \sin \frac{\omega}{c} x\right); \quad c^2 = \frac{S}{\mu} \quad (5.44)$$

vermöge der Randbedingungen $w(0, t) = w(l, t) = 0$ zu

$$\omega_j = \frac{j\,\pi}{l} \sqrt{\frac{S}{\mu}}, \quad j = 1, 2, 3, \ldots \quad (5.45)$$

Für die rechteckige bzw. kreisförmige Membran mit den Seitenlängen a und b bzw. mit dem Radius a gelten

$$\left. \begin{aligned} \omega_{jk} &= \pi \sqrt{\frac{S}{\mu}\left[\left(\frac{j}{a}\right)^2 + \left(\frac{k}{b}\right)^2\right]}; \quad j, k = 1, 2, 3, \ldots \quad \text{bzw.} \\ \omega_{nj} &= \frac{1}{a} \sqrt{\frac{S}{\mu}}\, x_{nj}; \quad n = 0, 1, 2, \ldots, \quad j = 1, 2, 3, \ldots, \end{aligned} \right\} \quad (5.46)$$

wobei die (den Nullstellen der BESSELschen Funktionen entsprechenden) x_{nj} der folgenden Tabelle entnommen werden können.

j \ n	0	1	2	3	4
1	2,405	3,832	5,135	6,379	7,588
2	5,520	7,016	8,417	9,760	11,064
3	8,654	10,173	11,620	13,015	14,373
4	11,792	13,323	14,796	16,224	17,616
5	14,931	16,470	17,960	19,410	20,827

Die *longitudinalen Stabschwingungen* führen bei konstantem Stabquerschnitt auf die Differentialgleichung

$$\frac{\partial^2 u}{\partial t^2} = \frac{E}{\varrho} \frac{\partial^2 u}{\partial x^2} \quad (5.47)$$

wobei ϱ die Dichte und E der Elastizitätsmodul des Stabes sind. Für die *Torsionsschwingung* eines Stabes gilt (5.47) ebenfalls, wenn man in ihr u durch ϑ (Torsionswinkel) und E/ϱ durch $\frac{G J_t}{\Theta}$ ersetzt, wobei $G J_t$

---

[1] Verschwindende Auslenkungen in den Festhaltepunkten bzw. längs der Einklemmung.

[2] Sie hängen gemäß (5.25) mit den Schwingungszahlen ν_j (Anzahl der Schwingungen je Sekunde) über $\nu_j = \frac{\omega_j}{2\,\pi}$ zusammen.

die Torsionssteifigkeit (s. S. 144) und Θ das auf die Längeneinheit bezogene Massenträgheitsmoment hinsichtlich der Stabachse bedeuten.

Die *Transversalschwingungen* $w = w\,(x, t)$ eines Stabes konstanten Querschnittes unter Vernachlässigung der rotatorischen Trägheit beschreibt die Differentialgleichung

$$E J \frac{\partial^4 w}{\partial x^4} + \mu \frac{\partial^2 w}{\partial t^2} = 0, \tag{5.48}$$

wobei $E J$ die Biegesteifigkeit und μ die Stabmasse je Längeneinheit sind. Lösungen von (5.48) lassen sich mit der Abkürzung

$$\lambda^4 = \frac{\mu\,\omega^2}{E J}\,l^4 \qquad (l = \text{Stablänge})$$

in der Form (Herleitung auf S. 214)

$$w(x, t) = (A \cos \omega t + B \sin \omega t) \times$$

$$\times \left(C_1 \cos \frac{\lambda}{l} x + C_2 \sin \frac{\lambda}{l} x + C_3 \cosh \frac{\lambda}{l} x + C_4 \sinh \frac{\lambda}{l} x \right) \tag{5.49}$$

darstellen.

Schließlich sei noch die Differentialgleichung der *Plattenschwingung* angeführt:

$$\Delta \Delta w + \frac{\varrho\,h}{N}\,\frac{\partial^2 w}{\partial t^2} = 0. \tag{5.50}$$

Darin bedeuten h die Plattendicke und $N = \dfrac{E\,h^3}{12(1 - \nu^2)}$ die Plattensteifigkeit.

Bei allen diesen Differentialgleichungen macht man einen, einer harmonischen Schwingung entsprechenden, aus (5.44) und (5.49) ersichtlichen Ansatz der Form

$$w = w(x, t) = f(x) \sin(\omega t + \alpha); \quad \alpha = \text{const} \tag{5.51}$$

bzw.

$$w = w(x, y, t) = f(x, y) \sin(\omega t + \alpha). \tag{5.52}$$

Setzt man einen dieser Ansätze in die entsprechende Differentialgleichung ein, so bekommt man für die Funktion f eine gewöhnliche bzw. eine partielle Differentialgleichung, aus deren den Randbedingungen angepaßten Lösungen die Eigenfrequenzgleichungen hervorgehen; auf diese Weise wurden die Formeln (5.45) und (5.46) gewonnen. Oft bereitet die exakte Lösung der Differentialgleichung für f große mathematische Schwierigkeiten. Das trifft z. B. zu, wenn eine Saite eine konzentrierte Zusatzmasse („Massenpunkt") trägt oder die Stäbe einen veränderlichen Querschnitt $F = F(x)$ haben, wodurch die Koeffizienten in den Differentialgleichungen nicht mehr konstant bleiben[1].

---

[1] So erhält man z. B. statt (5.47) und (5.48)

$$\frac{\partial}{\partial x}\left[E\,F(x)\,\frac{\partial u}{\partial x} \right] = \varrho\,F(x)\,\frac{\partial^2 u}{\partial t^2} \quad \text{und} \quad \frac{\partial^2}{\partial x^2}\left[E\,J(x)\,\frac{\partial^2 w}{\partial x^2} \right] + \varrho\,F(x)\,\frac{\partial^2 w}{\partial t^2} = 0.$$

Zu einer Näherungslösung für ω kommt man, indem man den Satz von der Erhaltung der Summe der kinetischen und potentiellen Energie

$$E + U = \text{const} = E_{\max} = U_{\max} \qquad (5.53)$$

benutzt. Mit (5.51) bzw. (5.52) erhält man zunächst

$$E = \frac{1}{2} S \varrho \, dV \left(\frac{\partial w}{\partial t}\right)^2 = \frac{\omega^2 \cos^2(\omega t + \alpha)}{2} S \varrho \, f^2 \, dV$$

$$= E_{\max} \cos^2(\omega t + \alpha) = \overline{E} \, \omega^2 \cos^2(\omega t + \alpha)$$

und somit aus (5.53)

$$\omega^2 = \frac{U_{\max}}{\overline{E}} = \omega_1^2, \qquad (5.54)$$

wobei

$$\overline{E} = \frac{1}{2} S \varrho \, f^2 \, dV \qquad (5.55)$$

die sog. *bezogene kinetische Energie* bedeutet. Man kann zeigen, daß die gemäß (5.54) berechnete Eigenfrequenz einen *Näherungswert für die erste Eigenfrequenz* ω_1 darstellt, wenn man bei der Berechnung von $\overline{E}$ und $U_{\max}$ für $f = f(x)$ bzw. $f = f(x, y)$ eine den Randbedingungen, nicht aber notwendigerweise der betreffenden Differentialgleichung genügende Funktion verwendet (*Verfahren von Ritz-Rayleigh*). Dann kann man gemäß (5.55) $\overline{E}$ berechnen, während $U_{\max}$ die dem Deformationszustand des Systems entsprechende potentielle Energie ist. Z. B. gilt:

1. Für eine Saite der Länge l

$$U_{\max} = \int\limits_{x=0}^{l} S(ds - dx) \approx \frac{S}{2} \int\limits_{x=0}^{l} f'^2(x)\,dx, \qquad (5.56)$$

wobei einer an der Stelle $x = x_0$ konzentrierten Masse noch ein Beitrag zur bezogenen kinetischen Energie

$$\overline{E}_0 = \frac{1}{2} m f^2(x_0) \qquad (5.57)$$

entspricht.

2. Für einen Stab bei reiner Biegebeanspruchung gemäß (2.42)

$$U_{\max} = \frac{E}{2} \int\limits_{x=0}^{l} J(x)\, f''^2(x)\,dx. \qquad (5.58)$$

3. Für eine Membran

$$U_{\max} = \frac{S}{2} \int\int \left[\left(\frac{\partial f}{\partial x}\right)^2 + \left(\frac{\partial f}{\partial y}\right)^2\right] dx\,dy. \qquad (5.59)$$

4. Für eine Platte (konstanter Dicke h)

$$U_{\max} = \frac{N}{2} \int\int \left\{\left(\frac{\partial^2 f}{\partial x^2} + \frac{\partial^2 f}{\partial y^2}\right)^2 - 2(1 - \nu)\left[\frac{\partial^2 f}{\partial x^2} \frac{\partial^2 f}{\partial y^2} - \left(\frac{\partial^2 f}{\partial x \partial y}\right)^2\right]\right\} dx\,dy. \qquad (5.60)$$

Im rotationssymmetrischen Falle hat man $f = f(r)$ und

$$\frac{\partial^2 f}{\partial x^2} + \frac{\partial^2 f}{\partial y^2} = \frac{d^2 f}{dr^2} + \frac{1}{r}\frac{df}{dr}; \quad \frac{\partial^2 f}{\partial x^2}\frac{\partial^2 f}{\partial y^2} - \left(\frac{\partial^2 f}{\partial x \partial y}\right)^2 = \frac{1}{r}\frac{df}{dr}\frac{d^2 f}{dr^2} \quad (5.61)$$

und

$$\left(\frac{\partial f}{\partial x}\right)^2 + \left(\frac{\partial f}{\partial y}\right)^2 = \left(\frac{df}{dr}\right)^2. \quad (5.62)$$

Aufgaben

A 1. *Erzwungene Longitudinalschwingungen eines Fadens.* In einem bestimmten Stadium der Herstellung synthetischer Textilfäden wird der Faden über eine von ihm mitgenommene sog. „Tänzerwalze" T mit konstanter Geschwindigkeit v_0 der angetriebenen Wickelwalze W (Winkelgeschwindigkeit ω) zugeführt und dort aufgespult (Abb. A 1.1). Die Tänzerwalze ist über das frei drehbare Lager O mit dem Gegengewicht G so ausbalanciert, daß in dem zwischen T und W liegenden geradlinigen Teil des Fadens die konstante Spannkraft S_0 hervorgerufen wird. Jedoch erzeugt das durch eine Exzentrizität des Wellenlagers bedingte periodische „Schlagen" der Wickelwalze eine zusätzliche Spannkraft S im Faden. Man ermittle die Größe der maximalen Spannkraft im Faden.

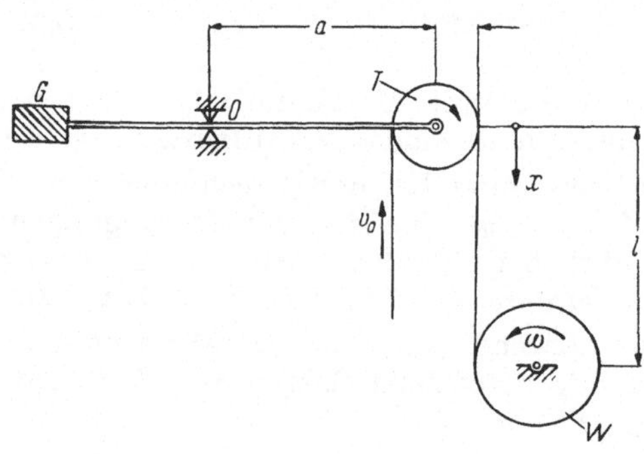

Abb. A 1.1

Lösung. Wir beschränken uns auf die Untersuchung des zwischen Tänzer- und Wickelwalze liegenden geradlinigen Teiles des Fadens ($0 \leq x \leq l$) und bezeichnen die durch das Schlagen der Walze hervorgerufene vom Ort x und der Zeit t abhängige Verschiebung mit $u = u(x, t)$. Ist F die Querschnittsfläche des Fadens, ϱ seine Dichte und S die durch das Schlagen bedingte zusätzliche Fadenkraft, so liefert das NEWTONsche Gesetz (5.1) für das Fadenelement der Länge dx, dessen Gewicht vernachlässigt wird, nach Abb. A 1.2

$$\varrho F\, dx\, \frac{\partial}{\partial t}\left(v_0 + \frac{\partial u}{\partial t}\right) = \frac{\partial S}{\partial x}\, dx,$$

d. h.

$$\varrho F \frac{\partial^2 u}{\partial t^2} = \frac{\partial S}{\partial x}. \quad (1)$$

Eine weitere Beziehung zwischen S und u erhalten wir aus dem HOOKEschen Gesetz (2.4) gemäß

$$\varepsilon_x = \frac{\partial u}{\partial x} = \frac{\sigma_x}{E}$$

zu

$$S = EF \frac{\partial u}{\partial x}, \quad (2)$$

womit (1) in

$$\frac{\partial^2 u}{\partial t^2} = \frac{E}{\varrho}\frac{\partial^2 u}{\partial x^2} = c^2 \frac{\partial^2 u}{\partial x^2}; \quad c^2 = \frac{E}{\varrho}, \quad (3)$$

Abb. A 1.2

also in die Differentialgleichung der Longitudinalschwingung eines Stabes konstanten Querschnittes (5.47) übergeht. Es ist an dieser Stelle noch zu erwähnen, daß bei einer genaueren Berechnung die Gl. (3) durch ein Glied zu ergänzen ist, das die in dem Faden vorhandene innere Reibung berücksichtigt; jedoch wird davon wegen des sich daraus ergebenden erheblich komplizierteren Rechnungsganges in diesem Falle Abstand genommen. Die Differentialgleichung (3), die nur so lange physikalischen Sinn hat, wie in dem Faden Zugspannungen auftreten, d. h.

$$S_0 + S = S_0 + EF \frac{\partial u}{\partial x} > 0 \tag{4}$$

ist, wird nun für gewisse an den Stellen $x = 0$ (Ablaufstelle von der Tänzerwalze) und $x = l$ (Auflaufstelle an der Wickelwalze) geltende Randbedingungen gelöst. Dabei können wir von den der Eigenschwingung entsprechenden Verschiebungen absehen, da diese infolge der inneren Dämpfung nach kurzer Zeit abklingen. So beschränken wir uns also auf den sog. *quasistationären* Anteil und stellen die Randbedingungen für diesen allein auf. Mit der Winkelgeschwindigkeit ω der Wickelwalze und der in Fadenrichtung fallenden Amplitude u_0 des Schlagens erhalten wir an der Stelle $x = l$ die Bedingung

$$u(l, \, t) = u_0 \sin \omega t. \tag{5}$$

Die bei $x = 0$ gültige Randbedingung ergibt sich aus folgender Überlegung: Die an der Auf- und Ablaufstelle der Tänzerwalze auftretenden Fadenkräfte werden als gleich groß und vertikal gerichtet betrachtet und haben nach (2) die Größe

$$S(0, \, t) = EF \left(\frac{\partial u}{\partial x} \right)_{x=0}. \tag{6}$$

Mit dem (kleinen) Drehwinkel

$$\varphi(t) = \frac{u(0, \, t)}{a + r} \tag{7}$$

liefert dann der Momentensatz (5.15) bezüglich O

$$\Theta_0 \frac{\partial^2 \varphi}{\partial t^2} = S(0, \, t) \, (a + r) + S(0, \, t) \, (a - r) = 2aS(0, \, t), \tag{8}$$

wobei Θ_0 das Massenträgheitsmoment aller um O in Drehung versetzten Massen bedeutet. Das äußere Moment infolge des Gewichtes G geht in (8) nicht mehr ein, da es sich mit dem Moment der in dem Faden außerdem vorhandenen konstanten Kräfte S_0 gerade aufhebt, denn so sollte ja die Tänzerwalze ausbalanciert sein! Aus (8) folgt dann mit (6) und (7) die Randbedingung an der Stelle $x = 0$ zu

$$\left(\frac{\partial^2 u}{\partial t^2} \right)_{x=0} = \frac{2a \, (a + r) \, EF}{\Theta_0} \left(\frac{\partial u}{\partial x} \right)_{x=0}. \tag{9}$$

Zur Ermittlung der den Randbedingungen (5) und (9) genügenden Lösung der Differentialgleichung (3) machen wir mit der unbekannten Ortsfunktion $X(x)$ den Produktansatz

$$u = u(x, \, t) = X(x) \sin \omega t \tag{10}$$

und erhalten nach Einsetzen in (3), wenn wir die Ableitungen nach x mit Strichen bezeichnen,

$$X''(x) + \frac{\omega^2}{c^2} X(x) = 0 \tag{11}$$

und hieraus mit den willkürlichen Konstanten A und α die Lösung

$$X(x) = A \sin \left(\frac{\omega}{c} x - \alpha \right), \tag{12}$$

womit (10) in

$$u(x, \, t) = A \sin \left(\frac{\omega}{c} x - \alpha \right) \sin \omega t \tag{13}$$

übergeht. Damit ergibt sich aus (5)

$$u_0 = A \sin\left(\frac{\omega}{c} l - \alpha\right) \tag{14}$$

und aus (9)

$$\omega^2 A \sin \alpha = \frac{2a(a+r)EF}{\Theta_0} \frac{\omega}{c} A \cos \gamma .$$

d. h.

$$\tan \alpha = \frac{2a(a+r)EF}{\omega c \, \Theta_0}, \tag{15}$$

wodurch α und somit nach (14) auch

$$A = \frac{u_0}{\sin\left(\dfrac{\omega}{c} l - \alpha\right)} \tag{16}$$

bestimmt ist. Dann wird nach (10) bzw. (12) der Betrag der Verschiebungsfunktion

$$|X(x)| = \left| \frac{u_0}{\sin\left(\dfrac{\omega}{c} l - \alpha\right)} \sin\left(\frac{\omega}{c} x - \alpha\right) \right| , \tag{17}$$

aus dem die Möglichkeit einer Resonanz für $\sin\left(\dfrac{\omega}{c} l - \alpha\right) = 0$ offenbar wird. Für die Fadenkraft bzw. für deren Amplitude erhalten wir dann aus (2)

$$S(x, t) = \frac{EF \omega u_0}{c \sin\left(\dfrac{\omega}{c} l - \alpha\right)} \cos\left(\frac{\omega}{c} x - \alpha\right) \sin \omega t \tag{18}$$

bzw.

$$S_{\max}(x) = \frac{EF \omega u_0}{c \sin\left(\dfrac{\omega}{c} l - \alpha\right)} \cos\left(\frac{\omega}{c} x - \alpha\right) , \tag{19}$$

so daß für die maximale Spannkraft an der Stelle x im Faden nach (4)

$$S_0 + S_{\max} = S_0 + \frac{EF \omega u_0}{c \sin\left(\dfrac{\omega}{c} l - \alpha\right)} \cos\left(\frac{\omega}{c} x - \alpha\right) \tag{20}$$

folgt.

A 2. *Eigenfrequenz einer Dreieckmembran.* Für die Transversalschwingung einer unter der Vorspannung S stehenden gleichseitigen Dreieckmembran von der Seitenlänge a und Masse μ je Flächeneinheit ermittle man die erste Eigenfrequenz näherungsweise mit Hilfe der *Energiemethode*.

Lösung. Nach (5.54) gilt näherungsweise für die erste Eigenfrequenz

$$\omega_1^2 = \frac{U_{\max}}{\overline{E}}. \tag{1}$$

Hierin ist die dem Deformationszustand entsprechende potentielle Energie $U_{\max}$ mit einer den Randbedingungen genügenden Funktion $f = f(x, y)$ gemäß (5.59) durch

$$U_{\max} = \frac{S}{2} \iint\limits_{(F)} \left[\left(\frac{\partial f}{\partial x}\right)^2 + \left(\frac{\partial f}{\partial y}\right)^2 \right] dx \, dy \tag{2}$$

gegeben, während für die bezogene kinetische Energie $\bar{E}$ nach (5.55)

$$\bar{E} = \frac{1}{2}\,S\,\varrho\,f^2 dV = \frac{1}{2}\,S\,\mu\,f^2 dF\,,$$

d. h.

$$\bar{E} = \frac{\mu}{2}\iint\limits_{(F)} f^2\,dx\,dy \tag{3}$$

folgt. Für die Verschiebungsfunktion $f = f(x, y)$ machen wir nun den Ansatz

$$f = f(x,\;y) = c\,(y - h + \sqrt{3}\,x)\,(y - h - \sqrt{3}\,x)\,y\,, \tag{4}$$

der die Forderung erfüllt, daß längs
des festgehaltenen Randes keine Verschiebungen (Durchsenkungen) auftreten dürfen, denn für jeden Punkt
des Randes wird $f = 0$ (Abb. A 2.1).
Aus (4) erhält man

$$\frac{\partial f}{\partial x} = -6\,c\,x\,y \tag{5}$$

und

$$\frac{\partial f}{\partial y} = c\,(3\,y^2 - 3\,x^2 - 4\,h\,y + h^2)\,. \tag{6}$$

Aus (4), (5) und (6) ist zu ersehen, daß
die Funktionen f^2, $\left(\dfrac{\partial f}{\partial x}\right)^2$ und $\left(\dfrac{\partial f}{\partial y}\right)^2$
symmetrisch in x sind, so daß man
z. B. für f^2

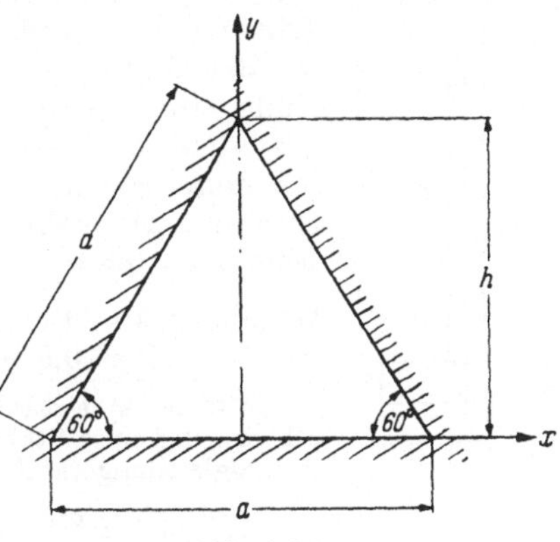

Abb. A 2.1

$$\iint\limits_{(F)} f^2\,dF = \int\limits_{x=-\frac{a}{2}}^{0}\int\limits_{y=0}^{\sqrt{3}x+h} f^2\,dF + \int\limits_{x=0}^{\frac{a}{2}}\int\limits_{y=0}^{-\sqrt{3}x+h} f^2\,dF = 2\int\limits_{x=-\frac{a}{2}}^{0}\int\limits_{y=0}^{\sqrt{3}x+h} f^2\,dF$$

bekommt. Somit ergibt sich aus (2) mit (5) und (6)

$$U_{\max} = \frac{S}{2}\cdot 2\int\limits_{x=-\frac{a}{2}}^{0}\int\limits_{y=0}^{\sqrt{3}x+h} c^2[36\,x^2 y^2 + (3\,y^2 - 3\,x^2 - 4\,h\,y + h^2)^2]\,dx\,dy\,,$$

woraus nach Integration mit $h = \dfrac{a}{2}\sqrt{3}$

$$U_{\max} = \frac{S}{2}\,c^2 a^8\,\frac{3\sqrt{3}}{80} \tag{7}$$

folgt. Die bezogene kinetische Energie erhalten wir aus (3) unter Berücksichtigung
von (4)

$$\bar{E} = \frac{\mu}{2}\cdot 2\int\limits_{x=-\frac{a}{2}}^{0}\int\limits_{y=0}^{\sqrt{3}x+h} c^2(y - h + \sqrt{3}\,x)^2(y - h - \sqrt{3}\,x)^2 y^2\,dx\,dy = \frac{\mu}{2}\,c^2 a^8\,\frac{3\sqrt{3}}{4480}\,, \tag{8}$$

so daß schließlich (1) mit (7) und (8) die erste Eigenfrequenz zu

$$\omega_1^2 = \frac{4480}{80}\,\frac{S}{\mu\,a^2} = 56\,\frac{S}{\mu\,a^2}\,,$$

d. h.

$$\omega_1 = \frac{7{,}48}{a}\sqrt{\frac{S}{\mu}} \tag{9}$$

liefert, die gegenüber dem exakten Wert

$$\omega_{1\,exakt} = \frac{7{,}25}{a}\sqrt{\frac{S}{\mu}} \tag{10}$$

einen Fehler von 3,2% aufweist.

A 3. Torsionsschwingung eines Stabes mit Einzelmasse. Ein einseitig eingespannter kreiszylindrischer Stab vom Radius a und der Länge l aus elastischem Material vom spezifischen Gewicht γ und dem Schubmodul G trägt an seinem freien Ende eine Masse mit dem Massenträgheitsmoment Θ_0 bezüglich der Stabachse (Abb. A 3.1). Man bestimme die erste Eigenfrequenz der Torsionsschwingung dieses Systems a) exakt, b) näherungsweise mit Hilfe der Energiemethode.

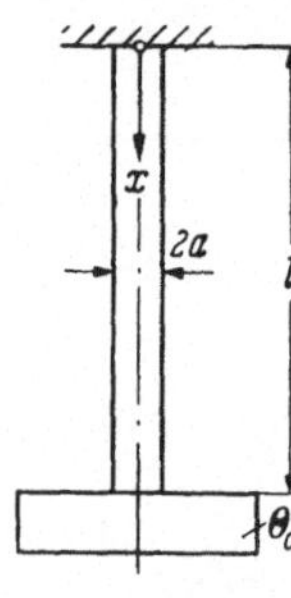
Abb. A 3.1

Gegeben: $a = 4$ cm, $l = 1{,}0$ m, $\gamma = 7{,}85 \cdot 10^{-3}$ kp/cm³, $G = 0{,}8 \cdot 10^6$ kp/cm², $\Theta_0 = 0{,}1$ kp sek² cm.

Lösung. a) *Exakte Lösung:* Nach (5.47) führt die Torsionsschwingung eines Stabes konstanten Querschnittes auf die Differentialgleichung (s. S. 199)

$$\frac{\partial^2 \vartheta}{\partial t^2} = \frac{GJ_t}{\Theta}\frac{\partial^2 \vartheta}{\partial x^2} = c^2\frac{\partial^2 \vartheta}{\partial x^2}; \qquad c^2 = \frac{GJ_t}{\Theta} \tag{1}$$

für den Torsionswinkel $\vartheta = \vartheta(x, t)$, wobei GJ_t die Torsionssteifigkeit und Θ das auf die Längeneinheit bezogene Massenträgheitsmoment des Stabes bezüglich seiner Achse bedeuten. Zur Lösung der Differentialgleichung (1) macht man den Produktansatz

$$\vartheta(x,\ t) = X(x)\,T(t), \tag{2}$$

der in (1) eingesetzt

$$X\ddot{T} = c^2 X'' T \tag{3}$$

liefert. Dabei deuten die Striche Ableitungen nach x und die Punkte Ableitungen nach t an. Aus (3) folgt dann

$$\frac{\ddot{T}}{T} = c^2\frac{X''}{X} = -\omega^2; \tag{4}$$

da nämlich die linke Seite der Gleichung nur von t, die rechte Seite aber nur von x abhängig ist, müssen beide Seiten einer und derselben Konstanten $(-\omega^2)$ gleich sein (Schlußweise von DANIEL BERNOULLI). So gehen aus (4) die beiden gewöhnlichen Differentialgleichungen

$$\ddot{T} + \omega^2 T = 0$$

und

$$X'' + \frac{\omega^2}{c^2}X = 0$$

hervor, deren Lösungen mit den willkürlichen Konstanten A, B, C und D

$$T = T(t) = A\cos\omega t + B\sin\omega t$$

und

$$X = X(x) = C\cos\frac{\omega}{c}x + D\sin\frac{\omega}{c}x$$

sind, so daß aus (2) für die Lösung von (1)

$$\vartheta(x,\,t) = (A\cos\omega t + B\sin\omega t)\left(C\cos\frac{\omega}{c}\,x + D\sin\frac{\omega}{c}\,x\right) \tag{5}$$

folgt. Die Randbedingung am oberen (eingespannten) Stabende lautet

$$\vartheta(0,\,t) = 0, \tag{6}$$

womit man aus (5) sofort $C = 0$ erhält. Eine zweite Bedingung, am unteren Stabende, liefert der Momentensatz (5.15) für die angehängte Masse:

$$M_t(l,\,t) = -\Theta_0\left(\frac{\partial^2\vartheta}{\partial t^2}\right)_{x=l} \tag{7}$$

Nun gilt aber für das Torsionsmoment M_t nach (2.27) bzw. (2.31) die Beziehung

$$M_t = GJ_t\frac{\partial\vartheta}{\partial x}, \tag{8}$$

wodurch aus (7)

$$GJ_t\left(\frac{\partial\vartheta}{\partial x}\right)_{x=l} = -\Theta_0\left(\frac{\partial^2\vartheta}{\partial t^2}\right)_{x=l} \tag{9}$$

hervorgeht. Aus dieser Randbedingung ergibt sich nun mit (5)

$$GJ_t\frac{\omega}{c}\cos\frac{\omega l}{c} = \Theta_0\omega^2\sin\frac{\omega l}{c}$$

und hieraus unter Beachtung, daß für den kreiszylindrischen Stab der Gesamtmasse m

$$J_t = \frac{\pi a^4}{2}\quad\text{sowie}\quad \Theta = \frac{m a^2}{2l} = \frac{\pi a^4\varrho}{2}$$

und damit nach (1) $c^2 = \dfrac{G}{\varrho}$ gilt, die folgende transzendente Gleichung für die Eigenfrequenzen ω:

$$\frac{\omega l}{c}\tan\frac{\omega l}{c} = \frac{\frac{1}{2}\pi a^4 l\varrho}{\Theta_0} = \frac{\Theta_{Stab}}{\Theta_0}. \tag{10}$$

Mit den gegebenen Zahlenwerten wird

$$\varrho = \frac{\gamma}{g} = 8{,}0\cdot10^{-6}\,\text{kp sek}^2\text{cm}^{-4}\quad\text{und}\quad \Theta_{Stab} = \frac{\pi a^4 l\varrho}{2} = 0{,}322\;\text{kp sek}^2\,\text{cm},$$

und damit folgt die kleinste positive Lösung der transzendenten Gleichung

$$\frac{\omega l}{c}\tan\frac{\omega l}{c} = 3{,}22$$

zu

$$\frac{\omega_1 l}{c} = 1{,}211,$$

woraus man letztlich mit

$$c = \sqrt{\frac{G}{\varrho}} = 0{,}316\cdot10^6\;\text{cm/sek}$$

für die erste Eigenfrequenz

$$\omega_1 = 3830\,\frac{1}{\text{sek}} \tag{11}$$

erhält.

b) *Näherungslösung:* Die in der Formel (5.54) für den Näherungswert der ersten Eigenfrequenz

$$\omega_1^2 = \frac{U_{max}}{\overline{E}} \tag{12}$$

auftretende potentielle Energie beträgt entsprechend (2.43) für einen tordierten Stab konstanter Torsionssteifigkeit

$$U_{\max} = \frac{1}{2\,G\,J_t} \int\limits_{x=0}^{l} M_t^2(x)\,d\,x,$$

woraus mit der dem Torsionswinkel ϑ entsprechenden Funktion $f = f(x)$ unter Beachtung von (8)

$$U_{\max} = \frac{G\,J_t}{2} \int\limits_{x=0}^{l} f'^2(x)\,d\,x \tag{13}$$

hervorgeht. Die bezogene kinetische Energie setzt sich aus zwei Anteilen zusammen, nämlich aus einem gemäß (5.55) von dem Stab herrührenden Betrag und aus dem Betrag, den die angehängte Masse — analog zu (5.57) — liefert. Da es sich jedoch im vorliegenden Fall um eine Rotationsbewegung handelt, sind in (5.55) und (5.57) die Massen durch die entsprechenden Massenträgheitsmomente zu ersetzen. Beachtet man hierbei, daß das Massenträgheitsmoment einer Kreisscheibe vom Radius a und der Masse $dm = \varrho\,\pi\,a^2\,dx$

$$d\,\Theta = \frac{d\,m\,a^2}{2} = \frac{\varrho\,\pi\,a^4}{2}\,d\,x \tag{14}$$

ist, so ergibt sich für die bezogene kinetische Energie

$$\bar{E} = \frac{1}{2} \int\limits_{x=0}^{l} \frac{\varrho\,\pi\,a^4}{2}\,f^2(x)\,d\,x + \frac{1}{2}\,\Theta_0\,f^2(l). \tag{15}$$

Da wegen der angehängten Masse die Erfüllung der Randbedingung (9) am unteren Stabende $[G\,J_t\,f'(l) = \omega^2\Theta_0 f(l)]$ eine umfangreiche Rechnung nach sich zieht, wird von $f(x)$ nur die Erfüllung der geometrischen Randbedingung

$$f(0) = 0 \tag{16}$$

gefordert. d. h., es wird nur der (für den statischen Fall gültige) lineare Ansatz

$$f(x) = c_1\,x + c_2 \tag{17}$$

gemacht. Mit (16) folgt aus (17) $c_2 = 0$ und somit

$$f(x) = c_1\,x. \tag{18}$$

Damit erhält man aus (13) bzw. (15)

$$U_{\max} = \frac{G\,J_t}{2}\,c_1^2 \int\limits_{x=0}^{l} d\,x = \frac{G\,J_t\,c_1^2\,l}{2} \tag{19}$$

bzw.

$$\bar{E} = \frac{\varrho\,\pi\,a^4}{4}\,c_1^2 \int\limits_{x=0}^{l} x^2\,d\,x + \frac{\Theta_0}{2}\,c_1^2\,l^2 = \frac{\varrho\,\pi\,a^4\,c_1^2\,l^3}{12} + \frac{\Theta_0\,c_1^2\,l^2}{2}. \tag{20}$$

Mit $J_t = \dfrac{\pi\,a^4}{2}$ sowie (19) und (20) ergibt sich dann nach (12)

$$\omega_1^2 = \frac{\dfrac{G\,\pi\,a^4\,c_1^2\,l}{4}}{\dfrac{\varrho\,\pi\,a^4\,c_1^2\,l^3}{12} + \dfrac{\Theta_0\,c_1^2\,l^2}{2}} = \frac{G\,\pi\,a^4}{\dfrac{2}{3}\,\Theta_{Stab}\,l + 2\,\Theta_0\,l} = 15{,}5\cdot10^6\,\frac{1}{\text{sek}^2}$$

und somit

$$\omega_1 = 3940\,\frac{1}{\text{sek}}, \tag{21}$$

was einer Abweichung gegenüber dem exakten Wert (11) von 2,88% entspricht.

A 4. *Longitudinalschwingung eines konischen Stabes*. Von dem in Abb. A 4.1 dargestellten einseitig eingespannten Stab mit linear veränderlichem Querschnittsradius ermittle man die erste Eigenfrequenz der Longitudinalschwingung a) exakt, b) näherungsweise mit Hilfe der Energiemethode.

Gegeben: E, ϱ, l, $r_0/r_1 = 3/2$.

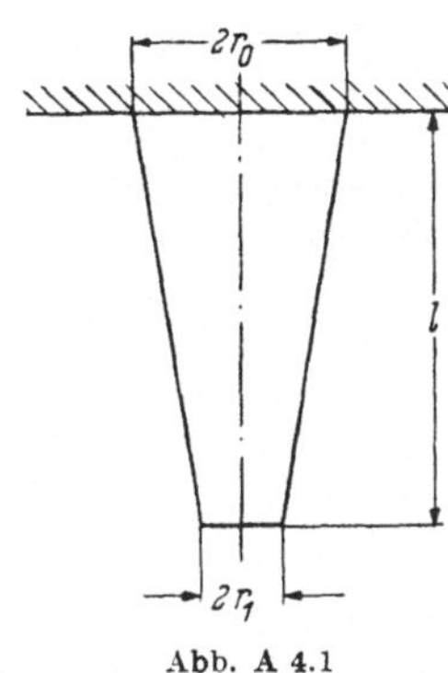

Abb. A 4.1

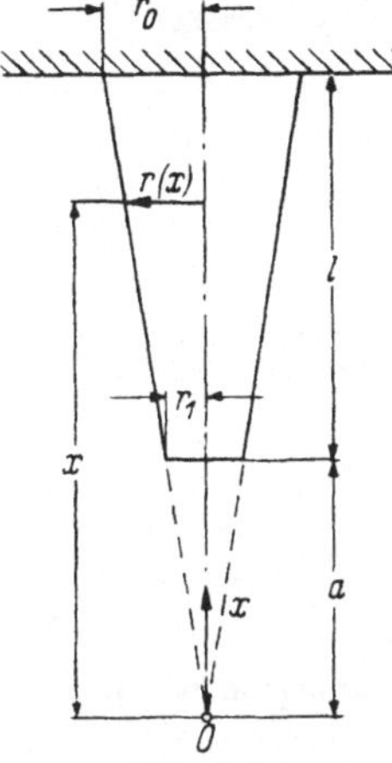

Abb. A 4.2

Lösung. a) *Exakte Lösung:* Aus rechentechnischen Gründen wird der Ursprung der x-Achse gemäß Abb. A 4.2 in die Spitze O der gedachten Verlängerung des Stabes gelegt. Sein Abstand vom freien Stabende ergibt sich dann zu

$$a = \frac{r_1}{r_0 - r_1}\, l\,, \tag{1}$$

während für den Radius

$$r(x) = \frac{r_0 - r_1}{l}\, x$$

und damit für die Querschnittsfläche

$$F(x) = \pi\, r^2(x) = \pi \left(\frac{r_0 - r_1}{l}\right)^2 x^2 \tag{2}$$

folgt. Zur Aufstellung der Differentialgleichung für die Verschiebung $u = u(x, t)$ betrachten wir das an der Stelle x gelegene Stabelement der Länge dx (Abb. A 4.3). Für dieses lautet das NEWTONsche Gesetz (5.1), wenn man von der Schwerkraft absieht,

$$\varrho\, F(x)\, dx\, \frac{\partial^2 u}{\partial t^2} = \frac{\partial S}{\partial x}\, dx\,.$$

Setzt man hierin gemäß dem HOOKEschen Gesetz (2.4) für die Stabkraft

$$S = E\, F(x)\, \varepsilon_x = E\, F(x)\, \frac{\partial u}{\partial x}\,,$$

so erhält man für u folgende partielle Differentialgleichung:

$$\varrho\, F(x)\, \frac{\partial^2 u}{\partial t^2} = \frac{\partial}{\partial x}\left[E\, F(x)\, \frac{\partial u}{\partial x}\right]. \tag{3}$$

Abb. A 4.3

Aus (3) ergibt sich durch Ausdifferenzieren, wenn man die Ableitungen nach x durch Striche und die Ableitungen nach t durch Punkte andeutet,

$$F\,\ddot{u} = \frac{E}{\varrho}\,(F'\,u' + F\,u'')$$

bzw.

$$\ddot{u} = \frac{E}{\varrho}\left(\frac{F'}{F}\,u' + u''\right) = c^2\left(\frac{F'}{F}\,u' + u''\right); \quad c^2 = \frac{E}{\varrho}\,. \tag{4}$$

Der Produktansatz

$$u = X(x)\,T(t) \tag{5}$$

liefert in (4) eingesetzt

$$X\ddot{T} = c^2\left(\frac{F'}{F}\,X' + X''\right)T,$$

d. h.

$$\frac{\ddot{T}}{T} = c^2\left(\frac{F'}{F}\,\frac{X'}{X} + \frac{X''}{X}\right) = -\,\omega^2, \tag{6}$$

da nämlich eine reine Funktion von t nur dann einer reinen Funktion von x gleich sein kann, wenn sie beide ein und derselben Konstanten $(-\,\omega^2)$ gleich sind (Schlußweise von DANIEL BERNOULLI). Aus (6) folgt einerseits

$$\ddot{T} + \omega^2\,T = 0$$

mit der Lösung

$$T = A\sin\left(\omega\,t + \alpha\right) \tag{7}$$

und andererseits

$$X'' + \frac{F'}{F}\,X' + \frac{\omega^2}{c^2}\,X = 0\,. \tag{8}$$

Für den vorliegenden konischen Stab erhält man aus (2)

$$F'(x) = 2\,\pi\left(\frac{r_0 - r_1}{l}\right)^2 x$$

und damit

$$\frac{F'}{F} = \frac{2}{x}\,, \tag{9}$$

so daß die Gl. (8) mit (9) in

$$X'' + \frac{2}{x}\,X' + \frac{\omega^2}{c^2}\,X = 0 \tag{10}$$

übergeht. Diese Differentialgleichung kann mit Hilfe der sog. *Lommel-Transformation*[1] in eine sog. *Besselsche Differentialgleichung* übergeführt werden, deren Lösung sich dann zu

$$X(x) = x^{-\frac{1}{2}}\left[C_1\,J_{\frac{1}{2}}\left(\frac{\omega}{c}\,x\right) + C_2\,J_{-\frac{1}{2}}\left(\frac{\omega}{c}\,x\right)\right] \tag{11}$$

ergibt, wobei $J_{\frac{1}{2}}\left(\dfrac{\omega}{c}\,x\right)$ und $J_{-\frac{1}{2}}\left(\dfrac{\omega}{c}\,x\right)$ sog. *Besselsche Funktionen erster Art* sind. Diese lassen sich speziell in diesem Fall (Ordnung $\frac{1}{2}$ bzw. $-\frac{1}{2}$) auf trigonometrische Funktionen zurückführen, so daß letztlich die Lösung

$$X(x) = x^{-\frac{1}{2}}\left[C_1\sqrt{\frac{2}{\pi\frac{\omega}{c}\,x}}\,\sin\left(\frac{\omega}{c}\,x\right) + C_2\sqrt{\frac{2}{\pi\frac{\omega}{c}\,x}}\,\cos\left(\frac{\omega}{c}\,x\right)\right],$$

d. h.

$$X(x) = \sqrt{\frac{2}{\pi\frac{\omega}{c}}}\,\frac{1}{x}\left[C_1\sin\left(\frac{\omega}{c}\,x\right) + C_2\cos\left(\frac{\omega}{c}\,x\right)\right] \tag{12}$$

lautet. Mit (7) und (12) ist die Verschiebung $u = u(x, t)$ gemäß (5) bestimmt, jedoch muß die Lösung nun noch den Randbedingungen

$$u(l + a, t) = 0 \tag{13}$$

und

$$S(a, t) = E\,F(a)\left(\frac{\partial u}{\partial x}\right)_{x=a} = 0 \tag{14}$$

---

[1] ROTHE-SZABÓ: Höhere Mathematik VI, 2. Auflage (1958), S. 169.

angepaßt werden. Aus (13) und (14) folgen die Bedingungen $X(l + a) = 0$ und $X'(a) = 0$, aus denen man mit (12) folgendes homogene Gleichungssystem für die Konstanten C_1 und C_2 erhält:

$$C_1 \sin \frac{\omega(l + a)}{c} + C_2 \cos \frac{\omega(l + a)}{c} = 0,$$

$$C_1 \left[\frac{a\,\omega}{c} \cos \frac{a\,\omega}{c} - \sin \frac{a\,\omega}{c} \right] - C_2 \left[\frac{a\,\omega}{c} \sin \frac{a\,\omega}{c} + \cos \frac{a\,\omega}{c} \right] = 0.$$

Das hat aber nur dann von Null verschiedene Lösungen C_1, C_2 — und nur solche sind sinnvoll, da anderenfalls $X(x)$ und damit auch $u(x, t)$ identisch Null werden würden —, wenn die Determinante des Systems verschwindet, wenn also

$$\begin{vmatrix} \sin \dfrac{\omega(l + a)}{c} & \cos \dfrac{\omega(l + a)}{c} \\[2ex] \dfrac{a\,\omega}{c} \cos \dfrac{a\,\omega}{c} - \sin \dfrac{a\,\omega}{c} & -\dfrac{a\,\omega}{c} \sin \dfrac{a\,\omega}{c} - \cos \dfrac{a\,\omega}{c} \end{vmatrix} = 0 \qquad (15)$$

wird. Die Auflösung dieser Determinante liefert für ω die transzendente Eigenwertgleichung

$$\tan \frac{\omega l}{c} = - \frac{a\,\omega}{c}$$

bzw. mit (1)

$$\tan \frac{\omega l}{c} = - \frac{r_1}{r_0 - r_1} \frac{\omega l}{c}. \qquad (16)$$

Mit $r_0/r_1 = 3/2$ folgt aus (16)

$$\tan \frac{\omega l}{c} = - 2 \frac{\omega l}{c},$$

deren kleinste von Null verschiedene Lösung sich graphisch zu

$$\frac{\omega l}{c} = 1{,}837$$

ergibt, woraus man mit $c = \sqrt{\dfrac{E}{\varrho}}$ für die erste Eigenfrequenz

$$\omega_1 = \frac{1{,}837}{l} \sqrt{\frac{E}{\varrho}} \qquad (17)$$

erhält.

Bemerkung. Für den Fall $r_1 = r_0$ (konstanter Kreisquerschnitt längs des gesamten Stabes) geht (16) über in

$$\tan \frac{\omega l}{c} \to \infty, \quad \text{d. h.} \quad \frac{\omega l}{c} = (2k - 1) \frac{\pi}{2}, \quad k = 1, 2, 3, \ldots$$

woraus für die erste Eigenfrequenz

$$\omega_1 = \frac{\pi}{2l} \sqrt{\frac{E}{\varrho}} \qquad (18)$$

folgt.

Für $r_1 = 0$ (konischer Stab mit einer Spitze) wird aus (16)

$$\tan \frac{\omega l}{c} = 0, \quad \text{d. h.} \quad \frac{\omega l}{c} = k\pi, \quad k = 1, 2, 3, \ldots,$$

so daß sich

$$\omega_1 = \frac{\pi}{l} \sqrt{\frac{E}{\varrho}} \qquad (19)$$

ergibt.

b) *Näherungslösung:* Nach (5.54) erhält man die Näherungslösung für die erste Eigenfrequenz

$$\omega_1^2 = \frac{U_{max}}{\overline{E}}, \tag{20}$$

wobei U_{max} die dem maximalen Deformationszustand entsprechende potentielle Energie und $\overline{E}$ die bezogene kinetische Energie sind. Legt man den Ursprung der x-Achse gemäß Abb. A 4.4 in die Einspannstelle, so erhält man nach (5.55) mit der Verschiebungsfunktion $u = u(x)$

$$\overline{E} = \frac{1}{2} \int\limits_{x=0}^{l} u^2(x)\, dm = \frac{1}{2}\, \varrho \int\limits_{x=0}^{l} u^2(x)\, F(x)\, dx. \tag{21}$$

Für die potentielle Energie eines durch die Längskraft S beanspruchten Stabes folgt nach (2.41)

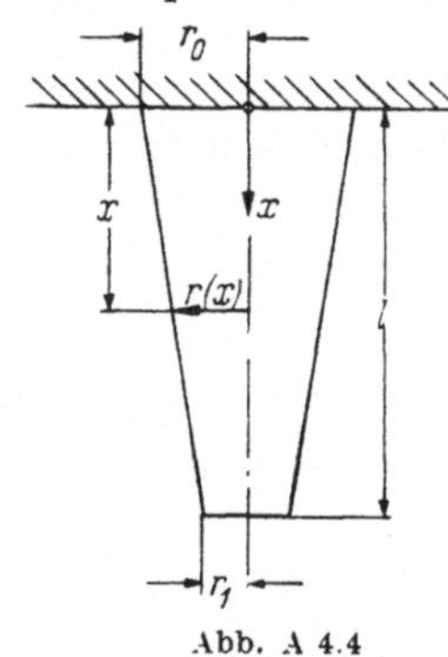
Abb. A 4.4

$$U_{max} = \frac{1}{2}\, E \int\limits_{x=0}^{l} u'^{\,2}(x)\, F(x)\, dx. \tag{22}$$

Aus Abb. A 4.4 ist zu ersehen, daß

$$r(x) = r_0 + (r_1 - r_0)\,\frac{x}{l}$$

und damit

$$F(x) = \pi\, r^2(x)$$
$$= \pi\left[(r_1 - r_0)^2 \left(\frac{x}{l}\right)^2 + 2\,r_0\,(r_1 - r_0)\,\frac{x}{l} + r_0^2 \right] \tag{23}$$

gilt, wofür wir mit den Abkürzungen

$$\pi(r_1 - r_0)^2 = A, \quad 2\,\pi\,r_0(r_1 - r_0) = B, \quad \pi\,r_0^2 = C \quad \text{und} \quad \frac{x}{l} = \xi \tag{24}$$

$$F = A\,\xi^2 + B\,\xi + C \tag{25}$$

schreiben wollen. Für die Verschiebungsfunktion $u = u(x)$ machen wir nun den quadratischen Ansatz

$$u(x) = c_1\, x^2 + c_2\, x + c_3, \tag{26}$$

der den Randbedingungen

$$u(0) = 0 \quad \text{und} \quad S(l) = 0, \quad \text{d. h.} \quad u'(l) = 0$$

genügen muß, woraus sich $c_3 = 0$ und $c_2 = -2\,c_1\,l$ ergeben, so daß (26) mit der Abkürzung $D = -2\,c_1\,l^2$ in

$$u(x) = D\,\frac{x}{l}\left(1 - \frac{1}{2}\,\frac{x}{l}\right) = D\,\xi\left(1 - \frac{1}{2}\,\xi\right) \tag{27}$$

übergeht. Mit

$$u^2 = D^2\,\xi^2\left(1 - \xi + \frac{1}{4}\,\xi^2\right)$$

und

$$u'^{\,2} = \frac{D^2}{l^2}\,(1 - 2\,\xi + \xi^2)$$

erhält man dann unter Beachtung von (25) aus (21)

$$\overline{E} = \frac{\varrho}{2}\, D^2 \int\limits_{\xi=0}^{1} \xi^2\left(1 - \xi + \frac{1}{4}\,\xi^2\right)(A\,\xi^2 + B\,\xi + C)\, l\, d\xi = \frac{\varrho\, D^2 l}{1680}\,(58\,A + 77\,B + 112\,C) \tag{28}$$

und aus (22)

$$U_{\max} = \frac{E}{2}\frac{D^2}{l^2}\int\limits_{\xi=0}^{1}(1-2\xi+\xi^2)(A\,\xi^2+B\,\xi+C)\,l\,d\xi = \frac{E\,D^2}{120\,l}(2A+5B+20C).$$
$$(29)$$

Aus (20) folgt dann mit (28) und (29) für die erste Eigenfrequenz

$$\omega_1^2 = \frac{1680}{120}\frac{E}{\varrho\,l^2}\frac{2A+5B+20C}{58A+77B+112C}$$

und hieraus nach Einsetzen der Abkürzungen (24)

$$\omega_1^2 = 14\frac{E}{\varrho\,l^2}\frac{6\,r_0^2+3\,r_0\,r_1+r_1^2}{8\,r_0^2+19\,r_0\,r_1+29\,r_1^2} = 14\frac{E}{\varrho\,l^2}\frac{6\left(\frac{r_0}{r_1}\right)^2+3\frac{r_0}{r_1}+1}{8\left(\frac{r_0}{r_1}\right)^2+19\frac{r_0}{r_1}+29}.$$
$$(30)$$

Mit dem gegebenen Verhältnis $r_0/r_1 = 3/2$ ergibt sich aus (30)

$$\omega_1^2 = 14\frac{E}{\varrho\,l^2}\cdot\frac{38}{151}$$

und somit

$$\omega_1 = \frac{1{,}878}{l}\sqrt{\frac{E}{\varrho}}\,,$$
$$(31)$$

ein Ergebnis, das gegenüber der exakten Lösung (17) nur einen Fehler von 2,2%
aufweist!

Für $r_1 = r_0$ bzw. $r_1 = 0$ erhält man aus (30)

$$\omega_1 = \frac{\sqrt{10}}{2\,l}\sqrt{\frac{E}{\varrho}}\quad\text{bzw.}\quad\omega_1 = \frac{\sqrt{10{,}5}}{l}\sqrt{\frac{E}{\varrho}}\,,$$

deren Fehler gegenüber den exakten ersten Eigenfrequenzen (18) bzw. (19) 0,64%
bzw. 3,1% betragen.

A 5. Transversalschwingung eines beidseitig gelenkig gelagerten Stabes. Man untersuche die Transversalschwingung des in Abb. A 5.1 dargestellten beidseitig gelenkig gelagerten Stabes, die durch plötzliches Entfernen der Einzelkraft P eingeleitet wird.

Gegeben: P, l, Balkenquerschnitt F, Flächenträgheitsmoment J, Elastizitätsmodul E und spezifisches Gewicht γ.

Lösung. Die Schwingung des Balkens nach dem Entfernen der Einzellast P wird durch die erweiterte Gl. (5.48) für die Durchbiegung $w(x,t)$

$$E\,J\frac{\partial^4 w}{\partial x^4}+\mu\frac{\partial^2 w}{\partial t^2}=p(x,t)\qquad(1)$$

beschrieben, wobei $p(x,t)$ die ständig auf den Balken einwirkende Belastung je Längeneinheit ist. Diese ist im vorliegenden Falle das Eigengewicht des Balkens, also

$$p(x,t) = -\gamma F,$$

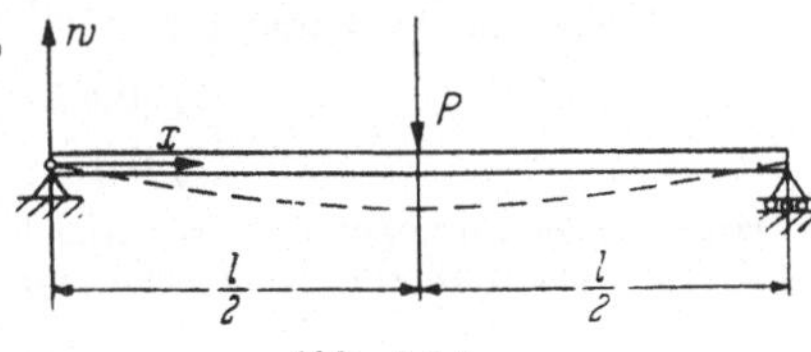

Abb. A 5 1

so daß (1) in

$$E\,J\,w^{(4)}+\mu\ddot{w}=-\gamma F \qquad(2)$$

übergeht. Ein partikuläres Integral der Differentialgleichung (2) ist die den Randbedingungen

$$w(0)=w(l)=w''(0)=w''(l)=0 \qquad(3)$$

genügende, nur von x abhängige Funktion

$$w_s(x) = -\frac{\gamma F l^4}{24\,EJ}\left[\frac{x}{l} - 2\left(\frac{x}{l}\right)^3 + \left(\frac{x}{l}\right)^4\right], \tag{4}$$

die naturgemäß mit der statischen Biegelinie infolge der Belastung durch das Balkeneigengewicht übereinstimmt (s. Tabelle auf S. 64—65).

Zur Lösung der zu (2) gehörigen homogenen Differentialgleichung (s. S. 200)

$$EJ\,w^{(4)} + \mu\,\ddot{w} = 0 \tag{5}$$

führt der Produktansatz

$$w(x,t) = X(x)\,T(t), \tag{6}$$

der nach Einsetzen in (5)

$$\frac{\ddot{T}}{T} = -\frac{EJ}{\mu}\,\frac{X^{(4)}}{X} = -\,\omega^2$$

und hieraus mit der Abkürzung

$$\frac{\mu\,\omega^2}{EJ}\,l^4 = \lambda^4 \tag{7}$$

$$X^{(4)} - \frac{\lambda^4}{l^4}\,X = 0$$

sowie

$$\ddot{T} + \omega^2\,T = 0$$

liefert. Die Lösungen dieser beiden gewöhnlichen Differentialgleichungen sind

$$T = A\cos\omega t + B\sin\omega t,$$

$$X = C_1 \cos\lambda\frac{x}{l} + C_2 \sin\lambda\frac{x}{l} + C_3 \cosh\lambda\frac{x}{l} + C_4 \sinh\lambda\frac{x}{l},$$

so daß aus (6)

$$w(x,t) = (A\cos\omega t + B\sin\omega t)\left(C_1\cos\lambda\frac{x}{l} + C_2\sin\lambda\frac{x}{l} + C_3\cosh\lambda\frac{x}{l} + C_4\sinh\lambda\frac{x}{l}\right) \tag{8}$$

folgt. Die Randbedingungen (3), die für alle t gelten müssen, führen mittels (8) auf die Gleichungen

$$C_1 + C_3 = 0, \tag{9}$$

$$C_1 \cos\lambda + C_2 \sin\lambda + C_3 \cosh\lambda + C_4 \sinh\lambda = 0, \tag{10}$$

$$\lambda^2 (C_3 - C_1) = 0, \tag{11}$$

$$\lambda^2 (C_3 \cosh\lambda + C_4 \sinh\lambda - C_1 \cos\lambda - C_2 \sin\lambda) = 0. \tag{12}$$

Aus (9) und (11) erhält man sofort

$$C_1 = C_3 = 0 \tag{13}$$

und hiermit aus (10) und (12)

$$\left.\begin{array}{l} C_4 \sinh\lambda + C_2 \sin\lambda = 0, \\ C_4 \sinh\lambda - C_2 \sin\lambda = 0. \end{array}\right\} \tag{14}$$

Damit dieses homogene lineare Gleichungssystem für C_4 und C_2 eine nichttriviale Lösung hat, muß die Koeffizientendeterminante verschwinden, d. h., es muß

$$2\sinh\lambda \sin\lambda = 0 \tag{15}$$

sein. Die Lösungen dieser Eigenwertgleichung sind

$$\lambda_k = k\pi, \qquad k = 1, 2, 3. \ldots, \tag{16}$$

so daß sich aus (7) die Eigenfrequenzen zu

$$\omega_k = \left(\frac{k\pi}{l}\right)^2 \sqrt{\frac{EJ}{\mu}}$$

bzw. mit

$$\mu = \varrho\, F = \frac{\gamma}{g}\, F$$

$$\omega_k = \left(\frac{k\,\pi}{l}\right)^2 \sqrt{\frac{g\,E\,J}{\gamma\,F}} \tag{17}$$

ergeben.

Wegen (16) folgt weiterhin aus (14)

$$C_4 = 0$$

und damit unter Berücksichtigung von (13) und (16) sowie nach Einführung der Abkürzungen $A_k C_{2k} = \bar{a}_k$ und $B_k C_{2k} = \bar{b}_k$ die Lösung der homogenen Differentialgleichung (5) zu

$$w(x,t) = \sum_{k=1}^{\infty} (\bar{a}_k \cos \omega_k t + \bar{b}_k \sin \omega_k t) \sin k\,\pi \frac{x}{l}. \tag{18}$$

Da die vollständige Lösung von (2)

$$w_{ges}(x,t) = w_s(x) + w(x,t) \tag{19}$$

ist, stellt $w(x,t)$ die Schwingung der Balkenachse um die statische Ruhelage (infolge des Eigengewichtes) $w_s(x)$ dar.

Die Konstanten $\bar{a}_k$ und $\bar{b}_k$ werden nun aus den Anfangsbedingungen

$$w(x,0) = w_0(x) \tag{20}$$

und

$$\dot{w}(x,0) = 0 \tag{21}$$

ermittelt. Dabei bedeutet $w_0(x)$ die Verschiebung der Balkenachse gegenüber der statischen Ruhelage, die durch die zur Zeit $t = 0$ vorhandene Einzelkraft P hervorgerufen wird. Mit (21) erhält man sofort aus (18)

$$\bar{b}_k = 0, \tag{22}$$

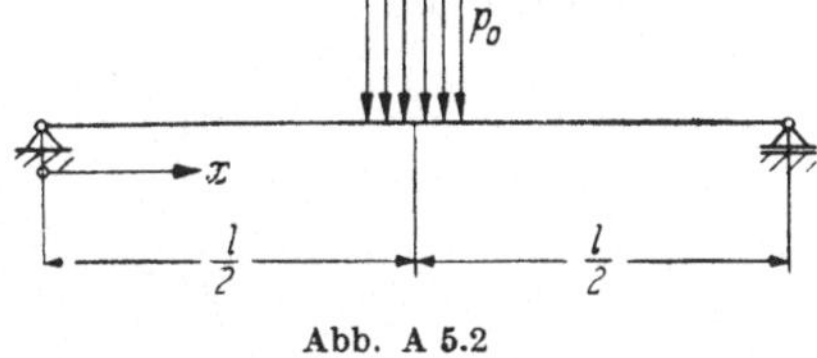

Abb. A 5.2

während zur Bestimmung der $\bar{a}_k$ eine FOURIERentwicklung der Funktion $w_0(x)$ erforderlich ist. Da diese Entwicklung auf verhältnismäßig umständliche Rechenoperationen führt, entwickeln wir nicht $w_0(x)$, sondern die Belastung P in eine FOURIERreihe und erhalten dann daraus durch viermalige Integration das gesuchte $w_0(x)$.

Zunächst müssen wir dazu die Einzelkraft P als eine längs einer Strecke $2\,\varepsilon$ gleichmäßig verteilte Last $p_0 = \dfrac{P}{2\,\varepsilon}$ annehmen (Abb. A 5.2), weil sich eine Einzellast nicht direkt entwickeln läßt. Da sowohl $w(x,t)$ als auch $w_0(x) = w(x,0)$ ungerade Funktionen sind, muß auch $p_0(x)$ als vierte Ableitung der letzteren eine ungerade Funktion sein, so daß wir den Ansatz

$$p_0(x) = \sum_{k=1}^{\infty} a_k' \sin k\,\pi \frac{x}{l} \tag{23}$$

machen können. Die Konstanten a_k' ergeben sich dann zu

$$a_k' = \frac{2}{l}\, p_0 \int\limits_{x=\frac{l}{2}-\varepsilon}^{\frac{l}{2}+\varepsilon} \sin k\,\pi \frac{x}{l}\, dx = -\frac{2}{l}\, p_0 \frac{l}{k\,\pi} \left[\cos\left(k\,\pi \frac{\frac{l}{2}+\varepsilon}{l}\right) - \cos\left(k\,\pi \frac{\frac{l}{2}-\varepsilon}{l}\right) \right]$$

$$= \frac{2\,p_0}{k\,\pi} \cdot 2 \sin \frac{k\,\pi}{2} \sin k\,\pi \frac{\varepsilon}{l},$$

woraus mit $p_0 = \dfrac{P}{2\,\varepsilon}$

$$a_k' = \frac{2\,P}{k\,\pi\,\varepsilon}\sin\frac{k\,\pi}{2}\sin\frac{k\,\pi\,\varepsilon}{l}$$

folgt, so daß man aus (23)

$$p_0(x) = \frac{2\,P}{l}\sum_{k=1}^{\infty}\frac{l}{k\,\pi\,\varepsilon}\sin\frac{k\,\pi\,\varepsilon}{l}\sin\frac{k\,\pi}{2}\sin k\,\pi\,\frac{x}{l} \tag{24}$$

erhält. Gemäß der Differentialgleichung der Balkenbiegung (2.13a) ergibt sich die Durchbiegung durch viermalige Integration der Belastung zu

$$w_0(x) = w(x,0) = -\frac{2\,P}{l\,EJ}\sum_{k=1}^{\infty}\frac{l}{k\,\pi\,\varepsilon}\sin\frac{k\,\pi\,\varepsilon}{l}\left(\frac{l}{k\,\pi}\right)^4\sin\frac{k\,\pi}{2}\sin k\,\pi\,\frac{x}{l}. \tag{25}$$

Aus (18) und (25) bekommt man unter Beachtung von (22)

$$\bar{a}_k = -\frac{2\,P\,l^3}{\pi^4\,EJ}\frac{1}{k^4}\sin\frac{k\,\pi}{2}\frac{\sin\dfrac{k\,\pi\,\varepsilon}{l}}{\dfrac{k\,\pi\,\varepsilon}{l}}$$

und damit nach dem Grenzübergang $\varepsilon \to 0$ aus (19) mit (4) und (18) für die vollständige Lösung von (2)

$$w_{ges}(x,t) = -\frac{\gamma\,F\,l^4}{24\,EJ}\left[\frac{x}{l}-2\left(\frac{x}{l}\right)^3+\left(\frac{x}{l}\right)^4\right]-$$

$$-\frac{2\,P\,l^3}{\pi^4\,EJ}\sum_{k=1}^{\infty}\frac{1}{k^4}\sin\frac{k\,\pi}{2}\sin k\,\pi\,\frac{x}{l}\cos\omega_k\,t\,, \tag{26}$$

wobei die Eigenfrequenzen ω_k gemäß (17) gegeben sind.

Der Balken schwingt also um seine statische Ruhelage derart, daß sich der *Grundschwingung* $A_1\sin\dfrac{\pi\,x}{l}$ die Schwingungen mit $k = 3,\ 5,\ 7,\ \ldots$ überlagern. Dabei ist die Amplitude der zweiten Oberschwingung ($k = 3$) bereits nur noch $A_2 = \dfrac{1}{k^4}A_1 = \dfrac{1}{81}A_1$, d.h., der Einfluß der Oberschwingungen ist äußerst gering.

A 6. Schwingungen einer Kreisplatte. Für die Transversalschwingungen einer längs ihres Randes gelenkig gelagerten Kreisplatte vom Radius a und der Dicke h bestimme man für den Fall $\nu = 0$ die erste Eigenfrequenz a) exakt, b) näherungsweise mit Hilfe der Energiemethode.

Gegeben: a, h, Dichte ϱ, Elastizitätsmodul E.

Lösung. a) *Exakte Lösung:* Die Differentialgleichung der Plattenschwingung lautet nach (5.50)

$$\Delta\Delta w + \frac{\varrho\,h}{N}\frac{\partial^2 w}{\partial t^2} = 0\,, \tag{1}$$

wobei für $\nu = 0$

$$N = \frac{E\,h^3}{12} \tag{2}$$

die Plattensteifigkeit bedeutet. Wir untersuchen den rotationssymmetrischen Fall $w = w(r,t)$, wobei die Ordinate r im Kreismittelpunkt ihren Ursprung hat und machen den Produktansatz gemäß (5.51)

$$w = w(r, t) = f(r)\sin(\omega t + \alpha),\tag{3}$$

mit dem aus (1)

$$\Delta\Delta f - \frac{\omega^2\varrho h}{N}f = 0$$

bzw. mit

$$\lambda^4 = \frac{\omega^2\varrho h}{N}\tag{4}$$

$$\Delta\Delta f - \lambda^4 f = 0\tag{5}$$

folgt. Die Gl. (5) kann man in den Formen

$$(\Delta - \lambda^2)(\Delta f + \lambda^2 f) = 0 \quad\text{und}\quad (\Delta + \lambda^2)(\Delta f - \lambda^2 f) = 0$$

schreiben, und diese Gleichungen sind sicherlich erfüllt für

$$\left.\begin{aligned}\Delta f + \lambda^2 f = 0,\\ \Delta f - \lambda^2 f = 0.\end{aligned}\right\}\tag{6}$$

Mit dem für den rotationssymmetrischen Fall gültigen Δ-Operator

$$\Delta = \frac{d^2}{dr^2} + \frac{1}{r}\frac{d}{dr}$$

erhält man aus (6) die BESSELschen Differentialgleichungen

$$\frac{d^2 f}{dr^2} + \frac{1}{r}\frac{df}{dr} + \lambda^2 f = 0,\tag{7}$$

$$\frac{d^2 f}{dr^2} + \frac{1}{r}\frac{df}{dr} - \lambda^2 f = 0.\tag{8}$$

Substituiert man in (7) $r = \dfrac{z}{\lambda}$ bzw. in (8) $r = \dfrac{z}{i\,\lambda}$, so ergibt sich aus beiden Glei chungen die BESSELsche Differentialgleichung (s. Fußnote S. 210)

$$\frac{d^2 f(z)}{dz^2} + \frac{1}{z}\frac{df(z)}{dz} + f(z) = 0,\tag{9}$$

deren Lösung mit der BESSELschen Funktion $J_0(z)$ und der NEUMANNschen Funktion $N_0(z)$ sowie den willkürlichen Konstanten $\bar{C}_1$ und $\bar{C}_2$

$$f = f(z) = \bar{C}_1 J_0(z) + \bar{C}_2 N_0(z)\tag{10}$$

lautet. Nach Resubstitution folgt dann aus (10) für die Lösung der Differential gleichung (7)

$$f(\lambda r) = f(r) = C_1 J_0(\lambda r) + C_2 N_0(\lambda r)\tag{11}$$

und für die Lösung von (8)

$$f(i\lambda r) = f(r) = C_3^* J_0(i\lambda r) + C_4^* N_0(i\lambda r)$$

bzw. nach Überführung in Funktionen mit reellem Argument durch die sog. modifizierten BESSEL-Funktionen $I_0(z)$ und $K_0(z)$

$$f(r) = C_3 I_0(\lambda r) + C_4 K_0(\lambda r).\tag{12}$$

Die vollständige Lösung der Differentialgleichung (5) erhält man dann zu

$$f(r) = C_1 J_0(\lambda r) + C_2 N_0(\lambda r) + C_3 I_0(\lambda r) + C_4 K_0(\lambda r).\tag{13}$$

Da die Auslenkung $f(r)$ für den Plattenmittelpunkt ($r = 0$) endlich bleiben muß, die Funktionen $N_p(z)$ und $K_p(z)$ für $z = 0$ aber unendlich große Werte annehmen, kann man sofort

$$C_2 = C_4 = 0\tag{14}$$

folgern. Zur Bestimmung der noch freien Konstanten stehen uns die Bedingungen für die Auslenkung

$$w(a,t) = 0, \quad \text{d. h.} \quad f(a) = 0, \tag{15}$$

und für das Biegemoment

$$M_r(a,t) = -N\left[\frac{d^2 w}{dr^2} + \frac{\nu}{r}\frac{dw}{dr}\right]_{r=a} = 0,$$

also mit $\nu = 0$

$$\left[\frac{d^2 f}{dr^2}\right]_{r=a} = 0 \tag{16}$$

zur Verfügung. Mit (13) und (14) ergibt sich aus (15)

$$C_1 J_0(\lambda a) + C_3 I_0(\lambda a) = 0 \tag{17}$$

und aus (16) unter Berücksichtigung der Beziehungen

$$J_0'(z) = -J_1(z), \quad I_0'(z) = I_1(z),$$

$$J_1'(z) = J_0(z) - \frac{1}{z}J_1(z), \qquad I_1'(z) = I_0(z) - \frac{1}{z}I_1(z)$$

die Gleichung

$$\{-C_1[\lambda a J_0(\lambda a) - J_1(\lambda a)] + C_3[\lambda a I_0(\lambda a) - I_1(\lambda a)]\}\frac{\lambda}{a} = 0. \tag{18}$$

Die Gln. (17) und (18) bilden ein homogenes lineares Gleichungssystem für C_1 und C_3, das nur dann von Null verschiedene Lösungen hat, wenn seine Determinante verschwindet, woraus die transzendente Eigenwertgleichung

$$J_0(\lambda a)\left[I_0(\lambda a) - \frac{I_1(\lambda a)}{\lambda a}\right] + I_0(\lambda a)\left[J_0(\lambda a) - \frac{J_1(\lambda a)}{\lambda a}\right] = 0 \tag{19}$$

folgt, deren kleinste Lösung den ersten Eigenwert zu

$$\lambda_1 a = 2{,}108 \tag{20}$$

liefert. Aus (4) erhält man dann für die erste Eigenfrequenz

$$\omega_1 = \lambda_1^2\sqrt{\frac{N}{\varrho h}} = \frac{4{,}44}{a^2}\sqrt{\frac{N}{\varrho h}}. \tag{21}$$

b) *Näherungslösung:* Die Energiemethode liefert gemäß (5.54) die erste Eigenfrequenz näherungsweise durch

$$\omega_1^2 = \frac{U_{\max}}{\overline{E}}, \tag{22}$$

wobei nach (5.60) und (5.61)

$$U_{\max} = \frac{N}{2}\int_{r=0}^{a}\left[\left(\frac{d^2 f}{dr^2} + \frac{1}{r}\frac{df}{dr}\right)^2 - 2(1-\nu)\frac{1}{r}\frac{df}{dr}\frac{d^2 f}{dr^2}\right]2\pi r\, dr \tag{23}$$

ist, während aus (5.55)

$$\overline{E} = \frac{\varrho}{2}\int_{r=0}^{a} f^2\, 2\pi r\, dr\, h = \pi\varrho h\int_{r=0}^{a} f^2 r\, dr \tag{24}$$

folgt. Als Vergleichsfunktion $f = f(r)$ wird die Biegefläche einer gelenkig gelagerten Platte unter gleichmäßiger Belastung gewählt:

$$f = f(r) = C(r^4 - 6 a^2 r^2 + 5 a^4), \tag{25}$$

die der Randbedingung $f(a) = 0$ und der aus

$$M_r(a) = -N\left[\frac{d^2 f}{dr^2} + \frac{\nu}{r}\frac{df}{dr}\right]_{r=a} = 0$$

mit $\nu = 0$ folgenden Bedingung $\left[\dfrac{d^2 f}{dr^2}\right]_{r=a} = 0$ genügt.

Setzt man (25) in (23) und (24) ein, so errechnet man

$$U_{\max} = \pi\, N\, C^2\, \frac{224}{3}\, a^6, \qquad \overline{E} = \pi\, o\, h\, C^2\, \frac{113}{30}\, a^{10},$$

so daß sich aus (22)

$$\omega_1 = \frac{4{,}46}{a^2} \cdot \sqrt{\frac{N}{\varrho\, h}}$$

ergibt, ein Wert, der von dem exakten gemäß (21) nur um 0,5% abweicht.

6. Der Stoß. Charakteristisch für die Stoßvorgänge ist, daß sie sich in sehr kurzer Zeit abspielen, in der sehr große (innere) Stoßkräfte plötzliche Geschwindigkeitsänderungen hervorrufen. Die genaue Erfassung eines Stoßvorganges hinsichtlich der Deformationen und der Kräfte ist eine mathematisch und elastomechanisch so komplizierte Aufgabe, daß man sich üblicherweise begnügt, aus den Geschwindigkeiten vor dem Stoß diejenigen nach dem Stoß zu ermitteln. In diesem Falle genügt neben dem Impuls- und Drallsatz die Heranziehung einer die kinetischen Energien betreffenden Aussage.

Der einfachste Fall ist der Zusammenstoß zweier Kugeln der Massen m_1 und m_2, deren Geschwindigkeitsvektoren $\mathfrak{v}_1$ und $\mathfrak{v}_2$ im Augenblick des Stoßes in der Verbindungsgeraden ihrer Schwerpunkte liegen *(gerader zentraler Stoß)*. Da die eventuell vorhandenen äußeren Kräfte gegenüber den Stoßkräften vernachlässigt werden können, verlangt der Impulssatz (5.8a)

$$\frac{d}{dt}\,(m_1\,\mathfrak{v}_1 + m_2\,\mathfrak{v}_2) = 0, \quad \text{d. h.} \quad m_1\,v_1 + m_2\,v_2 = m_1\,c_1 + m_2\,c_2, \qquad (5.63)$$

wobei c_1 und c_2 die Geschwindigkeiten nach Ablauf des Stoßes sind, für die dieselbe positive bzw. negative Richtung wie für v_1 und v_2 festgesetzt wurde.

Beim Stoß *vollkommen elastischer Körper* muß auch die Summe der kinetischen Energien erhalten bleiben:

$$\frac{1}{2}\,m_1\,v_1^2 + \frac{1}{2}\,m_2\,v_2^2 = \frac{1}{2}\,m_1\,c_1^2 + \frac{1}{2}\,m_2\,c_2^2. \qquad (5.64)$$

Aus (5.63) und (5.64) errechnet man

$$\left. \begin{aligned} c_1 &= \frac{m_1\,v_1 + m_2\,v_2}{m_1 + m_2} - \frac{m_2(v_1 - v_2)}{m_1 + m_2}, \\[2mm] c_2 &= \frac{m_1\,v_1 + m_2\,v_2}{m_1 + m_2} + \frac{m_1(v_1 - v_2)}{m_1 + m_2}. \end{aligned} \right\} \qquad (5.65)$$

Demnach gilt

$$v_1 - v_2 = -(c_1 - c_2), \qquad (5.66)$$

d. h., die absoluten Werte der Relativgeschwindigkeiten vor und nach dem Stoß sind gleich.

Vollkommen unelastische Körper bleiben nach dem Stoß aneinander haften, so daß zu (5.63) die Bedingung

$$c_1 = c_2 = u \qquad (5.67)$$

hinzukommt und man somit

$$u = \frac{m_1 v_1 + m_2 v_2}{m_1 + m_2} \tag{5.68}$$

erhält[1]. Die in Dauerdeformation, Wärme und Schall umgewandelte Verlustenergie beträgt

$$V = \frac{1}{2}\, m_1 v_1^2 + \frac{1}{2}\, m_2 v_2^2 - \frac{1}{2}\,(m_1 + m_2)\, u^2 = \frac{m_1 m_2}{2\,(m_1 + m_2)}\,(v_1 - v_2)^2. \tag{5.69}$$

Der zwischen den beiden Extremfällen des vollkommen elastischen und vollkommen unelastischen Stoßes gegebene Stoßvorgang läßt sich näherungsweise durch eine von Körperform, Material und Geschwindigkeitsbereich abhängige *Stoßzahl* ε ($0 \leqq \varepsilon \leqq 1$) erfassen, indem man anstatt (5.66)

$$c_2 - c_1 = \varepsilon\,(v_1 - v_2) \tag{5.70}$$

setzt. Aus (5.63) und (5.70) ergeben sich dann

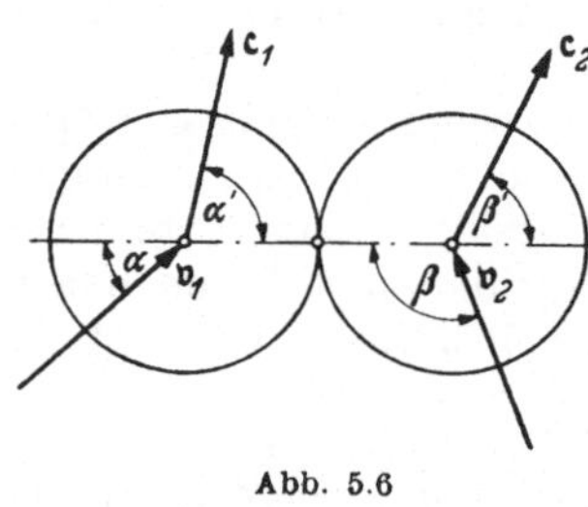

$$c_1 = v_1 - \frac{(v_1 - v_2)\,(1 + \varepsilon)}{1 + \dfrac{m_1}{m_2}}\;;$$

$$c_2 = v_2 - \frac{(v_2 - v_1)\,(1 + \varepsilon)}{1 + \dfrac{m_2}{m_1}} \tag{5.71}$$

Abb. 5.6

In diesem Falle beträgt der Energieverlust

$$V = \frac{1}{2}\,(1 - \varepsilon^2)\,\frac{m_1 m_2}{m_1 + m_2}\,(v_1 - v_2)^2. \tag{5.72}$$

Für den *schiefen zentralen Stoß* erhält man aus der Voraussetzung verschwindend kleiner Tangentialkräfte im Berührungspunkt beider zum Stoß kommender Körper (Abb. 5.6) die Gleichungen

$$v_1 \sin\alpha = c_1 \sin\alpha'; \qquad v_2 \sin\beta = c_2 \sin\beta'. \tag{5.73}$$

Die den Gln. (5.71) entsprechenden Ausdrücke lauten

$$c_1 \cos\alpha' = v_1 \cos\alpha - \frac{(v_1 \cos\alpha - v_2 \cos\beta)\,(1 + \varepsilon)}{1 + \dfrac{m_1}{m_2}},$$

$$c_2 \cos\beta' = v_2 \cos\beta - \frac{(v_2 \cos\beta - v_1 \cos\alpha)\,(1 + \varepsilon)}{1 + \dfrac{m_2}{m_1}}. \tag{5.74}$$

Aus (5.73) und (5.74) lassen sich z. B. α', β', c_1 und c_2 ermitteln.

Sind beim Stoß auch rotierende Massen im Spiel, so ist außerdem der Drehmomentensatz bzw. sein Zeitintegral heranzuziehen und eine zu (5.70) analoge Beziehung zu verwenden, die beim Stoß zwischen einer translatorisch bewegten Masse m_1 und einem um einen festen Punkt drehbaren Körper die Form

$$\omega\, l - c_1 = \varepsilon\,(v_1 - \omega_0\, l) \tag{5.75}$$

---

[1] Man kann u auch ganz allgemein deuten als die gemeinsame Geschwindigkeit der Körper zum Zeitpunkt ihrer größten Deformation bzw. als die Schwerpunktgeschwindigkeit des Systems.

annimmt. Darin bedeuten l die Länge des Lotes vom Drehpunkt auf die Geschwindigkeitsrichtung von v_1 sowie ω_0 und ω die Winkelgeschwindigkeiten vor und nach dem Stoß. Aus dem Zeitintegral des Drehmomentensatzes

$$\Theta(\omega - \omega_0) = \int_{t_1}^{t_2} M\,dt = \int_{t_1}^{t_2} S(t)\,l\,dt = l\,m_1(v_1 - c_1) \qquad (5.76)$$

[$S(t)$ = Stoßkraft, Θ = Massenträgheitsmoment] und aus (5.75) lassen sich dann ω und c_1 ermitteln. Nach dem Impulssatz für den Körper der Masse m_2 gilt mit den im Stoßpunkt und im Drehpunkt übertragenen Impulsen $I = m_1(v_1 - c_1)$ und I_0 (Abb. 5.7)

$$m_1(v_1 - c_1) - I_0 = m_2(\omega - \omega_0)\,s, \qquad (5.77)$$

wobei s der Abstand zwischen Dreh- und Schwerpunkt ist. Insbesondere erhält man für $\omega_0 = 0$ aus (5.75) bis (5.77)

$$I_0 = \frac{(1 + \varepsilon)\,m_1 v_1(\Theta - m_2\,l\,s)}{\Theta + m_1 l^2}. \qquad (5.78)$$

Für den Fall

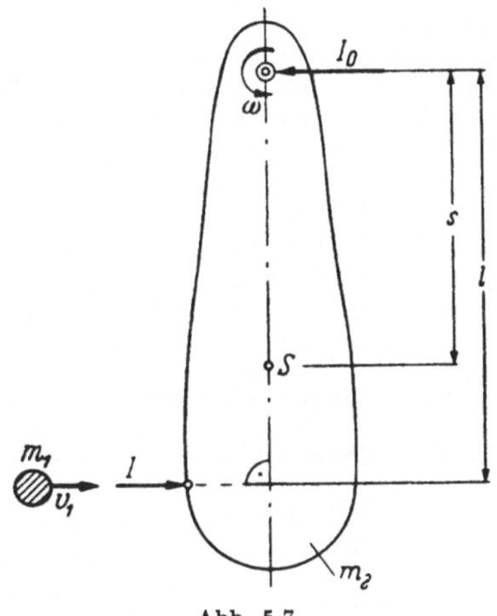

Abb. 5.7

$$l = \frac{\Theta}{m_2\,s} = l_r \qquad (5.79)$$

ist der „*Impulsstoß*" I_0 im Drehpunkt gleich Null. Den durch (5.79) festgelegten Punkt nennt man *Stoßmittelpunkt*. Ferner ist $l_r = \Theta/m_2\,s$ die sog. *reduzierte Pendellänge* eines Körperpendels, mit der sich analog zum Fadenpendel für kleine Winkelamplituden die Schwingungsdauer zu $T = 2\pi\sqrt{l_r/g}$ (g = Erdbeschleunigung) ergibt.

Aufgaben

A 1. Anhalten einer bewegten Masse nach dem Stoß. Zwei Körper der Massen m_1 und m_2 bewegen sich kräftefrei mit den gleichgerichteten Geschwindigkeiten v_1 und $v_2 > v_1$ (Abb. A 1.1). Unter welchen Bedingungen kommt die Masse m_2 unmittelbar nach dem Stoß (Stoßzahl ε) zum Stillstand?

Lösung. Mit der Bedingung, daß sich m_2 nach dem Stoß in Ruhe befindet, also

$$c_2 = 0 \qquad (1)$$

ist, erhält man sofort aus (5.71)

$$v_2 - \frac{(v_2 - v_1)(1 + \varepsilon)}{1 + \dfrac{m_2}{m_1}} = 0 \qquad (2)$$

und hieraus

$$\frac{m_2}{m_1} = \varepsilon - \frac{v_1}{v_2}(1 + \varepsilon). \qquad (3)$$

Abb. A 1.1

Da die beiden Massen m_1 und m_2 positive Größen sind, folgt aus (3)

$$\varepsilon - \frac{v_1}{v_2}(1 + \varepsilon) \gtrless 0,$$

d. h.

$$\frac{v_2}{v_1} \gtrless 1 + \frac{1}{\varepsilon}, \tag{4}$$

woraus sich wegen $0 \leqq \varepsilon \leqq 1$ die Forderung

$$\frac{v_2}{v_1} \gtrless 2 \tag{5}$$

ergibt, die besagt, daß die stoßende Masse m_2 mindestens die doppelte Geschwindigkeit der gestoßenen Masse m_1 haben muß, damit überhaupt die Möglichkeit besteht, daß m_2 nach dem Stoß in Ruhe bleibt.

Der Fall $v_2 = 2 v_1$ liefert aus (4) $\varepsilon = 1$ und damit aus (3) $\frac{m_2}{m_1} = 0$, d. h. $m_1 \to \infty$, also den vollkommen elastischen Stoß eines Körpers gegen eine mit der halb so großen Geschwindigkeit bewegte starre Wand, bei dem der stoßende Körper unmittelbar nach dem Stoß zum Stillstand kommt.

Für den Fall, daß sich die Masse m_1 vor dem Stoß in Ruhe befand ($v_1 = 0$), wird die Forderung $c_2 = 0$ völlig unabhängig von der Geschwindigkeit v_2 der stoßenden Masse, denn sie liefert gemäß (3) für das Verhältnis der beiden Massen die Bedingung $\frac{m_2}{m_1} = \varepsilon$.

A 2. *Wiederholter Stoß einer herabfallenden Masse.*

Eine Masse $m_1 = m$ fällt aus der Anfangshöhe h auf eine ruhende starre Unterlage

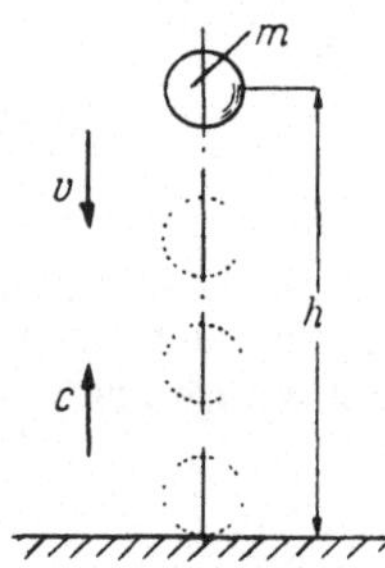

($m_2 \to \infty$) und steigt nach dem Aufprall (Stoßzahl ε) wieder in eine gewisse Höhe, aus der sie dann erneut auf die Unterlage herabfällt. Dieser Vorgang wiederholt sich bei immer kleiner werdender Steighöhe (Abb. A 2.1). Man ermittle die Zeit T, nach der die Masse zur Ruhe kommt.

Lösung. Die Masse m erreicht die Unterlage (bei Vernachlässigung der Luftreibung) nach der Fallzeit

$$t_0 = \sqrt{\frac{2\,h}{g}} \tag{1}$$

Abb. A 2.1   mit der Geschwindigkeit

$$v_1^{(0)} = \sqrt{2\,g\,h}. \tag{2}$$

Aus (5.70) ergibt sich dann mit $v_2 = c_2 = 0$ für die Anfangsgeschwindigkeit $c_1^{(1)}$ der auf den Stoß folgenden Aufwärtsbewegung unter Beachtung der gemäß Abb. A 2.1 eingeführten Geschwindigkeitsrichtungen

$$c_1^{(1)} = \varepsilon\, v_1^{(0)} \tag{3}$$

und damit für die Geschwindigkeit während des Steigens

$$c(t) = c_1^{(1)} - g\,t. \tag{4}$$

Hieraus folgt, daß die Steighöhe und damit die Umkehrlage wegen $c(t_1) = 0$ nach der Zeit

$$t_1 = \frac{c_1^{(1)}}{g} = \varepsilon\,\frac{v_1^{(0)}}{g} \tag{5}$$

erreicht wird. Bekanntlich ist die nun folgende Fallzeit gleich der Steigzeit t_1 und die Aufprallgeschwindigkeit $v_1^{(1)}$ gleich der Anfangsgeschwindigkeit $c_1^{(1)}$ der

Aufwärtsbewegung, so daß bis zum Augenblick des neuerlichen Aufsteigens mit der Anfangsgeschwindigkeit

$$c_1^{(2)} = \varepsilon\, v_1^{(1)} = \varepsilon\, c_1^{(1)} = \varepsilon^2\, v_1^{(0)} \tag{6}$$

die Zeit

$$T_1 = 2\, t_1 = 2\, \frac{c_1^{(1)}}{g} = 2\,\varepsilon\, \frac{v_1^{(0)}}{g} \tag{7}$$

vergangen ist. Die gleiche Überlegung wie für $c_1^{(1)}$ gilt nun für $c_1^{(2)}$, wodurch analog (7) unter Beachtung von (6)

$$T_2 = 2\, \frac{c_1^{(2)}}{g} = 2\,\varepsilon^2\, \frac{v_1^{(0)}}{g}$$

und ebenso

$$T_n = 2\, \frac{c_1^{(n)}}{g} = 2\,\varepsilon^n\, \frac{v_1^{(0)}}{g} \tag{8}$$

folgt. Da sich dieser Vorgang bis zum Ruhen der Masse m unendlich oft wiederholt, beträgt die bis dahin verstrichene Gesamtzeit

$$T = t_0 + \sum_{n=1}^{\infty} T_n,$$

woraus man mit (1), (2) und (8)

$$T = \sqrt{\frac{2\,h}{g}} + 2\,\sqrt{\frac{2\,h}{g}}\,(\varepsilon + \varepsilon^2 + \varepsilon^3 + \cdots)$$

bzw. mit der Summe der unendlichen geometrischen Reihe

$$1 + \varepsilon + \varepsilon^2 + \cdots = \frac{1}{1-\varepsilon}$$

$$T = \sqrt{\frac{2\,h}{g}}\left(1 + 2\,\varepsilon\,\frac{1}{1-\varepsilon}\right) = \sqrt{\frac{2\,h}{g}}\,\frac{1+\varepsilon}{1-\varepsilon} \tag{9}$$

erhält.

A 3. *Stoßmittelpunkt eines Hammers*. In welchem Punkt A muß der in Abb. A 3.1 dargestellte Hammer mit dem Trägheitsradius i bezüglich des Schwerpunktes S angefaßt werden, damit in der Hand keine Stoßreaktion fühlbar ist?

Lösung. Damit in der Hand keine Stoßreaktion zu spüren ist, muß sie in dem Stoßmittelpunkt angreifen. Mit der Hammermasse m ergibt sich dessen Lage aus (5.79) gemäß Abb. A 3.1 zu

$$x = \frac{\Theta_A}{m\,(x-a)}, \tag{1}$$

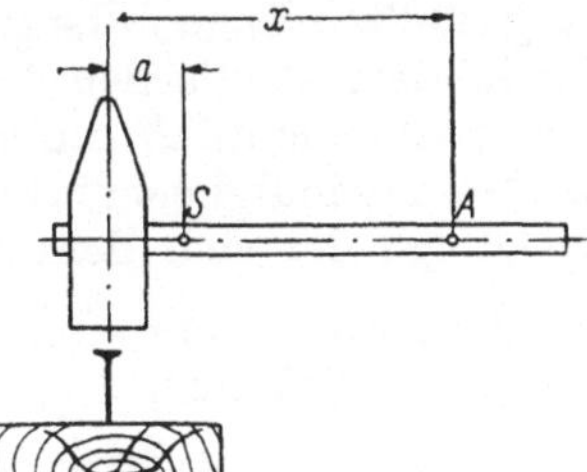

Abb. A 3.1

wobei nach dem STEINERschen Satz

$$\Theta_A = \Theta_S + m\,(x-a)^2 = m\,i^2 + m\,(x-a)^2$$

ist. Damit folgt aus (1)

$$x = \frac{i^2 + (x-a)^2}{(x-a)}$$

und hieraus für die Lage des gesuchten Angriffspunktes A

$$x = \frac{i^2 + a^2}{a} = a + \frac{i^2}{a}. \tag{2}$$

A 4. Stoß einer Billardkugel gegen die Bande. Die (homogene) Kugel vom Radius a habe die Schwerpunktsgeschwindigkeit $\mathfrak{v} = \{v_x;\ v_y;\ 0\}$ und den Drehvektor $\omega\,\mathfrak{w} = \{0;\ 0;\ \omega\}$ und stoße unter dem Winkel α gegen die Bande (Abb. A 4.1). Man bestimme den Bewegungszustand der Kugel unter der Annahme, daß nach dem durch die Stoßzahl ε charakterisierten Stoß infolge der Wandrauhigkeit die zur Bande parallele Geschwindigkeitskomponente im Berührungspunkt Null ist.

Lösung. Bedeuten $m = m_1$ die Kugel- und $m_2 = \infty$ die Wandmasse, so liefert (5.74) mit $v_2 = 0$ für die Geschwindigkeit c

$$c\cos\alpha_1 = c_x = -\varepsilon\,v\cos\alpha. \tag{1}$$

Zur Bestimmung von c_y und ω_1 stehen neben der Bedingung für das Verschwinden der y-Komponente der Umfangsgeschwindigkeit im Berührungspunkt

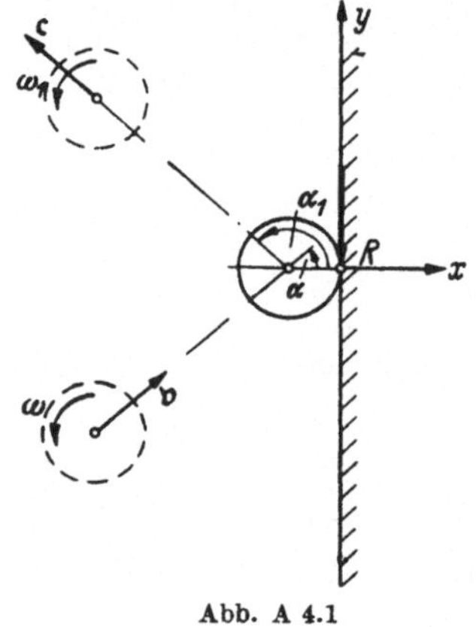

Abb. A 4.1

$$c_y + a\,\omega_1 = 0 \tag{2}$$

noch die aus dem über die Stoßdauer integrierten Schwerpunkt- bzw. Drallsatz hervorgehenden Beziehungen

$$m\,(c_y - v_y) = -\int\limits_{(t)} R\,dt = -I \tag{3}$$

bzw.

$$\Theta\,(\omega_1 - \omega) = -\int\limits_{(t)} R\,a\,dt = -a\,I \tag{4}$$

zur Verfügung. Mit $\Theta = \Theta_{Kugel} = \dfrac{2}{5}\,m\,a^2$ und $v_y = v\sin\alpha$ erhält man dann aus (2), (3) und (4)

$$c_y = \frac{5}{7}\,v\sin\alpha - \frac{2}{7}\,a\,\omega \tag{5}$$

und

$$\omega_1 = -\left(\frac{5}{7}\,\frac{v}{a}\,\sin\alpha - \frac{2}{7}\,\omega\right). \tag{6}$$

Der Winkel α_1, unter dem die Kugel von der Bande abgestoßen wird, ergibt sich aus

$$\tan\alpha_1 = \frac{c_y}{c_x} = -\frac{5\,v\sin\alpha - 2\,a\,\omega}{7\,\varepsilon\,v\cos\alpha}. \tag{7}$$

A 5. Abfangen einer fallenden Masse durch einen Faden. Die Masse m eines Fadenpendels der Länge l wird aus der in Abb. A 5.1 dargestellten Lage fallengelassen. Man ermittle die maximale Spannung, die in dem elastischen Faden mit der Querschnittsfläche F und dem Elastizitätsmodul E durch den Stoßvorgang hervorgerufen wird, sowie die Geschwindigkeit und die Fadenspannung beim Durchgang durch die Tiefstlage der sich dem Stoß anschließenden Pendelschwingung.

Gegeben: $mg = 1\,\text{kp};$ $l = 1{,}0\,\text{m};$ $a = 0{,}5\,\text{m};$ $F = 1\,\text{mm}^2;$ $E = 2{,}1 \cdot 10^6\,\text{kp/cm}^2.$

Lösung. Die bis zur Tiefe $h = l\,\sqrt{1 - \left(\dfrac{a}{l}\right)^2}$ frei fallende Masse m hat bei Beginn des Stoßvorganges die Geschwindigkeit

$$v_0 = \sqrt{2\,g\,h} = \sqrt{2\,g\,l}\,\sqrt[4]{1 - \left(\frac{a}{l}\right)^2}, \tag{1}$$

die man in eine tangentiale Komponente

$$v_{0\,t} = v_0 \sin\alpha = v_0\,\frac{a}{l} = \frac{a}{l}\sqrt{2\,g\,l}\;\sqrt{1-\left(\frac{a}{l}\right)^2} \tag{2}$$

und in eine radiale Komponente

$$v_{0\,r} = v_0 \cos\alpha = v_0\,\frac{h}{l} = \sqrt{2\,g\,l}\;\sqrt[4]{\left[1-\left(\frac{a}{l}\right)^2\right]^3} \tag{3}$$

zerlegen kann (Abb. A 5.1). Infolge der Tangentialkomponente führt die Masse eine gewöhnliche Pendelbewegung aus, deren (maximale) Geschwindigkeit in der Tiefstlage sich aus dem Energiesatz (5.4)

$$m\,g\,(l-h) + \frac{m}{2}\,v_{0\,t}^2 = \frac{m}{2}\,v_{\max}^2$$

mit (2) zu

$$v_{\max} = \sqrt{2\,g\,l}\;\sqrt{1 - \sqrt{\left[1-\left(\frac{a}{l}\right)^2\right]^3}} = 2{,}62 \text{ m/sek} \tag{4}$$

berechnet. Die Fadenkraft ergibt sich dann in dieser Lage zu

$$S = m\,g + \frac{m\,v_{\max}^2}{l} = m\,g\left\{3 - 2\sqrt{\left[1-\left(\frac{a}{l}\right)^2\right]^3}\right\} = 1{,}7\ m\,g = 1{,}7\text{ kp}, \tag{5}$$

so daß für die Fadenspannung

$$\sigma = \frac{S}{F} = 170\text{ kp/cm}^2 \tag{6}$$

folgt.

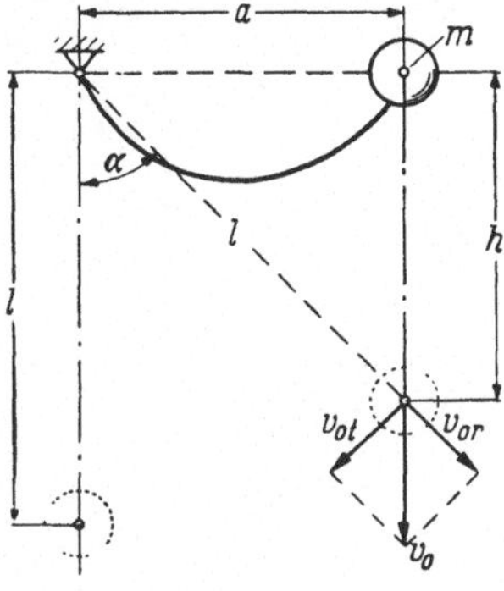

Abb. A 5 1

Da nur die Tangentialkomponente der Geschwindigkeit v_0 eine weitere Bewegung des Pendels bewirkt, muß die Radialkomponente $v_{0\,r}$ durch den Stoßvorgang beseitigt werden. Bei Berücksichtigung der Elastizität des Fadens kann dieser als eine Feder mit der Federkonstanten $c = EF/l$ betrachtet werden, da nach Abschnitt V.4 die Federkonstante gleich derjenigen Kraft ist, die die Einheitsdeformation hervorruft. Nun kann man unter den im vorliegenden Falle eingehaltenen Voraussetzungen, daß die fallende Masse groß gegenüber der der Feder ist und daß beide Körper (Masse m und Feder) auch nach dem Stoß zusammenbleiben, die Annahme treffen, daß die durch den Stoß bedingte Änderung der kinetischen Energie der Masse m vollständig in potentielle Energie der Feder umgewandelt wird. Die Verlängerung $w_{\max}$ des Fadens ergibt sich somit aus dem Energiesatz (5.4)

$$\frac{c}{2}\,w_{\max}^2 = \frac{m}{2}\,v_0^2 - \frac{m}{2}\,v_{0\,t}^2 = \frac{m}{2}\,v_{0\,r}^2$$

zu

$$w_{\max} = v_{0\,r}\sqrt{\frac{m}{c}} = v_{0\,r}\sqrt{\frac{m\,l}{EF}}, \tag{7}$$

so daß für die maximale Fadenkraft

$$S_{\max} = c\,w_{\max} = v_{0\,r}\sqrt{\frac{m\,EF}{l}} = \sqrt{2\,m\,g\,EF}\;\sqrt[4]{\left[1-\left(\frac{a}{l}\right)^2\right]^3} = 165\text{ kp}$$

und damit für die maximale Fadenspannung

$$\sigma_{\max} = \frac{S_{\max}}{F} = 16\,500\text{ kp/cm}^2 \tag{8}$$

folgt, was etwa der Zerreißfestigkeit des kaltgereckten Stahles St 160 entspricht.

A 6. Ballistisches Pendel. Das in Abb. A 6.1 dargestellte physische Pendel von der Masse M und dem auf den Aufhängepunkt A bezogenen Trägheitsradius i_A wird im Abstand h vom Aufhängepunkt durch ein Geschoß der Masse m getroffen, das im Pendel steckenbleibt und einen Winkelausschlag φ bewirkt. Wie groß war die Geschoßgeschwindigkeit beim Auftreffen? Wo müßte das Geschoß auf das Pendel treffen, damit keine Stoßreaktion im Lager A entsteht?

Gegeben: $M = 1000 \text{ kp sek}^2 \, m^{-1}$; $m = 5 \text{ kp sek}^2 \, m^{-1}$; $h = 10 \text{ m}$; $s = 5{,}0 \text{ m}$; $i_A = 6 \text{ m}$; $\varphi = 60°$.

Lösung. Durch den Stoß wird im Auftreffpunkt auf das Geschoß und auf das Pendel der gleich große, entgegengesetzt gerichtete Impuls I und im Aufhängepunkt A auf das Pendel der Impuls I_A ausgeübt (Abb. A 6.1). Wird die Winkelgeschwindigkeit unmittelbar nach dem Stoß mit ω bezeichnet, so liefert der Impulssatz für das Geschoß

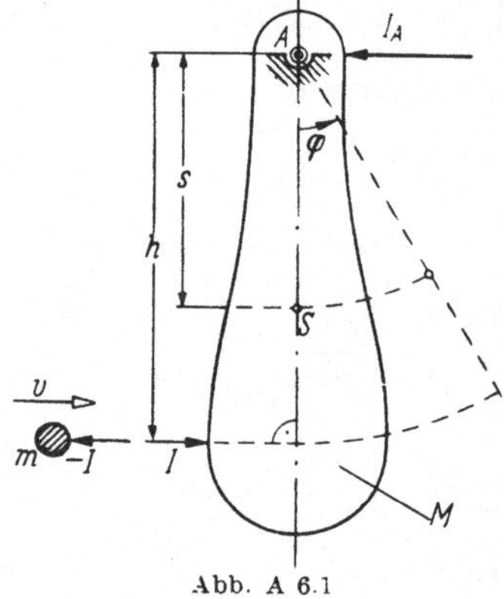

Abb. A 6.1

$$m\,(h\,\omega - v) = -I \qquad (1)$$

und für das Pendel

$$\Theta_A\,(\omega - 0) = I\,h, \qquad (2)$$

wobei

$$\Theta_A = M\,i_A^2 \qquad (3)$$

das Massenträgheitsmoment des Pendels bezüglich seines Aufhängepunktes A ist. Aus (1) und (2) gewinnt man

$$v = h\,\omega\left(1 + \frac{\Theta_A}{m\,h^2}\right). \qquad (4)$$

und aus der Bedingung, daß die nach dem Stoß aus Pendel und Geschoß bestehende Gesamtmasse um den Winkel φ ausschlagen soll, folgt die dazu erforderliche Anfangswinkelgeschwindigkeit ω nach dem Energiesatz

$$\Theta_{A\,ges}\frac{\omega^2}{2} + M\,g\,(h - s) = M\,g\,(h - s\cos\varphi) + m\,g\,h\,(1 - \cos\varphi)$$

zu

$$\omega = \sqrt{\frac{2}{\Theta_{A\,ges}}\,(M\,g\,s + m\,g\,h)\,(1 - \cos\varphi)}. \qquad (5)$$

Schließlich erhält man mit $\Theta_{A\,ges} = M\,i_A^2 + m\,h^2$ aus (4), (5) und (3) für die Geschoßgeschwindigkeit v beim Auftreffen auf das Pendel

$$v = h\left(1 + \frac{M\,i_A^2}{m\,h^2}\right)\sqrt{\frac{2\,(M\,g\,s + m\,g\,h)\,(1 - \cos\varphi)}{M\,i_A^2 + m\,h^2}} = 850 \text{ m/sek}. \qquad (6)$$

Die Stoßreaktion I_A im Lager A ergibt sich aus dem Schwerpunktsatz für das Pendel

$$M\,s\,\omega = I - I_A$$

zu

$$I_A = I - M\,s\,\omega,$$

also mit (2) zu

$$I_A = \omega\left(\frac{\Theta_A}{h} - M\,s\right). \qquad (7)$$

Soll diese nun verschwinden, also $I_A = 0$ sein, so muß das Geschoß im Abstand

$$h = \frac{\Theta_A}{M\,s} = \frac{i_A^2}{s} = 7{,}2 \text{ m}$$

vom Aufhängepunkt A auf das Pendel treffen.

Dynamik der Flüssigkeiten und Gase

Die auffälligste und gemeinsame Eigenschaft der Flüssigkeiten und Gase ist die leichte Verschiebbarkeit ihrer Teilchen gegeneinander, die auf sehr kleine, der entsprechenden Relativbewegung entgegengesetzt gerichtete Schubkräfte schließen läßt. Bei Vernachlässigung dieser (Reibungs-) Kräfte spricht man von *idealen Flüssigkeiten und reibungsfreien Gasen*[1], wobei man bei den ersteren noch *vollkommene Inkompressibilität* voraussetzt. Bei Gasen gilt die Annahme der Inkompressibilität nur näherungsweise in einem bestimmten Geschwindigkeitsbereich der Strömung; im Bereich höherer Geschwindigkeiten muß die Behandlung der Gase von der der Flüssigkeiten getrennt werden.

VI. Ideale und zähe Flüssigkeiten

1. Die Grundgleichungen idealer Flüssigkeiten (und reibungsfreier Gase). Aus der Voraussetzung fehlender Schubspannungen folgt zunächst, daß die idealen Flüssigkeiten und reibungsfreien Gase nur zum Flächenelement senkrechte *Druckspannungen* p aufnehmen können und weiter, daß der Druck in einem bestimmten Punkt $P(x, y, z)$ einen zu einem bestimmten Zeitpunkt t festen, von der Richtung des durch P gelegten Flächenelementes unabhängigen Wert $p = p(x, y, z, t)$ hat.

Zur Beschreibung der Flüssigkeitsbewegung bedienen wir uns der *Eulerschen Methode*, die danach trachtet, in einem bestimmten Punkt den Geschwindigkeits- und Druckzustand (bzw. bei Gasen auch den Dichtezustand) als Funktion der Zeit anzugeben[2].

Wir bezeichnen mit $\mathfrak{v} = \{v_x; v_y; v_z\} = \{\dot{x}; \dot{y}; \dot{z}\}$ den orts- und zeitabhängigen Geschwindigkeitsvektor, mit ϱ die Dichte, mit $\mathfrak{K} = \{X; Y; Z\}$ die Kraft je Masseneinheit und betrachten ein rechtwinkliges Element mit den Kantenlängen dx, dy und dz (Abb. 6.1). Das NEWTONsche Gesetz in der x-Richtung liefert

$$\varrho\, dx\, dy\, dz \frac{dv_x}{dt} = \varrho\, dx\, dy\, dz\, X - \left(\frac{\partial p}{\partial x}\, dx\right) dy\, dz,$$

woraus

$$\frac{dv_x}{dt} = X - \frac{1}{\varrho}\frac{\partial p}{\partial x} \qquad (6.1)$$

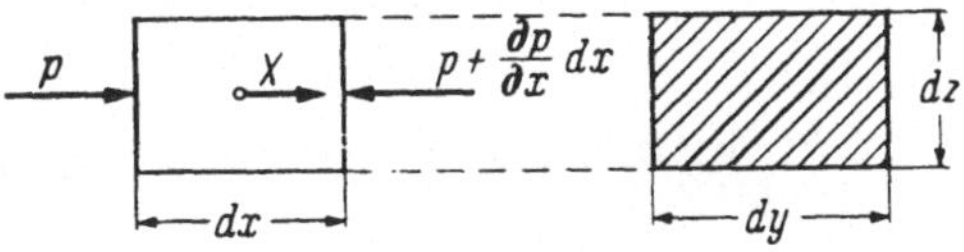

folgt. Hier ist bei der Differentiation nach t zu beachten, daß gemäß der EULERschen Betrachtungsweise $v_x = v_x(x, y, z, t)$ ist, so daß für den „Zuwachs" von v_x

Abb. 6.1

$$\Delta v_x = \frac{\partial v_x}{\partial x}\Delta x + \frac{\partial v_x}{\partial y}\Delta y + \frac{\partial v_x}{\partial z}\Delta z + \frac{\partial v_x}{\partial t}\Delta t$$

---

[1] Das *ideale Gas* bedarf einer besonderen Definition (s. VII. 1).

[2] Die *Lagrangesche Betrachtungsweise* verfolgt dagegen das „Schicksal" eines Massenteilchens.

gilt, woraus nach Division durch Δt und Grenzübergang $\Delta t \to 0$ wegen

$$\frac{dx}{dt} = \dot{x} = v_x, \quad \frac{dy}{dt} = \dot{y} = v_y, \quad \frac{dz}{dt} = \dot{z} = v_z$$

$$\frac{dv_x}{dt} = \frac{\partial v_x}{\partial t} + v_x \frac{\partial v_x}{\partial x} + v_y \frac{\partial v_x}{\partial y} + v_z \frac{\partial v_x}{\partial z} \tag{6.2}$$

hervorgeht. Gemäß (6.2) setzt sich die sog. *substantielle Änderung*[1] $\frac{dv_x}{dt}$ zusammen aus der *lokalen Änderung* $\frac{\partial v_x}{\partial t}$ und der *konvektiven Änderung*, die durch die drei letzten Glieder auf der rechten Seite von (6.2) bestimmt wird. Aus (6.1) und (6.2) sowie durch ähnliche Betrachtungen in den anderen Richtungen erhält man die *Eulerschen Bewegungsgleichungen*

$$\left.\begin{aligned}
\frac{dv_x}{dt} &= \frac{\partial v_x}{\partial t} + v_x \frac{\partial v_x}{\partial x} + v_y \frac{\partial v_x}{\partial y} + v_z \frac{\partial v_x}{\partial z} = X - \frac{1}{\varrho} \frac{\partial p}{\partial x}, \\
\frac{dv_y}{dt} &= \frac{\partial v_y}{\partial t} + v_x \frac{\partial v_y}{\partial x} + v_y \frac{\partial v_y}{\partial y} + v_z \frac{\partial v_y}{\partial z} = Y - \frac{1}{\varrho} \frac{\partial p}{\partial y}, \\
\frac{dv_z}{dt} &= \frac{\partial v_z}{\partial t} + v_x \frac{\partial v_z}{\partial x} + v_y \frac{\partial v_z}{\partial y} + v_z \frac{\partial v_z}{\partial z} = Z - \frac{1}{\varrho} \frac{\partial p}{\partial z}.
\end{aligned}\right\} \tag{6.3}$$

Diese Gleichungen lassen sich vektorisch zusammenfassen:

$$\frac{d\mathfrak{v}}{dt} = \mathfrak{K} - \frac{1}{\varrho} \left\{ \frac{\partial p}{\partial x}; \frac{\partial p}{\partial y}; \frac{\partial p}{\partial z} \right\} = \mathfrak{K} - \frac{1}{\varrho} \operatorname{grad} p. \tag{6.4}$$

Mit dem *Nablaoperator*

$$\nabla = \left\{ \frac{\partial}{\partial x}; \frac{\partial}{\partial y}; \frac{\partial}{\partial z} \right\} \tag{6.5}$$

läßt sich die substantielle Änderung durch den Operator

$$\frac{d}{dt} = \frac{\partial}{\partial t} + (\mathfrak{v}\nabla) = \frac{\partial}{\partial t} + v_x \frac{\partial}{\partial x} + v_y \frac{\partial}{\partial y} + v_z \frac{\partial}{\partial z} \tag{6.6}$$

erfassen und damit (6.4) in der Form

$$\frac{d\mathfrak{v}}{dt} = \frac{\partial \mathfrak{v}}{\partial t} + (\mathfrak{v}\nabla)\mathfrak{v} = \mathfrak{K} - \frac{1}{\varrho} \nabla p \tag{6.7}$$

schreiben.

Mit der Abkürzung

$$\operatorname{rot}\mathfrak{v} = \text{Rotor von } \mathfrak{v} = \nabla \times \mathfrak{v} = \begin{vmatrix} e_x & e_y & e_z \\ \dfrac{\partial}{\partial x} & \dfrac{\partial}{\partial y} & \dfrac{\partial}{\partial z} \\ v_x & v_y & v_z \end{vmatrix} \tag{6.8}$$

gilt die Identität

$$(\mathfrak{v}\nabla)\mathfrak{v} = \frac{1}{2} \operatorname{grad}\mathfrak{v}^2 - \mathfrak{v} \times \operatorname{rot}\mathfrak{v} = \frac{1}{2} \nabla\mathfrak{v}^2 - \mathfrak{v} \times (\nabla \times \mathfrak{v}),$$

---

[1] Man schreibt auch oft $\frac{Dv_x}{Dt}$ und meint damit die *Änderung einer* (in diesem Falle Geschwindigkeits-) *Eigenschaft desselben Teilchens* (nicht desselben Raumpunktes!), denn das Teilchen im Punkte (x, y, z) zur Zeit t befindet sich zur Zeit $t + dt$ in $(x + dx, y + dy, z + dz)$, wenn $dx = v_x dt$, $dy = v_y dt$, $dz = v_z dt$ ist!

so daß man (6.7) auch die Gestalt

$$\frac{\partial \mathfrak{v}}{\partial t} + \frac{1}{2}\,\mathrm{grad}\,v^2 - \mathfrak{v} \times \mathrm{rot}\,\mathfrak{v} = \mathfrak{K} - \frac{1}{\varrho}\,\mathrm{grad}\,p \qquad (6.9)$$

geben kann.

Außer den EULERschen Bewegungsgleichungen, die für ideale Flüssigkeiten und auch reibungsfreie Gase gültig sind, benötigt man noch die sog. *Kontinuitätsgleichung*, die die Erhaltung der Masse beinhaltet. Um die Gase mit zu erfassen, lassen wir zunächst noch Kompressibilität, also Dichteänderung, zu. Die Erhaltung der Masse verlangt dann, daß die mit der lokalen Dichteänderung $\frac{\partial \varrho}{\partial t}$ verbundene Massenänderung $dx\,dy\,dz\,\frac{\partial \varrho}{\partial t}$ in der Zeiteinheit der Differenz der ein- und ausströmenden Massen je Zeiteinheit gleich sein muß. Von Abb. 6.2 lesen wir ab, daß diese für die x-Richtung $-\,dx\,dy\,dz\frac{\partial(\varrho\,v_x)}{\partial x}$ beträgt. Ähnliche Beiträge liefern die beiden anderen Richtungen, so daß man (nach Division durch $dx\,dy\,dz$)

$$\frac{\partial \varrho}{\partial t} + \frac{\partial(\varrho\,v_x)}{\partial x} + \frac{\partial(\varrho\,v_y)}{\partial y} + \frac{\partial(\varrho\,v_z)}{\partial z} = 0 \qquad (6.10)$$

oder

$$\frac{\partial \varrho}{\partial t} + \nabla(\varrho\,\mathfrak{v}) = \frac{\partial \varrho}{\partial t} + \mathrm{div}\,(\varrho\,\mathfrak{v}) = 0 \qquad (6.11)$$

erhält, wobei div $=$ Divergenz eine aus (6.10) sofort ersichtliche Abkürzung ist.

Das NEWTONsche Grundgesetz (5.1), das für einen „mitschwimmenden" Bereich (V,O) gilt, läßt sich auf einen

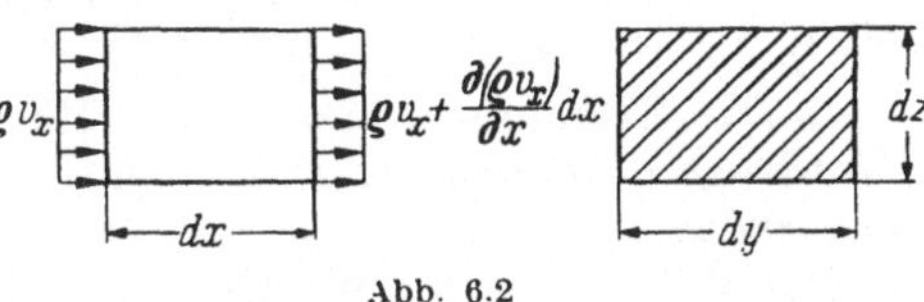

Abb. 6.2

zeitlich unveränderlichen Bereich $(\overline{V}, \overline{O})$ transformieren, und man erhält dann nach Ausführung der Differentiation

$$\int\limits_{(V,O)} d\mathfrak{K}^{(a)} = \frac{d}{dt}\int\limits_{(V)} \varrho\,\mathfrak{v}\,dV = \oint\limits_{(\overline{O})} \varrho\,\mathfrak{v}\,(\mathfrak{v}\,\mathfrak{n})\,dO + \int\limits_{(\overline{V})} \frac{\partial}{\partial t}(\varrho\,\mathfrak{v})\,dV. \qquad (6.12)$$

Diese Gleichung stellt den sog. *Impulssatz der Strömungslehre* dar, der für einen raum- und zeitfesten Bereich gilt. Der GAUSSsche Satz liefert

$$\oint\limits_{(\overline{O})} \varrho\,\mathfrak{v}(\mathfrak{v}\,\mathfrak{n})\,dO + \int\limits_{(\overline{V})} \frac{\partial}{\partial t}(\varrho\,\mathfrak{v})\,dV = \int\limits_{(\overline{V})} \left(\mathfrak{v}\nabla(\varrho\,\mathfrak{v}) + \varrho\,(\mathfrak{v}\nabla)\,\mathfrak{v} + \mathfrak{v}\,\frac{\partial \varrho}{\partial t} + \varrho\,\frac{\partial \mathfrak{v}}{\partial t}\right)dV.$$

Setzt man hier die Kontinuitätsgleichung (6.11) ein, so erhält man die linke Seite der EULERschen Bewegungsgleichungen (6.7) in Integralform.

Für *ideale Flüssigkeiten* ist $\varrho = $ const, d. h. $\frac{\partial \varrho}{\partial t} = 0$, so daß aus (6.11) die Gleichung

$$\mathrm{div}\,\mathfrak{v} = \frac{\partial v_x}{\partial x} + \frac{\partial v_y}{\partial y} + \frac{\partial v_z}{\partial z} = 0 \qquad (6.13)$$

entsteht, die zusammen mit (6.3) die Bewegung idealer Flüssigkeiten beschreibt.

Den gemäß (6.8) definierten Vektor rot $\mathfrak{v}$ kann man mit dem Winkelgeschwindigkeitsvektor $\mathfrak{w}$ in Verbindung bringen. Dabei ist $|\mathfrak{w}|$ die Winkelgeschwindigkeit, mit der differentiell kleine Flüssigkeitsbezirke rotieren, und es gilt

$$\operatorname{rot}\mathfrak{v} = 2\mathfrak{w}\,;$$

man nennt $\mathfrak{w}$ den *Wirbelvektor*. Das Linienintegral längs einer geschlossenen Kurve $\mathfrak{C}$

$$\Gamma = \oint_{(\mathfrak{C})} \mathfrak{v}\,d\mathfrak{r} \tag{6.14}$$

wird als *Zirkulation* bezeichnet; für rot $\mathfrak{v} = 0$ ist (s. S. 244) $\Gamma = 0$ und die Strömung wird *wirbelfrei*, oder noch präziser *drehungsfrei*, da für rot $\mathfrak{v} = 0$ auch $\mathfrak{w} = \dfrac{1}{2}\operatorname{rot}\mathfrak{v} = 0$ wird. Solche Bewegungen, auch Potentialströmungen genannt (s. S. 243), treten i. allg. in reibungsfrei strömenden Flüssigkeiten und Gasen auf, was auch einleuchtet, wenn man bedenkt, daß zum Wirbelerzeugen, d. h. um die Teilchen in Drehung zu versetzen, (tangentiale) Oberflächen-, also Reibungskräfte, notwendig sind! Die Linien, die von dem Wirbelvektor tangiert werden, sind die *Wirbellinien*, und eine Anzahl Wirbellinien, die von einer Randkurve umfaßt werden, nennt man eine *Wirbelröhre*. Für Wirbelröhren gelten die *Helmholtz-Thomsonschen Wirbelsätze:*

1. Die Zirkulation längs einer Wirbelröhre ist unveränderlich, d. h., Wirbelröhren können im Innern des Flüssigkeitsbereiches weder beginnen noch enden.

Die Wirbelröhren sind also entweder geschlossen (Ringwirbel) oder sie gehen bis an die Grenzen des Flüssigkeitsbereiches.

2. Wenn die Massenkraft $\mathfrak{K}$ ein Potential U besitzt ($\mathfrak{K} = -\operatorname{grad}\mathsf{U}$), hat die Zirkulation einen zeitlich unveränderlichen Wert.

Da für Potentialströmungen die Zirkulation verschwindet und dieser Zustand nach den vorangehenden Sätzen erhalten bleibt, folgert man das „*Theorem von* LAGRANGE" *Potentialbewegungen* (d. h. drehungsfreie Strömungen) *bleiben stets Potentialbewegungen*.

Wir bemerken noch, daß die *Helmholtz-Thomsonschen Wirbelsätze* für reibungsfreie Flüssigkeiten und Gase bei *Barotropie* [$\varrho = \varrho(p)$] gelten, und weisen darauf hin, daß die Existenz von Wirbeln in idealen Flüssigkeiten weder dem LAGRANGEschen Theorem noch den HELMHOLTZ-THOMSONschen Wirbelsätzen widerspricht, aber zur Erklärung des Ursprungs von Wirbeln in idealen Flüssigkeiten benötigt man zusätzliche Theorien, insbesondere die der Grenzschicht (s. S. 251f.).

Zum Schluß sei noch erwähnt, daß mit Hilfe des *Biot-Savartschen Gesetzes* der von einem Wirbelfaden in einem Aufpunkt induzierte Geschwindigkeitsvektor $\mathfrak{v}$ berechnet werden kann:

$$\mathfrak{v} = \frac{\Gamma}{4\pi}\int \frac{d\mathfrak{s}\times\mathfrak{r}_0}{r^2}\,.$$

Unter dem Integralzeichen bedeuten $d\mathfrak{s}$ das Linienelement der Wirbellinie, $\mathfrak{r}_0$ den Einheitsvektor vom Linienelement zum Aufpunkt und r^2 das Quadrat des Abstandes zwischen Linienelement und Aufpunkt.

2. Theorie von Daniel Bernoulli für den Stromfaden.

Die Kurve, die an jeder Stelle von dem dort vorhandenen Geschwindigkeitsvektor tangiert wird, nennt man *Stromlinie*. Besitzt die Massenkraft ein Potential ($\mathfrak{K} = -\mathrm{grad}\ U$), so läßt sich längs einer Stromlinie die EULERsche Bewegungsgleichung integrieren, weil $\mathfrak{v} \times \mathrm{rot}\,\mathfrak{v}\,d\mathfrak{s}$ wegen $d\mathfrak{s}\,\|\,\mathfrak{v}$ verschwindet. Speziell gilt für das Schwerefeld $\mathfrak{K} = \{0;\, 0;\, -g\}$, und man erhält (Abb. 6.3)

$$\frac{v_2^2}{2} + \frac{p_2}{\varrho} + g\,z_2 = \frac{v_1^2}{2} + \frac{p_1}{\varrho} + g\,z_1 - \int\limits_{s_1}^{s_2} \frac{\partial v}{\partial t}\,ds, \qquad (6.15)$$

wobei s die Bogenlänge der Stromlinie ist.

Für die *stationäre Strömung* ist $\dfrac{\partial v}{\partial t} = 0$, so daß (6.15) mit dem spez. Gewicht $\gamma = \varrho\,g$ die Form

$$\frac{v_2^2}{2g} + \frac{p_2}{\gamma} + z_2 = \frac{v_1^2}{2g} + \frac{p_1}{\gamma} + z_1 = \frac{v^2}{2g} + \frac{p}{\gamma} + z = H = \mathrm{const} \qquad (6.16)$$

annimmt, worin H, die sog. *hydraulische Höhe*, eine für jede Stromlinie charakteristische Konstante ist. Die Stromlinien sind im stationären Falle raumfeste Kurven, nämlich die Bahnen der Flüssigkeitsteilchen.

Denkt man an den einzelnen Stellen einer Stromlinie senkrecht zum Geschwindigkeitsvektor Flächenelemente dF gelegt so erhält man einen *Stromfaden*, und die Erhaltung der Masse fordert

$$v_1\,dF_1 = v_2\,dF_2 = v\,dF = \mathrm{const}.$$

Das ist die *Kontinuitätsgleichung* für den Stromfaden, die, soweit man die Geschwindigkeit über dem Querschnitt als konstant ansehen kann, für endliche Querschnitte auch in der Form

$$v_1 F_1 = v_2 F_2 = v F = \mathrm{const} = Q \qquad (6.17)$$

verwendet wird. Dabei ist Q das in der Zeiteinheit durch den Querschnitt fließende Flüssigkeitsvolumen. Für die zwischen den Stellen s_1 und s_2 auf die strömende Flüssigkeit ausgeübte Kraft erhält man aus dem Impulssatz der Strömungslehre (6.12)

$$\mathfrak{K}_{1,\,2} = \varrho\,Q\,(\mathfrak{v}_2 - \mathfrak{v}_1). \qquad (6.18)$$

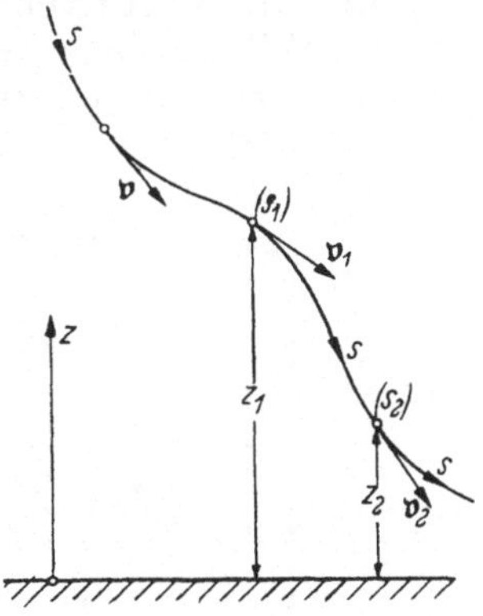

Abb. 6.3

Wird die Flüssigkeit an einer Stelle (z. B. durch ein Hindernis) abgebremst, so entsteht dort eine Druckerhöhung, *Staudruck* genannt, die sich aus (6.16) mit $z_1 = z_2$, $v_1 = v$, $v_2 = 0$ zu

$$\Delta p = p_2 - p_1 = \frac{v^2}{2g}\,\gamma = \frac{\varrho\,v^2}{2} \qquad (6.19)$$

ergibt.

Aus (6.16) gewinnt man auch die Formel von TORRICELLI für die *Ausflußgeschwindigkeit* aus Gefäßen

$$v = \sqrt{2g\,\zeta}\,, \tag{6.20}$$

worin ζ die (senkrechte) Tiefe der Öffnung unter dem Flüssigkeitsspiegel bedeutet. Hierbei wird vorausgesetzt, daß Öffnung und Flüssigkeitsspiegel unter dem gleichen Außendruck stehen, die Geschwindigkeit im Flüssigkeitsspiegel klein gegenüber der Ausflußgeschwindigkeit ist und daß sich der Flüssigkeitsspiegel nicht merkbar senkt. Schließlich folgt aus (6.16) für $v = 0$ die *Grundgleichung der Hydrostatik*

$$p = p(\zeta) = p_0 + \gamma\,\zeta. \tag{6.21}$$

Es ist zu bemerken, daß z.B. (6.16) nur für ideale Flüssigkeiten gilt, aber (6.21) auch noch für zähe Flüssigkeiten besteht, da Reibungskräfte erfahrungsgemäß nur bei strömenden Flüssigkeiten auftreten, also im statischen Falle fehlen.

Aus (6.21) gewinnt man auch *das Prinzip von Archimedes: Die Auftriebskraft ist gleich dem Gewicht der vom Körper verdrängten Flüssigkeitsmenge.*

Aufgaben

A 1. Selbsttätiges Öffnen einer Klappe infolge Wasserdruck. In einer unter einseitigem Wasserdruck stehenden lotrechten Wand ist eine um die horizontale Achse AA drehbare kreisförmige Klappe vom Radius r so angeordnet, daß die Drehachse um das Maß e unterhalb des Kreismittelpunktes liegt (Abb. A 1.1). Bei welcher Höhe h des Wasserspiegels öffnet sich die Klappe selbsttätig? Wie groß darf e höchstens gewählt werden, damit die selbsttätige Öffnung noch bei vollkommen benetzter Klappe eintritt?

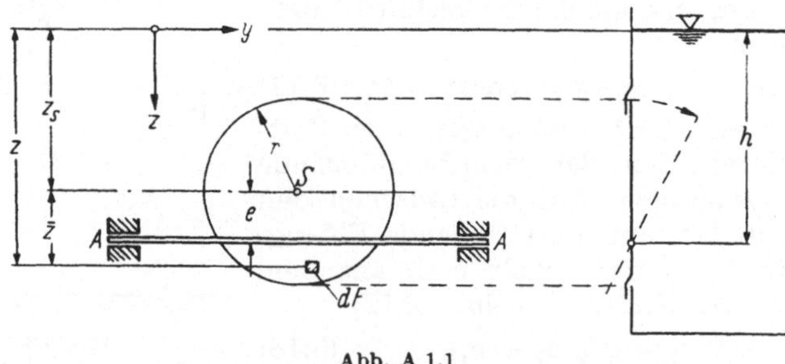

Abb. A 1.1

Lösung. Da auf die dem Wasser abgewandte Seite der Klappe der gleiche Luftdruck p_0 wie oberhalb des Wasserspiegels wirken möge, können wir diesen bei der nachfolgenden Berechnung aus dem Spiel lassen, so daß der Druck auf die Wand bzw. auf die Klappe in der Tiefe z nach (6.21)

$$p = p(z) = \gamma z \tag{1}$$

beträgt. Dann ist die auf ein Flächenelement dF der Klappe entfallende Druckkraft

$$dD = p\,dF = \gamma\,z\,dF \tag{2}$$

und der Gesamtdruck auf die Klappe

$$D = \int\limits_{(F)} dD = \gamma \int\limits_{(F)} z\,dF. \tag{3}$$

Mit $z = z_s + \bar{z}$ erhält man aus (3)

$$D = \gamma \int\limits_{(F)} (z_s + \bar{z})\,dF = \gamma\,(z_s F + \int\limits_{(F)} \bar{z}\,dF)$$

und hieraus, da das statische Moment einer Fläche bezüglich ihres Schwerpunktes $\int\limits_{(F)} \bar{z}\,dF = 0$ ist,

$$D = \gamma z_s F. \tag{4}$$

Der Angriffspunkt dieser Kraft, der sog. *Druckmittelpunkt*, fällt — wegen der nicht gleichmäßigen Verteilung des Druckes über die Fläche — nicht mit dem Flächenschwerpunkt zusammen. Wir ermitteln ihn aus der Bedingung, daß das Moment der Resultierenden D bezüglich der y-Achse gleich sein muß der Summe der von den Elementarkräften dD herrührenden Momente. Mit der Druckmittelpunktstiefe z_0 muß also gelten

$$D\,z_0 = \int\limits_{(F)} z\,dD = \gamma \int\limits_{(F)} z^2\,dF = \gamma\,J_y, \tag{5}$$

wobei das Flächenträgheitsmoment J_y bezüglich der y-Achse mit Hilfe des STEINERschen Satzes durch

$$J_y = J_{ys} + z_s^2\,F$$

ausgedrückt werden kann, so daß aus (5) mit (4)

$$z_0 = z_s + \frac{J_{ys}}{z_s F} \tag{6}$$

hervorgeht. Die Klappe öffnet sich nun, wenn der Druckmittelpunkt unterhalb der Drehachse AA liegt, wenn also $z_0 \geqq h$ ist. Unter der Annahme, daß die Klappe völlig vom Wasser benetzt ist, erhalten wir

$$z_s = h - e, \quad J_{ys} = \frac{\pi\,r^4}{4} \quad \text{und} \quad F = \pi\,r^2,$$

womit aus (6)

$$h \leqq z_0 = h - e + \frac{\pi\,r^4}{4\,\pi\,r^2(h - e)}$$

und damit für die größte Wasserspiegelhöhe h, bei der sich die Klappe noch selbsttätig öffnet,

$$h \leqq e + \frac{r^2}{4\,e} \tag{7}$$

folgt. Damit die dabei getroffene Voraussetzung, daß die Klappe völlig benetzt ist, eingehalten wird, muß ferner

$$h \geqq r + e \tag{8}$$

gelten, so daß sich mit (7)

$$r + e \leqq h \leqq e + \frac{r^2}{4\,e}$$

und hieraus für die größte zulässige Exzentrizität der Drehachse

$$e \leqq \frac{r}{4} \tag{9}$$

ergibt.

A 2. Stabilität und (kleine) Schwingungen eines schwimmenden Kreiszylinders. Ein Kreiszylinder mit dem Radius a, der Höhe h und dem spezifischen Gewicht γ schwimmt in einer Flüssigkeit vom spezifischen Gewicht $\gamma^* > \gamma$. Unter welchen Bedingungen ist die Schwimmlage stabil bei a) vertikaler, b) horizontaler Stellung der Zylinderachse? Welche Schwingungsdauer hat der Zylinder in der Vertikallage, wenn er aus der Gleichgewichtslage um (ein kleines) z_0 in die Flüssigkeit gedrückt und nachher sich selbst überlassen wird?

Lösung. a) Der Zylinder taucht so weit in die Flüssigkeit ein, daß nach dem Prinzip von Archimedes das Gewicht der verdrängten Flüssigkeit gleich dem Zylindereigengewicht ist. Für die Eintauchtiefe h^* muß also

$$\pi\, a^2\, h^*\, \gamma^* = \pi\, a^2\, h\, \gamma,$$

d. h.

$$h^* = \frac{\gamma}{\gamma^*}\, h \tag{1}$$

gelten. Bei dieser ungestörten vertikalen Zylinderlage befinden sich Zylinderschwerpunkt S und Schwerpunkt S_V der verdrängten Flüssigkeitsmenge V senkrecht übereinander (Abb. A 2.1). Lenkt man nun zum Zwecke der Stabilitätsuntersuchung den Zylinder um einen kleinen Winkel aus seiner vertikalen Lage aus (Abb. A 2.2), so liegt der Schwerpunkt des verdrängten Volumens V — und damit auch der Angriffspunkt der resultierenden Auftriebskraft $A = \gamma^* \cdot V$ — nicht mehr auf der Zylinderachse, sondern im Punkte S'_V. Ergibt sich nun der Schnittpunkt M — das sog. *Metazentrum* — der Wirkungslinie der Auftriebskraft mit der Zylinderachse oberhalb des Zylinderschwerpunktes (dem Angriffspunkt des Zylindereigengewichtes G), so bilden G und A ein der Auslenkung entgegentretendes, also stabilisierendes Kräftepaar, d. h. die Schwimmlage ist stabil. Liegt dagegen das Metazentrum unterhalb von S, so wirkt das Kräftepaar im Sinne der Auslenkung und bewirkt ein Umkippen des Schwimmkörpers (Instabilität). Für kleine Auslenkungen ist die Lage des Metazentrums oberhalb des Auftriebsschwerpunktes S_V bei unausgelenkter Stellung durch den Abstand

$$\overline{S_V M} = \frac{J_x}{V} \tag{2}$$

gegeben; dabei bedeuten V das Volumen der verdrängten Flüssigkeit und J_x das Flächenträgheitsmoment des bei ungestörter Lage in Flüssigkeitsspiegelhöhe lie-

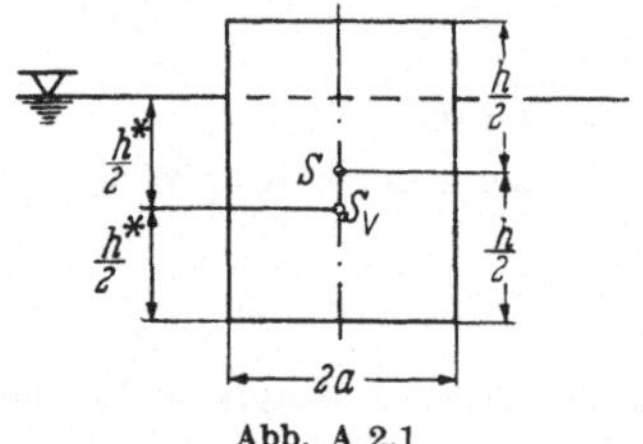

Abb. A 2.1

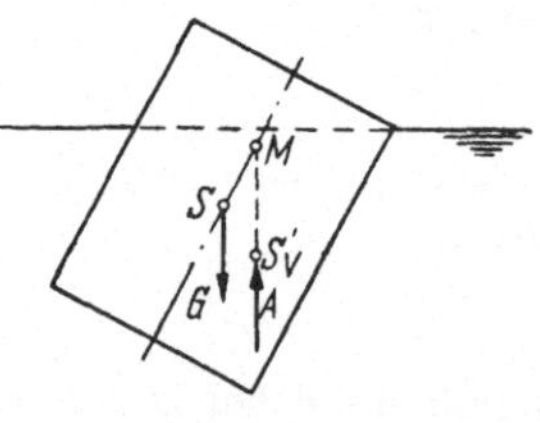

Abb. A 2.2

genden Querschnittes bezüglich der zu der Auslenkung gehörigen Drehachse. Im vorliegenden Fall wird mit $J_x = \dfrac{\pi\, a^4}{4}$ und $V = \pi\, a^2\, h^*$

$$\overline{S_V M} = \frac{a^2}{4\, h^*}$$

und damit die sog. *metazentrische Höhe*

$$\overline{S M} = \frac{h^*}{2} + \overline{S_V M} - \frac{h}{2} = \frac{a^2}{4\, h^*} - \frac{h - h^*}{2}.$$

Aus $\overline{SM} \geq 0$ folgt als Bedingung für die Stabilität

$$\frac{a^2}{4 h^*} \geq \frac{h - h^*}{2}$$

und hieraus mit (1)

$$\left(\frac{a}{h}\right)^2 \geq 2\,\frac{\gamma}{\gamma^*}\left(1 - \frac{\gamma}{\gamma^*}\right). \tag{3}$$

b) Die Stabilitätsuntersuchung des horizontal schwimmenden Kreiszylinders wird bezüglich der zur Zylinderachse senkrechten Drehachse durchgeführt, denn in bezug auf die Zylinderachse ist die Schwimmlage wegen der Rotationssymmetrie grundsätzlich indifferent.

Hat nun das in die Flüssigkeit eintauchende Kreissegment den Zentriwinkel φ und somit die Fläche $F = \frac{a^2}{2}\,(\varphi - \sin\varphi)$, so muß wegen $F\,h\,\gamma^* = \pi\,a^2\,h\,\gamma$

$$\varphi - \sin\varphi = 2\,\pi\,\frac{\gamma}{\gamma^*} \tag{4}$$

sein, und es ergibt sich mit $J_x = \dfrac{h^3\,2\,a\,\sin\dfrac{\varphi}{2}}{12}$ und $V = F\,h$ nach (2)

$$\overline{S_V M} = \frac{h^2\,2\,a\,\sin\dfrac{\varphi}{2}}{12\,F} \tag{5}$$

Da der Schwerpunkt des Kreissegmentes in der Entfernung

$$\overline{S\,S_V} = \frac{\left(2\,a\,\sin\dfrac{\varphi}{2}\right)^3}{12} \tag{6}$$

unter dem Kreismittelpunkt liegt, wird $\overline{SM} = \overline{S_V M} - \overline{S\,S_V}$, so daß aus $\overline{SM} \geq 0$ mit (5) und (6) die Stabilitätsbedingung

$$\frac{h^2\,2\,a\,\sin\dfrac{\varphi}{2}}{12\,F} \geq \frac{\left(2\,a\,\sin\dfrac{\varphi}{2}\right)^3}{12\,F}.$$

d. h.

$$\frac{h}{a} \geq 2\,\sin\frac{\varphi}{2} \tag{7}$$

folgt, wobei der Winkel φ aus Gl. (4) zu erhalten ist.

Bemerkung: Während die Bedingung (7) für $\dfrac{h}{a} \geq 2$ immer erfüllt ist, genügen der Forderung (3) alle Verhältnisse $\dfrac{h}{a} \leq \sqrt{2}$, da dann immer

$$\left(\frac{a}{h}\right)^2 \geq \frac{1}{2} \geq 2\,\frac{\gamma}{\gamma^*}\left(1 - \frac{\gamma}{\gamma^*}\right)$$

ist.

Bedeutet $z = z(t)$ die vertikale Änderung der Gleichgewichtslage des Zylinders, so gilt (entsprechend dem Auftriebsgesetz)

$$a^2\,\pi\,h\,\frac{\gamma}{g}\,\frac{d^2 z}{dt^2} = -\,a^2\,\pi\,z\,\gamma^*,$$

woraus

$$\frac{d^2 z}{dt^2} + \frac{g\,\gamma^*}{h\,\gamma}\,z = 0$$

hervorgeht. Die Schwingungsdauer beträgt demnach $T = 2\,\pi\,\sqrt{\dfrac{h\,\gamma}{g\,\gamma^*}}$.

A 3. Durchflußmengenbestimmung mit Hilfe eines Venturirohres. Für die Bestimmung der durch ein glattes Rohr vom Durchmesser d fließenden Wassermenge Q (spezifisches Gewicht γ) wird ein sog. *Venturirohr* eingebaut. Die Differenz der in den Punkten A und B in der Strömung vorhandenen Drücke wird durch den Niveauunterschied h in dem mit Quecksilber vom spezifischen Gewicht γ^* gefüllten $\cup$-Rohr charakterisiert (Abb. A 3.1).

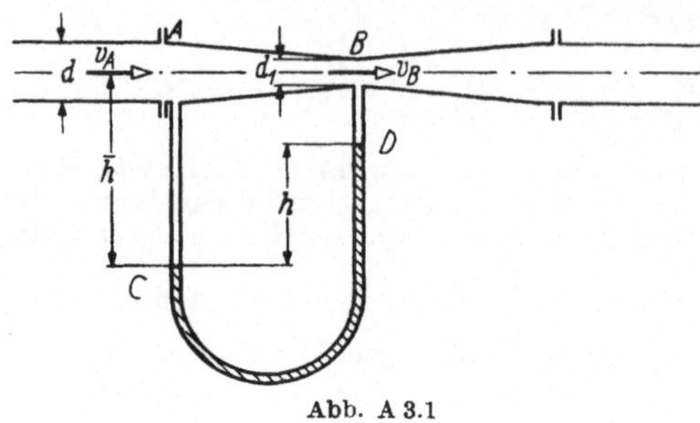

Abb. A 3.1

Wie groß ist die Durchflußmenge Q?

Gegeben: $d = 20$ cm; $d_1 = 10$ cm; $\gamma = 1$ p/cm³; $\gamma^* = 13{,}6$ p/cm³. Gemessen: $h = 10$ cm.

Lösung. Aus der Kontinuitätsgleichung (6.17) erhält man

$$v_B = v_A \frac{F_A}{F_B}, \tag{1}$$

während die BERNOULLIsche Gleichung (6.16) für die Stromlinie AB

$$\frac{v_A^2}{2g} + \frac{p_A}{\gamma} + 0 = \frac{v_B^2}{2g} + \frac{p_B}{\gamma} + 0$$

liefert. Hieraus gewinnt man mit (1) für die Druckdifferenz

$$\frac{p_A - p_B}{\gamma} = \frac{\Delta p}{\gamma} = \frac{v_A^2}{2g}\left[\left(\frac{F_A}{F_B}\right)^2 - 1\right] \tag{2}$$

bzw. für die Durchflußgeschwindigkeit

$$v_A = \sqrt{2g\,\frac{\Delta p}{\gamma}\,\frac{1}{\left(\frac{F_A}{F_B}\right)^2 - 1}} \tag{3}$$

und damit für die Durchflußmenge

$$Q = v_A F_A = F_A \sqrt{2g\,\frac{\Delta p}{\gamma}\,\frac{1}{\left(\frac{F_A}{F_B}\right)^2 - 1}}. \tag{4}$$

Zur Ermittlung von Δp setzen wir die BERNOULLIsche Gleichung (6.16) für den Quecksilberstromfaden CD unter Beachtung von $v_C = v_D = 0$ an

$$\frac{p_C}{\gamma^*} + 0 = \frac{p_D}{\gamma^*} + h$$

und erhalten mit $p_C = p_A + \gamma\,\bar h$ und $p_D = p_B + \gamma\,(\bar h - h)$ (Abb. A 3.1)

$$p_A - p_B = \Delta p = h\,\gamma^*\left(1 - \frac{\gamma}{\gamma^*}\right). \tag{5}$$

Schließlich folgt mit (5) sowie mit $\dfrac{F_A}{F_B} = \left(\dfrac{d}{d_1}\right)^2$ aus (3) die Durchflußgeschwindigkeit zu

$$v_A = \sqrt{2\,g\,h\,\frac{(\gamma^*/\gamma) - 1}{(d/d_1)^4 - 1}} = 1{,}29\,\frac{\text{m}}{\text{sek}}$$

und aus (4) die Wassermenge zu

$$Q = v_A F_A = v_A\,\frac{\pi\,d^2}{4} = 40{,}3\,\frac{\text{ltr}}{\text{sek}}\,.$$

A 4. Abfluß durch eine Rohrleitung. Am Ende einer Rohrleitung vom Querschnitt f, durch die Wasser aus einem sehr großen Gefäß ab-

fließt, wird ein Diffusor angeordnet, um die sekundliche Abflußmenge Q zu steigern (Abb. A 4.1). Welche maximale Wassermenge kann gefördert werden, wenn der Druck wegen der Kavitationsgefahr an keiner Stelle der Leitung unter $p_\text{min} = 0{,}2$ ata absinken soll? Wie groß ist dann der

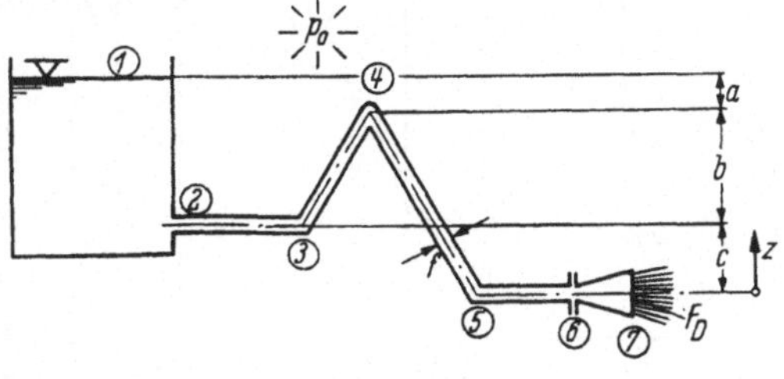

Abb. A 4.1

Diffusorendquerschnitt F_D? (Von Reibungs- und Umlenkverlusten ist abzusehen.)

Gegeben: $a = 1\,\text{m}$; $\quad b = 4\,\text{m}$; $\quad c = 2\,\text{m}$; $\quad f = 10\,\text{cm}^2$; $\quad p_0 = 1$ ata $= 1\,\text{kp/cm}^2$; $\gamma = 10^{-3}\,\text{kp/cm}^3$.

Lösung. Die Bernoullische Gleichung (6.16) für den Stromfaden ① → ⑦ liefert

$$H = \frac{v_1^2}{2g} + \frac{p_0}{\gamma} + a + b + c = \frac{v_7^2}{2g} + \frac{p_0}{\gamma} + 0,$$

und hieraus ergibt sich für die Austrittsgeschwindigkeit v_7, da man wegen $F_1 \gg F_7$ die Geschwindigkeit an der Spiegelfläche $v_1 = 0$ setzen kann,

$$v_7 = \sqrt{2g(a + b + c)} = 11{,}72 \text{ m/sek}. \tag{1}$$

Aus der Kontinuitätsgleichung (6.17) folgt dann, daß im gesamten Rohrstrang ② → ⑥ wegen $f = \text{const}$ die Geschwindigkeit konstant sein muß:

$$v_2 = v_3 = v_4 = v_5 = v_6 = v = v_7\,\frac{F_D}{f}\,. \tag{2}$$

Da aber andererseits die hydraulische Höhe H für die gesamte Leitung konstant ist, der Punkt ④ jedoch die größte geodätische Höhe besitzt, muß dort der kleinste Druck p_min auftreten, so daß man aus der Bernoullischen Gleichung für den Stromfaden ① → ④ mit $v_1 = 0$

$$\frac{p_0}{\gamma} + a + b + c = \frac{v_4^2}{2g} + \frac{p_4}{\gamma} + b + c$$

und daraus mit (2) und $p_4 = p_\text{min}$

$$\left(\frac{F_D}{f}\right)^2 \frac{v_7^2}{2g} = a + \frac{p_0 - p_\text{min}}{\gamma}$$

erhält. Setzt man hier $p_\text{min} = 0{,}2\,p_0$ und v_7 gemäß (1) ein, so ergibt sich

$$F_D = f\,\sqrt{\frac{a + \dfrac{0{,}8\,p_0}{\gamma}}{a + b + c}} = 1{,}133\,f = 11{,}33\ \text{cm}^2$$

und damit die maximale Fördermenge

$$Q = v_7 F_D = v\,f = f\sqrt{2g\left(a + \frac{0{,}8\,p_0}{\gamma}\right)} = 13{,}3\,\frac{\text{ltr}}{\text{sek}},$$

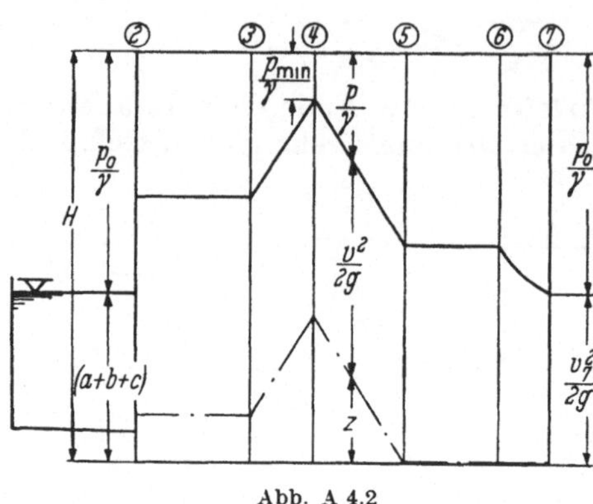

Abb. A 4.2

so daß die Geschwindigkeit im Strang ② → ⑥

$$v = \sqrt{2g\left(a + 0{,}8\frac{p_0}{\gamma}\right)} = 13{,}3\,\text{m/sek}$$

beträgt.

In dem Schaubild (Abb. A 4.2) sind die Energiehöhen graphisch dargestellt, wobei der Verlauf der Geschwindigkeitshöhe im Bereich des Diffusors nur qualitativ gegeben ist.

A 5. Segnersches Rad. Wie groß ist die stationäre Drehzahl n einesum eine vertikale Achse drehbaren zylindrischen Gefäßes, wenn der Antrieb von dem gemäß Abb. A 5.1 aus dem Zylinder ausströmenden Wasser (spezifisches Gewicht γ) herrührt? Zwischen welchen Werten muß die während des Ausströmens konstant gehaltene Wasserhöhe h liegen, um eine Bewegung des Rades stattfinden zu lassen, wenn die Ausflußöffnungen den Gesamtquerschnitt F haben und im Lager das konstante Lagerreibungsmoment M_R wirkt?

Lösung. Bedeutet v die Strömungsgeschwindigkeit in den Ausflußrohren und $\omega = 2\pi n$ die (konstante) Winkelgeschwindigkeit des rotierenden Rades, so verläßt das Wasser die Rohre mit der (absoluten) Austrittsgeschwindigkeit

$$u = v - a\,\omega. \qquad (1)$$

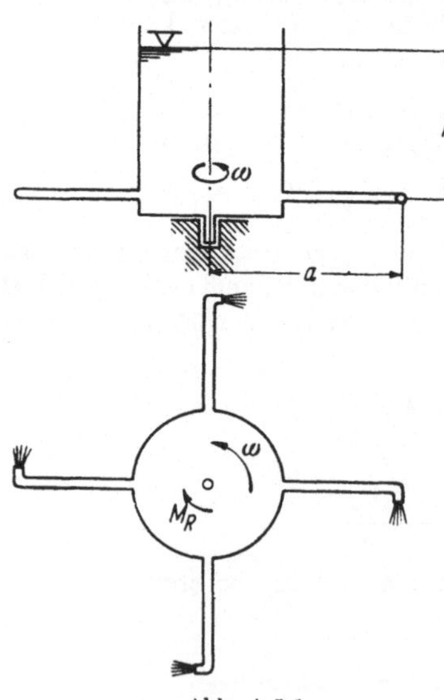

Abb. A 5.1

Für das Moment der Rückstoßkraft bezüglich der Drehachse erhält man dann nach dem Impulssatz der Strömungslehre (6.18)

$$M = a\,\varrho\,Q\,u,$$

und dieses muß, damit keine beschleunigte Drehbewegung auftritt, gleich dem Lagerreibungsmoment M_R sein, d. h.

$$a\,\varrho\,Q\,u = M_R. \qquad (2)$$

Dabei ist $\varrho = \dfrac{\gamma}{g}$ die Dichte und $Q = F\,v$ die in der Zeiteinheit ausströmende Wassermenge. Die Überlegung, daß ferner wegen $\omega = $ const die von dem Lagerreibungsmoment geleistete Arbeit dem Energieanfall gleich sein muß, der durch die Differenz der von der Schwerkraft geleisteten Arbeit und der durch das Ausströmen verlorengegangenen kinetischen Energie gegeben ist, liefert

$$M_R\,\omega = \gamma\,Q\,h - \varrho\,\frac{Q}{2}u^2 = \gamma\,F\,v\left(h - \frac{u^2}{2g}\right). \,(3)$$

Nach Elimination von u und v folgt dann aus (1), (2) und (3) unter Beachtung von $Q = F v$ und $\varrho = \dfrac{\gamma}{g}$

$$\omega = \frac{\sqrt{2g}}{a}\frac{\left(h - \dfrac{M_R}{2\,a\,\gamma F}\right)}{\sqrt{\dfrac{M_R}{a\,\gamma F} - h}}$$

und damit für die Drehzahl

$$n = \frac{\omega}{2\pi} = \frac{\sqrt{2g}}{2\pi a}\frac{\left(h - \dfrac{M_R}{2\,a\,\gamma F}\right)}{\sqrt{\dfrac{M_R}{a\,\gamma F} - h}}. \tag{4}$$

Um positive endliche Drehzahlen zu erhalten, muß gemäß (4)

$$\frac{M_R}{2\,\gamma\,a F} < h < \frac{M_R}{\gamma\,a F} \tag{5}$$

sein.

A 6. Ausflußvorgang bei der Entleerung eines Wasserbehälters.
Ein bis zur Höhe H mit Wasser gefüllter kreiszylindrischer Behälter vom Radius R wird durch eine kleine Bodenöffnung vom Radius r entleert (Abb. A 6.1). Man bestimme den zeitlichen Verlauf des Ausflußvorganges und die Ausflußzeit bis zur völligen Entleerung des Behälters.

Gegeben: $H = 50$ cm; $R = 5$ cm; $r = 0{,}5$ cm.

Lösung. Für die Darstellung des Strömungsvorganges wenden wir die Bernoullische Gleichung der instationären Bewegung (6.15) auf einen zur Zeit t fixierten Stromfaden BA (Abb. A 6.1) an:

$$\frac{v_A^2}{2g} + \frac{p_A}{\gamma} + z_A = \frac{v_B^2}{2g} + \frac{p_B}{\gamma} + z_B - \frac{1}{g}\int\limits_B^A \frac{\partial v}{\partial t}\,ds. \tag{1}$$

Mit $p_A = p_B = p_0$, $z_B = z(t) =$ Spiegelordinate, $z_A = 0$ und $v_B = v_S =$ Sinkgeschwindigkeit des Spiegels folgt aus (1)

$$\frac{v_S^2 - v_A^2}{2g} + z + \frac{1}{g}\int\limits_A^B \frac{\partial v}{\partial t}\,ds = 0 \tag{2}$$

und hieraus mit der Kontinuitätsgleichung (6.17) (unter Verwendung von $F = \pi R^2$, $f = \pi r^2$)

$$v_A = v_S \frac{F}{f} = v_S \left(\frac{R}{r}\right)^2 = v_S\,\alpha, \tag{3}$$

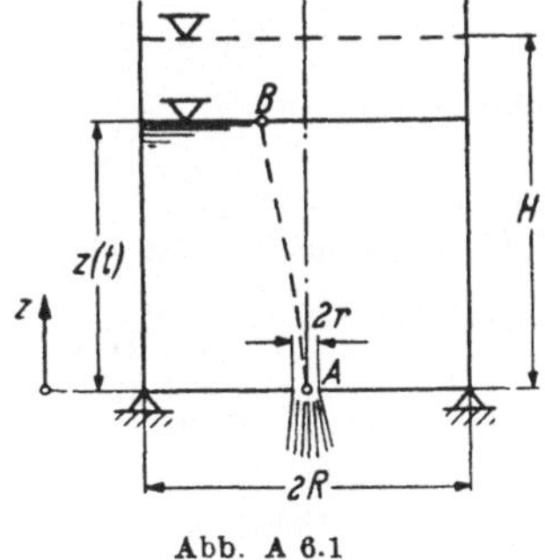

Abb. A 6.1

$$v_S = -\frac{dz}{dt} = \sqrt{\frac{2g}{\alpha^2 - 1}\left(z + \frac{1}{g}\int\limits_A^B \frac{\partial v}{\partial t}\,ds\right)}. \tag{4}$$

In dieser Gleichung nehmen wir zunächst an, daß

$$\frac{1}{g}\int\limits_A^B \frac{\partial v}{\partial t}\,ds \ll z \tag{5}$$

sei, so daß (4) in die Form

$$\frac{dz}{dt} = -\sqrt{\frac{2\,g\,z}{\alpha^2 - 1}} \tag{6}$$

übergeht. Die Lösung dieser Differentialgleichung erhält man nach Trennung der Variablen zu

$$t = C - \sqrt{\frac{2\,(\alpha^2 - 1)}{g}}\,z \tag{7}$$

und die Integrationskonstante C aus der Anfangsbedingung $z(0) = H$ zu

$$C = \sqrt{\frac{2\,(\alpha^2 - 1)\,H}{g}},$$

womit schließlich aus (7)

$$t = \sqrt{\frac{2\,(\alpha^2 - 1)\,H}{g}}\left(1 - \sqrt{\frac{z}{H}}\right) \tag{8}$$

bzw.

$$z = z(t) = H\left[1 - \sqrt{\frac{g}{2\,H\,(\alpha^2 - 1)}}\,t\right]^2 \tag{9}$$

hervorgeht. Aus (8) folgt dann für die Ausflußzeit

$$T = t(z = 0) = \sqrt{\frac{2\,(\alpha^2 - 1)\,H}{g}}$$

und wegen $\alpha^2 = \left(\dfrac{R}{r}\right)^4 \gg 1$

$$T = \alpha\sqrt{\frac{2\,H}{g}} = \left(\frac{R}{r}\right)^2\sqrt{\frac{2\,H}{g}} = 31,9\ \text{sek}. \tag{10}$$

Es bleibt nun noch nachzuweisen, daß die Annahme (5) zu Recht getroffen wurde.

Dazu berechnen wir das Integral $\displaystyle\int_A^B \frac{\partial v}{\partial t}\,ds$ derart, daß wir anstatt längs des Strom-

fadens BA in sehr guter Näherung über die entsprechende vertikale Höhe $z(t)$ integrieren. Da wir für sämtliche Geschwindigkeiten $v(\zeta)$ $[0 \leq \zeta \leq z(t)]$ wegen des mit z unveränderlichen Querschnittes F nach der Kontinuitätsgleichung

$$v(\zeta) = v_S = -\frac{dz}{dt} = \sqrt{\frac{2\,g\,H}{\alpha^2 - 1}}\left[1 - \sqrt{\frac{g}{2\,H\,(\alpha^2 - 1)}}\,t\right] \tag{11}$$

und damit

$$\frac{\partial v}{\partial t} = -\frac{g}{\alpha^2 - 1} \tag{12}$$

folgern können, ergibt sich mit (12)

$$\frac{1}{g}\int_A^B \frac{\partial v}{\partial t}\,ds \approx \frac{1}{g}\int_{\zeta = 0}^{z}\left(-\frac{g}{\alpha^2 - 1}\right)d\zeta = -\frac{z}{\alpha^2 - 1}. \tag{13}$$

Nun ist aber $\alpha^2 - 1 = 9999 \gg 1$, so daß also nach (13) $\left|\dfrac{1}{g}\displaystyle\int_A^B \frac{\partial v}{\partial t}\,ds\right| \ll z$ gilt, womit die Richtigkeit der Annahme (5) erwiesen ist.

Zum Schluß erhalten wir noch für die Ausflußgeschwindigkeit aus (3) mit (11) und $\alpha^2 - 1 \approx \alpha^2$

$$v_A = v_A(t) = \sqrt{2\,g\,H}\left[1 - \frac{t}{\alpha}\sqrt{\frac{g}{2\,H}}\right] = \sqrt{2\,g\,H}\left[1 - \frac{r}{R}\sqrt{\frac{g}{2\,H}}\,t\right], \tag{14}$$

also einen linearen Zusammenhang mit der Zeit.

*A 7. **Die Helmholtzsche Modellregel*** besagt, daß ähnlich gebaute Tiere bei einer Bewegung in einer reibungsfreien und inkompressiblen Flüssigkeit (bzw. in einem solchen Gas) eine auf die Volumeneinheit des Körpers bezogene Leistung aufbringen müssen, die sich mit der Quadratwurzel der (linearen) Abmessungen ändert. Man beweise diese Regel.

Lösung. Aus der BERNOULLISchen Stromfadengleichung (6.16)

$$\frac{v^2}{2\,g} + \frac{p}{\gamma} + z = \text{const}$$

lesen wir ab, daß sich (bei ähnlichen Bewegungen) Längenabmessungen wie z, Geschwindigkeiten v wie $\sqrt{z}$, Drücke p wie z und dementsprechend die Kraft wie $p\,z^2$, also wie z^3, die Leistung (Kraft mal Geschwindigkeit) wie $\sqrt{z^7}$ und schließlich die auf die Volumeneinheit bezogene Leistung sich mit $\sqrt{z}$ ändert.

*A 8. **Zwei (Gedanken-) Experimente mit einer Waage.** a) Fliege unter einer Glasglocke.* Auf der einen Seite einer Waage befindet sich in einem abgeschlossenen Gefäß eine Fliege, die zunächst auf dem Boden des Gefäßes sitzt. Dabei sei die Waage im Zustand des Gleichgewichtes. Wie ändern sich die Verhältnisse, wenn sich die Fliege erhebt und in dem Gefäß umherfliegt?

b) Ein Versuch zur Messung der Stoßkraft. Auf dem einen Arm einer Waage befindet sich ein leeres Gefäß und darüber ein zweites mit Flüssigkeit am Boden mit einem zunächst verschlossenen Hahn. Durch Gegengewichte am anderen Arm befindet sich das System im Gleichgewicht. Was geschieht, wenn man

1. einen Finger so in die Flüssigkeit steckt, daß weder die Flüssigkeit überläuft noch der Finger den Boden erreicht;

2. den Hahn des oberen Gefäßes öffnet und damit Flüssigkeit in das untere strömen läßt?

Lösung. a) Gefäß und Fliege stellen ein abgeschlossenes System (konstanter Masse) dar, an dem außer der mittels der Stützkraft der Waage im Gleichgewicht gehaltenen Schwerkraft keine *äußeren Kräfte* angreifen. Da in den äußeren Kräften auch während des Umherschwirrens der Fliege keine Änderung eintritt, bleibt die Waagschale im Gleichgewichtszustand der Ruhe.

Die vermeintliche Erleichterung der Waagschale um das Gewicht der Fliege beim Abheben des Insekts wird dadurch wieder aufgehoben, daß die Fliege zur Erzielung des Auftriebs entsprechend ihres Gewichtes Luftpartikel nach unten beschleunigen muß, deren Impuls vom Boden des Gefäßes in Form einer Druckerhöhung aufgenommen wird. Daß dieses Phänomen nicht auch an einem offenen System, d. h. beispielsweise beim Abheben und Umherfliegen des Insekts über einer offenen Waagschale beobachtet werden kann, liegt daran, daß sich die der Impulsänderung der Luftteilchen entsprechende Druckerhöhung auf eine weitere Fläche als die der Waagschale und der mit ihr verbundenen Begrenzungsflächen verteilt, so daß ein Teil des erzeugten „Stützdruckes", der zum Aufrechterhalten des Gleichgewichtes der Waage erforderlich wäre, an dieser nicht mehr zur Wirkung kommt. Die Waage wird in diesem Falle also entlastet.

b) 1. Durch den eingetauchten Finger steigt der Flüssigkeitsspiegel und dadurch wird der (hydrostatische) Bodendruck erhöht: Der Waagenarm mit den Gefäßen senkt sich. Die Vermehrung des Bodendruckes ist die Gegenkraft des vom Finger aufgefangenen Auftriebes.

2. Der Waagenarm mit den Gefäßen geht zunächst (durch den „Rückstoß")
in die Höhe. Erreicht der Flüssigkeitsstrahl den Boden des unteren Gefäßes, so
geht die Waage gedämpft schwingend in die Gleichgewichtslage zurück. (Die
Stoßkraft beim Auftreffen ist um das Gewicht des freien Strahles größer als der
Rückstoß beim Ausfluß.) Es ist also auf diese Weise nicht möglich, die Stoßkraft
zu messen, wie es GALILEI versucht hatte!

A 9. Auftrieb eines bewegten Systems. Ein luftgefülltes kreiszylindrisches Faß schwimmt derart im Wasser, daß seine Längsachse parallel
zur Wasseroberfläche liegt. Der Schwerpunkt des Fasses möge nicht
in der Längsachse liegen — man denke sich etwa eine schwere Eisenleiste
an einer Mantellinie angebracht. In der statischen Gleichgewichtslage
liegt der Schwerpunkt unterhalb der Längsachse. Durch ein an der
Achse angreifendes Moment wird das Faß langsam so gedreht, daß der
Schwerpunkt nach oben gelangt. Während der Bewegung muß nun eine
vertikal nach oben gerichtete Kraft gewirkt haben, da anderenfalls sich
der Schwerpunkt nicht in dieser Richtung hätte bewegen können. Woher
stammt diese Kraft?

Lösung. Während der Bewegung sinkt das Faß etwas tiefer ein, so daß es
mehr Wasser verdrängt, als seinem Eigengewicht entspricht; denn das Moment
sucht das Faß um seinen Schwerpunkt zu drehen. Der so entstehende zusätzliche
Auftrieb dient zum Anheben des Schwerpunktes.
Da der Auftrieb stets durch die Achse des Zylinders geht, das Gewicht jedoch
nicht, entsteht ein Kräftepaar. Das außen angreifende Moment hält diesem das
Gleichgewicht.

A 10. Beispiel zum Auftrieb. Von einem auf einem Teich schwimmenden Boot wird ein Stein ins Wasser geworfen. Frage: Fällt oder
steigt der Wasserspiegel oder bleibt er konstant?

Lösung. Er fällt. Denn solange der Stein im Boot liegt, verdrängt er die seinem
Gewicht entsprechende Wassermasse; liegt er im Wasser, so verdrängt er nur die
seinem Volumen entsprechende Menge. Letztere ist aber kleiner, da das spezifische
Gewicht des Steines größer als das des Wassers ist. Handelt es sich allerdings um
Bimsstein, so ändert sich der Wasserspiegel nicht, da dieser auf dem Wasser
schwimmt.

A 11. Schwingungen in einer kommunizierenden Röhre. Ein
U-Rohr von konstantem Querschnitt enthalte (im wesentlichen in den
vertikalen Schenkeln) eine Flüssigkeitssäule der Länge l. Welche Schwingung führt die Flüssigkeitssäule aus, wenn ihre Gleichgewichtslage ge-
stört wird?

Lösung. Gemäß (6.15) hat man für $p_1 = p_2$ und wegen $v_1 = v_2$ zunächst

$$g\,(z_1 - z_2) = \int_0^l \frac{\partial v}{\partial t}\,ds$$

Da $z_1 + z_2 = l$, also $z_1 - z_2 = l - 2z_2$, und $v = \dot z_2$ ist, hat man – nach Differentiation – die Differentialgleichung (mit $z_2 = z$)

$$\ddot z + \frac{2g}{l}\,z = g$$

mit der den Anfangsbedingungen $z(0) = \dfrac{l}{2} + z_0$ und $\dot{z}(0) = 0$ genügenden Lösung

$$z = z_2 = \frac{l}{2} + z_0 \cos \sqrt{\frac{2g}{l}}\, t\,.$$

Die Schwingungsdauer beträgt also $T = 2\pi \sqrt{l/2\,g}$. Für die Oberfläche des anderen Flüssigkeitsspiegels erhält man

$$z_1 = l - z_2 = \frac{l}{2} - z_0 \cos \sqrt{\frac{2g}{l}}\, t\,.$$

3. Potentialströmung idealer Flüssigkeiten. In der BERNOULLIschen Gleichung (6.16) ist H eine für eine Stromlinie bzw einen Stromfaden charakteristische Konstante; sie ändert sich von Stromfaden zu Stromfaden. Für den Fall, daß der Geschwindigkeitsvektor $\mathfrak{v}$ und die Massenkraft $\mathfrak{K}$ sich aus *Potentialen* bestimmen lassen, wenn also

$$\mathfrak{v} = \operatorname{grad} \varphi = \left\{ \frac{\partial \varphi}{\partial x};\ \frac{\partial \varphi}{\partial y};\ \frac{\partial \varphi}{\partial z} \right\} = \{v_x;\ v_y;\ v_z\} \tag{6.22}$$

und

$$\mathfrak{K} = -\operatorname{grad} U = \left\{ -\frac{\partial U}{\partial x};\ -\frac{\partial U}{\partial y};\ -\frac{\partial U}{\partial z} \right\} = \{X;\ Y;\ Z\} \tag{6.23}$$

ist, kann man die EULERsche Bewegungsgleichung (6.9) einmal integrieren. Wegen (6.22) gilt nämlich

$$\operatorname{rot} \mathfrak{v} = \operatorname{rot} \operatorname{grad} \varphi = \nabla \times \nabla \varphi = 0\,, \tag{6.24}$$

so daß aus (6.9)

$$\operatorname{grad}\left[\frac{\partial \varphi}{\partial t} + \frac{1}{2}\,(\operatorname{grad}\varphi)^2 + \frac{p}{\varrho} + U \right] = 0\,,$$

d. h.

$$\frac{\partial \varphi}{\partial t} + \frac{1}{2}\,(\operatorname{grad}\varphi)^2 + \frac{p}{\varrho} + U = \frac{\partial \varphi}{\partial t} + \frac{1}{2}\,v^2 + \frac{p}{\varrho} + U = C\,(t) \tag{6.25}$$

folgt. In (6.25) ist nun $C\,(t)$ eine für das ganze Strömungsfeld charakteristische Größe, die für den stationären Fall $\dfrac{\partial \varphi}{\partial t} = 0$ zu einer zeitunabhängigen Konstanten wird:

$$\frac{1}{2}\,v^2 + \frac{p}{\varrho} + U = \text{const} = C\,. \tag{6.26}$$

Für das Schwerefeld ist $U = g\,z$, während für das *Geschwindigkeitspotential* φ aus (6.22) und (6.13) die sog. *Laplacesche Potentialgleichung*

$$\frac{\partial^2 \varphi}{\partial x^2} + \frac{\partial^2 \varphi}{\partial y^2} + \frac{\partial^2 \varphi}{\partial z^2} = \nabla\nabla\varphi = \varDelta\varphi = 0 \tag{6.27}$$

hervorgeht. Eine Lösung dieser Differentialgleichung ist

$$\varphi = \varphi\,(x,\, y,\, z) = \frac{\text{const}}{\sqrt{x^2 + y^2 + z^2}} = \frac{\text{const}}{r}\,: \tag{6.28}$$

sie kann als das Potential einer im Nullpunkt lokalisierten Quelle oder Senke gedeutet werden.

Bei Potentialströmungen verschwindet die gemäß (6.14) definierte Zirkulation, wenn in dem vom geschlossenen Integrationsweg eingeschlossenen Gebiet keine Singularitäten (z. B. Quellen) auftreten:

$$\Gamma = \oint_{\mathfrak{C}} \mathfrak{v}\,d\mathfrak{r} = \oint_{\mathfrak{C}} \operatorname{grad}\varphi\,d\mathfrak{r} = \oint_{\mathfrak{C}}\left(\frac{\partial\varphi}{\partial x}\,dx + \frac{\partial\varphi}{\partial y}\,dy + \frac{\partial\varphi}{\partial z}\,dz\right) = \oint_{\mathfrak{C}} d\varphi = 0.$$

Für *ebene Potentialströmungen* hat man in den komplexen analytischen Funktionen

$$w = f(z) = f(x + i\,y) = \varphi(x,\,y) + i\,\psi(x,\,y)\,, \tag{6.29}$$

für die die CAUCHY-RIEMANNschen Differentialgleichungen

$$\frac{\partial\varphi}{\partial x} = \frac{\partial\psi}{\partial y} \quad \text{und} \quad \frac{\partial\varphi}{\partial y} = -\frac{\partial\psi}{\partial x} \tag{6.30}$$

und somit

$$\frac{\partial^2\varphi}{\partial x^2} + \frac{\partial^2\varphi}{\partial y^2} = 0 \quad \text{und} \quad \frac{\partial^2\psi}{\partial x^2} + \frac{\partial^2\psi}{\partial y^2} = 0 \tag{6.31}$$

gelten, einen großen Vorrat an Potentialfunktionen $\varphi = \varphi(x,\,y)$. Man nennt $\varphi(x,\,y) = $ const (*Äqui-*) *Potential-* und $\psi(x,\,y) = $ const *Stromlinien*; beide Kurvenscharen schneiden sich rechtwinklig.

Wegen

$$v_x = \frac{\partial\varphi}{\partial x} = \frac{\partial\psi}{\partial y}\,, \quad v_y = \frac{\partial\varphi}{\partial y} = -\frac{\partial\psi}{\partial x} \tag{6.32}$$

erhält man

$$\frac{dw}{dz} = f'(z) = \frac{\partial\varphi}{\partial x} + i\frac{\partial\psi}{\partial x} = v_x - i\,v_y = \overline{\mathfrak{v}}\,,$$

d. h.

$$\mathfrak{v} = \overline{f'(z)} = \frac{\partial\varphi}{\partial x} - i\frac{\partial\psi}{\partial x}\,, \tag{6.33}$$

wobei mit dem Querstrich der konjugiert komplexe Wert angedeutet wird. Man nennt $w = f(z)$ auch das *komplexe Geschwindigkeitspotential*.

Die Differenz zweier Funktionswerte ψ_1 und ψ_2 ist gleich der zwischen den ihnen entsprechenden Stromlinien je Tiefen- und Zeiteinheit durchströmenden Flüssigkeitsmenge:

$$\psi_2 - \psi_1 = Q\,. \tag{6.34}$$

Den vorangehend geschilderten Zusammenhang zwischen ebener Potentialströmung und Funktionentheorie verwendet man in der Weise, daß man zu bekannten analytischen Funktionen $w = f(z)$ die zugehörigen Strömungsbilder konstruiert; durch Superposition dieser Strömungen kann man solche komplizierteren Charakters entwerfen. Wir führen *einige Beispiele* an:

a) Parallelströmung. Der komplexen Funktion

$$w = v_0 z = v_0 x + i\,v_0 y = \varphi + i\,\psi \tag{6.35}$$

entspricht wegen

$$v_x = \frac{\partial\varphi}{\partial x} = v_0\,, \quad v_y = \frac{\partial\varphi}{\partial y} = 0$$

eine zur x-Achse parallele Strömung mit der konstanten Geschwindigkeit v_0 (Abb. 6.4).

b) Quellinienströmung. Dem Geschwindigkeitspotential (mit reellem C)

$$w = f(z) = C \log z = \frac{1}{2} C \ln(x^2 + y^2) + i C \arctan\frac{y}{x} = \varphi + i\,\psi \qquad (6.36)$$

entspricht die Strömung einer im Nullpunkt liegenden Quelle, deren Quellstärke Q mit der Konstanten C nach (6.34) in der Beziehung $C = Q/2\pi$ steht. Die Stromlinien sind Geraden durch, die Potentiallinien konzentrische Kreise um den Nullpunkt (Abb. 6.5).

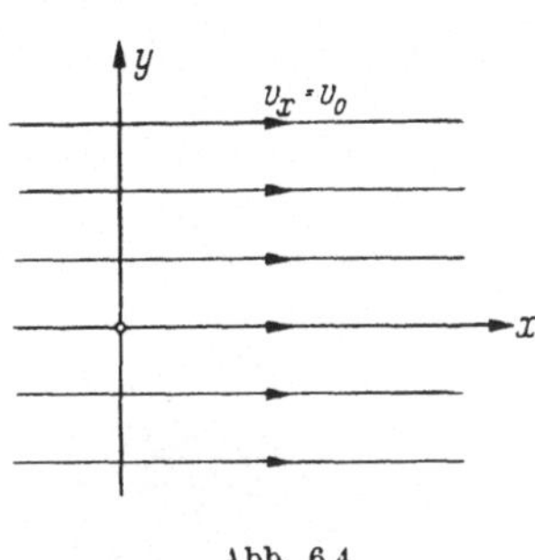

Abb. 6.4

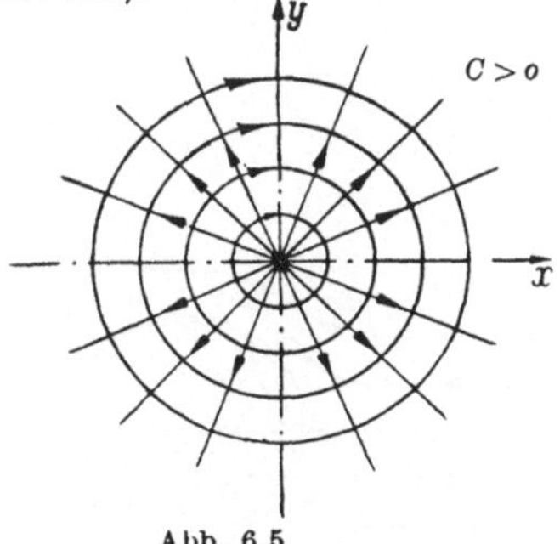

Abb. 6.5

c) Wirbellinienströmung. Für reelles C entspricht

$$w = i C \log z = - C \arctan\frac{y}{x} + i\,\frac{C}{2}\ln(x^2 + y^2) = \varphi + i\,\psi \qquad (6.37)$$

einer Strömung auf konzentrischen Kreisen um den Nullpunkt; gegenüber b) vertauschen hier Potential- und Stromlinien ihre Rollen (Abb. 6.5). Entsprechend dem Strömungsbild spricht man hier von einem *Potentialwirbel,* und in der Tat ergibt $\Gamma = \oint \mathfrak{v}\, d\mathfrak{r}$ längs einer *den Nullpunkt umschließenden* Kurve (z. B. eines Kreises) $\Gamma = -2\pi C \neq 0$.

d) Dipolströmung. Durch Superposition einer Quellen- und einer Senkenströmung gleicher Stärke hat man zunächst

$$w = C \log(z + x_0) - C \log(z - x_0), \qquad (6.38)$$

wobei $z = \pm\, x_0$ die Lagen von Quelle und Senke (auf der x-Achse) bedeuten. Läßt man nun die Entfernung $2\,x_0$ gegen Null und C gegen Unendlich gehen derart, daß $2\,x_0 C = \mu$ wird, so bekommt man aus (6.38) das *Dipolpotential*

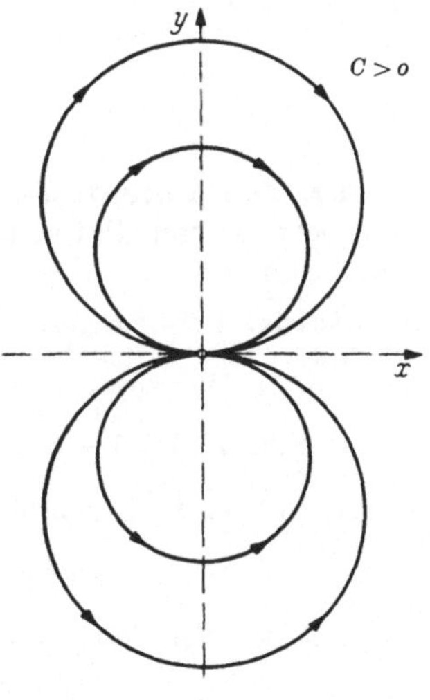

Abb. 6.6

$$w = f(z) = \frac{\mu}{z} = \frac{\mu\,x}{x^2 + y^2} + i\,\frac{-\mu\,y}{x^2 + y^2} = \varphi + i\,\psi \qquad (6.39)$$

mit dem Strömungsbild gemäß Abb. 6.6.

e) Strömung um einen Kreis bzw. um einen unendlich langen Zylinder. Die Funktion

$$w = f(z) = v_0\left(z + \frac{a^2}{z}\right), \tag{6.40}$$

also die Superposition einer Parallel- und einer Dipolströmung, liefert die Strömung um einen Kreis vom Radius a. Sie entsteht, wenn man in eine Parallelströmung einen Kreiszylinder (als „Hindernis") stellt (Abb. 6.7); man bezeichnet sie auch als *Ausweichströmung*. Durch

$$w = f(z) = v_0\left(z + \frac{a^2}{z}\right) + i\,C\log z \tag{6.41}$$

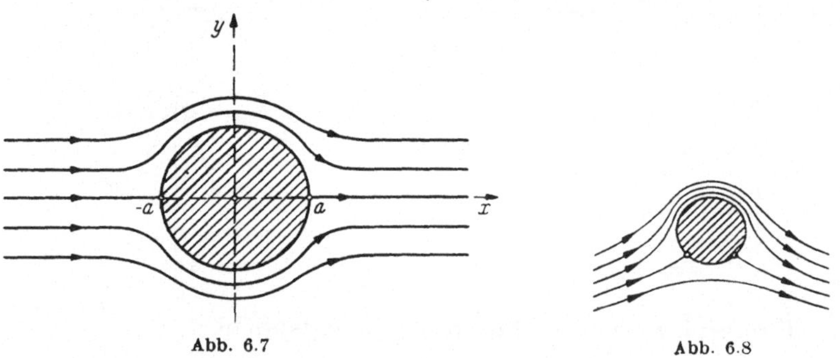

Abb. 6.7　　　　　　　　　　　　　　　Abb. 6.8

wird die allgemeinste Strömung um den Kreis (Abb. 6.8) erfaßt, und in diesem Falle ergibt sich ein *Auftrieb* je Tiefeneinheit

$$A = \varrho\,v_0\,2\,\pi\,C\,. \tag{6.42}$$

Aufgaben

A 1. Der Potentialstrudel. Man untersuche die Strömung, die zu dem komplexen Potential $w = (c_1 + i\,c_2)\log z$ gehört (c_1 und c_2 sind reelle Zahlen).

Lösung. Bei dem gegebenen Potential handelt es sich um eine Überlagerung der unter (6.36) behandelten *Quellinienströmung* und einer *Wirbellinienströmung* nach (6.37). Wir superponieren die angegebenen Lösungen und erhalten

$$w = c_1\frac{1}{2}\ln(x^2 + y^2) - c_2\arctan\frac{y}{x} + i\left[c_1\arctan\frac{y}{x} + c_2\frac{1}{2}\ln(x^2 + y^2)\right]. \tag{1}$$

Gehen wir auf Polarkoordinaten über, so gilt

$$\tan\vartheta = \frac{y}{x}, \qquad r = \sqrt{x^2 + y^2}, \tag{2}$$

und mit den Beziehungen (2) geht Gl. (1) über in

$$w = c_1\ln r - c_2\vartheta + i(c_1\vartheta + c_2\ln r). \tag{3}$$

Es sind also entsprechend (6.29)

$$\varphi(r,\vartheta) = c_1\ln r - c_2\vartheta; \qquad \psi(r,\vartheta) = c_1\vartheta + c_2\ln r. \tag{4}$$

In Polarkoordinaten lauten die CAUCHY-RIEMANNschen Differentialgleichungen

$$\frac{\partial\varphi}{\partial r} = \frac{1}{r}\frac{\partial\psi}{\partial\vartheta}; \qquad \frac{1}{r}\frac{\partial\varphi}{\partial\vartheta} = -\frac{\partial\psi}{\partial r}$$

so daß entsprechend (6.32) die Geschwindigkeitskomponenten in Polarkoordinaten zu

$$v_r = \frac{\partial \varphi}{\partial r} = \frac{1}{r}\,\frac{\partial \psi}{\partial \vartheta}; \qquad v_\vartheta = \frac{1}{r}\,\frac{\partial \varphi}{\partial \vartheta} = -\,\frac{\partial \psi}{\partial r} \tag{5}$$

werden.

Für den Geschwindigkeitsvektor im r,ϑ-System erhalten wir also

$$\mathfrak{v} = \frac{1}{r}\,\{c_1;\ -c_2\}. \tag{6}$$

Die Gleichung der Stromlinien folgt aus $\psi = \text{const}$ zu

$$r = e^{\frac{\psi - c_1\vartheta}{c_2}} = C\,e^{-\frac{c_1}{c_2}\vartheta},$$

und die ihr entsprechenden Kurven sind logarithmische Spiralen. Nach (6.34) ist die zwischen zwei Punkten je Tiefeneinheit der Strömung hindurchfließende Menge gleich der Differenz der zu diesen Punkten gehörigen Stromfunktionen ψ. Legen

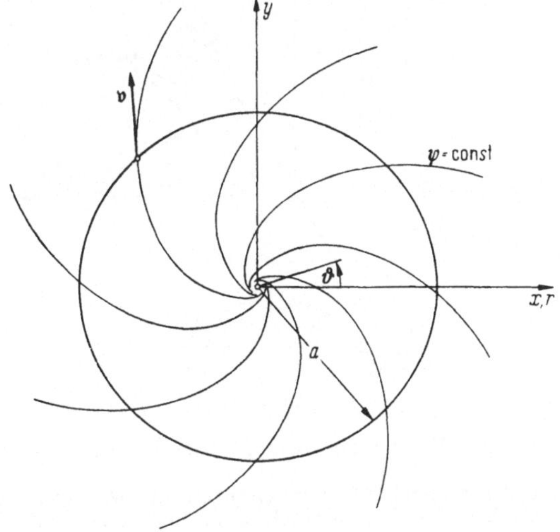

Abb. A 1.1

wir also einen Kreis vom Radius a um den Strudelmittelpunkt, so ist die durchfließende Menge (Abb. A 1.1) nach (4)

$$\psi_2 - \psi_1 = \psi(a, 2\pi) - \psi(a, 0) = +\,2\pi c_1,$$

und das ist genau die Menge, die aus der durch Gl. (6.36) beschriebenen Quelle austritt, so daß man mit der Ergiebigkeit Q den Wert $c_1 = \dfrac{Q}{2\pi}$ erhält. Über die *Zirkulation*

$$\Gamma = \oint \mathfrak{v}\,d\mathfrak{r} = \oint \frac{1}{r}\,\{c_1;\ -c_2\}\,\{0;\ r\,d\vartheta\} = -\,2\pi c_2$$

erhalten wir $c_2 = -\dfrac{\Gamma}{2\pi}$.

Damit ist den Konstanten c_1 und c_2 eine physikalische Deutung gegeben worden. In Abb. A 1.1 ist die untersuchte Strömung dargestellt.

A 2. Eckenströmung. Man diskutiere die durch die komplexen Funktionen $w = w(z) = c\,z^n$ dargestellten ebenen Strömungsfelder. Die Konstante c sei reell.

Lösung. Wir schreiben die zu untersuchende Funktion auf Polarkoordinaten um und erhalten

$$w(z) = c\, r^n\, e^{i n \vartheta} = c\, r^n\, (\cos n\,\vartheta + i \sin n\,\vartheta). \tag{1}$$

Aus Gl. (1) folgt die Stromfunktion

$$\psi = c\, r^n \sin n\,\vartheta, \tag{2}$$

aus der wir zunächst eine qualitative Aussage über die Form der Strömung erhalten können. Es ist nämlich

$$r = \sqrt[n]{\frac{\psi}{c \sin n\,\vartheta}}, \tag{3}$$

und wir ersehen bei konstantem ψ aus (3), daß für $r \to \infty$ der $\sin n\vartheta \to 0$ streben muß, so daß $n\,\vartheta = k\,\pi$ ($k = 0, 1, 2, \ldots$) gilt. Das bedeutet, daß sich die Strom-

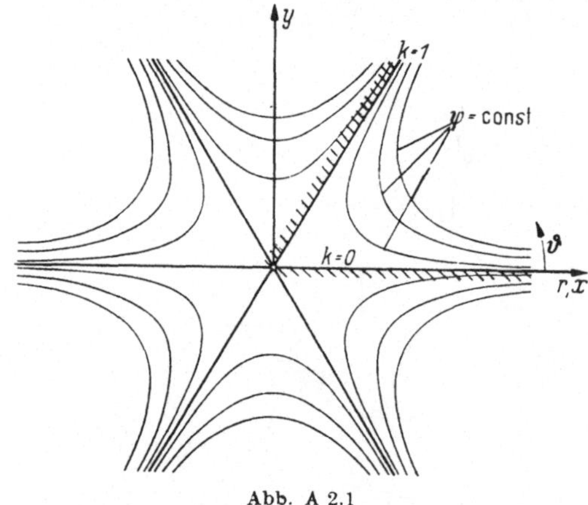

Abb. A 2.1

linien mit wachsender Entfernung asymptotisch den Geraden $\vartheta = \dfrac{k\,\pi}{n}$ nähern (Abb. A 2.1).

Wir wollen in den folgenden Untersuchungen nur den ersten Sektor ($k = 0, 1$) mit dem Sektorwinkel $\alpha_n = \pi/n$ betrachten und erkennen, daß durch die Funktion $w = z^n$ eine sog. *Eckenströmung* beschrieben wird. Bemerkenswert ist noch, daß für $n > 1$ eine „Innenströmung" und für $n < 1$ eine „Außenströmung" vorliegt, während $n = 1$ die unter (6.35) beschriebene Parallelströmung liefert. Werte $n < \dfrac{1}{2}$ sind physikalisch sinnlos, da dann der Winkel α_n zwischen den die Strömung eingrenzenden Wänden größer als $2\,\pi$ wird. In Abb. A 2.2 sind einige Fälle der untersuchten Strömung dargestellt.

Wir wollen uns nun die Gleichung der Stromlinien in kartesischen Koordinaten verschaffen. Dazu entwickeln wir die Funktion $w = z^n$ nach dem binomischen Lehrsatz:

$$w = (x + i\,y)^n = x^n + n\,x^{n-1}\,i\,y - \frac{n(n-1)}{2!}\,x^{n-2}\,y^2 -$$
$$- \frac{n(n-1)(n-2)}{3!}\,x^{n-3}\,i\,y^3 + \cdots, \tag{4}$$

und damit wird die Stromfunktion

$$\psi = n\,x^{n-1}\,y - \frac{n(n-1)(n-2)}{3!}\,x^{n-3}\,y^3 +$$
$$+ \frac{n(n-1)(n-2)(n-3)(n-4)}{5!}\,x^{n-5}\,y^5 - \cdots. \tag{5}$$

So sind z.B. für $n = 2$ (Abb. A 2.2) die Stromlinien Hyperbeln. Für den Fall $n = \dfrac{1}{2}$ gilt nach Quadrieren von w

$$c^2(x + i\,y) = \varphi^2 + 2\,i\,\varphi\,\psi - \psi^2,$$

woraus wir durch Koeffizientenvergleich $\varphi = \dfrac{c^2\,y}{2\,\psi}$ und weiter

$$c^2\,x = \frac{c^4\,y^2}{4\,\psi^2} - \psi^2$$

bzw.

$$y = \frac{2\,\psi}{c}\sqrt{x + \frac{\psi^2}{c^2}}\,,$$

also Parabeln als Stromlinien erhalten (Abb. A 2.2).

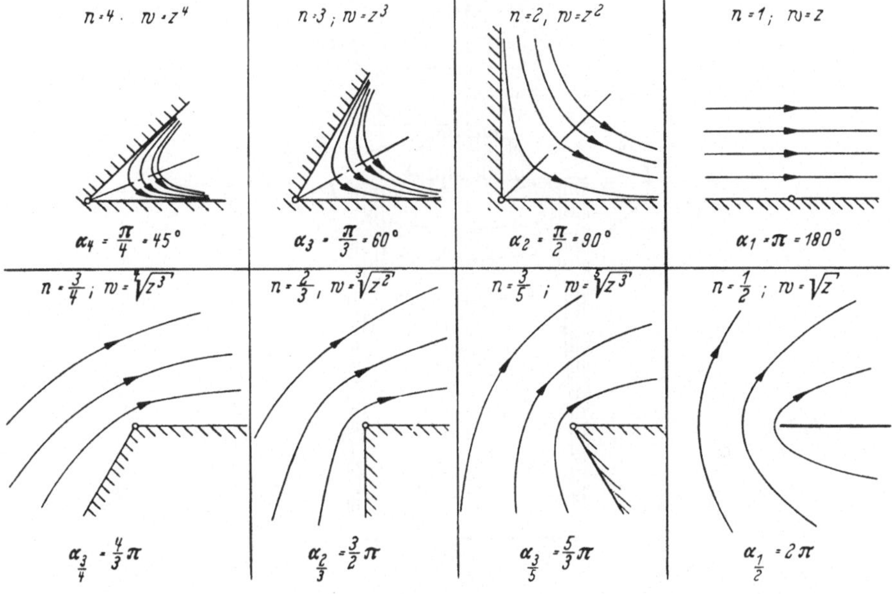

Abb. A 2.2

A 3. Umströmung einer Platte. Man zeige, daß das komplexe Potential $w(z) = c\,\mathrm{arc}\cos\dfrac{z}{l}$ mit reellem c eine ebene Zirkulationsströmung um eine dünne Platte von der Länge $2\,l$ darstellt und bestimme den Druckverlauf längs der Platte.

Lösung. Die Zerlegung der Funktion $w = c\,\mathrm{arc}\cos\dfrac{z}{l} = \varphi + i\,\psi$ geschieht am zweckmäßigsten über die Umkehrfunktion:

$$\frac{z}{l} = \frac{x}{l} + i\,\frac{y}{l} = \cos\left(\frac{\varphi}{c} + i\,\frac{\psi}{c}\right). \tag{1}$$

Eine weitere Umformung der Gl. (1) liefert

$$\frac{x}{l} + i\,\frac{y}{l} = \cos\frac{\varphi}{c}\cos i\,\frac{\psi}{c} - \sin\frac{\varphi}{c}\sin i\,\frac{\psi}{c}\,.$$

und mit den Beziehungen $\cos i\alpha = \cosh\alpha$; $\sin i\alpha = i\sinh\varkappa$ erhalten wir zunächst

$$\frac{x}{l} + i\,\frac{y}{l} = \cos\frac{\varphi}{c}\cosh\frac{\psi}{c} - i\sin\frac{\varphi}{c}\sinh\frac{\psi}{c}. \tag{2}$$

Die Trennung von Gl. (2) in Real- und Imaginärteil führt auf

$$\frac{x}{l} = \cos\frac{\varphi}{c}\cosh\frac{\psi}{c};\qquad \frac{y}{l} = -\sin\frac{\varphi}{c}\sinh\frac{\psi}{c}. \tag{3}$$

Wenn wir die Gln. (3) quadrieren und dann addieren bzw. subtrahieren, so folgt

$$\frac{\left(\dfrac{x}{l}\right)^2}{\cosh^2\dfrac{\psi}{c}} + \frac{\left(\dfrac{y}{l}\right)^2}{\sinh^2\dfrac{\psi}{c}} = 1 \quad\text{bzw.}\quad \frac{\left(\dfrac{x}{l}\right)^2}{\cos^2\dfrac{\varphi}{c}} - \frac{\left(\dfrac{y}{l}\right)^2}{\sin^2\dfrac{\varphi}{c}} = 1. \tag{4}$$

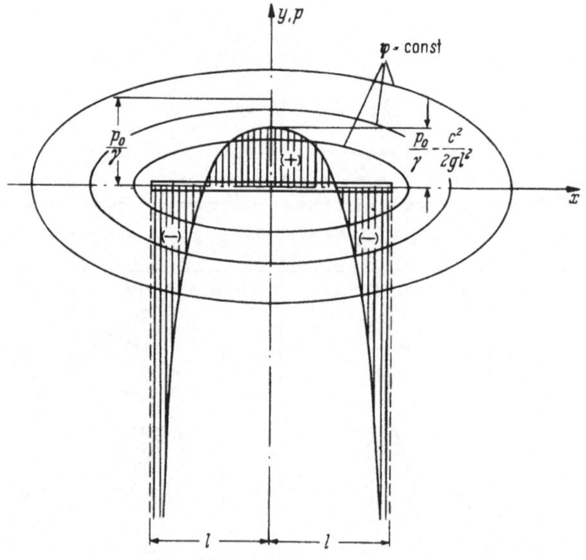

Abb. A 3.1

Aus der ersten Gl. (4) ersehen wir, daß die Stromlinien Ellipsen sind, und nach (6.33) erhalten wir den Geschwindigkeitsvektor auf der x-Achse ($y = 0$)

$$v = \overline{f'(z)} = \begin{cases} \left\{\mp\dfrac{c/l}{\sqrt{1 - (x/l)^2}}\;;\qquad 0 \right\};\ |x| < l, \\[2ex] \left\{\qquad 0 \qquad;\ \pm\dfrac{c/l}{\sqrt{(x/l)^2 - 1}}\right\};\ |x| > l. \end{cases} \tag{5}$$

Die Druckverteilung an der Platte errechnen wir mit Hilfe der Gl. (6.26) mit $v(\infty, 0) = 0$ und $p(\infty, 0) = p_0$ zu

$$\frac{p(x, 0)}{\gamma} = \frac{p_0}{\gamma} - \frac{v^2(x, 0)}{2g} = \frac{p_0}{\gamma} - \frac{c^2}{2gl^2}\,\frac{1}{1 - \left(\dfrac{x}{l}\right)^2}. \tag{6}$$

Einige Stromlinien sowie der qualitative Verlauf der Druckhöhe sind in Abb. A 3.1 dargestellt.

4. Zähe Flüssigkeiten. Da die zähen Flüssigkeiten auch weitgehend inkompressibel sind, bleibt die Kontinuitätsgleichung (6.13) für diese bestehen, während die EULERschen Bewegungsgleichungen (6.7) modifiziert werden müssen, da wegen der auftretenden Schubspannungen die Normaldrücke nicht mehr richtungsunabhängig sind. Nun lehrt die Erfahrung, daß die infolge der Zähigkeit auftretenden Schubspannungen proportional zum Geschwindigkeitsgefälle sind. Für den einfachsten Fall einer Parallelströmung setzt man nach NEWTON

$$\tau = \tau_{xy} = \mu \frac{d v_x}{d y}, \qquad (6.43)$$

wobei der Zähigkeitskoeffizient μ eine vom Medium und von der Temperatur abhängige Konstante ist. Die Erweiterung auf ein allgemeines (räumliches) Strömungsfeld ist evident:

$$\tau_{xy} = \mu\left(\frac{\partial v_x}{\partial y} + \frac{\partial v_y}{\partial x}\right), \quad \tau_{xz} = \mu\left(\frac{\partial v_x}{\partial z} + \frac{\partial v_z}{\partial x}\right), \quad \tau_{yz} = \mu\left(\frac{\partial v_y}{\partial z} + \frac{\partial v_z}{\partial y}\right). \quad (6.44)$$

Das sind ähnliche Gleichungen wie (3.3) in der Elastizitätstheorie mit dem Unterschied, daß hier anstelle der Verschiebungen die Geschwindigkeitskomponenten erscheinen und G durch μ ersetzt wird. Für die Normalspannungen gelten

$$\sigma_x = 2\,\mu\,\frac{\partial v_x}{\partial x}, \quad \sigma_y = 2\,\mu\,\frac{\partial v_y}{\partial y}, \quad \sigma_z = 2\,\mu\,\frac{\partial v_z}{\partial z}, \qquad (6.45)$$

und man erhält, nachdem man die EULERschen Bewegungsgleichungen (6.3) im Sinne von (3.1) korrigiert hat, die *Navier-Stokesschen Gleichungen*

$$\frac{d v_x}{d t} = \frac{\partial v_x}{\partial t} + v_x \frac{\partial v_x}{\partial x} + v_y \frac{\partial v_x}{\partial y} + v_z \frac{\partial v_x}{\partial z} =$$

$$= X - \frac{1}{\varrho}\frac{\partial p}{\partial x} + \frac{\mu}{\varrho}\left(\frac{\partial^2 v_x}{\partial x^2} + \frac{\partial^2 v_x}{\partial y^2} + \frac{\partial^2 v_x}{\partial z^2}\right) \qquad (6.46)$$

sowie zwei weitere entsprechende Gleichungen für die y- und die z-Richtung. In vektorischer Form gilt:

$$\frac{d\mathfrak{v}}{d t} = \frac{\partial \mathfrak{v}}{\partial t} + (\mathfrak{v}\,\nabla)\,\mathfrak{v} = \mathfrak{K} - \frac{1}{\varrho}\nabla p + \frac{\mu}{\varrho}\,\Delta\mathfrak{v}. \qquad (6.47)$$

Lösungen der NAVIER-STOKESschen Gleichungen liegen nur in den einfachsten Fällen vor, so z. B. für die (parallele) Kreisrohrströmung mit einem parabolischen Geschwindigkeitsprofil über dem Durchmesser (maximale Geschwindigkeit in der Rohrachse, Haften der Flüssigkeit an den Wänden). Näherungslösungen von STOKES liegen für die Kugelbewegung in Flüssigkeiten großer Zähigkeit vor. Der Widerstand ist dann

$$W = 6\,\pi\,\mu\,a\,v_0, \qquad (6.48)$$

wobei a den Kugelradius und v_0 die Anström- bzw. Kugelgeschwindigkeit bedeuten. Für kleine Zähigkeiten (Gase, Wasser) schuf PRANDTL die *Grenzschichttheorie: Das Medium verhält sich in einiger Entfernung von den Wänden wie eine ideale Flüssigkeit (Außenströmung), während in Wandnähe eine dünne sog. Grenzschicht existiert, in der die Geschwindigkeit mit großem Gefälle von dem Wert der Außenströmung auf Null an der Wand abfällt und in der senkrecht zur Strömung der gleiche konstante Druck herrscht wie in der benachbarten, auf ein Potential zurückführbaren Außenströmung.* In der Grenzschicht verhält sich das Medium wie eine zähe Flüssigkeit im Sinne der NAVIER-STOKESschen Gleichungen. Diese Grenzschicht ist mit ihrem großen Geschwindigkeitsgefälle für die Entstehung von Wirbeln verantwortlich (s. S. 230).

Zur Strömung zäher Flüssigkeiten ist grundsätzlich noch folgendes zu sagen: Man unterscheidet *laminare* und *turbulente Strömung.* Die erste ist eine geordnete Bewegung der Teilchen in parallelen Bahnen, während bei der turbulenten neben der Hauptströmung (die z. B. in einem Fluß das Wasser in einer bestimmten Richtung fortträgt) eine ungeordnete Bewegung existiert. REYNOLDS hat durch Versuche festgestellt, daß unter qualitativ gleichen Bedingungen beide Strömungsarten möglich sind und daß es eine zahlenmäßig angebbare, von Medium, Geschwindigkeit und geometrischer Abmessung abhängige Grenze gibt, die laminare und turbulente Strömung voneinander trennt; sie ist festgelegt durch die sog. *kritische Reynoldssche Zahl.* Man definiert als *Reynoldssche Zahl* einer Strömung

$$R = \frac{\bar{v}\,l}{\nu}, \qquad (6.49)$$

wobei $\bar{v}$ eine kennzeichnende Strömungsgeschwindigkeit, l eine Längenabmessung und

$$\nu = \frac{\mu}{\varrho} \qquad (6.50)$$

die sog. *kinematische Zähigkeit* bedeuten. Für eine Kreisrohrströmung ist z. B. $\bar{v} = Q/F =$ mittlere Strömungsgeschwindigkeit und $l = a$ $=$ Rohrradius[1]. Der Wert von R, bei dem die laminare Strömung in turbulente umschlägt, ist die kritische REYNOLDSsche Zahl R_{kr}. Für Kreisrohrströmungen ist $R_{kr} = 1160$; damit kann man gemäß (6.49) bei zwei Vorgaben die dritte (kritische) Größe errechnen.

Aufgaben

A 1. *Strömungsprofil über einem Rohr elliptischen Querschnitts*. Unter der Voraussetzung laminarer, quellenfreier, stationärer Strömung bestimme man die Geschwindigkeitsverteilung und die Durchflußmenge in einem geraden, geneigten Rohr von der Länge l mit elliptischem Querschnitt (Abb. A 1.1).

Lösung. Wir gehen aus von den NAVIER-STOKESschen Gleichungen (6.46), die für die drei Achsenrichtungen in kartesischen Koordinaten

$$\left.\begin{aligned}
\frac{\partial v_x}{\partial t} + \frac{\partial v_x}{\partial x}v_x + \frac{\partial v_x}{\partial y}v_y + \frac{\partial v_x}{\partial z}v_z &= X - \frac{1}{\varrho}\frac{\partial p}{\partial x} + \frac{\mu}{\varrho}\,\Delta v_x \cdot \\[2mm]
\frac{\partial v_y}{\partial t} + \frac{\partial v_y}{\partial x}v_x + \frac{\partial v_y}{\partial y}v_y + \frac{\partial v_y}{\partial z}v_z &= Y - \frac{1}{\varrho}\frac{\partial p}{\partial y} + \frac{\mu}{\varrho}\,\Delta v_y, \\[2mm]
\frac{\partial v_z}{\partial t} + \frac{\partial v_z}{\partial x}v_x + \frac{\partial v_z}{\partial y}v_y + \frac{\partial v_z}{\partial z}v_z &= Z - \frac{1}{\varrho}\frac{\partial p}{\partial z} + \frac{\mu}{\varrho}\,\Delta v_z
\end{aligned}\right\} \qquad (1)$$

---

[1] Oft setzt man auch $l = 2\,a$.

lauten. Nach Abb. A 1.1 werden die Massenkräfte mit der Erdbeschleunigung g

$$X = g \sin \alpha, \qquad Y = 0, \qquad Z = -g \cos \alpha, \tag{2}$$

und da eine stationäre Strömung vorliegt, verschwinden in den Gln. (1) alle Ableitungen nach der Zeit. Da ferner die Strömung laminar sein soll, sind die Geschwindigkeitsvektoren alle parallel zur x-Achse, d. h., v_y und v_z verschwinden ebenfalls. Wegen der Quellenfreiheit der Strömung muß

$$\operatorname{div} v = \frac{\partial v_x}{\partial x} = 0$$

sein, und die Gln. (1) nehmen nunmehr unter Berücksichtigung von (2) folgende Form an:

$$\left.\begin{aligned} \Delta v_x &= \frac{1}{\mu}\left(\frac{\partial p}{\partial x} - \gamma \sin \alpha\right), \\[1mm] \frac{\partial p}{\partial y} &= 0, \\[1mm] \frac{\partial p}{\partial z} &= -\gamma \cos \alpha. \end{aligned}\right\} \tag{3}$$

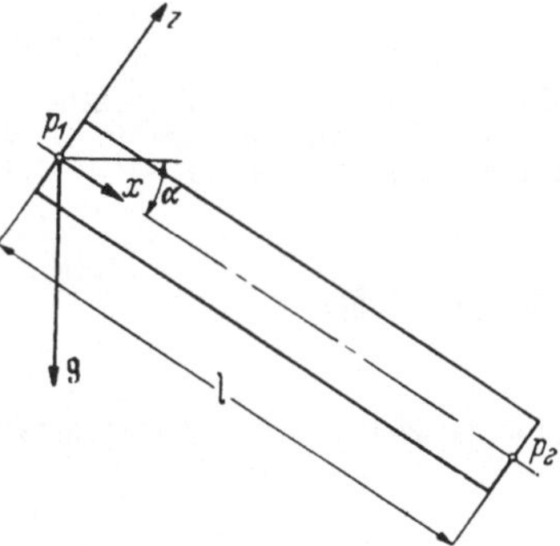

Aus der zweiten Gl. (3) ist ersichtlich, daß p nur von x und z abhängt. Die dritte der Gln. (3) liefert dann

$$p = -\gamma \cos \alpha \cdot z + C(x). \tag{4}$$

Somit wird

$$\Delta v_x = \frac{1}{\mu}\left[C'(x) - \gamma \sin \alpha\right]. \tag{5}$$

Abb. A 1.1

Andererseits ist wegen $\dfrac{\partial v_x}{\partial x} = 0$ die Geschwindigkeit v_x nur eine Funktion von y und z; also müssen beide Seiten der Gl. (5) einer Konstanten gleich sein, die wir A nennen wollen.

Die Integration der rechten Seite von (5) führt mit einer weiteren noch zu bestimmenden Konstanten auf

$$C(x) = (\mu A + \gamma \sin \alpha)\, x + B, \tag{6}$$

so daß nach Gl. (4) der Druck

$$p(x, z) = -\gamma \cos \alpha \cdot z + (\mu A + \gamma \sin \alpha)\, x + B \tag{7}$$

wird. Die beiden Konstanten A und B bestimmen wir mit Hilfe der in der Rohrachse ($z = 0$) zu messenden Drücke p_1 und p_2 (Abb. A 1.1):

$$\left.\begin{aligned} p(0,\,0) &= p_1 = B, \\ p(l,\,0) &= p_2 = (\mu A + \gamma \sin \alpha)\, l + B. \end{aligned}\right\} \tag{8}$$

Wir erhalten aus der zweiten Gl. (8)

$$A = \frac{1}{\mu}\left(\frac{p_2 - p_1}{l} - \gamma \sin \alpha\right)$$

und hiermit wegen $\Delta v_x = A$

$$\Delta v_x = \frac{1}{\mu}\left(\frac{p_2 - p_1}{l} - \gamma \sin \alpha\right) = -\frac{\Gamma}{\mu}. \tag{9}$$

Die Geschwindigkeit v_x muß auf der Wandung des Rohres verschwinden, so daß wir für die Ellipse zunächst den dieser Bedingung entsprechenden Ansatz

$$v_x = v_x(y, z) = D\left(\frac{y^2}{a^2} + \frac{z^2}{b^2} - 1\right) \tag{10}$$

mit a und b als Halbachsen der Querschnittsellipse und der freien Konstanten D machen können. In Gl. (9) eingesetzt liefert dieser Ansatz

$$2 D \left(\frac{1}{a^2} + \frac{1}{b^2}\right) = -\frac{\Gamma}{\mu},$$

und damit wird $D = -\dfrac{\Gamma}{2\,\mu}\left(\dfrac{a^2\,b^2}{a^2 + b^2}\right)$, so daß sich die Geschwindigkeitsverteilung zu

$$v_x(y,\,z) = \frac{\Gamma}{2\,\mu}\left(\frac{a^2\,b^2}{a^2 + b^2}\right)\left(1 - \frac{y^2}{a^2} - \frac{z^2}{b^2}\right) \tag{11}$$

ergibt. Für $a = b$ (Kreisrohr) geht Gl. (11) mit $y^2 + z^2 = r^2$ in

$$v_x(r) = \frac{\Gamma}{4\,\mu}\,a^2\left(1 - \frac{r^2}{a^2}\right), \tag{12}$$

die sog. HAGEN-POISEUILLEsche Gleichung über.

Die Durchflußmenge je Zeiteinheit erhalten wir durch Integration der Geschwindigkeit über die Querschnittsfläche F:

$$Q = \iint\limits_{(F)} v_x\,dF = \iint\limits_{(F)} v_x(y,\,z)\,dy\,dz.$$

Mit (11) folgt

$$Q = \frac{\Gamma}{\mu}\,\frac{\pi}{4}\left(\frac{a^3\,b^3}{a^2 + b^2}\right),$$

und speziell für den Kreisquerschnitt $(a = b)$ gilt

$$Q = \frac{\Gamma}{\mu}\,\frac{\pi}{8}\,a^4.$$

A 2. Durch ein Rohr gezogener Faden. Man untersuche, welche Kraft notwendig ist, um einen Faden vom Durchmesser $2\,r_0$ mit der Geschwindigkeit v_0 zu bewegen, wenn sich der Faden in der Achse eines mit einer zähen Flüssigkeit gefüllten Rohres vom Durchmesser $2\,r_1$ befindet (Abb. A 2.1). Das Rohr liege waagerecht und die Flüssigkeit besitze die Zähigkeit μ. Ferner sei die im Rohr entstehende Strömung laminar, quellenfrei und stationär.

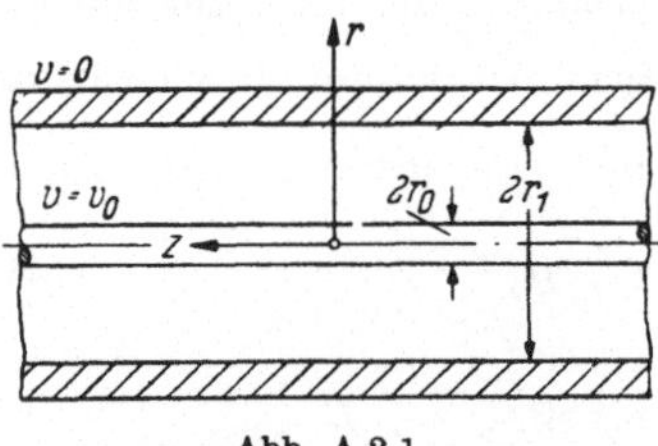

Abb. A 2.1

Lösung. Im vorliegenden Fall finden die NAVIER-STOKESschen Gleichungen in Zylinderkoordinaten Verwendung[1]. Sie lauten dann unter Berücksichtigung der Rotationssymmetrie des Problems

$$\left. \begin{aligned} \frac{\partial v_r}{\partial t} + \frac{\partial v_r}{\partial r}\,v_r + \frac{\partial v_r}{\partial z}\,v_z &= R - \frac{1}{\varrho}\,\frac{\partial p}{\partial r} + \frac{\mu}{\varrho}\left[\frac{\partial^2 v_r}{\partial r^2} + \frac{1}{r}\,\frac{\partial v_r}{\partial r} - \frac{v_r}{r^2} + \frac{\partial^2 v_r}{\partial z^2}\right], \\[2mm] \frac{\partial v_z}{\partial t} + \frac{\partial v_z}{\partial r}\,v_r + \frac{\partial v_z}{\partial z}\,v_z &= Z - \frac{1}{\varrho}\,\frac{\partial p}{\partial z} + \frac{\mu}{\varrho}\left[\frac{\partial^2 v_z}{\partial r^2} + \frac{1}{r}\,\frac{\partial v_z}{\partial r} + \frac{\partial^2 v_z}{\partial z^2}\right], \end{aligned} \right\} \tag{1}$$

während die Kontinuitätsgleichung zu

$$\frac{\partial v_r}{\partial r} + \frac{v_r}{r} + \frac{\partial v_z}{\partial z} = 0 \tag{2}$$

wird. Wie in der voranstehenden Aufgabe folgern wir auch hier wegen der laminaren Strömung $v_r = 0$ und damit aus Gl. (2) $\dfrac{\partial v_z}{\partial z} = 0$, also $v_z = v_z(r)$.

---

[1] Man beachte hierbei, daß $\Delta v = \operatorname{grad}\operatorname{div} v - \operatorname{rot}\operatorname{rot} v$ ist.

Ferner nehmen wir an, daß im Rohr nur der hydrostatische Druck wirkt, so daß speziell $\dfrac{\partial p}{\partial z} = 0$ wird. Die hydrostatische Druckverteilung, die nicht rotationssymmetrisch ist, steht nicht im Widerspruch zur Forderung einer rotationssymmetrischen Strömung. Da der Vorgang stationär sein soll, verbleibt von den Gln. (1) nur

$$\frac{\partial^2 v_z}{\partial r^2} + \frac{1}{r}\frac{\partial v_z}{\partial r} = 0,$$

die die Lösung

$$v_z = c_1 \ln r + c_2 \tag{3}$$

besitzt. Die Randbedingungen lauten

$$v(r_0) = v_0 \quad \text{und} \quad v(r_1) = 0,$$

so daß wir aus dem Gleichungssystem

$$v_0 = c_1 \ln r_0 + c_2,$$
$$0 = c_1 \ln r_1 + c_2$$

die Konstanten

$$c_1 = \frac{v_0}{\ln \dfrac{r_0}{r_1}}\,; \qquad c_2 = -\,\frac{v_0 \ln r_1}{\ln \dfrac{r_0}{r_1}} \tag{4}$$

erhalten. Die Lösung (3) ist dann mit (4)

$$v_z(r) = v_0\,\frac{\ln \dfrac{r}{r_1}}{\ln \dfrac{r_0}{r_1}}. \tag{5}$$

Nach Gl. (6.43) ist die an der Fadenoberfläche vorhandene Schubspannung

$$\tau = \mu\,\frac{d v_z}{d r}\bigg|_{r=r_0}, \tag{6}$$

woraus mit (5)

$$\tau = \mu\,\frac{v_0}{r_0 \ln \dfrac{r_0}{r_1}} \tag{7}$$

folgt. Je Längeneinheit des Fadens wird somit die notwendige Zugkraft

$$q = 2\,\pi\,r_0\,\tau = \mu\,\frac{2\,\pi\,v_0}{\ln \dfrac{r_0}{r_1}}. \tag{8}$$

A 3. Von einer zähen Flüssigkeit umflossener Faden. Mit Hilfe der Grenzschichttheorie ermittle man die Kraft, die notwendig ist, um einen dünnen Faden vom Durchmesser $d = 2\,r_0$ in einer fließenden zähen Flüssigkeit (Zähigkeitskoeffizient μ) zu halten.

Lösung. Um den Widerstand des Fadens abzuschätzen, betrachten wir einen Querschnitt $A - A$ (Abb. A 3.1) an der Stelle x des Fadens. An dieser Stelle ist die Strömung in der Entfernung r von der Fadenmitte (Abb. A 3.1) von der Geschwindigkeit v_0 der Flüssigkeit auf die Geschwindigkeit v abgebremst. Der entsprechende Impulsverlust beträgt

$$I = 2\,\pi\,\varrho \int\limits_{r=r_0}^{R} v(v_0 - v)\,r\,d r, \tag{1}$$

wobei die Integration bis zu einer beliebigen Entfernung von der Fadenachse $R > r_0 + \delta$ ausgeführt wird. Mit $\delta(x)$ wird die Dicke der mit x veränderlichen

Grenzschicht bezeichnet, in deren Bereich die Strömungsgeschwindigkeit kleiner als v_0 ist.

Nun muß I gleich dem Widerstand

$$W = 2\,\pi\,r_0 \int\limits_0^x \tau\,(x)\,d\,x \tag{2}$$

infolge der Schubspannungen $\tau\,(x)$ an der Fadenoberfläche sein. Durch Gleichsetzen von (1) und (2) und Differentiation erhalten wir

$$\tau\,(x) = \frac{\varrho}{r_0} \frac{d}{d\,x} \int\limits_{r=r_0}^R r\,v\,(v_0 - v)\,d\,r. \tag{3}$$

Für den Bereich der Grenzschicht sei das Geschwindigkeitsprofil durch

$$v\,(r) = v_0\,f\left(\frac{r - r_0}{\delta}\right) = v_0\,f(\zeta) \tag{4}$$

beschrieben. Dann kann der Wert des Integrals in (3) berechnet werden:

$$\int\limits_{r=r_0}^R r\,v\,(v_0 - v)\,d\,r = v_0^2\left[\delta^2 \int\limits_{\zeta=0}^{\frac{R-r_0}{\delta}} \zeta(f - f^2)\,d\zeta + \delta r_0 \int\limits_{\zeta=0}^{\frac{R-r_0}{\delta}} (f - f^2)\,d\zeta\right]$$

$$= v_0^2\,(\delta^2 \alpha_1 + \delta r_0\,\alpha_2). \tag{5}$$

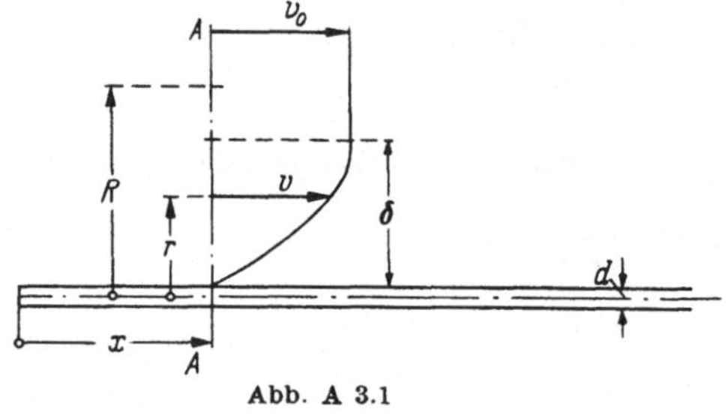

Abb. A 3.1

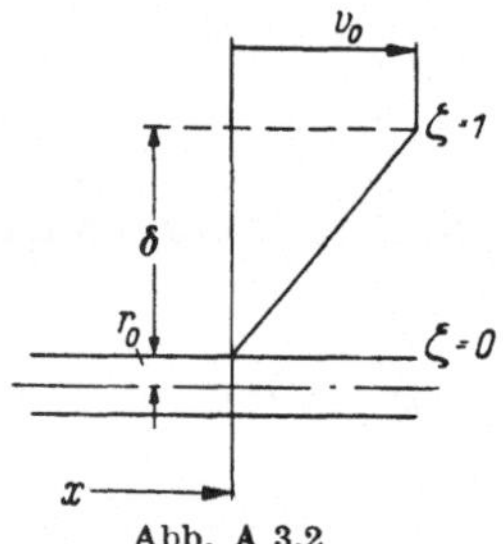

Abb. A 3.2

Die beiden Integrale sind mit α_1 und α_2 bezeichnet. Für laminare Strömung muß ferner

$$\tau = \mu \left[\frac{\partial v}{\partial r}\right]_{r=r_0} = \mu \frac{v_0}{\delta} \left[\frac{d\,f}{d\zeta}\right]_{\zeta=0} = \mu \frac{v_0\,\beta}{\delta} \tag{6}$$

gelten. Damit folgt aus den Gln. (3), (5) und (6) die Differentialgleichung für die Grenzschichtdicke $\delta\,(x)$

$$\mu \frac{\beta\,r_0}{\varrho\,v_0} = 2\,\alpha_1\,\delta^2\,\delta' + r_0\,\alpha_2\,\delta\,\delta',$$

die auf die Gleichung dritten Grades für δ

$$\delta^3 + \frac{3}{4} \frac{\alpha_2}{\alpha_1}\,r_0\,\delta^2 = \frac{3\,\mu\,\beta\,r_0}{2\,\varrho\,\alpha_1\,v_0}\,x \tag{7}$$

führt. Als Geschwindigkeitsprofil nehmen wir einfach in erster Näherung eine lineare Verteilung nach Abb. A 3.2 an, d. h. also

$$f(\zeta) = 0 \quad \text{für} \quad \zeta < 0,$$

$$f(\zeta) = \zeta \quad \text{für} \quad 0 < \zeta < 1,$$

$$f(\zeta) = 1 \quad \text{für} \quad \zeta > 1,$$

und erhalten aus (5)

$$\alpha_1 = \frac{1}{12}, \qquad \alpha_2 = \frac{1}{6}, \qquad \beta = 1$$

und damit nach (7)

$$\delta^3 + \frac{3}{2} r_0 \delta^2 = \frac{18 \, \mu \, r_0}{\varrho \, v_0} x. \tag{8}$$

Für den Fall, daß der Faden sehr dünn ist, wird $\delta \gg d = 2 r_0$, so daß wir anstelle von (8) mit ausreichender Genauigkeit

$$\delta \approx 2{,}08 \sqrt[3]{\frac{\mu \, d}{\varrho \, v_0} x} \tag{9}$$

setzen können, und wir erhalten damit aus (6) für die Schubspannung

$$\tau = 0{,}481 \sqrt[3]{\frac{\varrho \, \mu^2 \, v_0^4}{d} \frac{1}{x}}. \tag{10}$$

Schließlich wird nach Gl. (2) die zu überwindende Widerstandskraft am Faden

$$W = 2{,}27 \sqrt[3]{\mu^2 \, d^2 \, v_0^4 \, \varrho \, x^2}.$$

VII. Dynamik idealer Gase

1. Grundgleichungen. Die Grundgleichungen für die reibungsfreie Bewegung idealer Gase sind die EULERschen Bewegungsgleichungen (6.7) bzw. (6.9) und die Kontinuitätsgleichung (6.10) bzw. (6.11):

$$\frac{\partial \mathfrak{v}}{\partial t} + \frac{1}{2} \operatorname{grad} v^2 - \mathfrak{v} \times \operatorname{rot} \mathfrak{v} = \mathfrak{K} - \frac{1}{\varrho} \operatorname{grad} p, \tag{7.1}$$

$$\frac{\partial \varrho}{\partial t} + \operatorname{div} (\varrho \, \mathfrak{v}) = 0. \tag{7.2}$$

Das sind vier skalare Gleichungen für fünf Unbekannte, nämlich für die drei Geschwindigkeitskomponenten v_x, v_y, v_z, den Druck p und die Dichte ϱ. Die noch fehlende Gleichung ist die für *ideale Gase* gültige *Zustandsgleichung*

$$p = \frac{R}{\mu} \varrho \, T, \tag{7.3}$$

wobei $R = 8317{,}9$ mkp m/Grad kmol sek^2 die Gaskonstante, T die absolute Temperatur und μ das Molgewicht (für Luft $\mu = 29$ kp/kmol) bedeuten. Es ist zu bemerken, daß diese Definition des idealen Gases die Viskosität (auch als Kontinuumseigenschaft!) nicht ausschließt! In (7.3) erscheint als neue Unbekannte T, und die zu ihrer Bestimmung notwendige Gleichung liefert die *Thermodynamik*.

Zunächst gilt der *erste Hauptsatz der Wärmelehre*:

$$\delta Q = d\mathcal{E} + p d\left(\frac{1}{\varrho}\right). \tag{7.4}$$

Hierin ist Q die der Masseneinheit zugeführte Wärmemenge und $\mathcal{E}$ die innere Energie je Masseneinheit des Gases; für ideale Gase ist $\mathcal{E}$ nur eine Funktion der absoluten Temperatur

$$\mathcal{E} = \mathcal{E}(T). \tag{7.5}$$

Hinsichtlich der Zahlenangaben ist zu beachten, daß Q und $\mathcal{E}$ in mkp m/kp sek² gemessen werden und daß 1 kcal = 427 mkp ist.

Als *Enthalpie* der Masseneinheit definiert man

$$i = \mathcal{E} + \frac{p}{\varrho}, \tag{7.6}$$

womit (7.4) die Form

$$\delta Q = di - \frac{1}{\varrho} dp \tag{7.7}$$

annimmt, und damit wiederum die *spezifische Wärme* sich zu

$$\frac{\delta Q}{dT} = \frac{d\mathcal{E} + p\,d\left(\dfrac{1}{\varrho}\right)}{dT} = \frac{di - \dfrac{1}{\varrho} dp}{dT} \tag{7.8}$$

ergibt. Speziell erhält man für $\varrho = $ const (d. h. konstantes Volumen) bzw. $p = $ const

$$c_v = \frac{d\mathcal{E}}{dT} \quad \text{bzw.} \quad c_p = \frac{di}{dT}. \tag{7.9}$$

Aus (7.6) und (7.3) folgt

$$c_p - c_v = \frac{R}{\mu}, \tag{7.10}$$

und damit nimmt (7.4) die Form

$$\delta Q = c_v \frac{\mu}{R} \frac{1}{\varrho} dp + \left(1 + c_v \frac{\mu}{R}\right) p\,d\left(\frac{1}{\varrho}\right) \tag{7.11}$$

an, woraus nach Division durch T ein vollständiges Differential, nämlich das der sog. *Entropie S* des idealen Gases, entsteht:

$$\frac{\delta Q}{T} = dS = c_v \frac{dp}{p} + c_p \varrho\,d\left(\frac{1}{\varrho}\right) = c_v\,d\ln p + c_p\,d\ln\left(\frac{1}{\varrho}\right). \tag{7.12}$$

Aus der Integration erhält man

$$S - S_0 = c_v \ln \frac{p}{p_0} + c_p \ln \frac{\varrho_0}{\varrho},$$

und nach Einführung von

$$\varkappa = \frac{c_p}{c_v} \tag{7.13}$$

entsteht

$$\varrho = \varrho_0 \left(\frac{p}{p_0}\right)^{\frac{1}{\varkappa}} e^{\frac{S_0 - S}{c_p}} \tag{7.14}$$

Im Falle $\delta Q = 0$ — d. h. dem System wird keine Wärme zugeführt oder entzogen — liegt die sog. *adiabatische Zustandsänderung* vor, deren Gesetz sich aus (7.14) für $S_0 = S$ ergibt:

$$\varrho = \varrho_0 \left(\frac{p}{p_0}\right)^{\frac{1}{\varkappa}}; \qquad \frac{p}{p_0} = \left(\frac{\varrho}{\varrho_0}\right)^{\varkappa}. \tag{7.15}$$

Mit (7.3) folgt ferner

$$\frac{p}{p_0} = \left(\frac{T}{T_0}\right)^{\frac{\varkappa}{\varkappa-1}}; \qquad \frac{\varrho}{\varrho_0} = \left(\frac{T}{T_0}\right)^{\frac{1}{\varkappa-1}}. \tag{7.16}$$

Wegen $S = \text{const}$ entspricht diese sog. *reversible Adiabate* auch einer *isentropischen Änderung*[1], und aus (7.7) folgt sofort

$$i - i_0 = \int\limits_{p_0}^{p} \frac{d\,p}{\varrho} = P. \tag{7.17}$$

Wir beschränken uns im weiteren auf adiabatische Zustandsänderungen und nehmen an, daß eine Potentialströmung (rot $\mathfrak{v} = 0$ bzw. $\mathfrak{v} = \text{grad}\,\varphi$) vorliegt und die Massenkraft ein Potential besitzt ($\mathfrak{K} = - \text{grad}\,U$). Dann folgt aus (7.1) wegen $\frac{1}{\varrho} \text{grad}\,p = \nabla P$

$$\nabla \left(\frac{v^2}{2} + U + P \right) = 0 \,,$$

d. h.

$$\frac{v^2}{2} + U + P = \text{const} = C. \tag{7.18}$$

Vernachlässigen wir die Massenkraft, d. h. $U = 0$, so geht (7.18) mit (7.17) in

$$\frac{v^2}{2} + P = \text{const} \quad \text{bzw.} \quad \frac{v^2}{2} + i = \text{const} \tag{7.18a}$$

über. Mit (7.17) erhalten wir, wenn mit dem Index Null der Ruhe zustand ($v_0 = 0$) charakterisiert wird,

$$\frac{v^2}{2} = \int\limits_{p}^{p_0} \frac{d\,p}{\varrho}, \tag{7.19}$$

was der Differentialgleichung

$$v \, d\,v = - \frac{d\,p}{\varrho} \tag{7.20}$$

gleichwertig ist.

Aus (7.19) ergibt sich mit (7.15) die *Formel von* DE SAINT-VÉNANT-WANTZEL:

$$v^2 = \frac{2\,\varkappa}{\varkappa - 1} \frac{p_0}{\varrho_0} \left[1 - \left(\frac{p}{p_0} \right)^{\frac{\varkappa - 1}{\varkappa}} \right]. \tag{7.21}$$

Nun ist bekanntlich der *Schall* eine bei adiabatischer Zustandsänderung eintretende *Fortpflanzung kleiner Druckstörungen*, und die (zum Gas relative) Fortpflanzungsgeschwindigkeit dieser Druckstörungen, die sog. *Schallgeschwindigkeit*, ergibt sich nach einigen Überlegungen zu

$$c = \sqrt{\frac{d\,p}{d\,\varrho}} = \sqrt{\varkappa \frac{p}{\varrho}} = \sqrt{\varkappa \frac{R}{\mu} T} \,. \tag{7.22}$$

Mit (7.15) wird

$$c^2 = \varkappa \frac{p_0}{\varrho_0} \left(\frac{\varrho}{\varrho_0} \right)^{\varkappa - 1} = \varkappa \frac{p_0}{\varrho_0} \left(\frac{p}{p_0} \right)^{\frac{\varkappa - 1}{\varkappa}}, \tag{7.23}$$

---

[1] In Wirklichkeit gibt es bekanntlich keine umkehrbaren (reversiblen) Vorgänge. Deshalb ist diese Aussage nur theoretisch streng richtig.

womit aus (7.21)

$$c^2 = \varkappa \frac{p_0}{\varrho_0} - \frac{\varkappa - 1}{2} v^2 \tag{7.24}$$

hervorgeht, d.h., die Schallgeschwindigkeit c ist von der Strömungsgeschwindigkeit v abhängig und für $v = 0$ (ruhendes Gas) am größten:

$$c_{\max}^2 = \varkappa \frac{p_0}{\varrho_0}. \tag{7.25}$$

Das Verhältnis

$$\frac{v}{c} = M \tag{7.26}$$

wird *Machsche Zahl* genannt, womit aus (7.24) und (7.23)

$$\frac{\varrho}{\varrho_0} = \left(1 + \frac{\varkappa - 1}{2} M^2\right)^{\frac{1}{1-\varkappa}} \tag{7.27}$$

folgt.

Für kleine Strömungsgeschwindigkeiten ($M \ll 1$) kann man aus (7.27) die Näherungsformel

$$\frac{\varrho}{\varrho_0} \approx 1 - \frac{1}{2} M^2 \tag{7.28}$$

herleiten, woraus man die (eventuell vernachlässigbare) Kompressibilität bei gegebener (kleiner) Machscher Zahl abschätzen kann.

Die strenge Lösung der Grundgleichungen der Gasdynamik, die für den eindimensionalen Fall von B. Riemann durchgeführt wurde, zeigt, daß sich im Gas unter gewissen Umständen, wie sie z.B. in Dampfturbinen und in schnell ablaufenden chemischen Umsetzungen (Explosionen) auftreten, Flächen ausbilden können, auf denen sich Geschwindigkeit, Druck und Dichte (im Gegensatz zur Schallausbreitung) nahezu unstetig (sprunghaft) ändern, wobei sich diese *Stoßwelle* oder *Verdichtungsstoß* genannte Unstetigkeitsfläche mit Überschallgeschwindigkeit ($M > 1$) fortpflanzt. Unter Heranziehung der Erhaltungssätze von Masse, Impuls und Energie lassen sich Beziehungen für Geschwindigkeit, Druck und Dichte an der Sprungstelle herleiten (s. A 3 der folgenden Aufgaben).

Um die Möglichkeit der Entstehung einer solchen Stoßwelle anzudeuten, denke man sich ein sehr langes, an einem (etwa am linken) Ende durch einen beweglichen Kolben abgeschlossenes Rohr, in dem sich ein Gas im Ruhezustand befindet. Erteilt man dem Kolben nach rechts (in das Rohr hinein) fortgesetzt kleine Geschwindigkeitszuwächse, so läuft bei jedem solchen Geschwindigkeitszuwachs eine kleine Druckstörung in das Gas hinein. Nun werden während dieses Vorganges die dem Kolben näher liegenden Massen stärker komprimiert, so daß gemäß (7.23) ihre Druckwellen mit größerer Geschwindigkeit hinter denen der weiter entfernten (und somit weniger komprimierten) herlaufen und diese schließlich „einholen" können, wodurch ein unstetiger Drucksprung, also ein Verdichtungsstoß entsteht[1]. Würde man den Kolben

---

[1] In Wirklichkeit entsteht (infolge der Wärmeleitung und innerer Reibung) ein Anwachsen des Druckes mit endlicher Steilheit.

nach links bewegen, so zeigt eine analoge Überlegung, daß in diesem Falle ein Drucksprung nicht entstehen und somit ein „*Verdünnungs-stoß*" nicht auftreten kann.

Aufgaben

A 1. *Ballastregelung eines Luftballons.* Ein mit einem Leichtgas vom spezifischen Gewicht γ_h^* gefüllter Ballon vom Gewicht G (ohne Gasfüllung) befindet sich in der Höhe h im Gleichgewicht. Wieviel Ballast muß abgeworfen werden, wenn der Ballon in die Höhe H steigen soll? Die Zustandsänderungen der Gase seien isotherm, und das Ballonvolumen V sei konstant. Das Gewicht des dabei ausströmenden Gases und der Auftrieb des Ballonkorbes seien zu vernachlässigen.

Lösung. Aus der Zustandsgleichung (7.3) und der EULERschen Gleichung (7.1) erhalten wir mit $\mathfrak{v} = 0$

$$\frac{dp}{dz} = -\gamma = -\frac{p}{RT} \tag{1}$$

(γ = spez. Gewicht der Luft, R = Gaskonstante, T = absolute Temperatur) und daraus nach Integration zunächst die sog. *barometrische Höhenformel*

$$\gamma_h = \gamma_H \, e^{\frac{H-h}{RT}} \qquad \text{bzw.} \qquad \gamma_h^* = \gamma_H^* \, e^{\frac{H-h}{RT}}. \tag{2}$$

Für den Fall des Gleichgewichts gilt in der Höhe h die Beziehung

$$V(\gamma_h^* - \gamma_h) + G = 0 \tag{3a}$$

bzw. für die Höhe H

$$V(\gamma_H^* - \gamma_H) + G_H = 0. \tag{3b}$$

Die abzuwerfende Ballastmenge ΔG entspricht nun der Differenz der von der Höhe abhängigen Ballongewichte, und mit den Gln. (3a, b) und (2) erhalten wir

$$\Delta G = G - G_H = V(\gamma_H^* - \gamma_h^* + \gamma_h - \gamma_H) = G\left(1 - \frac{\gamma_H^* - \gamma_H}{\gamma_h^* - \gamma_h}\right) = G\left(1 - e^{-\frac{H-h}{RT}}\right). \tag{4}$$

Für kleine Höhendifferenzen $H - h$ gilt näherungsweise

$$\Delta G \approx G\,\frac{H-h}{RT}.$$

A 2. *Abnahme des atmosphärischen Druckes mit der Höhe bei adiabatischer Zustandsänderung.* Wie ändert sich der Luftdruck p mit der Höhe z, wenn zwischen den Luftteilchen kein Wärmeaustausch stattfindet?

Lösung. Wir ermitteln zunächst, wie sich die Erdbeschleunigung mit der Höhe z, die von der Erdoberfläche zu messen ist, ändert. Nach (5.23) gilt mit dem Erdradius R und der Erdmasse M

$$g(z) = \frac{\Gamma M}{(R+z)^2} \tag{1}$$

bzw. an der Erdoberfläche

$$g = \frac{\Gamma M}{R^2} \tag{2}$$

Setzen wir ΓM aus Gl. (2) in Gl. (1) ein, so folgt

$$g(z) = g\,\frac{R^2}{(R+z)^2}\,. \tag{3}$$

Aus den EULERschen Gleichungen (7.1) erhalten wir mit der Massenkraft $\Re = \{0;\,0;\,-g(z)\}$ wegen $v = 0$

$$\frac{dp}{dz} = -\,\varrho\,g\,\frac{R^2}{(R+z)^2}\,, \tag{4}$$

und mit dem Gesetz für die adiabatische Zustandsänderung (7.15) wird

$$\frac{dp}{dz} = \frac{dp}{d\varrho}\frac{d\varrho}{dz} = \varkappa\,\frac{p_0}{\varrho_0^{\varkappa}}\,\varrho^{\varkappa-1}\frac{d\varrho}{dz}\,, \tag{5}$$

so daß aus den Gln. (4) und (5) die Differentialgleichung

$$\varkappa\,\frac{p_0}{\varrho_0^{\varkappa}}\,\varrho^{\varkappa-2}\,d\varrho = -\,\frac{g\,R^2}{(R+z)^2}\,dz \tag{6}$$

entsteht. Die Integration von Gl. (6) führt auf

$$\frac{\varkappa}{\varkappa-1}\,\frac{p_0}{\varrho_0^{\varkappa}}\,\varrho^{\varkappa-1} = \frac{g\,R^2}{R+z} + C\,, \tag{7}$$

bzw. mit (7.15)

$$\frac{\varkappa}{\varkappa-1}\,\frac{p(z)}{\varrho} = \frac{\varkappa}{\varkappa-1}\,\frac{p_0^{\frac{1}{\varkappa}}}{\varrho_0}\,p(z)^{\frac{\varkappa-1}{\varkappa}} = \frac{g\,R^2}{R+z} + C\,. \tag{8}$$

Aus der Bedingung $p(0) = p_0$ folgt

$$C = \frac{\varkappa}{\varkappa-1}\,\frac{p_0}{\varrho_0} - g\,R\,,$$

und wir erhalten damit endgültig für den Druckverlauf

$$p(z) = p_0\left[1 - \frac{\varkappa-1}{\varkappa}\,\frac{\varrho_0}{p_0}\,\frac{g\,R\,z}{(R+z)}\right]^{\frac{\varkappa}{\varkappa-1}}\,. \tag{9}$$

Für $p_0 = 10^4\ \text{kp/m}^2$, $\gamma_L = 1{,}293\ \dfrac{\text{kp}}{\text{m}^3}$ und $\varkappa = 1{,}4$ folgt aus $p(z) = 0$ die Höhe $z = 27{,}2\cdot 10^3\ \text{m} = 27{,}2\ \text{km}$, in der also (unter der getroffenen Annahme) der Luftdruck auf Null gesunken wäre und somit die Gültigkeit der Formel (9) endet.

A 3. *Gerader stationärer Verdichtungsstoß*. In einem mit idealem Gas gefüllten Rohr verringert sich an einer Stelle die Strömungsgeschwindigkeit von v auf $\bar{v}$ bei einer gleichzeitigen Verdichtung von ϱ auf $\bar{\varrho}$ bzw. bei einer Druckerhöhung von p auf $\bar{p}$. Welche Beziehungen bestehen zwischen den angeführten Größen? Man berechne insbesondere bei gegebenen Drücken p und $\bar{p}$ und Dichte ϱ die Geschwindigkeiten v und $\bar{v}$, die Dichte $\bar{\varrho}$ und die Temperaturen T und $\bar{T}$ für ein Gas mit gegebenen spezifischen Wärmen c_p und c_v.

Lösung. Die Forderungen nach Erhaltung von Masse, Impuls und Energie [gemäß (7.18a) mit (7.6)] ergeben

$$\varrho\,v = \bar{\varrho}\,\bar{v}\,; \quad \varrho\,v^2 + p = \bar{\varrho}\,\bar{v}^2 + \bar{p}\,, \tag{1}$$

$$\frac{v^2}{2} + i = \frac{v^2}{2} + \mathcal{E} + \frac{p}{\varrho} = \frac{\bar{v}^2}{2} + \bar{i} = \frac{\bar{v}^2}{2} + \bar{\mathcal{E}} + \frac{\bar{p}}{\bar{\varrho}}\,. \tag{2}$$

Andererseits gelten nach (7.9), (7.3) und (7.10)

$$i - \overline{i} = c_p(T - \overline{T}); \qquad \frac{p}{\varrho} = (c_p - c_v)\,T; \qquad \frac{\overline{p}}{\overline{\varrho}} = (c_p - c_v)\,\overline{T}. \tag{3}$$

Zunächst gewinnt man aus (1) und (2)

$$v = \sqrt{\frac{\overline{\varrho}}{\varrho}\,\frac{\overline{p} - p}{\overline{\varrho} - \varrho}}, \qquad \overline{v} = \sqrt{\frac{\varrho}{\overline{\varrho}}\,\frac{\overline{p} - p}{\overline{\varrho} - \varrho}}, \tag{4}$$

$$\overline{\mathcal{E}} - \mathcal{E} = \frac{1}{2}\,(p + \overline{p})\,\frac{\overline{\varrho} - \varrho}{\varrho\,\overline{\varrho}}. \tag{5}$$

Hierbei kann v als die Fortpflanzungsgeschwindigkeit des Verdichtungsstoßes (Stoßwelle) in das ruhende Gas hinein gedeutet werden, und dann ist

$$w = v - \overline{v} = \sqrt{\frac{(\overline{p} - p)\,(\overline{\varrho} - \varrho)}{\varrho\,\overline{\varrho}}} \tag{6}$$

die Geschwindigkeit, mit der hinter der Wellenfront die Masse nachströmt.

Die Beziehung (5) wird die *Gleichung von Hugoniot* genannt; sie ersetzt beim Verdichtungsstoß die Adiabatengleichung; sie geht für kleine Differenzen $\overline{\mathcal{E}} - \mathcal{E} = d\mathcal{E}$ und $\overline{\varrho} - \varrho = d\varrho$ in

$$d\mathcal{E} = p\,\frac{d\varrho}{\varrho^2} = -p\,d\!\left(\frac{1}{\varrho}\right)$$

über, und das entspricht nach (7.4) — für $\delta Q = 0$ — in der Tat einer adiabatischen Änderung.

Unter Berücksichtigung der aus (7.9) folgenden Beziehung

$$\overline{\mathcal{E}} - \mathcal{E} = c_v\,(\overline{T} - T) \tag{7}$$

erhält man nach einfachen Rechnungen die Gleichung von HUGONIOT — auch *dynamische Adiabate* genannt — mit $\varkappa = c_p/c_v$ in der Form

$$\varkappa\left(\frac{\overline{p}}{p} + 1\right)\left(\frac{\overline{\varrho}}{\varrho} - 1\right) = \left(\frac{\overline{p}}{p} - 1\right)\left(\frac{\overline{\varrho}}{\varrho} + 1\right) \tag{8}$$

und weiterhin

$$v^2 = \varkappa\,\frac{p}{\varrho}\left(1 + \frac{\varkappa + 1}{2\,\varkappa}\,\frac{\overline{p} - p}{p}\right); \qquad w^2 = (v - \overline{v})^2 = \frac{2}{\varrho}\,\frac{(\overline{p} - p)^2}{\overline{p}(\varkappa + 1) + p(\varkappa - 1)}, \tag{9}$$

$$\left.\begin{aligned}
&\overline{\varrho} = \varrho\,\frac{\overline{p}(\varkappa + 1) + p(\varkappa - 1)}{\overline{p}(\varkappa - 1) + p(\varkappa + 1)}; \\[4pt]
&T = \frac{p}{\varrho\,(c_p - c_v)}; \\[4pt]
&\frac{\overline{T}}{T} = \frac{\overline{p}}{p}\,\frac{\overline{p}(\varkappa - 1) + p(\varkappa + 1)}{\overline{p}(\varkappa + 1) + p(\varkappa - 1)}.
\end{aligned}\right\} \tag{10}$$

Aus (9) ersieht man unter Beachtung von (7.22), daß beim Drucksprung $(\overline{p} > p)$ $v > c$ wird, also der Verdichtungsstoß sich mit Überschallgeschwindigkeit fortpflanzt! Weiterhin folgert man aus (10), daß für große $\overline{p}/p$, also bei starken Druckstößen, außerordentliche Temperaturerhöhungen auftreten können. So errechnet man z. B. für $\overline{p}/p = 100$ und $\varkappa = 1{,}4$ (Luft): $v/c = 9{,}3$; $w/c = 7{,}6$; $\overline{T}/T = 17{,}6$ und $\overline{\varrho}/\varrho = 5{,}7$. Man zeigt leicht, daß für Luft $\max(\overline{\varrho}/\varrho) = 6$ ist.

2. Stationäre Stromfadentheorie.

Weicht die Geschwindigkeitsrichtung von der „Achse des Stromfadens" (d. i. z. B. die Achse eines Rohres oder einer Düse) wenig ab und sind in allen zur Achse senkrechten Ebenen die Geschwindigkeiten und die Zustandsgrößen Druck, Dichte und Temperatur angenähert gleich, so kann man die Strömung als eindimensionales Problem behandeln.

Aus der Kontinuitätsgleichung

$$\varrho F v = \text{const} = Q$$

sowie aus (7.20) und (7.22) folgen

$$\frac{d\varrho}{\varrho} + \frac{dF}{F} + \frac{dv}{v} = 0, \quad v\,dv + \frac{dp}{\varrho} = v\,dv + c^2\frac{d\varrho}{\varrho} = 0, \qquad (7.29)$$

woraus mit (7.26)

$$\frac{dF}{F} = (M^2 - 1)\frac{dv}{v} \qquad (7.30)$$

hervorgeht.

Aus (7.30) ersieht man, daß im Unterschallbereich $(M < 1)$ und im Überschallbereich $(M > 1)$ der Zusammenhang. zwischen Querschnitts- und Geschwindigkeitsänderung wesentlich verschieden ist: Für $M < 1$ haben dF und dv (F und v werden als positiv festgesetzt) verschiedenes Vorzeichen, so daß einer Querschnittsverengung $(dF < 0)$ eine Geschwindigkeitszunahme $(dv > 0)$ entspricht; für $M > 1$ tritt gerade das Umgekehrte ein! Die engste Stelle des Stromfadens $(dF = 0)$ wird entweder mit einem Extremwert $(dv = 0)$ der Strömungsgeschwindigkeit passiert oder mit der $M = 1$ entsprechenden sog. *kritischen Geschwindigkeit*, die sich gemäß (7.24) zu

$$v^* = c^* = \sqrt{\frac{2\varkappa}{\varkappa + 1}\frac{p_0}{\varrho_0}} \qquad (7.31)$$

ergibt.

Angewendet werden diese Betrachtungen z. B. auf die LAVAL-Düsen (s. a. *Anhang*, Aufg. A 34), in der die Strömungsgeschwindigkeit in einem zunächst sich verengenden Teil aus dem Unterschallgebiet bis zur kritischen Geschwindigkeit an der engsten Stelle anwächst und dann in dem sich erweiternden Teil im Überschallbereich weiter zunimmt.

Aufgabe

A 1. *Ausblasen einer Preßluftflasche*. Am Ende einer mit einem idealen Gas gefüllten Preßluftflasche werde zum Zeitpunkt $\tau = 0$ eine Mündung geöffnet, so daß das Gas gegen den Außendruck p_a ausströmen kann (Abb. A 1.1). Die Mündung arbeite verlustfrei und die durch die Flaschenwand eindringende Wärme sei zu vernachlässigen, d. h. die Zustandsänderung des Gases verlaufe adiabatisch.

Man berechne für den Bereich $p_0 \geq p_i \geq p_{kr}$ als Funktion der Zeit den Druckverlauf $p_i(\tau)$, die Ausflußgeschwindigkeit $v_m(\tau)$, den Massenstrom $Q_m(\tau)$, die Schubkraft $K(\tau)$ des Gases sowie die bis zum Zeitpunkt $\tau_1 = \tau\,(p_{kr})$ erreichte Steighöhe. Weiterhin ermittle man die Gesamtzeit $\tau_2 = \tau\,(p_a)$, in der die Entleerung der Flasche abgeschlossen ist.

Gegeben: Gewicht der gefüllten Flasche $G_0 = 75$ kp,
Volumen der Flasche $V_F = 20$ ltr,
Anfangstemperatur des Gases $t_0 = 100°$ C,
Anfangsdruck des Gases $p_0 = 200$ ata,
Außendruck $p_a = 1$ ata,
Mündungsquerschnitt $F_m = 2$ cm^2,
Adiabatenexponent $\varkappa = 1{,}4$.

Lösung. Zur Berechnung der Ausflußgeschwindigkeit benutzen wir zunächst die unter Voraussetzung wirbelfreier Strömung und verschwindender Massenkräfte abgeleitete Gl. (7.21). In allen Formeln bezeichnet der Index 0 den Anfangszustand des Gases in der Flasche, der Index i den Zustand des Gases in der Flasche zum Zeitpunkt τ, der Index m den Zustand des Gases in der Mündung und der Index a den Außenzustand. Es gilt also allgemein

$$v_m = \sqrt{\frac{p_i}{\varrho_i}\frac{2\varkappa}{(\varkappa - 1)}\left[1 - \left(\frac{p_a}{p_i}\right)^{\frac{\varkappa-1}{\varkappa}}\right]}, \tag{1}$$

und die je Sekunde ausfließende Gasmasse wird mit Hilfe der Kontinuitätsgleichung $\varrho\,v\,F = $ const errechnet:

$$Q_m = \varrho_m v_m F_m = F_m \sqrt{p_i\,\varrho_i\frac{2\varkappa}{\varkappa - 1}\left[\left(\frac{p_a}{p_i}\right)^{\frac{2}{\varkappa}} - \left(\frac{p_a}{p_i}\right)^{\frac{\varkappa+1}{\varkappa}}\right]}. \tag{2}$$

In Gl. (1) und (2) sind der Zustand in der Mündung und der Außenzustand einander gleichgesetzt.

Es kann nachgewiesen werden, daß Q_m einen maximalen Betrag nicht überschreitet, wenn im engsten Querschnitt der Düse Schallgeschwindigkeit herrscht. Man errechnet diesen Extremwert von Q_m über

$$\frac{d}{d\left(\frac{p_a}{p_i}\right)}\left[\left(\frac{p_a}{p_i}\right)^{\frac{2}{\varkappa}} - \left(\frac{p_a}{p_i}\right)^{\frac{\varkappa+1}{\varkappa}}\right] = 0$$

für das sog. *kritische Druckverhältnis*

$$\frac{p_a}{p_i} = \left(\frac{2}{\varkappa + 1}\right)^{\frac{\varkappa}{\varkappa-1}}. \tag{3}$$

Abb. A 1.1

Dem engsten Querschnitt einer Düse entspricht der Endquerschnitt einer Mündung, und die Erfahrung bestätigt, daß in Mündungen für $p_i \geqq p_{kr}$ im (engsten) Endquerschnitt stets Schallgeschwindigkeit herrscht, während für $p_i < p_{kr}$ die Ausflußgeschwindigkeit vom Druckverhältnis p_i/p_a, also von der zur Verfügung stehenden Druckdifferenz abhängt.

Für den Fall überkritischer Druckverhältnisse ermittelt man mit Gl. (3) aus Gl. (1)

$$v_m = \sqrt{\frac{2\varkappa}{\varkappa + 1}\frac{p_i}{\varrho_i}}. \tag{4}$$

Das ist gerade die Gl. (7.31), also die kritische Geschwindigkeit. Gl. (3) in (2) bringt

$$Q_m = F_m \sqrt{p_i\,\varrho_i\,\varkappa\left(\frac{2}{\varkappa + 1}\right)^{\frac{\varkappa+1}{\varkappa-1}}}. \tag{5}$$

Mit Hilfe der Zustandsgleichung (7.3) und den für die adiabatische Zustandsänderung gültigen Beziehungen (7.15) und (7.16) errechnen wir mit $R/\mu = R_L$

$$\sqrt{\frac{p_i}{\varrho_i}} = \sqrt{R_L T_0}\left(\frac{p_i}{p_0}\right)^{\frac{\varkappa-1}{2\varkappa}} ; \qquad \sqrt{p_i \varrho_i} = \frac{p_i^{\frac{\varkappa+1}{2\varkappa}} p_0^{\frac{\varkappa-1}{2\varkappa}}}{\sqrt{R_L T_0}} . \tag{6}$$

Mit (6) werden die Gln. (4) und (5) zu

$$m = \sqrt{R_L T_0 \frac{2\varkappa}{\varkappa+1}}\left(\frac{p_i}{p_0}\right)^{\frac{\varkappa-1}{2\varkappa}} \tag{7}$$

sowie

$$Q_m = F_m \sqrt{\frac{p_0^{\frac{\varkappa-1}{\varkappa}}}{h_L T_0}\varkappa\left(\frac{2}{\varkappa+1}\right)^{\frac{\varkappa+1}{\varkappa-1}} p_i^{\frac{\varkappa+1}{2\varkappa}}} . \tag{8}$$

Wir betrachten nunmehr eine differentielle Zustandsänderung des Gasrestes
in der Flasche und führen hierzu die Masse des Gasrestes $\overline{Q}_i = V_F \cdot \varrho_i$ ein. Aus
der Zustandsgleichung $\overline{Q}_i = p_i \dfrac{V_F}{R_L T_i}$ folgt dann

$$d\overline{Q}_i = \frac{V_F}{R_L}\left(\frac{dp_i}{T_i} - \frac{p_i}{T_i^2}\, l\, T_i\right). \tag{9}$$

Mit Hilfe der bereits einmal angeführten Gln. (7.3), (7.15) und (7.16) gelingt
dann die Umformung der Gl. (9) in

$$d\overline{Q}_i = \frac{V_F}{R_L T_0 \varkappa}\left(\frac{p_0}{p_i}\right)^{\frac{\varkappa-1}{\varkappa}} dp_i. \tag{10}$$

Zu einem beliebigen Zeitpunkt τ setzt sich die Gesamtmasse des Gases zusammen
aus dem in der Flasche verbliebenen Rest und dem ausgeströmten Teil $\int\limits_0^\tau Q_m\,d\tau$;
es gilt also

$$\overline{Q}_i + \int\limits_0^\tau Q_m\,d\tau = \overline{Q}_0, \tag{11}$$

und die zeitliche Änderung von (11) wird

$$\frac{d\overline{Q}_i}{d\tau} = -Q_m. \tag{12}$$

Aus (8), (10) und (12) folgt somit die Differentialgleichung

$$d\tau = -\frac{V_F p_0^{\frac{\varkappa-1}{2\varkappa}} p_i^{\frac{1-3\varkappa}{2\varkappa}}}{F_m \sqrt{R_L T_0 \varkappa^3\left(\frac{2}{\varkappa+1}\right)^{\frac{\varkappa+1}{\varkappa-1}}}} dp_i.$$

Die Integration dieser Gleichung liefert mit den Anfangswerten $p_i = p_0$ und $\tau_0 = 0$

$$\tau = \frac{2V_F}{(\varkappa-1)F_m \sqrt{R_L T_0 \varkappa\left(\frac{2}{\varkappa+1}\right)^{\frac{\varkappa+1}{\varkappa-1}}}}\left[\left(\frac{p_0}{p_i}\right)^{\frac{\varkappa-1}{2\varkappa}} - 1\right]. \tag{13}$$

Aus (13) folgt zunächst der Druckverlauf

$$p_i(\tau) = p_0\left[1 + \frac{(\varkappa-1)F_m\sqrt{R_L T_0\varkappa\left(\dfrac{2}{\varkappa+1}\right)^{\frac{\varkappa+1}{\varkappa-1}}}}{2V_F}\,\tau\right]^{\frac{2\varkappa}{1-\varkappa}} = p_0\,\Phi(\tau)^{\frac{2\varkappa}{1-}} \qquad (14)$$

bzw. mit den gegebenen Zahlenwerten

$$p_i(\tau) = 200(1 + 0,45\,\tau)^{-7}\,\frac{\mathrm{kp}}{\mathrm{cm}^2}\,;\ \tau\ \text{in sek}.$$

Gl. (14) in (7) und (8) eingesetzt liefert die Beziehungen

$$v_m(\tau) = \sqrt{R_L T_0\left(\frac{2\varkappa}{\varkappa+1}\right)}\,[\Phi(\tau)]^{-1} \qquad (15)$$

bzw.

$$v_m(\tau) = 3{,}53\cdot 10^4\,(1+0{,}45\,\tau)^{-1}\,\frac{\mathrm{cm}}{\mathrm{sek}}\,;\ \tau\ \text{in sek}$$

sowie

$$Q_m(\tau) = p_0 F_m\sqrt{\frac{\varkappa}{R_L T_0}\left(\frac{2}{\varkappa+1}\right)^{\frac{\varkappa+1}{\varkappa-1}}}\,\Phi(\tau)^{\frac{\varkappa+1}{1-\varkappa}} \qquad (16)$$

bzw.

$$Q_m(\tau) = 8{,}37\cdot 10^{-3}(1+0{,}45\,\tau)^{-6}\,\frac{\mathrm{kp\,sek}}{\mathrm{cm}}\,;\ \tau\ \text{in sek}.$$

Es sei nochmals betont, daß die Gln. (4) bis (16) nur im Bereich $p_0 \geqq p_i \geqq p_{kr}$ gelten.

Für den zweiten Bereich $p_{kr} > p_i \geqq p_a$ gehen wir zur Berechnung der Ausflußzeit auf Gl. (2) zurück. Mit (2) und den Beziehungen (6) folgt dann aus (12) die Differentialgleichung

$$d\tau = -\frac{V_F\,p_0^{\frac{\varkappa-1}{2\varkappa}}\,p_a^{-\frac{1}{\varkappa}}}{F_m\varkappa\sqrt{R_L T_0\left(\dfrac{2\varkappa}{\varkappa-1}\right)}}\cdot\frac{p_i^{\frac{3}{2}\frac{1-\varkappa}{\varkappa}}}{\sqrt{1-\left(\dfrac{p_i}{p_a}\right)^{\frac{1-\varkappa}{\varkappa}}}}\,dp_i.$$

Mit Hilfe der Substitution

$$\left(\frac{p_i}{p_a}\right)^{\frac{1-\varkappa}{2\varkappa}} = \sin\varphi \qquad (17)$$

erhalten wir daraus

$$d\tau = -\frac{2V_F}{(\varkappa-1)F_m\sqrt{R_L T_0\left(\dfrac{2\varkappa}{\varkappa-1}\right)}}\left(\frac{p_0}{p_a}\right)^{\frac{\varkappa-1}{2\varkappa}}(\sin\varphi)^{\frac{2}{1-\varkappa}}\,d\varphi. \qquad (18)$$

Die Differentialgleichung (18) ist nur für ganzzahlige Exponenten von $\sin\varphi$ geschlossen lösbar. Im vorliegenden Fall ist $\dfrac{2}{1-\varkappa} = -5$, und damit folgt

$$\int\limits_{p_i=p_{kr}}^{p_a}\frac{d\varphi}{\sin^5\varphi} = \left[-\frac{1}{4}\cos\varphi\left(\frac{1}{\sin^4\varphi} + \frac{3}{2}\frac{1}{\sin^2\varphi}\right) + \frac{3}{8}\ln\left(\frac{\sin\varphi}{1+\cos\varphi}\right)\right]_{p_i=p_{kr}}^{p_a}. \qquad (19)$$

Setzt man in (19) die Grenzen vermittels der Beziehung (17) ein, so erhält man

$$\int\limits_{p_i=p_{kr}}^{p_a}\frac{d\varphi}{\sin^5\varphi} = 0{,}494,$$

und die Ausflußzeit des zweiten Abschnittes errechnet sich zu

$$\Delta\tau = \tau_2 - \tau_1 = \frac{0{,}99\,V_F}{(\varkappa - 1)F_m\sqrt{R_L T_0\left(\dfrac{2\varkappa}{\varkappa - 1}\right)}}\left(\frac{p_0}{p_a}\right)^{\frac{\varkappa-1}{2\varkappa}} \tag{20}$$

Die Gesamtausflußzeit des Gases wird nach Gl. (13) für $p_i = p_{krit}$ und Gl. (20) zu

$$\tau_2 = \tau_1 + \Delta\tau = 2{,}11 + 0{,}61 = 2{,}72 \quad [\text{sek}].$$

Um die Steighöhe zu errechnen, die die Flasche erreicht hat, wenn der Innendruck $p_i = p_{kr}$ geworden ist, ermitteln wir zunächst die Beschleunigung, die die Flasche erfährt. Nach dem Prinzip von D'ALEMBERT gilt in z-Richtung (Abb. A 1.1):

$$-G(\tau) + K(\tau) - m(\tau)\,b(\tau) = 0,$$

also

$$b(\tau) = -g + \frac{K(\tau)}{m(\tau)}. \tag{21}$$

Die Schubkraft ist nach dem Impulssatz der Strömungslehre (6.12)

$$K(\tau) = (p_i - p_m)F_m + Q_m(\tau)v_m(\tau) + \int_{s_1}^{s_2}\frac{\partial Q}{\partial\tau}\,ds \tag{22}$$

Unter der Annahme, daß in der Flasche überall derselbe Zustand herrscht und die Länge der Mündung sehr klein ist, wollen wir das Integral $\displaystyle\int_{s_1}^{s_2}\frac{\partial Q}{\partial\tau}\,ds$ vernachlässigen.

Nach (3) ist der Mündungsdruck $p_m = p_i\left(\dfrac{2}{\varkappa + 1}\right)^{\frac{\varkappa}{\varkappa-1}}$, und mit (14) erhalten wir

$$(p_i - p_m)F_m = p_0 F_m\left[1 - \left(\frac{2}{\varkappa + 1}\right)^{\frac{\varkappa}{\varkappa-1}}\right]\Phi(\tau)^{\frac{2\varkappa}{1-\varkappa}}. \tag{23}$$

Aus (15) und (16) folgt ferner

$$Q_m(\tau)v_m(\tau) = p_0 F_m\varkappa\left(\frac{2}{\varkappa + 1}\right)^{\frac{\varkappa}{\varkappa-1}}\Phi(\tau)^{\frac{2\varkappa}{1-\varkappa}}.$$

Endgültig wird damit nach (22)

$$K(\tau) = p_0 F_m\left[1 + (\varkappa - 1)\left(\frac{2}{\varkappa + 1}\right)^{\frac{\varkappa}{\varkappa-1}}\right]\Phi(\tau)^{\frac{2\varkappa}{1-\varkappa}} \tag{24}$$

bzw.

$$K(\tau) = 484{,}32(1 + 0{,}45\,\tau)^{-7} \; [\text{kp}]; \quad \tau \text{ in } [\text{sek}].$$

Weiter ist

$$m(\tau) = \frac{G_0}{g} - \int_0^\tau Q_m(\tau)\,d\tau = m_0 - p_0 F_m\sqrt{\frac{\varkappa}{R_L T_0}\left(\frac{2}{\varkappa + 1}\right)^{\frac{\varkappa+1}{\varkappa-1}}}\int_0^\tau\Phi(\tau)^{\frac{\varkappa+1}{1-\varkappa}}d\tau,$$

also mit Gl. (14)

$$m(\tau) = m_0 - \frac{(\varkappa - 1)p_0 F_m}{0{,}90}\sqrt{\frac{\varkappa}{R_L T_0}\left(\frac{2}{\varkappa + 1}\right)^{\frac{\varkappa+1}{\varkappa-1}}}\left[1 - \Phi(\tau)^{\frac{2}{1-\varkappa}}\right] \tag{25}$$

bzw.

$$m(\tau) = 0{,}08 - 0{,}37\cdot 10^{-3}[1 - (1 + 0{,}45\,\tau)^{-5}]\,\frac{\text{kp sek}^2}{\text{cm}}; \quad \tau \text{ in sek}.$$

Setzt man die Gln. (24) und (25) in Gl. (21) ein, so erhält man die Beschleunigung

$$b(\tau) = \frac{p_0 F_m \left[1 + (\varkappa - 1)\left(\frac{2}{\varkappa + 1}\right)^{\frac{\varkappa}{\varkappa - 1}}\right] \Phi(\tau)^{\frac{2\varkappa}{1-\varkappa}}}{m_0 - \frac{V_F\, p_0}{R_L\, T_0}\left[1 - \Phi(\tau)^{\frac{2}{1-\varkappa}}\right]} - g \tag{26}$$

bzw.

$$b(\tau) = \frac{484{,}32\,(1 + 0{,}45\,\tau)^{-7}}{0{,}08 - 0{,}37 \cdot 10^{-3}\,[1 - (1 + 0{,}45\,\tau)^{-5}]} - 981\,\frac{\mathrm{cm}}{\mathrm{sek}^2};\ \ \tau\ \mathrm{in\ sek}.$$

Um aus Gl. (26) die Steighöhe zu ermitteln, führen wir eine graphische Integration mit den Anfangsbedingungen $\dot{z}(0) = 0$, $z(0) = 0$ aus, die dem bereits bekannten „Mohrschen Verfahren" (s. Aufgabe II.3, A 5) entspricht (Abb. A 1.2). Man liest dort ab, daß bei Erreichen des kritischen Druckes p_{kr} zum Zeitpunkt τ_1 die Steighöhe $s_1^* \approx 23$ m beträgt.

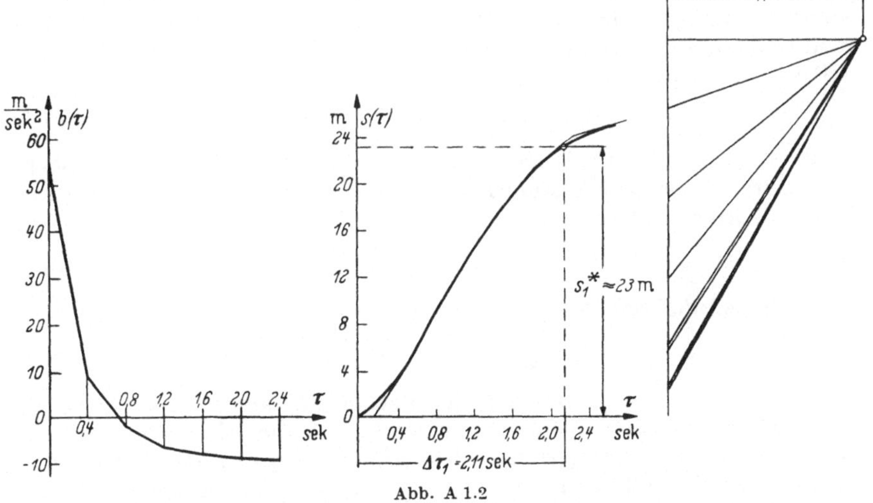

Abb. A 1.2

VIII. Grundgesetze der Ähnlichkeitsmechanik

1. Allgemeine Bemerkungen. Die Ähnlichkeitsmechanik hat die Aufgabe, Gesetze aufzustellen, mit deren Hilfe man einen mechanischen Vorgang in einem abgeänderten — i. allg. verkleinerten — Maßstab untersuchen und die am „*Versuchsmodell*" gewonnenen experimentellen Ergebnisse auf die in Wirklichkeit auszuführende Konstruktion, die sog. „*Großausführung*", übertragen kann. In diesem Sinne spricht man von einer „*Theorie des Modellversuches*"; sie bildet die Grundlage für das Versuchswesen u. a. in der Festigkeitslehre, im Schiff-, Schiffsmaschinen-, Flugzeug-, Wasser- und Wasserturbinenbau.

Die Herstellung eines Modells der Großausführung erfolgt i. allg. entweder um die mathematisch-mechanischen Resultate einer vorausgegangenen Berechnung zu bestätigen oder aber dann, wenn die exaktmathematische Bearbeitung des Problems auf unüberwindliche Schwierigkeiten stößt. In diesem Falle bildet der Modellversuch die einzige Möglichkeit der Vorausberechnung der Konstruktion, indem man sie im verkleinerten Maßstab als Modell unter der Einwirkung der Kräfte gleichen Charakters — wie sie in der geplanten Hauptkonstruktion auftreten — „nachahmt" und aus den Meßresultaten am Modell durch „*Übertragungsgesetze*" auf die in der wirklichen Konstruktion auftretenden Kräfte und ihre Wirkungen schließt. Die Aufstellung dieser Übertragungsgesetze ist die Aufgabe der Ähnlichkeitsmechanik. Die Existenz dieser Gesetze liegt darin begründet, daß die „*geometrische Ähnlichkeit*" keinesfalls auch die „*mechanische Ähnlichkeit*" nach sich zieht!

2. Mechanische Ähnlichkeit. Das Newtonsche Ähnlichkeitsgesetz.
Voraussetzungen für die mechanische Ähnlichkeit zweier Vorgänge sind:

a) *die geometrische Ähnlichkeit* zwischen Modell und Konstruktion, worunter wir verstehen, daß sämtliche Längenabmessungen l der Konstruktion zu den entsprechenden $l*$ des Modells in einem festen Verhältnis λ stehen:

$$\lambda = \frac{l}{l*}, \qquad (8.1)$$

b) *die zeitliche Ähnlichkeit*, die für alle entsprechenden Beobachtungszeiten t der Großausführung und $t*$ des Modells einen konstanten Zeitmaßstab τ fordert:

$$\tau = \frac{t}{t*}, \qquad (8.2)$$

c) *die Ähnlichkeit der entsprechenden Kräfte:*

$$\varkappa = \frac{K}{K*} \quad \text{bzw.} \quad \mathfrak{K} = \varkappa\,\mathfrak{K}^*. \qquad (8.3)$$

Aus den durch (8.1) bis (8.3) definierten „*Grundmaßstabfaktoren*" — auch „*Grundmaßstäbe*" genannt — lassen sich die schon einleitend erwähnten „*Übertragungsgesetze*" oder „*Übertragungsmaßstäbe*" herleiten. Wieweit wir tatsächlich in der Lage sind, mechanische Ähnlichkeit zwischen Modell und Großausführung zu erreichen, wird im folgenden gezeigt.

Wir betrachten zwei Systeme, die einander nach der vorangehenden Definition ähnlich sein sollen. So hat man die Beziehungen:

$$\mathfrak{r} = \lambda\,\mathfrak{r}^*, \quad t = \tau t^*, \quad \varDelta\mathfrak{K} = \varkappa\varDelta\mathfrak{K}^* \qquad (8.4)$$

und damit

$$\varDelta\mathfrak{r} = \lambda\,\varDelta\mathfrak{r}^*, \quad \varDelta t = \tau\varDelta t^*. \qquad (8.5)$$

Dementsprechend erhält man für die Geschwindigkeiten und Beschleunigungen

$$\mathfrak{v} = \lim_{\varDelta t \to 0} \frac{\varDelta\mathfrak{r}}{\varDelta t} = \frac{\lambda}{\tau} \lim_{\varDelta t^* \to 0} \frac{\varDelta\mathfrak{r}^*}{\varDelta t^*} = \frac{\lambda}{\tau}\,\mathfrak{v}^* \quad \text{bzw.} \quad \frac{v}{v*} = \frac{\lambda}{\tau} \qquad (8.6)$$

und somit

$$\mathfrak{b} = \lim_{\varDelta t \to 0} \frac{\varDelta\mathfrak{v}}{\varDelta t} = \frac{\lambda}{\tau^2} \lim_{\varDelta t^* \to 0} \frac{\varDelta\mathfrak{v}^*}{\varDelta t^*} = \frac{\lambda}{\tau^2}\,\mathfrak{b}^*. \qquad (8.7)$$

Wir benötigen noch den *Massenübertragungsmaßstab*. Mit den Volumengrößen V und V^* und den Dichten ϱ und ϱ^* hat man

$$\mu = \frac{\Delta m}{\Delta m^*} = \frac{\varrho \Delta V}{\varrho^* \Delta V^*} = \frac{\varrho}{\varrho^*}\,\lambda^3. \tag{8.8}$$

Nun fordert das NEWTONsche Grundgesetz

$$\Delta m\,\mathfrak{b} = \Delta\mathfrak{K}; \quad \Delta m^*\,\mathfrak{b}^* = \Delta\mathfrak{K}^*,$$

woraus mit (8.4), (8.7) und (8.8)

$$\frac{\varrho}{\varrho^*}\,\lambda^3 \Delta m^*\,\frac{\lambda}{\tau^2}\,\mathfrak{b}^* = \varkappa\,\Delta m^*\mathfrak{b}^*,$$

also

$$\frac{\varrho}{\varrho^*}\left(\frac{\lambda^2}{\tau}\right)^2 = \mu\,\frac{\lambda}{\tau^2} = \varkappa \tag{8.9}$$

folgt; das ist das *allgemeine Newtonsche* oder *Bertrandsche Ähnlichkeitsgesetz*, aus dem zu ersehen ist, daß von den Grundübertragungsmaßstäben nur zwei frei wählbar sind! Insbesondere bringt (8.9) zum Ausdruck, daß bei beliebiger Wahl von λ und τ sämtliche eingeprägten Kräfte, die verschiedenen physikalischen Ursprunges sein können, in dem Übertragungsmaßstab $\varrho\lambda^4/\varrho^*\tau^2$ stehen müssen. Daß diese Forderung im allgemeinen Falle nicht erfüllbar ist, d. h., daß man im allgemeinen Falle eine sinnvolle Modellmechanik nicht betreiben kann, werden wir im folgenden sehen.

Zu einer anderen Form des NEWTONschen Ähnlichkeitsgesetzes kommt man durch Einführung des Verhältnisses der entsprechenden Flächen F und F^*

$$\lambda^2 = \frac{l^2}{l^{*2}} = \frac{F}{F^*}, \tag{8.10}$$

womit unter Beachtung von (8.9) und (8.6)

$$\frac{K}{K^*} = \varkappa = \frac{\varrho}{\varrho^*}\,\lambda^2\left(\frac{\lambda}{\tau}\right)^2 = \frac{\varrho F v^2}{\varrho^* F^* v^{*2}} \tag{8.11}$$

folgt. Dieser Beziehung entsprechen, mit einer dimensionslosen Zahl ζ die Gleichungen

$$K = \zeta\,\varrho F v^2 \quad \text{und} \quad K^* = \zeta\,\varrho^* F^* v^{*2}. \tag{8.11a}$$

d. h. das „*quadratische Widerstandsgesetz*", das in der Hydromechanik und Gasdynamik eine Rolle spielt.

Eine Bemerkung: Hat eine physikalische Größe die Dimension $\mathrm{kp}^{n_1}\,\mathrm{cm}^{n_2}\,\mathrm{sek}^{n_3}$, so ist der Übertragungsmaßstab

$$\varkappa^{n_1}\lambda^{n_2}\tau^{n_3}. \tag{8.12}$$

Beispiele:

1. Arbeit (bzw. *Moment*): $\dfrac{A}{A^*} = \varkappa\lambda$; *2. Leistung:* $\dfrac{L}{L^*} = \dfrac{\varkappa\lambda}{\tau}$; *3. Drehzahl:* $\dfrac{n}{n^*} = \dfrac{1}{\tau}$.

$$\tag{8.12a}$$

3. Übertragungsgesetze für spezielle Kräfteklassen. Wie betrachten jetzt einige spezielle Kräfte, die die Bewegung bestimmen; es treten also eine spezielle Art von eingeprägten Kräften und die Trägheitskraft auf! Grundsätzlich geht man so vor, daß man zunächst den Übertragungsfaktor der eingeprägten Kräfte dem der Trägheitskräfte gleichsetzt und dann die weiteren Übertragungsmaßstäbe, wie v/v^*, t/t^*, ermittelt. Im folgenden deuten wir diese Methode an einigen Kräfteklassen an.

a) Schwerkraft. Hierbei ist

$$K = mg; \quad K^* = m^*g; \quad \varkappa = \frac{K}{K^*} = \frac{m}{m^*},$$

und damit folgen unter Verwendung von (8.8), (8.9) und (8.6) mit den spezifischen Gewichten γ und γ^*

$$\varkappa = \mu = \frac{\varrho}{\varrho^*}\,\lambda^3 = \frac{\gamma}{\gamma^*}\,\lambda^3; \quad \tau = \sqrt{\lambda}; \quad \frac{v}{v^*} = \sqrt{\lambda}. \tag{8.13}$$

Das sind die *Froudeschen Ähnlichkeitsgesetze.* Nach (8.7) und unter Benutzung von $\tau = \sqrt{\lambda}$ ist das Verhältnis der Beschleunigungen gleich „Eins"!

b) Innere Flüssigkeitsreibung: Grundlegend ist das NEWTONSche Gesetz für viskose Flüssigkeiten mit den Zähigkeitskoeffizienten η und η^*:

$$K = \eta\frac{dv}{dz}F; \quad K^* = \eta^*\frac{dv^*}{dz^*}F^*. \tag{8.14}$$

Auf ähnlichem Wege wie unter a) ergeben sich mit den kinematischen Zähigkeiten $v = \eta/\varrho$, $v^* = \eta^*/\varrho^*$ die *Reynoldsschen Ähnlichkeitsgesetze*:

$$\varkappa = \frac{v^2\varrho\,\lambda^2}{v^{*2}\varrho^*}; \quad \frac{v}{v^*} = \frac{v}{v^*\lambda}; \quad \tau = \frac{v^*\lambda^2}{v}; \quad \frac{l\,v}{v} = \frac{l^*v^*}{v^*} = \mathsf{R}. \tag{8.15}$$

c) Elastische Kräfte. Maßgebend ist das HOOKEsche Gesetz. Für die Dehnung gilt mit den Elastizitätsmoduln E und E^*:

$$K = EF\frac{\Delta l}{l}; \quad K^* = E^*F^*\frac{\Delta l^*}{l^*}, \tag{8.16}$$

woraus mit (8.6), (8.9) und (8.10) die *Cauchyschen Ähnlichkeitsgesetze*

$$\varkappa = \frac{E}{E^*}\,\lambda^2; \quad \frac{v}{v^*} = \sqrt{\frac{E\,\varrho^*}{E^*\varrho}}; \quad \tau = \lambda\sqrt{\frac{E^*\varrho}{E\,\varrho^*}}; \quad \frac{v}{\sqrt{E/\varrho}} = \frac{v^*}{\sqrt{E^*/\varrho^*}} \tag{8.17}$$

folgen. Im Falle von Torsion hat man E durch den Schubmodul G zu ersetzen. Tritt gleichzeitig ein Einfluß von E und G auf, so muß meist noch die Gleichheit der Querkontraktionszahlen gefordert werden.

d) Die statische Ähnlichkeit. Hier hat man nur die Grundmaßstäbe λ und $\varkappa$.

α) *Schwerkraft.* Aus (8.13) ersieht man

$$\varkappa = \frac{\varrho}{\varrho^*}\,\lambda^3. \tag{8.18}$$

β) *Elastische Kräfte.* Gemäß (8.17) ist

$$\varkappa = \frac{E}{E^*}\lambda^2 \text{ bzw. bei Torsion (und Schub!) } \varkappa = \frac{G}{G^*}\,\lambda^2\,. \qquad (8.19)$$

4. Gleichzeitige Wirkung von Kräften verschiedener Natur. In solchen Fällen ist eine mechanische Ähnlichkeit nur dann möglich, wenn die Übertragungsmaßstäbe der betreffenden Fälle übereinstimmen. Hat man z. B. innere Reibung und Schwerkraft, so muß nach (8.13) und (8.15) $\tau = \sqrt{\lambda}$ und $\tau = \nu^*\lambda^2/\nu$ erfüllt sein, d. h.

$$\lambda = \left(\frac{\nu}{\nu^*}\right)^{\frac{2}{3}} \qquad (8.20)$$

bestehen. Also: Mechanische Ähnlichkeit hinsichtlich beider Kräfteklassen kann nur durch eine gemäß (8.20) vorgenommene Wahl des Längenmaßstabes erreicht werden, was versuchstechnisch meistens nicht durchführbar ist.

Aufgaben

A 1. Modellversuch für einen Träger. Von einem Träger aus Stahl ($E = 2{,}1 \cdot 10^6$ kp/cm^2; $G = 0{,}8 \cdot 10^6$ kp/cm^2; $\gamma = 7{,}8$ p/cm^3) wird ein Modell aus Aluminium ($E^* = 0{,}7 \cdot 10^6$ kp/cm^2; $G^* = 0{,}27 \cdot 10^6$ kp/cm^2; $\gamma^* = 2{,}8$ p/cm^3) im Längenmaßstab $1 : \lambda = 1 : 10$ angefertigt. Man ermittle die Übertragungsmaßstäbe für die Kräfte und die elastischen Deformationen für folgende Fälle:

a) Für statische Biege- bzw. Zug- und Druckbelastungen durch
   α) äußere Kräfte und β) Schwerkräfte (Eigengewicht);

b) für Torsionsbeanspruchung durch äußere Lasten;

c) für elasto-dynamische Schwingungen:

Lösung. Wir müssen zunächst die Übertragungsmaßstäbe für die Deformationen berechnen. Für die Längenänderung auf Grund von Zug oder Druck folgt aus (8.16)

$$\frac{\varDelta l}{\varDelta l^*} = \frac{l}{l^*}\frac{K}{K^*}\frac{E^*}{E}\frac{F^*}{F} = \frac{\varkappa}{\lambda}\frac{E^*}{E}\,. \qquad (1)$$

Für die Biegung müssen wir auf die Differentialgleichung $EJ\,w^{(4)} = q$ zurückgreifen:

$$EJ\frac{d^4w}{dx^4} = q, \qquad E^*J^*\frac{d^4w^*}{dx^{*4}} = q^*. \qquad (2)$$

Nun ist

$$J = \int\limits_{(F)} z^2 dF = \lambda^4 \int\limits_{(F^*)} z^{*2} dF^* = \lambda^4 J^*,$$

ferner $\dfrac{d^4w}{dx^4} = \dfrac{w}{w^*}\dfrac{1}{\lambda^4}\dfrac{d^4w^*}{dx^{*4}}$ und schließlich, da q eine Kraft je Längeneinheit ist,

$q = \dfrac{\varkappa}{\lambda}q^*$. Daher folgt aus (2)

$$\frac{w}{w^*} = \frac{\varkappa}{\lambda}\frac{E^*}{E}\,. \qquad (3)$$

Ein Vergleich mit (1) zeigt, daß die Maßstäbe für Längenänderung und Durchbiegung übereinstimmen, was zu erwarten war, da sich beide aus dem HOOKEschen Gesetz bestimmen.

a, $\varkappa$) Die beiden gesuchten Maßstäbe $\dfrac{\Delta l}{\Delta l^*}$ $\left(\text{bzw. } \dfrac{w}{w^*}\right)$ und $\varkappa$ müssen nur der Gl. (1) genügen. Wir können daher zusätzlich $\dfrac{\Delta l}{\Delta l^*} = \lambda$ fordern und erhalten [s. (8.17)]

$$\varkappa = \frac{E}{E^*}\,\lambda^2 = 300\,.$$

a, β) Hier muß gemäß (8.13)

$$\varkappa = \frac{\gamma}{\gamma^*}\,\lambda^3 = 2786$$

sein, und daher ergibt sich gemäß (1) bzw. (3)

$$\frac{\Delta l}{\Delta l^*} = \frac{w}{w^*} = \frac{\gamma}{\gamma^*}\,\lambda^2\,\frac{E^*}{E} = 835{,}8\,.$$

b) Wie in a, α) sind die beiden Maßstäbe nicht eindeutig bestimmt, da nur äußere Kräfte wirken sollen. Fordern wir zusätzlich, daß λ auch den Maßstab für die Deformationen angibt, so wird gemäß (8.17)

$$\varkappa = \frac{G}{G^*}\,\lambda^2 = 296\,.$$

c) Da wieder (8.13) und (1) bzw. (3) gelten müssen, erhalten wir dasselbe Ergebnis wie unter a, β). Aus (8.13) ergibt sich der Zeitmaßstab $\tau = \sqrt{10} = 3{,}16$.

A 2. Modellversuch für eine Rohrleitung. Eine Rohrleitung mit Krümmer und Armaturen, durch die Wasser (kinematische Zähigkeit $\nu = 10^{-6}\,\text{m}^2\,\text{sek}^{-1}$) mit der Geschwindigkeit $v = 2\,\text{m sek}^{-1}$ strömen soll, wird vor dem Einbau zur Ermittlung der hydraulischen Kenngrößen mit Luft $\nu^* = 15 \cdot 10^{-6}\,\text{m}^2\,\text{sek}^{-1}$ durchblasen. Mit welcher Geschwindigkeit v^* ist dieser Versuch durchzuführen?

Lösung. Nach dem REYNOLDSschen Modellgesetz (8.15) hat man wegen $\lambda = 1$

$$v^* = v\,\frac{\nu^*}{\nu} = 2 \cdot \frac{15}{1} = 30\ \text{m sek}^{-1}.$$

A 3. Schleppversuch an einem Schiffsmodell. Der Fahrwiderstand eines Schiffes mit einer Reisegeschwindigkeit $v = 35\,\text{km/h}$ soll an einem im Verhältnis $1:25$ ($\lambda = 25$) verkleinerten Modell durch einen Schleppversuch ermittelt werden. Welcher Kräfteübertragungsmaßstab ist für diesen Modellversuch maßgebend?

Lösung. Da es sich hier um einen Strömungs- bzw. Wellenvorgang unter dem überwiegenden Einfluß der Schwerkraft handelt, haben wir das FROUDEsche Gesetz (8.13) heranzuziehen. Wegen $\varrho = \varrho^*$ ist also

$$v^* = \frac{v}{\sqrt{\lambda}} = 7\ \text{km/h} \quad \text{und} \quad \varkappa = \lambda^3 = 625\,.$$

Anhang

Vermischte Übungsaufgaben

A 1. Biegemomente am gewinkelten Balken und Berechnung der Durchsenkung nach Castigliano. Für das System nach Abb. A 1.1 bestimme man den Verlauf der Biegemomente und stelle diesen graphisch dar. Ferner ermittle man die vertikale Verschiebung des Gewichtes G mit Hilfe des ersten Satzes von CASTIGLIANO.

Gegeben: G, l, E, J, F.

Lösung.

1) Auflagerkräfte (Abb. A 1.2):

$$\Sigma M_B = 0 = A_z\, l - G\, l, \qquad A_z = G;$$
$$\Sigma M_A = 0 = B_z\, l, \qquad B_z = 0;$$
$$\Sigma H = 0 = A_x, \qquad A_x = 0.$$

2) Biegemomente (Abb. A 1.2):

$$M(x) = A_z\, x = G\, x,$$
$$M(z) = G\,\frac{2}{3}\, l.$$

3) Durchsenkung des Kraftangriffspunktes: Man berücksichtigt am Balken nur die Formänderungsarbeit infolge der Biegemomente und erhält:

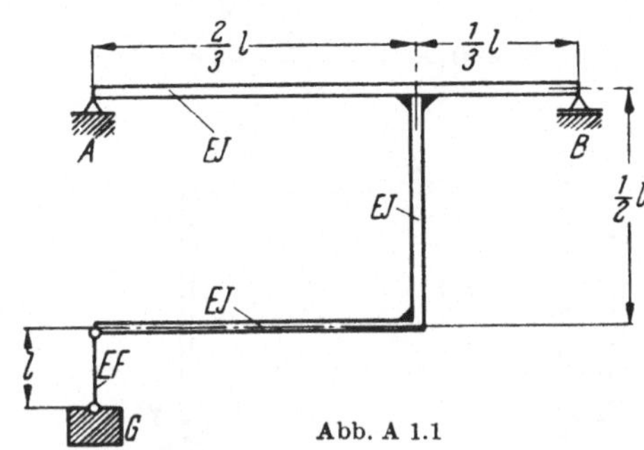

Abb. A 1.1

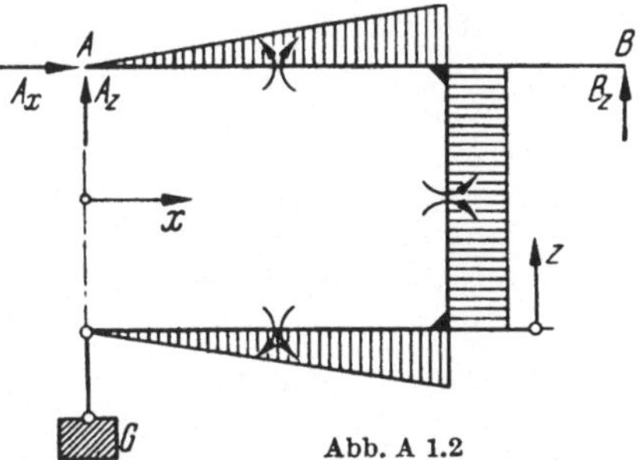

Abb. A 1.2

$$W = \frac{1}{2EJ}\left\{2\int\limits_0^{\frac{2}{3}l} G^2 x^2\, dx + \int\limits_0^{\frac{l}{2}} G^2\,\frac{4}{9}\, l^2\, dx\right\} + \frac{G^2 l}{2EF} = \frac{G^2 l^3}{EJ}\,\frac{17}{81} + \frac{G^2 l}{2EF}$$

und hieraus nach dem 1. Satz von CASTIGLIANO

$$p = \frac{\partial W}{\partial G} = \frac{G\, l^3}{EJ}\,\frac{34}{81} + \frac{G\, l}{EF}.$$

A 2. Dreigelenkrahmen und Verschiebung seines Eckpunktes nach Castigliano. Für den Rahmen nach Abb. A 2.1 ermittle man die horizontale Verschiebung des Eckpunktes C mit Hilfe des ersten Satzes von CASTIGLIANO.

Gegeben: l, h, q, E, J.

Lösung. Um die Verschiebung des Punktes C in Horizontalrichtung mit Hilfe des ersten Satzes von CASTIGLIANO berechnen zu können, ist dort eine horizontale Hilfskraft P anzubringen (Abb. A 2.2), die am Schluß der Berechnung Null zu setzen ist.

1) Auflagerkräfte:

$$\Sigma M_B = 0 = A_z\,l - \frac{q\,h^2}{2}, \qquad\qquad A_z = \frac{q\,h^2}{2\,l} + \frac{P\,h}{l};$$

$$\Sigma M_A = 0 = -\,B_z\,l - \frac{q\,h^2}{2}, \qquad\qquad B_z = -\,\frac{q\,h^2}{2\,l} - \frac{P\,h}{l};$$

$$\Sigma M_D = 0 = -\,A_x\,h + \frac{q\,h^2}{2}, \qquad\qquad A_x = \frac{q\,h}{2};$$

$$\Sigma H = 0 = A_x - B_x - q\,h - P, \qquad B_x = A_x - q\,h - P = -\,\frac{q\,h}{2} - P.$$

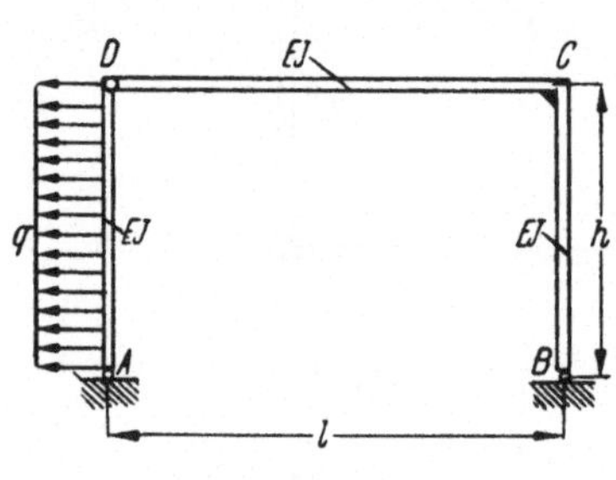

Abb. A 2.1

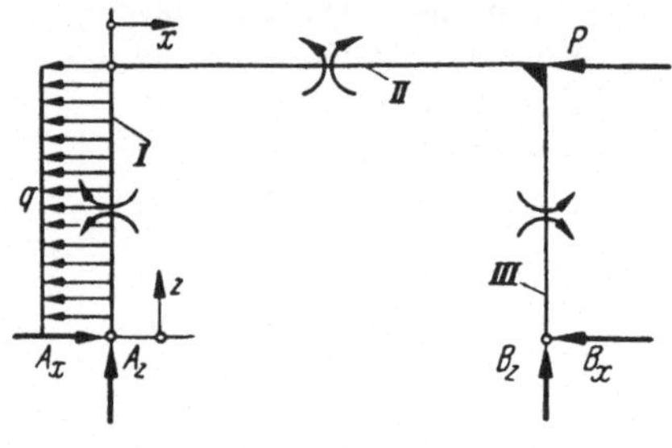

Abb. A 2.2

2) Biegemomente:

$$M_{\mathrm{I}}(z) = \frac{q\,z^2}{2} - A_x z = \frac{q}{2}\,(z^2 - h\,z)\,,$$

$$M_{\mathrm{III}}(z) = -\,B_x\,z = \left(P + \frac{q\,h}{2}\right) z\,,$$

$$M_{\mathrm{II}}(z) = A_z\,x = \left(\frac{q\,h^2}{2\,l} + \frac{P\,h}{l}\right) x\,.$$

3) Verschiebung des Angriffspunktes von C:

$$W = \frac{1}{2\,E J}\left\{\int\limits_0^h M_{\mathrm{I}}^2(z)\,dz + \int\limits_0^h M_{\mathrm{III}}^2(z)\,dz + \int\limits_0^l M_{\mathrm{II}}^2(x)\,dx\right\},$$

$$-\frac{\partial W}{\partial P} = p = \frac{1}{E J}\left\{\int\limits_0^h M_{\mathrm{I}}(z)\,\frac{\partial M_{\mathrm{I}}}{\partial P}\,dz + \int\limits_0^h M_{\mathrm{III}}(z)\,\frac{\partial M_{\mathrm{III}}}{\partial P}\,dz + \int\limits_0^l M_{\mathrm{II}}(x)\,\frac{\partial M_{\mathrm{II}}}{\partial P}\,dx\right\},$$

$$p = \frac{1}{E J}\left[\frac{h^2}{3}\left(\frac{1}{2}\,q\,h^2 + P\,h\right) + \frac{h\,l}{3}\left(\frac{1}{2}\,q\,h^2 + P\,h\right)\right].$$

Die Hilfskraft P ist in Wirklichkeit Null, und damit folgt

$$p = \frac{q\,h^3}{6\,E J}\,(h + l).$$

A 3. *Zusammengesetztes elastisches System.* Für das in
Abb. A 3.1 skizzierte System berechne man die Verschiebung des Kraftangriffspunktes in Richtung der Kraft P mit Hilfe des ersten Satzes von
Castigliano (im eckensteifen Winkel berücksichtige man nur die Biege-
arbeit!). Man skizziere dazu zunächst den Verlauf der Biegemomente

und berechne Feder- und Stabkräfte. Wie groß darf die Kraft P höchstens werden, wenn der Druckstab ① gegen Knicken eine Sicherheit $\mathfrak{j} = 2$ haben soll und das Ausknicken im elastischen Bereich erfolgt?

Gegeben: E, J, F, l, c, P.

Lösung. Schneidet man zunächst den Winkel frei (Abb. A 3.2), so folgt:

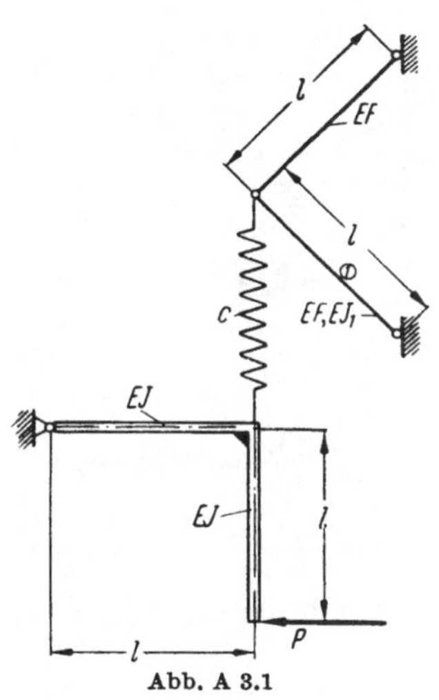

Abb. A 3.1

$$\Sigma M_A = 0 = P\,l - F\,l, \qquad F = P;$$
$$\Sigma V = 0 = A_z + F, \qquad A_z = -P;$$
$$\Sigma H = 0 = A_x - P, \qquad A_x = P.$$

Biegemomente:
$$M_{\mathrm{I}}(z) = -P\,z, \qquad M_{\mathrm{II}}(x) = -P\,x.$$

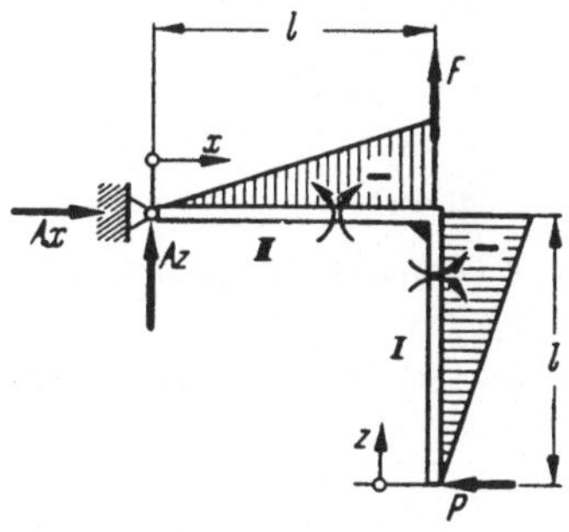

Abb. A 3.2

Der Verlauf der Biegemomente ist also linear, wie in Abb. A 3.2 dargestellt. Die Kräfte in den Stäben ergeben sich aus dem Krafteck gemäß Abb. A 3.3 zu

$$S = \pm \frac{P}{2\sin 45°}.$$

Aus

$$W = \frac{2}{2EJ} \int\limits_0^l M_{\mathrm{I}}^2(z)\,dz + \frac{P^2}{2c} + 2\,\frac{\left(\dfrac{P}{2\sin 45°}\right)^2}{2EF}\,l$$

folgt für die Verschiebung des Kraftangriffspunktes

Abb. A 3.3

$$p = \frac{\partial W}{\partial P} = \frac{2}{EJ} \int\limits_0^l P\,x^2\,dx + \frac{P}{c} + 2\,\frac{P}{(2\sin 45°)^2\,EF}\,l = \frac{2}{3}\,\frac{P\,l^3}{EJ} + \frac{P}{c} + \frac{P}{EF}\,l.$$

Die Stabkraft $S = \dfrac{P}{2\sin 45°}$ darf nicht größer als $\dfrac{\pi^2\,EJ}{\mathfrak{j}\,l^2}$ sein, d. h.

$$P \leqq \frac{\pi\,EJ}{l^2}\,\sin 45° = \frac{\pi^2\,EJ}{\sqrt{2}\,l^2}.$$

A 4. Spannungen in einem I-Träger. Für das System nach Abb. A 4.1 ermittle man die Schnittlasten und stelle diese graphisch dar. Ferner bestimme man im Punkte A die Normal- und Schubspannungen sowie die **Hauptspannungen** und **Hauptschubspannungen**. (Das Trägereigengewicht werde vernachlässigt).

Gegeben: $Q = 4000$ kp, Maße wie in der Abbildung.

Lösung. Man denke sich die Seilkraft $S = Q = 4000$ kp am Balkenende in die Horizontal- und Vertikalkomponente $S_H = Q \sin 60°$ bzw. $S_V = Q \cos 60°$ zerlegt. Dann folgen:

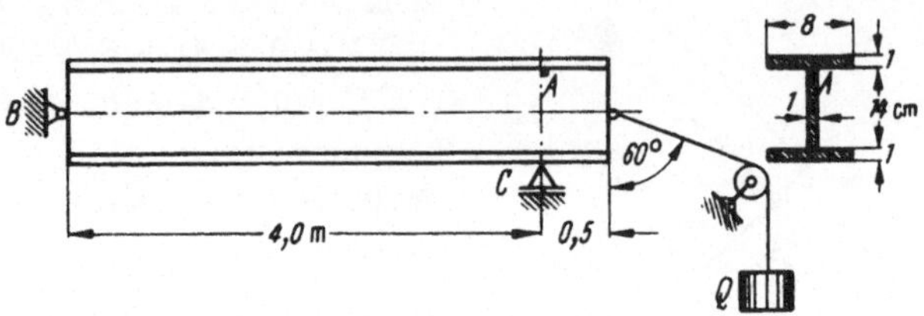

Abb. A 4.1

1) Auflagerkräfte:

$$\Sigma M_B = 0 = Q \cos 60° \cdot 4,5 - C \cdot 4,0, \qquad C = \frac{4000 \cdot 0,5 \cdot 4,5}{4,0} = 2250 \text{ kp};$$

$$\Sigma M_C = 0 = B_z \cdot 4,0 + Q \cos 60° \cdot 0,5, \qquad B_z = -\frac{4000 \cdot 0,5 \cdot 0,5}{4,0} = -250 \text{ kp};$$

$$\Sigma H = 0 = B_x + Q \sin 60°, \qquad B_x = -4000 \cdot 0,866 = -3460 \text{ kp}.$$

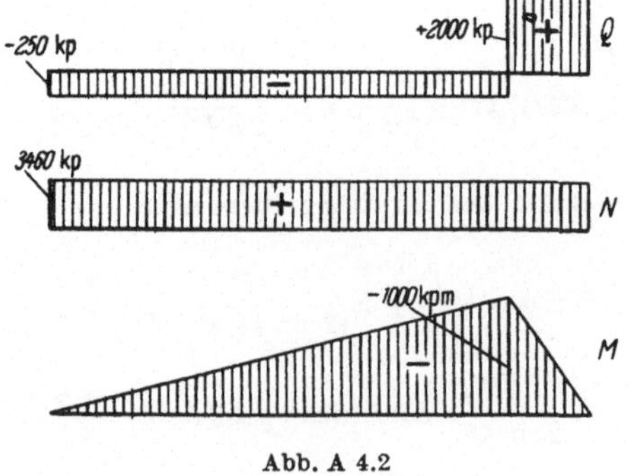

Abb. A 4.2

2) Schnittlasten (Abb. A 4.2):

Bereich I:
$$Q = B_z = -250 \text{ kp},$$
$$N = -B_x = 3460 \text{ kp},$$
$$M_I(x) = B_z x = -250 \, x \text{ kpm}.$$

Bereich II:
$$Q = 2000 \text{ kp},$$
$$N = 3460 \text{ kp},$$
$$M_{II}(\bar{x}) = -2000\,\bar{x} \quad \text{kpm}.$$

3) Spannungen im Punkte A:

$$J_y = 2 \cdot 7{,}5^2 \cdot 8{,}0 + \frac{1{,}0 \cdot 14{,}0^3}{12} = 900 + 229 = 1129 \text{ cm}^4,$$

$$W_y = \frac{1129}{8} = 141 \text{ cm}^3,$$

$$\sigma_A = \frac{N}{F} - \frac{M}{W} = \frac{3460}{30} + \frac{100\,000}{1129}\,7 = 115 + 620 = 735 \text{ kp/cm}^2,$$

$$\tau_A = \frac{QS}{Jb} = \frac{2000 \cdot 8 \cdot 7{,}5}{1129 \cdot 1} = 106 \text{ kp/cm}^2,$$

$$\sigma_{1,2} = \frac{735}{2} \pm \sqrt{\frac{735^2}{4} + 106^2} = 368 \pm \sqrt{(3{,}68^2 + 1{,}06^2) \cdot 10^4}$$

$$= 368 \pm 384 = \begin{cases} 752 \text{ kp/cm}^2 \\ -16 \text{ kp/cm}^2 \end{cases},$$

$$\tau_{extr} = \sqrt{\frac{735^2}{4} + 106^2} = 384 \text{ kp/cm}^2 .$$

A 5. *Seil unter Dreieckslast*. Für das in Abb. A5.1 skizzierte Seil unter dreieckförmiger Belastung berechne man die Form der Seilkurve und die Größe des Horizontalzuges H.

Gegeben: q_0, l, f.

Lösung. Aus $z'' = \dfrac{q(x)}{H} = \dfrac{2q_0}{Hl}\,x$ für $0 \leqq x \leqq \dfrac{l}{2}$ folgt $z' = \dfrac{2q_0}{Hl}\,\dfrac{x^2}{2} + C_1$ bzw. $z = \dfrac{2q_0}{Hl}\,\dfrac{x^3}{6} + C_1\,x + C_2.$

Die beiden Konstanten ergeben sich aus $z(0) = 0$ und $z'\!\left(\dfrac{l}{2}\right) = 0$ zu $C_2 = 0$

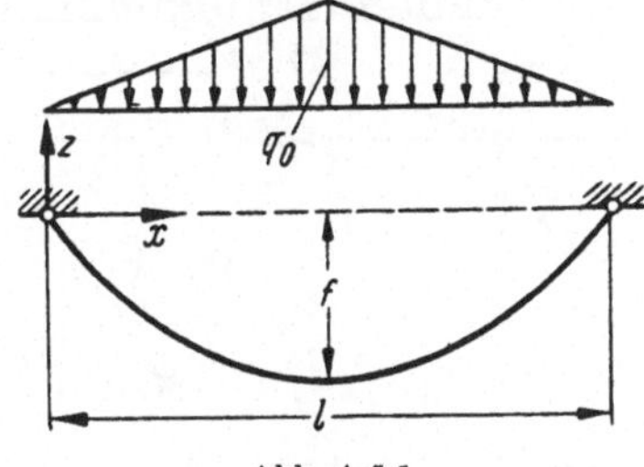

Abb. A 5.1

und $C_1 = -\dfrac{q_0 l}{4H}$, so daß die Form der (symmetrischen) Seilkurve für $0 \leqq x \leqq \dfrac{l}{2}$ durch

$$z = \frac{q_0 x}{Hl}\left(\frac{x^2}{3} - \frac{l^2}{4}\right)$$

gegeben ist. Für den Horizontalzug folgt aus $z\!\left(\dfrac{l}{2}\right) = -f$

$$H = \frac{q_0 l^2}{12 f}.$$

A 6. Biegemomente nach Theorie zweiter Ordnung. Die Tragkonstruktion eines Tribünendaches besteht aus in gleichen Abständen angeordneten Stahlträgern T (Abb. A 6.1), die an ihren äußeren Enden durch einen Längsträger LT fest verbunden sind. Jeder dritte Stahlträger T ist durch ein Seil abgespannt. Knicken oder Auskippen der abgespannten Stahlträger in horizontaler Richtung ist durch konstruktive Maßnahmen (aussteifende Wirkung der Dachplatte) ausgeschlossen. Man berechne in den abgespannten Stahlträgern die maximalen Biegemomente und Spannungen

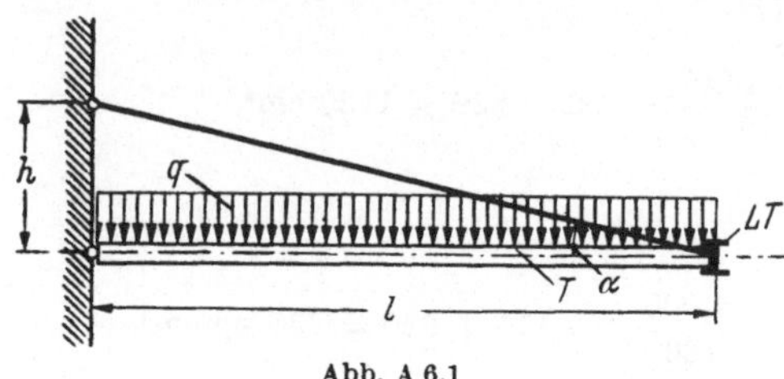

Abb. A 6.1

a) unter Eigengewichtsbelastung g und
b) unter Eigengewichts- und Schneebelastung $g + s$;
c) berechne man exakt und näherungsweise diejenige Last q_F, bei der in den abgespannten Stahlträgern die Fließspannung σ_F erreicht wird und ziehe die Folgerungen aus dem Ergebnis.

Gegeben: $l = 10$ m, $h = 2$ m, $\cot \alpha = l/h = 5$,

$$g = 33{,}5 \text{ kp/m}, \quad s = 33{,}5 \text{ kp/m};$$

Stahlträger I 14 aus St 52 mit $F = 18{,}3$ cm², $J_y = 573$ cm⁴, $W_y = 81{,}9$ cm³ sowie $_{\text{zul}}\sigma_d = 2100$ kp/cm², $\sigma_F = 3600$ kp/cm², $E = 2{,}1 \cdot 10^6$ kp/cm².

Lösung. Da infolge der Seilabspannung Druckkräfte in die abgespannten Stahlträger gelangen (Biegung mit Längskraft), müssen die exakten Schnittlasten nach der *Theorie zweiter Ordnung* berechnet werden (d. h. Aufstellung der Gleichgewichtsbedingungen am verformten System). Die Momentengleichgewichtsbedingung am linken abgeschnittenen Systemteil (Abb. A 6.2) liefert

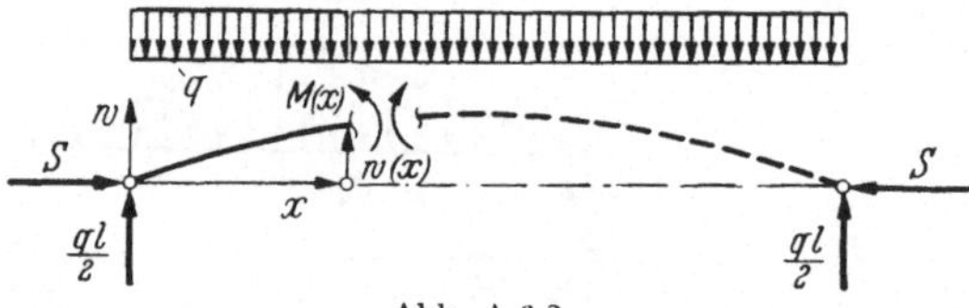

Abb. A 6.2

$$M(x) + \frac{q\,x^2}{2} + S\,w(x) - \frac{q\,l}{2}\,x = 0, \tag{1}$$

womit gemäß (2.12) sich

$$w''(x) + \frac{S}{E J_y}\,w(x) = \frac{q}{2 E J_y}\,(l\,x - x^2) \tag{2}$$

ergibt. Die Lösung der homogenen Differentialgleichung lautet

$$w_H(x) = C_1 \cos \lambda\,x + C_2 \sin \lambda\,x, \tag{3}$$

worin $\lambda = \sqrt{S/E J_y}$ bedeutet, und die partikuläre Lösung erhält man mit dem Ansatz $w_P(x) = a\,x^2 + b\,x + c$ nach Koeffizientenvergleich zu

$$w_P(x) = -\frac{q}{2\lambda^2 E J_y}\,x^2 + \frac{q\,l}{2\lambda^2 E J_y}\,x + \frac{q}{\lambda^4 E J_y}. \tag{4}$$

Die allgemeine Lösung ist also

$$w(x) = w_H(x) + w_P(x). \tag{5}$$

Die beiden noch freien Konstanten C_1 und C_2 ergeben sich aus den beiden Randbedingungen $w(0) = 0$ und $w(l) = 0$ zu

$$C_1 = -\frac{q}{\lambda^4 E J_y}, \qquad C_2 = -\frac{q}{\lambda^4 E J_y}\frac{1 - \cos\lambda l}{\sin\lambda l}.$$

Damit wird

$$w(x) = -\frac{q}{\lambda^4 E J_y}\left[\cos\lambda x + \frac{1 - \cos\lambda l}{\sin\lambda l}\sin\lambda x - 1 - \frac{\lambda^2}{2}x(l - x)\right]. \tag{6}$$

Nach einigen trigonometrischen Umformungen und mit $x/l = \xi$ sowie $1 - x/l = \xi'$ bekommt man schließlich

$$w(\xi) = -\frac{q}{\lambda^4 E J_y}\left[\frac{\cos\dfrac{\lambda l}{2}(\xi - \xi')}{\cos\dfrac{\lambda l}{2}} - \frac{(\lambda l)^2}{2}\xi\xi' - 1\right]. \tag{7}$$

Die größte Durchbiegung tritt in Balkenmitte auf ($\xi = \xi' = 1/2$):

$$w(x = l/2) = w_{\max} = -\frac{q}{\lambda^4 E J_y}\left[\frac{1 - \cos\dfrac{\lambda l}{2}}{\cos\dfrac{\lambda l}{2}} - \frac{(\lambda l)^2}{8}\right] \tag{8}$$

oder mit

$$\mu = \frac{\lambda l}{2} = \frac{l}{2}\sqrt{\frac{S}{E J_y}} \quad \text{und} \quad \eta_w = \frac{12[2 - (2 + \mu^2)\cos\mu]}{5\mu^4\cos\mu} \tag{9a, b}$$

$$w_{\max} = -\eta_w \cdot \frac{5 q l^4}{384 E J_y}. \tag{10}$$

Das maximale Biegemoment tritt ebenfalls in Balkenmitte auf; aus (1) folgt für $x = l/2$:

$$M_{\max} = \frac{q l^2}{8} - S w(l/2)$$

und nach Einsetzen von (8) sowie Einführung von

$$\eta_M = \frac{2(1 - \cos\mu)}{\mu^2\cos\mu}, \tag{11}$$

$$M_{\max} = \frac{1 - \cos\dfrac{\lambda l}{2}}{(\lambda l)^2\cos\dfrac{\lambda l}{2}}\cdot q l^2 = \eta_M \cdot \frac{q l^2}{8}. \tag{12}$$

Durch mehrmaliges Anwenden der Regel von BERNOULLI-DE L'HOSPITAL läßt sich zeigen, daß

$$\lim_{\mu\to 0}\eta_w = 1 \quad \text{und} \quad \lim_{\mu\to 0}\eta_M = 1$$

ist, d. h., man erhält für $\mu\to 0$, also $S\to 0$ für $w_{\max}$ und $M_{\max}$ die bekannten Ergebnisse für den längskraftfreien Balken (s. z. B. Tabelle auf S. 65, Zeile d).

Tabelle für η_w und η_M

μ	0	0,2	0,4	0,6	0,8	1,0	1,2	1,4	1,5	$\pi/2$
η_w	1,000	1,009	1,070	1,171	1,351	1,684	2,407	4,877	11,389	∞
η_M	1,000	1,017	1,071	1,176	1,360	1,702	2,444	4,983	11,676	∞

Wir gehen nun zur speziellen Aufgabe des gegebenen Tribünendaches über. Die Auflagerkräfte der Stahlträger T betragen $A = ql/2$. Wäre jeder Stahlträger durch ein Seil abgespannt, dann würde in jedem Stahlträger eine Druckkraft von der Größe $S_1 = A \cot \alpha = (ql/2) \cdot \cot \alpha$ entstehen. Da jedoch nur jeder dritte Stahlträger abgespannt ist, werden die Auflagerkräfte A der nicht abgespannten Träger durch den Längsträger LT auf die abgespannten Träger übertragen, so daß in diesen eine Druckkraft von der Größe

$$S = 3 S_1 = \frac{3}{2} q l \cot \alpha \tag{13}$$

entsteht.

a) Lastfall Eigengewicht:

Es ist $q = g = 33,5$ kp/m; nach (13), (9a), (11) und (12) wird

$S = 2512,5$ kp, $\mu = 0,7225$, $\eta_M = 1,276$, $M_{\max} = 534,5$ kpm und damit

$$\max \sigma_d = \frac{S}{F} + \frac{M_{\max}}{W_y} = 137 + 653 = 790 \text{ kp/cm}^2. \tag{14}$$

b) Lastfall Eigengewicht und Schnee:

Es ist $q = g + s = 67$ kp/m; nach (13), (9a), (11) und (12) wird

$S = 5025$ kp, $\mu = 1,0218$, $\eta_M = 1,755$, $M_{\max} = 1469,6$ kpm und damit

$$\max \sigma_d = \frac{S}{F} + \frac{M_{\max}}{W_y} = 275 + 1794 = 2069 \text{ kp/cm}^2. \tag{15}$$

Ein Vergleich von (15) mit (14) zeigt, daß, obwohl sich die äußere Belastung q nur verdoppelt hat, die maximale Spannung auf den $2069,6/790 = 2,62$fachen Wert und das maximale Biegemoment sogar auf den $1469/534,5 = 2,75$fachen Wert angewachsen ist. Das liegt an der Nichtlinearität in q der Formel (12), denn η_M ist eine nichtlineare Funktion von μ und damit von q. Das *Superpositionsgesetz gilt also nicht mehr* bei der Behandlung von Biegung mit Längskraft nach der Theorie zweiter Ordnung.

c) Ermittlung der Fließbelastung q_F.

Die Ausgangsgleichung ist

$$\frac{S}{F} + \frac{M_{\max}}{W_y} = \sigma_F. \tag{16}$$

Aus (9a) ergibt sich

$$S = \frac{4 E J_y}{l^2} \mu^2; \tag{17}$$

aus (12) ergibt sich mit (13) und (9a)

$$\max M = \frac{2 E J_y}{3 l \cot \alpha} \cdot \frac{1 - \cos \mu}{\cos \mu}; \tag{18}$$

(17) und (18) in (16) eingesetzt liefert für μ die transzendente Gleichung

$$\frac{4 E J_y}{l^2 F} \cdot \mu^2 + \frac{2 E J_y}{3 l \cot \alpha \, W_y} \cdot \frac{1 - \cos \mu}{\cos \mu} = \sigma_F. \tag{19}$$

Mit den gegebenen Zahlenwerten erhält man

$$263,0 \; \mu^2 + 1959,0 \; \frac{1 - \cos \mu}{\cos \mu} = 3600.$$

Als Lösung ergibt sich

$$\mu_F = 1,1838. \tag{20}$$

Andererseits gewinnt man aus (13) und (9)

$$q = \frac{8 E J_y}{3 l^3 \cot \alpha} \cdot \mu^2. \tag{21}$$

Setzt man (20) in (21) ein, so erhält man

$$q_F = \frac{8 \cdot 2{,}1 \cdot 10^6 \cdot 573 \cdot 1{,}1838^2}{3 \cdot 1000^3 \cdot 5} = 89{,}94 \text{ kp/m}. \tag{22}$$

Folgerungen aus diesem Ergebnis: Die bei Bauwerken aus Stahl geforderte Sicherheit gegen Fließen ist

$$\text{erf } v_F = \frac{\sigma_F}{\text{zul } \sigma_d} = \frac{3600}{2100} = 1{,}714, \tag{23}$$

d. h.: Die äußere Last muß auf das 1,714fache gesteigert werden können, ehe an irgendeiner Stelle die Fließspannung erreicht wird. Demnach beträgt die höchst zulässige Belastung der Stahlträger des Tribünendaches

$$q_{zul} = \frac{q_F}{\text{erf } v_F} = 52{,}46 \text{ kp/m}. \tag{24}$$

Dagegen war unter Eigengewichts- und Schneebelastung $q = g + s = 67$ kp/m, der Sicherheitsfaktor gegen Fließen beträgt in diesem Falle also nur

$$\text{vorh } v_F = \frac{q_F}{q} = 1{,}342 < 1{,}714,$$

während die in (15) berechnete Spannung eine Sicherheit von

$$\bar{v}_F = \frac{\sigma_F}{\text{max} \sigma_d} = \frac{3600}{2069} = 1{,}739 > 1{,}714$$

vortäuscht. Auf Grund dieses Verhaltens (keine Linearität zwischen äußerer Belastung q einerseits sowie den Durchbiegungen und Biegemomenten andererseits) muß bei Biegung mit Druckkraft stets ein *Fließsicherheitsnachweis* geführt werden (d. h. ein Nachweis, daß vorh $v_F \geq$ erf $v_F = 1{,}714$ ist), da der in der Theorie erster Ordnung (lineare Statik) übliche Spannungsnachweis vorh $\sigma \leq$ zul $\sigma = 2100$ kp/cm^2 in der Theorie zweiter Ordnung — wie oben erläutert — keine ausreichende Sicherheit gegen Überlastung des Bauwerkes garantiert.

Ein vereinfachter näherungsweiser Fließsicherheitsnachweis ist für Konstruktionen aus Stahl in DIN 4114, Ziffer 10.02 angegeben: Dort wird, sofern auf den genauen Nachweis verzichtet wird, der Nachweis

$$\sigma = \frac{\omega S}{F} + \frac{0{,}9 \cdot M_{0\,\text{max}}}{W_y} \leq \text{zul } \sigma \tag{25}$$

gefordert. Mit (13) und $M_{0\text{max}} = ql^2/8$ erhält man aus (25)

$$q_{zul} = \frac{\text{zul } \sigma_d}{\dfrac{3\,\omega\,l\,\cot\alpha}{2F} + \dfrac{0{,}9l^2}{8W_y}}. \tag{26}$$

Mit $i_y = \sqrt{J_y/F} = 5{,}61$ cm wird

$$s_r = l/i_y = 1000/5{,}61 = 178{,}3 \text{ und somit } \omega = 8{,}06.$$

In (26) eingesetzt erhält man schließlich

$$q_{zul} = 44{,}90 \text{ kp/m}. \tag{27}$$

Dagegen war nach (24)

$$q_{zul} = 52{,}46 \text{ kp/m}.$$

Man sieht also, daß die in DIN 4114 angegebene Formel (25) sehr weit auf der sicheren Seite liegt, so daß sich bei der Dimensionierung nach dieser Formel u. U. unwirtschaftlich große Querschnitte ergeben können.

A 7. Biegemomente in angeströmter Platte. Zwei im Betrieb sich stark erhitzende Kreisplatten werden in der auf Abb. A 7.1 angedeuteten Weise durch Kühlwasser angeströmt. Man ermittle

a) den Plattenabstand h, damit bei gegebenem H eine vorgegebene Wassermenge Q zwischen den Platten hindurchfließen kann,

b) den Querschnitt F des Zuführungsrohres, damit in diesem keine Kavitation auftritt ($p \geqq 0{,}2\,p_0$),

c) den Verlauf des Druckes und der Biegemomente in den Platten.

Lösung. Zur Lösung der Aufgabenteile a) und b) werden die BERNOULLIsche Gleichung (6.15) und die Kontinuitätsgleichung (6.17) und zur Lösung des Aufgabenteiles c) die Plattengleichung in Polarkoordinaten (3.22) verwendet. Die Anwendung der BERNOULLIschen Gleichung für das vorliegende Problem ist zulässig, da die Strömungsgeschwindigkeit sich überall (auch zwischen den Platten) gleichmäßig über den senkrecht zu den Stromlinien stehenden Strömungsquerschnitt verteilt. so daß die Stromfadentheorie hier zutrifft.

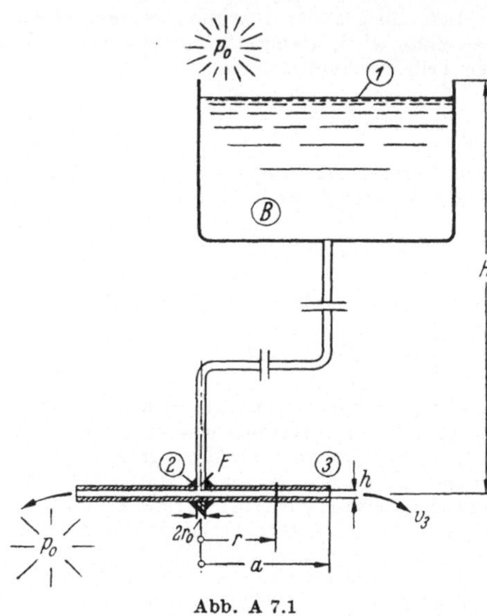

Abb. A 7.1

a) Die BERNOULLIsche Gleichung zwischen ① und ③ liefert

$$\frac{p_0}{\gamma} + H = \frac{v_3^2}{2g} + \frac{p_0}{\gamma}, \tag{1}$$

d. h. $\qquad v_3 = \sqrt{2gH}$.

Die Kontinuitätsgleichung liefert mit (1)

$$Q = v_3 F_3 = \sqrt{2gH}\cdot 2\pi a h,$$

also $\qquad h = \dfrac{Q}{2\pi a \sqrt{2gH}}$. $\tag{2}$

b) Die Kontinuitätsgleichung zwischen ② und ③ liefert

$$F v_2 = 2\pi a h \cdot v_3, \quad \text{d. h.} \quad v_2 = \frac{2\pi a h}{F} v_3 = \frac{2\pi a h}{F}\sqrt{2gH}. \tag{3}$$

Die BERNOULLIsche Gleichung zwischen ② und ③ liefert

$$\frac{v_3^2}{2g} + \frac{p_0}{\gamma} = \frac{v_2^2}{2g} + \frac{p_2}{\gamma}. \tag{4}$$

Einsetzen von (1), (2), (3) und der Beziehung $p_2 \geqq 0{,}2\,p_0$ führt nach einiger Rechnung zu

$$F \geqq \frac{Q}{\sqrt{2g\left(H + 0{,}8\,\dfrac{p_0}{\gamma}\right)}}. \tag{5}$$

Ist der Strömungsquerschnitt $F_{Platte} = 2\pi r_0 h$ zwischen den Platten an der engsten Stelle kleiner als der Querschnitt F des Zuführungsrohres, dann muß in (5) F durch F_{Platte} ersetzt werden, damit überall Kavitationsfreiheit herrscht.

c) Die Druckverteilung über die Platten erhält man mit der Kontinuitätsgleichung und der BERNOULLIschen Gleichung zwischen einer Stelle ⓡ und ③:

$$v(r)\cdot 2\pi r h = v_2 \cdot 2\pi a h \tag{6}$$

und

$$\frac{v^2(r)}{2g} + \frac{p(r)}{\gamma} = \frac{v_2^2}{2g} + \frac{p_0}{\gamma}. \tag{7}$$

Auflösung von (7) nach $\Delta p(r) = p(r) - p_0$ liefert unter Beachtung von (3)

$$\Delta p(r) = \gamma H \left[1 - \left(\frac{a}{r}\right)^2 \right].^1 \tag{8}$$

Die Plattengleichung in Polarkoordinaten lautet gemäß (3.22):

$$\Delta \Delta w = \frac{1}{r} \frac{d}{dr} \left\{ r \frac{d}{dr} \left[\frac{1}{r} \frac{d}{dr} \left(r \frac{dw}{dr} \right) \right] \right\} = \frac{p(r)}{N}. \tag{9}$$

Die Gleichgewichtsbedingung der lotrechten Kräfte an einem rotationssymmetrisch belasteten ($Q_\varphi \equiv 0$) Plattenelement verlangt

$$\frac{d}{dr}(Q_r\, r)\, dr\, d\varphi + p(r)\, r\, dr\, d\varphi = 0,$$

d. h. $$p(r) = -\frac{1}{r} \frac{d}{dr}(Q_r\, r). \tag{10}$$

Führt man weiterhin noch die Gesamtquerkraft in einem Schnitt $r = $ konst

$$Q(r) = 2\pi r Q_r \tag{11}$$

ein, so liefert (9) mit (10) und (11) nach einmaliger Integration

$$\frac{d}{dr} \left[\frac{1}{r} \frac{d}{dr} \left(r \frac{dw}{dr} \right) \right] = -\frac{Q(r)}{2\pi r N}. \tag{12}$$

(Die Integrationskonstante ist schon in $Q(r)$ enthalten.) Diese Gleichung soll als Ausgangsgleichung benutzt werden. Im vorliegenden Falle ist für die untere Platte $p(r) = \Delta p(r)$ nach (8) zu setzen:

$$Q(r) = \int\limits_{\varrho=r}^{a} 2\pi \varrho\, d\varrho \cdot \Delta p(\varrho) = 2\pi \gamma H \int\limits_{\varrho=r}^{a} \left(1 - \frac{a^2}{\varrho^2} \right) \varrho\, d\varrho,$$

woraus man $$Q(r) = 2\pi \gamma H \left[\frac{1}{2}(a^2 - r^2) + a^2 \ln \frac{r}{a} \right] \tag{13}$$

erhält. Einsetzen in (12) liefert in den verschiedenen Integrationsstufen

$$\frac{1}{r} \frac{d}{dr} \left(r \frac{dw}{dr} \right) = -\frac{\gamma H}{N} \left[\frac{a^2}{2} \ln \frac{r}{a} - \frac{r^2}{4} + \frac{a^2}{2} \left(\ln \frac{r}{a} \right)^2 \right] + C_1, \tag{14}$$

$$r \frac{dw}{dr} = -\frac{\gamma a^2 H}{2N} \left[\frac{r^2}{2} \left(\ln \frac{r}{a} \right)^2 - \frac{r^4}{8a^2} \right] + \frac{r^2}{2} C_1 + C_2, \tag{15}$$

$$w = -\frac{\gamma a^2 H}{4N} \left[\frac{r^2}{2} \left(\ln \frac{r}{a} \right)^2 - \frac{r^2}{2} \ln \frac{r}{a} + \frac{r^2}{4} - \frac{r^4}{16a^2} \right] + C_1 \frac{r^2}{4} + C_2 \ln r + C_3. \tag{16}$$

Die Randbedingungen $w(r = 0) = 0$ und $\dfrac{dw}{dr}(r = 0) = 0$ ergeben

$$C_3 = 0 \quad \text{und} \quad C_2 = 0. \tag{17}$$

Für die Plattenbiegemomente gelten die Beziehungen

$$M_r = \int\limits_{-h/2}^{+h/2} \sigma_r\, z\, dz, \qquad M_t = \int\limits_{-h/2}^{+h/2} \sigma_t\, z\, dz \tag{18}$$

(h ist die Plattendicke), also mit den Formeln (3.23) und mit

$$\int\limits_{-h/2}^{+h/2} \frac{E\, z}{1 - v^2}\, z\, dz = \frac{E h^3}{12(1 - v^2)} = N \tag{19}$$

$$M_r = -N \left[\frac{d^2 w}{dr^2} + \frac{v}{r} \frac{dw}{dr} \right]; \quad M_t = -N \left[v \frac{d^2 w}{dr^2} + \frac{1}{r} \frac{dw}{dr} \right]. \tag{20a, b}$$

---

^{1} Da Δp für $r = 0$ unendlich groß wird, ist $\Delta p(r)$ nur für $r_0 \leqq r \leqq a$ sinnvoll, also außerhalb des Einmündungsbereiches des Zuführungsrohres.

Die dritte Randbedingung $M_r(r = a) = 0$ liefert mit (20a)

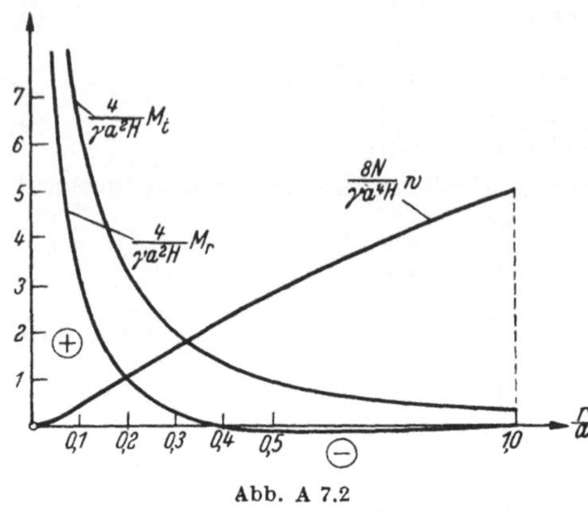

Abb. A 7.2

$$C_1 = -\frac{3+\nu}{1+\nu} \cdot \frac{\gamma a^2 H}{8N} \,. \quad (21)$$

Mit (20a, b) sowie (17) und (21) können nunmehr die Plattenbiegemomente berechnet werden; man erhält schließlich

$$M_r(r) = \frac{\gamma a^2 H}{4}\left[(1+\nu)\left(\ln\frac{r}{a}\right)^2 + \right.$$
$$\left. + 2\ln\frac{r}{a} - \frac{3+\nu}{4}\left(\frac{r}{a}\right)^2 + \frac{3+\nu}{4}\right]$$
$$(22a)$$

und

$$M_t(r) = \frac{\gamma a^2 H}{4}\left[(1+\nu)\left(\ln\frac{r}{a}\right)^2 + \right.$$
$$\left. + 2\nu\ln\frac{r}{a} - \frac{3\nu+1}{4}\left(\frac{r}{a}\right)^2 + \frac{3+\nu}{4}\right].$$
$$(22b)$$

Für die Durchbiegung ergibt sich

$$w(r) = -\frac{\gamma a^4 H}{8N}\left(\frac{r}{a}\right)^2\left[\left(\ln\frac{r}{a}\right)^2 - \ln\frac{r}{a} - \frac{1}{8}\left(\frac{r}{a}\right)^2 + \frac{5+3\nu}{4(1+\nu)}\right]. \quad (23)$$

Eine graphische Darstellung der Biegemomente und Durchbiegung findet man für $\nu = 0{,}3$ (Stahl) in Abb. A 7.2. Der Bereich um $r = 0$, wo die Biegemomente theoretisch bis unendlich anwachsen, muß ausgeschlossen werden, da der vom Zuführungsrohr her einmündende Strahl nicht punktförmig (in $r = 0$) auf die Platte trifft, sondern eine endliche Ausdehnung (Radius r_0) hat.

A 8. Axialverschiebungen (Verwölbung) eines dünnwandigen Rechteckquerschnitts. Man ermittle die Axialverschiebungen u der Wandungsmittellinie eines dünnwandigen rechteckigen Hohlkastenquerschnittes (Abb. A 8.1) infolge einer Torsionsmomentenbelastung M_t unter der Annahme unbehinderter Verwölbungsmöglichkeit beider Endquerschnitte.

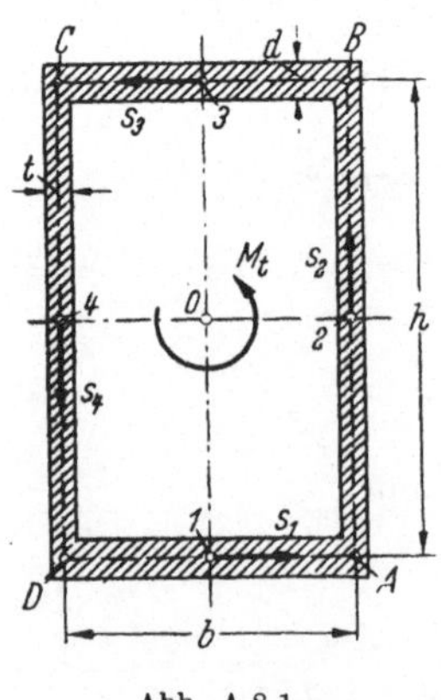

Abb. A 8.1

Lösung. Bezeichnet man die Umfangskoordinate mit s, die Verschiebung in Umfangsrichtung (s-Richtung) mit v und die Verschiebung in Längsrichtung des Stabes (x-Richtung) mit u, so gilt entsprechend (2.6):

$$\gamma_{xs} = \frac{\tau_{xs}}{G} = \frac{\partial u}{\partial s} + \frac{\partial v}{\partial x}\,. \quad (1)$$

Hieraus folgt durch Integration

$$u(s) = u(0) + \int_0^s \frac{\tau_{xs}(s)}{G}\,ds - \int_0^s \frac{\partial v}{\partial x}\,ds\,. \quad (2)$$

Bedeutet $r_\perp(s)$ die auf dem Tangenteneinheitsvektor $\mathbf{t}$ an der Stelle s der Wandungsmittellinie senkrechte Komponente des Radiusvektors $\mathbf{r}$ vom Punkt 0 zum Umfangspunkt s (vgl. Abb. 2.6 auf S. 93), und ist ϑ der Verdrehungswinkel des Endquerschnittes gegenüber dem Anfangsquerschnitt, dann gilt

$$v = \vartheta\, r_{\perp}(s), \tag{3}$$

also

$$\frac{\partial v}{\partial x} = \frac{\partial \vartheta}{\partial x}\, r_{\perp}(s) = D\, r_{\perp}(s), \tag{4}$$

wobei D die Drillung bedeutet.
Weiterhin gilt nach (2.32) und (2.33)

$$\tau_{xs} = \frac{M_t}{2 F_m\,\delta(s)} \quad \text{und} \quad M_t = \frac{4 G F_m^2 D}{\displaystyle\oint \frac{ds}{d(s)}},$$

also

$$\tau_{xs}(s) = 2 G F_m D \frac{1/\delta(s)}{\displaystyle\oint ds/\delta(s)}. \tag{9}$$

Setzt man (4) und (5) in (2) ein, so erhält man eine allgemeine Formel zur Ermittlung der Achsialverschiebungen bei dünnwandigen Hohlkastenquerschnitten:

$$u(s) = u(0) + D\left[2 F_m \frac{\displaystyle\int_0^s \frac{ds}{\delta(s)}}{\displaystyle\oint \frac{ds}{\delta(s)}} - \int_0^s r_{\perp}(s)\,ds \right]. \tag{6}$$

Für den in Abb. A 8.1 dargestellten rechteckförmigen Hohlkastenquerschnitt wird

$$u(s) = u(0) + D\left[\frac{b\,h}{\dfrac{b}{d} + \dfrac{h}{t}} \int_0^s \frac{ds}{\delta(s)} - \int_0^s r_{\perp}(s)\,ds \right]. \tag{7}$$

Beginnt man die Zählung der Umfangskoordinate s für die vier Wände DA, AB, BC und CD (Abb. A 8.1) jeweils in den Punkten 1, 2, 3 und 4, so erhält man aus (7):

Wand DA:
$$u_{DA}(s_1) = u_1 + D\frac{b\,t - h\,d}{b\,t + h\,d}\frac{h}{2}\, s_1,$$

Wand AB:
$$u_{AB}(s_2) = u_2 + D\frac{b\,t - h\,d}{b\,t + h\,d}\frac{b}{2}\, s_2; \tag{8}$$

Wände BC und CD entsprechend wie DA und AB.

Da in den vier Eckpunkten A, B, C und D die links- und rechtsseitigen Axialverschiebungen jeweils übereinstimmen müssen (es können keine Verschiebungssprünge auftreten), müssen die Bedingungen

$$u_{DA}\left(s_1 = \frac{b}{2}\right) = u_{AB}\left(s_2 = -\frac{h}{2}\right); \quad u_{AB}\left(s_2 = \frac{h}{2}\right) = u_{BC}\left(s_3 = -\frac{b}{2}\right);$$

$$u_{BC}\left(s_3 = \frac{b}{2}\right) = u_{CD}\left(s_4 = -\frac{h}{2}\right); \quad u_{CD}\left(s_4 = \frac{h}{2}\right) = u_{DA}\left(s_1 = -\frac{b}{2}\right) \tag{9}$$

erfüllt sein, woraus man

$$u_1 = u_2 = u_3 = u_4 \tag{10}$$

gewinnt. Damit liegen also die Axialverschiebungen u der Wandungsmittellinie bis auf eine additive Konstante, z. B. u_1, fest. Wegen (10) kann man durch die vier Querschnittspunkte 1, 2, 3 und 4 auch nach der Verformung noch eine zur x-Achse senkrechte Ebene hindurchlegen. Zählt man die Axialverschiebungen u der Wandungsmittellinie von dieser Ebene aus, dann werden $u_1 = u_2 = u_3 = u_4 = 0$, und in den vier Eckpunkten A, B, C und D erhält man

$$u_A = -u_B = u_C = -u_D = D\frac{b\,t - h\,d}{b\,t + h\,d}\frac{b\,h}{4}. \tag{11}$$

Zwischen den Eckpunkten verläuft $u(s)$ geradlinig (Abb. A 8.2). Für die Drillung D gilt Formel (2.33). Aus Formel (11) entnimmt man, daß die Axialverschiebungen $u(s)$ unabhängig von der Länge des Stabes sind. Außerdem erkennt man, daß man durch geeignete Wahl der Abmessungsverhältnisse die Axialverschiebungen $u(s)$ der Wandungsmittellinie längs des gesamten Umfanges zu Null machen kann: Wenn nämlich $b\,t - h\,d = 0$, d. h.

$$\frac{b}{d} = \frac{h}{t} \tag{12}$$

ist. Das heißt aber noch *nicht*, daß ein solcher Querschnitt *verwölbungsfrei* ist, da sich die vier schmalen Rechtecke, aus denen sich der Hohlkasten zusammensetzt, wegen der nicht gleichmäßigen Verteilung der Schubspannungen über ihre Breite t bzw. d verwölben. Allerdings sind diese Verwölbungen sehr klein gegenüber den in (11) berechneten Axialverschiebungen und daher vernachlässigbar. Somit leuchtet es ein, daß in einem rechteckförmigen Hohlkastenstab, dessen Endquerschnitte infolge der Lagerungsbedingungen wölbbehindert sind (z. B. Einspannung), aber dessen Querschnittsabmessungen der Gl. (12) genügen, *keine* bzw. nur völlig unbedeutende *Wölbkraftspannungen* σ_x auftreten.

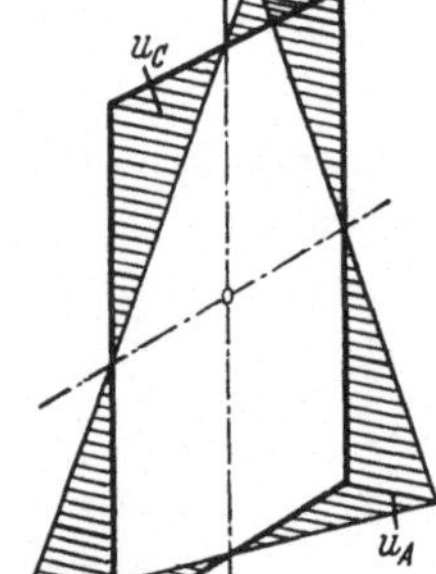

Abb. A 8.2

Anmerkung: Auch bei vielen geometrisch anders geformten dünnwandigen Hohlkastenquerschnitten läßt es sich durch geeignete Wahl der Abmessungsverhältnisse erreichen, daß die Axialverschiebungen u der Wandungsmittellinie längs des gesamten Umfanges verschwinden. Beim dünnwandigen Dreieck und beim Kreisring ist dies sogar immer der Fall; letzterer ist sogar exakt verwölbungsfrei, d. h., auch Querschnittspunkte außerhalb der Wandungsmittellinie erleiden keine Axialverschiebungen.

A 9. *Membrankräfte rotationssymmetrischer Schalen.* Man leite die allgemeinen Gleichungen für die Membrankräfte N_ϑ und N_φ rotationssymmetrisch geformter und belasteter Schalen her.

Lösung. Im folgenden bedeuten $R_1(\vartheta)$ den Krümmungsradius der Meridiankurve (auch erster Hauptkrümmungsradius genannt) und $R_2(\vartheta)$ den sog. zweiten Hauptkrümmungsradius sowie $R_0(\vartheta) = R_2(\vartheta)\sin\vartheta$ den Radius des Breitenkreises. Die Ermittlung der Meridiankraft N_ϑ erfolgt mittels der Gleichgewichtsbedingung für die lotrechten Kräfte am oberhalb des Breitenkreises $\vartheta = \text{konst}$ gelegenen Teil der Schale (Abb. A 9.1):

$$2\pi R_0(\vartheta)\cdot N_\vartheta \sin\vartheta + \int\limits_{\psi=0}^{\vartheta} 2\pi R_0(\psi)\,ds_1\cdot(p_\vartheta \sin\psi + p_n \cos\psi) = 0.$$

Auflösung nach N_ϑ liefert mit $ds_1 = R_1(\psi)d\psi$

$$N_\vartheta(\vartheta) = -\frac{\displaystyle\int_{\psi=0}^{\vartheta}(p_\vartheta \sin\psi + p_n \cos\psi)\, R_1(\psi)\, R_0(\psi)\, d\psi}{R_0(\vartheta)\sin\vartheta}. \tag{1}$$

Die Ermittlung der Ringkraft N_φ erfolgt mittels der Gleichgewichtsbedingung für die zur Schalenmittelfläche senkrechten Kräfte an einem Schalenelement (Abb. A 9.2):

$$p_n\, dF + N_\vartheta\, ds_2\, d\vartheta + N_\varphi \sin\vartheta\, ds_1\, d\varphi = 0. \tag{2}$$

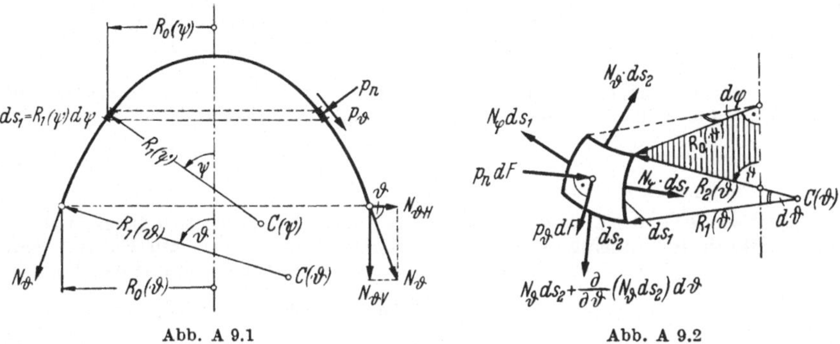

Abb. A 9.1   Abb. A 9.2

Mit $ds_1 = R_1(\vartheta)d\vartheta$, $ds_2 = R_0(\vartheta)d\varphi$, $dF = ds_1\, ds_2$ und $R_2(\vartheta) = R_0(\vartheta)/\sin\vartheta$ erhält man aus (2) nach Division durch $R_1(\vartheta)\,R_0(\vartheta)\,d\vartheta\, d\varphi$

$$\frac{N_\vartheta(\vartheta)}{R_1(\vartheta)} + \frac{N_\varphi(\vartheta)}{R_2(\vartheta)} = -p_n. \tag{3}$$

Hat man also nach (1) N_ϑ ermittelt, so kann man mit (3) auch N_φ berechnen.

A 10. Kugelschale unter Eigengewichtsbelastung. Man berechne die Membrankräfte in einer Kugelschale (Abb. A 10.1) unter Eigengewichtsbelastung. Welche Querschnittsfläche $F = F(\vartheta_0)$ muß der zugfeste Fußring in Abhängigkeit vom Schalenöffnungswinkel ϑ_0 haben, damit unter Eigengewichtsbelastung der Schale keine Randstörungen in die Schale gelangen?

Lösung. Zur Berechnung von N_ϑ und N_φ werden die Formeln (1) und (3) der vorangehenden Aufgabe verwendet. Bei einer Kugelschale ist

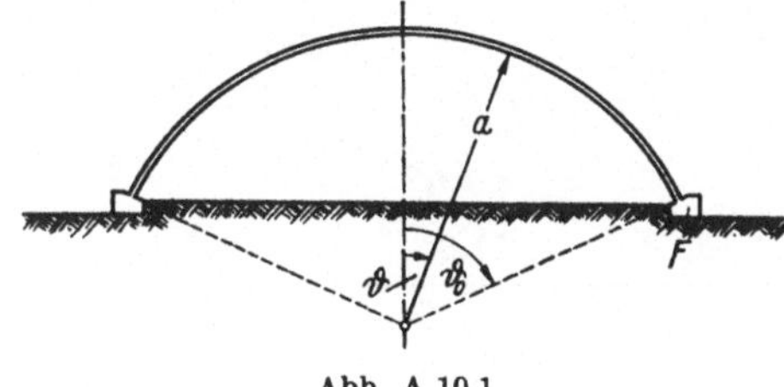

Abb. A 10.1

$$R_0(\psi) = a\sin\psi, \quad R_0(\vartheta) = a\sin\vartheta, \quad R_1(\vartheta) = a, \quad R_2(\vartheta) = a \tag{1}$$

sowie mit $g = \gamma h$ (h = Dicke der Schalenwand)

$$p_\vartheta(\psi) = g\sin\psi, \quad p_n(\psi) = g\cos\psi. \tag{2}$$

Damit erhält man

$$N_{\vartheta}(\vartheta) = -\frac{g\,a}{\sin^2\vartheta}\int\limits_{\psi=0}^{\vartheta}\sin\psi\,d\psi = -\frac{g\,a}{1+\cos\vartheta}\,; \tag{3}$$

$$N_{\varphi}(\vartheta) = -\frac{R_2(\vartheta)}{R_1(\vartheta)}N_{\vartheta}(\vartheta) - p_n(\vartheta)\,R_2(\vartheta) = -g\,a\,\frac{\cos\vartheta - \sin^2\vartheta}{1+\cos\vartheta}\,. \tag{4}$$

Für $\cos\vartheta < \sin^2\vartheta$, d. h., $\vartheta > 51{,}8°$, wird die Ringkraft N_{φ} positiv, d. h., die Kugelschale wird in Ringrichtung auf Zug beansprucht und dehnt sich in dem durch $\vartheta = \vartheta_0$ festgelegten Breitenkreis (Abb. A 10.1) um

$$\varepsilon_{\varphi[Schale]} = \frac{\sigma_{\varphi}(\vartheta_0)}{E} = \frac{N_{\varphi}(\vartheta_0)}{h\,E} = -\frac{g\,a}{h\,E}\,\frac{\cos\vartheta_0 - \sin^2\vartheta_0}{1+\cos\vartheta_0}\,. \tag{5}$$

Die bei $\vartheta = \vartheta_0$ auf den Fußring der Schale wirkende Horizontalkomponente $N_{\vartheta H}(\vartheta_0)$ (Abb. A 10.2) der Meridiankraft $N_{\vartheta}(\vartheta_0)$ beträgt mit (3)

$$N_{\vartheta H}(\vartheta_0) = -g\,a\,\frac{\cos\vartheta_0}{1+\cos\vartheta_0}\,. \tag{6}$$

Wegen $N_{\vartheta H}(\vartheta_0) < 0$ ist $N_{\vartheta H}(\vartheta_0)$ nach außen gerichtet (Abb. A 10.2), erzeugt also eine Zugkraft im Fußring. Die Gleichgewichtsbedingung der zum Fußring senkrechten Kräfte an einem Element des Fußringes liefert

$$Z\,d\varphi = -N_{\vartheta H}(\vartheta_0)\,ds = -N_{\vartheta H}(\vartheta_0)\,R_0(\vartheta_0)\,d\varphi,$$

$$Z = g\,a^2\,\frac{\cos\vartheta_0\sin\vartheta_0}{1+\cos\vartheta_0}\,. \tag{7}$$

Der Fußring dehnt sich also in Ringrichtung um

$$\varepsilon_{\varphi[Fußring]} = \frac{\sigma_{\varphi}}{E} = \frac{Z}{E\,F} = \frac{g\,a^2}{E\,F}\,\frac{\cos\vartheta_0\sin\vartheta_0}{1+\cos\vartheta_0}\,. \tag{8}$$

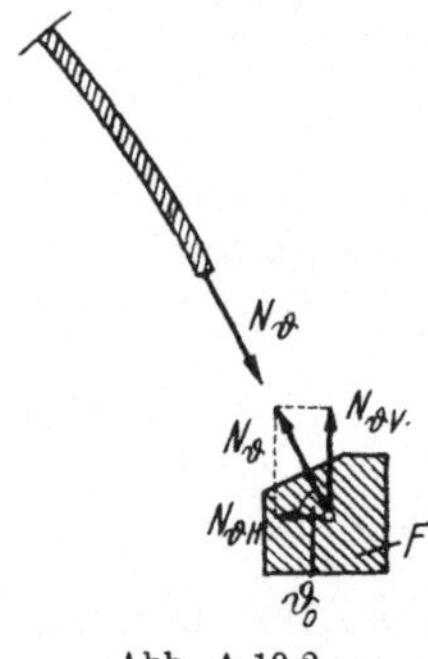

Abb. A 10.2

Sollen unter Eigengewichtsbelastung in der gesamten Schale nur Membrankräfte wirken, d. h., sollen keine Randstörungen auftreten, die in der Schale Querkräfte und Biegemomente erzeugen würden, dann muß die Fußringfläche so gewählt werden, daß für $\vartheta = \vartheta_0$, $\varepsilon_{\varphi[Schale]} = \varepsilon_{\varphi[Fußring]}$ wird (keine Dehnungsunterschiede zwischen Schalenrand und Fußring)[1]. Mit (5) und (8) erhält man dann

$$F(\vartheta_0) = a\,h\,\frac{\sin\vartheta_0\cos\vartheta_0}{\sin^2\vartheta_0 - \cos\vartheta_0}\,. \tag{9}$$

Tabelle

ϑ_0	51,8°	60°	70°	80°	90°
$F/a\,h$	∞	1,732	0,594	0,215	0

Anmerkung: Für $\vartheta_0 < 51{,}8°$ würde (9) $F < 0$ liefern; $F < 0$ ist sinnlos, da für $\vartheta_0 < 51{,}8°$ stets Klaffungen zwischen Schalenrand und Fußring auftreten, die nur durch Einführung von Querkräften und Biegemomenten in der Schale zu Null gemacht werden können.

---

[1] Der Einfluß der Verdrehung des Schalenrandes auf die Randstörungen werde als klein vernachlässigt.

A 11. Prinzip der virtuellen Verrückungen. Auf den skizzierten gewichtslosen Reifen vom Radius a, der sich rein rollend längs der x-Achse bewegen kann, wird durch ein Seil die Kraft Q_1 ausgeübt. Das Seil ist auf den Reifen aufgewickelt. Außerdem trägt der Reifen das Gewicht Q_2. Man bestimme die möglichen Gleichgewichtslagen φ mit Hilfe des Prinzips der virtuellen Arbeiten und die Arten des Gleichgewichtes. In der gestrichelten Lage sei $\varphi = 0$ (Abb. A 11.1).

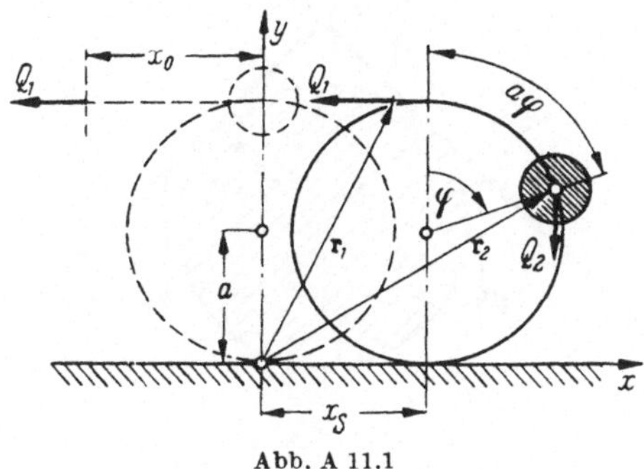

Abb. A 11.1

Lösung. Es gilt:

$$\mathfrak{Q}_1 = \{-Q_1;\ 0\}; \quad \mathfrak{r}_1 = \{x_S + a\,\varphi - x_0;\ 2a\};$$

$$\mathfrak{Q}_2 = \{0;\ -Q_2\}; \quad \mathfrak{r}_2 = \{x_S + a\sin\varphi;\ a(1 + \cos\varphi)\};$$

$$x_S = a\,\varphi; \quad \delta x_S = a\,\delta\varphi; \quad \delta\mathfrak{r}_1 = \{2a;\ 0\}\delta\varphi;$$

$$\delta\mathfrak{r}_2 = \{a(1 + \cos\varphi);\ -a\sin\varphi\}\delta\varphi.$$

Damit folgen aus dem Prinzip der virtuellen Verrückungen

$$\delta A^{(e)} = (-Q_1\,2a + Q_2\,a\sin\varphi)\delta\varphi = 0$$

die Gleichgewichtslagen aus

$$\sin\varphi = \frac{2Q_1}{Q_2} \quad \text{zu} \quad \varphi_1 = \arcsin\frac{2Q_1}{Q_2} \quad \text{und} \quad \varphi_2 = \pi - \arcsin\frac{2Q_1}{Q_2}.$$

Die Art des Gleichgewichtes ist gemäß

$$\delta^2 A^{(e)} = Q_2\,a\cos\varphi\,\delta\varphi^2$$

mit

$$\cos\varphi_{1,2} = \pm\sqrt{1 - \left(\frac{2Q_1}{Q_2}\right)^2}$$

und

$$2Q_1 \lesseqgtr Q_2$$

wegen

$$\delta^2 A^{(e)}\big|_{\varphi=\varphi_1} > 0$$

labil für die obere Lage und wegen

$$\delta^2 A^{(e)}\big|_{\varphi=\varphi_2} < 0$$

stabil für die untere Lage.

A 12. Haftreibung. Wie groß muß die Haftreibungszahl μ_0 zwischen Walze und Stäben sein, damit Gleichgewicht herrscht (Abb. A 12.1)?

Gegeben: $l,\ G$.

Lösung.

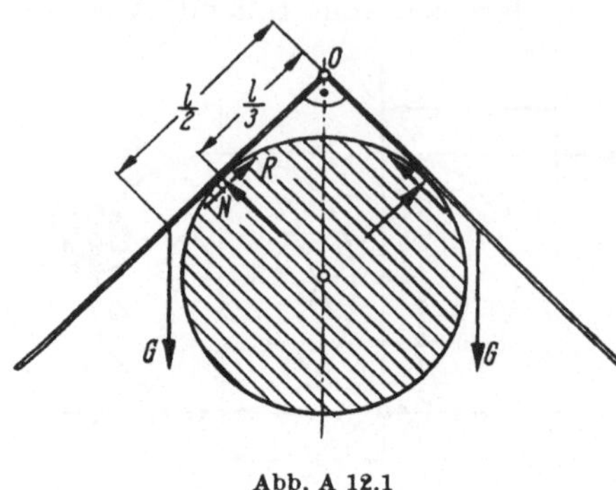

Abb. A 12.1

$$\Sigma M_0 = 0$$

liefert $G\,\dfrac{l}{2}\sin 45^\circ - N\,\dfrac{l}{3} = 0;$

$$N = \frac{3}{2}\,G\sin 45^\circ.$$

Aus dem Haftreibungsgesetz $R \leqq \mu_0 N$ und der Gleichgewichtsbedingung in Vertikalrichtung für beide Stäbe zusammen

$$2G - 2N\sin 45^\circ - 2R\sin 45^\circ = 0$$

folgt

$$\mu_0 \geqq \frac{G - \dfrac{3}{2}\,G\sin^2 45^\circ}{\dfrac{3}{2}\,G\sin^2 45^\circ} = 0{,}333.$$

A 13. Herausziehen einer Schublade. An einer Schublade von der Breite $2\,b$ und der Länge a greift exzentrisch eine Kraft P an, deren Wirkungslinie parallel zu den Führungen der Schublade im Abstand ε von der Mitte verläuft (Abb. A 13.1). In welchem Bereich kann Selbstsperrung der Schublade eintreten? Die Haftreibungsziffer zwischen Schublade und Führung sei μ_0.

Lösung. Die Gleichgewichtsbedingungen liefern für die Schublade die Gleichungen

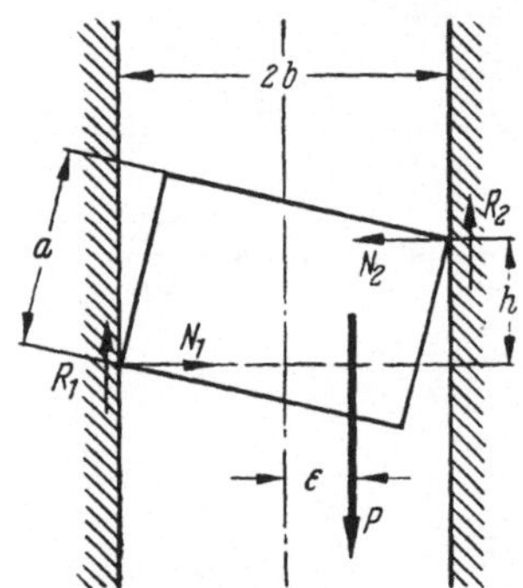

Abb. A 13.1

$$N_1 - N_2 = 0, \quad R_1 + R_2 - P = 0,$$
$$P(b + \varepsilon) - R_2 \cdot 2b - N_2\,h = 0.$$

Zusätzlich benötigen wir zur Abschätzung die Reibungsgleichung

$$|R| \leqq \mu_0 N.$$

Wir erhalten zunächst mit $N_1 = N_2 = N$ aus den Gleichgewichtsbedingungen

$$(R_1 + R_2)(b + \varepsilon) - 2b\,R_2 - N\,h = 0$$

und daraus

$$R_1 = \frac{R_2(b - \varepsilon) + N\,h}{b + \varepsilon}.$$

Da $R_1 > 0$, $R_2 > 0$, $b \geqq \varepsilon$ gelten muß, können wir unter Benutzung des Reibungsgesetzes die Ungleichung

$$\frac{N\,h}{b + \varepsilon} \leqq R_1 \leqq \mu_0 N$$

aufstellen, aus der $\varepsilon \geqq \dfrac{h}{\mu_0} - b$ folgt. Mit $b \geqq \varepsilon$ ist dann der Bereich der Selbstsperrung durch

$$b \geqq \varepsilon \geqq \frac{h}{\mu_0} - b$$

gegeben. Aus diesem Ergebnis ist zu ersehen, daß der Effekt der Selbstsperrung unabhängig von der Größe der angreifenden Kraft ist.

A 14. Bewegung eines zusammengekoppelten Systems. Das in Abb. A 14.1 dargestellte System, bestehend aus einer Walze vom Gewicht G und einem mittels einer (gewichtslosen) Zugstange angehängten Quader vom gleichen Gewicht G wird durch ein Moment M an der Walze angetrieben. Wie groß darf M höchstens werden, damit sich die Walze im Zustand des reinen Rollens befindet? Welches ist dann die größtmögliche Anfahrbeschleunigung $\ddot{x}$? Wie groß ist die dabei in der Zugstange auftretende Kraft? Wie groß sind nach der Zeit T die Geschwindigkeit und der zurückgelegte Weg, wenn das System zu Beginn in Ruhe war?

Gegeben: G, μ, μ_0, a.

Lösung. Man schneidet das System frei (Abb. A 14.2) und verwendet Schwerpunkt- und Momentensatz.

Schwerpunktsatz für die Walze:
$$m\,\ddot{x} = R - Z, \tag{1}$$

Momentensatz für die Walze:
$$\frac{m\,a^2}{2}\,\ddot{\varphi} = M - R\,a, \tag{2}$$

Schwerpunktsatz für den Quader:
$$m\,\ddot{x} = Z - \mu\,G. \tag{3}$$

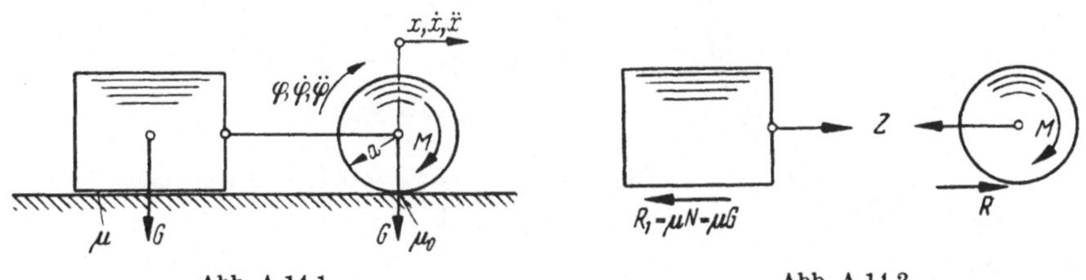

Abb. A 14.1   Abb. A 14.2

Es herrscht reines Rollen, solange Haftreibung an der Walze vorhanden ist, d. h. solange die Reibungskraft kleiner ist als $R = \mu_0\,G$. Mit diesem Grenzwert folgen aus (1) und (2)

$$m\,\ddot{x} = \mu_0\,G - Z \quad \text{und} \quad \frac{m\,a^2}{2}\,\ddot{\varphi} = M - \mu_0\,G\,a \tag{4a, b}$$

sowie aus (3)

$$Z = m\,\ddot{x} + \mu\,G. \tag{5}$$

(5) in (4a) eingesetzt liefert

$$2\,m\,\ddot{x} = (\mu_0 - \mu)\,G = 2\,m\,a\,\ddot{\varphi}$$

bzw.

$$\ddot{\varphi} = \frac{(\mu_0 - \mu)\,G}{2\,m\,a} \tag{6}$$

wobei die Rollbedingung $\ddot{x} = a\,\ddot{\varphi}$ berücksichtigt wurde. (6) in (4b) eingesetzt ergibt

$$\frac{m\,a^2}{2}\,\frac{(\mu_0 - \mu)\,G}{2\,m\,a} = M - \mu_0\,G\,a$$

bzw.

$$M = \frac{G\,a}{4}\,(5\,\mu_0 - \mu) \tag{7}$$

als größtes zulässiges Moment. Außerdem folgt aus (6) die größtmögliche Anfahrbeschleunigung zu

$$\ddot{x} = \frac{\mu_0 - \mu}{2}\,g \tag{8}$$

und damit aus (5)

$$Z = \frac{\mu_0 + \mu}{2}\, G. \tag{9}$$

Geschwindigkeit und Weg zur Zeit T folgen aus (8) durch Integration zu

$$v = \dot{x}(T) = \frac{\mu_0 - \mu}{2}\, g\, T \quad \text{bzw.} \quad x(T) = \frac{\mu_0 - \mu}{2}\, g\, \frac{T^2}{2},$$

da die Integrationskonstanten wegen $x(0) = \dot{x}(0) = 0$ zu Null werden.

A 15. Anwendung des Energiesatzes.

An einem gewichtslosen Stab sei eine Walze vom Gewicht G_w befestigt, die auf der gezeichneten kreisförmigen Bahn abrollt (Abb. A 15.1).

Wie groß muß vor Beginn der Bewegung die Federzusammendrückung f sein, damit das System aus der gezeichneten vertikalen Ruhelage gerade in die Horizontallage hochgehoben wird, wenn an der Walze ein Lagerreibungsmoment M_L wirkt? Wie groß ist die Winkelgeschwindigkeit des Systems für $\varphi = 45°$?

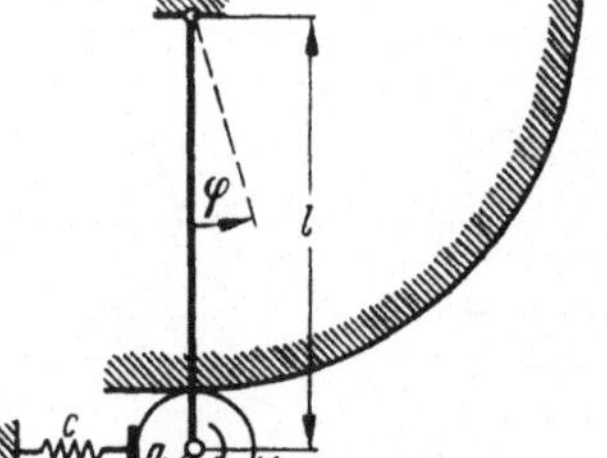

Abb. A 15.1

Gegeben: a, l, c, M_L, G.

Lösung. Aus dem Arbeitssatz

$$A = \int \mathfrak{R}\, d\mathfrak{r} = E - E_0 \tag{1}$$

folgt wegen $E = E_0 = 0$ $\left(\varphi = 0 \text{ und } \varphi = \frac{\pi}{2} \text{ sollen Ruhelagen sein}\right)$

$$A = \int \mathfrak{R}\, d\mathfrak{r} = \frac{c}{2} f^2 - M_L \alpha - G_w l = 0, \tag{2}$$

wenn α der Drehwinkel der Walze ist. Zwischen α und φ folgt aus dem Satz vom Momentanzentrum die Beziehung $a\alpha = l\varphi$, also $\alpha = \dfrac{l}{a}\,\varphi$ und somit aus (2)

$$f = \sqrt{\frac{1}{c}\left(M_L\,\frac{l}{a}\,\pi + 2\,G_w\,l\right)}. \tag{3}$$

Entsprechend ergibt sich aus (1) zwischen den Lagen $\varphi = 0$ und $\varphi = \pi/4$

$$\frac{c}{2} f^2 - M_L\,\frac{l}{a}\,\frac{\pi}{4} - G_w\left(l - l\cos\frac{\pi}{4}\right) = \frac{m}{2} v_S^2 + \frac{\Theta_S}{2}\,\omega_w^2 = \frac{\omega^2 l^2}{2}\left(m + \frac{\Theta_S}{a^2}\right) \tag{4}$$

bzw. mit (3)

$$M_L\,\frac{l}{a}\,\frac{\pi}{2} - M_L\,\frac{l}{a}\,\frac{\pi}{4} + G_w l - G_w l + G_w l \cos\frac{\pi}{4} = \frac{\omega^2 l^2}{2}\left(m + \frac{\Theta_S}{a^2}\right) \tag{5}$$

und somit

$$\omega = \sqrt{\frac{M_L\,\dfrac{l}{a}\,\dfrac{\pi}{4} + 0{,}707\,G_w l}{\dfrac{l^2}{2}\left(m + \dfrac{\Theta_S}{a^2}\right)}}.$$

A 16. Bewegte Masse auf einer sich drehenden Scheibe.

Auf einer mit der Winkelgeschwindigkeit ω um eine vertikale Achse rotierenden Scheibe mit Führungsschiene AB (Abb. A 16.1) wird eine Masse vom Gewicht G mit konstanter Geschwindigkeit v in das Zentrum gezogen. Die Masse ist mittels zweier Federn (Konstante c) auf einem Schlitten befestigt, der reibungslos an der Schiene AB entlanggleitet. Um welchen Betrag werden die Federn zusammengedrückt?

Gegeben: $G = 5$ kp; $\omega = 10$ sek^{-1}; $v = 10$ cm/sek; $c = 1$ kp/cm.

Lösung. Die Masse wird durch die Bewegung nach innen in Bereiche geringerer Umfangsgeschwindigkeit gebracht, wodurch zwischen Schiene und Masse die verzögernde CORIOLISkraft $P_c = 2\,m\,\omega\,v$ hervorgerufen wird. Sie bewirkt eine Zusammendrückung s_0 der beiden Federn, die sich aus

$$P_c = 2\,m\,\omega\,v = 2\,c\,s_0$$

zu

$$s_0 = \frac{m\,\omega\,v}{c} = 0,5 \text{ cm}$$

ergibt.

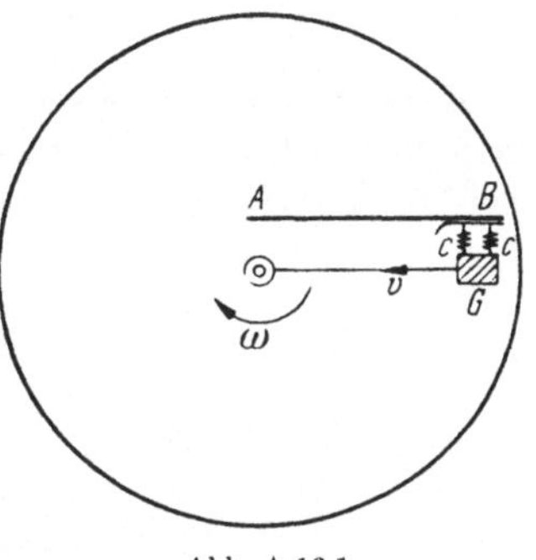

Abb. A 16.1

A 17. Gebremste Welle. Auf einer Welle (Abb. A 17.1), die sich zunächst mit der Winkelgeschwindigkeit ω_0 dreht, sind zwei Scheiben (Massenträgheitsmomente Θ_1, Θ_2) befestigt. Vom Zeitpunkt $t = 0$ ab greift ein konstantes Bremsmoment M_B an der Scheibe 1 an. Wieviel Zeit vergeht bis zum Stillstand der Welle? Welche maximalen Schubspannungen müssen von der Welle übertragen werden?

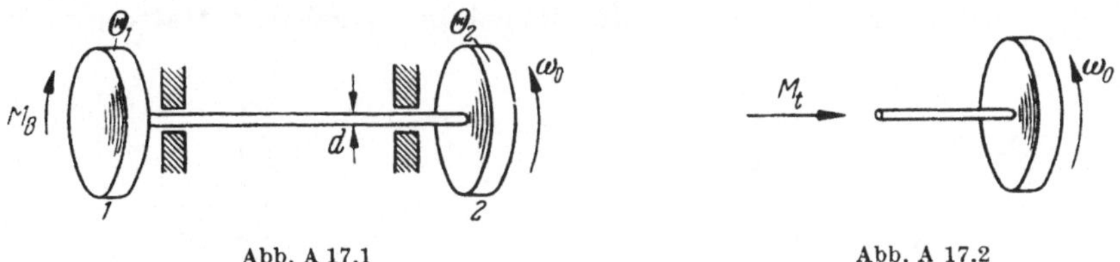

Abb. A 17.1   Abb. A 17.2

Anmerkung: Die Masse der Welle darf vernachlässigt werden.

Gegeben: M_B, Θ_1, Θ_2, ω_0, d.

Lösung. Der Drallsatz liefert

$$-M_B = \Theta_{ges}\,\dot{\omega} = (\Theta_1 + \Theta_2)\,\frac{d\omega}{dt},$$

woraus

$$\int_{\omega_0}^{0} d\omega = -\frac{M_B}{\Theta_1 + \Theta_2}\int_{0}^{T} dt$$

bzw.

$$T = \frac{(\Theta_1 + \Theta_2)\,\omega_0}{M_B}$$

folgt.

Für die Schnittlast M_t gilt nach Abb. A 17.2

$$M_t = \Theta_2 \dot{\omega} = - M_B \frac{\Theta_2}{\Theta_1 + \Theta_2},$$

und damit wird die Schubspannung zu

$$|\tau| = \frac{|M_t|}{W_p} = \frac{16\, M_B\, \Theta_2}{\pi\, d^3 (\Theta_1 + \Theta_2)}.$$

A 18. Kugel in einem Fahrzeug. Ein Fahrzeug der Masse M bewegt sich unter der Wirkung der Kraft P reibungsfrei längs einer waagerechten Unterlage. In dem Fahrzeug befindet sich eine Kugel, die zu

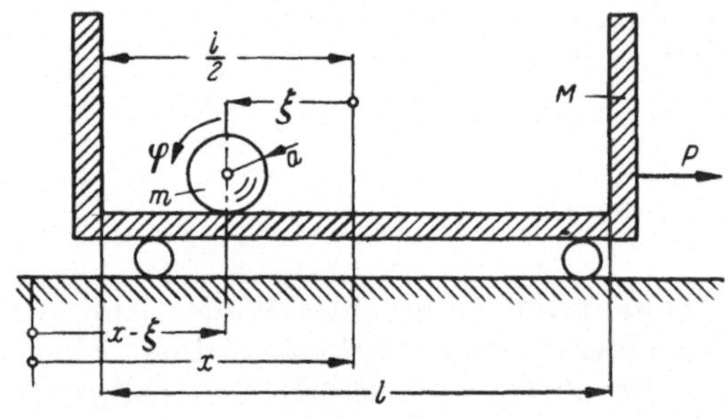

Abb. A 18.1

Beginn der Bewegung die in Abb. A 18.1 skizzierte Lage einnimmt. Welche Beschleunigung erfährt das Fahrzeug infolge P? Wie groß darf P höchstens sein, damit die Kugel bei gegebener Haftreibungs-

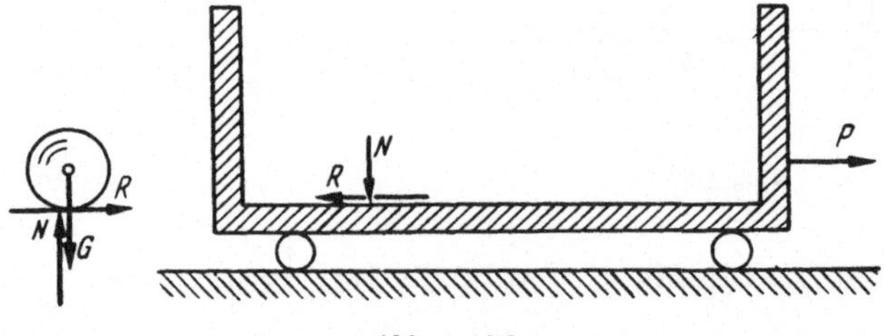

Abb. A 18.2

zahl μ_0 nicht gleitet? Wann stößt die Kugel gegen die hintere Wand? Die Trägheit der Fahrzeugräder soll vernachlässigt werden.

Gegeben: M, m, l, a, μ_0.

Lösung. Mit ξ als Koordinate der Relativbewegung zwischen Kugel und Fahrzeug liefern Schwerpunkt- und Drallsatz sowie kinematische Beziehung und Reibungsgesetz (Abb. A 18.2) das Gleichungssystem

$$m(\ddot{x} - \ddot{\xi}) = R, \qquad a\,\ddot{\varphi} = \ddot{\xi},$$
$$\Theta_S\,\ddot{\varphi} = R\,a, \quad G - N = 0,$$
$$M\,\ddot{x} = P - R, \quad R \leqq \mu_0\, N$$

für die Unbekannten $\ddot{x}$, $\ddot{\xi}$, $\ddot{\varphi}$, R, N, wobei die Ungleichung zur Abschätzung von Maximalwerten dient. Man erhält zunächst

$$\ddot{\xi} = \frac{R\,a^2}{\Theta_S}, \qquad R = \frac{m\,\ddot{x}}{1 + \dfrac{m\,a^2}{\Theta_S}}$$

und weiter

$$\ddot{x} = \frac{P}{M + \dfrac{m}{1 + \dfrac{m\,a^2}{\Theta_S}}}, \qquad R = \frac{m\,P}{M\left(1 + \dfrac{m\,a^2}{\Theta_S}\right) + m},$$

$$\ddot{\xi} = \frac{\dfrac{m\,a^2}{\Theta_S}\,P}{M\left(1 + \dfrac{m\,a^2}{\Theta_S}\right) + m}.$$

Aus $R \leqq \mu_0\,N$ folgt

$$P \leqq \mu_0\,g\left[M\left(1 + \frac{m\,a^2}{\Theta_S}\right) + m\right].$$

Ferner ist unter Berücksichtigung der Anfangsbedingungen (die Kugel ist relativ zum Wagen in Ruhe)

$$\xi = \frac{\dfrac{m\,a^2}{\Theta_S}\,P}{M\left(1 + \dfrac{m\,a^2}{\Theta_S}\right) + m}\,\frac{1}{2}\,t^2,$$

woraus letztlich

$$T = \sqrt{\frac{2\left(\dfrac{l}{2} - a\right)\left[M\left(1 + \dfrac{m\,a^2}{\Theta_S}\right) + m\right]}{P\,\dfrac{m\,a^2}{\Theta_S}}}$$

hervorgeht.

A 19. Kugel auf einem Keil. Auf einem Keil, der reibungsfrei auf einer waagerechten Unterlage verschieblich ist (Masse M, Öffnungswinkel α), befindet sich eine Kugel (Masse m, Radius a) in der in der Abb. A 19.1 dargestellten Lage. Mit Hilfe des D'ALEMBERTschen Prinzips bestimme man unter der Voraussetzung reinen Rollens den Beschleunigungszustand des Systems.

Gegeben: M, m, α, a.

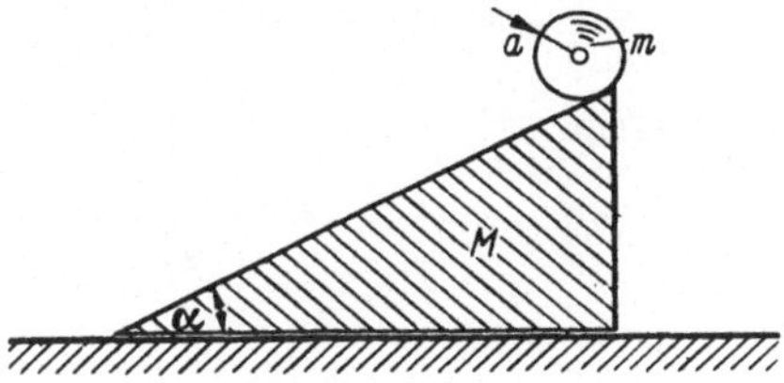

Abb. A 19.1

Lösung. Wir führen zunächst gemäß Abb. A 19.2 Koordinaten für die verschiedenen Verschieblichkeiten ein und erhalten aus dem Prinzip mit $\bar{x}$ bzw. x als Koordinaten der waagerechten Absolutbewegung der Kugel bzw. des Keiles

$$-M\ddot{x}\,\delta x - m\,\ddot{\bar{x}}\,\delta\bar{x} - \Theta_S\,\ddot{\varphi}\,\delta\varphi + (-G - m\,\ddot{\eta})\,\delta\eta = 0.$$

Die kinematischen Beziehungen zwischen den voneinander abhängigen Bewegungskoordinaten lauten

$$\bar{x} = x - \xi; \quad \xi \sin\alpha + \eta \cos\alpha = 0; \quad \xi \cos\alpha - \eta \sin\alpha = a\,\varphi.$$

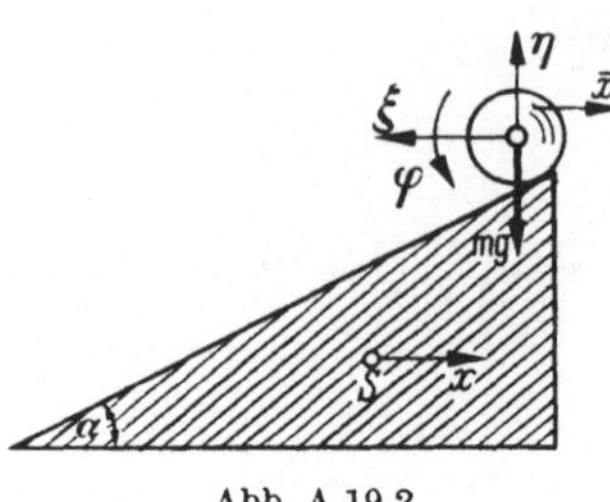

Abb. A 19.2

Damit folgt zunächst

$$[-M\ddot{x} - m\ddot{x} + m\ddot{\xi}]\,\delta x +$$
$$+ \left[m\ddot{x} - m\ddot{\xi} + G\tan\alpha - m\right.$$
$$\left.\tan^2\alpha\,\ddot{\xi} - \frac{\Theta_S}{a^2\cos^2\alpha}\ddot{\xi}\right]\delta\xi = 0$$

und weiter (da δx und $\delta\xi$ beliebige Werte annehmen können) $M\ddot{x} = -m\ddot{\bar{x}}$ bzw. $\ddot{\xi} = \left(1 + \dfrac{M}{m}\right)\ddot{x}$, d. h., der Schwerpunkt des Gesamtsystems erfährt keine waagerechte Verschiebung. Ferner erhält man

$$\ddot{x} = g\,\frac{\tan\alpha}{\dfrac{M}{m} + \left(1 + \dfrac{M}{m}\right)\tan^2\alpha + \left(1 + \dfrac{M}{m}\right)\dfrac{\Theta_S}{m\,a^2\cos^2\alpha}}.$$

A 20. Brett auf zwei Walzen. Ein Brett der Masse M wird gemäß Abb. A 20.1 über zwei Walzen (Masse m, Massenträgheitsmoment Θ_S, Radius a) bewegt. Unter Ausschluß von Gleiten bestimme man den Beschleunigungszustand des Systems nach D'ALEMBERT sowie die Zeit, während der das Brett die letzte Walze berührt.

Gegeben: P, M, m, Θ_S, a, l.

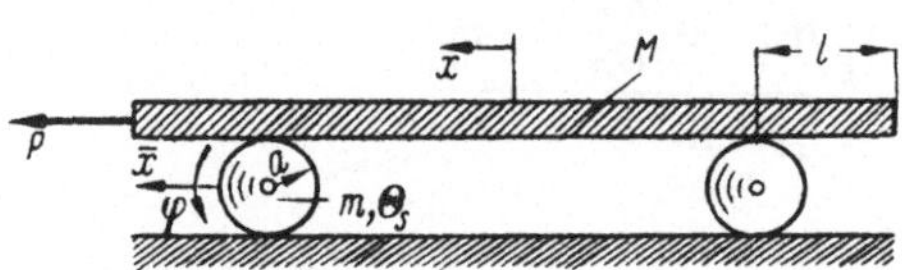

Abb. A 20.1

Lösung. Das D'ALEMBERTsche Prinzip liefert

$$(P - M\ddot{x})\delta x - 2\Theta_S\ddot{\varphi}\,\delta\varphi -$$
$$- 2m\ddot{\bar{x}}\,\delta\bar{x} = 0.$$

Die kinematischen Beziehungen lauten

$$x = 2a\,\varphi, \quad \bar{x} = a\,\varphi.$$

Es wird

$$\ddot{x} = \frac{P}{M + \dfrac{1}{2}\dfrac{\Theta_S}{a^2} + \dfrac{1}{2}m} = b$$

und damit

$$T = \sqrt{\frac{2l}{b}} = \sqrt{\frac{2l\left(M + \dfrac{1}{2}\dfrac{\Theta_S}{a^2} + \dfrac{1}{2}m\right)}{P}}.$$

A 21. Schwingendes Feder-Massesystem. Für das in Abb. A 21.1 dargestellte Feder-Massesystem bestimme man unter der Voraussetzung kleiner Ausschläge und Reibungsfreiheit mit Hilfe der LAGRANGEschen Bewegungsgleichungen die Eigenfrequenz.

Gegeben: m_1, m_2, c, a, b.

Lösung. Aus

$$\frac{d}{dt}\left(\frac{\partial E}{\partial \dot{\varphi}}\right) - \frac{\partial E}{\partial \varphi} = -\frac{\partial U}{\partial \varphi}$$

folgt mit

$$E = \frac{1}{2}\, m_1 b^2\, \dot{\varphi}^2 + \frac{1}{2}\, m_2 a^2\, \dot{\varphi}^2,$$

$$U = \frac{1}{2}\, c\, b^2\, \varphi^2 - m_1 g\, b \cos\varphi + m_2 g\, a$$

unter Berücksichtigung von $\sin\varphi \approx \varphi$

$$(m_1 b^2 + m_2 a^2)\,\ddot{\varphi} + (c\, b^2 + m_1 g\, b)\,\varphi = 0$$

und daraus $\quad \omega^2 = \dfrac{c\, b^2 + m_1 g\, b}{m_1 b^2 + m_2 a^2}.$

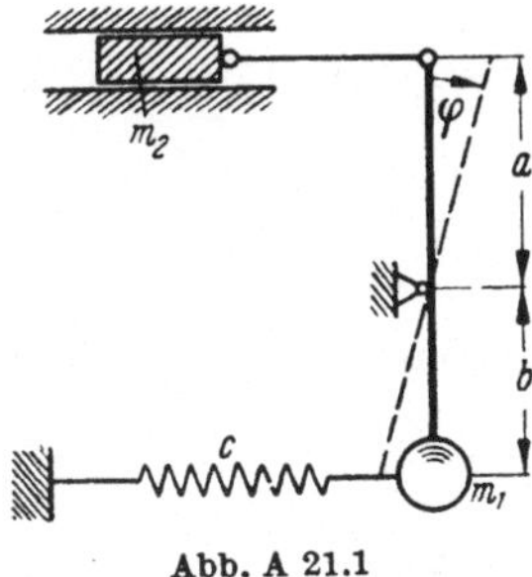

Abb. A 21.1

A 22. Torsionsschwinger. Für den in Abb. A 22.1 dargestellten Torsionsschwinger bestimme man die Eigenfrequenz für kleine Amplituden unter Vernachlässigung der Wellenmasse.

Gegeben: m_1, m_2, Θ_S, b, a, l.

Lösung. Mit dem Gesamtmassenträgheitsmoment

$$\Theta_{ges} = \Theta_S + (m_1 + m_2)\, b^2$$

und der Torsionsfederkonstanten

$$c = \frac{M}{\vartheta} = \frac{G J_t}{l}$$

liefert der Drallsatz

$$\ddot{\vartheta}\, \Theta_{ges} = -c\, \vartheta$$

bzw.

$$\ddot{\vartheta} + \frac{G\,\pi\, a^4}{2l[\Theta_S + (m_1 + m_2)\, b^2]}\,\vartheta = 0,$$

woraus

$$\omega_1^2 = \frac{G\,\pi\, a^4}{2l[\Theta_S + (m_1 + m_2)\, b^2]}$$

folgt.

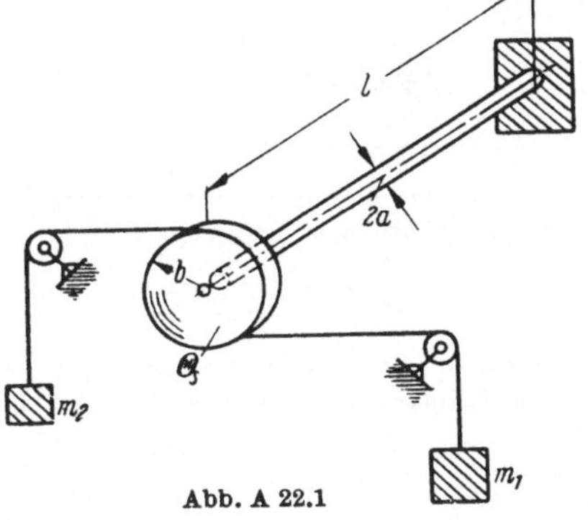

Abb. A 22.1

A 23. Kreismembran mit Einzelmasse. Für die in Abb. A 23.1 skizzierte vorgespannte Kreismembran mit einer Einzelmasse in der Mitte bestimme man näherungsweise die erste Eigenfrequenz mit Hilfe des Energiequotienten von RITZ-RAYLEIGH gemäß (5.54).

Gegeben: S, m, ϱ, h, a.

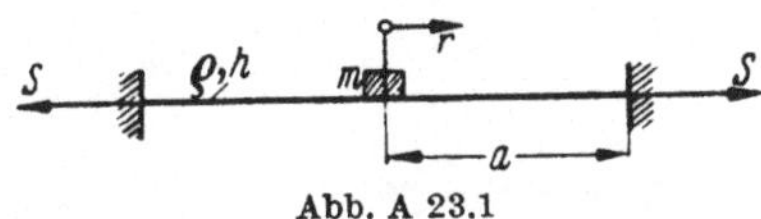

Abb. A 23.1

Lösung. Der Energiequotient $\omega_1^2 = \dfrac{U_{max}}{E}$ lautet im vorliegenden Fall

$$\omega_1^2 = \frac{\dfrac{S}{2}\displaystyle\int_0^a \left(\frac{\partial w}{\partial r}\right)^2 2\,\pi\, r\, dr}{\dfrac{\varrho\, h}{2}\displaystyle\int_0^a w^2\, 2\,\pi\, r\, dr + \dfrac{m}{2}\, w^2(0)}.$$

Als Vergleichsfunktion wird

$$w = c(a^2 - r^2)$$

gewählt und damit wird

$$\omega_1^2 = \frac{S\,2\pi \int\limits_0^a 4c^2 r^3\,dr}{h\varrho\,2\pi \int\limits_0^a c^2(a^2 - r^2)^2\,r\,dr + m\,c^2 a^4},$$

woraus

$$\omega_1^2 = \frac{2\pi S a^4}{2\pi \varrho h \dfrac{a^6}{6} + m a^4} = \frac{2\pi S}{\dfrac{1}{3}\,m_M + m}$$

folgt.

A 24. Relativbewegung (Abb. A 24.1). Wie lautet der Energiesatz für einen auf einem mit konstanter Geschwindigkeit v_0 reibungsfrei bewegten Wagen der Masse M befindlichen Beobachter für den Fall, daß eine mit der Relativgeschwindigkeit v_r bewegte Masse m auf eine am Wagen befestigte Feder auftrifft, und wie groß ist die Federzusammendrückung s? Wie groß ist die Geschwindigkeit des Wagens im Augenblick maximaler Federzusammendrückung? Die Trägheit der Fahrzeugräder soll vernachlässigt werden.

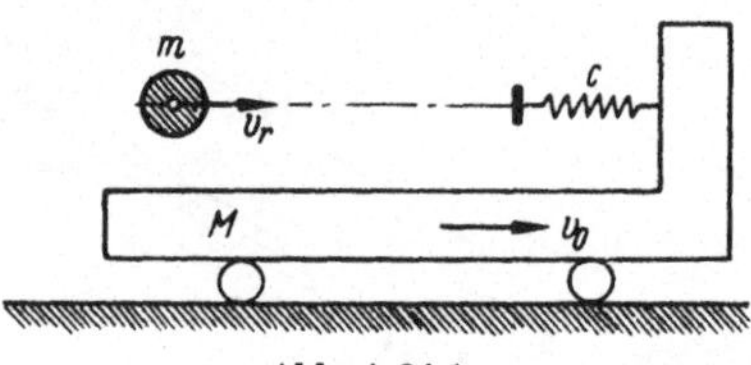

Abb. A 24.1

Lösung. Der Energiesatz bezogen auf den ruhenden Raum lautet

$$\frac{m}{2}(v_0 + v_r)^2 + \frac{M}{2}v_0^2$$
$$= \frac{c}{2}s^2 + \frac{m + M}{2}v_1^2, \tag{1}$$

wenn v_1 die Geschwindigkeit des Gesamtsystems im Augenblick der maximalen Federzusammendrückung ist. Der Impulssatz liefert

$$M v_0 + m(v_0 + v_r) = (M + m)v_1, \tag{2}$$

woraus

$$v_1 = v_0 + \frac{m}{m + M}v_r \tag{3}$$

folgt.

Aus (3) und (1) folgt der Energiesatz für den mitbewegten Beobachter zu

$$\frac{m}{2}v_r^2 = \frac{c}{2}s^2 + \frac{m^2}{2(m + M)}v_r^2, \tag{4}$$

d. h. nur für $M \gg m$ nimmt er die gewohnte Form

$$\frac{m}{2}v_r^2 = \frac{c}{2}s^2$$

an. Aus (4) ergibt sich die Federzusammendrückung

$$s = v_r\sqrt{\frac{m}{c}\left(1 - \frac{m}{m + M}\right)}.$$

A 25. Bewegung einer Maus in einem sich drehenden Rohr. Ein Rohr der Masse M drehe sich mit konstanter Anfangswinkelgeschwindigkeit ω_0 in einer horizontalen Ebene (Abb. A 25.1). Eine Maus der Masse m laufe instinktmäßig zum Drehpunkt hin, um dadurch die auf sie wirkende Trägheitskraft (Zentrifugalkraft) zu verkleinern. Man untersuche, ob eine solche Verkleinerung der Zentrifugalkraft wirklich bzw. wann sie eintritt.

Lösung. Aus dem Satz von der Erhaltung des Drehimpulses

$$\Theta_0\,\omega_0 = \Theta\,\omega$$

folgt für die Winkelgeschwindigkeit des Rohres

$$\omega = \frac{\Theta_0}{\Theta}\,\omega_0 = \frac{\Theta_R + m\,r_0^2}{\Theta_R + m\,r^2}\,\omega_0,$$

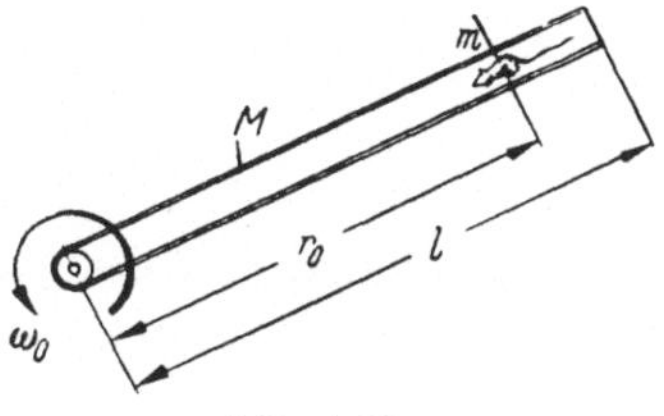
Abb. A 25.1

wenn Θ_R das Trägheitsmoment des Rohres in bezug auf den Drehpunkt ist. Damit hat die Fliehkraft die Größe

$$F = m\,r\,\omega^2 = m\,\omega_0^2\,(\Theta_R + m\,r_0^2)^2\,\frac{r}{(\Theta_R + m\,r^2)^2}.$$

Sie hat ein Maximum für

$$\frac{dF}{dr} = 0 = m\,\omega_0^2\,(\Theta_R + m\,r_0^2)^2\,\frac{\Theta_R - 3\,m\,r^2}{(\Theta_R + m\,r^2)^3},$$

also an der Stelle

$$r = r^* = \sqrt{\frac{\Theta_R}{3\,m}} = \sqrt{\frac{M\,l^2}{9\,m}} = \frac{l}{3}\sqrt{\frac{M}{m}}.$$

Ist also die Rohrmasse M kleiner als die neunfache Masse der Maus, so liegt das Maximum der Fliehkraft innerhalb des Rohres, und für $r_0 > r^*$ begibt sich die Maus in Bereiche größerer Fliehkraft!

A 26. Anwendung des Impulssatzes. Auf einem mit der Geschwindigkeit v_0 reibungsfrei rollenden Wagen der Masse M befinden sich n Männer der Masse m. Diese springen mit der Relativgeschwindigkeit v_{rel} entgegen der Fahrtrichtung des Wagens von diesem ab. Man berechne die Endgeschwindigkeit des Wagens, wenn

a) alle Männer auf einmal abspringen,
b) alle Männer nacheinander abspringen.

Lösung. Da während des Abspringvorganges keine äußeren Kräfte wirken, kann der Impulssatz zur Lösung der Aufgabe herangezogen werden, der besagt, daß der Impuls des Gesamtsystems (Wagen und Männer) erhalten bleibt.

a) Bei gleichzeitigem Abspringen aller Männer gilt:

$$(M + n\,m)\,v_0 = n\,m\,(v_n - v_{rel}) + M\,v_n,$$

$$v_n = v_0 + v_{rel}\,\frac{n\,m}{M + n\,m} \tag{1}$$

oder mit
$$\frac{M}{m} = \varkappa, \tag{2}$$

$$v_n = v_0 + v_{rel}\,\frac{n}{\varkappa + n}. \tag{3}$$

b) Bei nacheinander erfolgendem Abspringen der Männer gilt für den Fall, daß bereits i Männer abgesprungen sind, also $n - i$ Männer sich noch auf dem Wagen befinden:

$$[M + (n - i)m]v_i = m(v_{i+1} - v_{rel}) + [M + (n - i - 1)m]v_{i+1},$$

$$v_{i+1} = v_i + \frac{m}{M + (n - i)m}\, v_{rel}, \tag{4}$$

$$\Delta v_{i,\,i+1} = v_{i+1} - v_i = \frac{m}{M + (n - i)m}\, v_{rel}. \tag{5}$$

Die Endgeschwindigkeit des Wagens erhält man durch Summation aller $\Delta v_{i,\,i+1}$, also

$$v_n = v_0 + \sum_{i=0}^{n-1} \Delta v_{i,\,i+1}. \tag{6}$$

Einsetzen von (5) und (2) in (6) liefert

$$v_n = v_0 + v_{rel} \sum_{i=0}^{n-1} \frac{1}{\varkappa + n - i}. \tag{7}$$

Zahlenbeispiel: $M = 5\,m,\ n = 10;$

Fall a) liefert $\qquad\qquad\qquad v_n = v_0 + 0{,}6667\,v_{rel};$ $\qquad\qquad\qquad\qquad$ (8)

Fall b) liefert nach einiger Zahlenrechnung

$$v_n = v_0 + 1{,}0349\,v_{rel}. \tag{9}$$

Man sieht, daß die Endgeschwindigkeit des Wagens bei nacheinander erfolgendem Abspringen größer wird als bei gleichzeitigem Abspringen.

A 27. Ballspiel auf einem Wagen. Auf einem zunächst ruhenden Wagen der Masse M stehen zwei Personen A und B (Masse $2\,\overline{M}$). Wie können diese Personen durch wechselseitiges Zuwerfen eines Balles der Masse m erreichen, daß sich der Wagen um die Strecke a in Richtung BA bewegt? Der Ball befinde sich zu Anfang und zum Ende bei A, werde stets mit der Geschwindigkeit v_A abgeworfen und durch Luftwiderstand bis zum Auffangen nach t_1 Sekunden auf v_B abgebremst. Man vernachlässige die Bewegungswiderstände des Wagens sowie das Massenträgheitsmoment der Räder.

Lösung. Die Geschwindigkeit v_1 des Wagens nach dem Abwurf des Balles von A errechnet sich aus dem Impulssatz (5.2) wegen $\Re^{(a)} = 0$ zu

$$v_1 = v_A\, \frac{m}{M + 2\,\overline{M}}.$$

Geschwindigkeit nach dem Auffangen durch B:

$$v_2 = \frac{1}{M + 2\,\overline{M} + m}\,[v_1(M + 2\,\overline{M}) - v_B\,m] = (v_A - v_B)\,\frac{m}{M + 2\,\overline{M} + m}.$$

Geschwindigkeit nach Abwurf von B:

$$v_3 = \frac{1}{M + 2\,\overline{M}}\,[v_2(M + 2\,\overline{M} + m) - v_A\,m] = -v_B\,\frac{m}{M + 2\,\overline{M}}.$$

Geschwindigkeit nach Auffangen durch A:

$$v_4 = \frac{1}{M + 2\,\overline{M} + m}\,[v_3(M + 2\,\overline{M}) + v_B\,m] = 0,$$

d. h., der Wagen kommt wieder zum Stehen.

Wird der Ball t_2 Sekunden von B festgehalten, so hat der Wagen insgesamt folgenden Weg zurückgelegt ($t_1 = $ Flugzeit des Balles):

$$s = v_1 t_1 + v_2 t_2 + v_3 t_1 = t_1(v_A - v_B)\,\frac{m}{M + 2\overline{M}} + t_2(v_A - v_B)\,\frac{m}{M + 2\overline{M} + m}.$$

Damit der Wagen die Strecke a zurücklegt, muß t_2 also betragen:

$$t_2 = (M + 2\overline{M} + m)\left|\frac{a}{(v_A - v_B)\,m} \quad \frac{t_1}{M + 2\overline{M}}\right|.$$

A 28. Präzessionsbewegung eines Kreisels. Eine kreiszylindrische Scheibe der Masse m und des Radius a dreht sich mit so großer Winkelgeschwindigkeit ω_3, daß sein Drallvektor näherungsweise in seine horizontale Figurenachse fällt (Abb. A 28.1). Welche Bewegung führt dieser „Kreisel" aus, wenn er in einer Entfernung l (von seinem Schwerpunkt) unterstützt wird?

Lösung. Dem Kraftvektor

$$\mathfrak{G} = \{0;\,0;\,-mg\}$$

entspricht der Drehmomentenvektor

$$\mathfrak{M} = \{0;\,mgl;\,0\},$$

so daß gemäß (5.16) seine Figurenachse mit der Winkelgeschwindigkeit

$$\omega_2 = \frac{mgl}{\Theta\,\omega_3} = \frac{2gl}{a^2\,\omega_3}$$

in der horizontalen Ebene herumläuft („*präzessiert*"). Nach den (5.16) zugrunde gelegten Voraussetzungen ist das Ergebnis solange sinnvoll, wie

$$\frac{\omega_2}{\omega_3} = \frac{2gl}{a^2\,\omega_3^2} \ll 1 \quad \text{ist.}$$

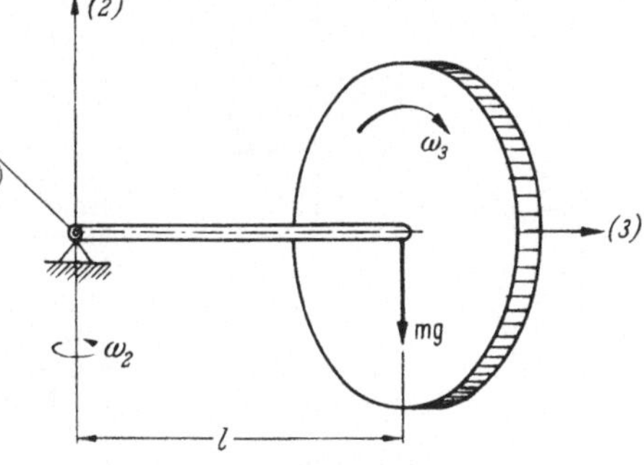

Abb. A 28.1

A 29. Folgerungen aus den Eulerschen Kreiselgleichungen. Eine kreiszylindrische Scheibe mit den Hauptmassenträgheitsmomenten $\Theta_x = \Theta_1$ und $\Theta_y = \Theta_2 = \Theta_z = \Theta_3$ ist in ihrem Schwerpunkt S schief — die x-Achse und die Wellenachse schließen den Winkel ε ein — auf einer mit konstanter Winkelgeschwindigkeit ω_0 rotierender Welle befestigt (Abb. A 29.1).

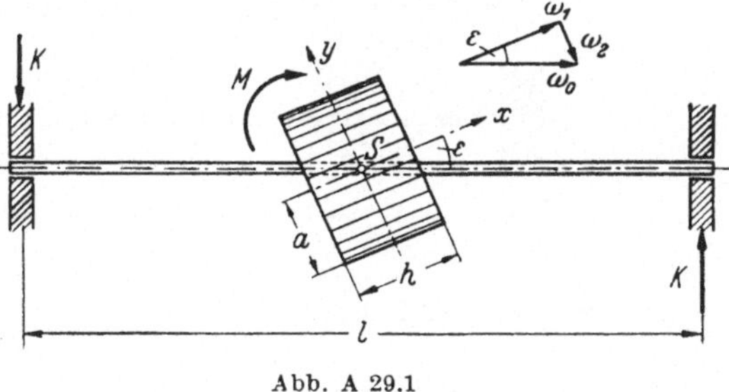

Abb. A 29.1

a) Welches Moment hat die Wellenlagerung aufzunehmen?

b) Welche Tendenz hat dieses „Moment der Kreiselwirkung" hinsichtlich des Winkels ε?

c) Was folgt aus dem Ergebnis für einen Körper, der eine sehr schnelle, freie Drehung um seine Achse kleinsten Massenträgheitsmomentes ausführt?

Lösung. a) Aus den EULERschen Kreiselgleichungen (5.13 a) folgt — wegen $\omega_1 = \omega_x = \omega_0 \cos\varepsilon = $ const, $\omega_2 = \omega_y = -\omega_0 \sin\varepsilon = $ const und $\omega_3 = \omega_z = 0$ — für das äußere, von den Lagern auf die Welle ausgeübte Moment

$$M_3^{(a)} = M_z^{(a)} = Kl = (\Theta_1 - \Theta_2)\,\omega_0^2 \sin\varepsilon \cos\varepsilon.$$

Das von der Welle auf die Lager ausgeübte Moment M beträgt also ebenfalls — positiv im Sinne von Abb. A 29.1, also in negativer z-Richtung zeigend:

$$M = (\Theta_1 - \Theta_2)\,\omega_0^2 \sin\varepsilon \cos\varepsilon. \tag{1}$$

b) Für die Hauptmassenträgheitsmomente einer kreiszylindrischen Scheibe errechnet man leicht (das Massenträgheitsmoment der Welle wird vernachlässigt):

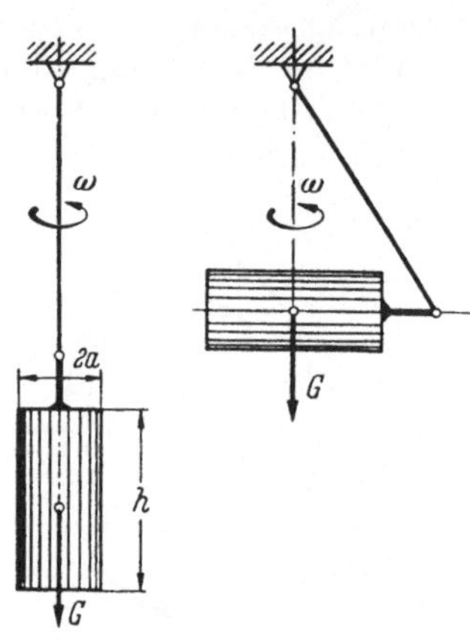

Abb. A 29.2

$$\left. \begin{aligned} \Theta_x &= \Theta_1 = \frac{1}{2}\,ma^2, \\ \Theta_y &= \Theta_2 = \Theta_z = \Theta_3 = \frac{1}{12}\,m(h^2 + 3a^2). \end{aligned} \right\} \tag{2}$$

Für $h/a < \sqrt{3}$ wird $\Theta_1 > \Theta_2$ und für $h/a > \sqrt{3}$ wird $\Theta_1 < \Theta_2$. Im ersten Falle, also $\Theta_1 > \Theta_2$, d. h., bei einer kurzen, dicken Zylinderscheibe, wird das Moment $M > 0$, hat also das Bestreben, den Winkel ε zu verkleinern.

Im zweiten Falle, also $\Theta_1 < \Theta_2$, d. h., bei einem langen, dünnen Zylinderkörper, wird das Moment $M < 0$, hat also die Tendenz, den Winkel ε zu vergrößern.

c) Ist die Rotationsachse des sehr schnell rotierenden[1] Kreiszylinders zugleich die Achse seines kleinsten Massenträgheitsmomentes, (Abb. A 29.2), so folgt aus obigen Überlegungen, daß der Körper bei einem Anstoß seine Rotationsachse um 90° dreht; das ist der Fall für $h > \sqrt{3}\,a$ (langstieliger Körper).

A 30. Kritische Drehzahl einer Welle mit Längskraft. Eine Welle wird durch einen Motor über eine Reibungskupplung angetrieben und dadurch auf Druck beansprucht (Abb. A 30.1). Man ermittle die kritische Drehzahl in Abhängigkeit von der Axiallast P.

Gegeben: l, E, J, P, μ ($\mu = $ Wellenmasse pro Längeneinheit).

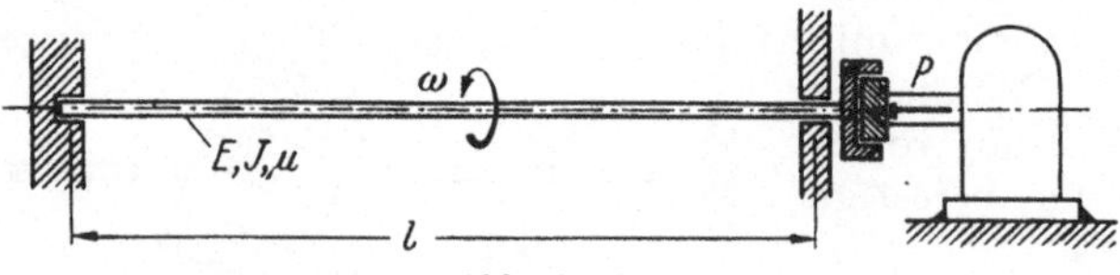

Abb. A. 30.1

Lösung. Nach (2.13 a) gilt

$$EJ\,w^{(4)}(x) = -q(x). \tag{1}$$

Der Fliehkraftanteil in $q(x)$ ergibt sich aus

$$dZ = -dm\,b_F = -\mu\,ds\,b_F \approx -\mu\,dx\,b_F$$

mit $\qquad b_F = \omega^2 w(x)$

zu $\qquad q_F = \dfrac{dZ}{dx} = -\mu\,\omega^2\,w(x), \tag{2}$

---

[1] Bei sehr schneller Rotation kann das Eigengewicht gegenüber den Kreiselwirkungen vernachlässigt werden.

während man den Längskraftanteil in $q(x)$ durch zweimalige Differentiation von

$$M(x) = - Pw(x)$$

unter Beachtung von $M''(x) = - q(x)$ nach (2.1) zu

$$q_P(x) = Pw''(x) \tag{3}$$

ermittelt. Einsetzen von $q(x) = q_F(x) + q_P(x)$ in (1) liefert:

$$w^{(4)}(x) + \lambda^2 w''(x) - \nu^4 w(x) = 0, \tag{4}$$

wobei $\qquad\qquad \lambda^2 = \dfrac{P}{EJ} \quad$ und $\quad \nu^4 = \dfrac{\mu\,\omega^2}{EJ} \tag{5a, b}$

gesetzt wurden. Der Ansatz $w(x) = e^{\alpha x}$ liefert die charakteristische Gleichung

$$\alpha^4 + \lambda^2\alpha^2 - \nu^4 = 0 \tag{6}$$

mit den Lösungen

$$\left.\begin{aligned}
\alpha_1 &= + \sqrt{-\frac{\lambda^2}{2} + \sqrt{\left(\frac{\lambda^2}{2}\right)^2 + \nu^4}} = A, \quad \alpha_2 = - A, \\[2mm]
\alpha_3 &= + i\sqrt{\frac{\lambda^2}{2} + \sqrt{\left(\frac{\lambda^2}{2}\right)^2 + \nu^4}} = i\,B, \quad \alpha_4 = - i\,B.
\end{aligned}\right\} \tag{7}$$

Damit erhält man die allgemeine Lösung

$$w(x) = C_1 e^{Ax} + C_2 e^{-Ax} + C_3 e^{iBx} + C_4 e^{-iBx}. \tag{8}$$

Die Randbedingungen $w(0) = 0$ und $M(0) = 0$, d. h., $w''(0) = 0$, liefern

$$C_2 = - C_1 \quad \text{und} \quad C_4 = - C_3, \tag{9}$$

woraus

$$w(x) = 2\,C_1 \frac{e^{Ax} - e^{-Ax}}{2} + 2\,C_3 i \frac{e^{iBx} - e^{-iBx}}{2i}$$

$$= \overline{C}_1 \sinh A x + \overline{C}_3 \sin B x \tag{10}$$

folgt. Die Randbedingungen $w(l) = 0$ und $M(l) = 0$, d. h., $w''(l) = 0$ ergeben

$$\overline{C}_1 = 0 \quad \text{und} \quad \overline{C}_3 \sin Bl = 0. \tag{11}$$

Damit eine Auslenkung der Welle erfolgen kann, muß $w(x) \neq 0$, d. h., $\overline{C}_3 \neq 0$ sein, so daß mit Rücksicht auf (11)

$$\sin Bl = 0 \tag{12}$$

gefordert werden muß. Der kleinste Eigenwert liegt bei

$$Bl = \pi, \tag{13}$$

also nach Einsetzen von (7) und Quadrieren

$$\frac{\lambda^2}{2} + \sqrt{\left(\frac{\lambda^2}{2}\right)^2 + \nu^4} = \frac{\pi^2}{l^2}.$$

Setzt man hierin noch (5a, b) ein, so erhält man nach einigen Umformungen

$$\mu\, l^4 \omega^2 + \pi\, l^2 P = \pi^4 E J$$

bzw.

$$\frac{\mu\, l^4}{\pi^4 E J}\, \omega^2 + \frac{l^2}{\pi^2 E J}\, P = 1. \tag{14}$$

Für $P = 0$ ergibt sich hieraus der Wert

$$\omega_{kr} = \frac{\pi^2}{l^2}\sqrt{\frac{EJ}{\mu}}, \tag{15}$$

während für $\omega = 0$

$$P_{kr} = \frac{\pi^2 E J}{l^2} \qquad (16)$$

(also die statische Knicklast) folgt. Mit (15) und (16) ergibt sich aus (14)

$$\left(\frac{\omega}{\omega_{kr}}\right)^2 + \frac{P}{P_{kr}} = 1. \qquad (17)$$

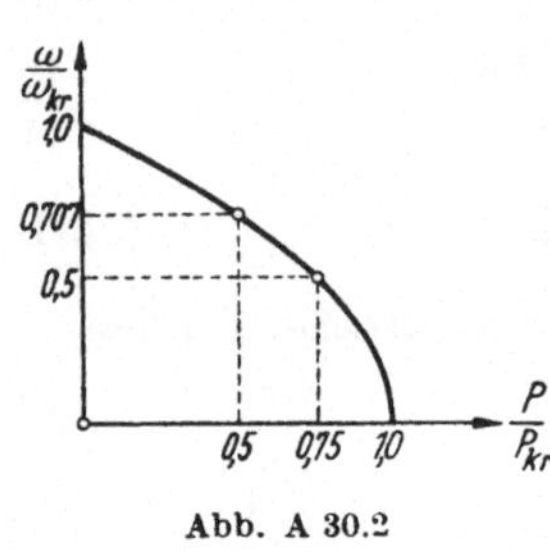

Abb. A 30.2

Das ist die Gleichung einer Parabel (Abb. A 30.2), wenn man ω/ω_{kr} und P/P_{kr} als Koordinaten auffaßt. Damit der kritische Zustand nicht erreicht wird, muß man mit ω und P also innerhalb der durch die Parabel und die Koordinatenachsen umgrenzten Fläche bleiben (Abb. A 30.2).

Beispiel: a) Für $\omega = {}^1/_2 \cdot \omega_{kr}$ erhält man nach (17) die kritische Last $P_1 = {}^3/_4 \cdot P_{kr} = 0{,}750\, P_{kr}$;

b) $P = {}^1/_2 \cdot P_{kr}$ liefert nach (17) die kritische Drehzahl $\omega_1 = \sqrt{2}/2 \cdot \omega_{kr} = 0{,}707\, \omega_{kr}$. Man erkennt: Die Verminderung der kritischen Drehzahl ω_1 gegenüber ω_{kr} infolge einer in einem bestimmten Verhältnis λ zu P_{kr} stehenden Druckkraft P ist also größer als die Verminderung der kritischen Last P_1 gegenüber P_{kr} infolge einer im gleichen Verhältnis λ zu ω_{kr} stehenden Drehzahl ω.

A 31. *Kinetostatische Beanspruchung eines umstürzenden Schornsteines.*

Ein gemauerter Schornstein wird durch eine Sprengung am Fußpunkt zum Umstürzen gebracht (Abb. A 31.1). Unter der Annahme, daß am Fußpunkt keine Biegemomente übertragen werden können (Fußgelenk), bestimme man den Schnittlastverlauf im Schornstein während der Sturzbewegung! Insbesondere ermittle man die Stelle, an welcher der Schornstein zerbricht, unter der Voraussetzung, daß der Bruch beim Überschreiten der Zugrandspannung $\max\sigma = 5\ \mathrm{kp/cm^2}$ eintritt. Der Radius der Mittelfläche des Schornsteinmantels ist linear veränderlich: Er beträgt oben $r_0 = 0{,}5$ m, unten $r_1 = 0{,}9$ m; die Wanddicke ist konstant $\delta = 0{,}18$ m. Weiter gegeben: $h = 50$ m; $\gamma = 1{,}8\ \mathrm{Mp/m^3}$.

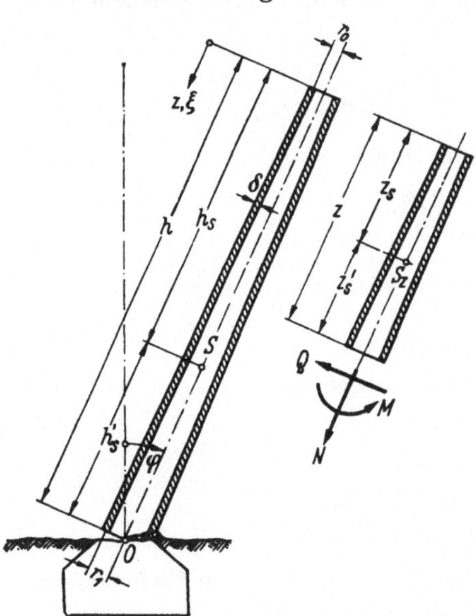

Abb. A 31.1

Lösung. Wir ermitteln zunächst mit Hilfe des Energiesatzes die Winkelgeschwindigkeit ω in Abhängigkeit vom Neigungswinkel φ:

$$\Theta_0 \frac{\omega^2}{2} = h'_S (1 - \cos\varphi)\, m\, g. \qquad (1)$$

Darin bedeuten Θ_0 das Massenträgheitsmoment des Schornsteins bezogen auf die durch den Fußpunkt gehende Kippachse, h'_S seine Schwerpunktshöhe, gemessen vom Fußpunkt, und m seine Gesamtmasse. Aus (1) folgt

$$\omega = \omega(\varphi) = \sqrt{\frac{2h'_S(1-\cos\varphi)\,mg}{\Theta_0}}\,. \tag{2}$$

Durch Betrachtung eines abgeschnittenen Schornsteinstückes der Länge z (Abb. A 31.1) kommen wir zu den Schnittlasten. Der Drallsatz, bezogen auf den Schwerpunkt S_z, liefert:

$$\Theta_S(z)\,\frac{d\omega}{dt} = -M + Q\,z'_S\,. \tag{3}$$

Dabei ist $\Theta_S(z)$ das Massenträgheitsmoment des abgeschnittenen Teiles, bezogen auf den Teilschwerpunkt S_z. Aus dem Schwerpunktsatz folgt für die Tangentialrichtung

$$m(z)\,b_t = m(z)\,(h - z_S)\,\frac{d\omega}{dt} = -Q + m(z)\,g\sin\varphi \tag{4}$$

und für die Radialrichtung

$$m(z)\,b_r = -m(z)\,(h - z_S)\,\omega^2 = -N - m(z)\,g\cos\varphi\,. \tag{5}$$

Wir ermitteln nun mit (2) die zeitliche Ableitung der Winkelgeschwindigkeit:

$$\frac{d\omega}{dt}\cdot = \frac{d\omega}{d\varphi}\frac{d\varphi}{dt} = \frac{d\omega}{d\varphi}\,\omega = \frac{1}{2}\frac{d}{d\varphi}(\omega^2) = \frac{1}{2}\frac{d}{d\varphi}\left[\frac{2h'_S\,mg}{\Theta_0}(1-\cos\varphi)\right]$$

$$\frac{d\omega}{dt} = \frac{h'_S\,mg}{\Theta_0}\sin\varphi\,. \tag{6}$$

Nach Einsetzen von (2) und (6) in (3), (4) und (5) haben wir für die Schnittlasten:

$$\left.\begin{aligned}
N(\varphi) &= m(z)\,g\left[\frac{2(h-z_S)h'_S\,m}{\Theta_0}(1-\cos\varphi) - \cos\varphi\right], \\[2mm]
Q(\varphi) &= m(z)\,g\sin\varphi\left[1 - \frac{(h-z_S)h'_S\,m}{\Theta_0}\right], \\[2mm]
M(\varphi) &= g\sin\varphi\left\{-\frac{\Theta_S(z)}{\Theta_0}h'_S\,m + m(z)\,z'_S\left[1 - \frac{h'_S\,m}{\Theta_0}(h-z_S)\right]\right\}.
\end{aligned}\right\} \tag{7}$$

Die qualitativen Verläufe von Q und M über die Schornsteinhöhe sind unabhängig vom Winkel φ; der Längskraftverlauf verändert sich jedoch mit φ auch qualitativ. Dieser Umstand erschwert das Auffinden der Bruchstelle, da die Randspannungen vom Biegemoment und der Längskraft abhängen.

Wir berechnen jetzt die Massenträgheitsmomente und Schwerpunktslagen des Schornsteines. Für den abgeschnittenen Teil der Länge z ergibt sich zunächst mit

$$r = r_0 + \frac{r_1 - r_0}{h}z = r_0 + z\tan\alpha, \quad \tan\alpha = \frac{r_1 - r_0}{h} \tag{8}$$

und ζ als Integrationsvariabler

$$\int_{\zeta=0}^{z}\zeta\,dm = \varrho\,2\pi\delta\int_{\zeta=0}^{z}r\,\zeta\,d\zeta = \frac{1}{3}\pi\varrho\,\delta z^2(3r_0 + 2z\tan\alpha),$$

$$m(z) = \int_{\zeta=0}^{z}dm = \varrho\,2\pi\delta\int_{\zeta=0}^{z}(r_0 + \zeta\tan\alpha)\,d\zeta = \pi\varrho\,\delta z(2r_0 + z\tan\alpha), \tag{9}$$

$$\left.\begin{aligned}
z_S &= \frac{\displaystyle\int_0^z \zeta\,dm}{m(z)} = \frac{z}{3}\,\frac{3r_0 + 2z\tan\alpha}{2r_0 + z\tan\alpha}, \\[2mm]
z'_S &= z - z_S = \frac{z}{3}\,\frac{3r_0 + z\tan\alpha}{2r_0 + z\tan\alpha}.
\end{aligned}\right\} \tag{10}$$

Das Massenträgheitsmoment des abgeschnittenen Teiles, bezogen auf eine zur
Kippachse parallele Achse durch den Teilschwerpunkt, können wir in der Form

$$\Theta_S = S\,(\zeta - z_S)^2\,dm + S\,x^2\,dm$$

schreiben, wenn wir mit x den Abstand eines Massenelementes von der durch die
z-Achse und die Kippachse aufgespannten Ebene bezeichnen. Da ζ größenordnungs-
mäßig mit h, x jedoch mit r übereinstimmen und $(r/h)^2 \ll 1$ gilt, können wir das
2. Integral mit guter Näherung vernachlässigen.
Dann wird:

$$\Theta_S(z) = \int\limits_{\zeta=0}^{z} (\zeta - z_S)^2\,dm = \varrho\,2\,\pi\,\delta \int\limits_{\zeta=0}^{z} (\zeta - z_S)^2\,(r + \zeta\,\tan\alpha)\,d\zeta,$$

$$\Theta_S(z) = \frac{\pi\,\varrho\,\delta}{18}\,z^3\,\frac{6\,r_0^2 + 6\,z\,r_0\,\tan\alpha + z^2\,\tan^2\alpha}{2\,r_0 + z\,\tan\alpha}. \tag{11}$$

Für $z = h$ erhalten wir für den gesamten Schornstein aus (9) und (10)

$$m = \pi\,\varrho\,\delta\,h\,(r_0 + r_1), \quad h_S' = \frac{h}{3}\,\frac{2\,r_0 + r_1}{r_0 + r_1} \tag{12}$$

und mit Benutzung des STEINERschen Satzes und (11)

$$\Theta_0 = \Theta_S(h) + h_S'^2\,m = \frac{\pi\,\varrho\,\delta}{6}\,h^3(3\,r_0 + r_1). \tag{13}$$

Zur Spannungsermittlung werden noch das Widerstandsmoment W und die Querschnittsfläche F benötigt. Mit dem Außenradius des Schornsteines $R_a = r + \delta/2$
und dem Innenradius $R_i = R_a - \delta$ haben wir

$$W(z) = \frac{\pi\,(R_a^4 - R_i^4)}{4\,R_a} = \frac{\pi[R_a^4 - (R_a - \delta)^4]}{4\,R_a};$$

nach Ausmultiplizieren des Zählers und Vernachlässigung von $\delta^4/4\,R_a$ als kleiner
Größe verbleibt

$$W(z) = \pi\,\delta\left(R_a^2 - \frac{3}{2}\,R_a\,\delta + \delta^2\right); \quad R_a = r_0 + \frac{\delta}{2} + z\,\tan\alpha. \tag{14}$$

Die Querschnittsfläche ist

$$F(z) = 2\,\pi\,\delta\,r = 2\,\pi\,\delta\,(r_0 + z\,\tan\alpha). \tag{15}$$

Einsetzen von (9) bis (13) in (7) liefert die gesuchten Schnittlastverläufe, nachdem
noch die dimensionslose Koordinate $\xi = z/h$ eingeführt wurde,

$$
\left.
\begin{aligned}
N(\xi, \varphi) &= \gamma\,\pi\,\delta\,h^2\left\{\frac{4}{3}\,\frac{2\,r_0 + r_1}{3\,r_0 + r_1}\,\xi\left[6\,\frac{r_0}{h} + 3\left(\tan\alpha - \frac{r_0}{h}\right)\xi - 2\,\xi^2\,\tan\alpha\right] - \right.\\
&\quad - \xi\left[2\,\frac{r_0}{h} + \xi\,\tan\alpha + \frac{4}{3}\,\frac{2\,r_0 + r_1}{3\,r_0 + r_1}\,\times\right.\\
&\quad\left.\left.\times\left(6\,\frac{r_0}{h} + 3\left(\tan\alpha - \frac{r_0}{h}\right)\xi - 2\,\xi^2\,\tan\alpha\right)\right]\cos\varphi\right\},\\[2mm]
M(\xi, \varphi) &= \gamma\,\pi\,\delta\,h^3\,\frac{\xi^2}{3}\left[3\,\frac{r_0}{h} + \xi\,\tan\alpha - \frac{2\,r_0 + r_1}{3\,r_0 + r_1}\,\times\right.\\
&\quad\left.\times\left(6\,\frac{r_0}{h} + 2\left(\tan\alpha - \frac{r_0}{h}\right)\xi - \xi^2\,\tan\alpha\right)\right]\sin\varphi,\\[2mm]
Q(\xi, \varphi) &= \gamma\,\pi\,\delta\,h^2\,\xi\left[2\,\frac{r_0}{h} + \xi\,\tan\alpha - \frac{2}{3}\,\frac{2\,r_0 + r_1}{3\,r_0 + r_1}\,\times\right.\\
&\quad\left.\times\left(6\,\frac{r_0}{h} + 3\left(\tan\alpha - \frac{r_0}{h}\right)\xi - 2\,\xi^2\,\tan\alpha\right)\right]\sin\varphi.
\end{aligned}
\right\} \tag{16}
$$

Für die weitere Rechnung setzen wir die gegebenen Zahlenwerte ein:

$$N(\xi, \varphi) = \gamma\,\pi\,\delta\,h^2 \cdot 10^{-2}[6{,}3333\,\xi - 0{,}6333\,\xi^2 - 1{,}6889\,\xi^3 +$$
$$+ (-8{,}3333\,\xi - 0{,}1667\,\xi^2 + 1{,}6889\,\xi^3)\cos\varphi],$$
$$M(\xi, \varphi) = \frac{\gamma\,\pi\,\delta\,h^3}{3} \cdot 10^{-2}(-1{,}7500\,\xi^2 + 1{,}1167\,\xi^3 - 0{,}6333\,\xi^4)\sin\varphi,$$
$$Q(\xi, \varphi) = \gamma\,\pi\,\delta\,h^2 \cdot 10^{-2}(-1{,}1667\,\xi + 1{,}1167\,\xi^2 + 0{,}8444\,\xi^3)\sin\varphi. \tag{17}$$

In Abb. A 31.2 sind die Schnittlasten in Abhängigkeit von der Stelle ξ graphisch dargestellt. Die Auftragung der Längskraft N ist nur für spezielle Winkel φ möglich, während die Verläufe der Querkraft Q und des Biegemomentes M bis auf den

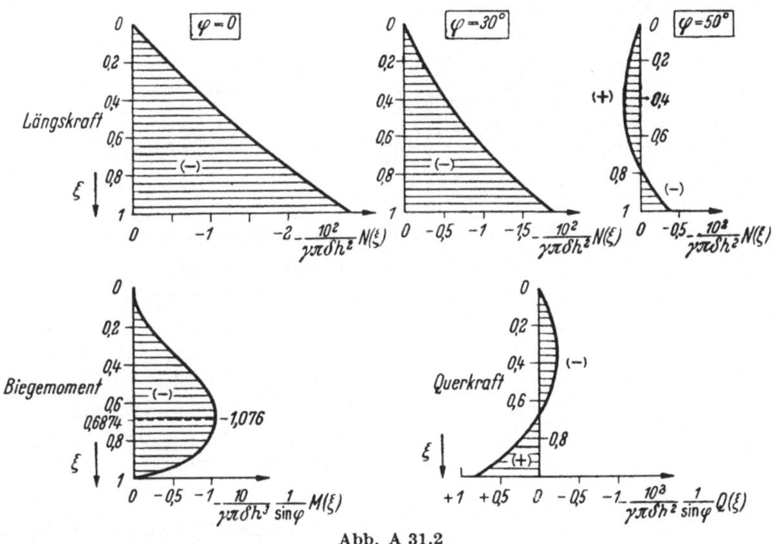

Abb. A 31.2

Faktor $\sin\varphi$ für alle Neigungswinkel gleich sind. Wir ermitteln nun den Winkel φ, für den erstmals positive Längskräfte auftreten. Da nach (17) immer $\partial^2 N/\partial\xi^2 < 0$ ist, also der Anstieg der Kurve $N = N(\xi)$ mit wachsendem ξ ständig abnimmt, andererseits die Längskraft für $\xi = 0$ verschwindet, tritt eine Zugkraft $(N > 0)$ zuerst unmittelbar neben der Stelle $\xi = 0$ auf und zwar dann, wenn $\partial N/\partial\xi(\xi = 0) > 0$ wird. Daraus erhalten wir mit (17) die Bedingung

$$6{,}333 - 8{,}333\cos\varphi_1 > 0,$$
$$\cos\varphi_1 < \frac{6{,}333}{8{,}333} = 0{,}7600,$$
$$\varphi_1 > 40{,}5°.$$

Weiter berechnen wir den Winkel, bei dem die Längskraft im ganzen Schornstein positiv geworden ist, also auch am Fußpunkt Zug auftritt. Dazu muß gelten:

$$N(\xi = 1, \varphi) = 0,$$

also nach (17)

$$4{,}011 - 6{,}811\cos\varphi_2 > 0,$$
$$\cos\varphi_2 < \frac{4{,}011}{6{,}811} = 0{,}5889,$$
$$\varphi_2 > 53{,}9°.$$

Beim Überschreiten des Winkels φ_2 wird sich der Schornstein von seinem Auflager abheben, falls er nicht vorher bereits zerbrochen ist.

Wir kommen jetzt zur Ermittlung der Bruchstelle. Da das Biegemoment M überall negativ ist (Abb. A 31.2), treten die größten Zugspannungen an dem Rande auf, der im Sinne der Sturzbewegung vorwärts gerichtet ist. Mit dem Querschnittswerten nach (14) und (15)

$$R_a(\xi) = 0,59 + 0,4\,\xi,$$
$$W(\xi) = \pi\delta(0,2212 + 0,364\,\xi + 0,16\,\xi^2),$$
$$F(\xi) = 2\,\pi\delta(0,5 + 0,4\,\xi)$$

und den Schnittlasten nach (17) betragen diese Randspannungen

$$\sigma(\xi,\varphi) = -\frac{M(\xi,\varphi)}{W(\xi)} + \frac{N(\xi,\varphi)}{F(\xi)}$$

$$= \gamma\,h^2 \cdot 10^{-2}\left[\frac{29,167\xi^2 - 18,612\xi^3 - 10,555\xi^4}{0,2212 + 0,364\xi + 0,16\xi^2}\sin\varphi + \right.$$

$$\left. + \frac{6,3333\xi - 0,6333\xi^2 + 1,6889\xi^3 + (-8,3333\xi - 0,1667\xi^2 + 1,6889\xi^3)\cos\varphi}{1 + 0,8\xi}\right].$$

$$(18)$$

Die Forderung $\partial\sigma(\xi,\varphi)/\partial\xi = 0$ liefert nach Ausmultiplizieren und Ordnen

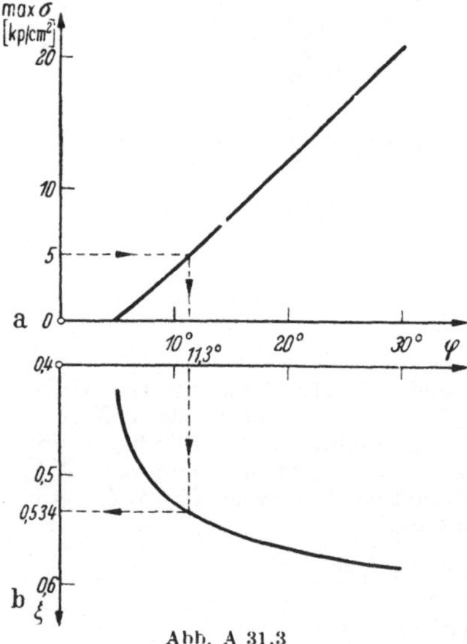

$$(12,903\,\xi + 18,912\,\xi^2 - 17,405\,\xi^3 - $$
$$- 52,236\,\xi^4 - 41,233\,\xi^5 - 14,687\,\xi^6 - $$
$$- 2,1617\,\xi^7)\sin\varphi + (-0,40774 - $$
$$- 1,3583\,\xi - 1,5063\,\xi^2 - 0,11177\,\xi^3 + $$
$$+ 1,1858\,\xi^4 + 1,1154\,\xi^5 + 0,44104\,\xi^6 + $$
$$+ 0,06918\,\xi^7)\cos\varphi + (0,30988 + $$
$$+ 0,95788\,\xi + 0,81077\,\xi^2 - 0,54947\,\xi^3 - $$
$$- 1,5535\,\xi^4 - 1,2309\,\xi^5 - 0.45743\,\xi^6 - $$
$$- 0,06918\,\xi^7) = 0 \qquad (19)$$

Lösungen von (19) können wir so finden, daß wir für φ spezielle Werte einsetzen und die zugehörigen Stellen ξ auf numerischem Wege ermitteln. Die Kurve $\xi = \xi(\varphi)$, welche durch die so erhaltenen Punkte (ξ,φ) verläuft, ist in Abb. A 31.3 b aufgetragen. Für jeden Winkel φ ist damit die Stelle ξ angebbar, an der die größten Randzugspannungen auftreten. Durch Auswerten von (18) für die Lösungs-Wertepaare von (19) erhalten wir die größten Randzugspannungen selbst; sie sind in Abhängigkeit von φ in Abb. A 31.3 a dargestellt. Einige Ergebnisse der angegebenen Rechnungen sind in der folgenden Tafel zusammengestellt.

Abb. A 31.3

φ	$5°$	$10°$	$15°$	$20°$	$30°$
ξ	0,4248	0,5256	0,5540	0,5680	0.5824
$\max\sigma[\mathrm{kp/cm^2}]$	0,092	3,95	8,07	12,25	20,77

Für die vorgegebene Spannung $\max\sigma = 5\ \mathrm{kp/cm^2}$ lesen wir in Abb. A 31.3 für die Bruchstelle $\varphi = 11,3°$; $\xi = 0,534$ ab.

Abschließend ermitteln wir noch die Schnittlasten für den Spezialfall eines *kreiszylindrischen Schornsteines*. Für $r_0 = r_1 = r$, $\tan\alpha = 0$ erhalten wir aus (16)

$$\left.\begin{aligned}
N(\xi, \varphi) &= \gamma\,\pi\,\delta\,h\,r\,\xi\,[3(2-\xi) - (8-3\xi)\cos\varphi]\,, \\[2mm]
M(\xi, \varphi) &= \frac{1}{2}\gamma\,\pi\,\delta\,h^2\,r\,\xi^2(\xi-1)\sin\varphi\,, \\[2mm]
Q(\xi, \varphi) &= \frac{1}{2}\gamma\,\pi\,\delta\,h\,r\,\xi\,(3\xi-2)\sin\varphi\,.
\end{aligned}\right\} \tag{20}$$

Die Stelle des extremalen Biegemomentes ergibt sich aus $\partial M/\partial\xi = 0$ zu $\xi = 2/3$. Damit wird das Extremum

$$\max M = M\left(\xi = \frac{2}{3},\ \varphi\right) = -\frac{2}{27}\gamma\,\delta\,h^2\,r\sin\varphi\,. \tag{21}$$

A 32. Dynamische Beanspruchung einer Rohrleitung.

Für die in Abb. A 32.1 dargestellte Rohrleitung ermittle man die Lagerlasten an den Stellen ② und ⑤ sowie den Biegemomentenverlauf infolge des

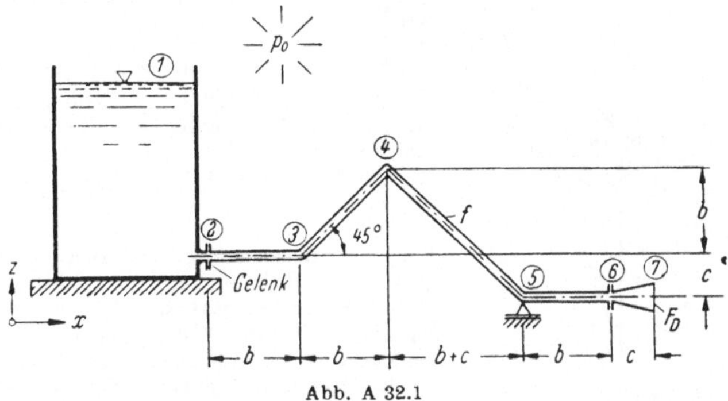

Abb. A 32.1

durchströmenden Wassers. Die Rohrverbindung an der Stelle ② soll keine Momente übertragen, also als Gelenk wirken. Die Druck- und Geschwindigkeitsverteilung ist bereits in VI.2. A 4 berechnet worden.

Gegeben: $b = 400$ cm, $c = 200$ cm, $f = 10$ cm^2, $F_D = 11{,}33$ cm^2, $v_2 = v_3 = v_4 = v_5 = v_6 = v = 1329$ cm/sek, $v_7 = 1172$ cm/sek, $p_0 = 1$ ata $= 1$ kp/cm^2, $p_2 = 0{,}2\,p_0 + b\,\gamma$, $p_7 = p_0$, $\gamma = 10^{-3}$ kp/cm^3.

Lösung. Zunächst ermitteln wir die auf die Flüssigkeit in dem Rohrabschnitt zwischen s_1 und s_2 wirkenden resultierenden Kräfte und ihre Lage. Auf das in Abb. A 32.2 gezeichnete Flüssigkeitselement $dm = \varrho\,F(s)\,ds$ wirkt die Kraft

$$d\mathfrak{K} = \varrho\,F(s)\,\frac{dv}{dt}\,ds = \varrho\,F(s)\left(\frac{\partial v}{\partial t} + \frac{\partial v}{\partial s}\,\frac{ds}{dt}\right)ds\,.$$

Im stationären Falle ($\partial v/\partial t = 0$) wird daraus mit $ds/dt = v$ und $Q = F(s)\,v$

$$d\mathfrak{K} = \varrho\,F(s)\,v\,\frac{\partial v}{\partial s}\,ds = \varrho\,Q\,\frac{\partial v}{\partial s}\,ds\,. \tag{1}$$

Durch Integration über alle Elementarkräfte zwischen s_1 und s_2 erhalten wir deren Resultierende

$$\mathfrak{K} = \int_{s=s_1}^{s_2} d\mathfrak{K} = \varrho\,Q\int_{s=s_1}^{s_2}\frac{\partial v}{\partial s}\,ds = \varrho\,Q\,(v_2 - v_1) = \mathfrak{K}_2 - \mathfrak{K}_1\,. \tag{2}$$

Das Moment von $\Re$ um 0 wird

$$\mathfrak{M} = \int\limits_{s=s_1}^{s_2} \mathfrak{r} \times d\Re = \varrho Q \int\limits_{s=s_1}^{s_2} \mathfrak{r} \times \frac{\partial \mathfrak{v}}{\partial s}\, ds$$

$$= \varrho Q \left\{ [\mathfrak{r} \times \mathfrak{v}]_{s_1}^{s_2} - \int\limits_{s_1}^{s_2} \frac{\partial \mathfrak{r}}{\partial s} \times \mathfrak{v}\, ds \right\}.$$

Da $\partial \mathfrak{r}/\partial s = d\mathfrak{r}/ds = \mathfrak{t}$ parallel zu $\mathfrak{v} = v\mathfrak{t}$ ist, verschwindet das Integral, und es verbleibt

$$\mathfrak{M} = \varrho Q (\mathfrak{r}_2 \times \mathfrak{v}_2 - \mathfrak{r}_1 \times \mathfrak{v}_1) = \mathfrak{r}_2 \times \Re_2 - \mathfrak{r}_1 \times \Re_1. \tag{3}$$

Wir sehen aus (3), daß die durch (2) definierten Kräfte $\Re_1$ und $\Re_2$, die an den Endquerschnitten des betrachteten Rohrabschnittes angreifen, ein den Elementarkräften $d\Re$ statisch äquivalentes System bilden. Die äußere Kraft $\Re$ resultiert offenbar aus dem Gewicht $\mathfrak{G}$ der Flüssigkeit, den Druckkräften $\mathfrak{p}_1 F_1$ und $\mathfrak{p}_2 F_2$ auf die Endquerschnitte und der von der Wand auf die Flüssigkeit wirkenden Kraft $\mathfrak{W}$:

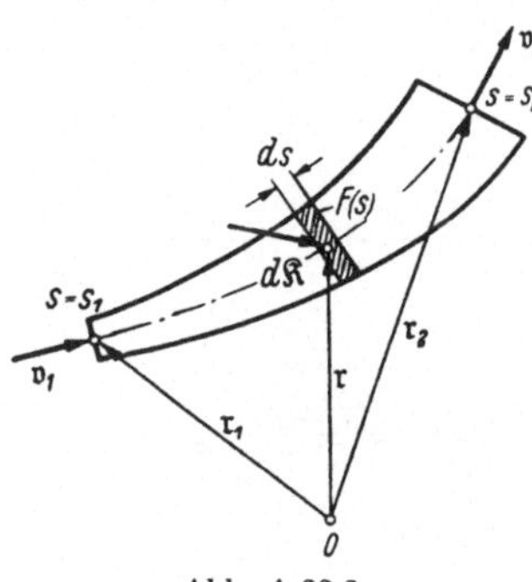

Abb. A 32.2

$$\mathfrak{W} + \mathfrak{G} + \mathfrak{p}_1 F_1 + \mathfrak{p}_2 F_2 = \varrho Q (\mathfrak{v}_2 - \mathfrak{v}_1).$$

Die gesuchte Kraft $\Re$, die von der Flüssigkeit auf das Rohr wirkt, ist die Reaktionskraft von $\mathfrak{W}$:

$$\Re = -\mathfrak{W} = \mathfrak{G} + \mathfrak{p}_1 F_1 + \mathfrak{p}_2 F_2 + \varrho Q (\mathfrak{v}_1 - \mathfrak{v}_2). \tag{4}$$

Bei der Berechnung der Beanspruchung der gegebenen Rohrleitung ist zu berücksichtigen, daß von außen auf die Rohrwandungen der Druck p_0 wirkt. Wir spalten nun von allen Drücken den konstanten Wert p_0 ab und setzen in die Rechnung jeweils den Anteil $p(s) - p_0$ ein. Der verbleibende allseitige Druck p_0 bildet einen hydrostatischen Spannungszustand. er hat demnach keine Biegemomente und Querkräfte, sondern nur die überall gleiche Hauptspannung $\sigma = -p_0$ zur Folge. Die dadurch verursachten Längskräfte sind denen des nachfolgend behandelten Lastfalles hinzuzufügen.

Wir führen die Auflagerkräfte $A_{x(2)}$; $A_{z(2)}$ an der Stelle ② und $A_{z(5)}$ an der Stelle ⑤ in Richtung positiver Koordinaten ein. Zu ihrer Berechnung schneiden wir den Rohrabschnitt ② — ⑦ heraus. Für die Zahlenrechnung ermitteln wir zunächst

$$\varrho Q = \frac{\gamma}{g}\, v_2 f = \frac{10^{-3}}{981} \cdot 1329 \cdot 10 = 1{,}355 \cdot 10^{-2} \frac{\text{kp sek}}{\text{cm}}.$$

Das Gewicht der Wassermenge im Diffusor und seinen Angriffspunkt können wir wegen der Schlankheit des Diffusors näherungsweise wie für einen Zylinder mit der Querschnittsfläche $(f + F_0)/2$ berechnen. Wegen $p_7 - p_0 = 0$ verschwindet die Druckkraft $\mathfrak{p}_7 F_D$ auf den Diffusor-Endquerschnitt. Mit (4) liefern die Gleichgewichtsbedingungen:

$$\textstyle\sum P_x = 0: \quad A_{x(2)} = -(p_2 - p_0) f - \varrho Q(v_2 - v_7) = 0 + 4 - 2{,}13 = 1{,}87\,\text{kp},$$

$$\textstyle\sum M_2 = 0: \quad A_{z(5)} = \frac{1}{3b + c}\left[\gamma f b^2 \frac{1}{2} + \gamma f b^2 4 \sqrt{2} + \gamma f c \sqrt{2}\left(3b + \frac{c}{2}\right) + \right.$$

$$\left. + \gamma f b \left(\frac{7b}{2} + c\right) + \gamma \frac{f + F_D}{2} c \left(4b + \frac{3c}{2}\right) + \varrho Q v_7 c \right]$$

$$= 17{,}13 + 2{,}27 = 19{,}40\,\text{kp},$$

$$\Sigma M_5 = 0: \quad A_{z\,(2)} = \frac{1}{3b+c}\left[\gamma f b\left(\frac{5b}{2}+c\right) + \gamma f b\, 2\sqrt{2}\,(b+c) + \gamma f c^2\,\frac{\sqrt{2}}{2} - \right.$$

$$- \gamma f b^2 \cdot \frac{1}{2} - \gamma\,\frac{f+F_D}{2}\,c\left(b+\frac{c}{2}\right) - A_{x\,(2)}\,c -$$

$$\left. - (p_2 - p_0)\,f c - \varrho Q v_2 c\,\right] = 7{,}15 - 2{,}27 = 4{,}88\ \mathrm{kp}\,.$$

Bei den Zahlenwerten resultiert jeweils der vorn stehende Anteil aus dem Eigengewicht der Wassersäule, während der hintere durch die Beschleunigungskräfte $\mathfrak{R}^{(b)} = -\mathfrak{R} = \varrho Q (v_1 - v_2)$ — d. h. die Reaktionskräfte zu den in (2) angegebenen äußeren Kräften — verursacht wird. Bei $A_{x\,(2)}$ kommt noch ein Anteil infolge der Druckkraft $(p_2 - p_0)\,f$ hinzu, der zwischen den beiden anderen angeschrieben ist.

Die Biegemomente $M_{(i)}$, die wir nach einer unten liegenden Zugfaser orientieren wollen, ermitteln wir, indem wir das Momentengleichgewicht an einem Teilstück des Rohrstranges fordern, der von der Stelle ⓘ der gesuchten Schnittlast und der Stelle ⑦ begrenzt wird. Als Bezugspunkt der Momentengleichgewichtsbedingung wählen wir die Stelle i, so daß die Kräfte $\varrho Q v_i$ und $\mathfrak{p}_i F_i$ in die Bestimmungsgleichung für $M_{(i)}$ nicht eingehen. Letztere hat die Form

$$M_{(i)} + \sum_{(k)} G_k (x_k - x_i) - \varrho Q\, v_7 (z_7 - z_i) - A_{z\,(5)}(x_7 - x_i) = 0. \qquad (5)$$

Dabei bezeichnet der Index k alle Stellen, an denen am abgeschnittenen Teil wirksame Gewichtskräfte $-G_k \mathfrak{e}_z$ angreifen. Der letzte Momentenanteil tritt nur auf, wenn die Lagerkraft $A_{z\,(5)}$ durch den Schnitt freigelegt wird, also $i < 5$ ist. Die Zahlenrechnung ergibt:

$$M_{(2)} = 0, \qquad\qquad\qquad M_{(3)} = 2059 - 907 = +1152\ \mathrm{kp\,cm}\,,$$

$$M_{(4)} = 2185 - 8167 = -5982\ \mathrm{kp\,cm}, \qquad M_{(5)} = -1867 + 0 = -1867\ \mathrm{kp\,cm}\,,$$

$$M_{(6)} = -213 + 0 = -213\ \mathrm{kp\,cm}, \qquad M_{(7)} = 0.$$

In Abb. A 32.3 sind die Biegemomente M aufgetragen; die gestrichelte Linie gibt zum Vergleich die Biegemomente $M^{(b)}$ an, die von den Beschleunigungskräften $\mathfrak{R}^{(b)}$ allein herrühren.

Zu denselben Ergebnissen können wir auch gelangen, wenn wir für jeden Rohrabschnitt die Beschleunigungskräfte $\mathfrak{R}^{(b)} = \varrho Q(v_1 - v_2)$ getrennt ermitteln und sie dann am Rohrstrang als Belastungen ansetzen. Es ergeben sich für

den Diffussor ⑥ — ⑦: $\qquad K^{(b)}_{x,\,D} = \varrho Q(v_6 - v_7) = 2{,}127\ \mathrm{kp}\,;$

den Krümmer ⑤: $\qquad K^{(b)}_{x,\,5} = \varrho Q v_5\left(\frac{1}{\sqrt{2}} - 1\right) = -5{,}273\ \mathrm{kp}\,,$

$$K^{(b)}_{z,\,5} = \varrho Q v_5\left(-\frac{1}{\sqrt{2}} + 0\right) = -12{,}74\ \mathrm{kp}\,;$$

den Krümmer ④: $\qquad K^{(b)}_{x,\,4} = 0,$

$$K^{(b)}_{z,\,4} = \varrho Q v_4\left(\frac{1}{\sqrt{2}} + \frac{1}{\sqrt{2}}\right) = 25{,}46\ \mathrm{kp}\,;$$

den Krümmer ③: $\qquad K^{(b)}_{x,\,3} = \varrho Q v_3\left(1 - \frac{1}{\sqrt{2}}\right) = 5{,}273\ \mathrm{kp}\,,$

$$K^{(b)}_{z,\,3} = \varrho Q v_3\left(0 - \frac{1}{\sqrt{2}}\right) = -12{,}74\ \mathrm{kp}\,.$$

Wir beschränken uns darauf, diejenigen Anteile der Lager- und Schnittlasten zu ermitteln, die von den Beschleunigungskräften des Wassers verursacht werden; diese müssen mit den hintenstehenden Anteilen der oben berechneten Lasten übereinstimmen.

$$A^{(b)}_{z\,(5)} = \frac{1}{3b + c}\left[-K^{(b)}_{x,\,D}\cdot c - K^{(b)}_{x,\,5}\cdot c - K^{(b)}_{z,\,5}\cdot(3b + c) + K^{(b)}_{x,\,4}\cdot b -\right.$$

$$\left.- K^{(b)}_{z,\,4}\cdot 2b - K^{(b)}_{z,\,3}\cdot b\right] = 2{,}27 \text{ kp}$$

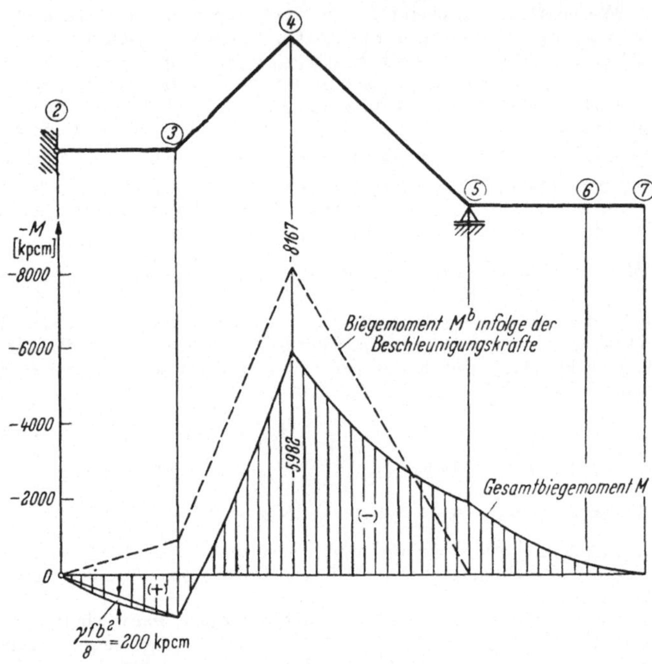

Abb. A 32.3

und analog (5)

$$M^{(b)}_{(2)} = 0; \qquad M^{(b)}_{(3)} = -907 \text{ kp cm}; \qquad M^{(b)}_{(4)} = -8167 \text{ kp cm},$$

$$M^{(b)}_{(5)} = M^{(b)}_{(6)} = M^{(b)}_{(7)} = 0.$$

A 33. *Maximale Impulsdichte in idealen Gasen.* Man leite eine Beziehung zwischen dem Verhältnis der Impulsdichte ϱv eines Gases zur sog. kritischen Impulsdichte $\varrho^* v^*$ und der MACHschen Zahl M her. Dabei bedeuten v^* die kritische Geschwindigkeit ($v = c$) und ϱ^* die zugehörige Dichte. Wie groß kann die Impulsdichte höchstens werden? Es handle sich um eine stationäre, wirbelfreie Strömung eines idealen Gases (isentropische Zustandsänderung).

Lösung. Gesucht ist zunächst eine Beziehung der Art

$$\frac{\varrho\,v}{\varrho^*\,v^*} = \Phi(M).$$

Die Formel von DE SAINT-VENANT-WANTZEL (7.21) läßt sich mit (7.27) und (7.15) umschreiben zu

$$v^2 = M^2 \varkappa \frac{p_0}{\varrho_0} \frac{1}{1 + \dfrac{\varkappa - 1}{2} M^2} . \tag{1}$$

Speziell für die kritische Geschwindigkeit v^* wird $M = 1$, also

$$v^* = \sqrt{\frac{2\varkappa}{\varkappa + 1} \frac{p_0}{\varrho_0}} . \tag{2}$$

Entsprechend folgt aus (7.27)

$$\frac{\varrho^*}{\varrho_0} = \left(\frac{\varkappa + 1}{2}\right)^{\frac{1}{1-\varkappa}} . \tag{3}$$

Mit diesen Gleichungen und mit (7.27) ergibt sich die gesuchte Beziehung zu

$$\frac{\varrho\, v}{\varrho^* v^*} = \frac{F^*}{F} = M \left[1 + \frac{\varkappa - 1}{\varkappa + 1}(M^2 - 1)\right]^{-\frac{\varkappa+1}{2(\varkappa-1)}} = \Phi(M) . \tag{4}$$

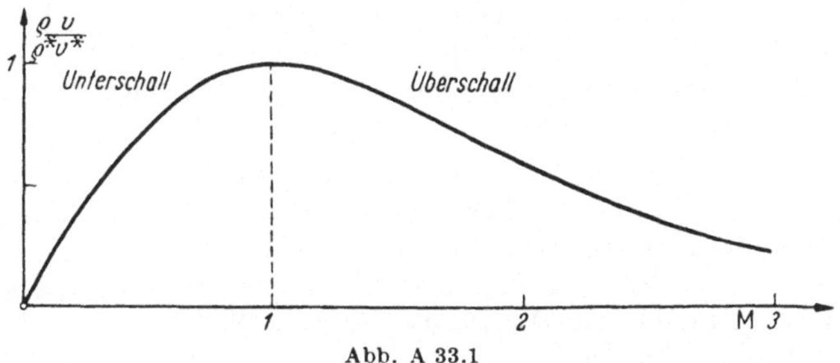

Abb. A 33.1

Durch Differentiation und Nullsetzen stellt man fest, daß für $M = 1$ ein Maximum vorliegt. Für $M = 1$ ist $v = v^*$, $\varrho = \varrho^*$ und $p = p^*$. Die kritische Impulsdichte $\varrho^* v^*$ ist also auch die maximale. In Abb. A 33.1 ist Gl. (4) für $\varkappa = 1{,}4$ (Luft) dargestellt. $M > 1$ bedeutet Überschallbereich. Für Ausströmen ins Vakuum ($p = 0$. $\varrho = 0$) wächst M über alle Grenzen; nach (7.21) wird dann $v = v_{\max} = \sqrt{\dfrac{2\varkappa}{\varkappa - 1} \dfrac{p_0}{\varrho_0}}$ und nach (7.22) $c = 0$.

A 34. Strömung durch eine Lavaldüse. Welche Menge der in einem Reservoir ruhenden Luft strömt durch eine LAVAL-Düse (Abb. A 34.1), wenn sich an der engsten Stelle der Düse der kritische Zustand eingestellt hat?

Gegeben: $p_0 = 10332\ \dfrac{\mathrm{kp}}{\mathrm{m}^2}$, $T_0 = 272{,}9 + 20\ °\mathrm{C}$, $F^* = 1\ \mathrm{cm}^2$.

Lösung. Die sekundlich strömende Luftmenge Q berechnet sich allgemein nach der Formel:

$$\overline{Q} = \varrho\, v F \tag{1}$$

und speziell für die engste Stelle der Düse, wo der kritische Zustand herrsche:

$$\overline{Q} = \varrho^* v^* F^* = \varrho^* c^* F^* . \tag{2}$$

Mit den Gln. (2) und (3) der vorangehenden Aufgabe folgt aus (2):

$$\overline{Q} = \left(\frac{\varkappa + 1}{2}\right)^{-\frac{\varkappa+1}{2(\varkappa-1)}} \cdot \sqrt{\varkappa\, p_0\, \varrho_0}\; F^*. \tag{3}$$

Mit der Zustandsgleichung idealer Gase (7.3) folgt daraus

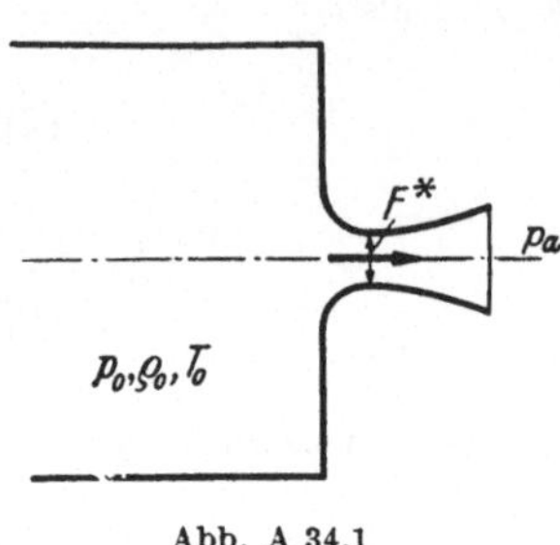

Abb. A 34.1

$$\overline{Q} = \left(\frac{\varkappa + 1}{2}\right)^{-\frac{\varkappa+1}{2(\varkappa-1)}} \cdot \sqrt{\frac{\varkappa\, \mu}{R\,T}}\; p_0\, F^*. \tag{4}$$

Für Luft ist $\varkappa = 1{,}405$ und $\mu = 29$ kp/kmol, so daß für $T_0 = 272{,}9 + 20 = 292{,}9°$, den Normaldruck $p_0 = 10332\ \dfrac{\text{kp}}{\text{m}^2}$ und $F^* = 0{,}0001\ \text{m}^2$

$$\overline{Q} = 0{,}002443\ \text{kp sek/m} \tag{5}$$

resultiert. Das Reservoir gibt also

$$\frac{\overline{Q}}{\varrho_0} = 19{,}2\ \text{ltr/sek}\quad \text{ab.} \tag{6}$$

A 35. Modell einer Luftschraube. Für den Bau einer Luftschraube vom Durchmesser 3,0 m, der Drehzahl $n = 1000$ U/min und der Windgeschwindigkeit $v = 50$ m/sek sollen in einem Windkanal mit 3 Atmosphären Überdruck Versuche an einer Schraube vom Durchmesser 0,5 m gemacht werden.

a) Wie groß sind zur Erzielung mechanischer Ähnlichkeit Umdrehungszahl und Windgeschwindigkeit des Modells zu wählen? Man errechne den Kräftemaßstab.

b) Wie groß ist die Drehzahl zu wählen, wenn nur eine Luftgeschwindigkeit von 60 m/sek zur Verfügung steht? Welcher Maßstab ergibt sich dann für die Kräfte?

Lösung. Längenmaßstab: $\lambda = l/l^* = 3{,}0/0{,}5 = 6$.

a) Es ist das REYNOLDSsche Ähnlichkeitsgesetz (8.15) anzuwenden. Bei Zugrundelegung des BOYLE-MARIOTTEschen Gesetzes ist das Verhältnis der Dichten

$$\frac{\varrho}{\varrho^*} = \frac{p}{p^*} = \frac{1}{3+1} = \frac{1}{4},$$

während die Zähigkeit η der Luft unabhängig vom Druck ist:

$$\tau = \frac{v^*}{v}\, \lambda^2 = \frac{\eta^*}{\varrho^*}\, \frac{\varrho}{\eta}\, \lambda^2 = \frac{\varrho}{\varrho^*}\, \lambda^2 = \frac{1}{4} \cdot 6^2 = 9.$$

Damit ergibt sich die Windgeschwindigkeit für das Modell zu

$$v^* = \frac{\tau}{\lambda}\, v = \frac{9}{6} \cdot 50 = 75\ \text{m/sek}$$

und die Drehzahl zu $n^* = \tau n = 9 \cdot 1000 = 9000$ U/min. Nach (8.15) ist dann

$$\varkappa = \frac{v^2}{v^{*2}}\, \frac{\varrho\,\lambda^2}{\varrho^*} = \frac{\lambda^4}{\tau^2}\, \frac{\varrho}{\varrho^*} = \frac{6^4}{9^2} \cdot \frac{1}{4} = 4.$$

b) Da außer dem Längenmaßstab λ und dem Verhältnis ϱ/ϱ^* auch noch das Verhältnis v/v^* vorgegeben ist, kann das REYNOLDSsche Ähnlichkeitsgesetz nicht mehr befriedigt werden. Man verzichtet deshalb auf ähnliche Übertragung der Reibungskräfte und begnügt sich mit der Befriedigung des NEWTONschen Ähnlichkeitsgesetzes (8.9), da der Einfluß der Massenkräfte überwiegt. Zunächst ist der Zeitmaßstab durch Vorgabe von v^* festgelegt:

$$\frac{v}{v^*} = \frac{\lambda}{\tau}, \quad \text{also} \quad \tau = \frac{v^*}{v}\lambda = \frac{60}{50}\cdot 6 = 7{,}2$$

und somit

$$n^* = \tau n = 7{,}2\cdot 1000 = 7200 \text{ U/min.}$$

Nach (8.9) ergibt sich der Kräftemaßstab zu:

$$\varkappa = \frac{\varrho}{\varrho^*}\left(\frac{\lambda^2}{\tau}\right)^2 = \frac{1}{4}\left(\frac{6^2}{7{,}2}\right)^2 = 6{,}25.$$

A 36. *Fallschirm über Hochebene.* Ein Fallschirm vom Fluggewicht $G = 100$ kp (einschließlich Belastung) hat eine Fläche von $F = 40$ m² und erreicht bei Versuchen im Flachland (Luftdichte $\varrho_0 = 0{,}125$ kp sek²/m⁴) eine Sinkgeschwindigkeit von $v = 4{,}0$ m/sek. Ein geometrisch ähnlicher Fallschirm soll für eine Expedition in den Anden für eine Luftdichte $\varrho = 0{,}067$ kp sek²/m⁴ konstuiert werden.

a) Wie wären Fluggewicht G^* und Fläche F^* zu wählen, damit der Fallschirm bei möglichst guter mechanischer Ähnlichkeit ebenfalls eine Sinkgeschwindigkeit $v = 4{,}0$ m/sek erreicht?

b) Da sich ein Schirm nach den Forderungen laut a) aus naheliegenden praktischen Gründen nicht konstuieren läßt, errechne man einen Vergrößerungsmaßstab für $G^* = G = 100$ kp und $v^* = 5$ m/sek.

Lösung. a) Mechanische Ähnlichkeit kann nur nach Erreichung der Endgeschwindigkeit erzielt werden, indem man durch Befriedigung des REYNOLDSschen Modellgesetzes (8.15) die Reibungs- und Trägheitskräfte mechanisch ähnlich überträgt. Danach ist mit $\eta = \eta^*$

$$\varkappa = \frac{G}{G^*} = \frac{\eta^2}{\eta^{*2}}\frac{\varrho^*}{\varrho} = \frac{0{,}067}{0{,}125}; \quad G^* = 53{,}6 \text{ kp}.$$

Aus $v/v^* = \nu/\nu^* \lambda$ folgt

$$\frac{F}{F^*} = \lambda^2 = \frac{\varrho^{*2}}{\varrho^2}\frac{v^{*2}}{v^2}, \quad \text{also} \quad F^* = 139 \text{ m}^2.$$

b) Man begnügt sich mit Erfüllung des NEWTONschen Modellgesetzes, was die Annahme beinhaltet, der Widerstandsbeiwert c_w eines Fallschirmes sei unabhängig von ϱ, v und F, und berechnet aus (8.11)

$$\frac{F}{F^*} = \frac{G}{G^*}\frac{\varrho^*}{\varrho}\frac{v^{*2}}{v^2}, \quad \text{woraus} \quad F^* = \frac{\varrho}{\varrho^*}\frac{v^2}{v^{*2}}F = 47{,}8 \text{ m}^2$$

folgt.

A 37. *Massenmittelpunkt und Schwerpunkt eines homogenen Mastes.* Ein Mast aus Material von konstanter Dichte ϱ_0 habe den konstanten Querschnitt F und die Höhe h. Man bestimme die Lage des Massenmittelpunktes und des Schwerpunktes.

Gegeben: $h = 637$ m, Erdradius $a = 6370$ km.

Lösung. Zwei Massen m_1 und m_2 im Abstand $r_{1,2}$ ziehen sich nach dem NEWTONschen *Gravitationsgesetz* mit der Kraft

$$K_{1,2} = \Gamma\frac{m_1 m_2}{r_{1,2}^2} \tag{1}$$

an; darin ist

$$\Gamma = 6{,}525 \; 10^{-10} \; \frac{m^4}{\text{kp s}^4}$$

die allgemeine *Gravitationskonstante.*
Während in einem homogenen Stab (Abb. A 37.1) die Dichte

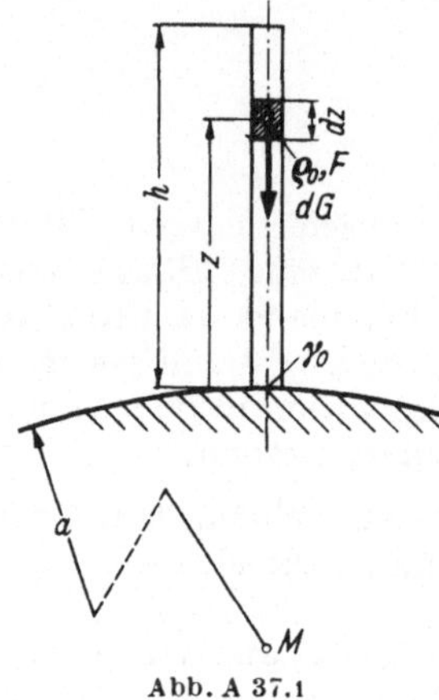

Abb. A 37.1

$$\frac{d\,m}{d\,V} = \varrho = \varrho_0 \tag{2}$$

konstant ist, hängt das spez. Gewicht

$$\frac{dG}{dV} = \gamma \tag{3}$$

von der Lage des betrachteten Punktes zum Zentrum der Erde ab, denn die Gravitationskraft zwischen der Erdmasse m_E und dem im Abstand $a + z$ vom Erdmittelpunkt M gelegenen Massenelement $dm = \varrho_0 dV$ beträgt nach (1)

$$dG = \Gamma \frac{m_E\, d\,m}{(a + z)^2} = \Gamma \frac{m_E\, \varrho_0}{(a + z)^2}\, dV\,,$$

und liefert

$$\gamma = \frac{dG}{dV} = \frac{\Gamma\, m_E\, \varrho_0}{(a + z)^2}\,.$$

Wenn man das spez. Gewicht am Fußpunkt

$$\gamma_0 = \gamma\,(z = 0) = \frac{\Gamma\, m_E\, \varrho_0}{a^2}$$

verwendet, ist

$$\gamma\,(z) = \gamma_0\, \frac{a^2}{(a + z)^2}\,. \tag{4}$$

Als Abstand des Massenmittelpunktes vom Erdboden erhält man mit (2) und $dV = F\,dz$ aus

$$z_M = \frac{\int\limits_0^h z\,d\,m}{\int\limits_0^h d\,m} = \frac{\int\limits_0^h z\,\varrho_0\,F\,dz}{\int\limits_0^h \varrho_0\,F\,dz} = \frac{\int\limits_0^h z\,d\,z}{\int\limits_0^h d\,z}$$

selbstverständlich

$$z_M = \frac{1}{2}\, h\,. \tag{5}$$

Die Lage des Schwerpunktes folgt mit (3) und (4) aus

$$z_S = \frac{\int\limits_0^h z\,dG}{\int\limits_0^h dG} = \frac{\int\limits_0^h z\,\gamma\,dV}{\int\limits_0^h \gamma\,dV} = \frac{\int\limits_0^h \dfrac{z\,d\,z}{(a + z)^2}}{\int\limits_0^h \dfrac{d\,z}{(a + z)^2}} = \frac{Z}{N}\,. \tag{6}$$

Mit der Substitution $z = ax$ und der Abkürzung $\alpha = h/a$ ergibt sich für das Integral im Zähler

$$Z = \int_0^\alpha \frac{a\,x\,a\,dx}{(a + a\,x)^2} = \int_0^\alpha \frac{x\,dx}{(1 + x)^2} = \left[\ln(1 + x) + \frac{1}{1 + x}\right]_{x=0}^{x=\alpha} = \ln(1 + \alpha) - \frac{\alpha}{1 + \alpha}$$

und im Nenner

$$N = \int_0^\alpha \frac{a\,dx}{(a + a\,x)^2} = \frac{1}{a} \int_0^\alpha \frac{dx}{(1 + x)^2} = -\frac{1}{a}\left[\frac{1}{1 + x}\right]_{x=0}^{x=\alpha} = \frac{1}{h}\frac{\alpha^2}{1 + \alpha} \; ;$$

damit wird (6) zu

$$z_S = \left[\frac{1 + \alpha}{\alpha^2} \ln(1 + \alpha) - \frac{1}{\alpha}\right] h . \tag{7}$$

Für $\alpha \ll 1$ kann die in $-1 < \alpha \le 1$ gültige Reihe

$$\ln(1 + \alpha) = \alpha - \frac{\alpha^2}{2} + \frac{\alpha^3}{3} - \frac{\alpha^4}{4} + \cdots$$

verwendet, und (7) als

$$z_S = \left[\frac{1}{2} - \alpha\left(\frac{1}{2} - \frac{1}{3}\right) + \alpha^2\left(\frac{1}{3} - \frac{1}{4}\right) - \alpha^3\left(\frac{1}{4} - \frac{1}{5}\right) + \cdots\right] h$$

geschrieben werden. Daraus folgt im Grenzfall

$$\lim_{x \to 0} \{z_S\} = \frac{1}{2} h = z_M .$$

Aber selbst bei der beträchtlichen Masthöhe $h = 637$ m (entsprechend $\alpha = 1/10000$) liefern (5) und (7) die kaum unterschiedlichen Werte

$$z_M = 318{,}50\,m \quad \text{und} \quad z_S = 318{,}49\,m .$$

A 38. *Schnittlasten im Pendelstab*. Ein physikalisches Pendel, das aus einem in A drehbar gelagerten Stab (Länge l, Masse je Längeneinheit μ) und einer angehängten Scheibe oder Kugel (Masse m, Radius a, Eigen-Massenträgheitsmoment $\Theta = \varkappa m a^2$) besteht, beginnt seine Bewegung aus horizontaler Lage ohne Anfangsgeschwindigkeit (Abb. A 38.1). Man ermittle die Schnittlasten im Stab.

Lösung. Der Gesamtschwerpunkt S des *Pendels* hat vom Aufhängepunkt A den Abstand

$$s = \frac{m(l + a) + \mu l \cdot l/2}{m + \mu l}$$

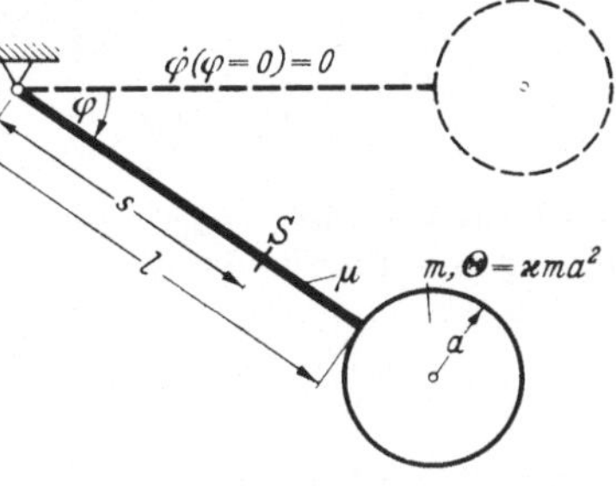

Abb. A 38.1

(Abb. A 38.1); mit

$$\varepsilon = \frac{a}{l} , \qquad \alpha = \frac{2m \cdot (1 + \varepsilon) + \mu l}{m + \mu l}$$

kann dafür kürzer

$$s = \frac{1}{2}\,\alpha\,l \tag{1}$$

geschrieben werden. Ferner ist das Massenträgheitsmoment bezüglich A

$$\Theta_A = \varkappa\,m\cdot a^2 + m\cdot(l+a)^2 + \frac{1}{3}\,\mu\cdot l^3 = \frac{1}{3}\{3\,m\,[\varkappa\,\varepsilon^2 + (1+\varepsilon)^2] + \mu\,l\}\,l^2\,. \tag{2}$$

Der für den (ortsfesten!) Punkt A formulierte Drallsatz

$$\sum M_A^{(a)} = (m+\mu\,l)\,g\cos\varphi\,s = \Theta_A\,\ddot\varphi$$

liefert mit (1), (2) und

$$\beta = \frac{1}{4}\,\frac{2\,m\,(1+\varepsilon)+\mu\,l}{3\,m\,[\varkappa\,\varepsilon^2 + (1+\varepsilon)^2]+\mu\,l}$$

die Winkelbeschleunigung

$$\ddot\varphi = 6\,\beta\,\frac{g}{l}\,\cos\varphi\,. \tag{3}$$

Daraus ergibt sich durch Integration – unter Berücksichtigung der Anfangsbedingung $\dot\varphi\,(\varphi=0)=0$ – für die Winkelgeschwindigkeit

$$\dot\varphi^2 = 12\,\beta\,\frac{g}{l}\,\sin\varphi\,. \tag{4}$$

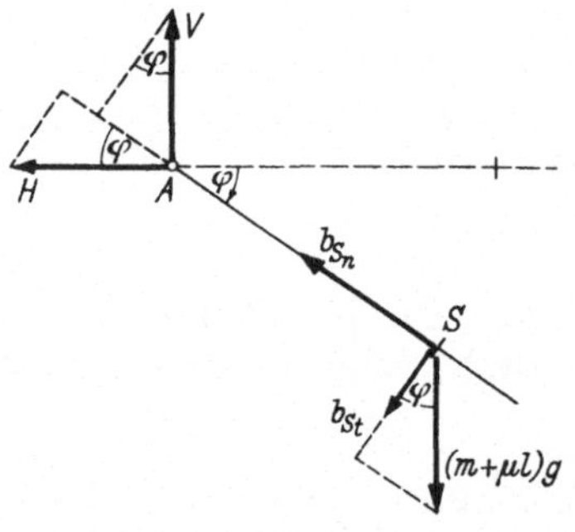

Abb. A 38.2

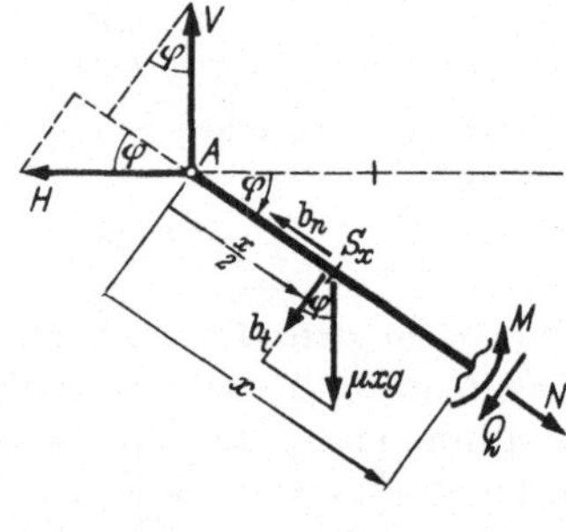

Abb. A 38.3

Mit (3) und (4) sind Normal- und Tangentialkomponente der Schwerpunktsbeschleunigung $\mathfrak{b}_S = \{b_{Sn};\,b_{St}\}$ bestimmt:

$$b_{Sn} = s\,\dot\varphi^2 = 6\,\alpha\,\beta\,g\,\sin\varphi\,,$$

$$b_{St} = s\,\ddot\varphi = 3\,\alpha\,\beta\,g\,\cos\varphi\,.$$

Angewandt auf das in A freigeschnittene Gesamtsystem (Abb. A 38.2) liefert der *Schwerpunktsatz*

$$\sum \mathfrak{K}^{(a)} = \{+\,V\sin\varphi + H\cos\varphi - (m+\mu\,l)\,g\sin\varphi;$$

$$-\,V\cos\varphi + H\sin\varphi + (m+\mu\,l)\,g\cos\varphi\} = (m+\mu\,l)\cdot\mathfrak{b}_S$$

die Auflagerlasten

$$V = [1 + 3\,\alpha\,\beta\,(2\sin^2\varphi - \cos^2\varphi)]\,(m + \mu\,l)\,g\,,$$
$$H = 9\,\alpha\,\beta\,\sin\varphi\cos\varphi\,(m + \mu\,l)\,g\,. \tag{5}$$

Nach der Schnittführung (Abb. A 38.3) dreht sich um A ein Stabstück der Länge x, dessen Schwerpunkt S_x um $x/2$ von A entfernt ist, und der infolgedessen die Normal- und Tangentialbeschleunigung

$$b_n = \frac{x}{2}\,\dot\varphi^2 = 6\,\beta\,g\,\frac{x}{l}\,\sin\varphi\,,$$

$$b_t = \frac{x}{2}\,\ddot\varphi = 3\,\beta\,g\,\frac{x}{l}\,\cos\varphi$$

erfährt. Aus dem Schwerpunktsatz

$$\sum \mathfrak{K}^{(a)} = \mu\,x\,\mathfrak{b}_{S_x}$$

und dem Drallsatz

$$\sum M_A^{(a)} = \Theta_A\,\ddot\varphi$$

für dieses Stabstück erhält man die Schnittlasten

$$\left.\begin{aligned}
N(x,\varphi) &= \left[(1 + 6\,\alpha\,\beta)(m + \mu\,l) - \left(1 + 6\,\beta\,\frac{x}{l}\right)\mu\,x\right]g\sin\varphi\,,\\[2mm]
Q(x,\varphi) &= \left[(1 - 3\,\alpha\,\beta)(m + \mu\,l) - \left(1 - 3\,\beta\,\frac{x}{l}\right)\mu\,x\right]g\cos\varphi\,,\\[2mm]
M(x,\varphi) &= \left[(1 - 3\,\alpha\,\beta)(m + \mu\,l) - \left(\frac{1}{2} - \beta\,\frac{x}{l}\right)\mu\,x\right]g\,x\cos\varphi\,.
\end{aligned}\right\} \tag{6}$$

Für den *masselosen Stab* ($\mu = 0$) wird

$$\alpha = 2(1 + \varepsilon)\,, \qquad \beta = \frac{1}{6}\,\frac{1 + \varepsilon}{\varkappa\,\varepsilon^2 + (1 + \varepsilon)^2}\,,$$

und die Schnittlasten (6) vereinfachen sich zu

$$\left.\begin{aligned}
N(\varphi) &= \frac{\varkappa\,\varepsilon^2 + 3\,(1 + \varepsilon)^2}{\varkappa\,\varepsilon^2 + (1 + \varepsilon)^2}\,m\,g\sin\varphi\,,\\[2mm]
Q(\varphi) &= \frac{\varkappa\,\varepsilon^2}{\varkappa\,\varepsilon^2 + (1 + \varepsilon)^2}\,m\,g\cos\varphi\,,\\[2mm]
M(x,\varphi) &= \frac{\varkappa\,\varepsilon^2}{\varkappa\,\varepsilon^2 + (1 + \varepsilon)^2}\,m\,g\,x\cos\varphi\,.
\end{aligned}\right\} \tag{7}$$

Eine weitere Spezialisierung ist der Übergang zum *mathematischen* Pendel, für das neben $\mu = 0$ auf $\Theta = 0$, d.h. $\varepsilon = 0$ zu setzen ist; damit folgt aus (7)

$$N(\varphi) = 3\,m\,g\sin\varphi\,, \qquad Q = 0\,, \qquad M = 0\,. \tag{8}$$

A 39. Kreiselmoment einer Walze. Eine Walze ist im raumfesten Punkt 0, der zugleich ihr Schwerpunkt ist, frei drehbar gelagert, und rotiert mit der konstanten Winkelgeschwindigkeit ω_a um die Kreiselachse a, die um den festen Winkel α gegen die Vertikale geneigt ist (Abb. A 39.1). Welche Kreiselmomente M_a, M_b, M_c sind erforderlich, damit sich die Walze mit ebenfalls konstanter Winkelgeschwindigkeit ω_0 um die Vertikale dreht? Θ_1, Θ_2, Θ_3 sind die auf das körperfeste Hauptachsensystem 1, 2, 3 bezogenen Massenträgheitsmomente.

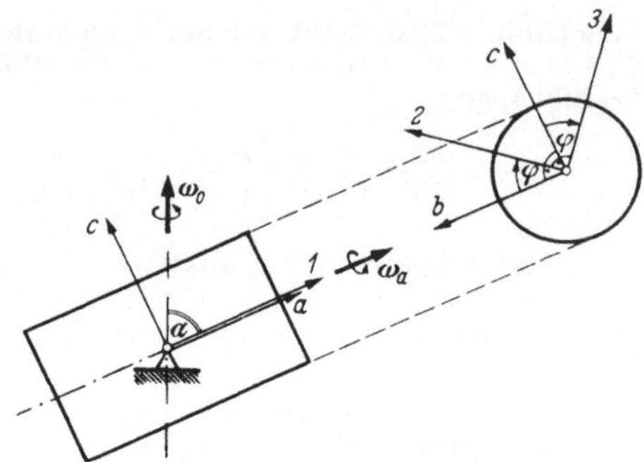

Abb. A 39.1

Lösung. Die EULERschen *Kreiselgleichungen*

$$
\left.
\begin{aligned}
M_1^{(a)} &= \Theta_1 \dot{\omega}_1 - (\Theta_2 - \Theta_3)\, \omega_2\, \omega_3\,, \\
M_2^{(a)} &= \Theta_2 \dot{\omega}_2 - (\Theta_3 - \Theta_1)\, \omega_3\, \omega_1\,, \\
M_3^{(a)} &= \Theta_3 \dot{\omega}_3 - (\Theta_1 - \Theta_2)\, \omega_1\, \omega_2
\end{aligned}
\right\}
\tag{1}
$$

beschreiben die Bewegung der Walze im körperfesten Hauptachsensystem 1, 2, 3; sie müssen umgeschrieben werden auf die Größe des mit ω_0 bewegten Systems a, b, c (Abb. A 39.1).

Es gilt nun (Abb. A 39.1) für die äußeren Momente

$$
\left.
\begin{aligned}
M_1^{(a)} &= M_a^{(a)}\,, \\
M_2^{(a)} &= + M_b^{(a)} \cos\varphi + M_c^{(a)} \sin\varphi\,, \\
M_3^{(a)} &= - M_b^{(a)} \sin\varphi + M_c^{(a)} \cos\varphi\,,
\end{aligned}
\right\}
\tag{2}
$$

und für die Massenträgheitsmomente

$$
\Theta_1 = \Theta_a\,, \qquad \Theta_2 = \Theta_b = \Theta_3 = \Theta_c\,.
\tag{3}
$$

Weiterhin ergeben sich aus ω_0 und ω_a die Winkelgeschwindigkeiten im rotierenden körperfesten System zu

$$
\left.
\begin{aligned}
\omega_1 &= \omega_0 \cos\alpha + \omega_a\,, \\
\omega_2 &= \omega_0 \sin\alpha \sin\varphi\,, \\
\omega_3 &= \omega_0 \sin\alpha \cos\varphi\,,
\end{aligned}
\right\}
\tag{4}
$$

und mit dem Drehwinkel $\varphi = \omega_a t$ wird

$$
\left.
\begin{aligned}
\dot{\omega}_1 &= 0\,, \\
\dot{\omega}_2 &= + \omega_0\, \omega_a \sin\alpha \cos\varphi\,, \\
\dot{\omega}_3 &= - \omega_0\, \omega_a \sin\alpha \sin\varphi\,.
\end{aligned}
\right\}
\tag{5}
$$

Die Kreiselgleichungen (1) gehen mit (2) bis (5) über in

$$
M_a^{(a)} = 0\,,
$$

$$
+ M_b^{(a)} \cos\varphi + M_c^{(a)} \sin\varphi = + \Theta_b\, \omega_0\, \omega_a \sin\alpha \cos\varphi
$$
$$
- (\Theta_b - \Theta_a)\, \omega_0 \sin\alpha \cos\varphi\,(\omega_a + \omega_0 \cos\alpha)\,.
$$

$$
- M_b^{(a)} \sin\varphi + M_c^{(a)} \cos\varphi = - \Theta_b\, \omega_0\, \omega_a \sin\alpha \sin\varphi
$$
$$
- (\Theta_a - \Theta_b)\, \omega_0 \sin\alpha \sin\varphi\,(\omega_a + \omega_0 \cos\alpha)\,,
$$

woraus man schließlich

$$M_a^{(a)} = 0,$$
$$\left.\begin{array}{l} M_b^{(a)} = [\Theta_a\,\omega_a\,\omega_0 + (\Theta_a - \Theta_b)\,\omega_0^2\cos\alpha]\cdot\sin\alpha \\ M_c^{(a)} = 0 \end{array}\right\},\qquad(6)$$

erhält.

Der zweite Anteil im Kreiselmoment $M_b^{(a)}$ verschwindet nur für die beiden *Sonderfälle*

1. $\Theta_b = \Theta_a$ und
2. $\alpha = \pi/2$ (zueinander senkrechte Drehachsen);

er kann jedoch für $\omega_a \gg \omega_0$ näherungsweise vernachlässigt werden.

A 40. Bewegung eines Keiles. Ein Keil (Masse m_2, Öffnungswinkel 2α) treibt bei seiner vertikalen Abwärtsbewegung zwei horizontal aufliegende Walzen (Masse m_1, Massenträgheitsmoment Θ_1, Radius a) auseinander (Abb. A 40.1). Während bei A – beispielsweise durch eine Verzahnung – reines Rollen stattfinden soll, können die beiden Walzen auf ihrer Unterlage gleiten (Gleitreibungskoeffizient μ).

Mit Hilfe des D'ALEMBERTschen Prinzips in der LAGRANGEschen Fassung ermittle man die Keilbeschleunigung und skizziere ihren Verlauf für

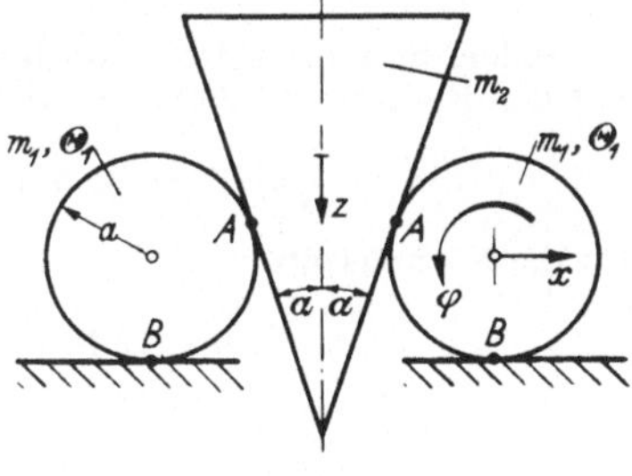

Abb. A 40.1

$$\frac{m_2}{m_1} = 2,\qquad \frac{m_2\,a^2}{\Theta_1} = 2,\qquad \alpha = 30°.$$

Lösung. Für Systeme mit endlich vielen Freiheitsgraden benutzt man die aus Gl. (5.19) hervorgehende und in Aufgabe 1 zu Kap. V.3 bereits verwendete Form des D'ALEMBERTschen Prinzips

$$\delta A^{(e)} = \sum_{(i)} (\mathfrak{K}_i^{(e)} - m_i\,\ddot{\mathfrak{r}}_{si})\,\delta\mathfrak{r}_i + \sum_{(j)} (\mathfrak{M}_j^{(e)} - \Theta_j\,\ddot{\overline{\varphi}}_j)\,\delta\overline{\varphi}_j = 0.\qquad(1)$$

Die drei Bewegungskoordinaten φ, x, z (Abb. A 40.1) sind miteinander verknüpft durch die beiden *kinematischen Beziehungen*

$$x = \tan\alpha\,z,\qquad a\varphi = \frac{z}{\cos\alpha};$$

daraus folgt für die virtuellen Verrückungen

$$\delta x = \tan\alpha\,\delta z,\qquad \delta\varphi = \frac{\delta z}{a\cos\alpha}\qquad(2)$$

und für die Beschleunigungen

$$\ddot{x} = \tan\alpha\,\ddot{z},\qquad \ddot{\varphi} = \frac{\ddot{z}}{a\cos\alpha}.\qquad(3)$$

Versetzt man nun die in B auftretenden, der Bewegung entgegengerichteten Gleitreibungskräfte $R = \mu N$ (unter Hinzufügung der Versetzungsmomente Ra!) in den

Schwerpunkt der Walzen, und erteilt dem System dann die virtuellen Verrückungen $\delta\varphi$, δx und δz, so folgt aus (1)

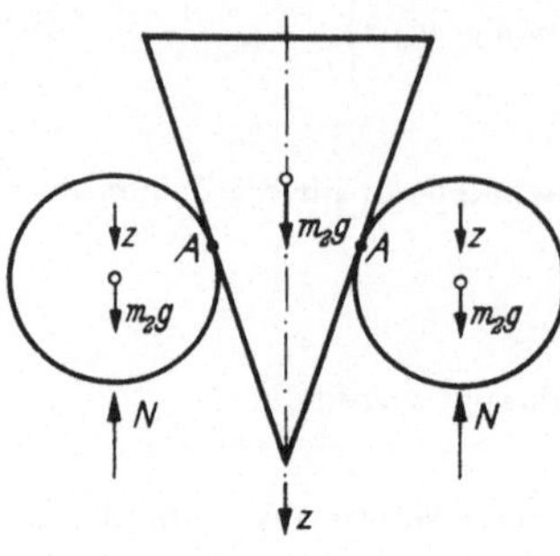

Abb. A 40.2

$$\delta A^{(e)} = (m_2\,g - m_2\,\ddot{z})\,\delta z + 2\,(-\mu\,N - m_1\,\ddot{x})\,\delta x$$
$$+ 2\,(-\mu\,N\,a - \Theta_1\,\ddot{\varphi})\,\delta\varphi = 0$$

und weiter mit (2) und (3)

$$\delta A^{(e)} = \Big(m_2\,g - m_2\,\ddot{z} - 2\,\mu\,N \tan\alpha$$
$$- 2\,m_1 \tan^2\alpha\,\ddot{z} - \frac{2\,\mu\,N}{\cos\alpha} - \frac{2\,\Theta_1}{a^2\cos^2\alpha}\,\ddot{z}\Big)\,\delta z = 0.$$

Da δz beliebig ist, muß

$$m_2\,g - m_2\,\ddot{z} - 2\,\mu\,N \frac{\sin\alpha + 1}{\cos\alpha}$$
$$- 2\,m_1 \tan^2\alpha\,\ddot{z} - \frac{2\,\Theta_1}{a_2\cos^2\alpha}\,\ddot{z} = 0 \qquad (4)$$

sein.

Indem man bei B freischneidet (Abb. A 40.2) und dem Gesamtsystem die jetzt mit den Bindungen vereinbare virtuelle Verrückung δz erteilt, erhält man aus

$$\delta A^{(e)} = (m_2\,g + 2\,m_1\,g - 2\,N - m_2\,\ddot{z})\,\delta z = 0$$

für die Normalkraft

$$2\,N = (2\,m_1 + m_2)\,g - m_2\,\ddot{z}. \qquad (5)$$

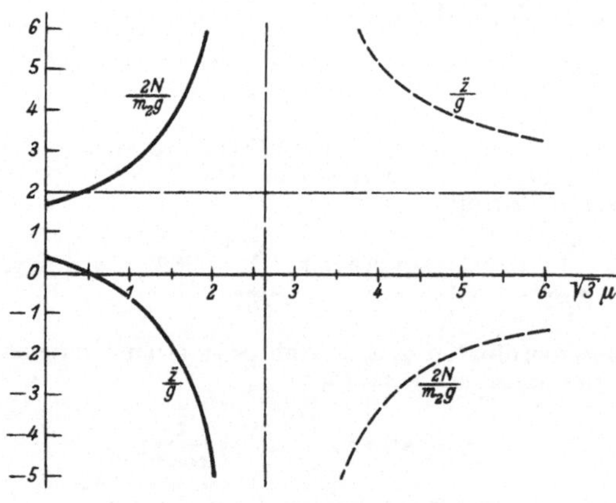

Abb. A 40.3

Dies eingesetzt in (4) liefert die Keilbeschleunigung

$$\ddot{z} = \frac{m_2\cos^2\alpha - \mu\cos\alpha\,(1 + \sin\alpha)\,(2\,m_1 + m_2)}{m_2\cos^2\alpha + 2\left(m_1\sin^2\alpha + \dfrac{\Theta_1}{a^2}\right) - \mu\cos\alpha\,(1 + \sin\alpha)\,m_2}\;g, \qquad (6)$$

wobei besonders bemerkenswert ist, daß hier auch im Nenner ein negativer Term auftritt!

Mit den speziellen Werten

$$\frac{m_2}{m_1} = 2, \qquad \frac{m_2\, a^2}{\Theta_1} = 2, \qquad \alpha = 30°$$

wird (6) zu

$$\ddot z = \frac{3 - 6\sqrt{3}\,\mu}{8 - 3\sqrt{3}\,\mu}\; g\,. \tag{7}$$

Damit erhält man für die Normalkraft aus (5)

$$2\,N = m_2 g \left(2 - \frac{\ddot z}{g}\right) = m_2 g \,\frac{13}{8 - 3\sqrt{3}\,\mu}\,. \tag{8}$$

Der in Abb. A 40.3 dargestellte Verlauf von $\ddot z/g$ über $\sqrt{3}\,\mu$ zeigt, daß die Abwärtsbewegung des Keiles je nach der Größe von μ beschleunigt ($\ddot z/g > 0$), unbeschleunigt ($\ddot z = 0$) oder verzögert ($\ddot z/g < 0$) ablaufen kann. Beispielsweise ist im Grenzfall $\mu = 0$

$$\frac{\ddot z}{g} = \frac{3}{8} = 0{,}375, \qquad \frac{a\,\ddot\varphi}{g} = \frac{\sqrt{3}}{4} = 0{,}433 \quad \text{und} \quad \frac{2\,N}{m_2 g} = \frac{13}{8} = 1{,}625\,.$$

Für $\sqrt{3}\,\mu = 8/3 = 2{,}667$ wachsen $\ddot z$ und N über alle Grenzen: es liegt eine über die Rollen auf den Keil transformierte *Selbsthemmung* vor.

Für $\sqrt{3}\,\mu > 8/3$ verliert die Lösung (7) ihre Gültigkeit, da dann nach (8) die in Abb. A 40.3 ebenfalls eingetragene Normalkraft negativ ist.

Literaturverzeichnis

Zusammenfassende Werke:

[1] HAMEL, G.: Elementare Mechanik. Leipzig: B. G. Teubner 1921.
[2] HAMEL, G.: Theoretische Mechanik. Berlin/Göttingen/Heidelberg: Springer 1949.
[3] v. MISES, R.: Vorlesungen über Analytische und Kontinuumsmechanik (Vorlesungs- und Seminaraufzeichnungen).
[4] ZIEGLER, H.: Mechanik. 3 Bände. Basel u. Stuttgart: Birkhäuser 1956—1962.
[5] PARKUS, H.: Mechanik der festen Körper. Wien: Springer 1960.
[6] SZABÓ, I.: Einführung in die Technische Mechanik, 6. Auflage. Berlin/Göttingen/Heidelberg: Springer 1963.
[7] SZABÓ, I.: Höhere Technische Mechanik, 3. Auflage. Berlin/Göttingen/Heidelberg: Springer 1960.
[8] MORGENSTERN, D., u. I. SZABÓ: Vorlesungen über Theoretische Mechanik. Berlin/Göttingen/Heidelberg: Springer 1961.

Werke über Spezialgebiete:

[1] GRAMMEL, R.: Theorie des Kreisels. 2 Bände. Berlin/Göttingen/Heidelberg: Springer 1950.
[2] BIEZENO, C. B., u. R. GRAMMEL: Technische Dynamik. 2 Bände, 2. Auflage. Berlin/Göttingen/Heidelberg: Springer 1953.
[3] LORENZ, H.: Technische Elastizitätslehre. München/Berlin: Oldenbourg 1913.
[4] TRUESDELL, C.: The mechanical foundation of elasticity and fluid dynamics. J. rat. Mech. Anals. 1 (1952) 125—300; 2 (1953) 593—616.
[5] TIMOSHENKO, ST.: Theory of elasticity. (2nd ed.) New York: McGraw-Hill 1951.
[6] MARGUERRE, K.: Ansätze zur Lösung der Grundgleichungen der Elastizitätstheorie. ZAMM 35 (1955) 242—263.
[7] MARGUERRE, K.: Neuere Festigkeitsprobleme des Ingenieurs. Berlin/Göttingen/Heidelberg: Springer 1950.
[8] GIRKMANN, K.: Flächentragwerke, 5. Auflage. Berlin/Göttingen/Heidelberg: Springer 1959.
[9] MELAN, E., u. H. PARKUS: Wärmespannungen infolge stationärer Temperaturfelder. Wien: Springer 1953.
[10] PARKUS, H.: Instationäre Wärmespannungen. Wien: Springer 1959.
[11] HAMEL, G.: Mechanik der Kontinua. Stuttgart: B. G. Teubner 1956.
[12] PRAGER, W.: Einführung in die Kontinuumsmechanik. Basel u. Stuttgart: Birkhäuser 1961.
[13] SOMMERFELD, A.: Mechanik der deformierbaren Medien. Leipzig: Akadem. Verlagsges. 1957.
[14] PRANDTL, L.: Führer durch die Strömungslehre, 4. Auflage. Braunschweig: Vieweg 1956.
[15] ALBRING, W.: Angewandte Strömungslehre. Leipzig: Steinkopf 1962.
[16] KOTSCHIN, N. J., I. A. KIBEL u. N. W. ROSE: Theoretische Hydromechanik. Berlin: Akademie-Verlag. I, 1954; II, 1955.
[17] KAUFMANN, W.: Technische Hydro- und Aeromechanik, 3. Auflage. Berlin/Göttingen/Heidelberg: Springer 1963.

[*18*] SAUER, R.: Einführung in die Theoretische Gasdynamik, 3. Auflage. Berlin/ Göttingen/Heidelberg: Springer 1960.

[*19*] OSWATITSCH, K.: Gasdynamik. Wien: Springer 1952.

[*20*] SCHLICHTING, H.: Grenzschichttheorie, 3. Auflage. Karlsruhe: Braun 1958.

[*21*] FLÜGGE, S.: Handbuch der Physik VIII/1 — Strömungsmechanik I —. Berlin/Göttingen/Heidelberg: Springer 1959.

[*22*] FLÜGGE, S.: Handbuch der Physik IX — Strömungsmechanik III —. Berlin/ Göttingen/Heidelberg: Springer 1960.

[*23*] FLÜGGE, S.: Handbuch der Physik VI — Elastizität und Plastizität —. Berlin/Göttingen/Heidelberg: Springer 1958.

[*24*] GEIGER, H., u. K. SCHEEL: Handbuch der Physik VI — Mechanik der elastischen Körper —. Berlin: Springer 1928.

[*25*] ROTHE, R., u. I. SZABÓ: Höhere Mathematik, Band VI, 2. Auflage. Stuttgart: B. G. Teubner 1958.

Namen- und Sachverzeichnis